U0345816

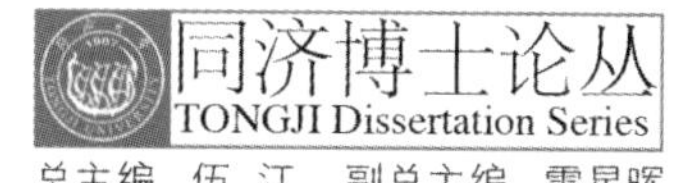

总主编 伍 江 副总主编 雷星晖

王志军 莫天伟 著

上海"一城九镇"空间形态与类型研究

Research on the Spatial Structures and Morphological Types of Shanghai's "One City and Nine Towns"

内容提要

21世纪伊始，上海市开始了一个名为“一城九镇”的郊区城镇建设试点计划。本书将“一城九镇”视为一个完整的研究对象，在城市空间结构、公共空间形态设计等方面展开讨论。本书分为两个主要部分，第一部分为实例解析，以城市设计的原型运用为观察视角，解读与分析10个城镇空间形态的主要特点。第二部分为实例城镇城市设计的类比分析，以类型学方法，对10个实例的空间结构以及广场、街道、公园等公共空间进行横向的对比，从中归纳出设计的形态类型。本书可供城市规划及建筑专业人员和研究人员阅读参考。

图书在版编目(CIP)数据

上海“一城九镇”空间形态与类型研究 / 王志军，莫天伟著. —上海：同济大学出版社，2019.11
（同济博士论丛 / 伍江总主编）
ISBN 978-7-5608-7037-3

Ⅰ. ①上… Ⅱ. ①王… ②莫… Ⅲ. ①城镇-城市规划-空间规划-研究-上海 Ⅳ. ①TU984.251

中国版本图书馆CIP数据核字（2019）第253182号

上海“一城九镇”空间结构及形态类型研究

王志军 莫天伟 著

出 品 人 华春荣　　责任编辑 罗 璇 熊磊丽
责任校对 谢卫奋　　封面设计 陈益平

出版发行 同济大学出版社 www.tongjipress.com.cn
（地址：上海市四平路1239号 邮编：200092 电话：021-65985622）
经　　销 全国各地新华书店
排版制作 南京展望文化发展有限公司
印　　刷 浙江广育爱多印务有限公司
开　　本 787mm×1092mm 1/16
印　　张 24.75
字　　数 495 000
版　　次 2019年11月第1版 2019年11月第1次印刷
书　　号 ISBN 978-7-5608-7037-3

定　　价 108.00元

“同济博士论丛”编写领导小组

“同济博士论丛”编辑委员会

总 序

在同济大学110周年华诞之际，喜闻“同济博士论丛”将正式出版发行，倍感欣慰。记得在100周年校庆时，我曾以《百年同济，大学对社会的承诺》为题作了演讲，如今看到付梓的“同济博士论丛”，我想这就是大学对社会承诺的一种体现。这110部学术著作不仅包含了同济大学近10年100多位优秀博士研究生的学术科研成果，也展现了同济大学围绕国家战略开展学科建设、发展自我特色，向建设世界一流大学的目标迈出的坚实步伐。

坐落于东海之滨的同济大学，历经110年历史风云，承古续今、汇聚东西，秉持“与祖国同行、以科教济世”的理念，发扬自强不息、追求卓越的精神，在复兴中华的征程中同舟共济、砥砺前行，谱写了一幅幅辉煌壮美的篇章。创校至今，同济大学培养了数十万工作在祖国各条战线上的人才，包括人们常提到的贝时璋、李国豪、裘法祖、吴孟超等一批著名教授。正是这些专家学者培养了一代又一代的博士研究生，薪火相传，将同济大学的科学研究和学科建设一步步推向高峰。

大学有其社会责任，她的社会责任就是融入国家的创新体系之中，成为国家创新战略的实践者。党的十八大以来，以习近平同志为核心的党中央高度重视科技创新，对实施创新驱动发展战略作出一系列重大决策部署。党的十八届五中全会把创新发展作为五大发展理念之首，强调创新是引领发展的第一动力，要求充分发挥科技创新在全面创新中的引领作用。要把创新驱动发展作为国家的优先战略，以科技创新为核心带动全面创新，以体制机制改革激发创新活力，以高效率的创新体系支撑高水平的创新型国家建设。作为人才培养和科技创新的重要平台，大学是国家创新体系的重要组成部分。同济大学理当围绕国家战略目标的实现，作出更大的贡献。

大学的根本任务是培养人才，同济大学走出了一条特色鲜明的道路。无论是本科教育、研究生教育，还是这些年摸索总结出的导师制、人才培养特区，“卓越人才培养”的做法取得了很好的成绩。聚焦创新驱动转型发展战略，同济大学推进科研管理体系改革和重大科研基地平台建设。以贯穿人才培养全过程的一流创新创业教育助力创新驱动发展战略，实现创新创业教育的全覆盖，培养具有一流创新力、组织力和行动力的卓越人才。“同济博士论丛”的出版不仅是对同济大学人才培养成果的集中展示，更将进一步推动同济大学围绕国家战略开展学科建设、发展自我特色、明确大学定位、培养创新人才。

面对新形势、新任务、新挑战，我们必须增强忧患意识，扎根中国大地，朝着建设世界一流大学的目标，深化改革，勠力前行！

万　钢

2017 年 5 月

论丛前言

承古续今，汇聚东西，百年同济秉持“与祖国同行、以科教济世”的理念，注重人才培养、科学研究、社会服务、文化传承创新和国际合作交流，自强不息，追求卓越。特别是近20年来，同济大学坚持把论文写在祖国的大地上，各学科都培养了一大批博士优秀人才，发表了数以千计的学术研究论文。这些论文不但反映了同济大学培养人才能力和学术研究的水平，而且也促进了学科的发展和国家的建设。多年来，我一直希望能有机会将我们同济大学的优秀博士论文集中整理，分类出版，让更多的读者获得分享。值此同济大学110周年校庆之际，在学校的支持下，“同济博士论丛”得以顺利出版。

“同济博士论丛”的出版组织工作启动于2016年9月，计划在同济大学110周年校庆之际出版110部同济大学的优秀博士论文。我们在数千篇博士论文中，聚焦于2005—2016年十多年间的优秀博士学位论文430余篇，经各院系征询，导师和博士积极响应并同意，遴选出近170篇，涵盖了同济的大部分学科：土木工程、城乡规划学(含建筑、风景园林)、海洋科学、交通运输工程、车辆工程、环境科学与工程、数学、材料工程、测绘科学与工程、机械工程、计算机科学与技术、医学、工程管理、哲学等。作为“同济博士论丛”出版工程的开端，在校庆之际首批集中出版110余部，其余也将陆续出版。

博士学位论文是反映博士研究生培养质量的重要方面。同济大学一直将立德树人作为根本任务，把培养高素质人才摆在首位，认真探索全面提高博士研究生质量的有效途径和机制。因此，“同济博士论丛”的出版集中展示同济大学博士研究生培养与科研成果，体现对同济大学学术文化的传承。

“同济博士论丛”作为重要的科研文献资源，系统、全面、具体地反映了同济大学各学科专业前沿领域的科研成果和发展状况。它的出版是扩大传播同济科研成果和学术影响力的重要途径。博士论文的研究对象中不少是“国家自然科学基金”等科研基金资助的项目，具有明确的创新性和学术性，具有极高的学术价值，对我国的经济、文化、社会发展具有一定的理论和实践指导意义。

“同济博士论丛”的出版，将会调动同济广大科研人员的积极性，促进多学科学术交流、加速人才的发掘和人才的成长，有助于提高同济在国内外的竞争力，为实现同济大学扎根中国大地，建设世界一流大学的目标愿景做好基础性工作。

虽然同济已经发展成为一所特色鲜明、具有国际影响力的综合性、研究型大学，但与世界一流大学之间仍然存在着一定差距。“同济博士论丛”所反映的学术水平需要不断提高，同时在很短的时间内编辑出版110余部著作，必然存在一些不足之处，恳请广大学者，特别是有关专家提出批评，为提高同济人才培养质量和同济的学科建设提供宝贵意见。

最后感谢研究生院、出版社以及各院系的协作与支持。希望“同济博士论丛”能持续出版，并借助新媒体以电子书、知识库等多种方式呈现，以期成为展现同济学术成果、服务社会的一个可持续的出版品牌。为继续扎根中国大地，培育卓越英才，建设世界一流大学服务。

伍　江

2017年5月

前言

21世纪伊始，上海市开始了一个名为“一城九镇”的郊区城镇建设试点计划。计划吸引了不同国家与地区众多的规划师、建筑师参与设计，产生了多样化的设计成果。同时，计划拟定“指向性风格”的做法也引起了专业界的争议与批评。作为一次同时起步、分布较广、规模庞大的城镇建设实践，在当今城镇化快速发展的形势下，“一城九镇”的城市形态成为一个值得关注的研究课题。

本书试图将“一城九镇”视为一个完整的研究对象，在城市空间结构、公共空间形态设计等方面展开讨论。

本书分为两个主要部分，第一部分为实例解析，以城市设计的原型运用为观察视角，解读与分析10个城镇空间形态的主要特点。第二部分为实例城镇城市设计的类比分析，以类型学方法，对10个实例的空间结构以及广场、街道、公园等公共空间进行横向的对比，从中归纳出设计的形态类型。

通过两个部分的论述，本书得到以下主要结论：第一，“一城九镇”的城市设计利用环境的地景元素，借鉴传统城市设计、新城规划理论，不同程度地运用了多种形态原型，在手法上体现了类型的多样化；第二，具有可识别性、紧凑性、多样性的空间形态设计增强了郊区城镇的吸引力，也为可持续发展城市形态的探索提供了实践；第三，基于原型观念的创新是一种值得借鉴的城市设计方法，但对缺乏地域性考虑的原型移植，特别是对“指向性风格”的移植方式应成为今后郊区城镇建设的教训。

目 录

第1章 导论

1.1 论题的提出与背景

几乎在城市产生的同时就有了郊区，从18世纪郊区化概念在英国伦敦形成[1]之后，郊区成为生活在城市中的人们摆脱拥挤、混乱和瘟疫的选择。随着小汽车和高速公路的发展，郊区化形成了放任式的增长，并起到反城市的作用[2]。同时，作为其另一面的城镇化也得到迅速发展。在西欧、美国、日本等市场经济国家，城镇化水平基本上已超过70%，其中，在最早进行城镇化的英国，城镇化水平在18世纪中叶就达到了约25%，19世纪末达到了72.05%，20世纪90年代初达到89.1%；美国的城镇化则经历了四个阶段，水平也从19世纪初的7.3%增长到20世纪70～90年代的约72%[3]。从20世纪80年代开始，我国的城镇化得到持续、快速的发展，90年代后，年均城镇化率超过1%，目前城镇化水平已超过40%，并预计在2020年末达到66.1%，按照联合国的统计，在人均收入超过1 000美元、城镇化水平达30%时，城镇化将加速发展，因此，"未来的二十年正是我国城镇化快速发展的关键时期"[4]（图1.1）。

伴随着城镇化的发展，郊区城镇发展模式以及规划与设计已经历了一百多年的探索与实践。然而，面对增长迅速的城镇化水平，单一与简单化的城镇发展模式已不再适应形势的发展和需要，同时，环境、能源的危机以及技术革命对城镇空间带来的影响等因素，使城镇建设体现出复杂、多元、多样化的特征。在这种形势下，现代城市

[1] （荷）根特城市研究小组.城市状态：当代大都市的空间、社区和本质.敬东，谢倩译.北京：中国水利水电出版社，知识产权出版社，2005：14.

[2] （美）刘易斯·芒福德.城市发展史——起源、演变和前景.倪文彦，宋俊岭译.北京：中国建筑工业出版社，2005：522.

[3] 汤铭潭等主编.小城镇发展与规划概论.北京：中国建筑工业出版社，2004：273-274.

[4] 仇保兴.和谐与创新——快速城镇化进程中的问题、危机与对策.北京：中国建筑工业出版社，2006：6-7.

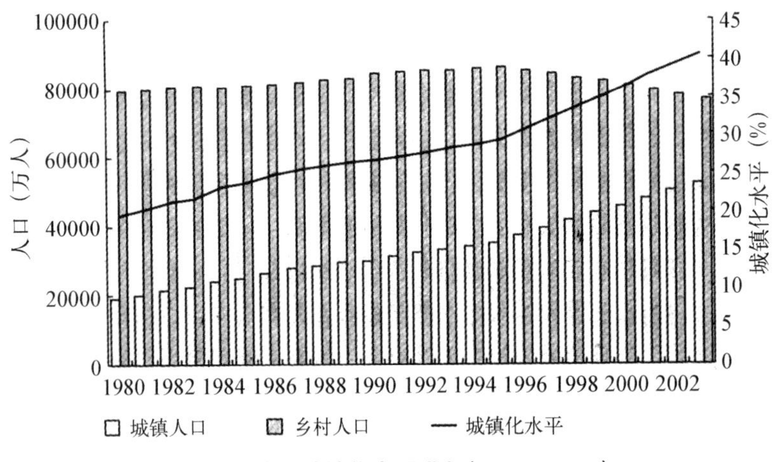

图1.1 我国城镇化发展进程(1980—2002)

图片来源：仇保兴.和谐与创新——快速城镇化进程中的问题、危机与对策.北京：中国建筑工业出版社,2006：6

形态也面临危机:空间结构与尺度的丧失[1]。不仅如此,在我国的城镇化过程中,城镇形态的危机与问题还表现在理论研究滞后、规划过程简单、设计方法粗糙,以及文化失语等方面[2]。城市形态的形成过程,是“具有积累性的,不论是好或者坏,都会留给下一代和未来的居民”[3]。危机与问题的存在,将对城镇化未来的发展产生影响。

快速的城镇化发展,也使城镇规划、城市设计、建筑设计等领域面临机遇与挑战。21世纪初,上海市编制了以实现“十五”计划为目标的城市总体规划,其中,在城镇体系规划中明确了郊区城镇的发展思路,并提出以10个中心镇作为建设试点。这个被称为“一城九镇”的试点规划,涉及上海郊区的10个区县,因规模庞大、建设同步、具有一定的国际化设计背景等,引起了人们的广泛关注,在上海城市发展史中也无先例。从2001年至今,“一城九镇”已经进行了十几年的建设,其中个别城镇已部分建成。

从1898年霍华德(Ebenezer Howard)提出“田园城市”(The Garden City)理论开始,英国建设了莱奇沃思(Letchworth)和韦尔温(Welwyn)等第一代卫星城,20世纪40至70年代,沿承“田园城市”的思想,又开展了“新城运动”(New Town Movement),相继建设了哈罗(Harlow)、伦肯(Runcon)以及米而顿·凯恩斯(Milton Keynes)等新城,在郊区城镇建设上进行了深入的探索与实践。在美国,早期的实践有“雷德朋(Radburn)”、“绿带城(Greenbelt)”“绿谷城(Greenhill)”等;在经历过度、无序

[1] Curdes, Gerhard. Stadtstruktur und Stadtgestaltung: 2. Auflage. Stuttgart, Berlin, Köln: Kohlhammer GmbH, 1997. Einleitung VII, 244.

[2] 王士兰,游宏滔编著.小城镇城市设计.北京：中国建筑工业出版社,2004：112-115.

[3] (美)凯文·林奇.城市形态.林庆怡,陈朝晖,邓华译.北京：华夏出版社：2001：25.

蔓延的城镇化阶段之后，美国在20世纪80年代末兴起“新城市主义”（The New Urbanism）[1]思潮，建设了如佛罗里达州“海滨镇（Seaside）”等小城镇。欧洲其他西方国家也各自进行了郊区城镇的实践，如法国、荷兰建设了大量的卫星城镇，德国发展了小城镇群，20世纪90年代德国统一后，在柏林郊区建设了如凯西施戴克费尔德（Kirchsteigfeld）、法肯霍埃（Falkenhöhe）等小城镇[2]。这些实践活动都成为郊区城镇规划、城市设计理论的研究实例，并指导了大量的建设实践，形成了深远的影响。

“一城九镇”试点将会对上海郊区城镇建设产生深远的影响，同时也为新城镇城市设计提供了不同类型的实例研究对象，本书的研究也由此缘起。

“城市设计的主角是广场、街道以及构成我们城镇及城市公共空间界面的建筑物……”[3]虽然参与试点的10个城镇建设进度与周期不尽相同，且多数还处于建设过程中，但以城市设计的视角，从它们形成的设计中观察、探讨并研究这些新城镇的空间结构、广场、街道等公共空间的形成及其设计创作规律，对于“一城九镇”本身以及今后新建城镇的城市设计与建设都具有积极的现实意义。因此，论题的内容既反映了对实例城镇城市规划与设计的调研，又包含了对新建城镇城市设计方法的探讨。

1.2　研究对象与范围界定

1.2.1　“一城九镇”的形成背景与演变

“乡村城镇化，城乡一体化”是我国农业工作在21世纪的发展目标和战略方针[4]。中共中央、国务院在2000年6月13日发出了《关于促进小城镇健康发展的若干意见》，并指出：“当前，加快城镇化进程的时机和条件已经成熟。抓住机遇，实施小城镇健康发展，应当作为当前和今后较长时期农村改革与发展的一项重要任务”，提出了“尊重规律，循序渐进；因地制宜，科学规划；深化改革，创新机制；统筹兼顾，协调发展”[5]的指导原则。

2001年的“上海市城市总体规划”（1999—2020）确定了上海市域中心城区、新城、中心镇、一般镇的四级城镇体系。据此，上海市计委、建设委员会、农业委员会组

[1] 也被译作“新都市主义”，本书沿用Congress for the New Urbanism（CNU）网站（http: //www.cnu.org）发布的“Charter of the New Urbanism（新城市主义宪章）”的中文译文名称。其概念辨析可参考董爽，袁晓勐.城市蔓延与节约型城市建设.规划师，2006，125（5）：13.

[2] 王志军，李振宇.百年轮回——评柏林新建小城镇的三种模式.时代建筑，2004（4）：62.

[3] （英）克利夫·芒福汀.街道与广场（第二版）.张永刚，陆卫东译.北京：中国建筑工业出版社，2004：11.

[4] 中共中央关于农业和农村工作若干重大问题的决定（1998-10-14）.转引自http: //www.china.org.cn/chinese/archive/.

[5] 中共中央，国务院.关于促进小城镇健康发展的若干意见.转引自http: //www.jx.xinhuanet.com/mz/. 2003-11-06.

织了联合调研，提出了发展"一个新城、九个中心镇"的"一城九镇"计划。

计划以地域不同、基础较好作为遴选条件，在上海市总体规划城镇体系中的二级城镇中选择一个新城，即松江新城，在三级城镇中选择九个中心镇，分别为嘉定区安亭镇、金山区枫泾镇、青浦区朱家角镇、宝山区罗店镇、闵行区浦江镇、浦东新区高桥镇、奉贤区奉城镇、南汇区临港新城以及崇明县陈家镇[1]作为重点发展城镇。

基于这个调研与计划，上海市政府于2001年1月5日下达了《关于上海市促进城镇发展的试点意见》(以下简称《意见》)，明确提出了"一城九镇"的试点计划："市政府决定，本市重点发展'一城九镇'，即：松江新城，以及朱家角、安亭、高桥、浦江等九个中心镇。"

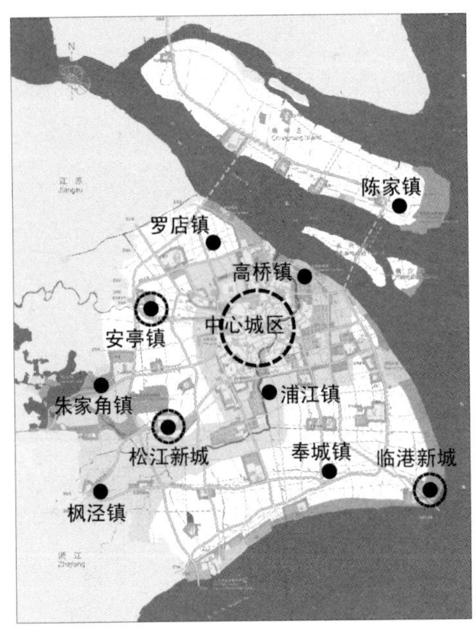

图1.2-1 "一城九镇"区位示意图

图片来源：作者根据上海市总体规划图(2000)标注，资料来源自叶贵勋主编.上海市城市规划设计研究院规划设计作品精选集.北京：中国建筑工业出版社，2003：4

《意见》指出，试点工作要"借鉴国际成功经验，建设各具特色的新型城镇"。同时要求试点城镇建设要"塑造'一城九镇'的特色风貌。综合考虑城镇的功能定位、城郊特点、产业特色、地貌特征、历史文脉等因素，借鉴国外特色风貌城镇建设的经验，引进国内外不同城市和地区的建筑风格，重点在城镇新建城区，因地制宜地塑造'一城九镇'的特色风貌。同时，注重保护和弘扬传统历史文化。鼓励'一城九镇'通过组织国内外优秀设计力量，开展特色风貌规划设计招投标，引入国际的先进设计理念，提高城镇规划的起点与水准。按照'一区一貌'的原则，经过坚持不懈的努力，在区(县)范围内逐渐形成协调的城镇风貌与风情"[2]。《意见》还提出了对试点城镇规划容积率、绿化覆盖率以及建筑高度等方面的具体设计要求[3](图1.2-1)。

[1] 2001年崇明县拟定堡镇作为"一城九镇"之一，后改为陈家镇。

[2] 上海市人民政府文件《关于上海市促进城镇发展试点意见》(沪府发【2001】1号)，转引自上海市农业委员会网站《上海农业网》www.shagri.gov.cn/法律法规/上海市农业现行地方性法规/城镇建设/. 2001-02-07.

[3] 具体为：新城、中心镇容积率分别为≤0.8、0.6，绿化覆盖率分别为40%、45%，建筑层数分别为低层(适当控制多层，禁止高层)，低层、多层(严格控制高层)。资料来源同上。

《意见》下达后，参与试点的10个城镇分别开始着手组织规划设计等前期工作，展开了“一城九镇”计划的实施。

2004年11月，上海市政府发表了《关于切实推进“三个集中”，加快上海郊区发展的规划纲要》[1]（以下简称《纲要》），对上海市域的规划城镇体系进行了调整。《纲要》指出，上海市域规划按照“城乡一体、协调发展”的方针，以“城乡一体化、农村城市化、农业现代化、农民市民化”为总目标，切实推进“人口向城镇集中、产业向园区集中、土地向规模经营集中”的“三个集中”总战略。

《纲要》确定了上海市域以中心城为主体，形成多轴、多层、多核的市域空间结构布局。提出了中心城、新城[2]、中心镇、一般镇、中心村五个层次的城镇体系，还针对郊区提出了新城—新市镇—居民新村的三级体系。根据这个规划纲要，新城是郊区建设的重点，也是各区县的政治、经济、文化中心，一般为30万人口的中等规模城市。其中，松江、嘉定、临港等三个新城被确定为近期重点发展新城，人口规模将达到80万～100万，约占郊区人口的1/4。规划的新市镇约60个，人口规模一般为3万以上，条件较好的可达10万～15万人口。另形成约3 000个包括居住社区、中心村、农村居民点三种不同类型的居民新村，规模在300～1 000人，条件好者可达3 000人规模[3]。

规划在“十五”期间，将加强郊区重点发展城镇的试点建设，至2020年基本完成中心城、三个重点发展新城、一般新城、中心镇、一般镇的城镇体系，建成11个新城、约22个中心镇。基于这个发展规划，临港新城、嘉定新城（含安亭）成为城镇体系中的二级城镇，“一城九镇”便有了“三城七镇”等称谓。

2006年初，上海市政府提出了“十一五”期间“1966”的城镇体系发展规划[4]，也就是1个中心城区，9个新城[5]，约60个新市镇，约600个中心村的四级城镇体系。新的城镇体系旨在消除城乡二元结构，打破郊区与中心城区发展相对对立的概念。规划的新城规模约80万～100万人口，新市镇5万～10万人口，两者将聚集郊区城镇的新产业，承担疏解中心城区人口的职能。根据新城镇体系规划前后的发展状况，“一城九镇”中的安亭镇、朱家角镇分别被纳入嘉定新城和青浦新城，加上松江、临港两个新城，共有4个城镇成为“1966”体系中的二级城镇，其他则为三级城镇。

[1] 关于切实推进“三个集中”，加快上海郊区发展的规划纲要（沪府发【2004】45号）.转引自上海市城市规划管理局网站：www.shghj.gov.cn，上海城市规划网/综合/上海市人民政府关于印发《关于切实推进“三个集中”加快上海郊区发展的规划纲要》的通知.2004-11-17.

[2] 新城为11个，分别为宝山、嘉定、南桥（奉贤）、闵行、青浦、松江、城桥（崇明）、金山、临港新城、惠南（南汇）、空港新城。

[3] 俞斯佳，栾峰，范宇.上海郊区的快速发展与区域规划探索.理想空间，2005（6）：12.

[4] 上海市国民经济和社会发展第十一个五年规划纲要.详见http: //www.shanghai.gov.cn/. 2006-2-8.

[5] 9个新城包括：宝山、嘉定、青浦、松江、闵行、奉贤南桥、金山、临港新城、崇明城桥新城。

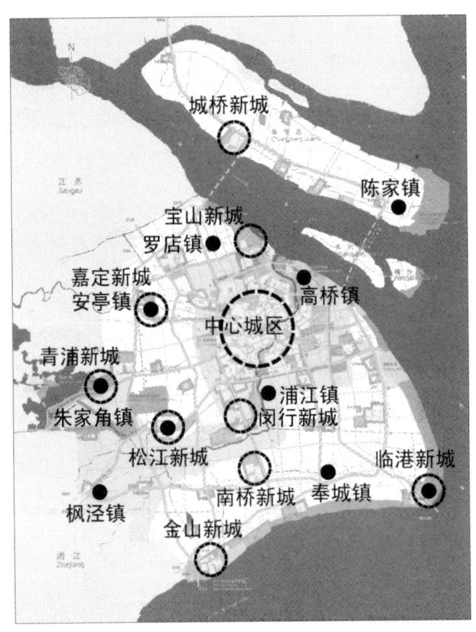

图1.2-2 “一城九镇”区位布局与规划新城的关系

图片来源：作者根据上海市总体规划图(2000)标注，资料来源自叶贵勋主编.上海市城市规划设计研究院规划设计作品精选集.北京：中国建筑工业出版社，2003.4

由此可以看出，“1966”城镇体系规划是基于2004年《纲要》进行的调整，“一城九镇”成为这个调整的重要基础，并从此融入了新的城镇体系。

从2001年到2006年，“一城九镇”在5年多时间内经历了两次城镇体系的规划调整，在城市总体结构中的位置发生了一定的变化。也是在这个期间，10个城镇相继完成了不同层次的规划编制或城市设计等前期工作，已逐步进入了实施阶段。

1.2.2 “一城九镇”的规模与规划组织

“一城九镇”计划开始时，除松江新城外，其他9个城镇没有位于当时城镇体系规划确定的11个新城内，也不在各自的区县地方政府所在城镇。2004年《纲要》将临港、嘉定两个新城连同松江新城被确定为重点发展新城，这时，安亭镇被并入嘉定新城，其他7个城镇仍不与所在区县的新城或政府所在地重合。作为试点，选择更多地考虑了新城、中心镇有其各自的辐射面，“做一个带一片，均衡选择，全面发展”[1]。因此，其发展规模便具有较大的差异(图1.2-2，表1.2.2)。

表1.2.2 “一城九镇”及其所在新城的规划建设规模

<table>
<tr><th>城镇</th><th>松江</th><th colspan="2">嘉定</th><th>临港</th><th>枫泾</th><th colspan="2">青浦</th><th>罗店</th><th>浦江</th><th>高桥</th><th>奉城</th><th>陈家镇</th></tr>
<tr><td rowspan="3">规划用地(平方公里)</td><td rowspan="3">63.5</td><td colspan="2">190</td><td rowspan="3">296.6</td><td rowspan="3">5.44</td><td colspan="2">50</td><td rowspan="3">6.8</td><td rowspan="3">10.3</td><td rowspan="3">5.89</td><td rowspan="3">16.08</td><td rowspan="3">15</td></tr>
<tr><td rowspan="2">其中</td><td>安亭</td><td rowspan="2">其中</td><td>朱家角</td></tr>
<tr><td>62</td><td>9.46</td></tr>
</table>

[1] 周海波，林云华采访整理.上海郊区世纪行——访前上海市规划局局长夏丽卿.理想空间，2005(6)：7.

续　表

<table>
<tr><th>城镇</th><th>松江</th><th colspan="2">嘉定</th><th>临港</th><th>枫泾</th><th colspan="2">青浦</th><th>罗店</th><th>浦江</th><th>高桥</th><th>奉城</th><th>陈家镇</th></tr>
<tr><td rowspan="3">规划人口（万人）</td><td rowspan="3">60</td><td colspan="2">115</td><td rowspan="3">83</td><td rowspan="3">2.77</td><td colspan="2">50</td><td rowspan="3">3</td><td rowspan="3">9.92</td><td rowspan="3">8.5</td><td rowspan="3">7.2</td><td rowspan="3">12</td></tr>
<tr><td rowspan="2">其中</td><td>安亭</td><td rowspan="2">其中</td><td>朱家角</td></tr>
<tr><td>16～18</td><td>6.45</td></tr>
</table>

注：1. 表中松江、嘉定、临港、青浦指新城城区，陈家镇包括部分东滩用地，其他均为规划新镇镇区用地面积与人口规模。
2. 表中嘉定新城包括主城区、南翔、安亭三个组团，其中，安亭系上海国际汽车城。
3. 表中数据源自各个城镇总体规划、控制性详细规划文本，其中嘉定新城指标源自骆悰.嘉定在上海郊区战略中的规划应对.理想空间.2005(6)：26；松江新城源自黄婧.透视松江新城规划特色与建设创新.理想空间.2005(6)：42；青浦新城源自上海市青浦区规划管理局.城市规划的先导作用——青浦的探索.时代建筑.2005(5)：62.

2001年初，按照上海市政府《意见》的要求，10个城镇相继拟定了各自的“特色风貌”，并以此为前提开始组织城市规划的编制。其中七个城镇的“特色风貌”指向不同的西方国家和地区，具体为：松江新城—英国，安亭镇—德国，浦江镇—意大利，高桥镇—荷兰，奉城镇—西班牙，罗店镇—北欧，枫泾镇—北美。其余三个城镇则根据各自的历史、地域、产业及环境特点拟定了“特色风貌”，朱家角镇拟以江南水乡古镇为基点，形成新江南水乡风貌；临港新城依托芦潮港港口地域以及上海国际航运中心洋山深水港码头，建设现代海港新城；陈家镇基于崇明岛东滩生态环境的特点，展现生态型城镇风貌[1]。

风格指向性，特别是“一城九镇”计划将指向性瞄准西方国家和地区的做法引起了专业界的争议与批评。除朱家角、陈家镇与临港新城外，其他城镇的指向性风格的确定多数显得较为随意和勉强。如果说安亭被确定为“德国风格”的依据是因为它拥有德国大众汽车公司（Volkswagen）及其生产基地的话，那么其他城镇“实在是牵强附会——奉城镇比较靠海，所以设定为西班牙风格，其实它离海很远；罗店因为靠近北面，所以是北欧风格”[2]；还有枫泾与北美的枫叶，高桥与荷兰的港口城市等等，也许都成了指向性风格的拟定依据，近乎荒唐。

指向性风格引起的反对与质疑主要集中于以下三个方面：一是引进西方国家

---

[1] 2001年初“一城九镇”计划开始时，初步拟定的风格指向为：松江—英国，嘉定安亭—德国，宝山罗店—北欧，青浦朱家角—中国江南水乡风格，金山枫泾—俄罗斯（或美国），闵行浦江—意大利，浦东高桥—荷兰，南汇周浦（或海港城）—法国，奉贤奉城—西班牙，崇明堡镇—澳洲。之后，其中的南汇海港城，即临港新城改为以现代海港新城风貌为特色风貌，枫泾拟定为北美风格，崇明陈家镇取代堡镇，并被拟定为生态花园城风貌。关于“一城九镇”计划初期的风格指向，详见张松主持.话说上海“万国城镇”的建设.时代建筑.2001(1)：80.

[2] 赵燕，夏金婷，李维娜.新上海人的新生活：浦江镇的空间与设计.设计新潮/建筑，2004(114)：35.

的指向性风格是否放弃了地方化；二是应该怎样理解、把握来自异国的“特色风貌”；三是是否会引起“欧陆风格”[1]的回潮。

自规划方案征集直至深入设计，参与设计工作的不同国家的规划师、建筑师对指向性风格也表现出不同的反应，在得知这种指向性对准欧洲古典城市与建筑风格时，部分设计师感到不同程度的惊讶[2]。随着试点城镇建设的不断推进，指向性风格逐步向“淡化风格”、指向设计师演变，这些观念与做法成为对争议问题的修正性解释之一[3]。

在确定了指向性风格以后，各试点城镇相继邀请了来自不同国家的规划师、建筑师，展开了不同规模的规划与城市设计方案征集活动。“在本市‘十五’期间率先重点建设的‘一城九镇’中，不时能看到外国建筑设计师在踏地察看调查”[4]，设计工作的全面铺开由此可略见一斑。经过周期近五年、多轮的设计竞赛、研讨会、设计深化等前期工作，先后有安亭新镇、浦江镇、松江新城、朱家角镇、临港新城、罗店、高桥、奉城、枫泾以及陈家镇等城镇完成了新城镇镇区、“特色风貌区”等不同区域的总体规划、控制性详细规划、修建性详细规划、城市设计等编制工作[5]。

纵观各城镇设计征集活动，可将其前期规划设计组织的主要特点归纳为以下六个方面：

（1）在初始阶段，通过邀请或公开方式，在不同的规划用地范围内举办“国际方案征集”或设计竞赛活动；

（2）根据计划拟定的指向性风格，选择邀请相应国家的规划师、建筑师参与设计；

（3）在由竞赛或其他方式确定境外设计单位后，均由国内或地方规划设计院进行方案的“转译”、深化，继而完成编制报批成果等工作；

（4）方案征集活动大多以城镇总体规划或概念设计、“特色风貌区”详细规划等为主要内容展开，在确定概念设计后编制镇区的控制性详细规划和“特色风貌区”的修建性详细规划；

（5）多数城镇在规划中重视城镇空间形态设计，并以之作为体现城镇“特色风貌”的重要内容；

（6）多数国际方案征集活动要求设计单位在较短时间内完成镇区、“特色风貌区”等不同层面的规划设计方案，内容较多，时间较短。

“国际方案征集”活动成为“一城九镇”城市规划与设计组织的重要方式，在较短的时间内产生了多样化的方案设计。但其中也暴露出不足之处，主要体现在设计

---

[1] 指20世纪90年代在中国开始盛行的模仿或移植西方古典建筑风格现象，2000年后有逐渐淡化的趋势。详见蔡永洁．“欧陆风格”的社会根源．建筑师.2000（97）：105.

[2]（德）迪特·哈森普鲁格主编．走向开放的中国城市空间．同济大学出版社，2009：51.

[3] 赵燕，夏金婷，李维娜．新上海人的新生活：浦江镇的空间与设计．设计新潮/建筑，2004（114）：35.

[4] 上海国际招标一城九镇将现异国风情．解放日报，2001/4/27.

[5] 详见附录。

周期较短，部分设计偏重于对城市形态、“风貌特色”的研究，对经济、社会等因素的考虑不够全面等[1]。

1.2.3 研究范围的界定

论题中所含的主要研究内容有两个方面，一是研究对象“一城九镇”[2]，二是城镇空间形态。这两个方面可涉及的内容非常广泛，因此作如下界定：

（1）对象的空间范围

“一城九镇”中10个城镇具有不同的规模，规划设计成果体现出了不同的空间范围、不同的层次与深度，使研究在对象空间范围上具有一定的局限性。依据有关资料分析，“一城九镇”的核心内容是贯彻上海市政府《意见》文件，多数城镇以新镇区、“特色风貌区”为建设重点，城市规划与设计工作也围绕这个重点展开，因此，论文根据各城镇的具体情况，将研究对象的空间范围具体界定为：松江新城的“泰晤士小镇”、嘉定新城的安亭新镇、临港新城及其主城区（一期）、枫泾新镇区、朱家角镇区、罗店新镇区、浦江镇区、高桥镇区中的“高桥新城”、奉城镇区以及陈家镇的建设用地范围。其中，对象的空间范围具有三种类型，即新城区、新镇区以及城镇中的片区（表1.2.3）。

表 1.2.3 研究对象的空间范围界定

序号	研究对象	区域层次	规模（Km^2）	序号	研究对象	区域层次	规模（Km^2）
1	松江新城：“泰晤士小镇”	片区	0.96	6	罗店新镇	新镇区	6.8
2	嘉定新城：安亭新镇（西区）	片区	2.4	7	浦江镇	新镇区	10.3
3	临港新城 主城区（一期）	新城城区 片区	296.6 21.68	8	高桥镇： “高桥新城”	片区	0.8
4	枫泾新镇	新镇区	5.44	9	奉城镇	新镇区	16.08
5	朱家角镇	镇区	9.46	10	陈家镇	新镇区	15

注：1. 在关于城镇结构的分析中，临港新城的范围为城区，在公共空间有关分析中为主城区(一期)；
2. 朱家角镇范围包含古镇区和老镇区；
3. 表中序号除三个新城外均根据各城镇在上海市平面图中自西向东的位置排列，在形态类比分析中将根据具体情况发生变化。

---

[1] 对于城市规划与设计的“国际方案征集”活动，在具有积极的因素之外，还具有其他如“重结果，重形式，轻研究，轻思想”等现象，涉及活动组织、周期以及城市经济、社会等方面因素，本书不作展开。详见吴志强，崔泓冰. 近年来我国城市规划方案国际征集活动透析. 城市规划汇刊，2003，148（6）：16-22.

[2] 从2001年至2006年，随着上海市城镇体系的调整，“一城九镇”在城市结构体系中的地位发生了相应的变化，在调整过程中也形成了不同的称谓。为了体现事件原发性，本书仍使用2001年计划开始时“一城九镇”的名称。

（2）对象的资料范围

由于“一城九镇”从提出至今，各个城镇在设计进度、建设周期上有所不同。虽然前期的设计工作均已告一段落，并有如“泰晤士小镇”、安亭、罗店、浦江、高桥等部分建成的实例，但多数还停留在设计的深入或建设过程中。因此，实例的调研与资料采集也是动态的、不均衡的、参差不一的，这也成为研究在对象资料范围上的局限所在。根据调研，至2005年底，10个城镇的设计资料处于三个层次，其中，“泰晤士小镇”、安亭、罗店、浦江、高桥等实例已完成或部分完成修建性详细规划或城市设计，临港新城主城区（一期）、枫泾、朱家角、奉城镇的控制性详细规划已编制完成，陈家镇则在总体规划阶段。研究对象资料范围也由此界定，并体现于本书的具体分析与论述中。

（3）研究的视角范围

作为对实例城市形态的研究，涉及两个基本视角，一个是物质性空间形态的视角，另一个是非物质性的社会学视角。本书以前者，也就是建筑学作为主要视角。视角范围以城镇空间中的正、负结构及其肌理与控制元素，主要公共空间，包括广场、街道、公园以及绿地等开放空间元素及其属性为限定，对它们进行宏观、中观、微观及其类型上的分析与研究。因受上述对象资料范围的局限，在分析过程中，部分环节因资料的空缺不作展开。关于社会学视角，在公共空间品质以及实例设计原型分析过程中可能会有所涉及，但对于实例公共空间社会活动的调研，环境行为学的分析与评价，因研究对象的局限不作展开。

另外，本书对有关城镇制度、法规、宏观的城市规划及其政策等方面不作过多涉及与分析。对于城镇体系，本书将在描述“一城九镇”规划背景时有所涉及，不展开进一步的讨论。有关各城镇的建筑单体设计、住宅设计等，本书只在讨论城镇公共空间界面时有所涉及或进行简单的判断，在建筑构成元素与细部、城镇基础设施、景观设计等方面不作展开。

鉴于“一城九镇”的发展现状，本书将以各试点城镇城市规划、城市设计等为主要调研资料，也因此受到了一定的局限。随着各城镇建设的进一步发展，以建成环境为主要调研对象的后续研究将成为课题必要的延伸内容。

1.3 研究现状与目的

1.3.1 研究的现状与概况

在1949年以前，陶行知的“中华教育改进社”建立了以“改造乡村生活”为内容的乡村建设学村。1933年在山东邹平县举行的乡村工作会议提出了推动乡村建设的研究。新中国成立以后，中央政府先后颁布《关于设置市、镇建制的决定》、《关于城乡划分标准的规定》等有关城镇建设的文件。党的十一届三中全会以四个现代化为目标，作出《关于加快农业发展若干问题的决定》，旨在推动乡村建设。20世纪80至90年代，随着改革开放的不断深入，城镇化水平增长迅速，从1978年的2 176个建制镇发展到2002年底的20 021个[1]。1998年10月，中国共产党第十五届三中全会通过《中共中央关于农业和农村工作若干重大问题的决定》，指出"发展小城镇是带动农业和农村工作发展的一个大战略"。

21世纪以来，为了落实国家第十个五年计划，2000年中共中央、国务院下达了《关于促进小城镇健康发展的若干意见》。为了适应城镇化的快速发展形势，关于城镇建设的研究工作如火如荼地展开，研究涉及小城镇建设的各个领域，从历史、中外、理论、实践、现代、保护、法规、创新各不同角度，以及在小城镇发展模式、规划编制、市政设施、城市设计、建筑设计、交通与环境、可持续发展等专业领域进行广泛的研究与探讨。结合城市设计理论，研究在"乡村城镇化，城乡一体化"、"小城镇建设要各具特色，切忌千篇一律"[2]方针指导下的新建城镇空间形态创作，成为在城市规划、城市设计、建筑设计领域进一步研究的新课题。经多年的探索与实践，研究工作取得了丰硕的成果，其中如刘仁根主编的《中国当代小城镇规划建设管理丛书》，系统地论述了不同课题中的城镇建设问题，城市设计、公共空间等成为重要的组成部分。同时，我们也可以发现，这些在不同领域的研究工作也存在一定的不足之处，主要体现于针对一般性研究、总论性质的研究、散论性研究较多，而对具体性研究、专题研究、系统研究偏少等方面[3]。

"一城九镇"所进行的试点在一定程度上被赋予了改变"千镇一貌"的使命。从计划开始，社会各界就给予了高度的关注。根据有关资料分析，目前，关于"一城九镇"城市规划与设计研究的内容主要体现在以下三个方面：

一是对"一城九镇"的指向性风格的批判。如2001年第一期《时代建筑》，针对"一城九镇"计划展开了讨论，评论的专题为"话说上海'万国城镇'的建设"[4]，来自相关领域的学者就"一城九镇"各抒己见，讨论的主要焦点是指向性风格，对此，学者们不同程度地表示出明显的质疑或反对立场："不可能在短期内制造、抄袭、移植甚至克隆一个特色来，一个有魅力的城镇特色只能认认真真地长期培育。"[5]在同年第三期《时代建筑》上，孙田、刘群撰写了题为《上海'一城九镇'规划点滴谈》

---

[1] 汤铭潭等主编．小城镇发展与规划概论．北京：中国建筑工业出版社，2004.9.

[2] 中共中央、国务院．关于促进小城镇健康发展的若干意见．转引自http: //www.jx.xinhuanet.com/mz/.2003-11-06.

[3] 冯健．1980年代以来我国小城镇研究的新进展．城市规划汇刊．2001(3)：28-34.

[4] 张松主持．话说上海"万国城镇"的建设．时代建筑．2001(1)：78.

[5] 同上。

的文章，除了在规划的侧重点、国际方案征集等方面进行讨论外，也对风格争议展开了论述[1]。此后，专业界对此的讨论持续了较长的一段时间。

二是对“一城九镇”规划设计的介绍与评论。例如2003年上海市城市规划管理局编写的《未来都市方圆—上海市城市规划国际方案征集作品选》，较为集中地介绍了关于海港新城（即临港新城）、安亭、朱家角、松江、浦江等城镇在国际方案征集中的设计与要点[2]。2004年10月，《设计新潮/建筑》刊物以对浦江镇规划与城市设计的论述为主要内容，同时对“一城九镇”的城市设计进行了较为全面的、进一步的介绍与评论，并指出：“就已经完成的规划和部分进入实施的城镇建设而言，没有被那些经常在公共媒体露面的中国学者甚至专家们的完全认识与认同。”[3]2005年6月，以“上海郊区城镇发展研究”为主题，《理想空间》刊物对“一城九镇”与上海郊区城镇发展与规划作了系统的论述，其中，涉及“一城九镇”规划设计的介绍与论述性文章多数由参与设计的单位与人员撰写，涉及的城镇包括临港新城、松江新城、嘉定新城以及罗店、高桥、安亭等[4]。

三是对“一城九镇”个别实例进行个案论述与分析。这类研究较为集中于关于安亭、松江、朱家角、浦江镇等城镇。其中，有关安亭新镇的专著是徐洁主编的《解读安亭新镇》[5]，专著以四个部分分别就安亭新镇在城市设计、建筑、景观上的特点进行了介绍与论述，同时围绕“理想城镇”、“生活方式”、新技术运用等方面进行讨论。关于安亭新镇的城市设计，在迪特·哈森普鲁格（Dieter Hassenpflug）主编的《走向开放的中国城市空间》[6]中也有所涉及，其中，蔡永洁、薄宏涛的文章《安亭新镇—欧洲传统城市空间在中国的移植》[7]论述了安亭新镇空间形态的主要特点。

关于松江新城的规划设计，在王振亮主编的《中国新城规划典范：上海松江新城规划设计竞标方案精品集》[8]中以专著方式进行了介绍。

围绕朱家角镇的“新江南水乡”论题，从2004年开始，青浦区组织了多次论坛，对传统与创新等创作问题进行了深入的探讨[9]。另外，关于青浦新城与朱家角的建

---

[1] 详见孙田，刘群．上海“一城九镇”规划点滴谈．时代建筑．2001(3)：37-39.

[2] 上海市城市规划管理局．未来都市方圆——上海市城市规划国际方案征集作品选(1999—2002)．2003.

[3] 赵燕，夏金婷，李维娜．新上海人的新生活：浦江镇的空间与设计．设计新潮/建筑，2004(114)：29.

[4] 详见理想空间．2005(6).

[5] 徐洁编．解读安亭新镇．上海：同济大学出版社，2004.

[6] (德) 迪特·哈森普鲁格主编．走向开放的中国城市空间．上海：同济大学出版社，2005.

[7] 蔡永洁，薄宏涛．安亭新镇——欧洲传统城市空间在中国的移植．(德) 迪特·哈森普鲁格主编．走向开放的中国城市空间．上海：同济大学出版社，2005：44-75.

[8] 王振亮主编．中国新城规划典范——上海松江新城规划设计国际竞赛方案精品集．上海：同济大学出版社，2003.

[9] 详见赵美．目光投向“新江南水乡”．新民晚报．2004-8-2(38)；每个人心中的另一座城市——新江南水乡．设计新潮/建筑．2005(121)：46-60.

筑设计，2005年《建筑实录》(*Architectural Record*)第5期以专题方式进行了报道[1]。2005年第5期的《时代建筑》也较为集中地发表了关于青浦的设计作品与建设活动的论文。

关于浦江镇的城市设计与建筑设计的论述主要集中于《设计新潮/建筑》刊物上[2]，其中，第114期的《设计新潮/建筑》就浦江镇城市设计形成的空间尺度、“花园城市”特点以及住宅类型、区域形式等方面进行了较为详细的论述[3]。

纵观“一城九镇”城市设计的研究现状与概况，具有三个主要特点，一是较为集中于对指向性风格的批评与争议；二是关于实例规划与设计介绍与评论的文献居多；三是对实例进行的个案研究较多。“一城九镇”作为上海郊区城镇的建设试点，如同1987年在柏林展开的IBA[4]项目，尽管与IBA多为旧城改建的情况有所不同，但同样具有较大规模与范围、聚集众多国际建筑师[5]的建设背景与特点，在某种程度上与IBA具有可比性。作为一个历史事件，“一城九镇”在客观上将对上海乃至中国郊区城镇的建设产生直接或间接的影响。因此，对“一城九镇”城市设计的研究不仅在于对10个城镇本身建设与发展历程的讨论，其意义在在于，通过基础设计资料的调研，以及在空间结构、形态类型与设计手法等方面的讨论，适时地进行研究、对比与批评，以期为今后郊区城镇城市设计在具体手法上提供资源支持。

基于上述三个方面的现状研究内容，为了在具体的技术范围内对“一城九镇”空间结构与形态建立较为整体的观察视角，作者在2006年第7期《建筑学报》上发表《“一城九镇”对郊区新城镇的启示》[6]一文，试图以较为全面、系统的方式，对“一城九镇”的城市设计特点及其对郊区新建城镇形成的借鉴与启示进行讨论，也成为本书的研究基础之一。

1.3.2　研究目的

城市形态是城市设计中重要的维度，也是城市设计理论的焦点。从近代哲学史中可以看出，取得知识的源泉或准则虽然被划分为唯理主义和经验主义，但在它们之间却具有相互包容的解释[7]。针对实例进行分析与研究是一个有效、有益的方法，

---

[1] 详见Jen Lin-Liu. Reinventing Qingpu. Architectural Record. 2005(6): 62-70.

[2]《设计新潮/建筑》分别于100，104，114三期对浦江镇的城市设计、建筑设计等进行了介绍与评论。

[3] 赵燕等.新上海人的新生活：浦江镇的空间与设计.设计新潮/建筑，2004(114): 29-57.

[4] IBA(Internationale Bauausstellung, Berlin 1987)，指1987年为庆祝德国柏林建城750周年举办的“国际建筑展览会”，详见Bauausstellung Berlin GmbH. Internationale Bauausstellung, Berlin 1987: Projektübersicht. Berlin: Bauausstellung Berlin GmbH, 1987.

[5] 李振宇.城市·住宅·城市——柏林与上海住宅建筑发展比较(1949—2002).南京：东南大学出版社，2004: 62.

[6] 王志军，李振宇.“一城九镇”对郊区新城镇的启示.建筑学报.2006(7): 8-11.

[7](美)梯利著，伍德增补.西方哲学史(增补修订版).葛力译.北京：商务印书馆，1995: 283-285.

可以从它们取得的经验中获得对城市形态的理论思考，并试图从这些有限的实例研究中得到对以后广泛建设实践的借鉴与教训。这种方法在一定程度上也折射出论题的研究目的，体现在以下三个方面：

（1）基于整体的观察视角，本书着眼于对以试点为目的的“一城九镇”实例在城镇结构、公共空间等方面设计进行较为全面、完整、系统的调查与分析，力图形成对试点城镇城市设计的初步评价，为试点及其效应的进一步评估奠定基础。

（2）以类型学方法，对实例城镇形态设计的原型，公共空间设计进行横向的类比分析，归纳10个城镇城市设计的特点，总结“一城九镇”建设实践所带来的经验与教训，从中提出值得思考的问题，为上海乃至全国郊区新建城镇的建设与进一步发展提供借鉴与启示。

（3）运用城市设计理论，通过对“一城九镇”城市空间结构、公共空间要素进行剖析，力图建立对试点城镇空间形态设计的评论体系与基本框架，探讨郊区新建城镇空间结构与形态的设计与创作方法。

1.4 理论体系框架运用

以实例为对象的城市形态研究，涉及介入论题的理论视角。西方的城市规划理论在第二次世界大战以后，以20世纪60年代为转折点，从之前的“建筑学延伸”向理性、系统过程的概念转变，物质的空间形态美学被空间的社会学概念取代，并强调城市作为“活”的或运动中的过程，技术手段也转变为理性的科学分析[1]。尽管这种转变对于城市规划与设计来说是“由早期阶段主要以建筑理论为基础转向以区位理论为基础”[2]，但也体现了城市形态与社会形态的融合及其复杂性。这显示了城市设计是作为“结果”还是“过程”的问题，还和与建筑学、城市规划学科的关系有关。一般认为，“城市设计与建筑和城市规划同属一系，其实践需要同时具有建筑与规划的一些技术和知识”[3]，而比较概括的说法，是将城市设计视作“一种全面的、集合众多优秀技能和经验的整体方法”[4]。

本书的理论框架运用以城市设计中关于城市形态的理论为基本内容，包括城市

[1]（英）尼格尔·泰勒.1945年后西方城市规划理论的流变.李白玉，陈贞译.北京：中国建筑工业出版社，2006：151.

[2] 栾峰.战后西方城市规划理论的发展演变与核心内涵.城市规划汇刊，2004(06)：83.

[3]（英）克利夫·芒福汀.街道与广场(第二版).张永刚，陆卫东译.北京：中国建筑工业出版社，2004：12.

[4]（英）Matthew Carmona等编著.城市设计的维度——公共场所—城市空间.冯江等译.南京：百通集团，江苏科学技术出版社，2005：4-5.

发展史中的城市形态及其意义、视觉空间形态，部分涉及空间形态与社会活动、场所意象等方面的关系，还涉及霍华德“田园城市”和其他新城规划理论等内容。其中，关于物质空间形态的理论是对实例对象进行探讨、研究的基础。本书理论框架中的另一个重要内容为类型学理论的运用，这种建立在分类与原型分析基础上的研究方法具有一定的理性推理成分。

1.4.1　城市结构与空间形态理论

马克思·韦伯（Max Weber）将城市定义为“城市是个（至少相对而言）密集的‘聚落’，而不仅仅是一些分散的住居的集合体”[1]，尽管这个“聚落”大小是个相对的概念。对于个体而言，“密集的聚落”本身就是一个具有相互关系的群体，聚落的空间形态则反映了空间之间的相互关系。以建筑学视角的城市形态理论是城市设计思想的基本传统之一，强调城市设计的结果，并以视觉的审美来审视空间关系。1889年，卡米洛·西特（Camillo Sitte）从传统城市空间美学研究出发，提出“城市建设的艺术原则”[2]，对后来以建筑的视觉空间为视角的城市形态研究提供了重要的“经验主义”观点。西特也被称为城市设计的奠基者、“城市设计之父”以及“人民教育家”[3]。

如果说西特将对城市空间的观察建立在空间的艺术性美学观点以及公共空间尺度、形式等微观形态观点上的话，凯文·林奇（Kevin Lynch）《城市意象》（*The Image of the City*）与《城市形态》（*Good City Form*）等著作则是通过人对空间景观、场所的认知与感受形成了城市设计形态的理论，其对空间形态的观察也更加具有结构性。对与城市结构中的“可意象”元素的阐述，不仅是出于那些参与调查人们的视觉或头脑中，而且也使人们更清晰地认知城市结构并引起在城市设计中对这些结构元素的重视。在他的著作中，以“三个标准理论”作为城市形态的基本类型（或模式）[4]建立了在一般意义上对城市形态的认识，这种认识不仅反映在学者们对历史城市形态及其意义的理解中，也成为城市形态建设实践的重要工具。

对城市结构与形态进行全面阐述的著作还有葛哈德·库尔德斯（Gerhard Curdes）的《城市结构与城市造型》（*Stadtstruktur und Stadtgestaltung*），著作从环境、城市结构，城市空间与造型与城市结构要素等方面论述了城市结构及主要公共空间的形态，类型学分析成为其中重要的手段。在关于城市造型的描述中，库尔德斯

---

[1]（德）韦伯．非正当性的支配——城市的类型学．康乐，简惠美译．桂林：广西师范大学出版社，2005：1.

[2] Sitte, Camillo. Der Städtebau-Nach seinen künsterischen Grundsätzen. 4.Auflage. Braunschweig, Wiesbaden: Vieweg, 1909.

[3] 蔡永洁．遵循艺术原则的城市设计——卡米诺·西特对城市设计的影响．世界建筑，2002（3）：75-76.

[4]（美）凯文·林奇．城市形态．林庆怡，陈朝晖，邓华译．北京：华夏出版社，2001：53.

将城市造型分为整个城市的宏观领域和区段与建筑的微观领域进行观察，并指出：“(城市)造型建构了一个美学框架，从中可以看出一个时代的文化水平，它可以被理解为城市物质结构外在的可感知轮廓。感官可以感知的造型就是这种结构的表面而不是其他，它提供了在这结构中所发生的事件及其价值的信息。”[1]

将城市形态的图形与意义联系在一起的重要文献是斯皮罗・科斯托夫(Spiro Kostof)的著作《城市的形成——历史进程中的城市模式和城市意义》(*The City Shaped: Urban Patterns and Meanings though History*)及其姊妹篇《集合城市》(*The City Assembled*)。其中,《城市的形成》论述了不同城市形态及其形成的意义，并揭示了存在于历史和文化之中作为意义载体的城市形式。著作一方面为本论文进行的实例原型分析起到重要的作用，另一方面也成为结构形态论述的理论基础之一。同样，刘易斯・芒福德(Lewis Mumford)的巨著《城市发展史——起源、演变和前景》(*The City in History: A Powerfully Incisive and Influential Look at the Development of the Urban Form through the Ages*)从城市的起源直到近代城市，几乎涵盖了整个城市文化与历史性内容，为本书的研究建立了城市形态在人类学、社会学以及历史学等方面的深刻认识。值得一提的是，本书试图以图形或图示化与叙述、论述化并重作为基本的研究方式，在有关城市发展史的文献中，莱昂纳多・贝纳沃洛(Leonardo Benevolo)的《世界城市史》(*Storia della città*)对历史城市以丰富的图片资料与精简的论述成为论文知识性基础文献之一。

在缤纷的城市设计文献中，埃德蒙・N・培根(Edmund N. Bacon)的《城市设计》(*Design of Cities*)的理论体系也与人对空间的感知为基本点，通过对传统与现代实例的分析建立其“同时运动诸系统”，空间形态与“运动”及其产生的联系结合在一起；诺伯格・舒尔茨(Christian Norberg-Schulz)发展建筑现象学研究体系，并将环境视为“场所”:“场所表达了建筑对真理的分享。场所是人类定居的具体表达，而其自我的认同在于对场所的认同感”[2]。柯林・罗(Colin Rown)与弗瑞德・科特(Fred Koetter)在1984年出版了《拼贴城市》(*Collage City*)，提出“以乌托邦为隐喻，拼贴城市为处方”的城市形态思想，“试图将城市概念从一种单眼视域的乌托邦重新导向一种关于城市形态的多元视角”[3]。从社会与使用视角论述城市形态的主要著作还有简・雅可布斯(Jane Jacorbs)的《美国大城市的死与生》(*The Death and Life*

---

[1] Curdes, Gerhard. Stadtstruktur und Stadtgestaltung: 2. Auflage. Stuttgart, Berlin, Köln: Kohlhammer GmbH, 1997: 109.

[2] (挪)Norberg-Schulz, Christian. 场所精神——迈向建筑现象学. 施植明译. 台北：田园城市文化事业有限公司，1995：6.

[3] (美)柯林・罗，弗瑞德・科特. 拼贴城市. 童明译. 李德华校. 北京：中国建筑工业出版社，2003：译者前言.

of Great American Cities)，C · 亚历山大(Christopher Alexander)等所著的《城市设计新理论》(*A New Theory of Urban Design*)与《建筑模式语言》(*A Pattern Language, Towns·Buildings·Construction*)，以及杨 · 盖尔(Jan Gehl)的《交往与空间》(*Life between Buildings*)等著作。这些关于城市结构、空间形态的理论为本书对实例城镇结构、公共空间形态的研究建立了主要的理论框架。

1.4.2　"田园城市"及其他新城规划理论

与城市形态，特别是郊区城镇形态具有直接关联的理论体系是霍华德"田园城市"及其他的新城规划理论。18世纪欧洲的工业革命促进了经济与城市化发展，城市问题顿显尖锐，使人们将目光投向郊区。"田园城市"理论形成于19世纪末，成为20世纪在城市规划领域的里程碑，并对现代城市规划理论与实践的发展产生了巨大影响。其思想体系的核心是建立城市与乡村的一体化模式，倡导了一种社会改革："用城乡一体的新社会结构形态来取代城乡分离的旧社会结构形态。"[1]如果说"田园城市"还具有传统城市印记的话，勒 · 柯布西耶(Le Corbusier)的"光明城市(Radiant City)"则是在形式美学等方面对传统的激进排斥，其反城市的思想表现为对郊区生活的追求与对工业城市的厌恶[2]，这也是二战前及之后十几年西方规划思想以乌托邦综合(Utopian Comprehensiveness)与反城市美学(Anti-urban Aestheticism)形成主流的主要根源之一。这个时期围绕郊区新城建设的理论与实践还有赖特(F.L. Wright)的"广亩城市"(Broadacre City)、嘎涅(Tony Garnier)的"工业城市"(Industrial City)以及马塔(Autoro Soriay Mata)的"带形城市"(Linear City)等规划思想，均从不同角度反映了城市设计的乌托邦理想模式。

出于政治兴趣，克拉伦斯 · 佩里(Clarence Perry)在1929年提出"邻里单位(Neighborhood Unit)"理论，"是想通过社区中心来恢复美国政治生活中的某些活力"[3]。有了这个中心，一个400米的步行圈便能得以确定，邻里单位也就形成了。邻里及其社区中心理论在20世纪90年代被"新城市主义"(New Urbanism)者引入了他们的宪章[4]，此外，"新城市主义"还在区域、邻里、街区等不同尺度上对于公共政策、规划设计等方面提出了具体设想，并以这些理论指导了大量的实践。本杰明 · 福尔基(Benjamin Forgey)认为"新城市主义"是"至少30年间在美国所看到的

[1] (英) 埃比尼泽 · 霍华德.明日的田园都市.金经元译.北京：商务印书馆，2000：译序17.

[2] (英) 尼格尔 · 泰勒.1945年后西方城市规划理论的流变.李白玉，陈贞译.北京：中国建筑工业出版社，2006：28.

[3] (美) 刘易斯 · 芒福德.城市发展史——起源、演变和前景.倪文彦，宋俊岭译.北京：中国建筑工业出版社，2005：513.

[4] (美) 新都市主义协会.新都市主义宪章.杨北帆，张萍，郭莹译.天津：天津科学技术出版，2004：77.

一系列城市改革运动中最贴近人的一种思想”[1]，同时，它也在关于城市紧缩性的讨论中被视作具有解决紧凑性问题的方案之一[2]。但这种思想的实践也因市场功利化与“新传统主义”的审美观而招致批评，“它对社区形象缺乏考虑，并硬行强加地制造出千篇一律的居住区。大多数项目都故意提供难以负担的房价从而将低收入家庭排斥在外”[3]。科斯托夫也将安德勒斯·杜安尼（Andres Duany）与伊丽莎白·普拉特赞伯克（Elizabeth Plater-Zyberk）设计的海滨镇形态描述为“一种被田园城市运动民俗化了的巴洛克美学”[4]。尽管如此，“新城市主义”的理论与实践，特别是在城镇邻里、中心与边界等方面对不同地区的新城镇建设形成了重要影响。

“正是由于城市学科的实践性，它直接影响了人们的生活环境，重中之重是发展一个好的实践性理论来改善它。”[5]伴随着实践，从“田园城市”到“新城市主义”，不仅反映了这些理论的发展对于城市规划的探索，同时，也为郊区城镇的结构与空间形态提出了不同的模式，并指导了新城建设的进一步探索与实践。

1.4.3 建筑类型学与原型

结构主义思想家列维·斯特劳斯（Claude Lévi-Strauss）在著作《野性的思维》（*La Pensée Sauvage*）中将建立在感官属性水平上的分类看作是通向理性秩序的第一步，他引用分类学家森姆帕逊（Simpson, G. G.）关于分类学的论述：“理性科学就是进行秩序化活动，如果分类学真的相当于这类秩序化工作的话，那么分类学就是理论科学的同义语”，同时指出，“即使是一种不规则的和任意性的分类，也能使人类掌握丰富而又多种多样的事项品目，一旦决定要使每件事都加以考虑，就能更容易形成人的‘记忆’”[6]。与分类在广义上同义的“类型”概念在17世纪伴随着新柏拉图思想与自然科学方法论共同得到发展；18世纪的“类型”（Type）是作为“复制、形象或模型的类似性”的词义出现的[7]。首次与建筑建立关联的“类型”出自1785年科瓦特利梅尔·德·昆西（Antoine-Chrysostone Quatremère de Quincy）。他对“类型”

[1] 转引自（美）肯尼·斯科尔森.大规划——城市设计的魅惑和荒诞.游宏滔，饶传坤，王士兰译.北京：中国建筑工业出版社，2006：115.

[2] （英）迈克·詹克斯，伊丽莎白·伯顿，凯蒂·威廉姆斯编著.紧缩城市——一种可持续发展的城市形态.周玉鹏，龙洋，楚先锋译.北京：中国建筑工业出版社，2004：342.

[3] （荷）根特城市研究小组.城市状态：当代大都市的空间、社区和本质.敬东，谢倩译.北京：中国水利水电出版社，知识产权出版社，2005：113.

[4] （美）斯皮罗·科斯托夫.城市的形成——历史进程中的城市模式和城市意义.单皓译.北京：中国建筑工业出版社，2005：277.

[5] （英）尼格尔·泰勒.1945年后西方城市规划理论的流变.李白玉，陈贞译.北京：中国建筑工业出版社，2006：159.

[6] （法）列维·斯特劳斯.野性的思维.李幼蒸译.北京：商务印书馆，1987：14，21-22.

[7] Lavin, Sylvia. Quatremère de Quincy and the invention of a modern language of architecture. New York: Dissertation Columbia University, 1990: 90.

概念的推论具有如下要点：(1) 发现了3个重要的建筑基本类型：帐篷(Tent)、洞穴(Cavern)和小屋(Carpentry)，并确认原始的"小屋"并不是表现在所有文化上的建筑起源形式；(2) 在材料、形式和建造上每个类型都不同；(3) 社会结构也不相同，取决于他们的地位，如：猎人、农民和收藏家；(4) 气候决定了哪种类型更强调屋顶；(5) 类型与他们的生活形态相吻合，那就是：猎人不需建房屋，他们在自然中找住处(洞穴)；收藏家处于迁移中，他们需要一个可以活动的住处(帐篷)；农民则需要一个固定的居住形式(小屋)[1]。从中可见他的整个推理过程都与类型密切相关。昆西还对类型与模式的关系作了说明，"他认为类型与模式的区分在于，类型不是可以复制与模仿的事务，否则就不可能有'模式'的创造，也就没有建筑的创造"[2]。

"新理性主义"(Neo-Rationalism)的代表人物阿尔多·罗西(Aldo Rossi)发展了"第三种类型学"(The Third Typology)[3]。其类型学注重类型的恒定性，并尽可能地被纯粹表达。在1966年出版的著作《城市建筑》(*L'Architettura della Cittá*)中，罗西对功能主义进行了批评。关于类型学，罗西指出："类型学是不能被继续减少的元素类型的原理，对于城市犹如一个单体的建筑。……类型是个恒量，与所有建筑元素有关，尽管它的限定性趋向于技术、功能、风格、共性与个性的辩证关系。"[4]他的类型学更加趋向于对城市设计的论述，在著作中他将城市设计的结构、基本元素与城市区域、城市设计现象的个性以及城市发展作为主要的4个篇章。以形式逻辑为基础，在形式与意义之间建立辩证关系，"这种辩证关系恰恰源于理性主义的客观逻辑，而其终极目标又落在'人类永恒的关怀'之上。这正是罗西建筑类型学的美学价值的支点所在"[5]。

若将罗西的设计作品视作对类型(或原型)的简练、纯粹表达，罗勃·克里尔(Rob Krier)的类型学则是主张回归历史的传统主义形而上学。他的著作《城市空间》(*Urban Space*)与《建筑构图》(*Architectural Composition*)从传统空间形式出发讲述了城市的空间类型。在20世纪70年代中期，罗勃·克里尔就清楚地表明反现代主义的立场，并被称为"浪漫的理性主义"者："通过回顾过去，并通过传统城市'形态储存'(Formenvorrat)的回归使生活进步。以绘图方式表达了将传统城市的

---

[1] Tahara, Eliza Miki. Neue Metropolitane Wohntypologien im Vergleich: Brasilien, Deutschland und Japan. Beuren, Stuttgart: Verlag Grauer, 2000: 15.

[2] 郑时龄. 建筑批评学. 北京：中国工业建筑出版社，2001：351.

[3] 维德勒(Vidler, Anthony)将罗西的"新理性主义"类型学归为"第三种类型学"。第一种是18世纪后期至20世纪初的类型学，将建筑历史视为原则；第二种是现代主义的基础，将建筑历史视作形式与风格的历史。见 Vidler, Anthony. The Third Typology. In Rational Architecture, Archives d'Architecture Moderne, Bruxelles, 1978.

[4] Rossi, Aldo. Die Architektur der Stadt: Skizze zu einer grundlegenden Theorie des Urbanen. Düsseldorf: Bertelsmann Fachverlag, 1973: 28.

[5] 汪丽君. 建筑类型学. 天津：天津大学出版社，2005：48.

尺度作为恢复人性尺度的标准，用来与抽象、与‘生活敌对的几何’相抗争……可以将他的毕生工作的要点视作‘历史导向的城市主义’。”[1]同样，他的胞弟列昂·克里尔（Léon Krier）也以类型学来关注城市：“建筑和文化的历史被看作是类型的历史，例如定居点的类型、空间（公共和私有）的类型、建筑的类型、结构的类型等。平庸的建筑学历史概念—基本上只关心纪念碑—被扩展到包括城市肌理的、由无名建筑构成的城市主体、公共空间界面的类型复杂性。”[2]他们的论述不仅将历史中的城市形态视作是理性的类型，特别是罗勃·克里尔在不同地区进行了大量实践。这些理论与实践也影响了如“新城市主义”等思潮或创作的形态设计观。

“原型”（Archetype）在19世纪中叶浪漫主义生物学背景下出现于形态唯心主义者理查德·欧文（Richard Owen）的著作《论脊椎动物骨骼的原型和同源》中，这种对不同有机体相似结构进行比较的原型研究在19世纪初被歌德称为唯心主义形态学。20世纪初，瑞士精神病学、心理分析学家卡尔·古斯塔夫·荣格（Carl Gustav Jung）将原型的概念用于心理学研究，并以这种“原始意向”解释“无意识”的“神圣性体验”，称为“无意识的结构”：“作为一种心理状态，它发生于无意识内容被吸收之际，并最终导向意识的做作扭曲，又进一步地引起了全能全知的错觉。”[3]继而，他将原型导入“集体无意识”的内涵，按他的说法，“原型是一切心理反应的普遍形式，这种先验形式是同一种经验的无数过程的凝结”[4]。在罗西的类型学中，原型也被认为与建筑类型具有近似性，并“努力使问题追溯到建筑现象的根源上去，试图使建筑的表现形式与人类的心理经验产生共鸣”[5]。郑时龄教授在《建筑批评学》中对原型批评在形式、心理、社会、历史等方面的特点进行了阐述，批评的目的在于揭示艺术作品对人类具有意义和感染力的基本文化形态：“用典型的意象作为纽带，将个别的艺术作品按照其共性的演变，从宏观上加以把握，有助于把我们的审美经验统一成一个整体。原型批评总是打破每部艺术本身的局限，强调其带有普遍性的也就是原型的因素。”[6]

类型学与原型的批评方式成为论文重要的理论基础之一。在罗西和克里尔兄弟的类型学中，历史中传统的城市形态被看作是先验的“原型”，对此引发的思考是

---

[1] Kleefisch-Jobst, Ursula; Flagge (Hrsg), Ingeborg. Rob Krier: Ein romantischer Rationalist. Wien, New York: Springer-Verlag, 2005: 32-33.

[2] 转引自（英）克利夫·芒福汀．街道与广场（第二版）．张永刚，陆卫东译．北京：中国建筑工业出版社，2004：16.

[3]（美）理查德·诺尔．荣格崇拜——一种超凡魅力的运动的起源．曾林等译．上海：上海译文出版社，2002：299.

[4] 郑时龄．建筑批评学．北京：中国工业建筑出版社，2001：355.

[5] 汪丽君．建筑类型学．天津：天津大学出版社，2005：17.

[6] 郑时龄．建筑批评学．北京：中国工业建筑出版社，2001：356.

与生俱来的，主要体现在原型或类型涉及的传统与创新之间关系的问题上。对于创新，乔治·库布勒（George Kubler）认为，人的创造是前人创造的复制品或变种，他通过对形式变化的拓扑结构研究，观察到更多的变异从变异中产生，并逐渐远离原型的现象，并认为，多数变化是复制原型，那些彻底的、与原型完全脱离、中断新旧联系的创新是少见的[1]。对此，克里斯·亚伯（Chris Abel）认为创新是一个本质上的整合过程，体现在三个方面，一是从范例中学习，而不是依赖显性的规律或理论，被认为是文化发展的主要机制；二是以"类推"思考置于创新的中心位置；三是彻底的创新不是普遍的规律。"创新不只是打断过去，而是要揭示一个新秩序，这个新秩序至少部分地根植于原来的传统中。"[2]显然，他的论述没有将创新与类型或原型完全隔离开来。对于艺术中创作的"模仿说"，茨维坦·托多罗夫（Tzvetan Todorov）在《象征理论》（*Théories du Symbole*）中依作品对模仿的赞成程度分为三级[3]，从另一个角度论述了原型与创新的关系。

由此，对于本书对实例空间形态的解析与比较，在类型学与原型理论上具有两个方面的表现方式，一方面，原型理论应用于对实例的分析中，论述实例在城市设计中显示出的形态原型特点；另一方面，在实例比较中运用类型学原理，分析与归纳由实例在城市设计中产生的形态类型。

1.5　研究方式与本书结构

研究对象的资料调研是本书进行城镇结构、空间形态类型分析与比较研究的基础，因此，关于实例城镇的设计与建设情况动态的、跟踪式调查始终伴随着整个研究过程，也是对处于参差不一建设期的实例进行研究的主要困难。尽管关于对象的基础调研工作不能建立在同一层次，但本书力图通过"捆绑式"的基础调研力图保持相对的整体性和完整性。正如在理论框架的论述中所提及的，本书的研究方式是建立在城市设计形态理论与类型学基础上的，体现在两个方面。一方面，以城市形态理论对实例城市设计进行原型分析与研究；另一方面，以类型学方法通过对10个实例在城镇结构、公共空间——广场、街道与公园绿地开放空间形态的比较，归纳其设

[1]（美）克里斯·亚伯.建筑与个性——对文化和技术变化的回应（第二版）.张磊等译.北京：中国建筑工业出版社，2003：152.

[2] 同上，2003：155-156.

[3] "模仿说"在18世纪175年的艺术理论中占据统治地位，对此，茨维坦·托多罗夫根据对模仿原则的赞同程度将艺术作品中的"模仿"划分为三个等级：零零级为"肯定艺术作品为模仿的产物"；第一级为"只承认模仿自然这个原则，但模仿不应尽善尽美"；第二级为"不简单模仿自然，而是模仿'美的自然'"。见（法）茨维坦·托多罗夫.象征理论.王国卿译.北京：商务印书馆，2005：150-151.

计中所体现的类型与特点。因此，本书的研究方式的特点可以归结为：对研究对象基础资料的动态调研、在城市形态上的类型学研究以及由此所形成的图示表达三个方面。

与研究方式相对应，本书的结构分为四章，包括两个主体部分。

第一部分（第2章）为实例解析，即实例空间形态原型分析部分，共分10个节，分别对应于10个实例。每一节的结构包括三个主要部分，其一是概况与规划的基本背景与进展，其二是城市设计及其主要特点，也是原型分析的主要内容，其三是小结。

第二部分（第3章）为实例城镇结构、公共空间的形态类型比较研究，共分四节。第一节为城镇结构，在结构层面对实例空间形态进行宏观观察，形成三个部分内容，一是通过对城镇正、负结构的肌理及其属性分析，归纳其肌理构成特点；二是对城镇结构形态中点、线、面的6个控制要素，即线网、区域、边界、轴线、中心、节点分别进行类型比较分析；三是结构图形，归纳城镇结构的基本图形类型及其组合特点，形成对结构图形的构成分析。第二节为城镇广场，由三部分内容组成，一是广场布局类型；二是基本元素：基面、界面和支配物的形态类型分析；三是对广场类型与空间品质进行归纳。第三节为城镇道路，分三个部分，一是道路布局，对道路布局与城镇结构的关系进行分析；二是道路的形态要素，分别就道路的线形、断面及其产生的类型等内容展开；三是步行街的布局、形态元素的形态类型。第四节为城镇公园，分两个部分展开对布局、形态类型的讨论。

两个主体内容之外的章节分别为第1章和第4章，其中第1章就研究背景、对象、目的、理论框架、结构等进行描述，并界定研究范围；第4章为结论部分，分别阐述研究得出的“一城九镇”城市设计主要特点以及对今后郊区新建城镇建设的启示结论。最后，本书将参与“一城九镇”规划、城市设计工作的单位与基本内容一览表作为附录内容。

第2章 “一城九镇”实例解析

2.1 松江区松江新城——“泰晤士小镇”

2.1.1 概况与规划

1. 松江新城概况

松江新城是2001年“一城九镇”试点计划中的“一城”，依托于上海市历史文化名镇——松江镇[1]。位于上海西南方向的松江区处于长江三角洲经济圈内，连接浙江省，并经由浙江省至中国的南方地区，是上海市与南方各省连接的主要门户，距上海市中心约40公里，距虹桥、浦东国际机场各约25公里、100公里。松江镇位于松江区中部，东临洞泾港，南至沪杭铁路与华阳镇、仓桥镇相邻，西至古浦塘、东浜交汇处，与仓桥镇相接，北至沪杭高速公路（A8）与茸北镇分界。松江的公交中心不仅服务于区内，也是连接青浦、金山、闵行、奉贤、南汇及江浙等地的枢纽。松江城内的市河与江南大运河连通，形成了发达的水网，有通波塘、人民河、大涨泾、古浦塘、洞泾港、沈泾塘等8条县级航道流经镇区。

松江是上海历史文化发源地，根据县志以及考古资料，约六千年前松江九峰一带已有先民生息。至秦代，归属会稽郡的长水县（秦末改为拳县）东境，海盐县北境，娄县（现昆山县）南境。唐天宝十年（751年），吴郡太守赵居贞奏请划本部郡昆山南境、嘉兴东境、海盐北境土地，建立华亭县。至元十四年（1277年）升为华亭府，辖华亭一县，第二年改为松江府。清嘉庆十年（1805年），松江府辖七县（华亭、青浦、娄县、奉贤、金山和南汇）一厅（川沙）。元至元年间从华亭县析出的上海县，是上海城市的前身。民国元年（1912年）废府，华亭娄县合并为华亭县，后改为松江县，松江镇名华亭市、松江市，后改城厢区、城区。民国期间，江苏省在松江县设行政督察专

[1] 松江镇于1991年被市政府命名为上海市历史文化名镇。

员公署。1949年5月13日松江解放，苏南行署曾设松江专区，松江镇为城区，辖中山、岳阳、永丰3镇。1958年1月，松江专区撤销，松江县并入苏州专区，11月松江镇随县划入上海市。1963年改为城厢镇。1980年改松江镇。1998年6月，松江撤县建区，成为上海市的市区。2001年，松江镇撤销，城区面积扩大（图2.1–1）。

作为历史悠久的千年古城，自唐代起，松江镇手工业、商业逐渐兴盛。至明代，米粮业和纺织业发达，运输和加工等业随之发展，列为当时全国33个工商城市之一。清末起，商业、服务业繁荣，松江大街横贯松江镇东西，称“十里华亭”，成为典型的消费城市。上海开埠前，松江镇是上海地区政治、经济、文化中心。之后，随着上海的开埠逐步走向衰退。1990年以来，松江的经济取得了较大的发展，至2004年，近三年的年均增幅超过25%。相继建成佘山国家级旅游度假区、上海影视基地以及上海青青旅游世界等旅游设施。松江大学城占地约388.6公顷。

松江区拥有东佘山、西佘山、凤凰山、薛山、辰山、天马山、钟贾山、小机山、横山等山体，虽其山体非险峻高山（海拔38.9～97.2米），但是上海市唯一拥有山丘资源

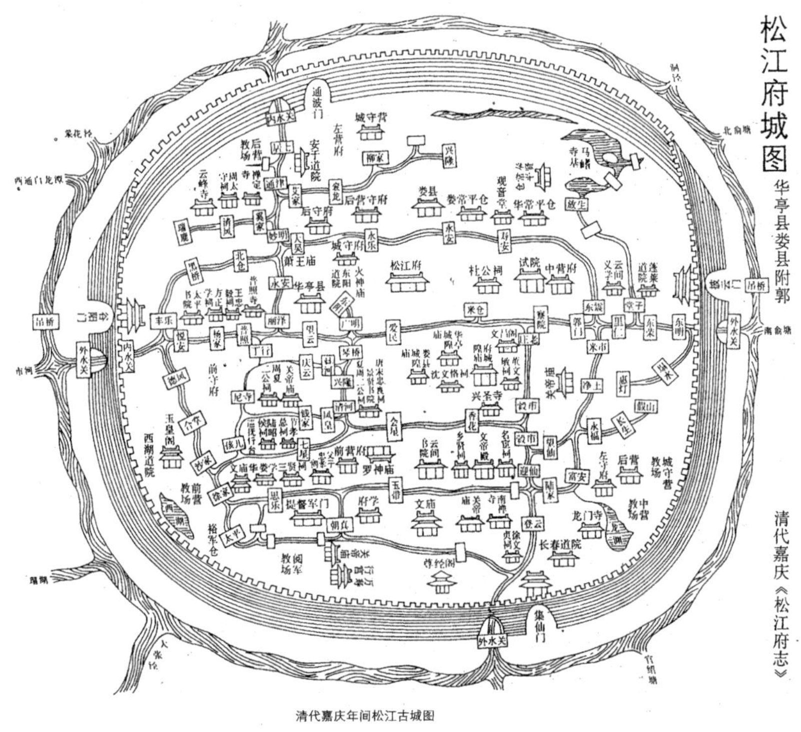

图2.1–1　松江府城图

图片来源：王振亮主编.中国新城规划典范，上海松江新城规划设计国际竞赛方案精品集.上海：同济大学出版社，2003：14

的地区。松江镇原有古城墙，后因城市建设逐年拆除城墙，现基本无存。松江镇古迹文物涵盖唐、宋、元、明、清各时期，其数量居上海市各城镇之首。全国重点文物保护单位有唐代陀罗尼经幢、宋代兴圣教寺塔（方塔），上海市文物保护单位有圆应塔（西林塔）、护珠塔（斜塔）、元代松江清真寺、明代砖刻照壁等。古典园林有如清代醉白池。以古文物为主的方塔园为风格别致的文物公园。镇上还有望仙桥、云间第一楼、颐园、大仓桥、云间第一桥、兰瑞堂、葆素堂、雕花厅、邱家湾天主堂等文物古迹。其中区级文物保护单位四十余家[1]。

2. 松江新城规划

2001年，根据上海市总体规划提出的城镇体系以及“一城九镇”试点城镇要求，松江区组织编制了《松江新城总体规划》，规划将松江新城定义为“是代表上海郊区综合发展实力与水平，居住环境优美的历史文化型生态园林城市。至2020年，松江新城常住人口规划为60万人，规划用地规模为63.46平方公里”[2]。根据总体规划，松江新城分近、远两期开发。其中近期开发土地面积36平方公里，人口规模30万[3]（图2.1-2）。

虽然上海市政府在2004年将松江新城、嘉定新城与临港新城共同确立为重点建设新城，但在“一城九镇”计划开始时，松江新城是唯一的试点新城。在2001年4月至7月，区政府及有关部门就“松江新城规划和风貌规划设计”进行了国际招标。任务书要求规划设计着重于提出概念规划和形态规划，在两个月时间内完成三个部分的设计内容：一是对松江新城约60平方公里的规划提出“框架性”的概念；二是对约23平方公里的“示范区”提出“城市风貌规划设计”；三是对上述“示范区”的核心区（约6平方公里）、轨道交通枢纽区（约1平方公里）以及“英式风貌居住区”

图2.1-2 松江新城总体规划平面图（2003）

图片来源：黄婧.透视松江新城规划特色与建设创新.理想空间.2005（6）：42

[1] 转引自上海市地方志办公室.特色志/上海名镇志/旧府新城：松江镇.http://www.shtong.gov.cn. 2005-10-18.

[2] 黄婧.透视松江新城规划特色与建设创新.理想空间.2005（6）：44.

[3] 张捷，赵民编著.新城规划的理论与实践——田园城市思想的世纪演绎.北京：中国建筑工业出版社，2005：244.

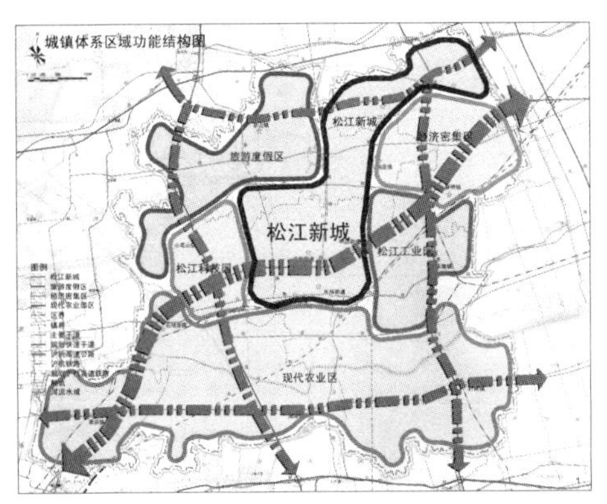

图2.1-3　松江城镇体系区域功能结构图

图片来源：乐晓风、程蓉．创建繁荣的园林城市——松江新城主城总体规划介绍．理想空间．2005（6）：48

（1平方公里）提出城市设计[1]。规划有英国阿特金斯（Atkins）国际有限公司、意大利Architettiriuniti事务所、英国Sheppard Robson International事务所等设计单位参与。经评选，阿特金斯公司中标。

根据松江区城镇体系规划，松江新城由南侧的“松江新城主城区”、北侧的泗径、九亭“辅城”组成，等同于“一城、二翼、三片”中的“一城”；“二翼”是指西侧的松江科技园区以及东侧的“经济密集园区”；“三片”分别为西北侧的旅游度假区、东侧的松江工业园以及南侧的“现代农业区”[2]（图2.1-3）。城镇体系规划在松江新城周边结合了现代农业与工业等低密度区域，在发展模式上带有“田园城市”的特征。

在主城区布局上，规划以纵、横轴线的线性方式形成了主体结构。首先，规划在中心区设置了行政、商业中心的空间发展横轴，与南侧的带形老城区平行。由此，新城中心与老城区形成了并行的轴向发展态势，老城注重传统风貌的保护，新城则是“吸收西方先进理念的区域，突出现代的建筑风貌[3]”，规划称之为“一城两貌”[4]。其中，新区中心横轴沿东西向带状发展，形态为三个平行的线性空间：两侧分别为公共建筑带，中间为带状的中心公园，空间布局方式与霍华德“用‘水晶宫’包围起来的‘中央公园’”[5]相类似，其“同轴”的带形形态尽管不同于“田园城市”的“同心”圆形，也没有采用放射发展的空间形态，但以花园为中心，居住社区围绕具有轴向的公共区域布置，形成了圈层发展的空间形态（图2.1-4）。其次，尽管新、老城区的空间联系由于两者之间沪杭高速公路（A8）的穿越而被削弱，但规划在南北方向分别布置了两条绿带、一条干道轴线，三个纵轴贯通南北，连接了新城与老城区，一直延伸到位于北侧的松江大学城。这种带状中心区、纵向绿带的布局，在形态原型上，具有英国第三代新城米而顿·凯恩斯的形态特点（图2.1-5）。因此，松江新城的城市形态原型不同程度地受到了“田园城市”与凯恩斯规划形态的影响。

[1] 王振亮主编．中国新城规划典范，上海松江新城规划设计国际竞赛方案精品集．上海：同济大学出版社，2003：22.

[2] 乐晓风、程蓉．创建繁荣的园林城市——松江新城主城总体规划介绍．理想空间.2005（6）：48.

[3] 黄婧．透视松江新城规划特色与建设创新．理想空间.2005（6）：46.

[4] 同上。

[5]（英）埃比尼泽·霍华德．明日的田园都市．金经元译．北京：商务印书馆，2000：14.

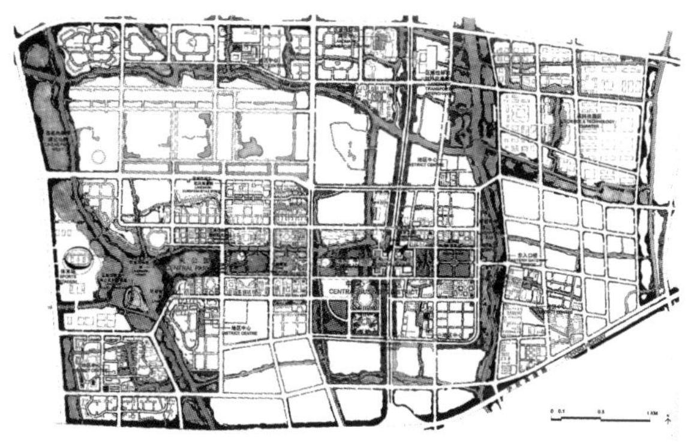

图2.1-4 松江新城中心区域规划平面图

图片来源：王振亮主编.中国新城规划典范,上海松江新城规划设计国际竞赛方案精品集.上海：同济大学出版社,2003：30

图2.1-5 米而顿·凯恩斯规划平面图

图片来源：Walker, Derek. The architecture and Planning of Milton Keynes. London: The architectural press Ltd., New York: Nichols Publishing company, 1981. 4

2.1.2 “泰晤士小镇”城市设计

“一城九镇”计划开始时，松江的“特色风貌区”被确定为“英国风貌”。从规划招标到详细规划、建筑、景观设计，各个设计阶段的设计都围绕着这个指向性风格展开。“泰晤士小镇”位于松江新城主城中心区的西端，在小镇的东侧设有人工湖面与中心区的中心公园相连接，总用地约96公顷（图2.1-6）。

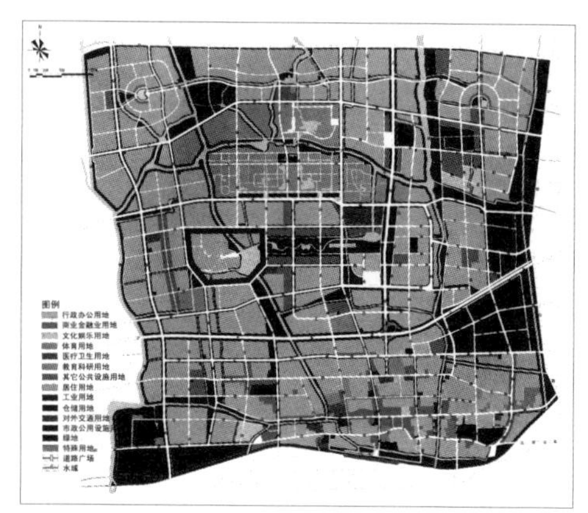

图2.1-6 “泰晤士小镇”在松江新城主城中的区位

图片来源：作者根据乐晓风、程蓉.创建繁荣的园林城市——松江新城主城总体规划介绍.理想空间.2005（6）：49改绘

阿特金斯公司继设计中标后，接连进行了“泰晤士小镇”的详细规划、景观规划及建筑方案设计，在详细规划中，设计强调了以下要点：

（1）有机的、自由的规划结构；

（2）尺度亲切的空间；

（3）混合功能的步行街；

（4）中低密度住宅；

（5）多种建筑形式及材料；

（6）乡村风格的环境景观[1]。

为了使“泰晤士小镇”在空间形态上体现英国风格，规划设计提出了空间

[1] 上海松江新城英式居住区方案设计文本.2001. B-01，由上海松江新城建设发展有限公司提供。

形态的设计要点：一是呈现自然生长、不断更新、充满活力的风貌；二是公共空间、建筑风格由内至外呈“由古而今”的变化；三是空间尺度、建筑语言、比例、建筑材料保持一致，保持完整、协调和统一；四是各类公共空间与建筑“具备风格各异的年代特点”，并与其功能一致，具灵活、可变性[1]。根据这些要点，设计由位于区域中心的被称之为“城区发源地”的“老城中心”到“工业化时期城区扩张范围”，直至形成整个“现今的城区轮廓”[2]，呈圈层生长的形态。对于一个一次规划、一次建设的城镇区域来说，设计试图以圈层布局的不同区域形态，表现一个城镇空间生长的过程，结合“英国小镇”的指向性风格“再造”空间的生长感，并通过具有有机形态特征的结构元素形成整体（图2.1–7）。

设计对“特色风貌”的表达使用了三处城市公共空间作为载体，一是位于“老城中心”的“旧城风貌区”，由旧市镇中心广场、市场、教堂以及步行街形成公共空间，“与部分英式传统民居建筑共同反映英伦早期的建筑风格”[3]；二是位于“工业化时期城区扩张范围”西南侧的“河岸风貌区（码头广场风貌区）”，是体现“具有传统英国小型工业”特点的建筑群，建筑功能为商住、特色酒吧、小旅馆、小餐厅、地层商铺、店面等，外部空间则体现“英式水道”特点。三是位于东侧的“新市镇中心（现代市民广场）”，临新镇的人工湖面，面向新城中心区与中心绿地，内容为：市民广场、购物广场、图书馆、旅馆、办公楼、公园、绿地、湖滨广场等公共建筑与外部空间，也是“泰晤士小镇”的中心区，风格体现“新时代”特征[4]。三个区域通过一条环形的街道进行联系（图2.1–8）。

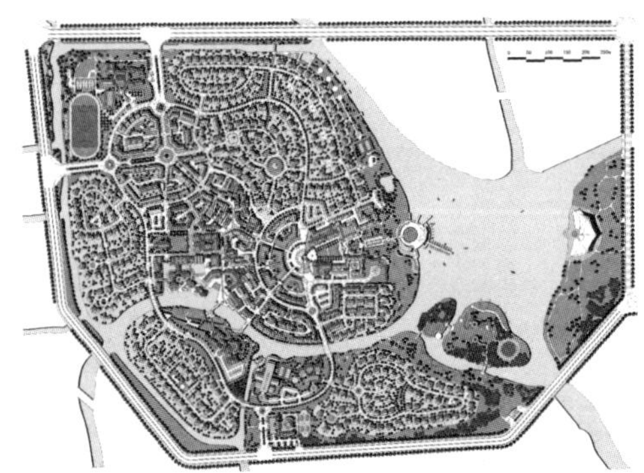

图2.1–7　“泰晤士小镇”规划总平面图

图片来源：上海松江新城英式居住区方案设计文本.2003，由上海松江新城建设发展有限公司提供

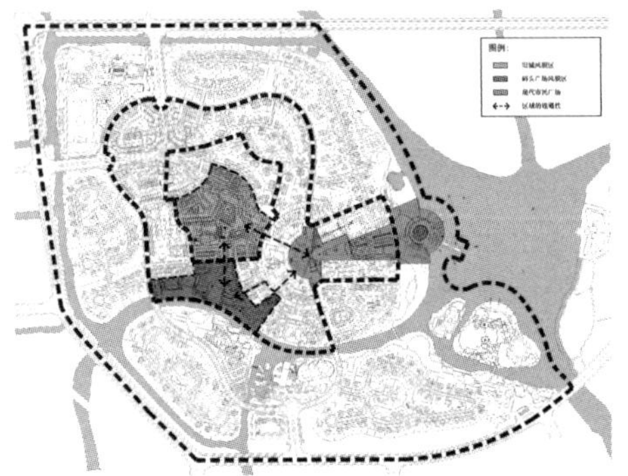

图2.1–8　“泰晤士小镇”设计中划分的三个区域

图片来源：上海松江新城英式居住区方案设计文本.2002.B–02，由上海松江新城建设发展有限公司提供

[1] 上海松江新城英式居住区方案设计文本.2002.B–01，由上海松江新城建设发展有限公司提供。
[2] 同上。
[3] 同上。
[4] 同上。

1.“有机”形态原型

“泰晤士小镇”的城市设计，强调利用基地周围水系与绿地形成了区域边界，在这种绿带组合的包围下，区域内部空间结构采取了模仿自然的“有机”形态原型。

绿化与水系的组合边界在“泰晤士小镇”的空间结构中具有两个作用，一个作用是围合整个区域，将其限定的小镇区域从新城的结构中独立出来，另一个作用是在小镇内部划分了三个不同尺度的“岛屿”。串联三个岛状组团的道路形态没有延续新城规划中的格网形式，而是使用一个闭合的环状曲线，成为空间结构的主要“枝干”，使道路、组团依靠“枝干”生长，在结构上更多地接近英国20世纪60年代胡克(Hook)新城的规划道路形态(图2.1–9，图2.1–10)。环路形态迎合了环形绿带的小镇边界形式，这种绿环也被刘易斯·芒福德称为英国城镇“周围有一圈绿带”的邻里公园常用的方式，他所说的另一种方式则是雷德朋式[1]，其特点为：(1)道路网布置成曲线；(2)有机配置的绿地、住宅与步行道；(3)行人和机动车在一个平面上隔离；(4)低建筑密度；(5)住宅以组团配置，呈口袋形；(6)尽端式住宅道路；(7)配置公共建筑，商业中心于住宅中间布置[2](图2.1–11)。其中的人车分流概念沿用至今，成为现代住宅区规划设计较为流行的方式之一。

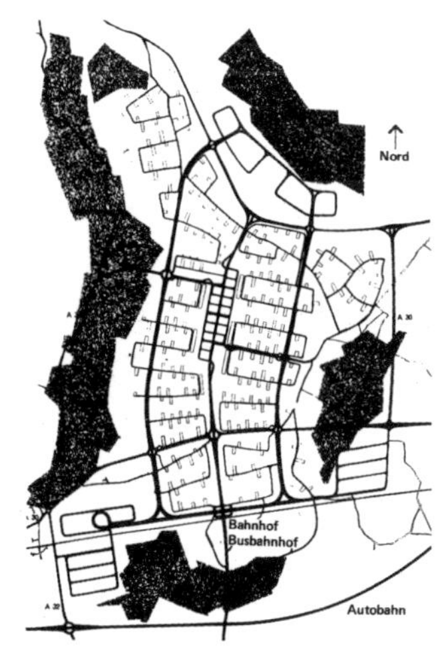

图2.1–9 新城胡克规划平面图

图片来源：Benevolo, Leonardo. Die Geschichte der Stadt. Frankfurt/New York: Campus Verlag GmbH, 1983: 990

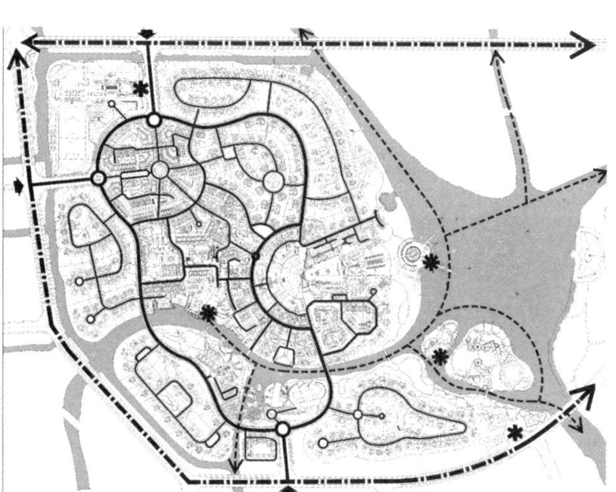

图2.1–10 “泰晤士小镇”规划道路结构示意图

图片来源：上海松江新城英式居住区方案设计文本.2002.B–10，由上海松江新城建设发展有限公司提供

[1] (美)刘易斯·芒福德.城市发展史——起源、演变和前景.倪文彦，宋俊岭译.北京：中国建筑工业出版社，2005：515.

[2] 张捷，赵民编著.新城规划的理论与实践——田园城市思想的世纪演绎.北京：中国建筑工业出版社，2005：44.

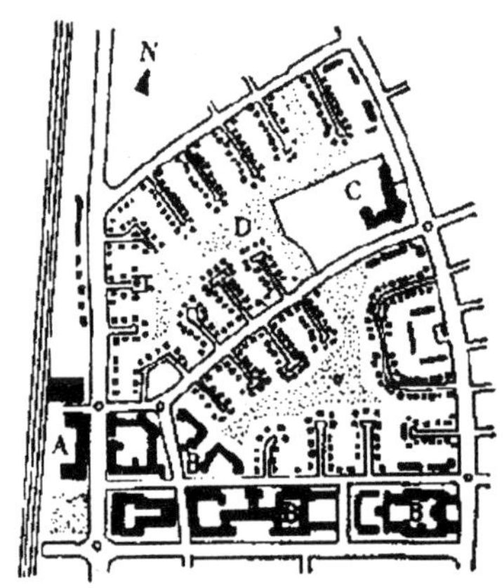

图2.1-11　雷德朋模式

图片来源：张捷、赵民编.新城规划的理论与实践——田园城市思想的世纪演绎.北京：中国建筑工业出版社，2005：44

"泰晤士小镇"的空间结构组织方式类似于雷德朋体系，曲线形态的主要环形道路、组团道路，以及雷德朋式的尽端住宅道路等构成了有机、连续的空间形态。公共建筑中心如同岛状的组团，由环路串联。这种形态也曾出现在美国20世纪30年代建设的绿带城等住宅区规划设计中（图2.1-12）。

18世纪中叶，一个在景观园林中的概念："如画风格（Picturesque）"逐渐形成，并用"如画的、诗情的和浪漫式的"进行园林的分类[1]。"如画风格"对郊区城市设计形成影响的主要实例，是1840年英国的伯恩茅斯（Bournemouth, Dorset）住宅区，其规划将独立式住宅沿曲线形道路布置，重要的原则就是"避免规整"[2]（图2.1-13）。在"泰晤士小镇"的规划中，结构形态首先被强调的便是"有机"性，像"如画风格"般地拒绝规则形式。

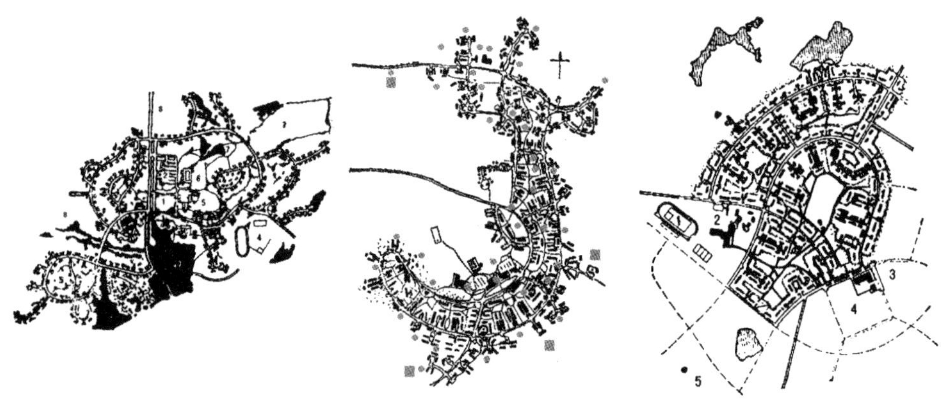

图2.1-12　美国20世纪30年代的绿带城平面示意图，（从左至右）分别为：俄亥俄、马里兰、新泽西绿带城

图片来源：张捷，赵民编著.新城规划的理论与实践——田园城市思想的世纪演绎.北京：中国建筑工业出版社，2005：45-47

[1]（德）汉诺—沃尔特·克鲁夫特.建筑理论史——从维特鲁威到现在.王贵祥译.北京：中国建筑工业出版社，2005：193.

[2]（美）斯皮罗·科斯托夫.城市的形成——历史进程中的城市模式和城市意义.单皓译.北京：中国建筑工业出版社，2005：72.

图2.1-13 英国“如画风格”的郊区住宅区伯恩茅斯景观，1840年

图片来源：(美)斯皮罗·科斯托夫.城市的形成——历史进程中的城市模式和城市意义.单皓译.北京：中国建筑工业出版社，2005：72

有机模式，连同宇宙模式、机器模式，被凯文·林奇看作城市形态的三个标准模式[1]。在著作中，林奇描述了有机体的概念：(1)是一个具有明确界线和尺寸的自治个体；(2)是由不同部分组成的，但局部连接非常紧密，相互没有明显的界限；(3)整个有机体是动态的，是自我平衡的动态；(4)是有目的的，可以生病、健康或承受压力[2]。有机模式把城市看作是一个有机体，其理论源于18、19世纪生物学发展，并影响了之后出现的霍华德“田园城市”理论、克拉伦斯·佩里的“邻里单位”理论以及风景学、城市设计的实际应用(图2.1-14)。

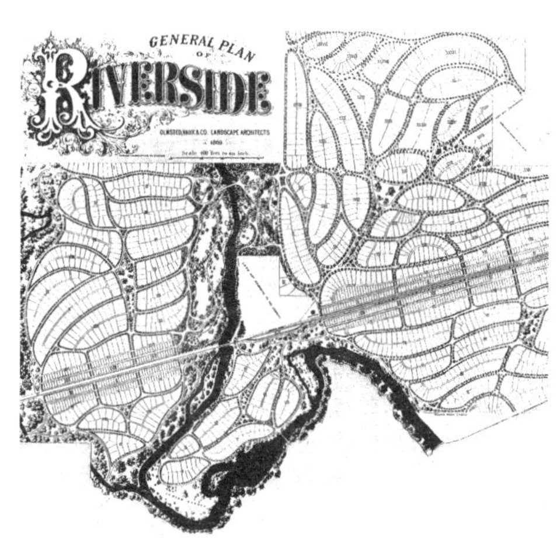

图2.1-14 美国伊利诺伊河岸郊区(Riverside, Illinois)住宅区的有机形态设计，1869年

图片来源：(美)斯皮罗·科斯托夫.城市的形成——历史进程中的城市模式和城市意义.单皓译.北京：中国建筑工业出版社，2005：74

如果将“如画风格”看作一种对景

[1] (美)凯文·林奇.城市形态.林庆怡，陈朝晖，邓华译，北京：华夏出版社，2001：65.
[2] 同上。

观环境的审美观,“有机模式”则试图将城市形态与有机体生物科学观联系在一起。以林奇的观点,城市不是生物体,也不能自身生长、繁衍或自我修复[1]。因此,仅从形态上看来,“泰晤士小镇”的规划设计始终遵循了有机的形态塑造手法,大量地使用曲线的道路、河道以及其他构图元素,使城镇空间形态在视觉上形成了一个模仿自然物的“有机”整体。其设计的原型更多地趋向“如画风格”审美观念上的“有机”形态。

2. 再造“生长感”

从“泰晤士小镇”的规划设计文本中,我们可以读到以下文字:“整个社区呈现出一个自然生长、不断更新并充满活力的卫星城镇风貌……地块由内至外的城市公共空间及建筑风格也由古而今随之变化,反映整个社区的自然变迁……。”[2]规划划分了三个不同的区域,试图表现城镇从老到新、具有“生长感”的历史发展逻辑。

为此,“泰晤士小镇”的规划使用了周边的围合性水系,行走在小镇中间的闭合环形道路,加上被层层放大的三个区域,使空间形态产生了圈层“生长”的态势。首先,公共空间的形态被赋予表现不同历史时期的意义。在内圈,作为城镇“起源”部分的“旧市镇广场”形态呈现出中世纪组合广场的形式;作为中圈的“工业化扩张时期”区域采用了临水岸线码头及其广场组合;连接中、外圈的“新市镇中心”广场带有巴洛克广场形态特点。其次,建筑布局与形式体现了圈层的形态规律。为了体现传统外部空间的空间尺度,在内圈“旧市镇”区域,规划采用了周边式的建筑布局方式;在中圈的“工业化扩张”区域,建筑形态以周边式为主,混合了部分低密度独立式住宅建筑;在外圈的“现今城区”,则基本上布局了独立式建筑。

综合上述分析,自内圈向外,“泰晤士小镇”规划的圈层空间形态具有以下主要特点:(1)在时间方面:从古至今;(2)在密度方面:从密至疏;(3)在建筑高度方面:从高至低;(4)在建筑布局方面:从周边式至独立式;(5)在空间公共性方面:从公共至私密;(6)在空间形态方面:从围合至开放。圈层的空间形态对“历史”或“生长感”进行了解释,如同表现三个不同历史时期戏剧的舞台场景,三个“历史”片断被拼贴在一起。

在中世纪时期,圈层的空间形态是城市经不断的扩张逐步形成的,经跨世纪甚至十几世纪的发展,形成了一个具有整体性的城市形态。从物质空间形态看来,圈层结构是“泰晤士小镇”城市设计的原型之一,具有向心性、明显边界以及合理的密度圈。亚历山大(Christopher Alexander)阐述了一个完整事物的生长具备四个特征:其一,整体化是渐进的,一步步进行的;其二,整体化是不可预测的;其三,整体

[1] (美)凯文·林奇.城市形态.林庆怡,陈朝晖,邓华译,北京:华夏出版社,2001:69.
[2] 上海松江新城英式居住区方案设计文本.2001. B−01,由上海松江新城建设发展有限公司提供。

化是连贯的；其四，整体化是富于感情的。"经历了有机整体的城镇是一种历史现象。同时，也可以简单地在现时结构中感觉到它是一种历史的积淀。"[1]城市设计应体现的应该是这个完整事物的发展过程与规律。显然，以传统空间原型去解释再造的历史性"生长感"，似乎也再造了城市的生长逻辑，这个逻辑缺少的是一个真实的历史过程，以及一个整体化事物发展所具备的特征。在"一城九镇"的建设背景下，"泰晤士小镇"的规划运用了圈层结构形态，以及具有不同历史风格的原型，用以再造历史性"生长感"，其主要目的在很大程度上是用来诠释指向性的"英国风貌"。

尽管如此，仅从空间形态方面看来，"泰晤士小镇"的规划设计形成了紧凑的圈层空间结构，建立了建筑与外部空间的紧密关系。在公共空间造型中，被植入的不仅是西方国家的古典建筑形式，同时还有良好的空间比例与尺度，体现了设计对公共空间的高度重视。

3. 传统空间形态的广场及其组合

"泰晤士小镇"城市设计对公共空间的塑造，起到了规划所设定三个区域的"主题化"作用。这些"主题"元素——"旧市镇广场"及其步行街、"码头广场"、"现代市民中心"所使用的历史空间形态，分别呼应了"老城中心"、"工业化时期的扩张"和"现今城区"，在三个区域内，公共空间的主要形式是组合的广场。如同卡米洛・西特所评论的中世纪城市，"以主体建筑形成的广场组合（Platzgruppe）作为城市的中心，成为可接受的原则"[2]。这种形式成为"泰晤士小镇"广场形态的基本原型，另一个原型则是巴洛克形式的星形放射结构。

中世纪的城市中心通常是市政厅、教堂和集市，其广场与建筑反映了城市的社会生活，公共空间的结构也就显得比较复杂，多个中心形成体现了宗教与世俗的对立。但不同功能的城市广场常常以互相连通的组合形式出现，如中世纪时期吕贝克（Lübeck）的城市中心广场（图2.1–15）。

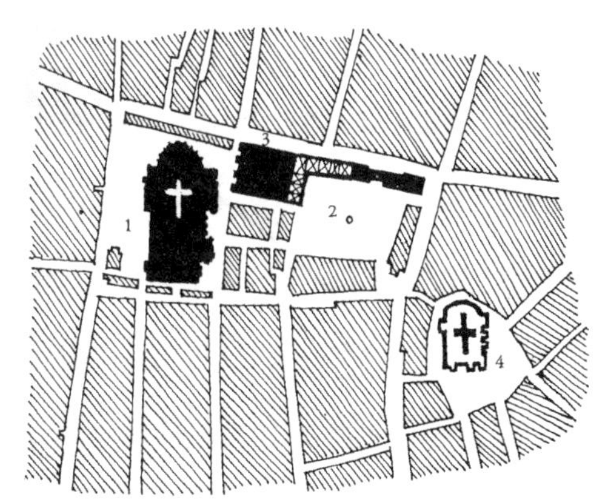

图2.1–15 中世纪城市吕贝克的中心广场

图片来源：Benevolo, Leonardo. Die Geschichte der Stadt. Frankfurt/New York: Campus Verlag GmbH, 1983: 353

西特在描述欧洲中世纪广场时，列

[1]（美）C・亚历山大等. 城市设计新理论. 陈治业，童丽萍译. 北京：知识产权出版社，2002：11.

[2] Sitte, Camillo. Der Städtebau-Nach seinen künsterischen Grundsätzen. 4.Auflage. Braunschweig, Wiesbaden: Vieweg, 1909: 65.

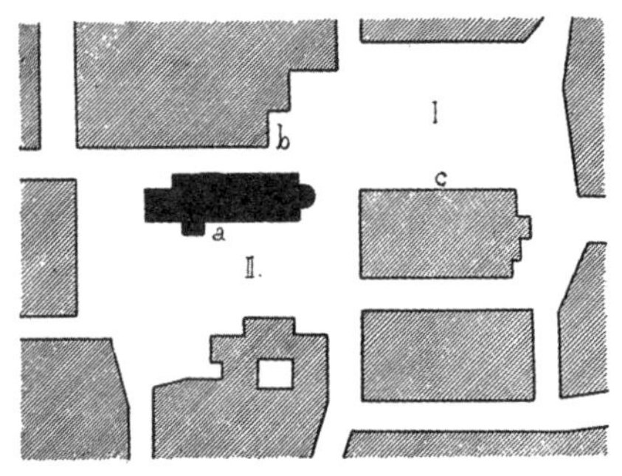

图2.1–16　布隆施瓦尔克的城市广场

图片来源：Sitte, Camillo. Der Städtebau-Nach seinen künsterischen Grundsätzen. 4.Auflage. Braunschweig, Wiesbaden: Vieweg, 1909: 81

举了布隆施瓦尔克（Brunschweig）由两个互相联通的广场形成的广场组合。组合式广场中的建筑分别是教堂和商行，建筑被推至广场的一侧，另一个长边分别面对各自的教堂广场和集市广场，他对这种形式倍加赞赏：“（两个广场的）的共同联合作用形成了一个扩大拓展了的整体，使得每个广场和建筑增强了各自的作用”[1]（图2.1–16）。这种中世纪的广场组合形式成为“泰晤士小镇”三个区域公共空间的形态设计的主要原型。

在2002年的规划中，位于小镇环路中心的“旧市镇广场”由两个广场组合而成，体现了中世纪城市广场组合的特点。广场经周边的混合功能建筑围合，形态呈“L”形，被分为两个部分。东北侧广场中的建筑功能商业性的“旧镇市场”，西南侧则为教堂，建筑的长边分别面对广场（图2.1–17）。在随后的深化及建筑方案中，教堂由于小学校的布局改动而向西移动，将“L”形空间拉长，设计又在两个原连接较为紧密的广场之间设置一个大体量的公共建筑，使两个广场的空间联系削弱，同时加强了与南侧“码头广场”间的空间联系（图2.1–18）。在构成上，教堂广场基面以绿地为主，教堂建筑形式照搬了古典的哥特形式，成为整个区域的制高建筑标志物（图2.1–19）。“旧镇市场”广场规模较小，不仅与教堂在西侧连接，并与东侧的步行街进行了组合。两个广场在空间形式上保持了中世纪组合式广场的特点。

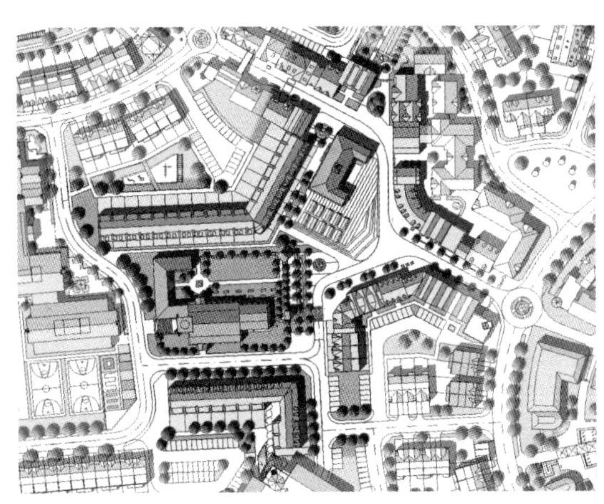

图2.1–17　“泰晤士小镇”的“旧市镇广场”组合，2002年

图片来源：上海松江新城英式居住区方案设计文本.2002：G–01，由上海松江新城建设发展有限公司提供

小镇规划所设的另一处广场是“码头广场”，位于南部河道的北侧中间区域，与“旧市镇广场”以通道连接。“码头广场”共设有三个不同尺度的广场，其中的两个广场由商业娱乐建筑围合或联系，

[1] Sitte, Camillo. Der Städtebau-Nach seinen künsterischen Grundsätzen. 4.Auflage. Braunschweig, Wiesbaden: Vieweg, 1909: 79.

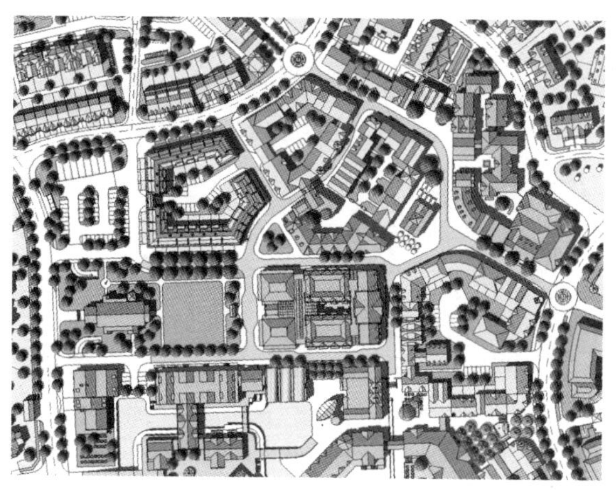

图2.1-18 经修改的“旧市镇广场”,2003年

图片来源:上海松江新城英式居住区R7、21、22建筑方案设计文本,2003:001,由上海松江新城建设发展有限公司提供

图2.1-19 “泰晤士小镇”的教堂建筑 2006年

与水面相邻,另外一个广场位于港湾式岛屿上,为庭院式广场,三个广场形成组合(图2.1-20)。规划在广场空间中营造了一个主题化的场景,设置了工业化时期的“道具”:旧船锚、码头起重机、旧时驳船、旧时火车头及其铁轨、临河货仓和坡道等,试图表达19世纪英国码头工业的景象[1],与围合建筑的界面一起,构成一个主题化的舞台般场景。这种空间娱乐主题化的做法不乏先例,在很多商业化空间中蔓延,如拉斯维加斯的威尼斯赌场区(the Venetian Casino Resort, Las Vegas),直接照搬了原型景物(图2.1-21)。“娱乐化及其感受是短暂的事务……建筑常常像个舞台装置”[2]。不仅如此,对于城镇建设,这种浮夸、浅薄的娱乐化倾向,是一种“迪士尼”式的乌托邦[3]。

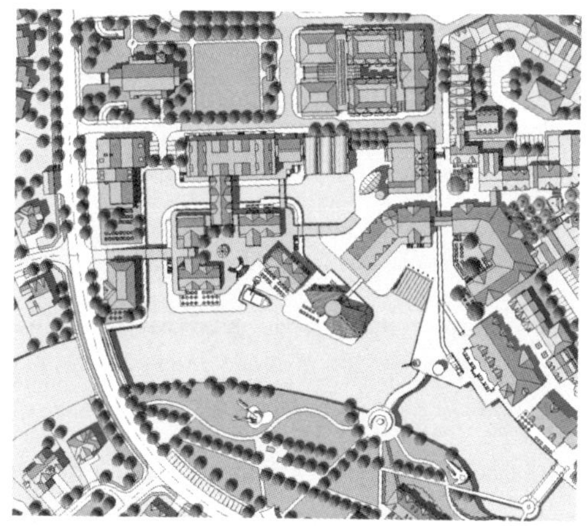

图2.1-20 “泰晤士小镇”的“码头广场”平面图

图片来源:上海松江新城英式居住区R7、21、22建筑方案设计文本,2003:001,由上海松江新城建设发展有限公司提供

[1]《上海市松江新城英式居住区方案设计:景观规划设计》文本,D-10,上海松江新城建设发展有限公司提供。

[2] Clifford A. Pearson. Theme Sprawl. Architectural Record. 2000 (11): 141.

[3](美)柯林·罗,弗瑞德·科特.拼贴城市.童明译.李德华校.北京:中国建筑工业出版社,2003:45-46.

图2.1-21　拉斯维加斯的“威尼斯”赌场区

图片来源：Clifford A. Pearson. Theme Sprawl. Architectural Record. 2000(11)：140

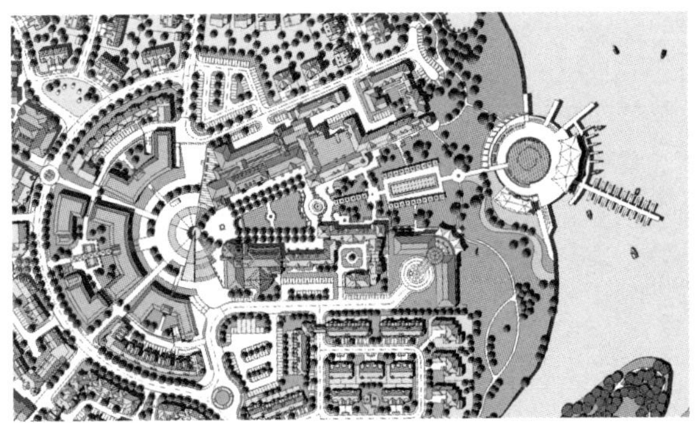

图2.1-22　“泰晤士小镇”的中心广场平面图

图片来源：上海松江新城英式居住区R7、21、22建筑方案设计文本，2003：003，由上海松江新城建设发展有限公司提供

“泰晤士小镇”的中心区，是一个被规划称为“新城中心英式广场”或“现代市民广场”的广场、公园空间的组合。围合空间的界面为公共建筑和部分混合式住宅，位于小镇的东侧，临规划的人工湖面。这个在整个小镇中尺度最大的公共区域，通过人工湖面与松江新城中心区的公共空间相接，成为新城中心东西向轴线的端头节点。中心区空间由轴线进行组织，形成了一个由广场、绿地组合而成的空间序列(图2.1-22)。

半圆形的中心广场是这个空间序列的核心，由半圆形的办公楼建筑围合，形成了一个星形放射的结构。除小镇的环形道路通过圆心外，从圆心形成放射的元素有一个向湖面“V”形开放的空间序列，还有两个连接内圈区域的通道，分别通向“码头广场”和“旧市镇广场”及步行街。在历史城市中，文艺复兴时期的“理想城市”是放射的星形图形，注重的是完美的形式，并认为这是完美社会的表现[1]。星形放射结构在巴洛克时代体现了追求几何秩序的原则，象征了专制权力。正方形、多边形、圆形的广场均可能被当作放射结构的核心，其中，使用圆形、半圆形广场的手法最初来自花园的景观设计，位于巴黎的法兰西广场(Place de France)被认为是这种形式的最早实例[2](图2.1-23)。

巴洛克星形放射结构设计的手法，在现代城市设计中也得到不同程度的运用。20世纪初，霍华德以这种形式解释了他的“田园城市”原理，他的“田园城市”结构图形如果被视作只是一个图解，那么，在20世纪80年代末，“新城市主义”者则是将

[1] (美) 斯皮罗·科斯托夫.城市的形成——历史进程中的城市模式和城市意义.单皓译.北京：中国建筑工业出版社，2005：187.

[2] 同上，2005：240.

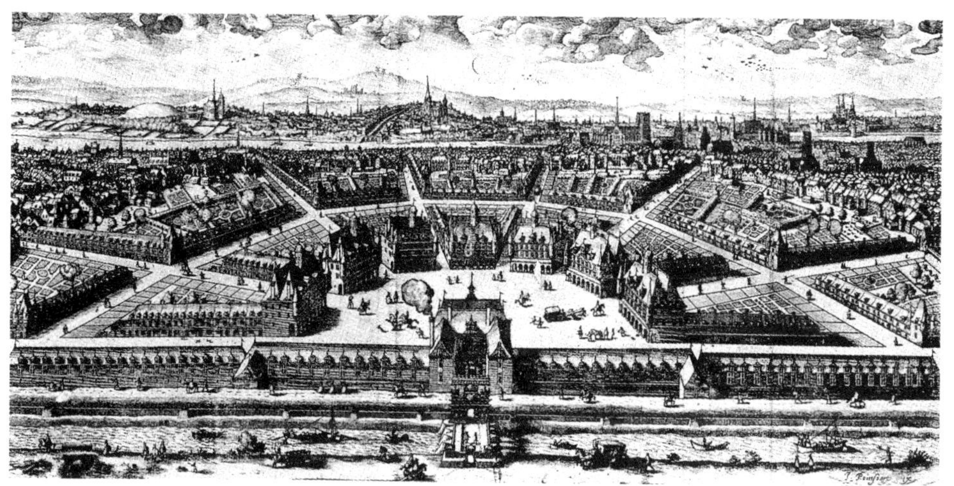

图2.1-23 法国巴黎法兰西广场规划，亨利四世时期（1589—1610年）

图片来源：(美) 斯皮罗·科斯托夫.城市的形成—历史进程中的城市模式和城市意义.单皓译.北京：中国建筑工业出版社，2005：238

这种放射结构运用到了实践中。在其规划的美国佛罗里达州的“海滨镇”，放射性道路设计被认为是可以缩短至社区中心步行距离，并可以使中心的清晰感得到加强[1]的形式，这种形式被斯皮罗·科斯托夫称为“是一种被花园城市运动民俗化了的巴洛克美学”[2]。20世纪90年代初，德国柏林的郊区小镇“花园F城（Gartenstadt Falkenhöhe）”也运用圆形庭院和“V”形的放射状绿地，将庭院与远方的田野联系起来[3]（图2.1-24）。而今，在“泰晤士小镇”的实践中，巴洛克式的星形放射图形，再次成为中心广场形态设计的原型。

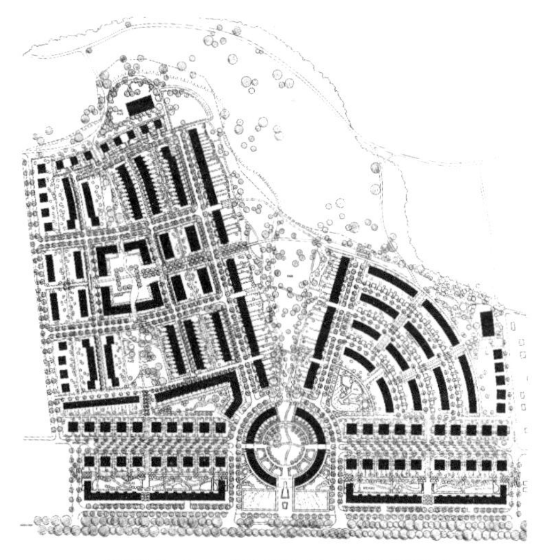

图2.1-24 德国柏林F城平面图

图片来源：Tahara, Eliza Miki. Neue Metropolitane Wohntypologien im Vergleich: Brasilien, Deutchland und Japan. Beuren, Stuttgart: Verlag Grauer, 2000: 164

[1] (美) 彼得·盖兹编著.新都市主义——社区建筑.张振虹译.天津：天津科学技术出版社，2003：21.

[2] (美) 斯皮罗·科斯托夫.城市的形成——历史进程中的城市模式和城市意义.单皓译.北京：中国建筑工业出版社，2005：277.

[3] 王志军，李振宇.百年轮回——评柏林新建小城镇的三种模式.时代建筑.2002（04）：62-65.

4. 组合与“运河”水景

在“泰晤士小镇”规划中，区域布局形成了一个环水的形态结构，在整个区域构成了一大二小的“岛屿”，以环状的道路串联起来，水系则以不同方式形成组合。组合的水景形态强调了江南水系特征，同时，“运河”形态被引入城镇景观，成为水景设计的原型之一。克利夫·芒福汀（Cliff Moughtin）将城市水景描述成四种类型：第一种是点状水景；第二种是静态的池塘；第三种是线状水景；第四种类型是作为城市边缘的滨海或滨河景物[1]。从空间形态出发，“泰晤士小镇”的设计首先使用的是作为小镇边界的“环城”线性水系，由滨水的绿化带组合成为带形的小镇区域限定元素，具有“护城河”的形态效果。东侧的人工湖面是面状的“滨河景物”，联系了小镇中心与新城中心空间。然后，再用一个“S”形，具有“运河”形态的线性河道，连接环城水系与湖面。点状水景则主要运用于中心区公共空间，如小镇中心广场绿地种的喷水池等。由此，小镇的水景设计将芒福汀归纳的四种水景类型进行了组合。

规划在环路内没有大片地使用集中绿地，而是将大量的绿地集中于环路以外水系网络周围。一方面，这种组合方式增强了滨水空间的公共性；另一方面，通过周边式，且较为密集的内、中圈建筑布局，体现了一个具有传统小镇空间形态的密度肌理与尺度特征。从规划对主要公共活动的安排中可以看出，除“旧市镇广场”和步行街外，公共活动空间比较密集地被设置在滨水区域，特别是人工湖面和“运河”周围（图2.1-25）。

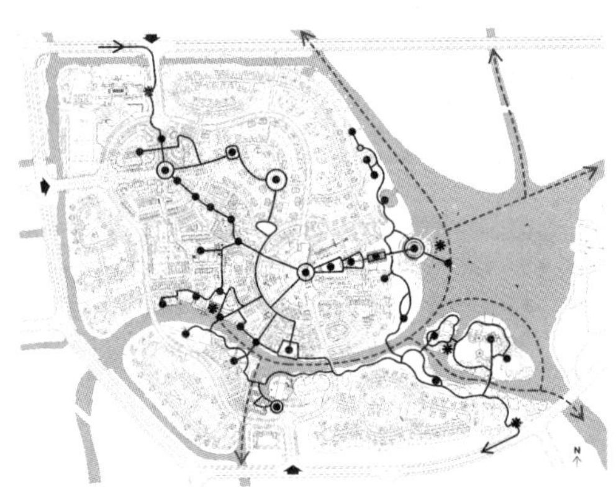

图2.1-25 “泰晤士小镇”游览线路示意图

图片来源：上海松江新城英式居住区方案设计文本. 2002：B-13，由上海松江新城建设发展有限公司提供

“运河”水景成为水系中重要的形态原型，这种对“运河”景观的刻画在一定程度上延续了“如画”的设计观念。在历史城市中，运河曾经是重要的城市交通设施，随着水运交通的逐渐消失，运河与其他形式的城市水体一样，成为重要的滨水活动空间。“水景观是城市设计师用来创造一个视觉精彩城市的一个组成部分……水体具有一种构建城市的作用，这种作用具有感知的清晰或者是‘意象能力’”[2]。“泰晤士小镇”的引入的“运

[1] （英）克利夫·芒福汀.街道与广场（第二版）.张永刚，陆卫东译.北京：中国建筑工业出版社，2004：181.
[2] 同上，2004：192-193.

河”景观不仅为居住与公共空间创造了滨水的环境条件，也增强了区域的“可意象性”。其沿岸中心节点是以上提及的“码头广场”，并沿河设置了五座桥体，其中的三座步行桥连接了两岸的公共空间（图2.1–26，图2.1–27）。在形态上，“运河”的原型与上海的黄浦江具有一定程度的拓扑关系（图2.1–28，图2.1–29），在景观上，“运河”的原型更接近于一个欧洲运河城镇的风景（图2.1–30）。

图2.1–26 “泰晤士小镇”的“运河”景观，模型 2006年

图2.1–27 “泰晤士小镇”的“运河”景观，模型 2006年

图2.1–28 上海黄浦江景观照片

图片来源：王振亮主编．中国新城规划典范，上海松江新城规划设计国际竞赛方案精品集．上海：同济大学出版社，2003：3

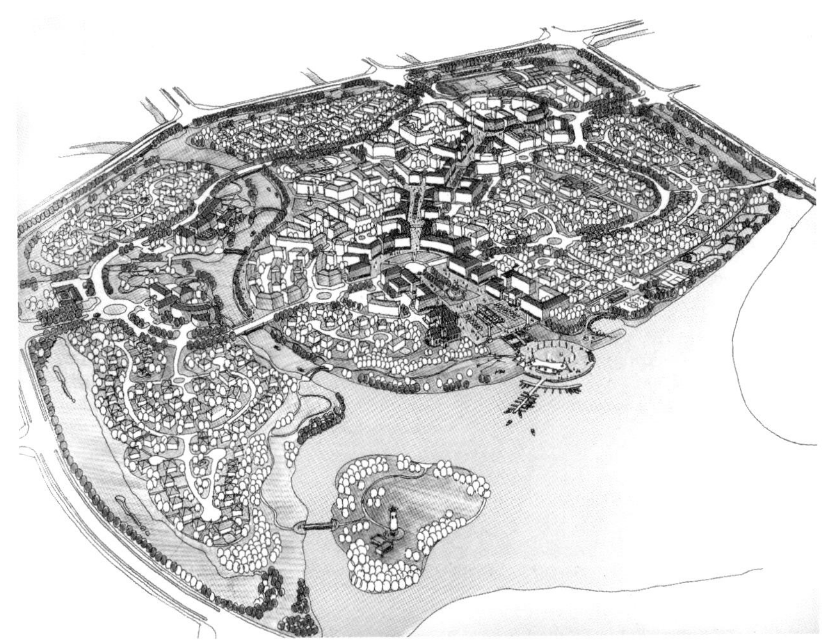

图2.1-29 “泰晤士小镇”规划鸟瞰图(2002)

图片来源：王振亮主编.中国新城规划典范，上海松江新城规划设计国际竞赛方案精品集.上海：同济大学出版社，2003：188-189

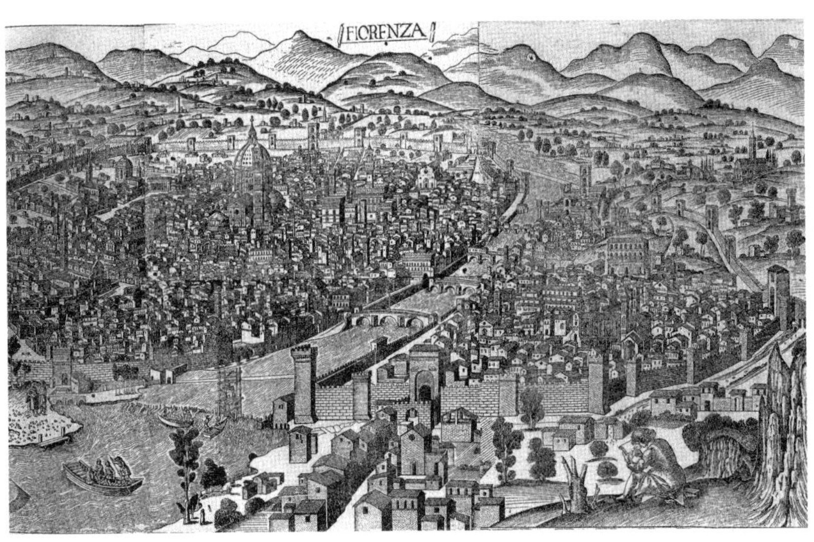

图2.1-30 1485年前后的佛罗伦萨，版画

图片来源：Whitfield, Peter. Städte der Welt: In historischen Karten. Stuttgart: Konrad Theiss Verlag GmbH, 2006: 53

2.1.3 小结

从以上的分析可以看出，“泰晤士小镇”城市设计部分运用了中世纪城市、巴洛克、“如画”的有机形态理论、“田园城市”及其影响下的雷德朋体系等形态原型，通过再造“生长感”、主题化、“运河”滨水组合景观、广场组合等设计观念及其手法，在创造了近人尺度、组合形式多样化公共空间形态的同时，始终力图体现对所谓“英国风貌”的诠释，部分带有“娱乐化”倾向。设计中的原型运用有些是观念上的，有些则是形式上的。

雷德朋体系人车分流的设计手法在上海许多住宅小区设计中得到了较为广泛的应用；对于“如画风格”，如同这个概念多用于描述园林一样，弯曲的形式更像是一座公园，却称不上为城市。以上提及的美国伊利诺伊河岸郊区被它的设计者称为“郊区中的村庄”，成为排斥其他人种的新教白人领地，并“传递着某种反城市的信息”[1]。“泰晤士小镇”在这些形态原型的运用上似乎更加注重了其形式意义。某些公共空间与建筑形式从西方国家的直接移植，则是对设计原型毫无根基的滥用。

尽管如此，设计中体现了多样化的设计方式，为小镇带来了丰富的空间形态。综合以上分析，可将“泰晤士小镇”城市设计的主要特点归纳为：

（1）以绿地、水系组合建立与保持了的清晰边界与空间的整体性；

（2）传统形态的广场组合产生了多样化的城镇中心；

（3）“有机”形态的空间元素组合；

（4）具有“运河”景观的滨水空间形式；

（5）运用空间形态原型的观念与形式；

（6）某些区域的“主题化”倾向使公共空间具有娱乐性；

（7）从西方国家移植传统建筑原型形式。

2.2 嘉定区安亭镇——安亭新镇

2.2.1 概况与规划

1. 安亭镇概况

安亭镇位于上海市西侧的嘉定区，距上海市中心约40公里，距嘉定区政府所地嘉定镇约13公里，与上海虹桥国际机场、浦东国际机场分别相距约20公里、65公

[1]（美）斯皮罗·科斯托夫.城市的形成——历史进程中的城市模式和城市意义.单皓译.北京：中国建筑工业出版社，2005：73.

里。安亭镇是上海的“西大门”，其西侧临接江苏省的昆山镇，东侧与嘉定区南翔、马陆两个镇以及嘉定工业区相临，北侧则与嘉定区外冈镇临接，南侧接嘉定区黄渡镇，临吴淞江。安亭镇交通便利，沪宁铁路东西向贯穿镇区，在镇东北部设安亭火车站。沪宁高速公路（A12）可直达安亭镇，沪嘉高速公路（A11）经宝安公路也可抵达镇区。另有曹安、嘉松、外青松、宝安等市级公路10条，镇级公路4条。

安亭镇是上海的古镇之一，在6 000多年前就形成了陆地。渔猎、农耕活动可追溯到新石器时期，至汉代已形成村落[1]。宋时已有“安亭”之称，名因“十里一亭”而起。北宋建隆元年（960年），称为安亭乡，属苏州府昆山县。南宋嘉定十年（1217年）改属嘉定县，称服礼乡。清宣统二年（1910年）复称安亭乡。1937年（民国二十六年），日本侵略军占领安亭，于1939年将安亭改划为江苏昆山县管辖，称新亭乡。1946年，安亭被重新从昆山划归嘉定县，再称安亭乡。中华人民共和国成立后，安亭先后属嘉定县第六联合办事处、方泰区、黄渡区、黄渡人民公社。1958年，安亭随嘉定县从江苏省划归上海市。1959年10月建安亭人民公社。1983年7月改称安亭乡。1987年4月，安亭乡、原安亭镇实行乡镇合并，称安亭镇。1993年安亭镇随嘉定撤县建区被划归嘉定区。2000年11月，安亭、方泰镇“撤二建一”，建立了新安亭镇，面积增加至约54.82平方公里[2]。

安亭的汽车产业具有悠久的历史，前身是民国时期英、德两国在上海的利喊汽车公司。新中国成立后划归上海市机电局，改名为上海汽车装配厂，生产出中国第一台吉普车。在1959年的上海市总体规划中，安亭镇作为“汽车城”，成为上海市第一批卫星城镇之一[3]。上海汽车装配厂在1960年迁至安亭镇，主要生产“上海牌”轿车。在随后的20年的发展中，工厂在安亭新建厂房，扩大生产规模，并改名为上海汽车厂。1983年，上海汽车厂从当时的联邦德国引进了大众汽车公司（Volkswagen）的“桑塔纳”汽车零件，组装“上海—桑塔纳”牌轿车，成为当时上海规模最大的汽车工业基地[4]。1985年，德国大众汽车公司与上海汽车集团合资，成立了上海大众汽车有限公司，进一步推进了汽车产业在安亭的发展，安亭镇的经济也因此受益。2000年，汽车产业成为上海市的支柱产业之一，随着汽车整车制造产业的发展，为其配套的200多家汽车配件生产厂家相继落户安亭镇，同时，带动了围绕汽车产业的储运、特约维修站、汽车市场等服务产业。2001年5月，上海市

---

[1] 转引自上海市地方志办公室.特色志/上海名镇志/上海汽车城：安亭镇.www.shtong.gov.cn. 2005-10-18.

[2] 同上。

[3] 上海第一批卫星城镇共有7个：闵行、吴泾、嘉定、安亭、金山、松江和吴淞。

[4] 转引自上海市地方志办公室.特色志/上海名镇志/上海汽车城：安亭镇/接轨世界的上海国际汽车城.www.shtong.gov.cn. 2005-10-18.

政府以“国际汽车城”为建设目标，成立了汽车城建设领导小组，启动了上海国际汽车城的建设。2004年，F1赛车场在安亭建成，赛事的举办对汽车城的推广起到了一定的作用。

2. 嘉定新城与上海国际汽车城规划

安亭镇是“一城九镇”计划的试点城镇之一。2001年初，安亭镇就“上海安亭中心镇及国际汽车城详细规划”进行了方案征集。征集内容分为两个部分，第一部分是中心镇结构规划设计，规划用地58平方公里、规模10万人口；规划要求为：（1）确定汽车城“汽车整车生产区”、零配件生产区、老镇区以及上海国际汽车城等四大功能组团的规划结构；（2）确定公共服务中心区、汽车城“风貌”主要特征要素。第二部分是上海国际汽车城详细规划；任务要求为：（1）提出包括汽车展示博览区、汽车贸易区、汽车保税区、汽车服务区、配套住宅区以及园区发展备用地等六个区域的布局方案；（2）对“一城九镇”计划提出的“特色住宅组团”，也就是“安亭新镇”进行详细规划设计[1]。

在方案征集活动中，德国AS&P（Albert Speer & Partner GmbH）公司的设计方案中选，从此，AS&P承担了汽车城、安亭新镇从总体到详细规划等前期设计工作，并参与了新镇的建筑方案设计。在汽车城规划中，设计提出了北部汽车生产区、中部老镇区、南部汽车城及新镇区的城镇分区结构。在空间布局上，规划以公共区域与开放空间连接老镇区和新镇区，在两者之间布局共享的公共商贸区（图2.2-1）。在随后由嘉定区规划院编制的“安亭—上海国际汽车城结构规划”中，设计将含有F1赛车场的共68平方公里的规划用地分为八个功能区，分别为：生产配套区、制造区、安亭老镇区、核心区、安亭新镇区、教育园区、居住发展备用区以及F1赛车场区（图2.2-2）。

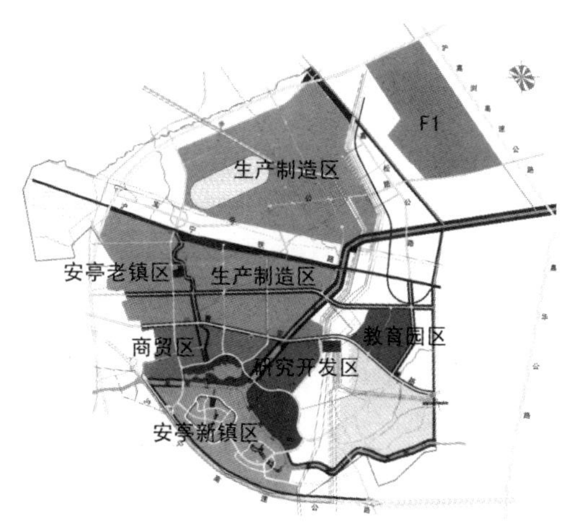

图2.2-1 汽车城规划布局示意图

图片来源：AS&P.上海国际汽车城SIAC公共服务区最终报告.2002：6，由上海国际汽车城发展有限公司提供

2004年，嘉定新城被上海市政府确定为三个重点发展新城之一。同年12月，经国际方案征集，最终由市、区规划院编制的“嘉定区区域总体规

[1] 上海市城市规划管理局.未来都市方圆，上海市城市规划国际方案征集作品选（1999—2002）.2003：266.

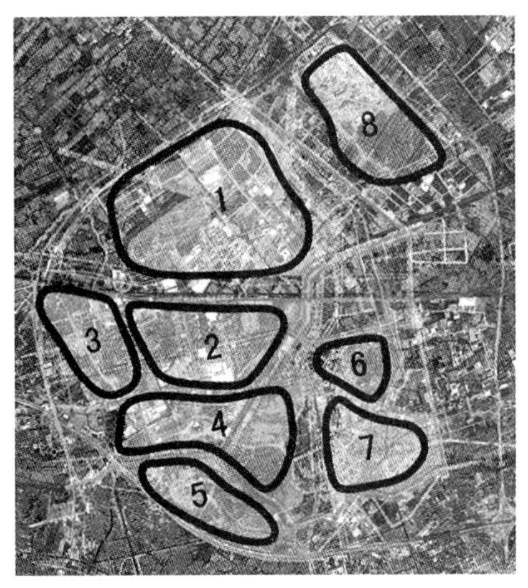

图2.2-2　上海国际汽车城区域布局，1. 生产配套区；2. 制造区；3. 老镇区；4. 核心区；5. 新镇区；6. 教育园区；7. 居住备用区；8. F1赛车场

图片来源：黄劲松，刘宇，徐峰.上海国际汽车城安亭新镇规划研究.理想空间.2005(6)：84

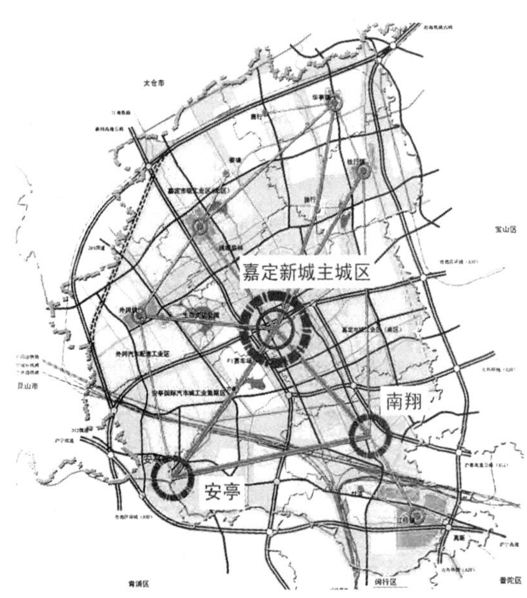

图2.2-3　嘉定城镇体系布局示意图

图片来源：骆悰.嘉定在上海郊区战略中的规划应对.理想空间.2005(6)：31

划纲要”获得了上海市政府的批准[1]。规划提出由嘉定镇、安亭镇和南翔古镇组合形成嘉定新城，在总体布局上，三个镇呈三角形分布，安亭镇处于新城的西南侧。根据规划，嘉定新城的主城区以原嘉定镇为主，结合F1赛车场南移[2]。在这个规划体系中，包括汽车城、安亭新镇在内的大部分区域没有被纳入主城区，安亭镇成为围绕主城区发展的一个区域组团，具有相对的独立性(图2.2-3)。

2.2.2　安亭新镇城市设计

在汽车城的规划图中，安亭新镇处于最南端，以沪宁高速公路为南界，西至墨玉南路，北侧与吴淞江、汽车城公园相邻。规划总用地面积约4平方公里，总居住人口约4万人[3](图2.2-4)。

2002年初，AS&P公司完成了安亭新镇的规划设计。规划将整个新镇区划分为二个片区，分别是新镇一期(西区)、二期(东区)。其中，西区规划总占地约2.4平方公里，实际建设用地约1.8平方公里。在规划布局上，东、西两区以连通吴淞江的“掌心湖”为共享区域，东区的空间形态向湖面集中，道路为环形；西区则形成了一个独立、完整的向心结构(图2.2-5)。

[1] 骆悰.嘉定在上海郊区战略中的规划应对.理想空间.2005,(6)：26-27.

[2] 林昇.上海嘉定新城规划国际方案征集.理想空间.2005(6)：56-58.

[3] 黄劲松，刘宇，徐峰.上海国际汽车城安亭新镇规划研究.理想空间.2005(6)：84.

图2.2-4 安亭新镇的规划区位

图片来源：作者根据上海市城市规划管理局.未来都市方圆，上海市城市规划国际方案征集作品选（1999—2002）. 2003：270插图编绘

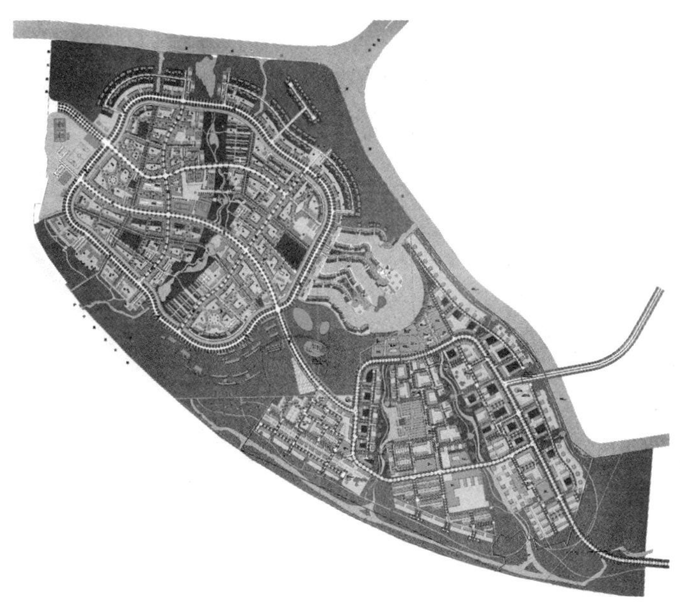

图2.2-5 安亭新镇规划总平面图

图片来源：黄劲松，刘宇，徐峰.上海国际汽车城安亭新镇规划研究.理想空间. 2005（6）：85

"一城九镇"计划将安亭新镇拟定为"德国风貌"。对于业主来说，首先遇到的问题是：什么是"德国风貌"？对此，2001年初，负责新镇开发建设的上海国际汽车城置业有限公司会同有关专业人员，分析了德国建筑发展的主要历史阶段与特征：

第一阶段　中世纪建筑：500年前，哥特式（Gothic）和立帖式（Fachwerkbau）建筑风格；

第二阶段　古典主义建筑：200年前，辛克尔（Schinkel）古典主义（Classic）风格；

第三阶段　经典现代主义（Classical Modernism）风格：20世纪20年代，包豪斯（Bauhaus）；

第四阶段　现代主义：二次世界大战以后，强调简约、地方性[1]。

据此，开发公司在充分肯定AS&P规划方案的基础上，提出"历史文脉，时代特征"的设计要求，初步拟定了新镇空间形态的"风貌"布局：中心广场与建筑体现中世纪和古典主义风格（以辛克尔的古典主义风格为主，适当配置中世纪"莱茵兰立帖式"风格），以此为中心，由内向外逐步向当代德国建筑风格过渡[2]。最初，参与设计的德国建筑师们对这种古典风格的移植任务表示出不同程度的惊讶。经过考虑之后，他们分别提出了对"德国风格"的理解要点，主要可以归纳为：(1) 把握城市设计的完整性与过程；(2) 采用周边式建筑布局；(3) 近人尺度的公共空间与步行可达性；(4) 设置住宅内庭院；(5) 功能混合；(6) 建筑立面多样化；(7) 生态建设与高技术运用[3]。至2003年初，AS&P等五个德国设计机构提出了新镇西区的建筑设计方案，从设计的成果看来，德国设计师在规划中运用了传统城市的空间形态，建筑则是部分带有古典主义构图倾向的现代风格（图2.2-6）。

图2.2-6　安亭新镇中心广场建筑透视图

图片来源：徐洁编.解读安亭新镇.上海：同济大学出版社，2004：52

参与设计的德国建筑师穆施勒克（Muschalek）在谈到安亭新镇城市设

[1] 上海国际汽车城置业有限公司.安亭新镇建筑风格及展示中心方案.2002，由上海国际汽车城置业有限公司提供.

[2] 同上。

[3] 作者根据参与安亭新镇设计的有关德国设计事务所编制的设计文件整理，资料由上海国际汽车城置业有限公司提供。

计时说："德国的城市设计……基于科学的和艺术的两种方法……这种艺术的方法，也被称之为形象的方法，其灵感产生于19世纪末，主要源于中世纪欧洲城镇丰富多彩的形式，这种方法曾相当成功。"[1]他同时认为，安亭新镇的城市设计手法源于以上提到的设计经验，而且得到了发展[2]。从"哥特式"、"辛克尔"，到吸取中世纪城市的形态观念，这个对"德国风格"的理解经历了一个反复的过程，最终，以德国设计师的理解内容为主导，贯彻到安亭新镇的城市设计中。

1. 一个"有机生长"型城市设计原型

长方形和格网形的中世纪城市是古罗马时代遗留、殖民扩张所形成的，人们通常认为的，典型的中世纪城市是由一个或一簇村子发展起来的形式，这种形式的基本特点是"有机生长"，也是刘易斯·芒福德所称的"有机规划"，特点是：不预先设定发展目标，从需要出发，随机而遇，日益连贯形成一个复杂的、和谐统一的空间形态[3]，"正是它们的变化和不规则，不仅是完美地，而且是精巧熟练地把实际的需要和高度的审美力融为一体"[4]。"有机规划"的形成具有三个主要因素，一是可以通过不断地修正，增强城市的可适应性；二是可以利用不规则的、多岩石的、崎岖不平的地形，起到一定的防御作用；三是与当时学者及手工艺者所受"严密而系统"的教育有关[5]。除了"有机"，中世纪城市的显著特点是"生长"。一方面，城市的发展往往历时几个世纪，是一个非常漫长的过程；另一方面，城市生产、商业的发展，促进了用于商品交易、贸易活动场所的建设，市场、集市活动又进一步促进了城市的生长[6]。

L·贝纳沃洛在《世界城市史》中，将中世纪城市的主要特点归纳为：(1) 街道形态不规则，街道与广场连接紧密；公共与私人区域处于平衡状态；(2) 城市公共区域结构复杂，显示了宗教与世俗的对立；(3) 在城市中心形成制高点，住宅围绕中心布局，并具有富居中、贫居外的特点，圆形城墙的不断扩张，使城市具有圈层形态；(4) 建筑风格以哥特艺术为主导[7]（图2.2-7）。

这些特点和原则不同程度地成为安亭新镇形态设计的原型，分别体现在西区形态和片区布局形态的设计中（图2.2-8）。

---

[1] 穆施勒克.安亭新镇——一个"德国"新镇.见徐洁编.解读安亭新镇.上海：同济大学出版社，2004：21-22.

[2] 同上。

[3] (美) 刘易斯·芒福德.城市发展史——起源、演变和前景.倪文彦，宋俊岭译.北京：中国建筑工业出版社，2005：322.

[4] 同上，2005：320-322.

[5] 同上，2005：331.

[6] Burke, Gerald. Towns in the making. London：Edward Arnold (Publishers) Ltd., 1971: 53-54.

[7] Benevolo, Leonardo. Die Geschichte der Stadt. Frankfurt/New York: Campus Verlag GmbH, 1983: 352-355.

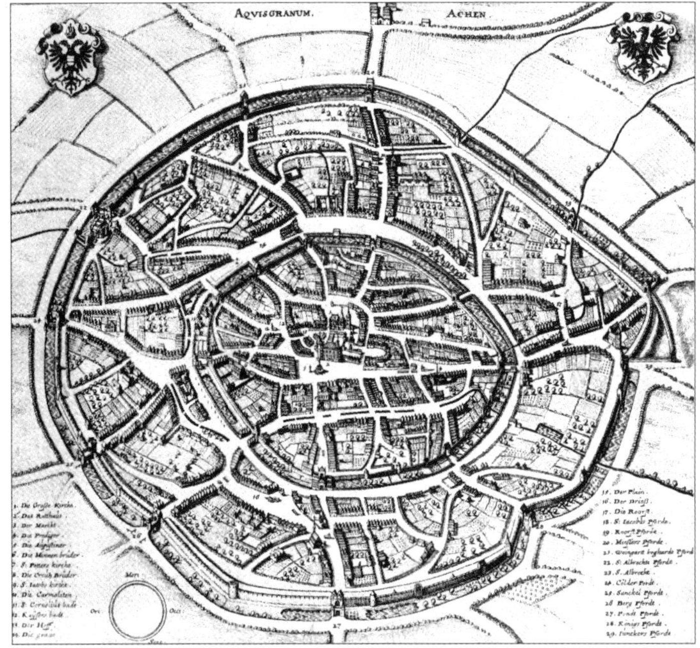

图2.2-7　中世纪“有机生长”型城市亚琛（Aachen，德国）1655年的规划图

图片来源：Burke, Gerald. Towns in the making. London: Edward Arnold (Publishers) Ltd., 1971：56

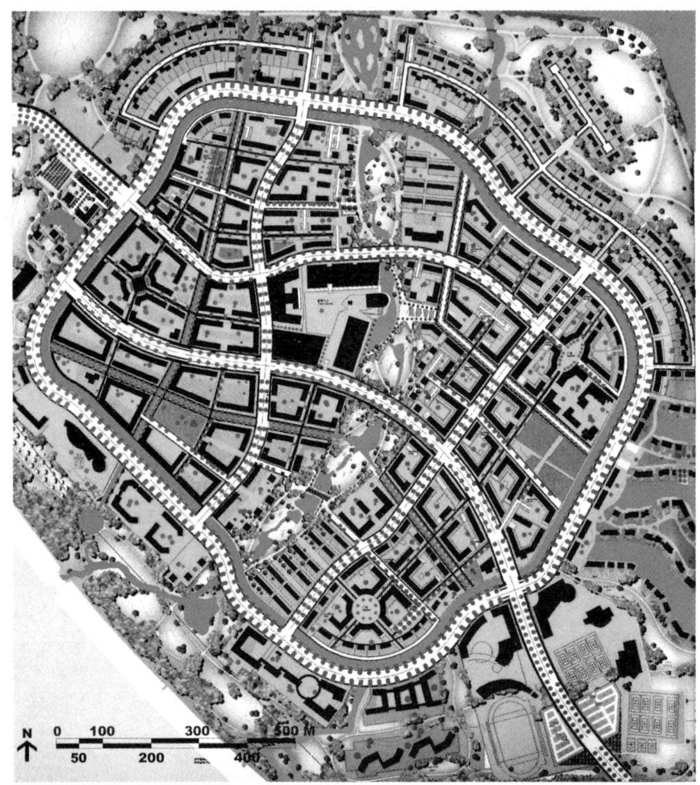

图2.2-8　安亭新镇（西区）总平面图

图片来源：作者根据徐洁编.解读安亭新镇.上海：同济大学出版社，2004：6插图编绘

图2.2-9 中世纪的捷克城市克拉陶(Klattau,左图)与沃德尼安(Wodnian,右图)平面示意图

图片来源:Benevolo, Leonardo. Die Geschichte der Stadt. Frankfurt/New York: Campus Verlag GmbH, 1983: 536

图2.2-10 安亭新镇西区平面示意图

安亭新镇西区的形态设计具有以下主要特点。首先,主要道路建立了一个整体的圈层发展轮廓。具有二种形式,第一种是环城道路,形态呈闭合的不规则圆弧形;第二种是“井”字道路,形式主要为较疏缓的弧形。这两种主要道路勾画了西区的整体结构,不规则圆形道路建立了圈层形态的发展基础,“井”字道路则从三个方面限定了圈层中央的中心区,道路与广场联系紧密,这种形态与中世纪城市颇为相似(图2.2-9,图2.2-10)。

其次,“护城河”、中心区形成圈层形态。一条环形河道与环城道路并行,成为“护城河”、城墙的意象与暗示。这个集河道、道路、绿化于一体的线性组合,限定了内、外两个圈层,内圈的高密度建筑围绕中心区展开,外圈的低密度建筑沿环城道路发展。另外,中心区以广场作为核心,以塔楼形式建立了新镇的制高点,也成为圈层形态的发展原点。

其三,功能混合形成了公、私领域的平衡。设计在内圈采用了周边式的建筑布局方式,中心区周围大量的混合区域使住宅与公共空间相互渗透,形成了如中世纪城市常见的上住下商的平衡状态。

安亭新镇的东、西区是两个相对独立的片区,形态结构可以说是自成一体。经一条道路串联,两个片区“链珠”般地被联系在一起。设计在两个片区周围布置了大量的绿地、水面等开放空间,使两者相对独立的形态得到了进一步加强(图2.2-11)。

图2.2-11 安亭新镇总体布局模型

图片来源:AS&P.上海国际汽车城SIAC公共服务区最终报告. 2002: 10,由上海国际汽车城发展有限公司提供

从西区的圈层发展，到两个片区的独立串联方式，安亭新镇的城市形态反映了中世纪城市两个扩张的生长阶段。

中世纪城市的第一种生长方式是自我扩张，城市形态表现为圈层结构；第二种生长方式是对外扩张，在离主城不远处发展另一个小城。如果将自我扩张的生长方式归结为时间与人口积累的因素，对外扩张则是受限于能源与社会问题而采取的生长方式。图2.2-12中显示了中世纪利摩日（Limoges）城的生长过程，东侧的城市建于4世纪，西侧城市内圈区域建于10世纪，外圈建于13世纪。形态关系体现了从自我扩张走向对外扩张的发展过程（图2.2-12）。通过比较可以看出，这个过程形成的两个形态原型，在安亭新镇的西区造型、片区布局中均得到了显著的表现（图2.2-13）。

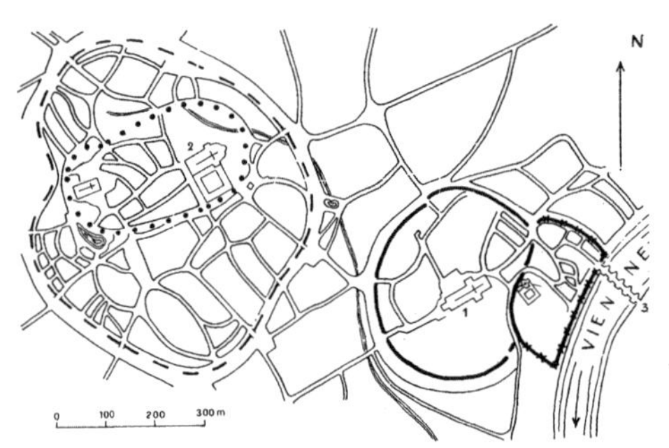

图2.2-12　中世纪利摩日城的发展

图片来源：Benevolo, Leonardo. Die Geschichte der Stadt. Frankfurt/New York: Campus Verlag GmbH, 1983: 331

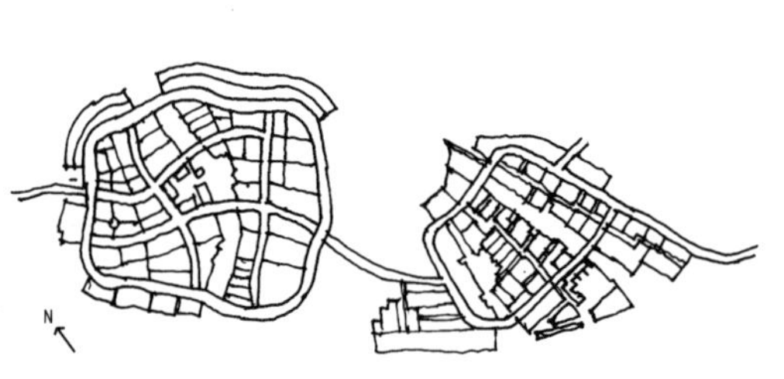

图2.2-13　安亭新镇东、西片区布局的独立串联形态

2. 中世纪形态的中心广场原型

对于安亭新镇城市设计，最能体现运用中世纪城市形态原型的，莫过于中心广场设计。在整个新镇西区的空间结构中，中心区处于一个最有利的交通区位，由三条主要道路围合，剩余的一个面被贯通南北的带形公园限定，在西区的几何中心鹤立鸡群，成为圈层结构的焦点。中心区中的五座建筑分别顺应道路和公园布局，围合形成中心广场。由于道路走向的不规则，中心广场的空间呈不规则多边形，并局部向公园延伸，发展成“L”形的组合形式（图2.2-14）。

中世纪的广场是城市生长的核心，具有与其政体、社会活动相对应的空间形式：以教堂或市政厅为核心建筑，集市、集会和宗教为主要活动内容，形状不规则，没有明显的轴线，空间围合封闭等。佛罗伦萨的西格诺利亚广场（Piazza della Signoria）是典型的中世纪广场，广场四周分别由 Dei Lanzi府邸、Uguccioni宫和

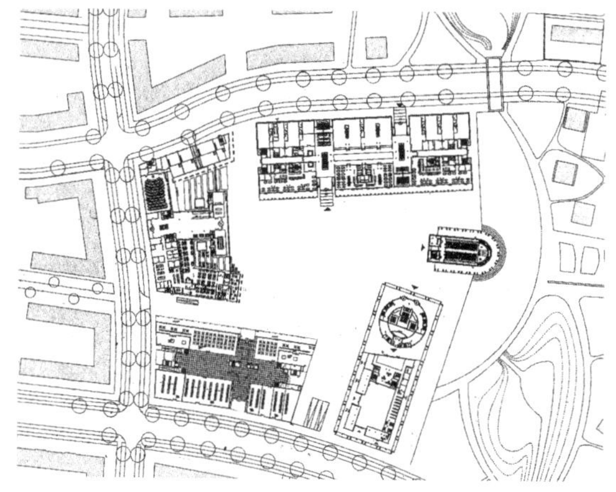

图2.2-14 安亭新镇西区中心广场平面图

图片来源：徐洁编.解读安亭新镇.上海：同济大学出版社，2004：52

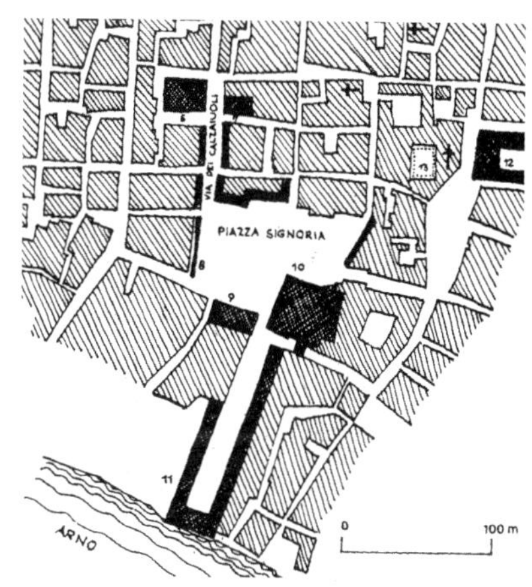

图2.2-15 西格诺利亚广场平面图

图片来源：Benevolo, Leonardo. Die Geschichte der Stadt. Frankfurt/New York: Campus Verlag GmbH, 1983: 490

Mercanzia审判宫围合，起支配作用的建筑物是市政厅维齐奥宫（Vecchio），从广场的东南角突入，体量庞大，使广场形成“L”形的空间组合（图2.2-15）。

与西格诺利亚广场相类似，安亭新镇的广场由大体量建筑围合，界面连续、封闭。西特称这种封闭的空间围合方式延续了古老的传统，并视之为广场空间的根本条件[1]。中心广场界面上的四个开口以错位方式向带形公园、道路开放，形成了西特所赞赏的“涡轮机翼”（Turbinenarmen）方式，大大地强化了广场空间围合的封闭性（图2.2-16）。这种方式充分地利用了人与广场空间的视觉关系，“在广场的每一个位置向外看去，同时最多只有唯一的一个对外视线，也只有唯一的一处对整体闭合的中断……以透视原理，建筑对街道的开口形成了重叠，通

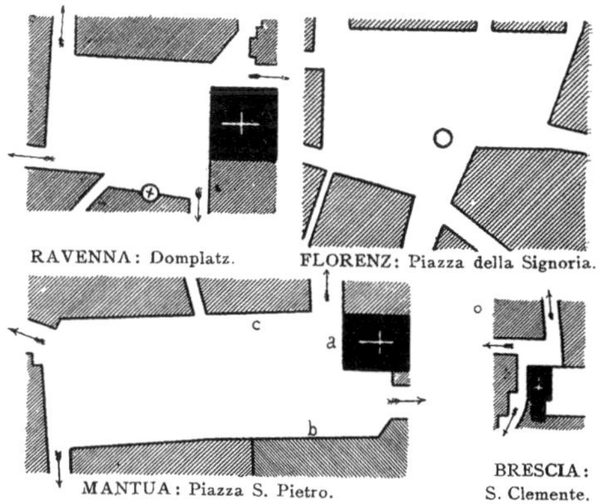

图2.2-16 西特所列举的“涡轮机翼”广场开口方式

图片来源：Sitte, Camillo. Der Städtebau-Nach seinen künsterischen Grundsätzen. 4.Auflage. Braunschweig, Wiesbaden: Vieweg, 1909: 40-41

[1] Sitte, Camillo. Der Städtebau-Nach seinen künsterischen Grundsätzen. 4.Auflage. Braunschweig, Wiesbaden: Vieweg, 1909: 38.

过这个对面的遮挡，没有让不舒适的、显著的空隙出现”[1]。尽管安亭新镇中心广场的最小开口尺寸约20米，远远超过西格诺利亚广场[2]，但开口的方式却与后者极为相似，也因此产生了围合封闭的广场空间品质。

从广场建筑的功能来看，围合安亭新镇中心广场的建筑分别是办公楼、宾馆、购物中心、影院和教堂，为广场提供了较高强度、内容多样的公共活动。“我们必须把（中世纪）教堂看做今天的‘社区中心’，是个活动中心：在盛大的节日，它是大家举行欢宴的场所……”[3]如果说中世纪广场是以宗教、市场和集会为主要活动内容的话，安亭新镇的中心广场也提供了类似的内容，通过功能的混合，将中世纪广场包罗万象的复合性活动向当今的公共活动转译，建立了物质、精神上的社区中心（图2.2-17，图2.2-18）。

在广场标志物的设置上，安亭新镇的中心广场由于没有安排像市政厅这样明显的主体建筑，从功能上很难分别哪座是主要的核心建筑。但与西格诺利亚广场维齐奥宫（Vecchio）的塔楼类似，西侧宾馆建筑设立的塔楼建立了广场的制高点，成为整个区域的标志物（图2.2-19，图2.2-20）。

图2.2-17　安亭新镇中心广场鸟瞰模型，2006年

图2.2-18　西格诺利亚广场鸟瞰图

图片来源：Benevolo, Leonardo. Die Geschichte der Stadt. Frankfurt/New York: Campus Verlag GmbH, 1983: 491

---

[1] Sitte, Camillo. Der Städtebau-Nach seinen künsterischen Grundsätzen. 4.Auflage. Braunschweig, Wiesbaden: Vieweg, 1909: 41.

[2] 安亭新镇广场界面最大开口约为30米，西格诺利亚广场界面最大开口尺寸约为10米。尺寸系作者分别根据安亭新镇规划平面图、Benevolo, Leonardo. Die Geschichte der Stadt. Frankfurt/New York: Campus Verlag GmbH, 1983. 490中插图及比例尺推算而得。

[3] （美）刘易斯·芒福德.城市发展史——起源、演变和前景.倪文彦，宋俊岭译.北京：中国建筑工业出版社，2005：326.

图2.2-19 安亭新镇中心广场塔楼

图片来源：上海国际汽车城置业有限公司.安亭新镇.2004,8(2)：20

图2.2-20 西格诺利亚广场维齐奥宫塔楼

图片来源：Florenz, Pisa-Siena, San Gimignano. Roma: Plurigraf, 1987: 22

3.“护城河”与绿带——形态整体的裂变

“护城河是城市的一种符号和存在的理由”[1]。安亭新镇城市设计使用了不规则的、环绕区域的封闭形水系，产生了“护城河”的形态意象。在历史上，无论是中国还是西方的古典城市，都曾将护城河、城墙作为防御外来侵略的工具，也是城市完整性的重要标志。

纵使没有使用城墙，安亭新镇15米[2]宽的“护城河”，60米宽的环城道路，形成了一个宽大的空间组合，加强了圈层边界的构图力度。刘易斯·芒福德将中世纪城市的护城河与城墙视作与教堂同样重要的象征物，“既是物质性的防御堡垒，又是更有意义的精神界线，因为它保护城里的人们免受外界邪恶势力的侵扰”[3]。安亭新镇的城市设计强调了中心，连同强大的“护城河”，建立了空间形态的整体性，体现了具有象征意义的精神和物质的统一。

这个整体的原型形态被一个绿带公园打破。公园长约1 700米，最大宽度150米有余，宛如一条运河在新镇中间贯通南北。负责景观设计的德国W&R公司称之为“连接当代和传统生活方式的纽带”[4]。城镇形态的整体结构也由此形成了一个裂变(图2.2-21)。

[1] (英) 克利夫·芒福汀.街道与广场(第二版).张永刚，陆卫东译.北京：中国建筑工业出版社，2004：182.

[2] 尺寸系作者根据安亭新镇规划图平面图及其比例尺推算而得，本节以下同。

[3] (美) 刘易斯·芒福德.城市发展史——起源、演变和前景.倪文彦、宋俊岭译.北京：中国建筑工业出版社，2005：52，325.

[4] 徐洁编.解读安亭新镇.上海：同济大学出版社，2004：56.

图2.2-21　安亭新镇的带形公园形成的整体裂变形态

图2.2-22　中世纪巴黎城，塞纳河穿越城市的整体裂变形态

图片来源：Benevolo, Leonardo. Die Geschichte der Stadt. Frankfurt/New York: Campus Verlag GmbH, 1983: 371

由于中世纪城市历经长期的高密度生长以及资源的匮乏，片状的绿地难以在城内出现。直到巴洛克时期，宽大的林荫道才被植入城市。中世纪城市的整体裂变形态，只有在像巴黎——这种沿河生长的城市才能看到（图2.2-22）。绿带公园的介入，在安亭新镇紧凑的传统空间中融入了“田园城市”的观念。从“田园城市”开始，绿带形式被广泛地用于城市边界与城市内部。英国第三代新城米而顿·凯恩斯在进行绿地系统规划时，研究了新城公园空间从最小到最多的布局方式，最终采用了最大化的公园布局[1]，其中起到重要作用的便是绿带公园（图2.2-23）。绿带公园的好处是显而易见的，不仅可以容纳大量的公共活动，重要的是可以拥有更长的开放空间界面，使沿线的区域都能够近距离共享，成为连接不同城市区域之间步行开放空间的纽带（图2.2-24）。

在空间布局上，安亭新镇的绿带公园具有以下特点：(1) 形态呈疏缓曲线，与道路形式协调，保持了城镇形态的整体性；(2) 界面以低密度住宅为主；(3) 通过中心广场的开口，公园在中部与中心区连接；(4) 中心广场的教堂建筑介入公园，使公园具有向心性；(5) 公园界面连接步行街道。安亭新镇的城市设计以一个整体的中世纪城市原型，结合了现代新城的绿带公园形式，形成了整体裂变的空间形态。两个形态原型的结合，是一个具有建设意义的解构，重组的结果是产生了一个新的整体形态。

[1] Walker, Derek. The Architecture and Planning of Milton Keynes, London: The Architectural Press Ltd., New York: Nichols Publishing Company, 1981: 22-23.

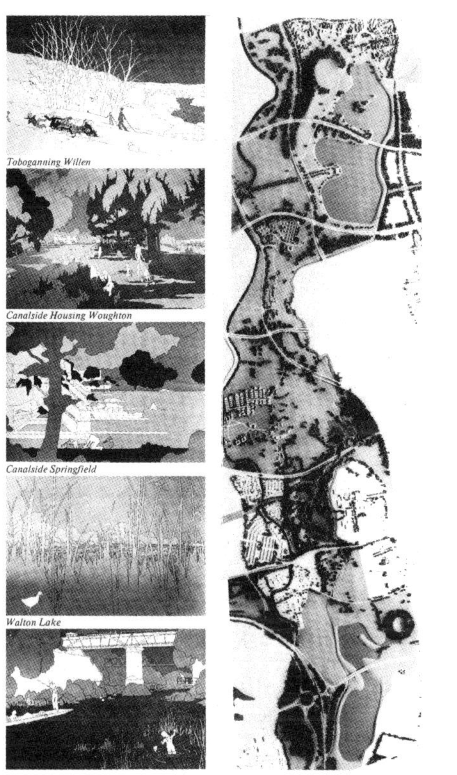

图 2.2–23 米而顿 · 凯恩斯的带形公园

图片来源：Walker, Derek: The Architecture and Planning of Milton Keynes, London: The Architectural Press Ltd., New York: Nichols Publishing Company, 1981: 22

图 2.2–24 安亭新镇的带形公园

图片来源：徐洁编.解读安亭新镇.上海：同济大学出版社，2004：54

4.“K城”模式

20世纪90年代初，随着德国的统一，柏林也由二战后的分裂状态又变为一个整体，郊区城镇的建设得以迅速发展。其中，凯西施戴克费尔德（Kirchsteigfeld，简称K城）位于柏林边缘的卫星城波茨坦（Potsdam），用地58.7公顷。1991年年底，在为期3个月的规划研讨会（Workshop）上，罗勃 · 克里尔的设计得到了与会的赞赏，并发展成为K城的概念规划。在克里尔最初的设想中，K城完全是一个中世纪小镇（图2.2–25）。“罗勃 · 克里尔以传统城市为资源，寻找城市化问题的解决方案，在建筑定义的街道和广场空间处理上，对立于现代主义的孤立方式”[1]。克里尔主张城市设计要学习与领会传统城市原型，使传统空间在新建城镇“重生”，并与现代社会生活相

[1]（美）查尔斯 · 詹克斯，卡尔 · 克罗普夫编著.当代建筑的理论与宣言.周玉鹏等译.北京：中国建筑工业出版社，2005：51.

图2.2-25　罗勃·克里尔所作K城初始方案的鸟瞰图

图片来源：Krier, Rob; Kohl, Christoph. Potsdam Kirchsteigfeld — The Making of a Town. Bensheim: awf-verlag GmbH, 1997: 8

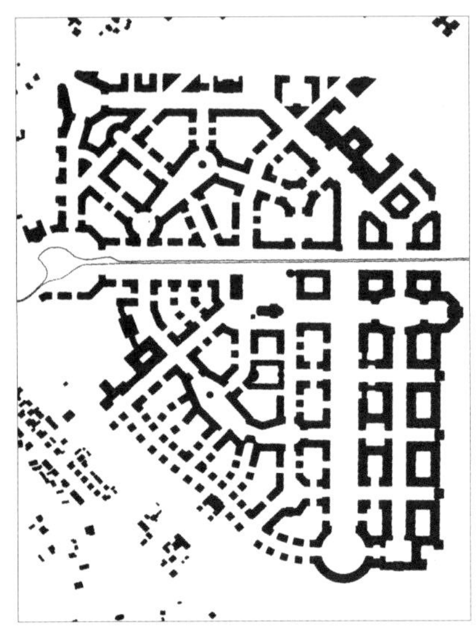

图2.2-26　K城平面图

图片来源：Krier, Rob; Kohl, Christoph. Potsdam Kirchsteigfeld — The Making of a Town. Bensheim: awf-verlag GmbH, 1997: 78

图2.2-27　安亭新镇周边式建筑布局的三种方式

适应。同时，他反对简单的拷贝，强调使用更小的街坊，更紧的密度，以创造近人的空间尺度，使人能够感受到城市空间的美妙[1]。这些观念也成为K城的建设原则。K城的主要特点为：(1) 中心广场显著；(2) 多样功能混合；(3) 公共中心组团化；(4) 街道密集，尺度亲切，形式多样，交叉形成传统形态的街头广场；(5) 周边式建筑布局，内庭院与公共空间交流(图2.2-26)。

安亭新镇的城市设计在原型运用上与K城非常接近，并在公共空间、建筑设计等方面借鉴了K城的模式。首先，建筑布局以周边式为主要形式。根据上海的日照特点，现行的居住区设计规范以及住宅消费习惯，周边式住宅布局的困难是不言而喻的[2]。为了实现小镇的周边式形态，设计采取了三种方式，一是尽量使用三面围合；二是将正方形街坊改变为长矩形、双“L”形；三是局部采用行列式，与周边式混合布局(图2.2-27)。虽与K城围合封闭、几乎充满了整个小镇的周边式有所不同，安亭新镇的周边式建筑成为内圈区域的主要形式(图2.2-28，图2.2-29，图2.2-30)。

其次，利用街道的交叉形成街头广场。在安亭新镇西区共有三处街头广场，形态采用的是传统形式，与K城的方式如出一辙(图2.2-31，图2.2-32，图2.2-33，图2.2-34，图2.2-35)。

---

[1] Krier, Rob; Kohl, Christoph. Potsdam Kirchsteigfeld — The Making of a Town. Bensheim: awf-verlag GmbH, 1997: 27.

[2] 根据上海市有关住宅设计规范，不同套型住宅的南向(可偏东西35°～45°)房间数量不得少于一间(详见李振宇.城市·住宅·城市——柏林与上海住宅建筑发展比较(1949—2002).南京：东南大学出版社，2004：125)。安亭的周边式布局产生的东西向住宅数量已超过规范要求，为了保持新镇形态的完整性，这种布局方式得到了政府有关部门的特许。

图2.2-28 安亭新镇周边式住宅实景 2006年

图2.2-29 安亭新镇周边式住宅实景 2006年

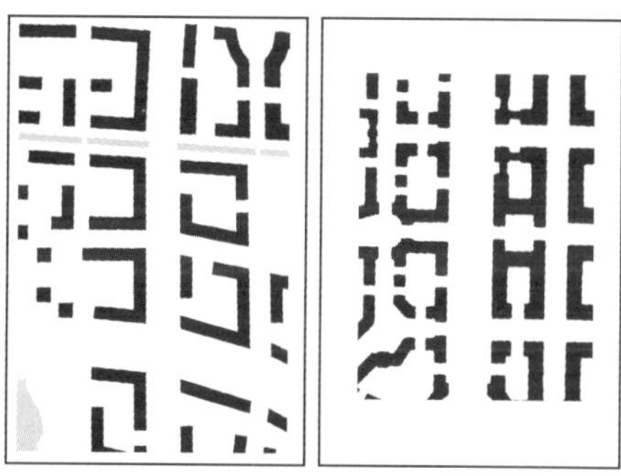

图2.2-30 K城与安亭新镇周边式建筑的局部比较

图片来源：作者根据K城和安亭新镇平面图编绘

图2.2-31 K城与安亭新镇的街头广场形态比较

图片来源：作者根据K城和安亭新镇的规划平面图编绘

图2.2-32 安亭新镇街道广场鸟瞰模型 2006年

图2.2-33 安亭新镇街道广场鸟瞰模型 2006年

图2.2-34,35　K城街头广场鸟瞰图

图片来源：Krier, Rob; Kohl, Christoph. Potsdam Kirchsteigfeld — The Making of a Town. Bensheim: awf-verlag GmbH, 1997: 82, 120

图2.2-36,37　安亭新镇外圈以及绿带公园处“骰子”形建筑模型,2006年

其三,外围独立式住宅布局呈“骰子”形散布。在安亭新镇的外圈,布置了低密度的联排、独立式住宅,形态在圈层结构控制下带状发展,建筑如“骰子”形逐渐向外围绿地散开。在K城,这种“骰子”形的建筑出现在西南侧一隅,与周边式渐变式脱离,面向村庄散去(图2.2-36,图2.2-37,图2.2-38)。

此外,K城在罗勃·克里尔的规划与组织下,共有22位建筑师或事务所参与了小镇的建筑设计[1],即便是在同一个周边式街坊,建筑设计范围也形成了交叉,其目

[1] Krier, Rob; Kohl, Christoph. Potsdam Kirchsteigfeld — The Making of a Town. Bensheim: awf-verlag GmbH, 1997: 198.

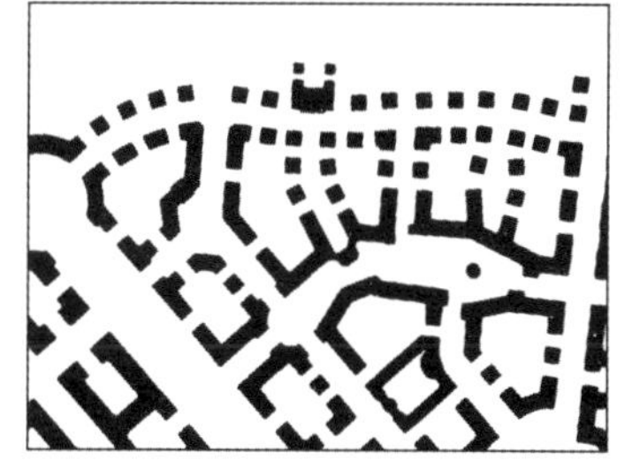
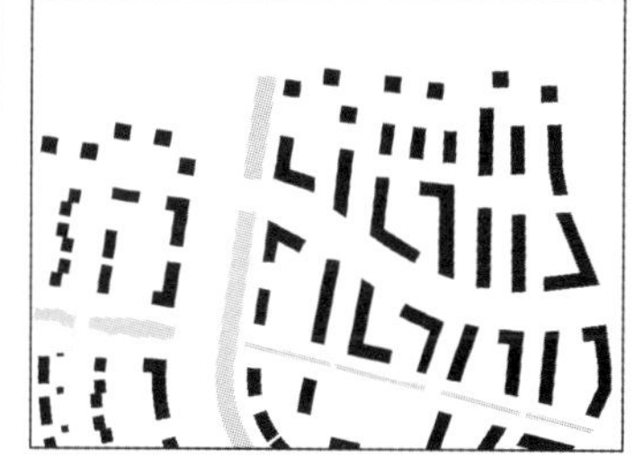

图2.2-38 K城与安亭新镇“骰子”形布局平面图比较

作者根据K城和安亭新镇的规划平面图编绘

的是为了产生多样性的建筑界面。安亭新镇的整个设计工作由AS&P组织，共有约18个德国建筑设计事务所[1]参与建筑或景观设计，在设计组织上与K城具有一致性的目标。

2.2.3 小结

安亭新镇城市设计运用了传统城市形态原型观念，介入了现代新城的环境元素，以整体解构与再融合方式，形成了一个新的整体形态。公共空间的设计追求多样化、人性尺度空间的塑造，吸收回归传统的“新理性主义”设计观念，使城镇具有较高的空间品质。

值得一提的是，典型“涡轮机翼”式中世纪广场形态原型的运用，明确且直白地将欧洲传统空间形式植入，同时也植入了一个来自远方的外来文化符号，设计语言似乎过于简单地流于形式。但新镇城市设计没有将欧洲传统的建筑形式一并移植，而是运用了现代的建筑手法，这在“一城九镇”的建设背景下是难能可贵的。另外，周边式的住宅街坊布局虽然形成了具有围合性的街道空间，但与上海的气候特点与住宅消费习惯不甚相符，住宅设计似乎没能更好地力图消除建筑朝向带来的不利影响。这些问题也反映了城市设计形态原型运用所带来的局限性。

通过以上的分析，可将新镇城市形态设计的主要特点归纳如下：

（1）运用中世纪“有机生长”城市形态原型；

（2）吸取回归传统的城市设计观念与手法；

（3）城镇形态具有中心感、整体性；

（4）功能混合，空间形态多样化；

（5）周边式布局使建筑外部空间具围合感，尺度亲和，但使部分住宅布局有悖于地方气候条件、居住习惯；

（6）传统与现代形式的结合；

（7）现代的建筑形式。

---

[1] 见附录。

2.3 南汇区临港新城

2.3.1 背景与概况

临港新城位于上海市东南部的南汇区，是上海市政府确定的三个重点发展新城之一。距上海市中心约55公里，距浦东国际机场约30公里，距南汇区政府所在地惠南新城约20公里，距洋山国际航运中心约33公里。南汇区位于长江三角洲的东南端，黄浦江东岸，杭州湾畔，西接闵行区，北临浦东新区，西南与奉贤区相邻，东南两侧临东海，拥有长约59.5公里的海岸线[1]。

由于处于上海浦东国际航空港以及航运中心洋山港之间，临港新城区位特殊，对外交通发展迅速。郊区环线高速公路（A30）贴临新城西侧用地边界，沪芦高速公路（A2）自西北至东南斜穿新城，并分别与环南一大道（A20）、东海大桥连接；贯穿新城的两港大道连接浦东机场和航运港口区；建设中的浦东铁路从西侧进入南区；规划中的轨道交通11号线连接上海市中心区。

据考古资料，约1 300年前，由于长江水夹带泥沙沿海岸线南下，在与钱塘江水汇合时沉积下来，逐渐形成陆地，之后，陆地不断向东南延伸，故称“南汇嘴”，曾称“海曲”、“南沙”。其中成陆最早的地方是周浦、下沙、航头一带。

在建县前，南汇曾历经唐、五代、宋、元和明五个时期，归属随区划变化。唐代属江南东道（唐开元二十年前为江南道）的吴郡和苏州；五代时期属吴越国的秀州；北宋时期属两浙路的秀州；南宋时期属两浙西路的嘉兴府；元朝时期属江浙行省江南浙江道嘉兴路的松江府；明朝时期则属于南京直隶中书省的松江府；清朝初年属江南省松江府的上海县。1724年（清雍正二年）清政府将上海县长人乡划出建南汇县。1726年正式建县，属松江府，建县时因县治设在原守御所南汇嘴，故县名“南汇”。1912年，辛亥革命爆发后中华民国成立，松江府改为松江县，南汇县隶属江苏省护海道。1928年废道，实行省、县两级制，南汇改属江苏省。抗日战争时期，归由上海市管辖。1949年5月14日，南汇县解放，南汇县归苏南松江公署，1958年改属江苏省苏州专员公署。同年11月，南汇县从江苏省划归上海市，并于2001年8月正式撤县建区[2]。

南汇区总面积约809.5平方公里，境内水域面积占总面积的14.8%[3]。临港新城

[1] 引自上海市南汇区人民政府.走进南汇/地理位置.http: //www.nanhui.gov.cn. 2006-8-2.

[2] 上海市地方志办公室网站.区县志/县志/南汇县志.转引自http: //www.shtong.gov.cn.2005-10-18.

[3] 引自上海市南汇区人民政府.走进南汇/地理位置.http: //www.nanhui.gov.cn. 2006-8-2.

图2.3-1　临港新城用地组成示意图

图片来源：作者根据上海市南汇区人民政府.走进南汇/行政区划.http: //www.nanhui.gov.cn.2006-8-2示意图编绘

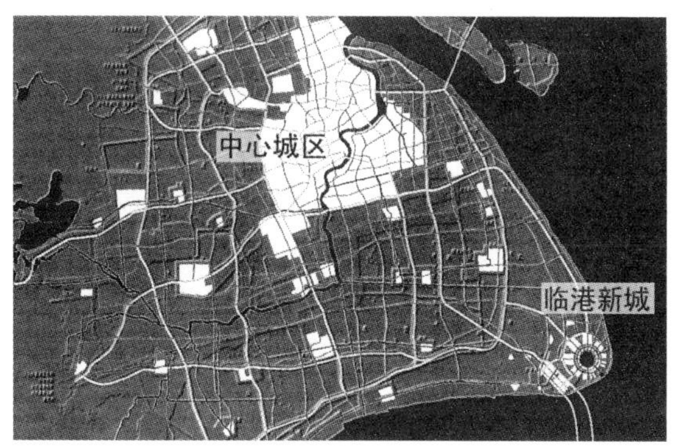

图2.3-2　临港新城区位图

图片来源：上海市城市规划管理局.未来都市方圆——上海市城市规划国际方案征集作品选（1999—2002）.2003：76

的规划用地主要由四个镇组成。其中，芦潮港镇位于南汇区东南沿海，东临东海，南依杭州湾外口，处于钱塘江与长江的交汇处，是上海市东南的水上门户。芦潮港车客渡码头通宁波、舟山、普陀山以及大小洋山；其渔港码头是南汇区唯一的渔港，是国家重点渔港之一、一类口岸[1]。位于芦潮港东北侧的书院镇面积65平方公里，由原书院、新港和东海农场合并而成，是新城中面积最大的镇，贴临东海。位于西南侧的泥城镇面积略小，约61平方公里[2]。西北侧的万祥镇处于泥城、书院两镇之间，面积约23.4平方公里，西临A30郊区环线高速公路以及在建的浦东铁路[3]。临港新城的建设用地包含了上述南汇区的四个镇，以及沿东海、杭州湾交汇处的滩涂用地（图2.3-1，图2.3-2）。

2.3.2　临港新城规划

1996年初，国务院决定建设上海国际航运中心，据此，上海市在总体规划中提出了建设上海国际经济、金融、航运中心的目标。2001年，上海市政府拟定了在位于杭州湾的洋山岛建设上海国际航运中心的计划，并于2002年3月获得国务院的批准[4]。

洋山深水港主要由三个部分组成，一是小洋山港口区域，陆地面积约130公顷，平均水深23.6米；二是东海大桥，连接深水港和芦潮港，全长32.5公里；三是临港新城，是深水港区的配套与服务区域。洋山深水港港口区以及东海大桥于2002年6月

[1] 上海市南汇区芦潮港人民政府.http: //www.luchaogang.gov.cn.2005-10-18.

[2] 上海市南汇区泥城镇政府.http: //nc.nanhui.gov.cn.2005-10-18.

[3] 上海市南汇区万祥镇政府.http: //wx.nanhui.gov.cn.2005-10-18.

[4] 张捷，赵民编著.新城规划的理论与实践——田园城市思想的世纪演绎.北京：中国建筑工业出版社，2005：288.

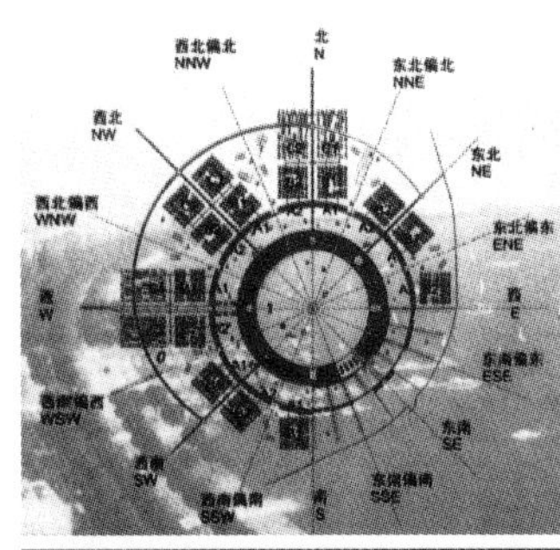

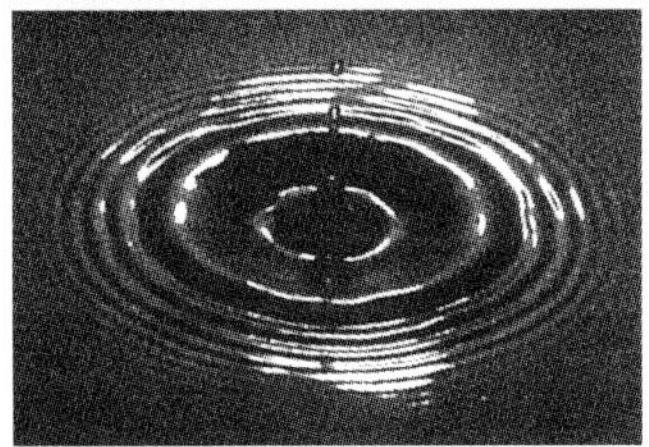

图2.3-3　临港新城2001年方案中的“水的涟漪”、“罗盘”图示

图片来源：上海市城市规划管理局.未来都市方圆——上海市城市规划国际方案征集作品选（1999—2002）.2003：76-77

图2.3-4　2001年临港新城总体规划设计平面图

图片来源：上海市城市规划管理局.未来都市方圆——上海市城市规划国际方案征集作品选（1999—2002）.2003：77

开工，大桥和港口一期工程于2005年12月竣工并投入使用[1]。

2001年7月，临港新城以“上海国际航运中心海港新城[2]规划”为题进行了国际方案征集，有德国GMP等10个[3]设计单位参与，根据方案征集的任务要求，设计在两个层次上进行，一是总体规划，包括确定规划范围、规模，对外交通、空间结构、景观系统以及近期发展、基础设施等方面内容；二是中心区详细规划，内容包括土地利用、空间布局、景观、道路系统规划等[4]。2002年初，德国GMP和HPC公司的联合设计方案中选。中选方案结合新城的环境和产业特点，提出以“水”作为新城空间形态的主题：“一滴水跃入平静的水面泛起的涟漪；城市临水而居。”[5]规划以“罗盘”作为方向标，以一个整圆形的大型水面为核心，形成了新城的星形放射结构（图2.3-3，图2.3-4）。

[1] 鲁哲.一串串数字，让你读懂洋山.新民晚报.2005/12/11（A2）.

[2] 2003年5-7月上海市规划局组织了临港新城的规划设计条件研究，并确定使用“临港新城”的名称，之前的名称有“海港新城”和“芦潮港新城”等。

[3] 其中GMP与HPC为联合设计，详见附录A。

[4] 上海市城市规划管理局.未来都市方圆——上海市城市规划国际方案征集作品选（1999—2002）.2003：74.

[5] 同上：76.

2003年10月～11月，根据上海国际航运中心的建设要求，以及上海市政府关于重点发展的三个新城的城镇体系规划，上海城市规划设计研究院联合GMP编制了临港新城的总体规划方案，以此为基础编制完成“临港新城总体规划（2003—2020）”，并于2004年1月获得上海市政府的批准[1]。

总体规划用地面积约296.6平方公里，西至A30高速公路以及与奉贤区的区界，北界为大治河，东、南边界分别为东海、杭州湾岸线。规划沿袭了2001年GMP方案的总体结构，以一个名曰“滴水湖”，直径约2.5公里的圆形水面为核心，分别向西（B2）、西北（B3）、北（B4）放射三条主要轴线大道，引导了三个功能片区，共形成四个片区。其中，第一个片区，也就是“滴水湖”所在区域称为主城区，集中了临港新城主要的公共服务设施和城市居住区，是新城的核心。

第二个片区是主产业区，沿向西北的B3轴线布局，这也是新城中唯一不临海的一个分区，以综合性产业为主要功能，具体有三部分内容，一是现代装备产业、出口加工和高科技产业；二是教育研发、商务办公等综合服务功能区，布置在轴线大道的核心区域；三是两个城市社区，即书院镇、万祥镇新镇区。

第三个片区是重装备产业区和物流园区，临杭州湾布置，也是经东海大桥连接的洋山深水港配套区域。包括三个部分，一是重装备产业、物流区；二是以原芦潮港及其农场用地为基础布置的港口、码头、海关等临海区域；三是以泥城镇、芦潮港镇镇区功能为主的两个城市社区。

第四个片区是综合区，在主城区北侧，临东海，主要功能有高科技产业、教育研发、旅游度假、休闲居住和商业服务等，以城市生态和高科技产业为导向进行低强度开发[2]（图2.3-5，图2.3-6）。

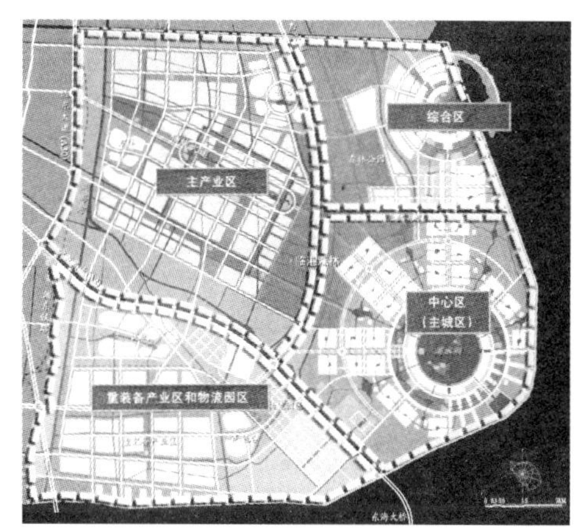

图2.3-5 临港新城总体规划形成的四个片区

图片来源：骆悰.临港新城战略背景与规划实践.理想空间.2005（6）：38

临港新城总体规划在结构形态上具有以下特点：其一，形成了具有象征意义的城市中心；其二，以“滴水湖”为圆心形成放射性的星形结构；其三，以放射轴线引导不同功能片区的布局；其四，主产业区、重装备和物流片区以格网结构为主；其五，综合区与主城区形成“孪生”的形态关系；其六，多种形式的

[1] 骆悰.临港新城战略背景与规划实践.理想空间.2005（6）：36.
[2] 同上：38.

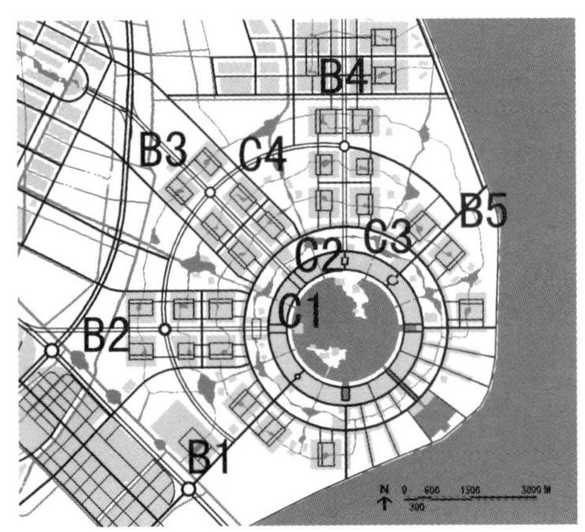

图2.3-6 临港新城主城区道路结构示意图

图片来源：作者根据骆悰.临港新城战略背景与规划实践.理想空间.2005(6)：37插图编绘

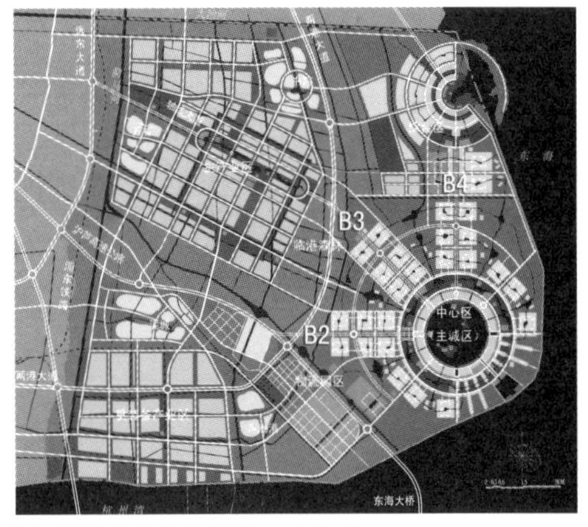

图2.3-7 临港新城总体规划(2003—2020)平面图

资料来源：作者根据骆悰.临港新城战略背景与规划实践.理想空间.2005(6)：37插图改绘

绿地系统建立了城市片区的边界；其七，四个社区布置于两大产业片区内，依托产业区发展，形态独立，并具有明显边界。圆、圆心、放射、轴线大道、圈层、“滴水湖”、绿地边界成为空间形态的关键词，构成了城市结构的主体(图2.3-7)。

2.3.3 临港新城主城区规划

临港新城主城区以“滴水湖”为核心，形成了一个圈层发展的区域，用地74.1平方公里。2004年12月，上海市城市规划设计院完成了主城区一期控制性详细规划的编制，规划面积21.68平方公里，并通过了上海市规划局的批准[1]。规划延续了总体规划的空间构架，除继续保持完整圆形的“滴水湖”外，对同心圆各个圈层，以及放射轴线引导的各个组团进行了进一步的详细设计(图2.3-8)。详细规划的主要深化内容体现在如下几个方面：

第一，定义放射轴线。规划涉及总体规划三个放射轴线中的B2、B3两条，将B2作为结构的中心轴线，与北、南侧的B3、B1轴线形成对称布局关系。南侧的B1轴被定位为文化休闲发展轴，东西向的B2轴为行政办公发展轴，北侧的B3轴为商业发展轴[2]。

第二，对“滴水湖”中岛屿进行定位。三条放射轴线在“滴水湖”产生了两个对景节点，B1对应了南侧的湖心岛，岛屿面积约14公顷，被定位为休闲功能；沿B2轴的

[1] 详见上海市城市规划管理局.关于《临港新城中心区一期控制性详细规划(含通则图则导则)》的批复【沪规划(2004)1392号】.http: //www.shghj.gov.cn/信息公开/郊区规划/控制性详细规划/.2004-12-31.

[2] 同上。

湖中岛屿是面积约6公顷的“商务岛”，岛上布置了两个并列的高层建筑，分别为酒店和办公楼，是新城的标志性建筑。另外一个岛屿位于“滴水湖”北侧，占地约23.54公顷，功能为娱乐，对应的轴线是总体规划中B4主轴(图2.3-9)。

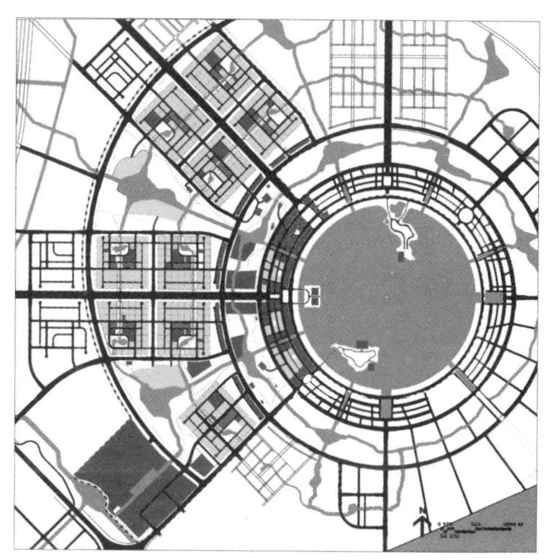

图2.3-8 临港新城主城区一期的规划平面图

作者编绘，资料源自上海市城市规划管理局.临港新城中心区一期控制性详细规划.http: //www.shghj.gov.cn/信息公开/郊区规划/控制性详细规划/.2004-12-31

第三，加密同心圆道路，进一步强化圈层形态。从“滴水湖”岸线至外，总体规划共形成三条同心圆道路(C1～C3)，在最外侧设半环形道路C4，连接放射道路B1、B5，也是圈层空间的“收头”，圆心与“滴水湖”不重合。规划在C1与C2之间增设了三条同心圆道路，加密了同心圆圈层形态。

第四，细化外围“城市岛”社区组团用地规划。在主城区圈层外围，由放射轴线引导了共26个居住社区组团，一期的设计细化了其中9个组团的用地布局与空间结构，每个组团采用方格网构图，建立了明显的社区中心。

图2.3-9 “滴水湖”与三个岛屿鸟瞰图，作者摄于上海新国际博览中心“CIHAF2005中国住交会”展厅，2005年

在凯文·林奇的著作《城市形态》中，放射性或星形被列在了城市形态模式的首位进行阐述。林奇认为，这种模式适于中型城市，特点是具有一个人口密集、多功能的核心区，放射干道之间的“V”形区域“把人们直接带到城市外围的郊区”[1]。早在古罗马时代，维特鲁威（Marcus Vitruvius-Pollio）在《建筑十书》（*The Ten Books on Architecture*）中便提出圆形形态的城市，他认为这种形态有利于城市的防卫[2]。在中世纪时期，圆形形态城市以集市广场为中心，以防御性的城墙为边界，形成了圈层的结构。直到文艺复兴时期，阿尔伯蒂的“理想城市”放射图形，被看作是“表现了人文主义完美性的图形，同时又更进一步从城市—政治角度，将完美的社会秩序与人文主义的统治者联系起来……”[3]。至巴洛克时期，放射图形被广泛运用，形成了“壮丽风格”的城市形态。19世纪末，霍华德以圈层放射形态模型作为图解，用以诠释城乡一体化的“田园城市”思想。圈层放射，由于形态的集中性和清晰的可认知性被运用于不同的时代，不同的环境中。

从规划征集开始，“滴水湖”、“罗盘”射线便成为临港新城的结构主体。“滴水湖”港湾象征了一个港口城市，同心圆的圈层形态则隐喻了“水的涟漪”意境，这些理想观念化作了形态造型。这个造型在主城区类似于霍华德的“田园城市”图解；对整个新城，空间结构则更接近他的“社会城市”原型。同时，设计在空间结构与造型手法上带有显著的巴洛克城市特点。

1. 圈层放射形态原型

霍华德在1898年发表了《明日：一条通向真正改革的和平道路》（*Tomorrow: A Peaceful Path to Real Reform*）著作，在1902年第二版发行时，著作被改名为《明日的田园都市》（*Garden City of Tomorrow*）[4]。他的“田园城市”模式以“城乡一体”作为原则，体现这个原则的载体便是一个具有放射形态的圈层空间结构。他描述道：“……城市形状可以是圆形的……六条壮丽的林荫大道—每条120英尺（约36.6米）宽—从中心通向四周，把城市划成六个相等的分区。中心是一块5.5英亩（约22.3公顷）的圆形空间，布置成一个灌溉良好的美丽的花园；花园的四周环绕着用地宽敞的大型公共建筑——市政厅、音乐演讲厅、剧院、图书馆、画廊和医院。其余的广大空间是一个用‘水晶宫（Crystal Palace）’包围起来的‘中央公园（Central Park）’……如果继续前进，我们可以看到大多数住宅或者以同心圆方式面向各条大

[1]（美）凯文·林奇.城市形态.林庆怡，陈朝晖，邓华译.华夏出版社，2001：257.

[2] 维特鲁威.建筑十书.高履泰译.北京：知识产权出版社，2001：21.

[3]（美）斯皮罗·科斯托夫.城市的形成——历史进程中的城市模式和城市意义.单皓译.北京：中国建筑工业出版社，2005：186.

[4]（英）比尼泽·霍华德.明日的田园都市.金经元译.北京：商务印书馆，2000：1-2.

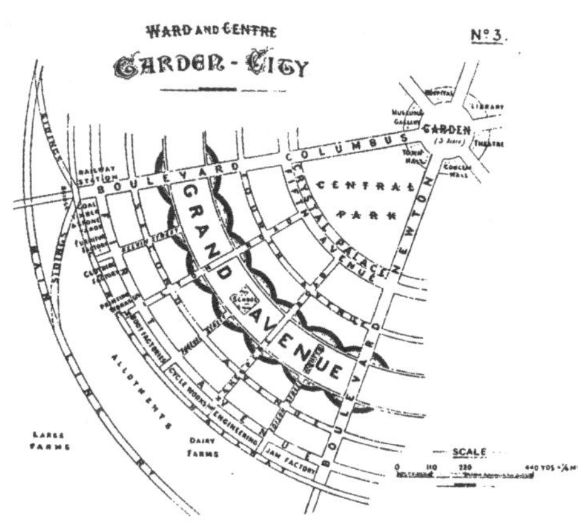

图2.3-10 “田园城市”图解

图片来源：（英）比尼泽·霍华德.明日的田园都市.金经元译.北京：商务印书馆，2000.14

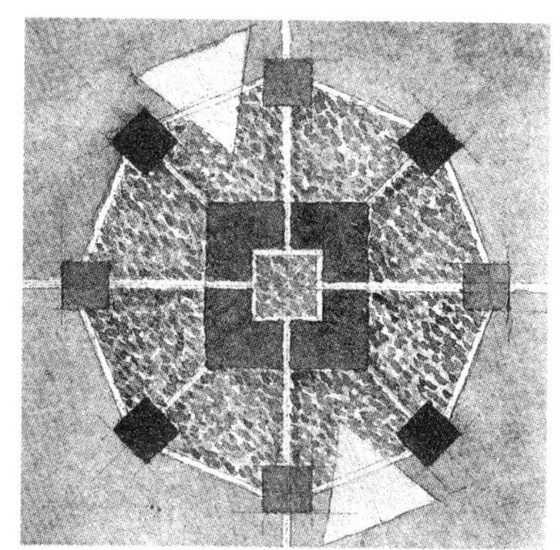

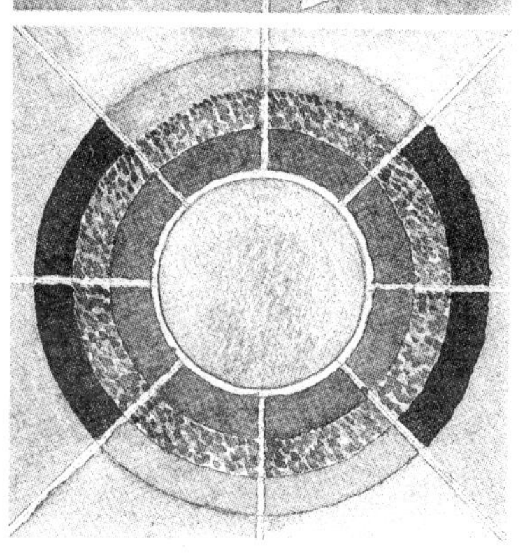

图2.3-11 拉尔夫·拉普（Ralph Lapp）在《我们是否应该躲藏》（Must We Hide, 1949）中提出的“卫星城”和“面包圈式”城市图解

图片来源：斯皮罗·科斯托夫.城市的形成——历史进程中的城市模式和城市意义.北京：中国建筑工业出版社，2005：195

街（环路），或者面向林荫大道和城市中心汇集的道路。”[1]

配合这些文字描述，霍华德在书中使用了一个图解（图2.3-10）。这个图解最直接地诠释了霍华德理论，也是理想化的概念表达方式。对此，霍华德在书中还做了说明：“这仅是示意，可能要有很大的变动。”[2]

尽管如此，人们还是在各类规划中直接使用了这个图解。斯皮罗·科斯托夫在著作《城市的形成—历史进程中的城市模式和城市意义》中，列举了对这个“并非真实的城市形式”[3]图解的应用实例。其中最为典型的是美国在二战之后提出的“分散城市”图解。这个设想有两种模式，一个是“卫星城”，另一个则是“面包圈式”城市，意图是为了应对未来可能发生的原子战争，缩小打击目标[4]，形式则是霍华德“社会城市”、“花园城市”图解的直接翻版（图2.3-11）。

在临港新城的规划中，“田园城市”的图解原型也得到了直接的应用。临港新

[1] （英）比尼泽·霍华德.明日的田园都市.金经元译.北京：商务印书馆，2000：14-15.

[2] 同上。

[3] （美）斯皮罗·科斯托夫.城市的形成——历史进程中的城市模式和城市意义.单皓译.北京：中国建筑工业出版社，2005：204.

[4] 同上：195-196.

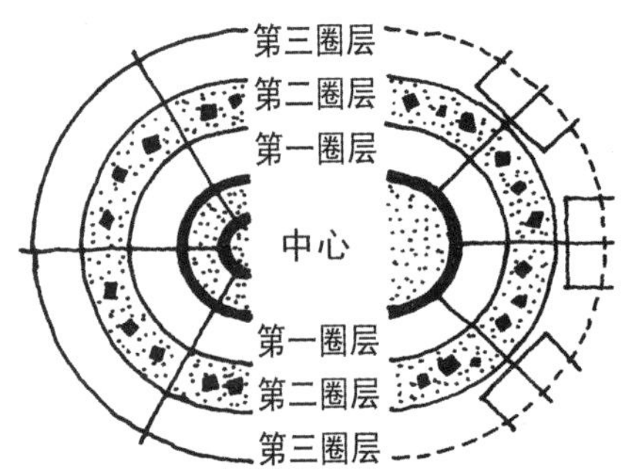

图2.3-12　临港新城与"田园城市"圈层布局比较示意图，左图为"田园城市"，右图为临港新城主城区

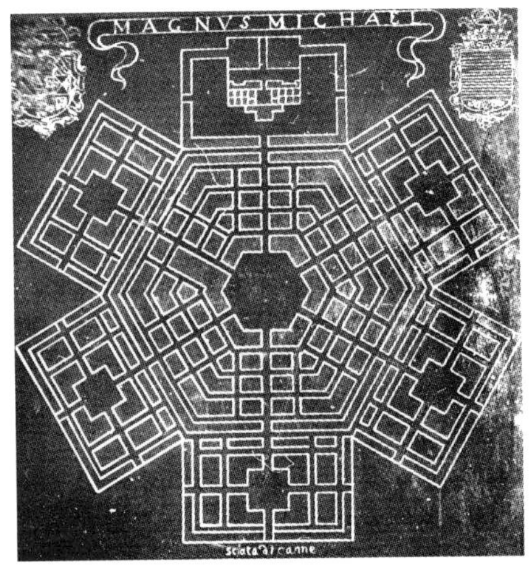

图2.3-13　建于1693年，位于意大利西西里的"理想城市"格拉米切勒（Grammichele, Sicily）城平面图

图片来源：Burke, Gerald. Towns in the making. London: Edward Arnold（Publishers）Ltd., 1971: 75

城的中心是"滴水湖"，这在"田园城市"则是一个花园、一圈公共建筑和中央公园；临港新城"滴水湖"的围合界面是市政、商贸、公共设施以及密集型住宅混合区，形成了第一个圈层；"田园城市"在中央公园外的第一个圈层是"水晶宫"以及住宅区。显然，两者在第一个圈层布局上有相近之处。

临港新城的第二个圈层是宽度约480米的带形公园，其中点缀着独立的公共建筑用地，有办公、小区级公共设施、学校、医院以及文化娱乐等设施；"田园城市"的第二个圈层为名为"宏伟大街（Grand Avenue）"的带形绿地，绿带中间布置了每所占地4英亩（1.62公顷）的公立学校以及各种派别的教堂[1]，与临港新城第二圈层的布局方式非常接近。在第三圈层，临港新城与"田园城市"均设置了住宅区，不同的是，住宅组团布局不再采用圈层形态，而是改为放射轴线的组织方式（图2.3-12）。

临港新城的放射结构继续延伸，引导了外围住宅组团的发展，如同设计者对这些组团布局的描述："按罗盘射线，像'城市岛'一般围绕圆的中心。"[2]主要的放射线共有八条，在它们引导的放射组团之间，形成的间隙绿地呈楔形接近第二圈层。这种结构形态与文艺复兴时期的"理想城市"格拉米切勒（Grammichele, Sicily）相似。格拉米切勒建于1693年，用以替代在地震中毁灭的欧其奥拉（Occiola）城[3]，平面为六边形圈层放射结构，放射线自中心的六边形广场向外围展开，在边缘引导了相应的六个组团，组团为矩形，其间隙形成了楔形绿地（图2.3-13）。

---

[1]（英）比尼泽·霍华德.明日的田园都市.金经元译.北京：商务印书馆，2000：16.

[2] 上海市城市规划管理局.未来都市方圆——上海市城市规划国际方案征集作品选（1999—2002）.2003：76.

[3] Burke, Gerald. Towns in the making. London：Edward Arnold（Publishers）Ltd., 1971：75.

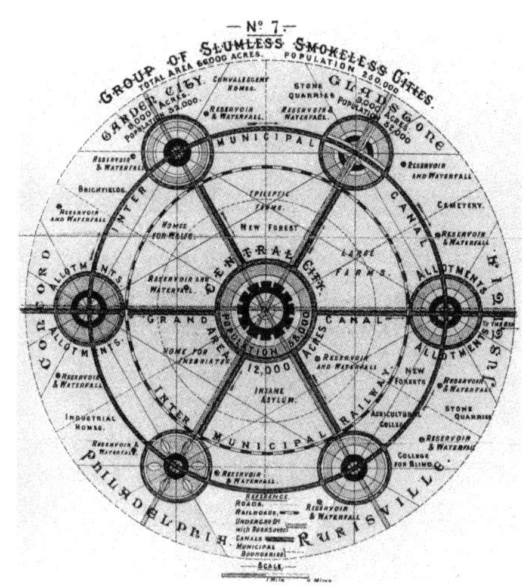

图2.3-14 霍华德“社会城市”图解(1898年)

资料来源:(英)比尼泽·霍华德.明日的田园都市.金经元译.北京:商务印书馆,2000:扉页3

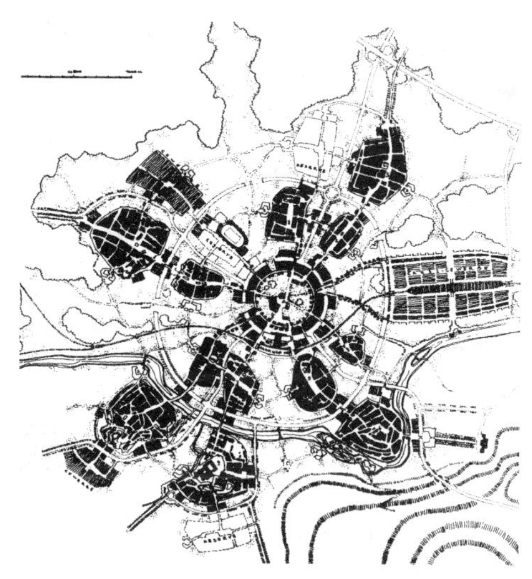

图2.3-15 德国欧伯普法尔茨地区老城,按霍华德“社会城市”模式组成的新城方案

资料来源:(德)康拉德·沙尔霍恩,汉斯·施马沙伊特.城市设计基本原理:空间·建筑·城市.陈丽江译.上海:上海人民美术出版社,2004:134

在城市总体结构上,临港新城主城区与外围三个片区之间的空间关系更像是“卫星城”方式,形态则接近于霍华德的“社会城市”模式(图2.3-14)。“社会城市”图解表达了中心城市与外围城市群(Town-cluster)之间的发展关系,中心城市与外围的“田园城市”之间依靠铁路连接。临港新城的三个外围片区围绕主城区布局,与主城区之间以放射大道星形连接,其布局形式体现了“社会城市”的形态原则。康拉德·沙尔霍恩(Schalhorn, K)、汉斯·施马沙伊特(Schmalscheidt, H)在《城市设计基本原理:空间·建筑·城市》一书中,展示了一个基于德国欧伯普法尔茨(Oberpfalz)地区,由12个小镇组合为一个3万人口新城的规划方案[1],在空间结构上,规划也以霍华德“社会城市”图解作为形态原型,其形态特点则更接近于临港新城(图2.3-15)。

在城市尺度上,根据霍华德的描述,一个“田园城市”的用地规模为6 000英亩(2 430公顷),其中包括5 000英亩(2 025公顷)的农业用地,放射的林荫大道宽度约128米(420英尺),由中央公园等组成的圆形中心区面积略大于61公顷[2];而临港新

[1] (德)康拉德·沙尔霍恩、汉斯·施马沙伊特著.城市设计基本原理:空间·建筑·城市.陈丽江译.上海:上海人民美术出版社,2004:134.

[2] 根据“花园城市”中央公园(145英亩)与中心花园(5.5英亩)相加所得150.5英亩推算。详见(英)比尼泽·霍华德.明日的田园都市.金经元译.北京:商务印书馆,2000:14-15.

城主城区用地规模约为7 410公顷，三条主要放射轴线大道宽度约180米[1]（含两侧绿化带），中心圆“滴水湖”的面积约为491公顷，城市规模与尺度远远大于“田园城市”，展现了一个更加宏大的空间形态。

2.“壮丽风格”

斯皮罗·科斯托夫（Spiro Kostof）所称的“壮丽风格”（The Grand Manner）[2]，主要是指16至18世纪的巴洛克城市形态。巴洛克风格改变了中世纪城市不规则的街区与街道，大道、宫廷、巨大的尺度、几何形、外向型的星形规划迎合了君主统治与军队的需要。巴洛克城市的放射形大道通常集中于皇宫或广场，“通常是三条为一组的放射道路群（Trivium）中间一条。……以壮丽风格设计城市，最重要的一项技能就是布置对角线大街。而最简单的对角线街道系统就是以三条街道为一组形成的放射道路群——三支道系统”[3]。从路易十四末期的凡尔赛宫规划，以及1791年朗方（Charles L’Enfant），为华盛顿所作的规划中，可以看出“三支道系统”的构图统治力。形成放射的核心，在前者是一座宫殿，在后者则是一个公园（图2.3-16，图2.3-17，图2.3-18）。

图2.3-16　凡尔赛宫鸟瞰图

图片来源：（美）斯皮罗·科斯托夫.城市的形成——历史进程中的城市模式和城市意义.单皓译.北京：中国建筑工业出版社，2005：237

[1] 根据《临港新城中心区一期建设区控制性详细规划》文本及其比例尺推算，本节以下同。

[2] 引用斯皮罗·科斯托夫所著《城市的形成——历史进程中的城市模式和城市意义》第四章标题。见（美）斯皮罗·科斯托夫.城市的形成——历史进程中的城市模式和城市意义.单皓译.北京：中国建筑工业出版社，2005：209.

[3]（美）斯皮罗·科斯托夫.城市的形成——历史进程中的城市模式和城市意义.单皓译.北京：中国建筑工业出版社，2005：189.

临港新城的“三支道系统”由三条放射性林荫大道组成，即B2、B3、B4轴线系统，分别向西北、西、北方向延伸，其中，B2形成了直接的对外交通联系，B3、B4则分别引导了两个大型片区。从总体结构上看，B3大道连接了重要的主生产片区，可以被视作“三支道系统”的主要轴线[1]（图2.3-19）；在主城区一期规划中，B2大道被定义为行政办公发展轴，并从轴线系统中被强调出来（图2.3-20）。不同的功能定义，使临港新城的“三支道系统”具有较为均衡的分量，在形态上形成了更加整体、稳固的成组结构。

“三支道系统”形成了对临港新城空间结构的基本控制。实际上，其放射系统并没有局限于“三支道”，而是基于“罗盘”形成了多个方向上的放射线。这种自核心点由多条道路形成放射的星形形态，被科斯托夫称为“多支道系统”。古典主义时期巴黎的星形广场（Place de L'Etoile，戴高乐广场）便是这种形式，以完整的圆形为

图2.3-17 路易十四末期法国凡尔赛宫规划中的“三支道系统”

图片来源：Benevolo, Leonardo. Die Geschichte der Stadt. Frankfurt/New York: Campus Verlag GmbH, 1983: 718

图2.3-18 从林肯公园俯瞰华盛顿规划的“三支道系统”

图片来源：（美）斯皮罗·科斯托夫.城市的形成—历史进程中的城市模式和城市意义.单皓译.北京：中国建筑工业出版社，2005：208

图2.3-19 临港新城的“三支道系统”，模型，作者摄于上海新国际博览中心“CIHAF2005中国住交会”展厅，2005年

[1] 临港新城总体规划将B3轴线定义为功能、景观、标志性主轴线。详见骆棕.临港新城战略背景与规划实践.理想空间.2005（6）：38–39.

核心，向外放射12条大道，形成一个集中的城市标志性节点（图2.3-21）。星形广场完整的放射线系统全面地支配了周边的城市区域，这与临港新城的“多支道系统”不尽相同。

在临港新城主城区，由于“滴水湖”位置偏向沿东海和杭州湾交叉处岸线，放射线系统以B1、B5为界限，在“滴水湖”西北侧半圆的辐射面向城区，引导或连接其他片区；东南侧半圆的密集放射结构则朝向海面，在形态上与德国的巴洛克城市卡尔斯鲁厄（Karlsruhe）近似。卡尔斯鲁厄的中心区是一个整圆形状，共放射出32条射线，“多支道系统”分为南、北两个部分，南侧半圆面向城市，北侧半圆面向皇族狩猎的森林。在一定程度上，这种半圆形的不同放射结构形态与临港新城具有同一性（图2.3-22，图2.3-23）。

图2.3-20　临港新城的B2轴线在规划中被强调出来，模型，作者摄于上海新国际博览中心“CIHAF2005中国住交会”展厅，2005年

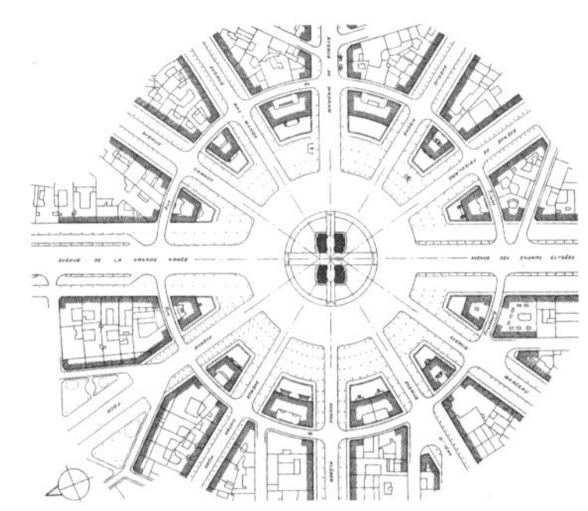

图2.3-21　巴黎星形广场

资料来源：Benevolo, Leonardo. Die Geschichte der Stadt. Frankfurt/New York: Campus Verlag GmbH, 1983: 856

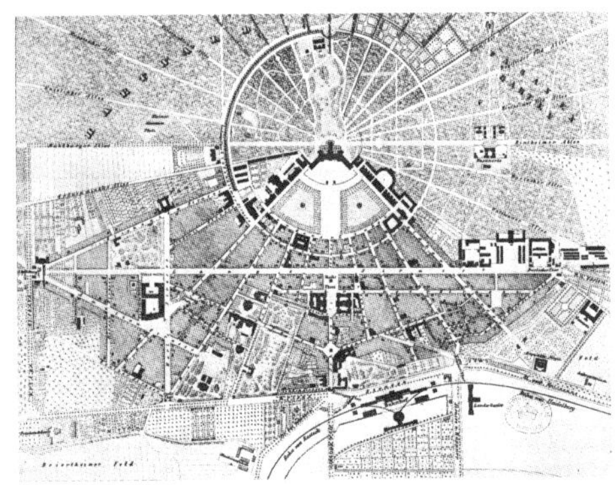

图2.3-22　德国巴洛克城市卡尔斯鲁厄平面图，1750年

图片来源：Burke, Gerald. Towns in the making. London: Edward Arno（Publishers）Ltd., 1971: 75

图2.3-23　卡尔斯鲁厄半圆形的不同放射区域

图片来源：（美）斯皮罗·科斯托夫.城市的形成——历史进程中的城市模式和城市意义.单皓译.北京：中国建筑工业出版社，2005：188

综上所述，临港新城的放射结构设计运用了不同形式的原型，体现出以下三个特点，一是以"三支道系统"为主体结构；二是形成了"多支道系统"；三是"多支道系统"射线分别以半圆形态控制城区与环境空间（图2.3-24）。

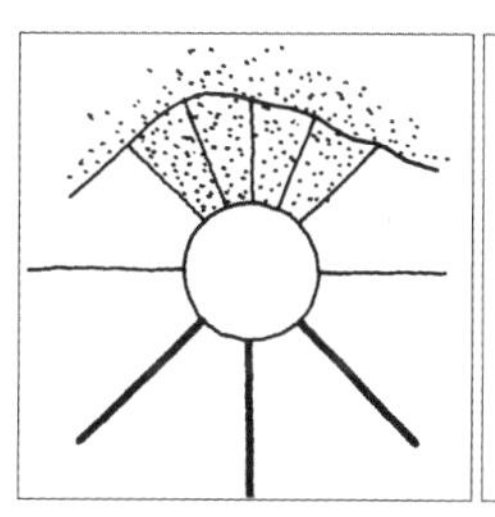

临港新城：
三支道系统
多支道系统
半圆多支道系统

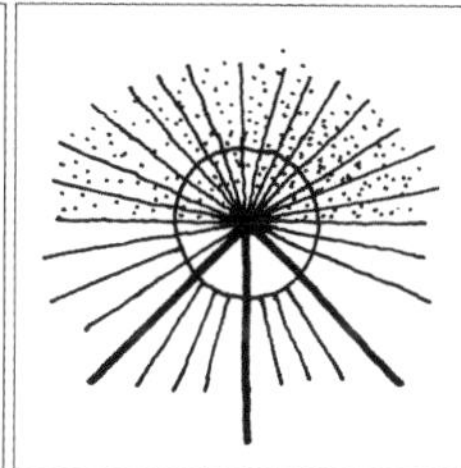

卡尔斯鲁厄：
三支道系统
多支道系统
半圆多支道系统

巴黎星形广场：
多支道系统

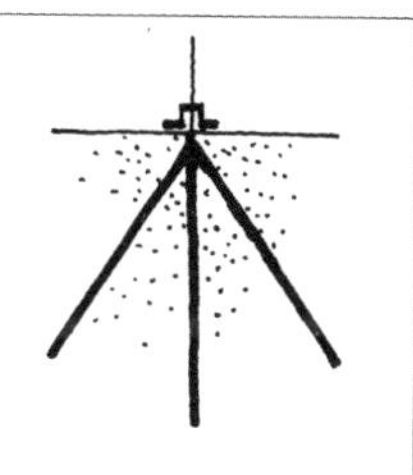

凡尔赛宫：
三支道系统

图2.3-24 临港新城与其他放射形态的比较

放射结构将城市空间聚焦于一个核心，对于临港新城，这个核心点位于大型的"滴水湖"中心。为了强化放射结构的方向性，设计采取了三种主要方式，这三种方式不同程度地体现了"壮丽风格"的原型特点。

第一种方式是强化主要轴线。临港新城"三支道系统"中的每条大道红线宽度均为100米，多排的树木种植使轴线成为林荫大道，加强了大道的方向性（图2.3-25）。显然，这种如同巴洛克城市的宽广林荫大道，被看作是"巴洛克城市最重要的象征和主体"[1]，体现了"壮丽风格"的构成要素特点。

图2.3-25 临港新城B2轴线林荫大道，模型，作者摄于上海新国际博览中心"CIHAF2005中国住交会"展厅，2005年

第二种方式是建立几何中心标识物。规划在"滴水湖"圆心点设置了一个塔形构筑物，为来自不同方向的放射线建立了对景标识点（图2.3-26）。类似方尖碑在巴洛克城市空间中所

[1]（美）刘易斯·芒福德.城市发展史——起源、演变和前景.倪文彦，宋俊岭译.北京：中国建筑工业出版社，2005：385.

图2.3-26 “滴水湖”中的湖心塔，规划模型，2005年

作者摄于上海新国际博览中心“CIHAF2005中国住交会”展厅

图2.3-27 圣彼得广场中心的方尖碑实景，1987年

起的作用，临港新城的湖心塔成为空间几何中心的重要元素。著名的圣彼得广场（Piazza di San Pietro）是具有代表性的巴洛克广场，由前后布局的三个广场组成。方尖碑位于当中的奥博利卡广场（Piazza Obliqua），作为设立体限定了广场空间，并成为大教堂轴线空间序列的对景点（图2.3-27）。

第三种方式是设立对景标志物。临港新城规划在B2林荫大道的尽端布置了一个双塔形建筑，建筑位于“滴水湖”畔的“商务岛”上，如同一个凯旋门，成为整个新城的制高标志物（图2.3-28）。在巴洛克城市中，标志物和纪念物是轴线大道对景的主要元素，如：凯旋门、雕塑、纪念柱等。典型的实例如以上提及的巴黎星形广场，设立于广场中心的凯旋门除限定了广场空间外，还成为香榭丽舍轴线大道（Avennue des Champs-Elysees）的重要对景节点，并与建于1972年的新凯旋门互为对景，成为城市的标志与象征（图2.3-29）。

同时体现上述第二、三种方式的形态原型，如位于罗马北部的波波洛广场（Piazza del Popolo），广场由两个相对的半圆（中间为方形）组成，广场正中的方尖碑聚焦了放射的“三支道系统”；处于广场界面上的双子教堂（San Maria del Miracoli, San Maria di Montesanto）则“像一座凯旋门，提高了广场空间的封闭性，强化了空间转换的戏剧效果”[1]（图2.3-30，图2.3-31）。借由上述分析表明，在为圈层放射形态建立了显著方向性的同时，临港新城主城区的空间结构体现了“壮丽风格”城市的原型特征。

[1] 蔡永洁.城市广场.南京：东南大学出版社，2006：45.

图2.3-28 主城区B2轴线大道的标志性建筑节点模型，2005年

作者摄于上海新国际博览中心“CIHAF2005中国住交会”展厅

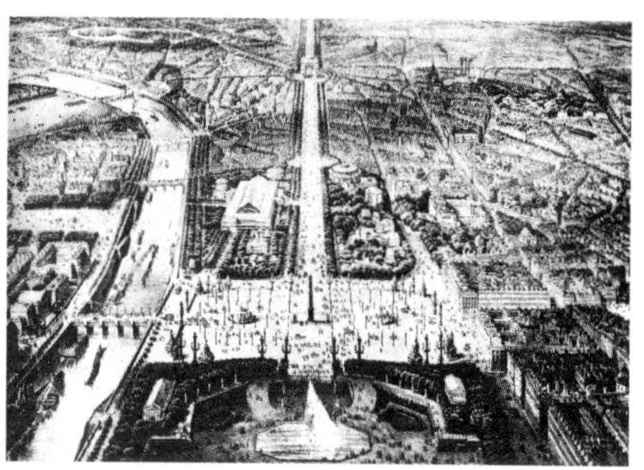

图2.3-29 巴黎凯旋门与香榭丽舍大道

图片来源：Benevolo, Leonardo. Die Geschichte der Stadt. Frankfurt/New York: Campus Verlag GmbH, 1983: 847

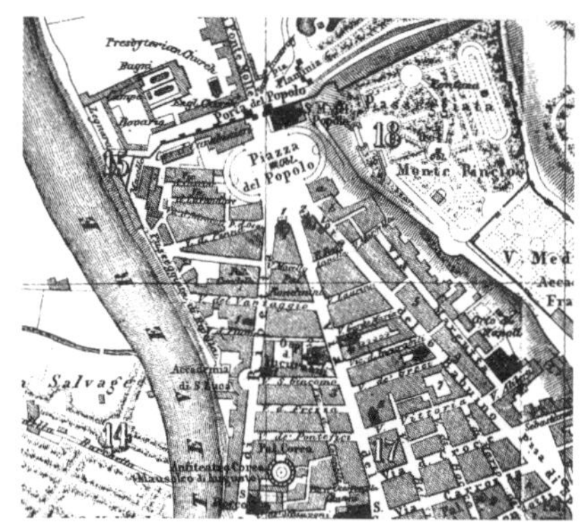

图2.3-30 波波洛广场平面图

图片来源：(美) 斯皮罗·科斯托夫.城市的形成—历史进程中的城市模式和城市意义.单皓译.北京：中国建筑工业出版社，2005：237

图2.3-31 波波洛广场透视图

图片来源：(美) 埃德蒙·N·培根.城市设计(修订版).黄富厢，朱琪译.北京：中国建筑工业出版社，2003：155

2.3.4 小结

在与乌托邦比较之后，斯皮罗·科斯托夫认为，乌托邦并不一定是一座城市，“理想城市”却不同，它是一种存在，并“需要参照一个较大的地理框架和一个已有的文化环境”[1]。从这个意义上来说，临港新城的城市设计结合了环境特点与产业特点，以一个巨大的“滴水湖”象征性符号，圈层放射的“田园城市”以及“壮丽风格”形态原型，展现了一个“理想城市”图形(图2.3-32)。歌德在谈到象征性时指出，

[1] (美) 斯皮罗·科斯托夫.城市的形成——历史进程中的城市模式和城市意义.单皓译.北京：中国建筑工业出版社，2005：163.

图2.3-32　空中俯瞰“滴水湖” 2006年
李振宇摄

象征性结合了纯粹而自然的感情与最好、最高尚的物体，“原因就在于理想，而理想又总带有某种概括性”[1]。无论临港新城的空间结构采用了何种形态原型，清晰、概括的设计语言表达了“理想城市”的象征意义，同时也展示了一种基于原型的创作方法。然而，形态原型的运用将巴洛克式的大型尺度带入了新城，“滴水湖”绵长的岸线在一定程度上削弱了城市中心区公共空间的紧凑感；宽阔的轴线大道也不利于创造宜人的步行街道空间。综合上述，可将临港新城城市设计的主要特点归结为：

（1）运用“田园城市”“社会城市”的图解形态原型；

（2）具有“三支道系统”等形态原型特征的放射系统；

（3）运用“壮丽风格”的设计手法建立城市空间的方向性；

（4）以“滴水湖”作为环境、产业、形态的象征；

（5）大型的公共空间尺度；

（6）建立了一个“理想城市”的结构图形。

2.4　金山区枫泾镇——枫泾新镇

2.4.1　背景与概况

枫泾镇位于上海市金山区的西侧边缘，与浙江省毗邻，在沪、浙五个区县及其十个乡镇的交界处，距上海市中心约80公里，距金山城区35公里，距浙江省嘉兴市27公里，与东北侧的青浦、松江新城分别相距30、26公里。枫泾是上海通往浙江的交通要道，也是南方各省市进入上海的第一站，被称为上海的西南门户[2]（图2.4-1）。主要对外道路交通设施有沪杭高速公路（A8）、320国道以及规划的枫亭高速公路，另有亭枫、朱枫、嘉枫等区级公路；轨道交通设施有沪杭铁路，在镇内设站，规划的轨道R4线以枫泾为端点，通往上海市区。枫泾镇内河道纵横，水网密集，镇域总面积54.33平方公

[1] 转引自（法）茨维坦·托多罗夫.象征理论.王国卿译.北京：商务印书馆，2005：25.
[2] 上海市地方志办公室.特色志/上海名镇志/上海西南门户：枫泾镇.http://www.shtong.gov.cn. 2005-11-7.

里，是上海市郊区最大的镇之一。

枫泾为浦南古镇。南朝梁天监元年（502年）南栅建仁济道院，唐太和年间（827—835年）在西庵场建妙常庵，附近形成聚落，并逐步形成集市。枫泾镇原称“白牛镇”，建于至元十三年（1276年）。明代改称枫泾镇。明宣德五年（1430年），枫泾镇以界河分南、北两个镇区，南镇区属今浙江省嘉善县，北镇区为江苏省松江县所辖。1951年3月，南北镇合并，归属松江县。1966年10月，枫泾被划归金山县（1997年5月金山县改为金山区），1993年12月，原枫泾镇与枫围乡合并建立枫泾镇[1]。

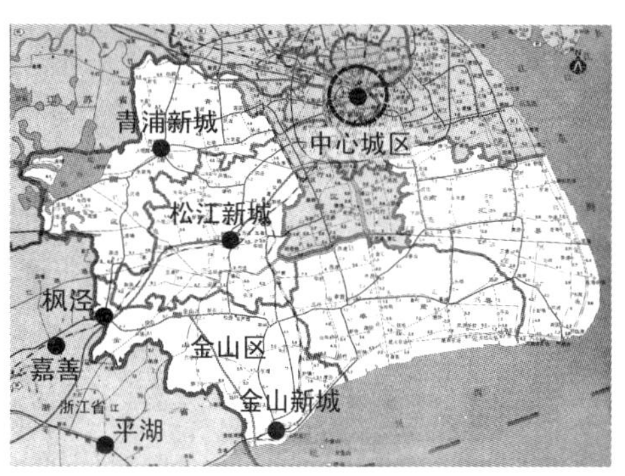

图2.4-1 枫泾镇区位示意图

作者根据中国交通营运里程图集.北京：人民交通出版社，2001：87图片编绘

枫泾镇具有1 500多年的历史，是典型的江南水乡集镇，也是商业、文化资源较为丰富的地区。枫泾古镇旧有海慧寺、城隍庙、乐簃、寂景、平社等古迹，但几经战火破坏殆尽。今仅存宋代创建海慧寺所凿的八角井、致和桥（圣堂桥）等文物。主要的古建筑为始建于明隆庆六年（1572年）的性觉禅寺[2]。古镇的江南水乡景观被喻为“三步一座桥，一望十条巷”，在元末明初时，枫泾镇与浙江的南浔、王江泾和江苏的盛泽被并称为江南四大名镇[3]（图2.4-2）。

图2.4-2 枫泾古镇实景，2006年

2.4.2 枫泾中心镇规划

按照“一城九镇”计划，枫泾镇是金山区的试点城镇，被拟定为“北美风格”。2002年9月，区、镇政府委托美国Niles Bolton Associates（NBA）公司与上海金山规划建筑设计研究院编制完成了《上海市枫泾镇总体规划》。总体规划分别在镇域、镇区两个范围内进行，其中，镇域用地面积为54.33平方公里，镇区为9平方公里。

总体规划提出的发展原则是：（1）土地利用功能混合、紧凑布局，避免无序蔓

[1] 上海市地方志办公室.特色志/上海名镇志/上海西南门户：枫泾镇.http: //www.shtong.gov.cn. 2005-11-7.
[2] 同上。
[3] 朱全弟，沈永昌.三步一座桥，一望十条巷.新民晚报.2005-3-5（A10）.

延；（2）建立平衡步行与机动车的城镇结构；（3）利用自然要素，建立绿色廊道系统；（4）形成有竞争力、多层次、可持续发展的产业结构；（5）传统风貌保护与建立国际化元素结合[1]。

结合上述原则，总体规划提出了体现北美“特色风貌”的四个要素：

（1）邻里单位：在步行5分钟的距离内形成居住组团，设置邻里中心，中心空间通过广场进行组织；

（2）城镇中心：设置以行政、文化、娱乐、商业为主要功能的核心；

（3）走廊：具有一定宽度的生态绿带，隔离与联系城镇不同区域；

（4）区：指如老镇区、商贸区、工业园区等以单一功能为主的区域[2]。

枫泾镇的镇域总体规划确定了镇区、中心村、一般村的三级城镇体系，规划人口规模7.5万人。镇域土地利用布局共划分了7类用地[3]，其中基本农田保护用地面积近33平方公里，城镇用地9平方公里，分别占总用地的约61%、16.6%，为镇域范围内最重要的用地组成部分[4]（图2.4-3）。

在镇区总体规划中，设计划分了新镇区、商贸区、工业园区、老镇区和“门户公园”五个功能区域（图2.4-4）。在空间布局上形成了以下特点：

（1）采用方格网道路结构。方格网道路联系了不同的功能区域，除东南侧的工业园区被高速公路等隔离外，其他4个区域形成了较为紧密的联系。

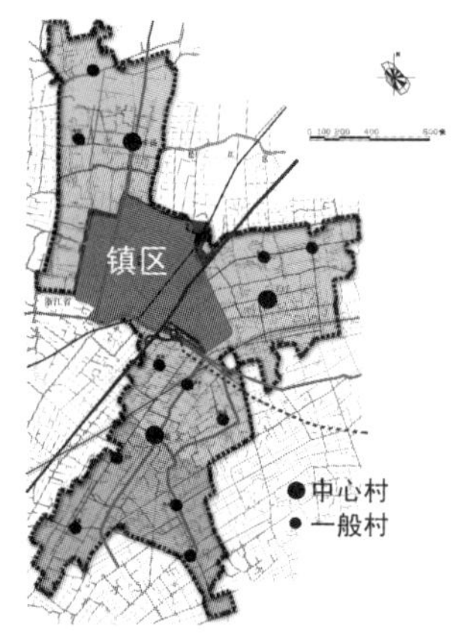

图2.4-3　枫泾镇域结构规划平面图

图片来源：金山区人民政府.上海市枫泾镇总体规划.2002：32

图2.4-4　枫泾镇区总体规划用地布局示意图

作者根据金山区人民政府.上海市枫泾镇总体规划.2002：35改绘

[1] 金山区人民政府.上海市枫泾镇总体规划.2002：11.

[2] 同上。

[3] 7类用地分别为基本农田保护区、一般农用地、林业、城镇、工矿、村庄以及其他用地。

[4] 金山区人民政府.上海市枫泾镇总体规划.2002：2.

(2) 建立中心区。规划在新镇区设中心区,即“特色风貌区”,在南侧与老镇区相接。

(3) 设置带状公园。规划的带状公园设于A8高速公路与沪杭铁路之间,形成了新镇区的东侧边界,成为镇区与高速公路东侧工业区之间的隔离带。

(4) 以轴线联系区域。规划设两个空间发展轴,分别连接中心区与老镇区、中心区与带状公园。

(5) 以水面为核心。规划在中心区设水面,公共建筑和公共空间围绕水面布局,其中,在湖的北侧建立新镇行政中心。

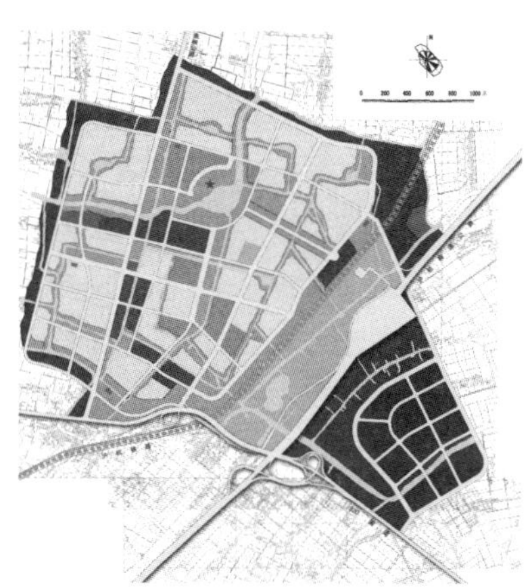

图2.4-5 枫泾镇区总体规划土地利用平面图

图片来源:金山区人民政府.上海市枫泾镇总体规划.2002:32

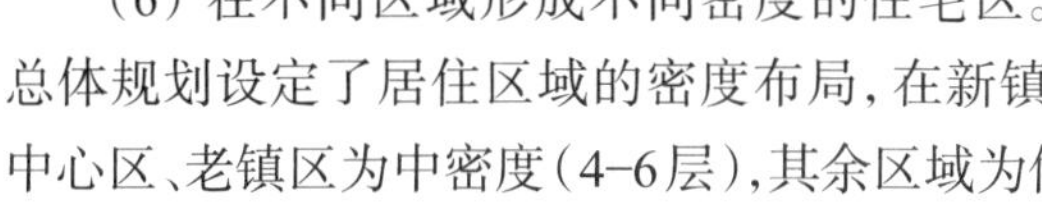

(6) 在不同区域形成不同密度的住宅区。总体规划设定了居住区域的密度布局,在新镇中心区、老镇区为中密度(4-6层),其余区域为低密度(2-3层)。

(7) 保留原河道,连通新、老镇区水系。基于水网密集原状,规划保留了大部分河道,并将新镇与老镇水系连通(图2.4-5,图2.4-6)。

除以上内容外,总体规划还提出了镇区空间的形态设计,成为枫泾新镇详细规划的蓝本(图2.4-7)。

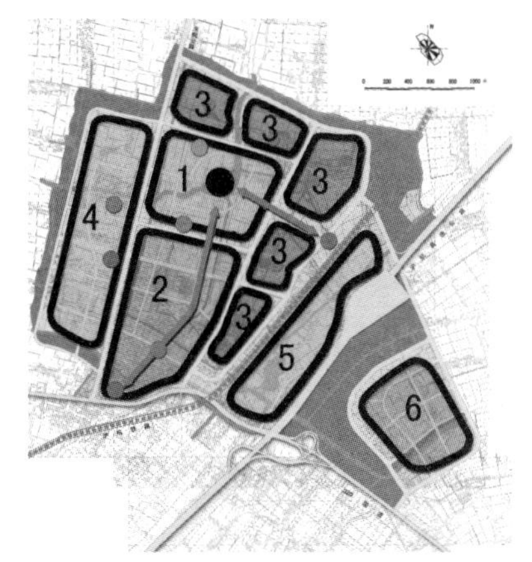

图2.4-6 枫泾镇区总体规划结构形态示意图,1. 新镇区;2. 老镇区;3. 住宅组团;4. 商贸区;5. 门户公园;6. 工业区。

图片来源:金山区人民政府.上海市枫泾镇总体规划.2002:32

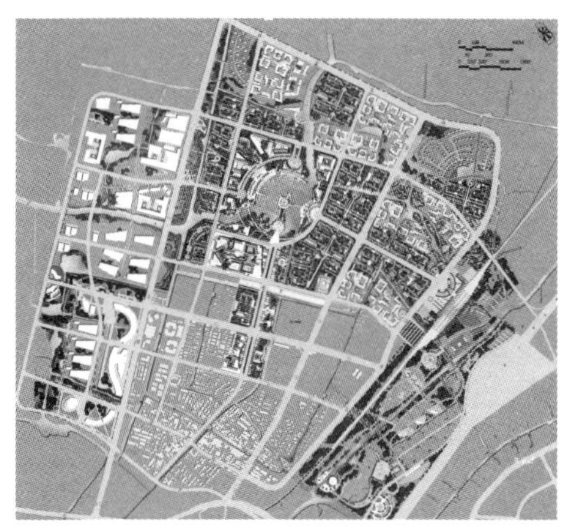

图2.4-7 枫泾镇区总体规划阶段提出的形态设计平面图

图片来源:金山区人民政府.上海市枫泾镇总体规划.2002

2.4.3 枫泾新镇详细规划设计

2004年1月，上海金山规划建筑设计院有限公司与斯旦建筑设计咨询（上海）有限公司，提出了《上海市金山区枫泾镇新镇区控制性详细规划》。规划范围为总体规划确定的新镇区以及“门户公园”两个区域，用地边界分别由西侧朱枫路、东侧沪杭高速公路、南侧老镇边界（清风路）和北侧松江区区界限定，总用地5.44平方公里，规划居住人口约2.77万人。

控制性详细规划沿袭了总体规划的分区、结构布局以及景观设计原则，在道路线形、用地功能、形态设计等方面作了部分调整（图2.4-8）。

调整主要有下列主要内容：第一，将镇区北界适当北移，增加了部分低密度开发用地；第二，中心湖面由总体规划时的整圆形变为椭圆形，略向东南侧偏移；第三，将连接中心与“门户公园”的轴线，由道路改为绿地形式；第四，将西侧临朱枫路边界绿化改为公建用地，同时，将中心区西侧的部分用地调整为公建性质，两片公建用地与中心区联为整体；第五，加强东侧火车站的功能配置，在车站周围形成了大型公建设施群；第六，在临中心区东北侧安排了部分低密度住宅用地；第七，随北侧用地调整，将社区中心向北推移，沿道路布局，并在社区中心增加了部分商业用地；第八，调整部分道路线形、建筑形态布局等。

图2.4-8　枫泾新镇控制性详细规划总平面图

图片来源：赵燕等.新上海人的新生活：浦江镇的空间与设计.设计新潮/建筑.2004，114（10）：61

2004年10月，枫泾镇委托加拿大六度（SDAD）建筑设计有限公司编制了《金山区枫泾新镇区城市景观规划》，规划在控制性详细规划的基础上，对建筑形态进行了梳理，并对各个景观元素进行了详细的规划设计（图2.4-9）。

也许是出于“北美风格”的指向性，从总体规划开始，枫泾的规划设计便遵循了“新城市主义”的原则。“新城市主义”形成于20世纪90年代初，由美国的一些学者和规划师、建筑师发起，并在1993年成立了“新城市主义协会”（Congress for the New Urbanisim，简称CNU），同时发表了《新城市主义宪章》。针对城市的无序蔓延（Urban Sprawl）等

图2.4-9 枫泾新镇景观设计平面图

图片来源：金山区枫泾新镇区城市景观规划设计文本，由上海新枫泾建设发展有限公司提供

图2.4-10 枫泾镇区总体规划所作的形态设计鸟瞰图

图片来源：金山区人民政府.上海市枫泾镇总体规划.2002

发展状况，CNU建立了对城市三个不同尺度的观察与研究层次，第一个层次为区域（The Region），包括大都市、城市和村镇；第二个层次为城市的片区空间，即邻里（The Neighborhood）、街区（The District）和廊道（The Corridor）；第三个层次是城市中更小的元素：街块（The Block）、街道（The Street）和建筑（The Building）[1]。其中邻里、街区和廊道被视为城市的构成基本元素，组成城、镇以及更大规模的城市区域。“新城市主义”在这些层次上分别建立了行动纲领和设计原则，并进行了大量的实践。

枫泾新镇的总体规划强调以邻里、街区、廊道、中心为基本元素，体现了“新城市主义”城市设计的基本思路，并在发展模式，空间形态等方面也借鉴了“新城市主义”理论与实践的原型（图2.4-10）。在随后进行的控制性详细规划以及景观规划设计中，尽管在边界、邻里等方面进行了调整，但开发模式、廊道、中心等元素被进一步强调，使形态原型特点在一定程度上得到了保持。

1.“交通引导”与“传统发展”的结合模式

在枫泾镇区总体规划中，除新镇中心区、古镇保护区外，整个镇区形成了5个邻里单位，其中4个围绕新镇中心区布局，并以400米步行圈距离衡量邻里规模（图2.4-11）。在控制性详细规划阶段，因基地边界向北推移，邻里单位的步行圈被扩大，反映在景观规划文件的描述中，邻里尺度以500米步行圈为度量距离（图2.4-12）。

[1] 详见（美）新都市主义协会编.新都市主义宪章.杨北帆等译.天津：天津科学技术出版社，2004：69.

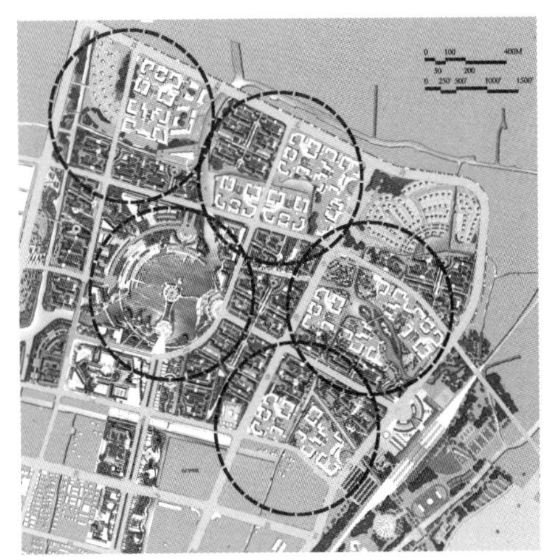

图2.4-11 枫泾镇区总体规划以400米步行圈确定的4个新镇区邻里单位

作者根据枫泾镇区总体规划平面图编绘

图2.4-12 枫泾新镇景观规划以500米步行圈确定的4个邻里单位

图片来源：金山区枫泾新镇区城市景观规划设计文本，由上海新枫泾建设发展有限公司提供

“新城市主义”的邻里概念源于美国规划师克拉伦斯·佩里在1929年提出的邻里单位理论。这个概念最早是出于政治目的，并在纽约州罗彻斯特（Rochester）工业城镇得到了应用[1]。佩里强调步行的重要性，提出以5分钟的步行圈距离，即400米半径的圆形控制区域作为一个邻里单位。邻里单位建立了具有小学、商业等设施的社区中心，并以一个小学校所折算的5 000人口作为基础规模[2]（图2.4-13）。60年后，“新城市主义”者在佩里的概念基础上提出了邻里的设计原则：

（1）邻里具有中心和边缘；

（2）邻里是各种行为的均衡组合：购物、工作、学习、休闲以及各种居所；

（3）邻里的理想规模是从中心到边界距离长为400米；

（4）邻里街道适宜于步行，同样适宜于自行车与汽车行驶；

（5）邻里优先考虑公共空间的塑造及市政建筑的合理分布[3]（图2.4-14）。

根据枫泾新镇总体与景观规划的描述，邻里布局的主要特点表现为：第一，以花园为核心建立邻里中心，部分中心的功能结合公建设施；第二，部分邻里边界以河道、绿地、道路或组合为主要元素，多数邻里边界界定不清晰，也不严格；第三，以

[1]（美）刘易斯·芒福德．城市发展史——起源、演变和前景．倪文彦，宋俊岭译．北京：中国建筑工业出版社，2005：513.

[2]（美）新都市主义协会编．新都市主义宪章．杨北帆等译．天津：天津科学技术出版社，2004：72.

[3] 同上：77-79.

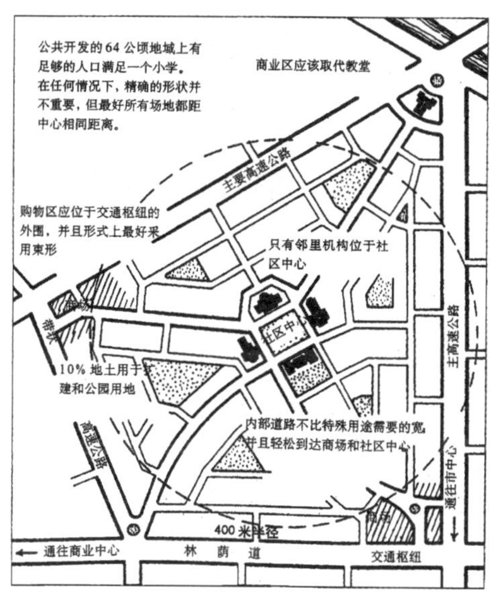

图2.4-13 佩里的“邻里单位”模式图

图片来源：(美) 新都市主义协会编.新都市主义宪章.杨北帆等译.天津：天津科学技术出版社，2004：74

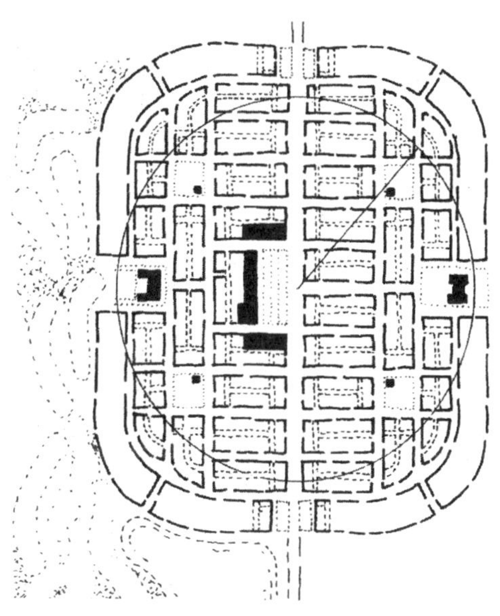

图2.4-14 “新城市主义”者提出的传统邻里开发模型

图片来源：(英) 迈克·詹克斯等编著.紧缩城市.周玉鹏等译.北京：中国建筑工业出版社，2004：66

步行距离为邻里尺度概念。虽然枫泾新镇规划设计中的邻里布局在物质形态上具有某些“新城市主义”的邻里特征，但按照“新城市主义”的主张，邻里中心应以提供多功能混合，产生多样化活动为重要纲领，并应具有明显的边缘[1]，这些内容在枫泾新镇的规划设计中并没有得到充分的体现。

在城镇结构上，枫泾新镇规划设计采用了方格网的道路形式，将城镇中心区与上述邻里单位联系在一起。方格网结构在新镇中心区局部转变为圆弧形，两条轴线道路从圆心放射而出（图2.4-15，图2.4-16）。这种道路形态以及邻里布局方式类似于“新城市主义”者安杜勒斯·杜安尼（Andres Duany）

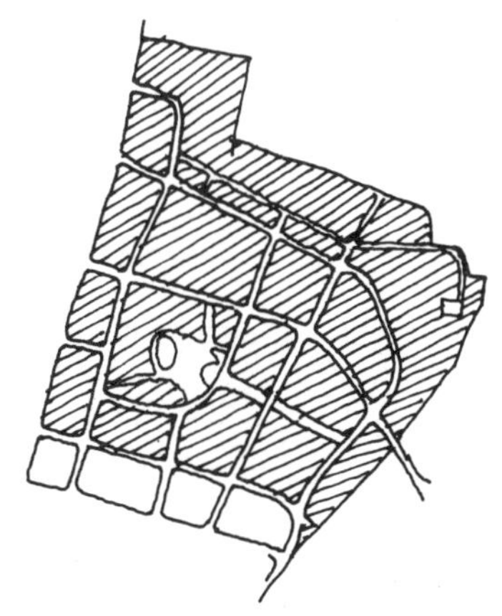

图2.4-15 枫泾新镇地块与道路平面示意图

[1] 邻里的概念曾经在北美与城市的管理和社会生活产生矛盾，批评者认为，大型的、标准规模的邻里社区与社会情况不符，建造更小规模、界限分明、同样的住宅群也许更有利于社会实际，社区建设应强调社会融合与平衡。本书不作详细展开。有关内容详见(美) 凯文·林奇.城市形态.林庆怡等译.北京：华夏出版社，2001.177；(英) Matthew Carmona等编著.城市设计的维度：公共场所—城市空间.冯江等译.南京：百通集团/江苏科学技术出版社，2005：110-114.

图2.4-16　枫泾新镇的放射形道路，模型，2005年

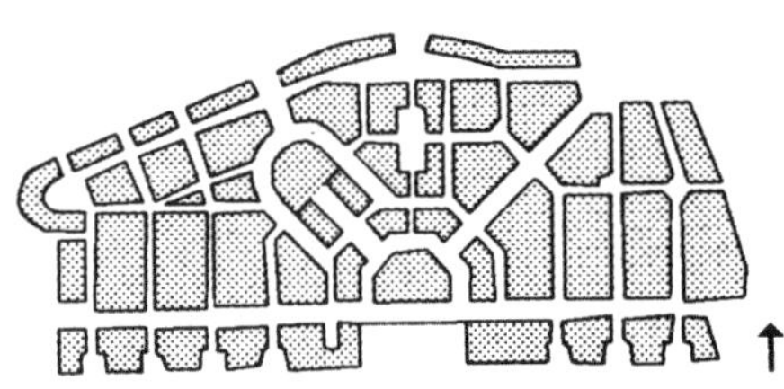

图2.4-17　海滨镇平面示意图

图片来源：（美）凯勒·伊斯特林.美国城镇规划—按时间顺序进行比较.何华，周智勇译.北京：知识产权出版社/中国水利水电出版社，2004：77

图2.4-18　海滨镇鸟瞰图

图片来源：（美）彼得·盖兹编著.新都市主义——社区建筑.张振虹译.天津：天津科学技术出版社，2003：7

和伊丽莎白·普拉特赞伯克（Elizabeth Plater-Zyberk）（简称DPZ）提出的“传统邻里开发（Traditional Neighborhood Development，简称TND）”模式。TND模式的基本元素是邻里，提倡使用网格形道路以及传统形式的公共空间，旨在恢复传统的邻里空间形式[1]。海滨镇是DPZ最具代表性的实践，空间形态强调中心，如同巴洛克城市的星形设计，在方格网结构中嵌入从中心放射出的道路（图2.4-17，图2.4-18）。

在枫泾新镇的控制性详细规划中，位于东侧的沪杭铁路火车站节点通过公共建筑的组合布局得到了强化，形成了新镇的一个次中心，通过轴线与中心区建立联系。这种布局方式接近于彼得·卡尔索普（Peter Calthorpe）的“交通

[1]（美）彼得·盖兹编著.新都市主义——社区建筑.张振虹译.天津：天津科学技术出版社，2003：20.

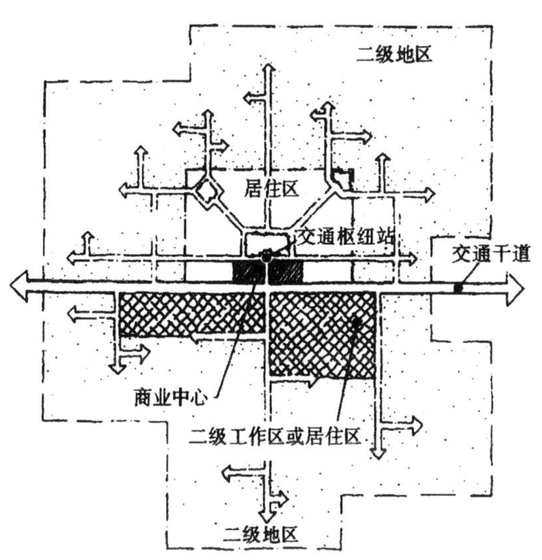

图2.4–19 TOD社区模式示意图

图片来源:(英)迈克·詹克斯等编著.紧缩城市——一种可持续发展的城市形态.周玉鹏等译.北京:中国建筑工业出版社,2004:343

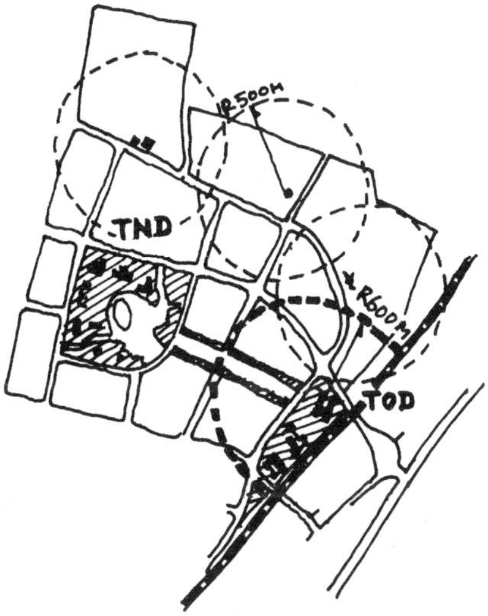

图2.4–20 枫泾新镇形态结构所体现的两种开发模式

引导开发(Transit Oriented Development,简称TOD)”模式。按TOD模式,开发的邻里被串联在不同的公共交通线路上,在接入点形成大型商业、文化、办公等公用设施,以及商住混用建筑、较高密度的住宅区等,以600米步行圈限定开发区域[1](图2.4–19)。枫泾新镇的次中心是集火车站、轻轨站点、公交系统、高速公路匝道于一体的交通枢纽,规划配置了大型购物中心、邮政服务等公共设施,并在连接城镇中心的轴线两侧布置商住混合建筑,周边住宅布局以多层为主,形成了交通引导式的布局形式。

枫泾新镇规划借鉴并结合了“新城市主义”的两种开发模式,与后者相比,尽管在邻里、功能设置等方面有所差异,但其造型手法充分体现了“新城市主义”的形态设计观(图2.4–20)。

2. 廊道

枫泾镇是一个处于城市边界上的城镇,枢纽、过路式的交通一方面对城镇的环境造成影响,另一方面也成为城镇发展的重要资源。如上所述,枫泾镇的对外交通设施是复合的形式,并集中于镇区的东侧。其中,沪杭铁路以及A8高速公路形成了镇区的边界。新镇规划在两者之间设置了一个带状的“门户公园”,组成了一条

[1] (美)彼得·盖兹编著.新都市主义——社区建筑.张振虹译.天津:天津科学技术出版社,2003:20.

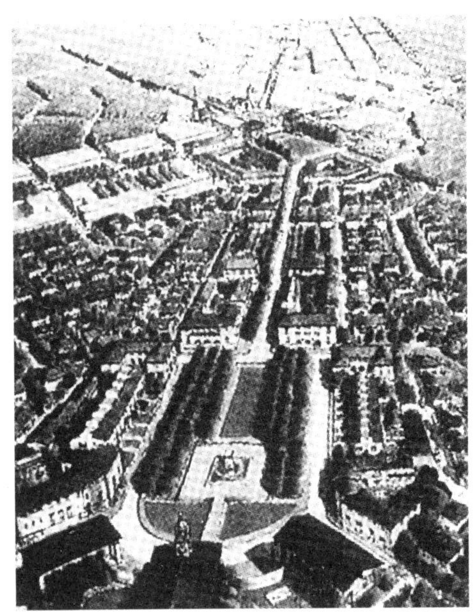

图2.4-21　西萨克拉曼多(West Sacramento)某邻里与城市中心之间的廊道

图片来源:(美)新都市主义协会编.新都市主义宪章.杨北帆等译.天津:天津科学技术出版社,2004:80

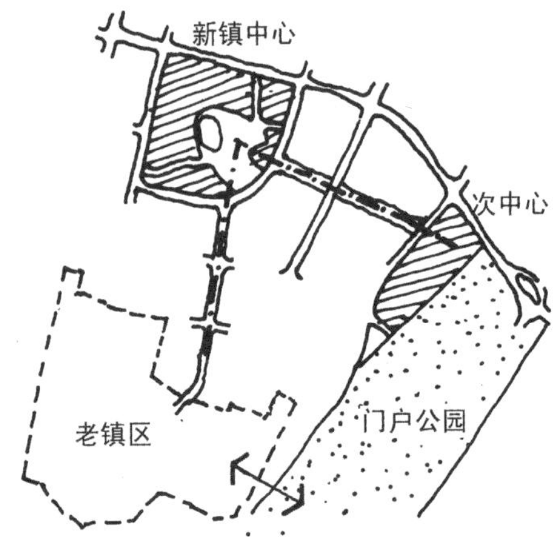

图2.4-22　枫泾新镇的三角形廊道系统示意图

交通、绿化的带形走廊。作为边界,“门户公园”具有分隔的作用,在镇区与工业区之间形成强大的隔离;作为公共空间,它的作用则如同一个媒介,联系了老镇区与新镇区;作为景观设施,则形成了城镇的对外景观界面。这种带形走廊被“新城市主义”者称为“廊道”。

“新城市主义”者视廊道为重要的城市构成元素,在他们眼里,廊道包括天然的或技术的成分,如铁路、轻轨、公交线路等交通线路,公园、溪流等连续的自然元素等,是邻里与街区的联系者或分隔者,“……成为最广泛使用的公共场所,它提供了连接点与流动线”[1](图2.4-21)。枫泾新镇的规划设计不仅在镇区边缘设置了“门户公园”廊道,在镇区内还以廊道形式的轴线连接两个中心区与老镇区,形成了一个三角形的廊道系统(图2.4-22)。其中,联系新镇中心区与次中心的廊道是一条宽约80米,长约770米(不含两端道路)[2]的林荫大道,中间是绿带公园,两侧各为单边步行街,并设有机动车道路(图2.4-23);联系新镇中心区与老镇区的廊道是道路与绿带组合的林荫大道。对于老镇区,这条名为“芙蓉街”的道路是枫泾古镇的主要街市,宽约17米,延伸至新镇区后被放大至宽约50米(道路红线),形成的廊道引导了规划的“风貌过渡区”(图2.4-24,图2.4-25,图2.4-26)。这个三角形的廊道系统成为城镇空间

[1] (美)彼得·盖兹编著.新都市主义——社区建筑.张振虹译.天津:天津科学技术出版社,2003:10.

[2] 尺寸系作者根据《上海市金山区枫泾镇新镇区控制性详细规划》总平面图及其比例尺推算而得,本节以下同。

结构中的重要构件。

枫泾新镇水网密集，河道形成了一个相互联通的、与道路交错的网络。如果将这个网络视为廊道，那么这些廊道的作用更多的是形成了街块之间的联系，而不是分隔或联系邻里。由此可以看出，枫泾新镇在廊道概念的运用上只是部分借鉴了“新城市主义”的原则，只体现在如“门户公园”等结构性元素的布局中。

图2.4-23　枫泾新镇联系中心区的“廊道”模型鸟瞰图，2005年

图2.4-24　枫泾新镇联系新镇中心区与老镇区的“廊道”模型鸟瞰图，2005年

图2.4-25　新镇区的芙蓉街，2005年

图2.4-26　老镇区的芙蓉街，2005年

2.4.4 小结

方格道路网、放射轴线、廊道、TOD与TND模式的运用，在一定程度上成为枫泾新镇规划设计以“新城市主义”理论及其实践为原型的线索。“新城市主义”倡导多样性、步行尺度的公共空间，以及带有中心和边界的邻里结构[1]，而在枫泾新镇的规划设计中，邻里更多的是作为概念出现在规划设计文件的分析中，这种借而不用的方式也许正是枫泾新镇规划设计基于原型并结合实际的一种考虑[2]。

从空间造型的视角，“新城市主义”常常使用传统形式，其密度也不足以支持在更大范围内的功能混合[3]。枫泾新镇规划设计在一定程度上吸收了“新城市主义”的造型手法，如放射性轴线廊道、周边式布局、较为松散的密度布局等，借鉴了“新城市主义”原型的形态。新镇中心区沿湖的公建布局并没有采用如海滨镇等使用的传统形式，设立式的建筑布局未能建立起清晰的空间秩序，大片的公建区域划分也不利于功能的混合。值得注意的是，新镇的形态与古镇形态形成了鲜明的对比与直接的拼贴，宽阔的廊道与古镇街道、大型的空间尺度与古镇空间肌理迥异，形态原型的运用在某种程度上与地方传统空间语言相悖，其局限性是显而易见的。结合以上的分析，可以将枫泾新镇规划形态的主要特点归纳为：

（1）建立了复合性交通枢纽与廊道；

（2）格网道路、河道构成城镇结构主体；

（3）放射性轴线廊道；

（4）借鉴“新城市主义”TND与TOD发展模式；

（5）以廊道连接城镇中心、老镇区；

（6）新镇与古镇区的拼贴。

2.5 青浦区青浦新城——朱家角镇

2.5.1 概况与规划

1. 朱家角镇概况

朱家角镇位于上海市青浦区的中南部，距上海市中心约47公里，与上海浦东、

[1]（美）彼得·盖兹编著．新都市主义——社区建筑．张振虹译．天津：天津科学技术出版社，2003：3.

[2] 有些学者不支持建立明确的邻里边界，认为边界不利于社会交融等，详见（英）Matthew Carmona等编著．城市设计的维度——公共场所—城市空间．冯江等译．南京：百通集团，江苏科学技术出版社，2005：112.

[3] Basten, Ludger. Postmoderner Urbanismus: Gestaltung in der städtischen Peripherie. Münster: LIT Verlag, 2005: 205.

虹桥机场的距离分别约为65公里、35公里，距青浦新城约8公里。朱家角东临西大盈与环城分界，西临淀山湖，与大观园风景区隔湖相望，南与松江区相接；北侧与江苏省昆山市淀东接壤。朱家角镇地处江、浙、沪交汇处，为青浦、昆山、松江、吴江、嘉善相毗邻的五区（市）中心，历来为两省一市重要集镇之一。朱家角镇的对外交通较为发达，北通沪宁高速公路（A11），南接沪杭高速公路（A8），318国道和沪青平高速公路（A9）在镇域中部东西向贯穿，规划中的地铁2号线延伸线在镇区南侧穿过。朱家角镇还拥有四通八达的水上交通，其中，淀浦河、朱泖河分别是市、区级河道，直通黄浦江，且与太湖水系相通，另外，还有区级河道朱昆河和西大盈港，处于黄浦江上游水源保护区范围（图2.5-1）。

图2.5-1 朱家角镇区位图

图片来源：作者根据朱家角镇镇区控制性详细规划区位图编绘，由上海朱家角投资发展有限公司提供

朱家角大约成陆于7 000年前，在淀山湖底曾发现新石器时代至春秋战国时代的遗物[1]。唐朝以前分别隶属于由拳县、娄县、嘉兴县、信义县、昆山县。唐天宝十年（751年），分属于华亭县、昆山县。宋元时期渐成小集镇，名朱家村。元至元二十九年（1292年），分属于华亭、上海、昆山县。明嘉靖二十一年（1542年），分属于青浦、昆山县。明万历四十年（1612年），由村发展成大镇，改名珠街阁，又名珠溪，俗称角里。清康熙五十二年（1713年），称珠里。清宣统二年（1910年）实行地方自治，改称珠葑自治区，成为青浦县下辖的16个自治区之一。民国末期，朱家角为第二区公所，属青西特区。1949年解放后，青浦县朱家角市成立，下辖沈港、万龙、葑沃、薛间四乡及朱家角镇，并兼并了原属昆山县的东井亭、中井亭、西井亭三条街道。1951年4月，朱家角区成立，1954年设朱家角镇。1999年9月，青浦撤县建区，并进行行政区划调整，朱家角镇兼并沈巷镇建制。至此，包括淀山湖45.72平方公里水域在内，朱家角镇镇域面积发展为138.28平方公里。

早在宋、元时期朱家角地区形成集市，因水运方便，商业日盛，逐渐形成集镇，至明万历年间成大镇。清代以后，成为青浦县西部的贸易中心。从清末民初至抗日战争前，商业列青浦县之首，是周围四乡百里农副产品集散地，以北大街、大新街、漕河街为商业中心。民国时则以米市为主。镇上商业行业齐全、网点遍布。除此之外，朱家角镇还拥有历史悠久的手工业，工业则起始于清末，机器碾米厂、油坊纷纷建立，粮油加工业迅速发展，解放后开始兴建各种工厂企业。

朱家角镇旅游资源丰富，是典型的江南水乡集镇，1992年被列为上海市四个历史文化名镇之一。镇区有36座古桥，古朴典雅，9条临水长街、民居依水而建，属明清建筑。跨越漕港的明代建筑五孔石拱放生桥是上海地区最古老的石拱桥之一，为上海市级文物保护单位。镇西北有马氏课植园，亭台楼阁，风格各异，布局稀疏得体，有望月楼、五角亭、逍遥楼、宴会厅、打唱台、书城、书画廊等建筑，还有城隍庙、珠溪园等处古迹[2]（图2.5-2-图2.5-4）。

图2.5-2　朱家角古镇放生桥实景，2004年

[1] 上海市地方志办公室.特色志/上海名镇志/江南古镇：朱家角.http: //www.shtong.gov.cn. 2005-10-12.
[2] 同上。

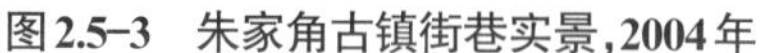

图2.5-3 朱家角古镇街巷实景，2004年

图2.5-4 朱家角古镇水岸实景，2004年

2. 朱家角镇总体规划

“一城九镇”开始时，朱家角镇的风格指向被拟定为“江南水乡”，在10个试点城镇中可谓一枝独秀。从2000年至2005年，朱家角镇的规划编制工作进行了三个阶段，第一阶段：总体规划阶段，包括前期的总体规划，规划方案征集以及镇区、镇域的总体规划；第二阶段：控制性详细规划阶段；第三阶段：分部项目实施详细规划与建筑设计。

2000年2月上海市规划委员会批准了《上海市朱家角历史文化名镇镇区总体规划（1999—2015年）》以及《上海市朱家角历史文化名镇古镇风貌保护区城市设计导则》。规划以古镇为中心，提出了江南水乡结合现代功能的原则，形成了四个组团的空间格局。在“一城九镇”计划确定后的2001年4月至7月间，朱家角镇政府组织了“青浦朱家角镇景观规划设计”的方案征集，有李祖原建筑师事务所等设计机构参与[1]。方案征集的设计要求主要有两方面内容：一是朱家角镇镇区结构及总体风貌规划，结构规划用地9平方公里，含6平方公里的镇区以及3平方公里的工业区；二是重点地区风貌景观规划，内容有详细规划以及重点建筑、典型住宅的设计构想[2]。方案

[1] 详见附录。
[2] 上海市城市规划管理局. 未来都市方圆、上海市城市规划国际方案征集作品选（1999—2002）. 2003：278.

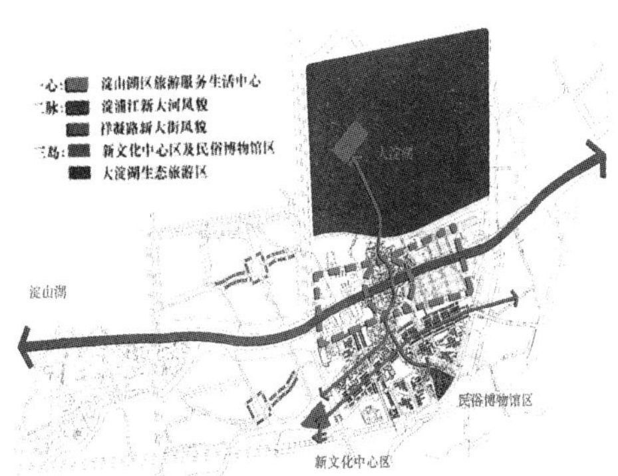

图2.5-5 朱家角镇规划征集中选方案规划结构图,2001年

图片来源:上海市城市规划管理局.未来都市方圆,上海市城市规划国际方案征集作品选(1999—2002).2003:280

图2.5-6 朱家角镇规划征集中选方案规划平面图,2001年

图片来源:上海市城市规划管理局.未来都市方圆,上海市城市规划国际方案征集作品选(1999—2002).2003:281

图2.5-7 朱家角镇镇域总体规划图

由上海朱家角投资发展有限公司提供

征集最终选择了李祖原建筑师事务所的规划方案。中选方案提出了“永续城镇、生命水乡……科技、生态的规划技术思维”的总体布局原则,以及“一心,两脉,三岛”的空间结构[1](图2.5-5,图2.5-6)。

结合2000年的总体规划和规划方案征集成果,青浦区城乡规划所与加拿大C3规划及景观建筑设计事务所编制了《朱家角镇域结构规划和镇区总体规划》(2001—2020),2002年获得了政府得批准。规划在镇区以北、以西“L”形区域划出了约8平方公里的“特色居住区”,用地约7平方公里,邻接东端的青浦新城;临淀山湖风景区的西侧区域为“休闲旅游区”,用地约6.7平方公里。南侧区域布置青浦工业园区朱家角镇分区、蔬菜、粮田用地以及三个中心村、14个基层村(图2.5-7)。在镇区规划中,以古镇为中心划分了风貌保护区、协调区与控制区。结构布局以水为主题,由“水心、水脉、水络”组织空间。其中,东西向流经城镇的淀

[1] 上海市城市规划管理局.未来都市方圆,上海市城市规划国际方案征集作品选(1999—2002).2003:280.

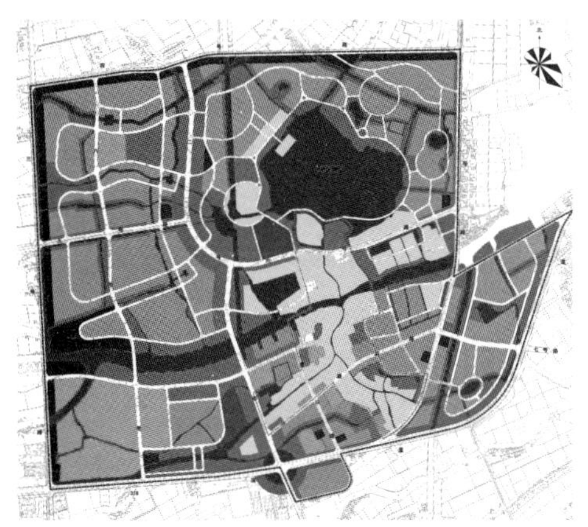

图2.5-8 朱家角镇镇区总体规划图

由上海朱家角投资发展有限公司提供

浦河为“水脉”，与沿南北向规划道路形成的绿化带构成了“十”字形结构。规划还提出了古镇保护、新区建设与风貌控制等内容，为下一层次的规划设计提供了依据（图2.5-8）。

2004年，青浦区在2003年法国翌德公司《青浦新城总体规划》的基础上修编，规划将青浦新城向西延伸与朱家角镇相连，在青浦区的总体规划结构中，青浦新城与朱家角镇处于几何中心位置（图2.5-9）。青浦新城总体规划分为西、东、中以及朱家角镇四个片区，分别进行了方案征集，整合后形成了青浦新城总体规划（2004—2020）成果[1]（图2.5-10）。总体规划中的四个片区布局线性展开，由城市级生活设施轴、滨水游憩轴以及自然生态轴进行串联，朱家角镇位于最西端（图2.5-11）。

[1] 上海市青浦区规划管理局.城市规划的先导作用——青浦的探索.时代建筑.2005（5）：62.

图2.5-9 青浦新城与朱家角镇在青浦区总体结构中的位置

图片来源：作者根据上海市青浦区规划管理局.城市规划的先导作用——青浦的探索.时代建筑.2005（5）：59插图编绘

图2.5-10 青浦新城总体规划平面图

图片来源：上海市青浦区规划管理局.城市规划的先导作用——青浦的探索.时代建筑.2005（5）：62

图2.5-11 青浦新城总体规划结构布局示意图

图片来源：上海市青浦区规划管理局.城市规划的先导作用——青浦的探索.时代建筑.2005（5）：62

2.5.2 朱家角镇区详细规划

规划的第二阶段，是镇区控制性详细规划的编制与深化。先是由青浦区城乡规划所与大原咨询（上海）有限公司在2003年进行了第一轮的控制性详细规划研究。根据青浦新城规划、朱家角镇总体规划，并结合第一轮控制性详细规划成果，上海同济城市规划设计研究院在2005年6月完成了《朱家角镇控制性详细规划》的编制。规划在研究、分析古镇空间形态的基础上，形成了特点鲜明的城镇空间结构。

镇区控制性详细规划用地在东侧以规划的港周路为界，西临复兴路，南临318国道，北侧边界为青浦新城总体规划确定的淀山湖路。规划面积为9.46平方公里，其中，不计区域性道路与主要河道的建设用地面积为806.99公顷，区内水域占整个镇区的16.63%，水乡形态特征明显。

在“一城九镇”试点城镇中，朱家角镇是唯一一个基于古镇进行发展的实例。一方面，要最大限度地保护古镇；另一方面，要面临新的发展。“城市保护不再是单纯的城市文物建筑保护，而是更多地立足于对城市自然环境、历史文化发展轨迹地尊重，重新认识并充分利用‘自然—经济—社会’复合系统中地现有资源，不断丰富城市内涵，这是城市保护的根本所在”[1]。保护与发展，成为规划面临的重要课题。控制性详细规划以城市保护为主导理念确定了城镇的发展原则：（1）历史遗产保护；（2）生态环境保护；（3）经济持续发展；（4）社会和谐发展；（5）区域整合发展[2]。

本着这些原则，规划提出了镇区“三区、四轴、五片”的空间结构布局[3]，同时还提出了古镇区保护规划以及镇区的城市设计导则。

在空间布局上，规划首先确定了圈层发展结构的三个基本区域：以位于南侧偏东的古镇区为中心，老镇区向东南侧发展，新镇区向西北发展。区域布局基于对镇区历史发展的认知，三个区域分别与前工业化时期、工业化时期以及后工业化时期相对应。

第二个得以确定的是城镇“四轴”空间构架，也分别对应三个基本区域：在古镇区以原有的“人”字形河道形成轴线；在老镇区以祥凝浜路老街作为发展轴线；新镇区则形成了南北贯穿镇区的绿化带与东西向的淀浦河组成的“十”字形发展轴线。

---

[1] 张松.历史城市保护学导论——文化遗产和历史环境保护的一种整体性方法.上海：上海科学技术出版社，2001：34.

[2] 详见朱家角镇镇区控制性详细规划设计说明，由上海朱家角投资发展有限公司提供。

[3] 同上。

第三个规划结构要素是根据分区和轴线确定的五个功能片区。其中,历史保护、传统居住、观光旅游综合片区以古镇区为依托,多层中密度城镇居住片区处于老镇区,低层低密度特色居住片区在新镇区,公共、商业服务片区和休闲、度假旅游片区则混合于老镇区和新镇区之中(图2.5-12)。

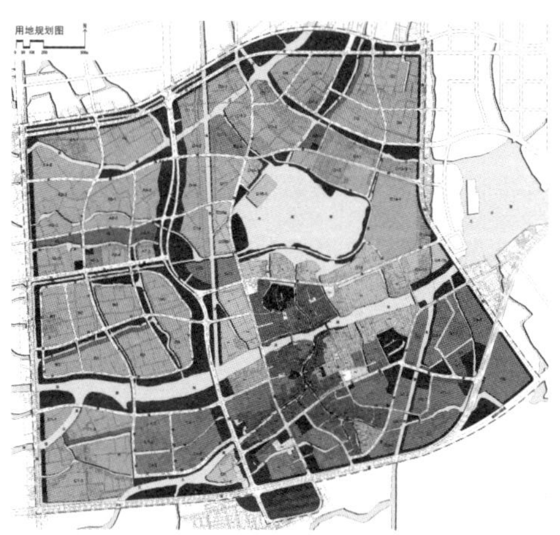

图2.5-12 朱家角镇控制性详细规划平面图

图片来源:朱家角镇镇区控制性详细规划文本,由上海朱家角投资发展有限公司提供

在新的规划体系下,古镇空间得以渗透与发展,肌理向新镇空间渐变地扩展开来。规划以古镇为中心,形成渐进的整体形态控制,在第三阶段的规划设计中,通过不同区域的节点组团城市设计与实践,体现了“新江南水乡”对古镇空间形态的传承。

1. 以古镇为形态原型

“小桥流水青烟里,老街人家煮茶香”[1]是对江南水乡地景的描绘。根据有关研究,江南水乡城镇形态有块状、带状、星状、双体四种类型[2],朱家角镇属于常见的块状类型。由于水系主脉络没有形成纵横交错的网状形态,朱家角古镇建筑沿“人”字形水系生长,具有带状结构特征,在镇区结构中处于中心位置(图2.5-13)。

图2.5-13 朱家角古镇的空间肌理

图片来源:朱家角镇镇区控制性详细规划文本,由上海朱家角投资发展有限公司提供

规划制定了古镇的保护原则,并提出了具体的保护措施。原则有四条,一是整体性,旨在对古镇的空间结构、肌理、河街、建筑、环境进行整体性保护。

[1] 转引自韩根荣.小桥·流水·人家.见鲁千林主编.我心中的江南水乡.上海朱家角投资开发有限公司:80.

[2] 陆志钢编著.江南水乡历史城镇保护与发展.南京:东南大学出版社,2001:15.

二是原真性，旨在保护古镇历史文化风貌的原真性，包括建筑与环境的恢复与改建及其规模的控制。三是综合性，综合协调历史遗产保护、居住环境改善和旅游产业发展之间的关系。面对古镇传统的居住功能向旅游功能进行的转变，规划提出了对古镇场景的保护措施，一方面保持至少50%原住居民的居住功能及其长期建立的社会关系网络；另一方面，完善特色商业、民居旅馆等旅游设施，在传统空间中注入新功能。四是针对性，通过对不同的古镇空间和建筑进行评价与认知，提出具有针对性的分类、分级的保护措施[1]。为此，规划对古镇空间形态进行了类型学研究，将古镇河道、街巷、桥梁、广场、建筑等5个空间元素及其相互关系分为18个类型进行了细致的研读（图2.5-14，图2.5-15）。“场景之‘运转’得益于清晰、稳定和强有力的规则，这个规则限定了不同人群的位置与就位模式”[2]。类型学研究使古镇的空间形态化作了理性的模式，为城镇形态的发展提供了可以借鉴的原型。

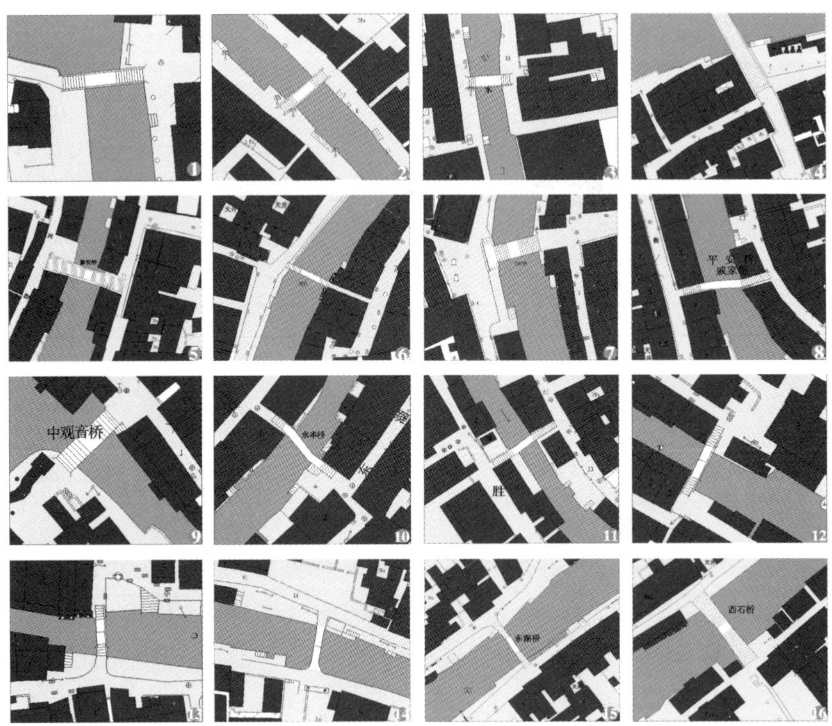

图2.5-14　朱家角古镇空间形态类型

图片来源：朱家角镇镇区控制性详细规划设计说明，由上海朱家角投资发展有限公司提供

[1] 详见朱家角镇区控制性详细规划设计说明，由上海朱家角投资开发有限公司提供。

[2]（美）阿摩斯·拉普卜特．文化特性与建筑设计．常青等译．北京：中国建筑工业出版社，2004：23.

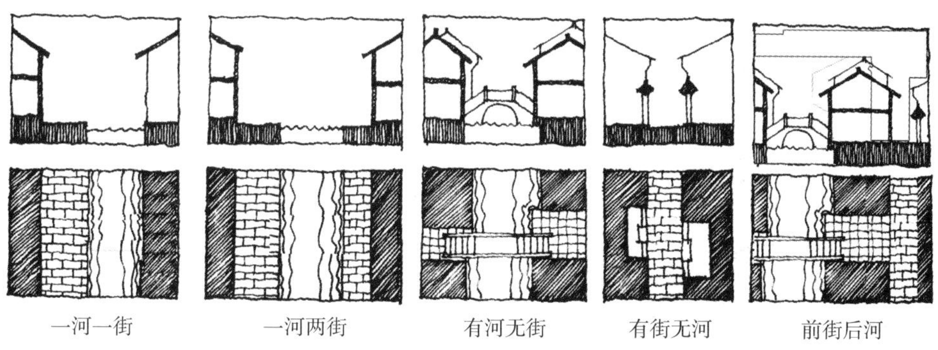

图2.5-15 朱家角古镇河道、街巷形态类型

图片来源：朱家角镇镇区控制性详细规划设计说明，由上海朱家角投资发展有限公司提供

以古镇形态为原型，成为朱家角镇空间形态发展的基本原则，古镇文化的传承成为这个原则的核心意义。美国建筑与人类学专家阿摩斯·拉普卜特（Amos Rapoport）对文化作了三类定义：第一类是一个民族的生活方式；第二类是一种世代传承的、由符号传递的图式体系；第三类是一种改造生态与利用自然资源的方式[1]。

在历史上，由于水网漕运的发达，江南水乡地区的农业和手工业发展促进了商业的发展，形成了聚落的生活方式，工商的发展带动了城镇的繁荣[2]。朱家角古镇的传统城镇生活体现在居住、手工业和商业三个方面，规划通过原生居住设施的保护与更新、向手工业的转型以及完善、注入新的产业功能等措施，体现了在文化以及人类学意义上的文化传承。同时，规划首先对古镇空间结构进行类型学研读，按照符号学的观点，“提出隐藏在所有这些现象下的唯一一种形式结构，即提出蕴涵（解释的产生者）的那种结构”[3]，对古镇的空间与环境实行严格的保护并将其视为城镇空间形态的发展原型，使具有符号学意义的江南水乡古镇图示体系得以传递。

2. 以古镇区为原点的整体发展

朱家角的规划设计以三个基本区域形成了圈层结构，圈层成为城镇空间渐进生长的基础，原点便是古镇区。规划在对古镇空间形态类型学研究的基础上，将古镇建筑按照“核心保护范围”、“建设控制重点区域”以及“建设控制一般区域”进行了分区（图2.5-16）。对于街巷、河道，则按照传统、协调与一般进行了风貌控制分类。由此确定了古镇区50% ～ 70%[4]的建筑密度，古镇空间形态也就成为三个圈层

[1] （美）阿摩斯·拉普卜特.文化特性与建筑设计.常青等译.北京：中国建筑工业出版社，2004：73.
[2] 陆志钢编著.江南水乡历史城镇保护与发展.南京：东南大学出版社，2001：8-10.
[3] （意）翁贝尔·托埃科.符号学与语言哲学.王天清译.天津：百花文艺出版社，2006：61.
[4] 数据源自朱家角镇镇区控制性详细规划设计说明，由上海朱家角投资发展有限公司提供，本节以下同。

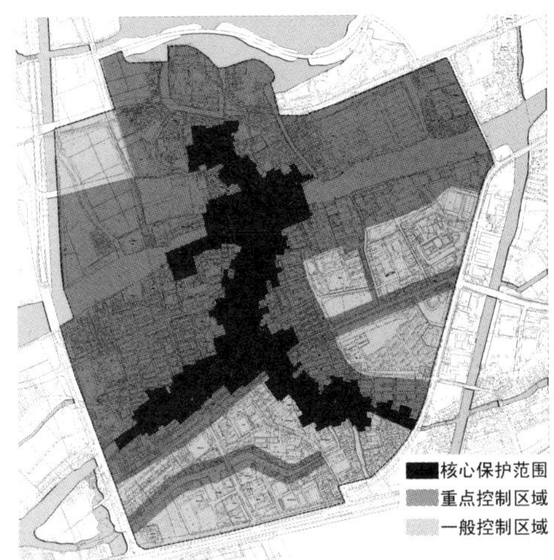

图2.5-16　朱家角镇古镇保护的区域划分

图片来源：朱家角镇镇区控制性详细规划文本，由上海朱家角投资发展有限公司提供

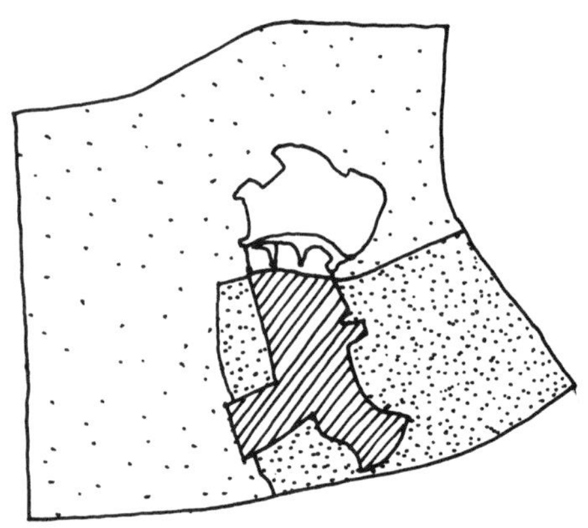

图2.5-17　朱家角镇规划确定的三个圈层

区域的形态参照物。

围绕古镇原点，规划建立了以中密度开发为特点的第一个生长圈层——老镇区。这个圈层以老镇区为基础，又细分了两个圈层，一个是与古镇临接或淀浦河两岸的区域，另一个是外圈的一般区域。前者保持了古镇的空间肌理与特征，采用低层高密度方式，后者则以多层建筑为主。两者的建筑密度控制分别为50%、28%。

外围的新镇区形成了第二个圈层。在这个圈层中，总的趋势是低层低密度，根据不同的区位空间肌理产生变化。为了使古镇的空间形态得以渗透，在新镇区规划了临河商业街和具有传统风貌的居住区，这个区域与区内旅游设施的建筑密度为25%；其次是作为新镇区与古镇区相接的，也是镇区中的大淀湖沿岸区域，住宅区密度为18%，其他为29%（图2.5-17）。

由于规划设定了圈层以及制定了不同类型的古镇保护层次，朱家角镇的大规模开发活动只能在第三个圈层内进行，内圈大部分区域的建设项目通常为保护性修复、改扩建、插建等，范围小、随机，并具有一定的偶然性。空间形态可以不断地修正目标，从而逐渐生长成一个复杂且有机的整体。类似刘易斯·芒福德对中世纪城市所描述的：“一件事情可引起另一件事情，在设计中，开头也许仅仅是偶然抓住了一个有利条件，但后来却可能产生一项有力因素……。”[1]规划设置的圈层在一定程度上支持了城镇空间肌理由内向外的渐进式生长。

[1]（美）刘易斯·芒福德.城市发展史——起源、演变和前景.倪文彦，宋俊岭译.北京：中国建筑工业出版社，2005：322.

根据古镇、老镇的空间结构，规划提出了三组发展轴线，一是古镇区的“人”字形河道，为古镇区空间结构轴线；二是老镇区的祥凝浜路，被定义为老镇区商业发展轴；三是南北向道路与绿带组合而成的纵轴线，以及横向的淀浦河轴线，呈“十”字形态，被规划描述为“生态发展轴”[1]。从轴线布局中可以看出，除南北绿化轴外，规划所建立的城镇构架均是原有的城市结构，被规划再次确立。“人”字形水街继续保持着古镇结构，祥凝浜路延续了老镇区的商业街功能，淀浦河轴线串联了三个圈层区域，成为三个不同时期圈层的联系纽带。三个轴线系统分别引导了圈层的区域，成为城镇空间的结构性发展脉络（图2.5-18）。

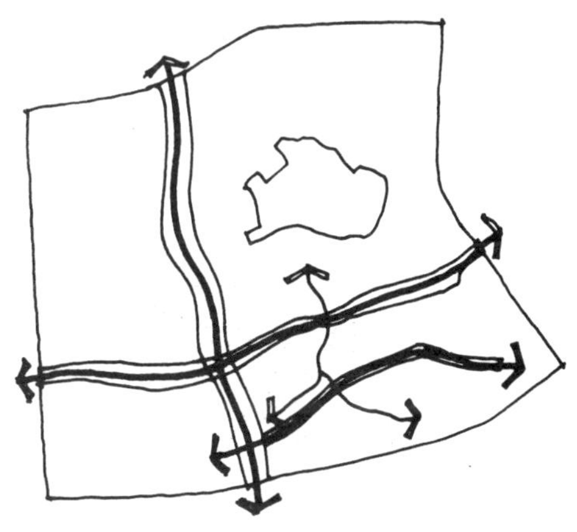

图2.5-18 朱家角镇圈层区域的发展脉络

在五个片区的布局上，朱家角镇规划采用功能混合为主要方式。片区的功能分别为（1）历史保护、传统居住、观光旅游综合片区；（2）公共、商业服务片区；（3）休闲、度假旅游片区；（4）多层中密度城镇居住片区；（5）低层低密度特色居住片区[2]（图2.5-19）。五个区片的布局以三个圈层区域为基础，公共和休闲功能呈混合性分布。除两个不同密度的居住片区外，规划的住宅、服务、商业等混合功能布局以古镇为中心，向外圈呈由多至少的渐变（图2.5-20）。混合的区域、功能布局为城镇形态的整体性发展奠定了基础。

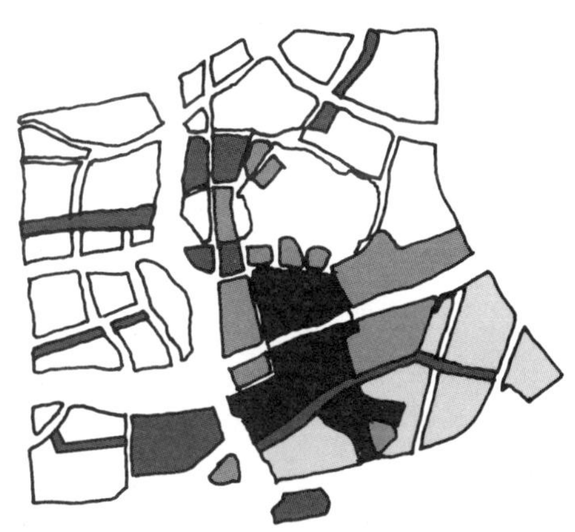

图2.5-19 朱家角镇的五个功能片区布局，图中从黑至白分别为（1）-（5）区

镇区的两个新建的中心区分别为行政中心和北片区的商业中心，行政中心位于古镇区的西侧，商业中心在古镇的北侧，三者形成了一个近似三角形的布局形态（图2.5-21）。一方面，行政中心与商业中心分离的方式没有形成与古镇抗衡的强大

[1] 朱家角镇镇区控制性详细规划文本，由上海朱家角投资发展有限公司提供。
[2] 朱家角镇镇区控制性详细规划文本，由上海朱家角投资发展有限公司提供。

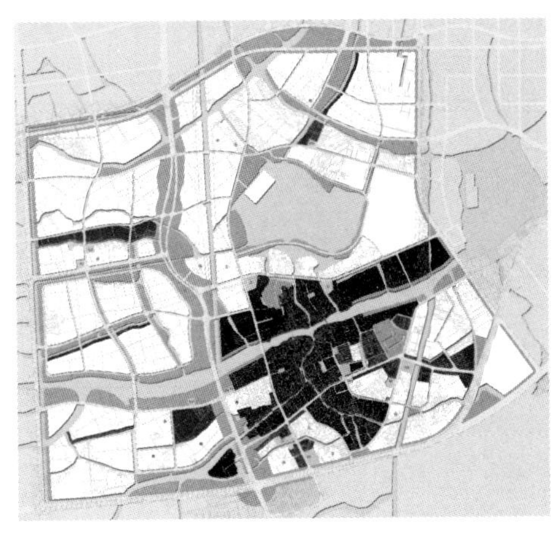

图2.5-20　朱家角镇的功能混合布局，图中深色为高、中强度混合区

图片来源：作者根据朱家角镇镇区控制性详细规划设计图纸编绘，资料由上海朱家角投资发展有限公司提供

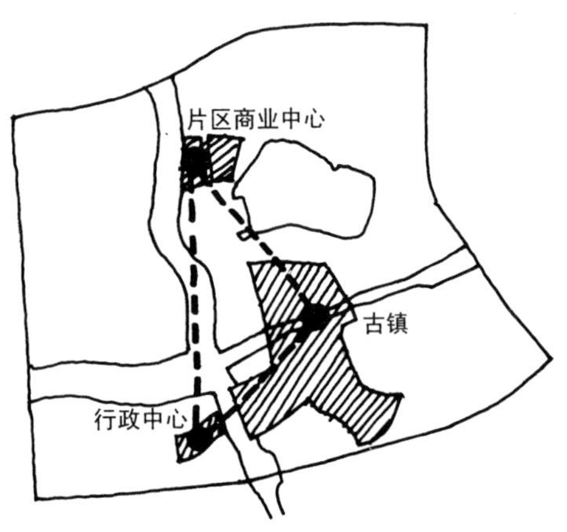

图2.5-21　朱家角镇区中心的布局方式

节点，使古镇的原点地位得到保持；另一方面，新的中心围绕古镇区布局，既建立了与古镇的相互联系，又引导了低密度住宅社区的发展，成为新、古镇区的形态媒介。这种分散式的布局方式体现了以古镇为原点的形态整体性。

如果把城市看作一个有机体，它的发展需要一个渐进的过程。“如果我们创建出一个适宜的过程，就有希望再次出现具有整体感的城市。”[1]C.亚历山大(Christopher Alexander)和他的同事们通过一个城市设计的实验再现了五年间城市渐进发展的过程[2]，这个试验在12.2公顷的用地上进行，由约90个项目组成，空间形态呈现出一个具有中世纪城市特征的有机整体，形态的渐进发展体现在对建设过程的控制上(图2.5-22)。与其相似，朱家角镇在内部两个圈层的项目建设上没有选择大规模的一次性开发，而是根据城镇发展需求形成了在保护与更新原则下的渐进生长。小型、中型项目的逐渐累积，分散而不集中的建设项目布局成为这个过程的特点(图2.5-23)。

朱家角镇通过体现圈层、发展脉络、混合的规划设计以及对建设项目过程的控

[1] (美) C.亚历山大等.城市设计新理论.陈治业，童丽萍译.北京：知识产权出版社，2002：2.

[2] C.亚历山大的试验遵循了7个细则，分别为：(1) 渐进发展，包括建筑项目不可过大、合理的大小混合比、合理的功能分配等原则；(2) 较大整体性的发展，指每个项目须有助于形成至少一种更大的整体结构；(3) 构想，用以确定项目的内容与特点；(4) 正向城市空间的基本法则，指建筑与外部公共空间的建立；(5) 大型建筑物的布局；(6) 施工，指建筑结构与细部的整体性；(7) 中心的形成。详见(美) C.亚历山大等.城市设计新理论.陈治业，童丽萍译.北京：知识产权出版社，2002：26.

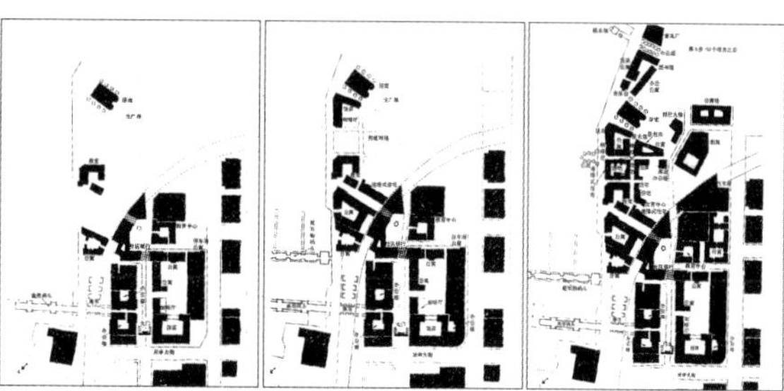

图2.5-22 亚历山大等的实验，自开始至建成平面图

图片来源：(美) C.亚历山大等.城市设计新理论.陈治业，童丽萍译.北京：知识产权出版社，2002.92

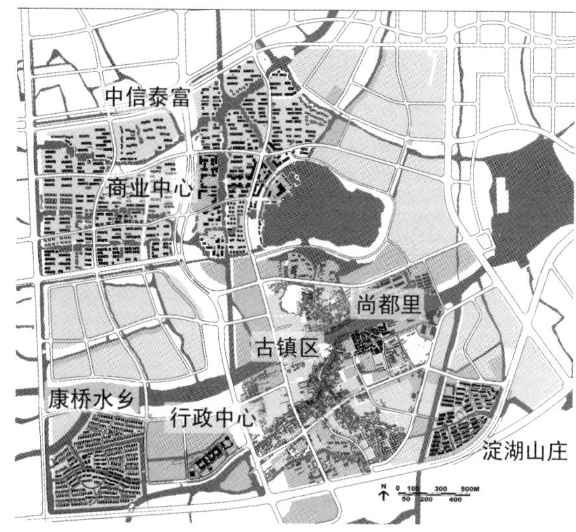

图2.5-23 朱家角镇项目规划平面示意图

作者根据朱家角镇镇区控制性详细规划和有关项目规划图编绘，资料由上海朱家角投资发展有限公司提供

制，在一定程度上形成了城镇渐进、整体发展的模式，这个整体的发展过程反映了城镇规划与建设的协同组织，也包含了对基于形态原型进行创新的探索与实践。

3. 从江南古镇到“新江南水乡”

对于基于形态原型——江南水乡古镇进行的创新，朱家角镇进行了积极的探索。这个对地域化城镇建设的探讨目标被命名为“新江南水乡”，概念提出的目的，试图“唤醒一种自然的城市发展观，激发一种人文的城市居住观，倡导一种包容的城市价值观”[1]。2004年11月，朱家角镇通过一个设计竞赛开始了“新江南水乡”的探研[2]，并举办了论坛活动（图2.5-24，图2.5-25，图2.5-26）。

论坛涉及地域化和国际化、传统和现代、继承和创新等城镇建设问题，形成了以

[1] 孙继伟.边缘处追索——上海青浦地域化城镇建设的探索.时代建筑，2005（5）：55.

[2] 2004年5月30日～9月30日，由上海市规划局、青浦区人民政府主办，上海朱家角投资开发有限公司承办了“新江南水乡国际公开竞赛”。竞赛于同年10月24～26日进行初评，11月20-22日终评。报名参加者共455人，竞赛由矶崎新（Arata Isozaki）、郑时龄等组成评委会，共有5个设计获奖。11月22日举办了第一届“新江南水乡”国际论坛，2005年10月22日举办了第二届论坛。

图2.5-24　2004年“新江南水乡”论坛现场

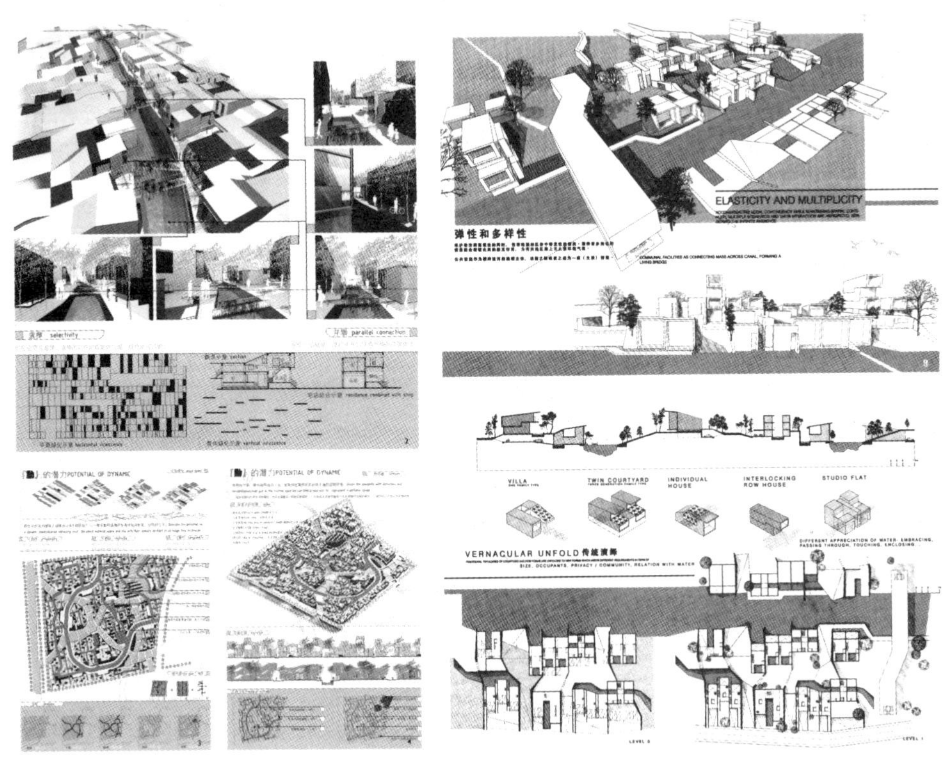

图2.5-25，图2.5-26　2004年“新江南水乡”设计竞赛获奖方案

图片来源：徐一大.相聚朱家角，建设新江南——新江南水乡设计竞赛作品评述.时代建筑，2005（5）：65，67

下主要观点：其一，消失消极说。这个观点认为江南水乡已经消失，保护与发展替代不了文化的承传，对“新江南水乡”持消极态度。其二，拼贴互动说。主张用“第三种城市”形态将新、旧城镇进行直接的拼贴，并形成功能、产业等方面的互动关系。其三，建筑创新说。认为当今城镇发展形成的不利状况，应归结于中国建筑师在快速发展时期对文化现象快餐式的理解与商业化媚俗的趋同，及其在对中国文化精神和意义探讨上的失语，主张建筑师应从文化的角度进行创新。其四，生活延续说。提出一方面应将原住民生活条件进行改善，另一方面应整合手工业等传统产业，使古镇的生活得以延续[1]。这些观点着眼于对现今江南水乡城镇聚落的生活状态，对当前城市与建筑发展状况进行了批评，同时，对于“新江南水乡”的形态发展也形成了一些建议。其中，从文化层面探索中国建筑之道，通过更新原住民生活条件以及产业的继承发展，延续、发展城镇生活，重建人与水关系以及倡导建筑师创新等成为论坛中对“新江南水乡”论题的积极观念。

这些积极的探讨折射于朱家角镇的建设实践，形成了多样化的城市设计与建筑设计作品。其中，位于古镇区大淀河畔“建设控制地带”的“尚都里”，是一个商业、旅游设施综合体，基于对原青浦油脂厂进行改建的开发项目。设计由五个单位联合担纲[2]，在功能上，设计注重了可变性和混合性，强化了可适应性；在形态上，设计将地域环境、功能以及江南水乡形态原型进行整合，从而将古镇的符号系统从肌理、街巷、水系以及建筑元素传递到新的领域，赋予建筑以新的内容（图2.5-27，图2.5-28）。

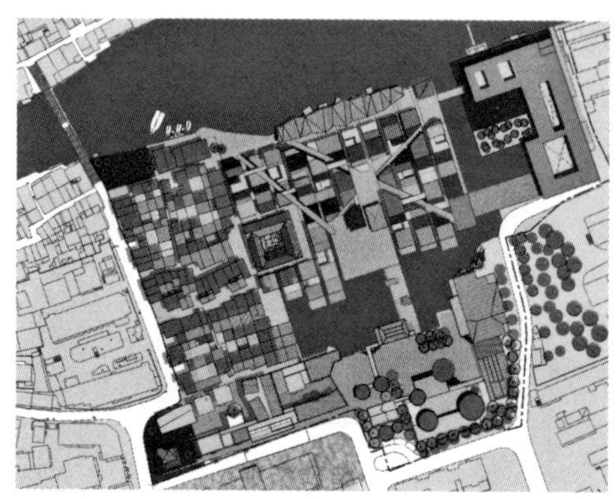

图2.5-27 “尚都里”项目总平面图

图片来源：袁烽，陈宾.青浦营造的过程意义.时代建筑，2005（5）：73

图2.5-28 “尚都里”模型鸟瞰

由上海朱家角投资发展有限公司提供

[1] 作者根据赵美编.目光投向“新江南水乡”.新民晚报，2004-8-2（38）；每个人心中的另一座城市——新江南水乡.设计新潮/建筑，2005，121（12）：46-61汇编.

[2] 五个设计单位为：非常建筑、大舍建筑、马达思班、大样环境、Map arquitectos。

位于低密度片区的“康桥水乡”是一个新建住宅项目，设计运用江南水乡原型并融入现代设计语言，营造了具有小桥、水街、水岸的空间氛围（图2.5-29，图2.5-30）。另外，镇区的两个新的中心的城市设计与建筑设计也体现了江南水乡的原型特点（图2.5-31，图2.5-32，图2.5-33，图2.5-34）。

图2.5-29　“康桥水乡”住宅小区总平面图

徐一大.家在朱家角——记上海青浦“康桥水乡”.时代建筑，2006（3）：93

图2.5-30　“康桥水乡”鸟瞰图

由上海朱家角投资发展有限公司提供

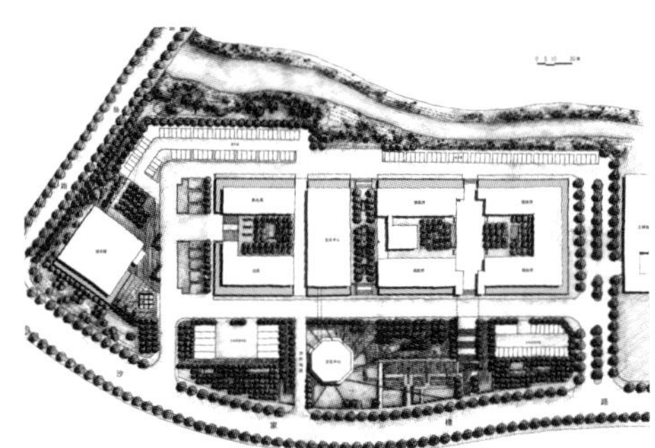

图2.5-31　朱家角镇行政中心总平面图

图片来源：朱家角镇行政中心景观设计文本，由上海朱家角投资发展有限公司提供

图2.5-32　朱家角镇行政中心鸟瞰图

图片来源：朱家角镇行政中心景观设计文本，由上海朱家角投资发展有限公司提供

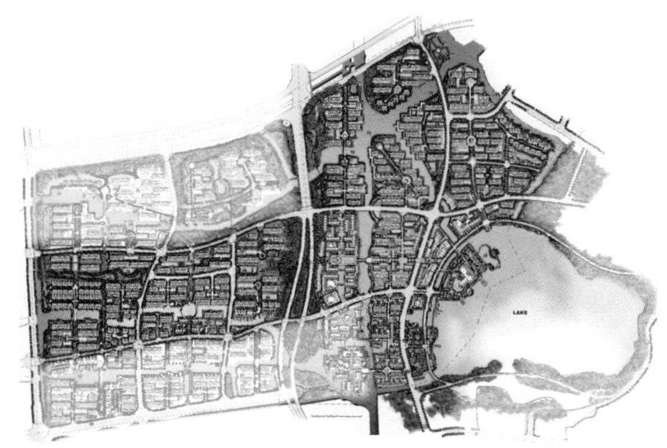

图2.5-33 朱家角镇北片区商业中心总平面图

图片来源：中信泰富青浦朱家角镇项目总体规划方案文本，由上海朱家角投资发展有限公司提供

图2.5-34 朱家角镇北片区商业中心透视图

图片来源：中信泰富青浦朱家角镇项目总体规划方案文本，由上海朱家角投资发展有限公司提供

这些新建项目实践在一定程度上反映了朱家角古镇在“新江南水乡”地域性空间形态上的探索，也成为城镇整体渐进发展过程中的有机细胞。

2.5.3 小结

作为一个以中国传统建筑文化为基点发展的城镇，朱家角在城镇发展模式、古镇保护、文化传承以及空间形态等方面做了积极的探索。青浦区区长孙继伟在谈到朱家角城镇发展时说：“在欧洲，每个小镇都有自己的独特特点，在中国，我们可以学习[1]”，这些特点的形成依靠的是对地域文化的认识，依靠的是先进的设计观与技术手段。其城市设计形态原型的运用成为保持地方文化沿承的重要手段。

朱家角镇规划以江南水乡古镇为形态原型，设计基于历史文化、古镇空间的保

[1] Jen Lin-Liu. A Conversation with Jiwei Sun. Architectural Record, 2005(6): 66.

护，以古镇为中心，城市空间渐进式地不断生长。规划在新镇区没有植入大型尺度的结构元素，进行了对“新江南水乡”空间形态的探讨，这些举措均积极地影响着城镇形态的未来发展，成为以尊重地域文化为核心，运用地方城市形态原型进行设计创作的典范。从朱家角镇城市设计与建设实践中可以解读到以下主要特点：

（1）以传统文化为基点进行地域性发展；

（2）以江南水乡古镇为形态原型；

（3）形成了圈层发展的空间结构；

（4）建立了区域空间的发展脉络；

（5）功能混合、分散式中心的布局、渐进发展等方式强化了空间形态的整体性；

（6）积极探索传统与创新的发展观并进行了有效的实践。

2.6　宝山区罗店镇——罗店新镇

2.6.1　区位与背景

罗店镇位于上海市宝山区西北部，郊区环线（A30）的北侧，处于宝山区、嘉定区、江苏太仓三地交汇处。距市中心约28公里，距宝山区中心约16公里。罗店镇东邻月浦、盛桥两镇，西接嘉定区东境，南、北分别与罗南镇、罗泾镇接壤。由贯穿全境的沪太路向南可接郊区环线（A30）、外环线（A20）以及内环线进入上海市区，向北可达江苏省境浏河镇。镇中有百吨级通航能力的潘泾河、练祁河，其中，练祁河向西通往嘉定，潘泾河向南可至蕰藻浜，向北可达罗泾镇，东西走向的马路河通往宝山区政府所在地淞宝地区。罗店镇东邻宝钢，距宝山港区、张华浜、军工路港区约16公里，受宝钢的产业辐射影响。2000年11月，上海市政府撤销罗店镇、

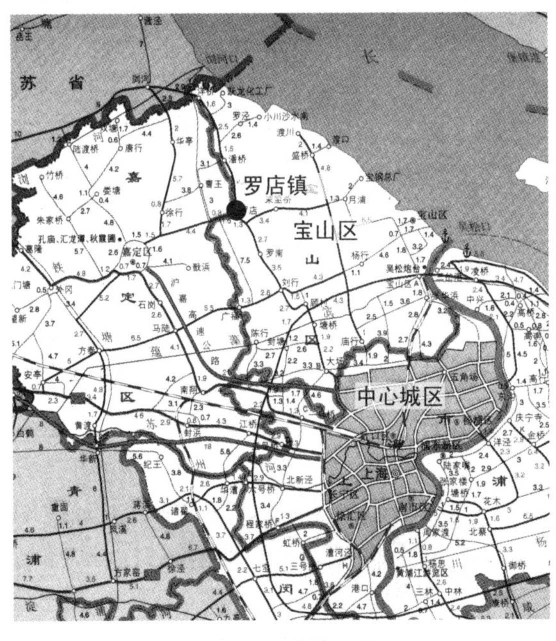

图2.6-1　罗店镇区位图

图片来源：作者根据中国交通营运里程图集.北京：人民交通出版社，2001：87图片编绘

罗南镇建制，新建罗店镇，镇域面积扩大为50平方公里，总人口约5万人[1]（图2.6-1）。

罗店成陆于唐代略前，宋代开始有人从事渔盐业。自从开挖顾泾、大川沙、黄白泾等河道后，形成了江南水乡，罗店也就成为一个较大的渔村。元至正年间（1341—1368年）罗昇来此开设罗氏店堂，建设旅店，商业贸易得以发展，形成了农村集市，并得名罗店，又名罗阳、罗溪。自元代起，罗店以棉花为主要农产，纺织业带动了经济发展。至明万历年间（1578—1619年），罗店的经济发展为当时嘉定县七镇五市之首。至清康熙年间，罗店更趋富饶，被称为“金罗店”。罗店镇因水陆交通便利，地处要冲，成为历来的兵家必争之地[2]。

由于富商云集，罗店形成了部分大宅民居，如春阳堂、简堂、江楼、百城楼、玉兰堂、默雷堂、“十八条户槛”、布长街清代建筑群、稻香堂、敦友堂等。汇集了当时的名人聚宴吟咏。古典园林有思圃、龙川小筑、友兰别墅等。罗店邑庙后园有小榭，题名“小罗浮”，是清代镇上几代诗人咏梅赏菊的场所。但经历次战争，仅有真武阁、大通桥、丰德桥、花神堂等尚存。其中，大通桥始建于明成化八年，重建于清雍正八年；丰德桥建于清康熙四十八年，为区文物保护单位。宝山净寺是宝山区唯一的大型佛教场所，有天王殿、大雄宝殿、玉佛殿、万佛殿、花开见佛殿等斋堂佛事场所，为市区静安寺下院，也是上海市第四大寺[3]。

2.6.2 罗店镇总体规划

2004年编制的《宝山区区域总体规划》确定了宝山区的城镇体系，划分了中心城区（上海中心城区宝山部分）、新城、新市镇和社区四个层次，罗店新镇为新市镇，位于规划的宝山新城西区的北侧[4]（图2.6-2）。

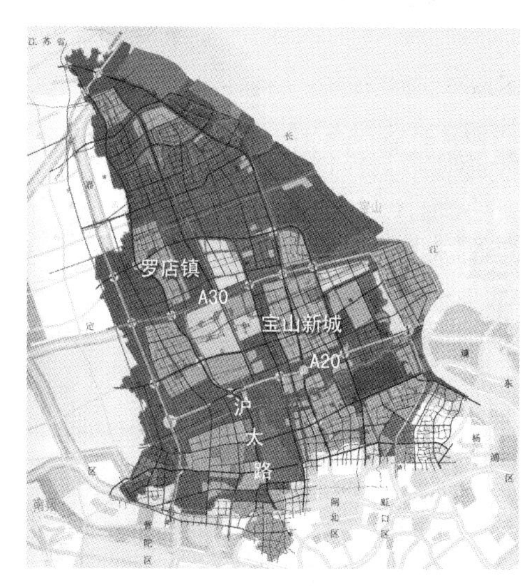

图2.6-2 宝山区总体规划平面图

图片来源：周建军等.打造现代化滨江新城——宝山区区域总体规划简介.理想空间，2006，9(6)：23

罗店镇在“一城九镇”计划中被拟定为“北欧风貌”。2002年7月，瑞典SWECO集团、上海同济城市规划设计研究院编制了《上海罗店新镇镇区总体规

[1] 上海市地方志办公室.特色志/上海名镇志/宝山首镇：罗店镇.http：//www.shtong.gov.cn. 2005-5-2.
[2] 上海市地方志办公室.特色志/上海名镇志/宝山首镇：罗店镇.http：//www.shtong.gov.cn. 2005-5-2.
[3] 同上。
[4] 宝山新城由东西向带形发展的西区、中区和东区组成。详见周建军等.打造现代化滨江新城——宝山区区域总体规划简介.理想空间，2006，9(6)：22.

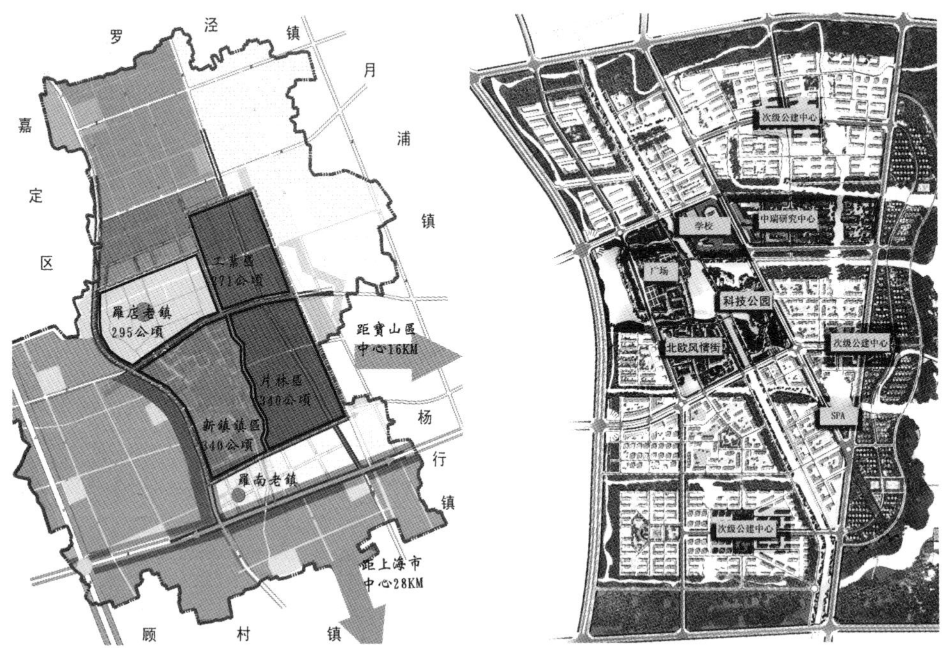

图2.6-3　罗店镇域总体规划确定的四个主要区域

图片来源：作者根据上海罗店新镇镇域规划平面图编绘，资料由开发建设单位提供

图2.6-4　罗店新镇的中心区布局

图片来源：上海罗店新镇镇区总体规划及核心地块概念性城市设计文本，由开发建设单位提供

划及核心地块概念性城市设计》，规划用地面积约12.46平方公里，规划提出的罗店新镇总体发展目标为：“形成具有典型北欧城镇特色的现代化生态城镇。”[1]为此，总体规划提出了塑造“北欧风貌”的要素，可概括为：

（1）具有围合感的建筑肌理；

（2）色彩鲜明、错落有致的屋顶；

（3）符合地形的网格与自由形态道路相结合[2]。

在空间布局上，镇域总体规划划分了四个区域：老镇区、工业区、新镇区以及片林区，其中，新镇区位于罗南与罗店两个老镇之间，临沪太路，并与片林区邻接（图2.6-3）。

总体规划着重于对新镇区、片林区的设计。在新镇区的空间布局上形成了以下主要特点：

（1）建立了由不同公共组团组合而成的中心区。中心区以一个“科技公园”为核心，三面邻接行政、商业、教育等公共功能用地。规划将住宅区布置在外围，并在

[1] 上海市人民政府办公厅．上海市人民政府（批复）沪府【2002】117号：上海市人民政府关于原则同意宝山区罗店中心镇总体规划的批复．2002年12月27日．

[2] 上海罗店新镇镇区总体规划及核心地块概念性城市设计文本，由开发建设单位提供。

外围设三个次级公建中心(图2.6-4)。

(2) 以两个河道形态为参照,形成了主干道路以及道路网格。新镇区内的两条自然河道荻泾河、马路河分别呈南北、东西走向,“Y”字形交叉,除镇区东侧的主干道路外,规划的纵向道路基本上与荻泾河平行,横向道路则与马路河平行,呈网格形态(图2.6-5)。

(3) 以道路、河道及其组合形成了具有边界的组团,组团布局紧凑(图2.6-6)。

(4) 与东侧的片林区通过横向的河道与绿带形成空间的渗透关系(图2.6-7)。

(5) 对中心区、住宅区进行了分类布局,其中,中心区公共建筑为“斯堪的纳维亚(Scandinavia)形式”,包括核心区、“北欧风情”步行街建筑及其外部空间等元素(图2.6-8);住宅则被分为三种形式:花园城、生态城和现代城[1]。

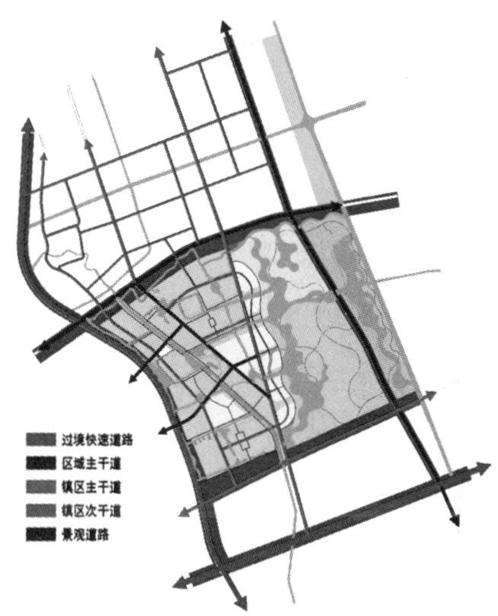

图2.6-5 罗店新镇镇区规划道路结构示意图

图片来源:上海罗店新镇镇区总体规划及核心地块概念性城市设计文本,由开发建设单位提供

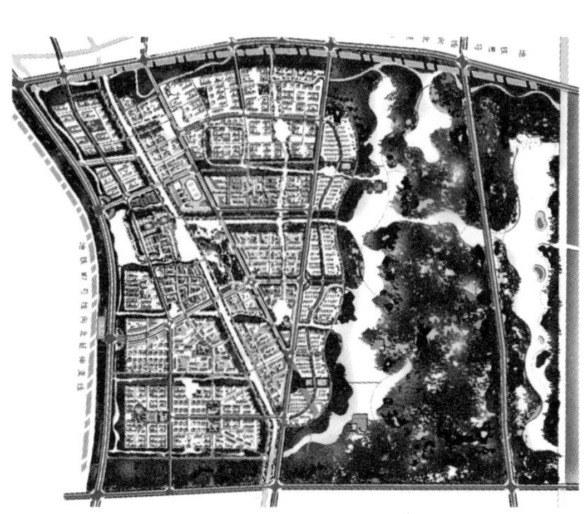

图2.6-6 罗店新镇镇区规划总平面图

图片来源:上海罗店新镇镇区总体规划及核心地块概念性城市设计文本,由开发建设单位提供

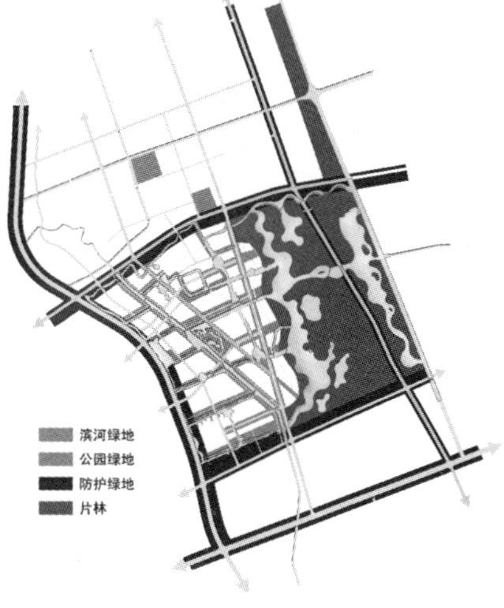

图2.6-7 罗店新镇镇区绿地系统示意图

图片来源:上海罗店新镇镇区总体规划及核心地块概念性城市设计文本,由开发建设单位提供

[1] 上海罗店新镇镇区总体规划及核心地块概念性城市设计文本,由开发建设单位提供。

图2.6-8　罗店新镇总体规划镇区中心鸟瞰图

图片来源：上海罗店新镇镇区总体规划及核心地块概念性城市设计文本，由开发建设单位提供

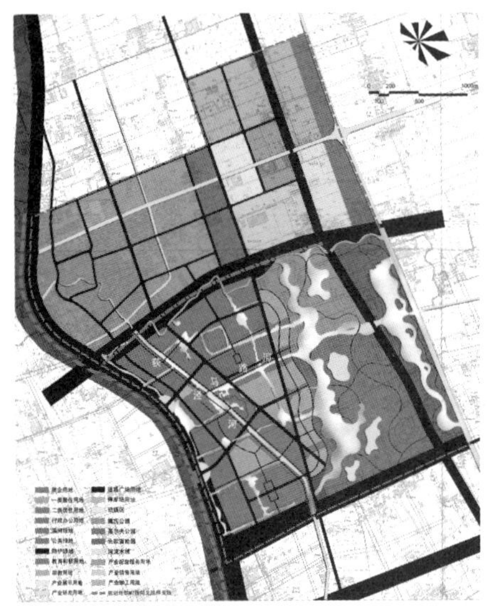

图2.6-9　罗店新镇总体规划平面图

图片来源：上海罗店新镇镇区总体规划及核心地块概念性城市设计文本，由开发建设单位提供

总体规划还对新镇区东部生态园区进行了基本的空间布局，划分了纵向的三个基本区域，靠近新镇区的西部区域是低密度的住宅区域，以独立式住宅为主；中间段是“北欧婚庆园”与“北欧森林公园”，这个区域在之后的详细规划中被改变为36洞的高尔夫球场；东段则是名曰“北欧冒险园”的主题公园以及独立式住宅组团。植被绿地、湖泊成为园区的主要元素，在区内交织穿插，形成了横向的河道、绿带向新镇区空间渗透（图2.6-9）。

2.6.3　罗店新镇详细规划

2003年2月，上海同济城市规划设计研究院为编制了《罗店中心镇控制性详细规划》，规划范围包括约3.44平方公里[1]的新

[1] 所列数字源自《上海罗店新镇镇区控制性详细规划》《罗店中心镇生态园区详细规划》《罗店中心镇修建性详细规划》文本，由开发建设单位提供。本节以下同。

镇区以及约3.32平方公里的片林区，由东侧的潘泾河、南侧的杨南路、西侧沪太路、北侧月罗路作为边界，用地形态呈长方形。控制性详细规划根据总体规划提出的空间结构、分区及其道路等设计原则，重点对新镇区进行深化设计。规划保持了总体规划提出的道路与水系格网，并根据罗店水网密布的自然特征，强化形成了“岛屿或半岛式”的城镇空间形态，并以大片森林、湖泊、草地在城镇周围建立自然屏障，构成了“林、城、水相间有机生长的现代型网状结构形态”[1]。

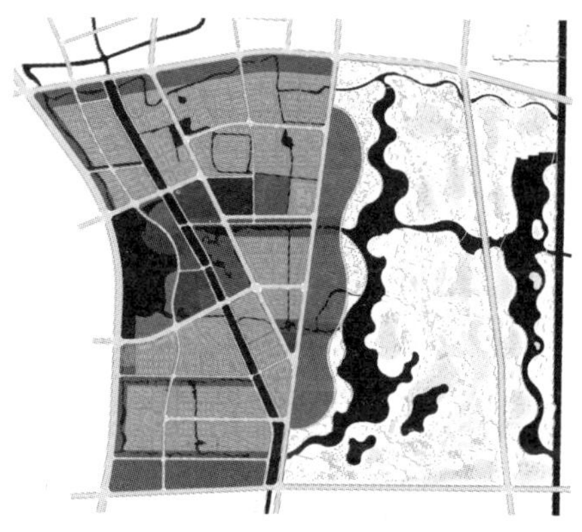

图2.6-10　罗店新镇控制性详细规划平面图

图片来源：鲁赛.罗店新镇区控制性详细规划.理想空间，2004，1(1)：58

规划对总体阶段规划的核心区，即两条河道的周边区域进行了重新布局。在功能与形态上作了如下调整，一是沿西侧沪太路近0.7公里长的界面形成了一个约13公顷的大型水面，并称之为“美兰湖”，这个湖面与荻泾河连通，成为新镇的核心景观元素；二是在“美兰湖”东侧设置了两个大型公共建筑组团，分别是美兰湖国际会议中心和一个传统形态的商业步行街区；三是将新镇区东侧的一条贯穿南北的支路形态由折线形更改为曲线形，使之成为中心区两个公共建筑组团的主要交通性道路（图2.6-10）；四是在总体规划提出的形态设计基础上进行了深化与调整。

与控制性详细规划同期完成的《罗店中心镇修建性详细规划》选取了新镇中心区约1.31平方公里作为用地范围，西侧仍以沪太路为界，东、南、北侧分别以抚远路、约帕路河道、诺贝尔路为界，对公共空间、包括广场、街道、公园、滨水区域、各公建地块、部分典型住宅地块，在形态、容量、城市设计导则等方面进行了详细的描述。其设计基本原则与形态设计完全贯彻了控制性详细规划提出的设想（图2.6-11）。

图2.6-11　罗店新镇鸟瞰图

图片来源：罗店中心镇修建性详细规划文本，由开发建设单位提供

[1] 鲁赛.罗店新镇区控制性详细规划.理想空间，2004，1(1)：58.

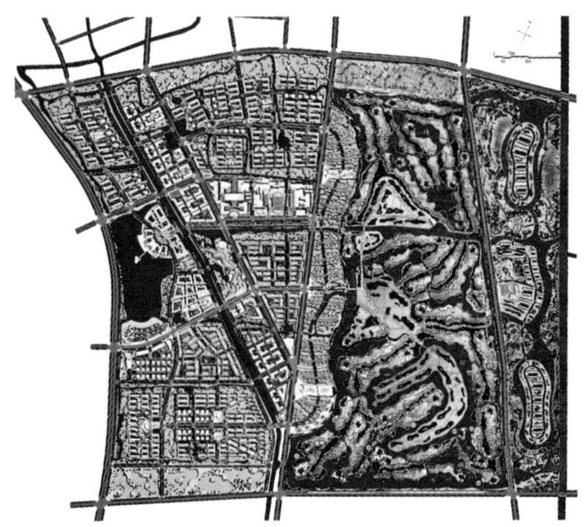

图2.6-12　罗店新镇规划总平面图

作者根据罗店新镇区控制性详细规划与生态园区详细规划平面图编绘

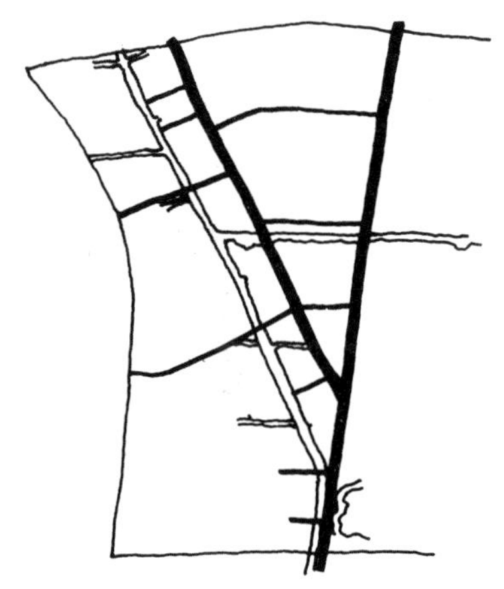

图2.6-13　罗店新镇拓扑河道形态的树枝形道路

2003年9月，上海同济城市规划设计研究院、瑞典SWECO公司等单位联袂编制了《罗店中心镇生态园区详细规划》[1]，规划分为两个设计区域，一个为105.7公顷的低密度住宅区以及生态和森林等，另一个则是占地约226公顷的高尔夫球场（图2.6-12）。

1. 树枝形网格结构形态

罗店新镇的规划设计建立了具有网格特点的城市结构。然而，规划所形成的网格并不是相互贯通的正交形式，而是一个经变异产生的网格系统。这个网格系统起源于区域内两个自然河道的交叉形式，即荻泾河、马路河的“Y”字形态。

河道形态对规划的空间布局产生了两个主要影响，第一个影响是新镇的两条纵向主干道路形成了与河道方向相反的“Y”形交叉形态，成为树枝形道路形态的枝干；第二个影响是新镇区主要公共建筑地块以及中心布置于这两条河道的交叉处，并沿两条河道的不同方向延伸展开。其中，重要的影响便是道路系统对这个“Y”形河道形式的拓扑（图2.6-13）。

枝干道路形成之后，横向的道路与枝干道路形成了“T”形连接，建立了一个由河道、道路、绿带组成的网格结构（图2.6-14）。斯皮罗·科斯托夫在《城市的形成》中分析了四种情况下的“T”形交叉道路的产生因素，第一种情况是中国传统网格城市中的“T”字路口，是为了“阻挡邪气”；第二种如费城平面中的“T”形路口，是为了打破网格平面的拘谨和单调；第三种是现代建筑师推崇的“T”字路口，可以减少

[1] “生态园区”即总体规划确定的片林区，作者注。

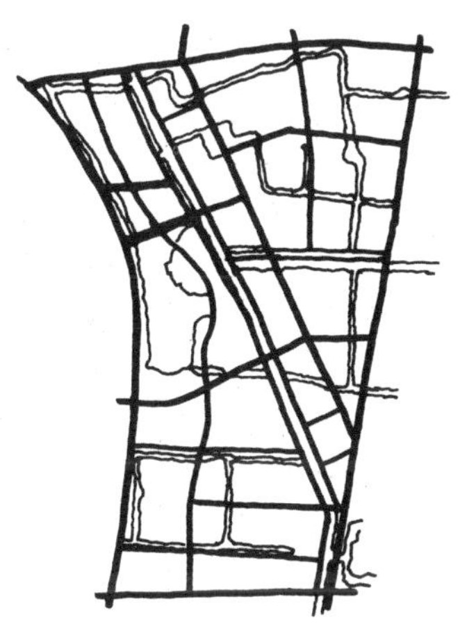

图2.6-14　罗店新镇树枝形道路、河道、绿带组成的网格结构

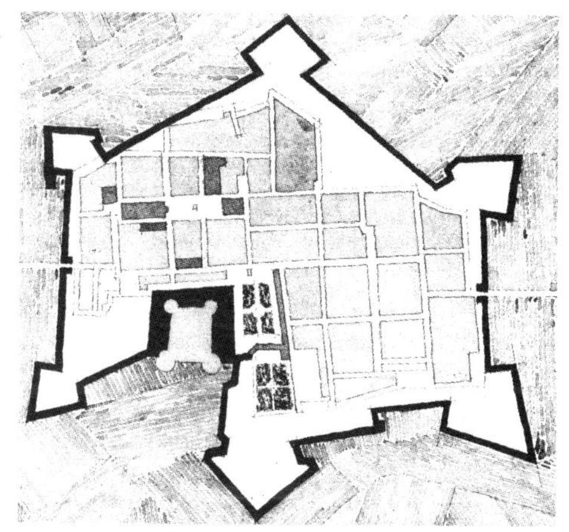

图2.6-15　中世纪城市萨比奥内塔的“T”形结构

图片来源：(美) 斯皮罗·科斯托夫.城市的形成——历史进程中的城市模式和城市意义.单皓译.北京：中国建筑工业出版社，2005：141

正面对撞的机会，并且可以为重要的和趣味性的建筑物提供对景通道；第四种情况，如意大利中世纪城市萨比奥内塔的“T”形结构，是追求形式变异的“手法主义”[1]（图2.6-15）。罗店新镇的“T”形网格产生的形态基础是基地上的河道形式，正如科斯托夫所言，“T”形方式打破了正交网格的规则性，马路河成为新镇中心区的对景通道，同时，对汽车的缓速、对景的设置以及组团街坊的形成也具有一定的作用。

正是因为道路与河道网格的交错布局，特别是河道、绿带的交织形态，为网格所限定的组团和街块建立了明显的边界，为邻里组团的形成创造了条件。在结构布局上，网格使新镇的组团处于半岛或全岛状态，类似由“新城市主义”者DPZ设计的美国佛罗里达州棕榈海岸郡威灵顿镇（The Town of Wellinton）的形态。这个在20世纪80年代末规划建设的新镇，以水系网格为边界形成了九个邻里组团，在区域中部通过水系宽度的收缩，建立了一个具较高密度的商业中心（图2.6-16）。威灵顿镇属于“新城市主义”的TND发展模式，设计将密集的混合建筑以及部分邻里公园布置于中心湖的两侧，公共建筑沿湖布置，“增加的公共领域为整个社区创造了唾手可得的利益”[2]。罗店新镇在整体形态，特别是组团形态上与威灵顿镇较为相似。与威灵顿镇相比，罗店新镇的中心区布局集中，功能也比较专业化、单一化，形成了周围邻

[1] (美) 斯皮罗·科斯托夫.城市的形成——历史进程中的城市模式和城市意义.单皓译.北京：中国建筑工业出版社，2005：140-141.

[2] (美) 彼得·盖兹编著.新都市主义社区建筑.张振虹译.天津：天津科学技术出版社，2003：84.

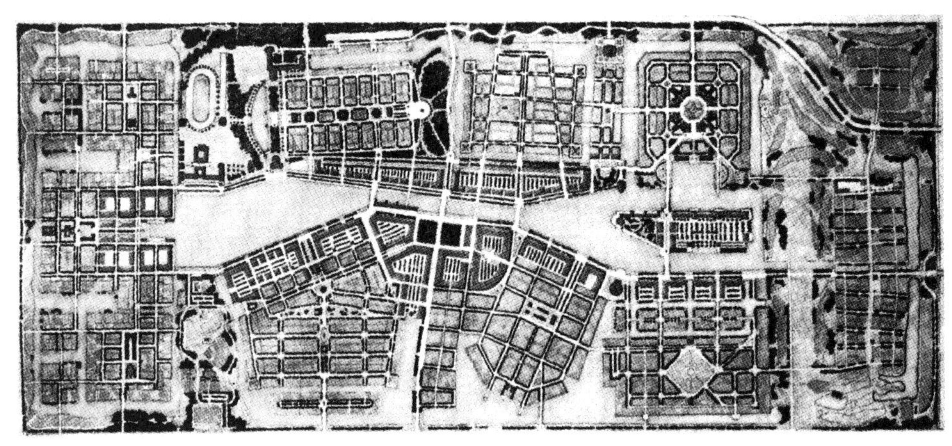

图2.6-16　佛罗里达棕榈海岸郡威灵顿镇的城镇形态

图片来源：(美) 彼得·盖兹编著.新都市主义社区建筑.张振虹译.天津：天津科学技术出版社，2003：81

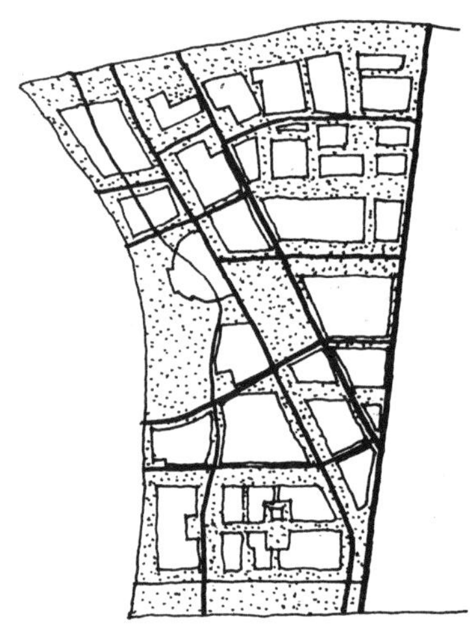

图2.6-17　罗店新镇组合式网格形成的组团

里对中心区公共系统的依赖。根据发展计划，邻里住区将由不同的开发商负责设计与建设，在形态上具有一定的多样性，但除必要的公共建筑配套外，在邻里住区没有形成如威灵顿镇的混合建筑和邻里中心，各个邻里至城镇中心的步行距离也相对较大（图2.6-17）。

“虽然网格设计随处可见，但却常常被人们误解，认为它是无须甄别的简单的概念。正相反，网格是一种极具可塑性的、多变的规划系统，正因为这样它才会有如此巨大的成功”[1]。罗店新镇的树枝形网格结构一方面划分了城镇的组团区域，另一方面，“T”形的交叉形式使网格形态产生了丰富的变化。

2. 核心区的传统形态

在功能上，罗店新镇的中心区集中配置了大型会议中心、商业步行街区、行政中心、学校、中瑞（典）研究院等公共设施，围绕一个约11公顷的“诺贝尔公园[2]”布置。中心区由三个部分组成，其中，会议中心与步行商业街区部分沿荻泾河展开，在公园的西侧；公建服务区、行政中心、学校、研究院部分沿马路河布局，位于公园的北侧；医院则布置在公园的南侧。由此，围绕公

[1] (美) 斯皮罗·科斯托夫.城市的形成——历史进程中的城市模式和城市意义.单皓译.北京：中国建筑工业出版社，2005：95.

[2] 在总体规划中，公园被称为“科技公园”，在详细规划中更改为“诺贝尔公园”。作者注。

园规划形成了一个集中的公共区域(图2.6-18)。从功能上看,会议中心与步行商业街区更偏重于公众性和商业性,是中心区的核心区域。

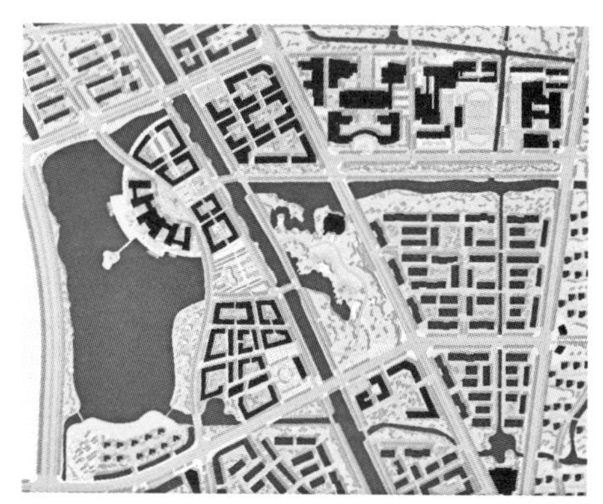

图2.6-18 罗店新镇中心区平面图

作者根据鲁赛.罗店新镇区控制性详细规划.理想空间,2004,1(1):59图片改绘

位于镇区西侧的“美兰湖”面对城市主干道路沪太路开放,形成了较长的对外景观界面,同时也成为核心区的西侧岸线,与荻泾河在南、北两侧联通。核心区分为两个组团,分别是会议中心和步行街区,规划将这两个组团置于水、公园的包围之中,呈岛屿形态(图2.6-19)。两个并列的组团由四个线性元素进行连接,一是“美兰湖”的公共岸线,会议中心岸线采用的是码头形式,步行街区则为绿地形式(图2.6-20,图2.6-21);二是一条串联两个组团的曲线形道路,它承担了核心区内主要的机动车交通,也是会议中心和步行街区的区域边界(图2.6-22);三是贯穿两个组团的步行街,由周边式街坊负空间行形成街区(图2.6-23);四为临荻泾河的沿岸街道(图2.6-24)。

这种岛屿组团及其联系的方式在罗勃·克里尔的设计中具有类似的表现。1989年,克里尔为瑞典哥特堡的萨内加茨·哈姆内恩(Sånnegards Hamnen, Göteborg)一块昔日造船厂用地设计了一个可容纳8 000人的新社区,设计遵循了他一贯主张的传统空间模式:周边式街坊、河道、岛屿、广场以及狭小且不规则的街道。与罗店新镇核心区相似,岛屿以一条主要道路串联,岸线为周边布置街道,以周

图2.6-19 罗店新镇核心区鸟瞰图

图片来源:鲁赛.罗店新镇区控制性详细规划.理想空间,2004,1(1):59

图2.6-20　罗店新镇会议中心组团临“美兰湖”的岸线，2006年

图2.6-21　罗店新镇步行街区组团临“美兰湖”的岸线，2006年

图2.6-22　罗店新镇核心区的串联道路实景，2006年

图2.6-23　罗店新镇核心区步行街区实景，2006年

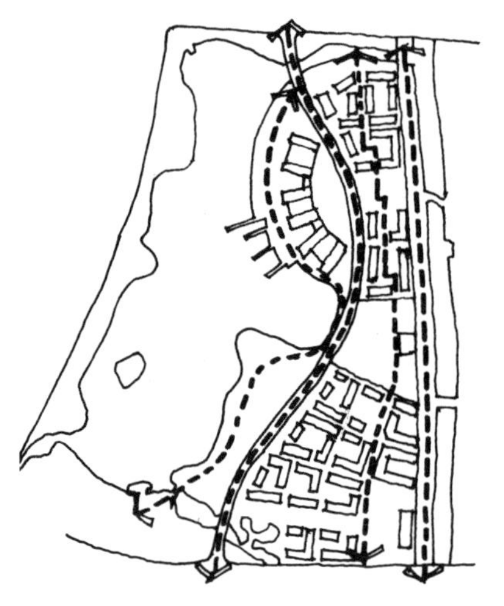

图2.6-24　罗店新镇核心区的四个线性公共空间

边式街坊组织街区（图2.6-25）。

罗店新镇核心区的另一个公共空间要素是广场，共有三处，分别设于两个组团及其连接处。其中，位于会议中心的广场由两部分组成，临会议中心一侧为半圆形，以硬质铺地为主，围合广场的会议中心建筑为半园弧形，从广场圆心向“美兰湖”呈放射态势，由宾馆、娱乐与

会议中心三栋不同功能的建筑组成，3.4万平方米、6层的建筑形成了较大的体量；临荻泾河的是一个矩形广场，以绿化为主[1]。核心区南端的广场被称为“市场广场”，由三面建筑围合，是步行街区南入口广场。两个组团之间的广场是“文化广场”，由商业、娱乐建筑围合，两侧临水，也是连接“美兰湖”与“诺贝尔公园”的开放空间（图2.6–26）。三个广场使用了欧洲传统的周边式建筑作为围合界面，并在“市场广场”建立了制高的塔楼（图2.6–27）。

“从纯粹几何角度，城市街坊（City Block）是任何城市设计结构的基本单元”[2]，克里尔将街坊与建筑并称为复杂城市结构设计的工具。如同克里尔所言，周边式街坊成为罗店

图2.6–25 罗勃·克里尔在瑞典哥特堡的萨内加茨·哈姆内恩设计的社区平面图

图片来源：Krier, Rob. Town Spaces. Basel/ Berlin/ Boston: Birkhaeuser, 2003: 81

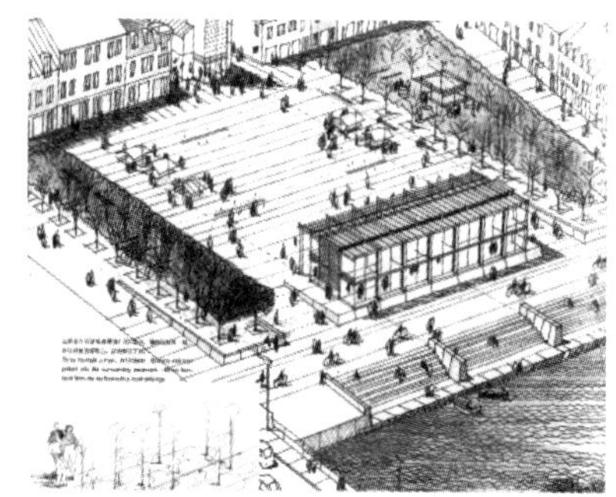

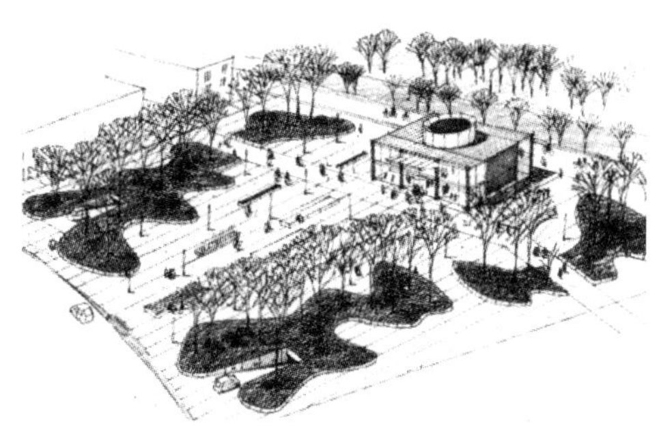

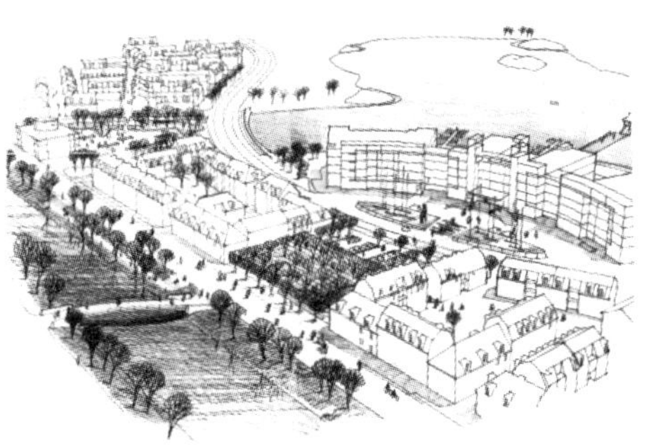

图2.6–26 罗店新镇的三个广场鸟瞰图

图片来源：瑞典SWECO公司.罗店新镇中心区景观设计.理想空间，2005（6）：74 ～ 77

[1] 瑞典SWECO公司.罗店新镇中心区景观设计.理想空间，2005（6）：76.

[2] Krier, Rob. Composition of Urban Space. In Krier, Rob. Town Spaces. Basel/Berlin/Boston：Birkhaeuser, 2003: 11.

图2.6-27　罗店新镇“市场广场”上的塔楼　2006年

新镇核心区的基本造型元素，街坊跨越两个岛屿组团，沿荻泾河伸展，形成了步行街区、广场的组群形态，空间的造型试图再现欧洲传统城市的面貌。在罗勃·克里尔1993年为柏林斯普瑞柏根政府中心（Spreebogen Government Centre, Berlin）[1]所作的规划中，这种造型以一个环状形式出现，水中的岛屿呈半圆的放射结构，组团以广场为中心，形成了周边式街坊与步行街区，并通过中间的道路进行串联，形态设计方式与罗店新镇如出一辙（图2.6-28，图2.6-29）。

在一定程度上，罗店新镇的城市设计手法与罗勃·克里尔具有同一性。“克里尔全盘否定现代主义，坚持城市建设的柏拉图理想……”[2]。克里尔的理想在于重现欧洲传统

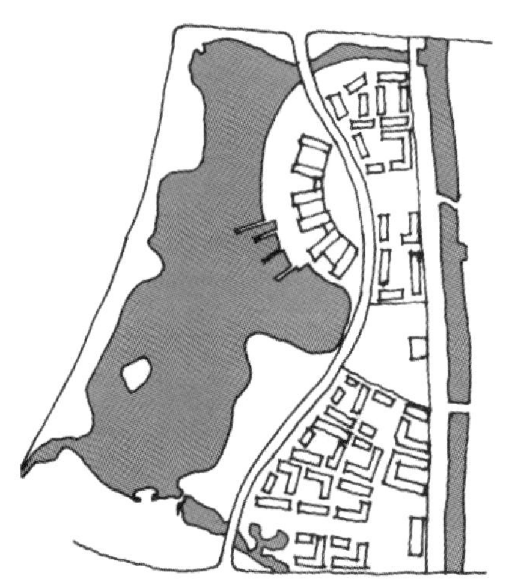

图2.6-28　罗店新镇核心区平面示意图

图2.6-29　罗勃·克里尔等设计的柏林斯普瑞柏根政府中心轴测图

图片来源：Krier, Rob. Town Spaces. Basel/Berlin/Boston: Birkhäuser, 2003: 61

[1] 柏林斯普瑞柏根政府中心规划为竞赛项目，合作者有Léon Krier、Marc和Nada Breitman。

[2]（德）阿德里安·考夫卡，温迪.科恩编.柏林建筑——MRY Building in Berlin.张建华，扬丽杰译.沈阳/北京：辽宁科学技术出版社/中国建筑工业出版社，2001：15.

空间形态，恢复传统空间的近人尺度，从这个观点出发，罗店新镇的核心区设计塑造了宜人的空间尺度，但其建筑界面则是对所谓“北欧风情”的移植，环境也是照搬了“斯堪的纳维亚小镇的风格与特点”[1]，使一个成陆于唐代的江南城镇出现了“天外来客”[2]。

3. 邻里与三个典型住区形态

如同以上的分析，罗店新镇规划一方面建立了较大规模、集中的镇区中心，另一方面，以水系、道路与绿带形成网格，为外围的住宅区域构建了具有明显边界的地块。如果将中心区北侧的社区公共服务中心作为北区中心，其控制的范围在1公里内；如果将核心区南端的“市场广场”作为南区中心，控制的半径也接近1公里。两个中心形成了城镇级社区服务系统的一级结构。罗店新镇规划对于邻里及其步行圈没有作重点描述，但规划确定了13个“社区级公共服务中心”[3]。按照“新城市主义”模式，步行尺度、边界与中心是邻里结构的主要元素[4]，根据罗店新镇规划服务中心的分布情况分析，规划的邻里实际上共有11个（包含生态园区内临新镇区的3个独立式住宅区），并具有距邻里中心200 ～ 300米步行圈，形成了区域布局的二级结构（图2.6-30）。

基于邻里的划分，罗店新镇规划提出了三个典型的住区形式，分别命名为“现代城”、“花园城”和“生态城”[5]。根据规划的描述，“现代城”是以塔式公寓与联排式住宅相结合的样式，建筑2 ～ 5层，中、低密度，体现“北欧现代建筑风格”。在模式图中，住宅共有条式、“U”形围合式、点式以及“L”形的组合（图2.6-31）。“花园城”以3 ～ 4层公寓以及联排式住宅为主，为中密度区域。在规划平面组合模式图中，显示的是“U”形或“L”形住宅组成的周边式形式，与新镇核心区传

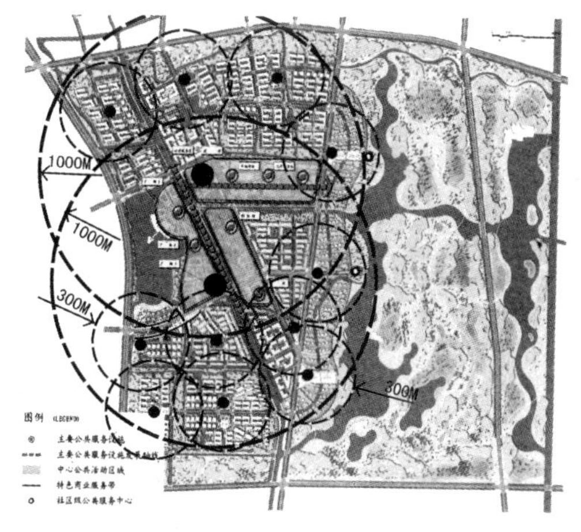

图2.6-30 罗店新镇规划形成的两级区域结构

作者根据鲁赛.罗店新镇区控制性详细规划.理想空间，2004，1（1）：59图片编绘

[1] 瑞典SWECO公司.罗店新镇中心区景观设计.理想空间，2005（6）：74.

[2] 援引郑时龄先生对“欧陆风格”的批评用语。详见郑时龄.建筑批评学.北京：中国工业建筑出版社，2001：190.

[3] 鲁赛.罗店新镇区控制性详细规划.理想空间，2004，1（1）：59.

[4]（美）新都市主义协会编.新都市主义宪章.杨北帆等译.天津：天津科学技术出版社，2004：77-79.

[5] 鲁赛.罗店新镇区控制性详细规划.理想空间，2004，1（1）：60.

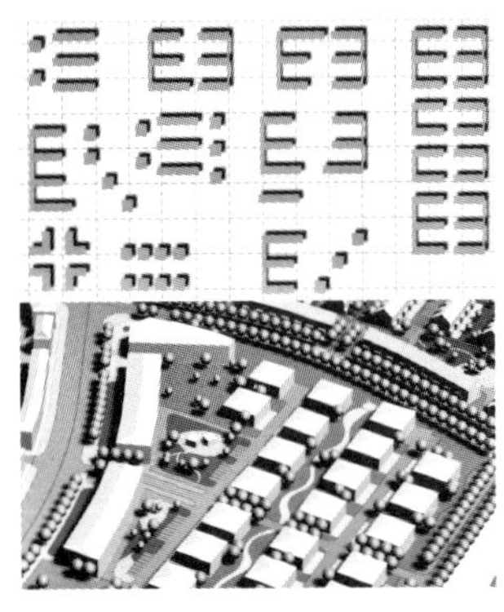

图2.6-31 "现代城"的平面组合与意向透视图

作者根据鲁赛.罗店新镇区控制性详细规划.理想空间,2004,1(1):60-61编绘

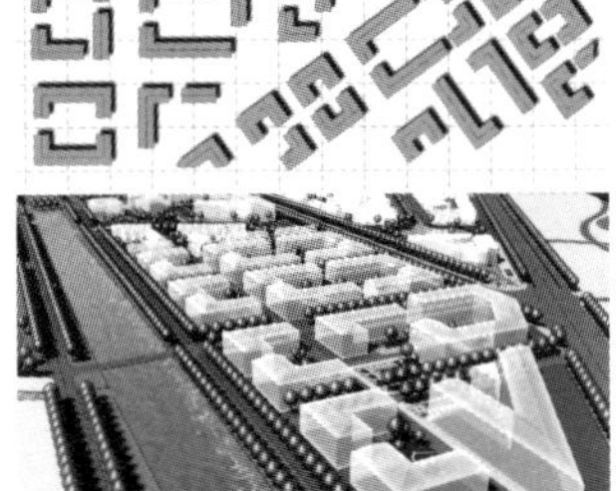

图2.6-32 "花园城"的平面组合与意向透视图

作者根据鲁赛.罗店新镇区控制性详细规划.理想空间,2004,1(1):60-61编绘

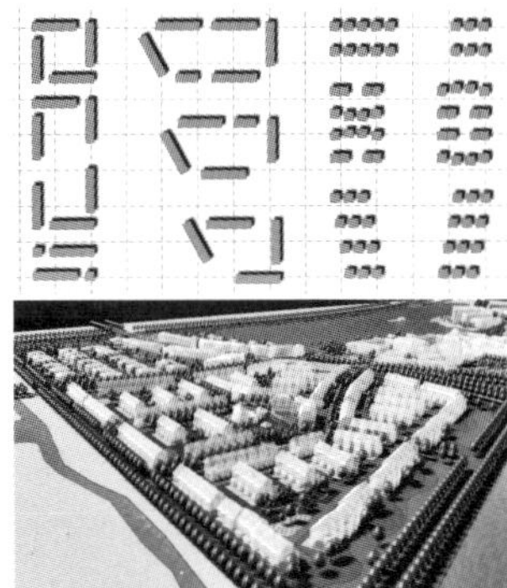

图2.6-33 "生态城"的平面组合与意向透视图

作者根据鲁赛.罗店新镇区控制性详细规划.理想空间,2004,1(1):60编绘

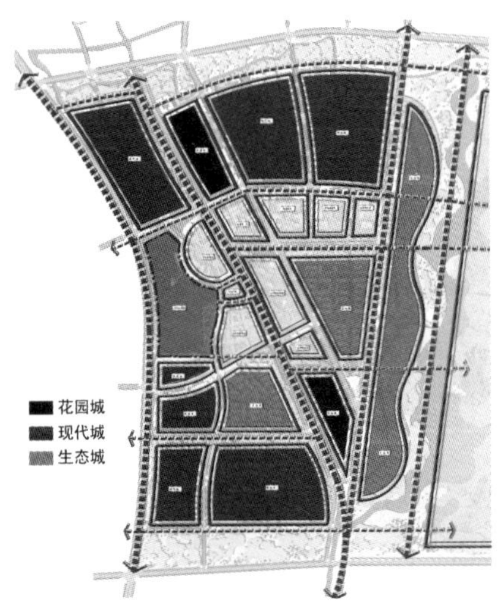

图2.6-34 罗店新镇区三种住区模式的布局

作者根据罗店新镇规划总平面图编绘

统周边形式街坊建筑形态相呼应(图2.6-32)。"生态城"是低密度的独立式与联排式住宅区,在平面组合中,规划试图以不同的建筑组合方式产生围合感与组团感(图2.6-33)。

在城镇结构布局中,规划并没有以"新城市主义"的邻里方式围绕中心区逐步向外形成建筑密度的递减,而是将中密度的"花园城"布置于荻泾河和平行的景观道路罗溪路之间,成为枝干的组成部分。由于这个带状区域贯穿整个新镇区,周边式住宅与体现"北欧风情"的核心区建筑强化了城镇的枝干形空间结构。低密度的"生态城"被安排在中心区的南侧,"现代城"占据了中心区北侧的大部分区域以及新镇区的最南端,其规模也是三种形式中最大的(图2.6-34)。

这种住区类型布局的方法类似DPZ在威灵顿镇对社区建筑与组合的类型设计。威灵顿镇是由9个邻里组成的社区,DPZ设计了12种建筑与组合模式,分别就功能、布置、停车、高度等方面提出了类型上的设想(图2.6-35)。类型的设计使这些邻里体现出建筑混合、多样化以及传统风格等主要特点。除体现"新城市主义"倡导的原则外,DPZ类型学设计方法的意义还在于可以对不同建筑师设计的邻里空间形态进行控制，以产生统一、整体的城镇空间。

罗店新镇规划的三种典型住区形式没有以“新城市主义”的密度方式进行排列，除“花园城”外，其他两种类型的邻里更多地显示出平均的密度布局。虽然如此，类型设计对于控制城镇空间形态的整体性，特别是对由不同开发商设计、建造的住宅区来说，在一定程度上是具有指导意义的（图2.6–36）。同样，威灵顿镇也是由不同的设计师对各个邻里进行布局，“这种工作方法给较大的混合体带来了真正的

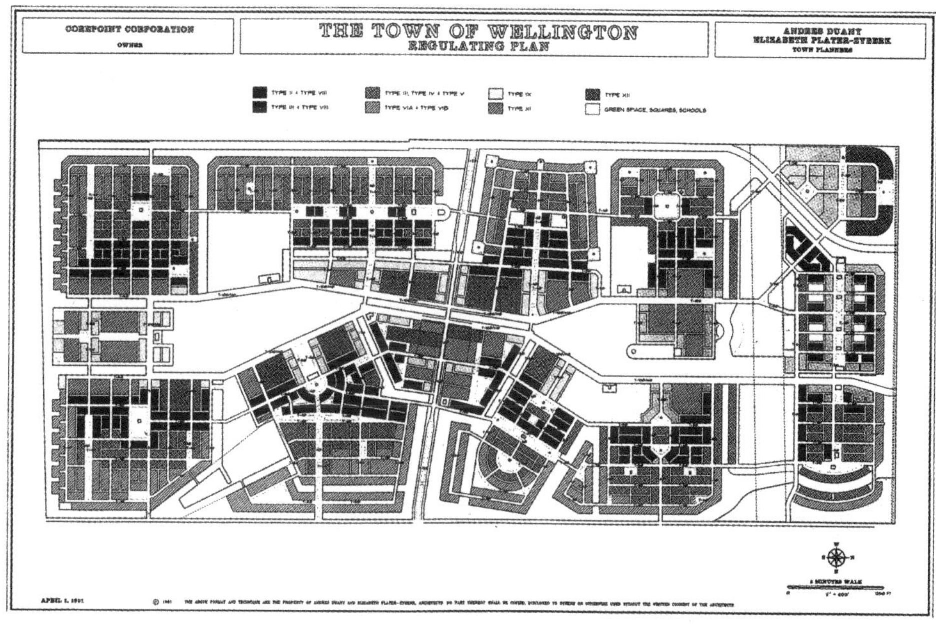

图2.6–35 DPZ设计的威灵顿镇使用12种类型的邻里建筑与组合形态

图片来源：（美）彼得·盖兹编著.新都市主义社区建筑.张振虹译.天津：天津科学技术出版社，2003：89–90

图2.6–36 左：以“现代城”形式建成的小区，右：以“生态城”形式建成的小区 2006年

多样性，这在只有一个设计师的情况下是完全不可能的”[1]。类型设计建立了一套通用的原则，成为多样化设计下保持城镇结构的方法之一。

2.6.4 小结

罗店新镇的城市设计借鉴与运用了“新城市主义”在郊区城镇建设中的原则与手法，形成了区域、中心、社区、邻里等要素的整合形态。设计根据地形元素特点构建了新镇的空间结构，网格结构富于变化，同时，利用自然元素为城镇、邻里组团建立了明显的边界。

在中心区空间造型上，罗店新镇的设计原则与手法与罗勃·克里尔的实践具有相通之处，传统形态原型的运用主要集中于核心区，一方面形成了空间的近人尺度，广场、步行街、公园等不同形式的公共空间相互链接，支持了公共空间中人的社会活动；另一方面，其建筑设计实行了对所谓“北欧风情”的全面因袭，步行街区的建筑形式成为欧洲某传统城镇的“模仿秀”，这些将西方城市原型形态毫无根基地的移植方式造成了对地方文化发展的不利影响。尽管如此，设计中鼓励步行、相对紧凑的密度布局、利用自然环境元素、住宅小区的形态类型研究及定位等均可成为值得借鉴的做法。

借由以上的分析，罗店新镇城市设计的主要特点可以归纳为以下几个方面：

（1）建立了明显的城镇中心与边界；

（2）采用与地形条件契合的树枝形网格结构；

（3）岛屿般的组团形态；

（4）周边式、步行街区、广场组合等传统形态的城镇中心；

（5）形成了城镇社区、邻里组团布局；

（6）对不同邻里住区进行形态类型设计；

（7）移植西方传统的建筑形式。

2.7 闵行区浦江镇

2.7.1 浦江镇概况

浦江镇是上海市区域面积最大的一个镇，总占地面积约102.1平方公里，镇区面积10.3平方公里。位于上海市闵行区的东部，北侧与浦东新区相邻，东、南侧分别与南汇区、奉贤区相邻，西临黄浦江，拥有黄浦江岸线约11公里。浦江镇距离上海市中心17.5公里，距浦东国际机场约38公里，距虹桥机场约21公里。浦江镇是

[1] （美）彼得·盖兹编著.新都市主义社区建筑.张振虹译.天津：天津科学技术出版社，2003：81.

“一城九镇”中距上海中心城区最近的中心镇，2002年12月上海市申博成功，浦江镇被确定为2010年世博动迁基地之一，基地现已部分建成并投入使用。

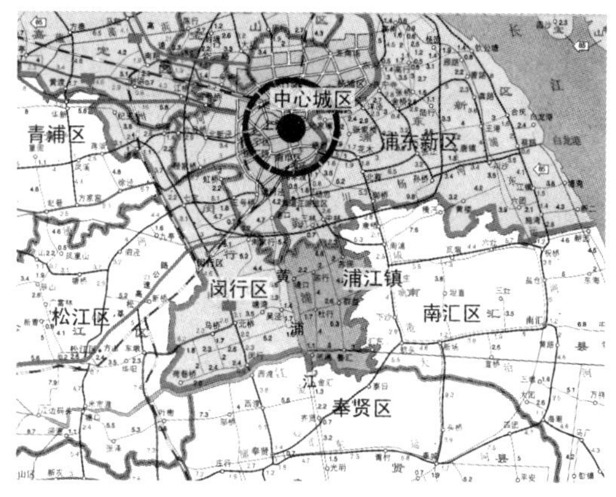

图2.7-1 浦江镇区位图

作者根据中国交通营运里程图集.北京：人民交通出版社，2001：87图片编绘

浦江镇镇域范围内的主要公路有南北向的浦星、三鲁、苏召公路，东西向的陈行、沈杜、闸航等公路。其中浦星公路北接外环线（A20）和卢浦大桥；沈杜公路与规划的下盐公路相接通往浦东国际机场；陈行公路通过规划的越江线路通往中心城区；另外，建设中的轨道交通M8线沿浦星路延伸，在镇区规划了3个站点。

浦江镇地处黄浦江的东侧，水资源丰富。其中，1978年开挖的人工运河大治河横贯浦江镇的南部，黄浦江岸线也是浦江镇未来建设和发展的重要自然资源。另外，浦江镇东南部是规划面积达60平方公里的森林带，周边拥有良好的自然生态环境（图2.7-1）。

1992年9月，原上海县和闵行区兼并，建立了新的闵行区。在历史上，原闵行区属上海县。根据马桥古文化遗址出土文物考证，上海县的历史可追溯到4 000多年前。唐天宝十年（751年）华亭县建立，上海县地区在华亭的东北部。至元二十九年（1292年）设上海县，明弘治年间始有敏行之称，正德七年（1512年）始称闵行。上海县在民国期间属江苏省，直到1958年归属上海市。1959年，原上海县闵行镇和吴泾地区合设闵行区。闵行区曾在1964年并入徐汇区，至1981年得以恢复[1]。

2000年，浦江镇由原上海县的陈行、杜行及鲁汇3个乡镇合并成立。陈行乡、杜行乡位于浦东地区中部，鲁江乡在浦东最南部。其中，陈行乡有陈行等五个集镇。1968年，陈行、三林两乡合并成立和平人民公社，1984年改为陈行乡。陈行乡是上海县“城隍神”秦裕伯故里，原有格伯墓、射猎庙、晒旗场、排马庙等古迹。杜行乡有杜行、召楼等集镇，解放后划属上海县。古遗址有元代百花公主拨赐庄、明谈伦朋寿园等。鲁汇乡有鲁汇、闸港等集镇。1950年由南汇县划属上海县，拥有明王圻《兰亭遗迹》石刻等古迹[2]。

---

[1] 上海市闵行区人民政府.上海闵行/闵行概览/历史沿革.http: //www.shmh.gov.cn. 2006-5-2.

[2] 上海市地方志办公室.区县志/县志/上海县志/第一篇建置/（五）乡、镇/节/杜行乡、陈行乡、鲁汇乡.http: //www.shtong.gov.cn. 2006-5-2.

2.7.2 浦江镇规划

2001年初,“一城九镇”计划将浦江镇列入,并拟定其为“意大利风貌”。同年3月,闵行区政府组织了浦江镇规划设计的国际招标,规划范围由西侧黄浦江、东侧浦星路、南侧沈庄塘、北侧芦恒路限定,总用地面积约15.28平方公里。任务分为三个深度层次,一是浦江镇中心镇结构规划,二是“特色风貌居住区”控制性详细规划,三是“特色组团”详细规划与建筑设计。控制性详细规划用地为8.5平方公里,由设计者在其中任选5～10公顷住宅区作为“特色组团”设计范围。设计任务还对风貌特征设计、黄浦江岸线利用以及城镇夜景景观设计提出了具体要求[1]。招标活动有意大利格雷戈蒂国际建筑设计公司(Gregotti Associati International)(以下简称格雷戈蒂公司)等三个设计公司参与,经评审,确定选用格雷戈蒂公司的设计方案。

在阐述意大利风格时,格雷戈蒂公司的方案着意于两个主要观点,第一,意大利风格的基础是尊重历史和着眼现实;第二,尊重历史的基准点是面向未来[2]。同时,提出城市设计应以历史、地理及城市布局为根基,以建设一个“理想城市”为核心,适应现实,保持文化特点,顺应当代思潮[3]。

方案采用了一个网格结构,在东西、南北方向各形成一条带状轴线,直角相交。东西向的轴线为城镇的中心区,宽约260米,长约1 500米[4],自浦星公路一直延伸至黄浦江边;南北向的轴线是一个带形公园,以绿地为主,规划布置了高尔夫球场、体育场等设施。轴线、网格系统将整个镇区划分为六个区域,中心区轴线带两侧分别是高档住宅区;镇区南、北两端分别是标准住宅区以及生态住宅区。网格覆盖的区域在浦星路和带形公园(或浦晨路)之间,临黄浦江的两个区域为沿江生态住宅区,布置在与黄浦江垂直的条状用地上(图2.7-2)。

在景观与绿地结构布局上,规划以点、线为主要形式,共形成了四种类型的绿地系统,第一种是轴线带形公园;第二种是边界绿地,包括沿浦星公路的坡形边界绿地、南北两侧的边界绿带,以及沿黄浦江的滨江绿带等;第三种是主要格网道路中央的绿带;第四种为庭院式绿地,主要形成于格网街块中心、中心区庭院内部。另外,水系成为规划结构的重要元素,结合道路构成了环城河道,限定了镇区的内、外圈层区域(图2.7-3)。

此外,规划还对中心区、住宅、道路、景观等布局方式与作了较为详细的分析和

[1] 上海市城市规划管理局.未来都市方圆,上海市城市规划国际方案征集作品选(1999—2002). 2003: 326.
[2] 同上: 328.
[3] 同上。
[4] 同上: 330.

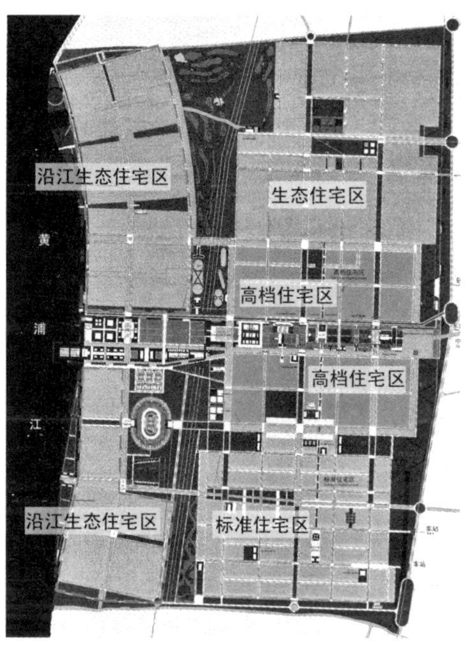

图2.7-2 格雷戈蒂公司2001年所作的浦江镇规划平面图

图片来源：上海市城市规划管理局.未来都市方圆，上海市城市规划国际方案征集作品选（1999—2002）.2003：328

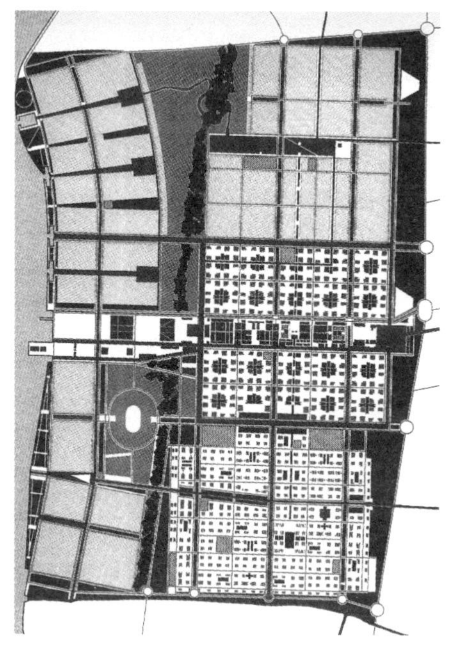

图2.7-3 2001年浦江镇规划的景观系统平面图

图片来源：上海市城市规划管理局.未来都市方圆，上海市城市规划国际方案征集作品选（1999—2002）.2003：331

描述[1]（图2.7-4）。格雷戈蒂公司的规划设计方案成为以后各个阶段设计的重要基础，自始至终得到了充分的贯彻。

根据格雷戈蒂公司的规划设计方案，上海市城市规划设计研究院于2003年10月完成了镇区的控制性详细规划。规划全面继承了格雷戈蒂公司的规划构思，同时根据现状与实施中的技术因素适当予以调整，调整的主要内容为：其一，将带形中心区两侧的规划用地由高档住宅区改为具有住宅、商业、办公等混

图2.7-4 2001年浦江镇规划局部模型

图片来源：格雷戈蒂事务所.上海市/浦江镇/城镇风貌/规划设计.设计新潮/建筑，2003，104（2）：24

[1] 上海市城市规划管理局.未来都市方圆，上海市城市规划国际方案征集作品选（1999—2002）. 2003：330-336.

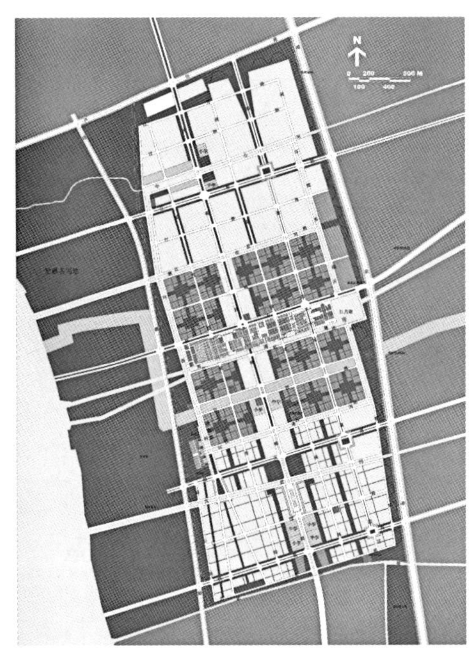

图2.7–5　浦江镇控制性详细规划平面图

由上海天祥华侨城投资有限公司提供

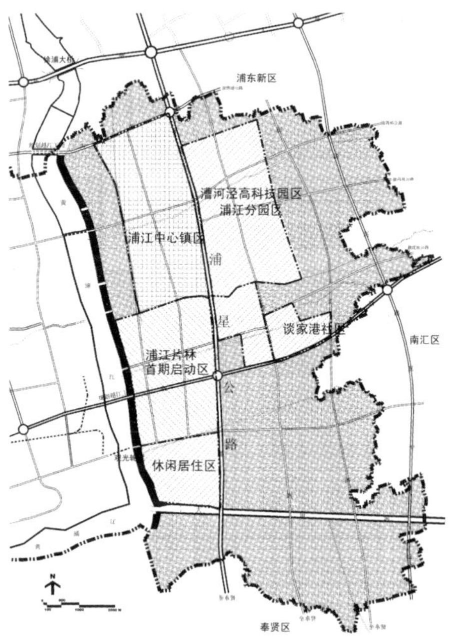

图2.7–6　以浦星公路引导片区开发的浦江镇域结构

作者根据浦江镇域结构规划图编绘

合功能的区域；其二，对于道路结合河道的设计在技术层面进行整合，将部分行走于道路中心的河道改为单侧并行形式；其三，在南北住宅区适当增加集中绿地。规划主要在网格覆盖的区域内进行，用地10.3平方公里，将沿黄浦江的住宅用地更改为发展备用地（图2.7–5）。

2004年7月，上海市政府批复了《浦江镇总体规划实施方案》，从总体规划的空间结构上看，浦江镇镇域的规划布局是以交通引导开发的。浦星公路是南北向主干道路，对外连接A20高速公路、卢浦大桥等交通设施，沿线又有轨道交通，成为贯穿镇域的一条交通走廊，串联了浦江镇的各个功能片区，如中心镇区、漕河泾高科技园区浦江分园、浦江片林区、休闲住宅区等开发区域（图2.7–6）。在总体规划中，镇区的规划结构保持了完整性，在城市设计中得到进一步深化。

2.7.3　浦江镇城市设计

继控制性详细规划设计之后，2003年底，格雷戈蒂公司与上海市城市规划设计研究院完成了中心区及其以北区域2.6平方公里的修建性详细规划编制，这个区域也是镇区建设的启动区，其大部分区域为现已部分建成的“新浦江城”（图2.7–

7)。为了世博动迁基地的建设,浦江镇调整了镇区其他区域的用地构成,主要集中在镇区南部区域。其中,世博动迁基地位于镇区南侧边界以北、东侧边界浦星路以西、纵向轴线道路浦锦路以东、内圈环形河道以南的区域,用地约1.51平方公里(图2.7–8);它的西侧被划为城镇建设动迁用地,占地约1.2平方公里(图2.7–9)。2005年5月,《浦江镇中心镇区6.5平方公里修建性详细规划》编制完成,至此,浦江镇的修建性详细规划基本上实现了全覆盖设计(图2.7–10)。

纵观浦江镇规划与城市设计的进展过程,虽用地构成根据实际发展情况进行了一定的调整,但格雷戈蒂公司方案所形成的正交轴线系统、网格结构等主要设计元素均得到了进一步强化,南北向轴线由带形公园转变为轴线道路,网格结构在沿黄浦江用地设计暂行搁置后显得更为完整与突出,形态更趋整体。其城市设计特点可归纳为以下几点:

(1)以黄浦江岸线、浦星公路坡地绿带以及南北两侧绿带建立了连续的围合性城镇边界,形成了外圈的环城结构组织;

(2)将北侧的黎明河以及环西河、环东河、环南河四条河道环通,建立了内圈的环城结构组织;

(3)形成了东西向陈行路、南北向浦锦路组成的“十”字正交轴线,两条轴线分别引导了带状中心区以及社区生活公共设施带;

图2.7–7 浦江镇2.6平方公里修建性详细规划总平面图

由上海天祥华侨城投资有限公司提供

图2.7–8 浦江镇世博动迁基地规划平面图

资料来源:邢同和.现代建筑设计集团世博会建筑设计研究中心简介.时代建筑,2005(5):51

图2.7-9　浦江镇区规划用地划分

作者根据浦江镇控制性详细规划总平面图编绘

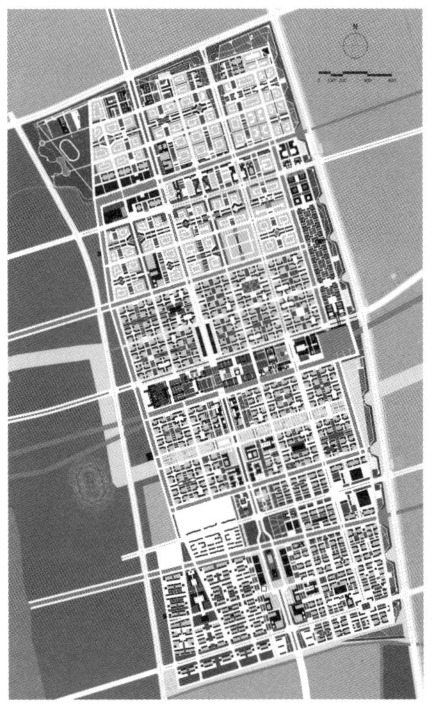

图2.7-10　浦江镇6.5平方公里修建性详细规划总平面图

由上海天祥华侨城投资有限公司提供

(4) 以300×300米为主要模数建立了的网格形的道路结构；

(5) 中心区为带形形态，沿横向轴线发展，集中了镇区的公共设施；

(6) 在沿江区域与镇区之间设带状公共绿地，布置体育、娱乐、休闲等设施；

(7) 河道结合道路成河街形式，延伸或连接现状水系，以内圈环城河道组织水系网络；

(8) 以中心区为轴心，城镇区域密度由南向北呈自密至疏的渐变；

(9) 绿地系统以点、线为主要形式；

(10) 强调功能与社会混合。

1. 网格与轴线：古罗马的—中国的—现代的

说起“意大利风格”，人们自然会联想到辉煌的古罗马、中世纪、文艺复兴城市以及意大利的现代艺术。特别是对古典时期意大利的联想，也许很容易转变为人们对建造一个再现古典“意大利风格”城镇的期待。然而，在浦江镇规划中，格雷戈蒂公司采用了一个看似平常却含意深刻的结构元素组合——网格与轴线。

浦江镇规划的网格系统具有三个层次，第一层是道路网格，将城镇划分为

300×300米（中线对中线，以下同）的街块；第二层是绿地与开放空间网格，与第一层网格错位，将街块再分为4个150×150米的组团地块；第三层是中心区两侧混合区域组团中建筑之间的“十”字形网格，将组团地块继续划分为75×75米的建筑用地（图2.7-11）。除南侧区域局部形成放射线等变化外，规划使用的网格大多整体、均匀，从街块的划分直到建筑地块，网格始终扮演着空间限定的主要角色。

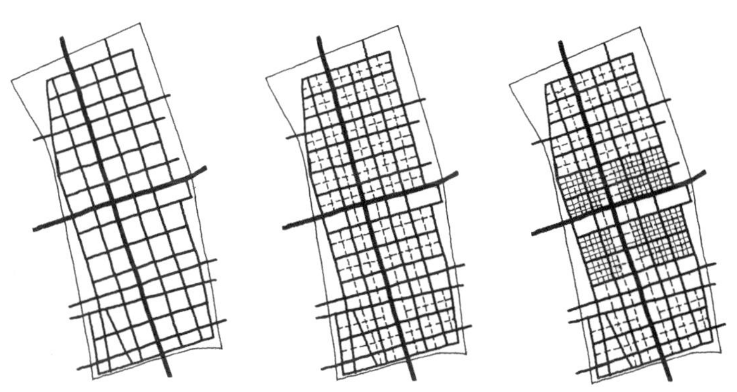

图2.7-11　浦江镇城市设计中使用的三个层次的网格系统

从网格中被强调出来的轴线系统是浦江镇城市设计中的重要元素。这个贯通南北、东西的正交“十”字形轴线位于镇区的几何中心，为网格系统建立了坐标。

这种以网格与轴线作为主体结构的城市形态可以追溯到古埃及以及中国周代。至古罗马时期，网格城市形态因希腊的传统被继承下来，并得到了更为广泛的应用。建于公元1世纪的提姆加德城（Timgad，阿尔及利亚）是一个退役军人的驻地，类似古希腊的普里耶纳城，城市结构也是矩形边界内极其规则的正方形网格。两条主要街道形成了“十”字轴线，并在相交处建立中心，布置广场、剧场等公共空间与设施（图2.7-12）。“十”字形轴线系统是古罗马城市的典型形式，也是区分希腊网格形城市的重要标志（图2.7-13）。

中国春秋战国时期的《周礼·考工记》记载了周代的城制，其“九经九纬”就是指九条直街与横街街形成的网格形态。中国古代城市网格的形成与“井田制”的土地制度有关，经纬主次道路“就像田中的阡陌一样把城市划分成不同等级的‘井’字，相套组合成方格网平面”[1]（图2.7-14）。在中国古代城市中，网格平面包含了居中的宫殿、官府等建筑以及“闾里”“坊里”“坊”等居住街坊，中轴线的布局也是其特点之一，如元大都的正交轴线等（图2.7-15）。

---

[1] 董鉴泓主编.中国城市建设史（第三版）.北京：中国建筑工业出版社，2004：15.

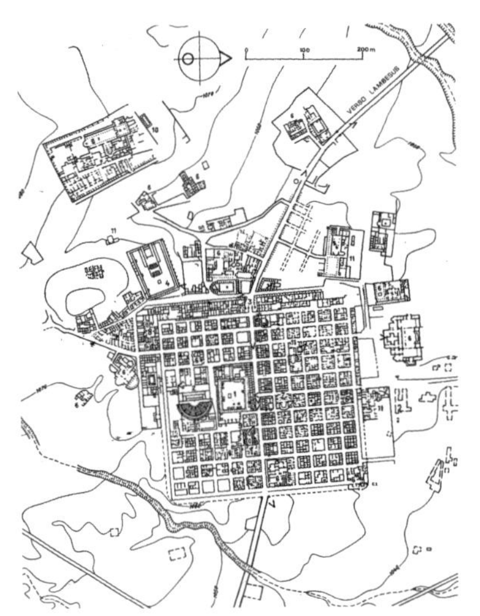

图2.7-12　建于公元1世纪的提姆加德城平面图

图片来源：Benevolo, Leonardo. Die Geschichte der Stadt. Frankfurt/New York: Campus Verlag GmbH, 1983: 263

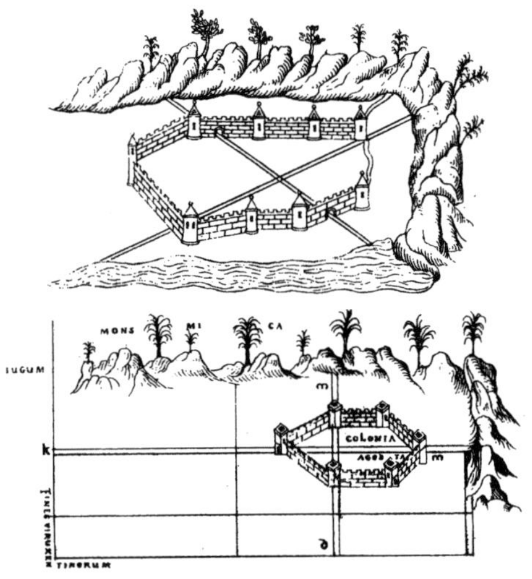

图2.7-13　《古代测量》(Gromatici Veteres)中的插图，两条垂直相交轴线所形成的城市

图片来源：Benevolo, Leonardo. Die Geschichte der Stadt. Frankfurt/New York: Campus Verlag GmbH, 1983: 257

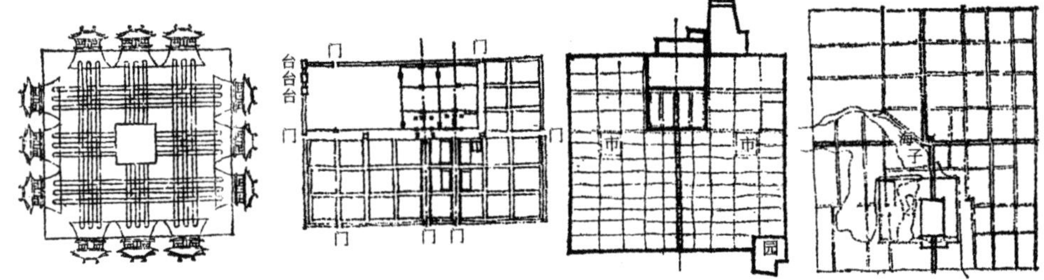

图2.7-14　《三礼图》中的周王城图

张驭寰.中国城池史.天津：百花文艺出版社，2003：59

图2.7-15　中国古代城市的轴线布局示意图，从左至右依次为：曹魏邺城、唐长安、元大都

图片来源：董鉴泓主编.中国城市建设史(第三版).北京：中国建筑工业出版社，2004：254

同样，网格形在现代主义时期也成为城市结构的基本形态之一。在勒·柯布西耶1951年为印度昌迪加尔(Chandigarh)所做的规划中，网格主宰了城市空间，类似于古罗马的方式，规划在两条正交轴线处设置商业办公区、市民中心，纵向轴线的对景是政府的行政区建筑，带形公园沿纵轴贯穿整个区域。规划还在各个街块中间形成了"十"字形的商业街与绿带系统，相互连接形成了与道路网格错位的另一个网格系统(图2.7-16)。

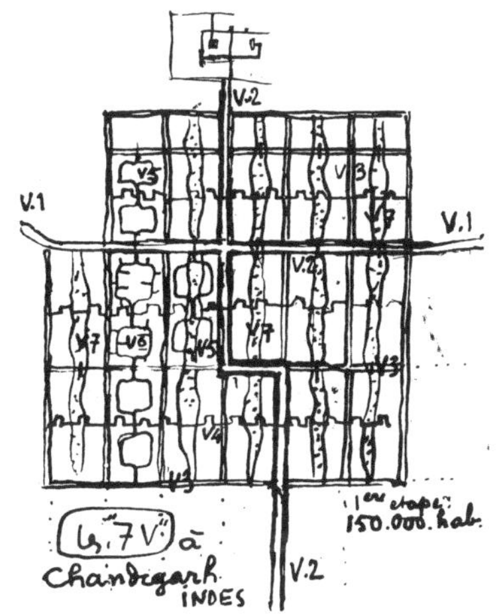

图2.7-16 勒·柯布西耶的昌迪加尔规划草图,1951年

图片来源:Benevolo, Leonardo. Die Geschichte der Stadt. Frankfurt/New York: Campus Verlag GmbH, 1983: 1018

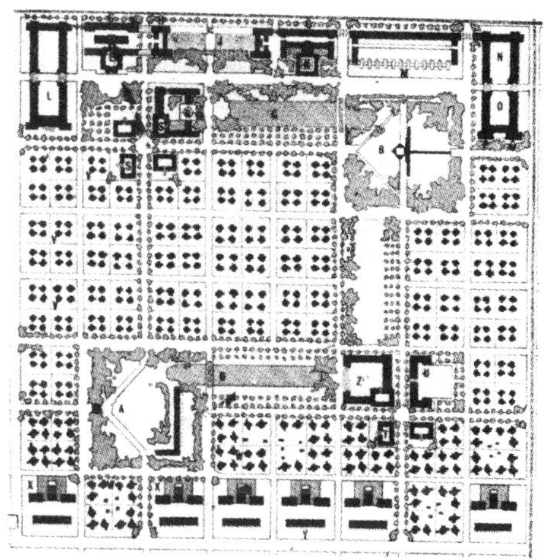

图2.7-17 赖特:典型地段的网格分割规划,芝加哥,1913年

图片来源:(美)肯尼斯·弗兰姆普敦.现代建筑——一部批判的历史.张钦楠等译.北京:三联书店,2004:205

另一位现代主义大师弗兰克·劳埃德·赖特在他的“广亩城市”中也使用了网格结构,“19世纪城市的集中性被重新分布在一个地区性农业的方格网格上”[1],网格结构体现了他平均主义的观念(图2.7-17)。

始建于1967年的英国新城米而顿·凯恩斯以一个约1公里的道路网格划分城市空间,网格限定并分隔了大型的城市社区,形态则是随地形构成的不规则曲线形式(图2.7-18)。这三个现代城市均运用了网格结构,表达了不同的设计观。

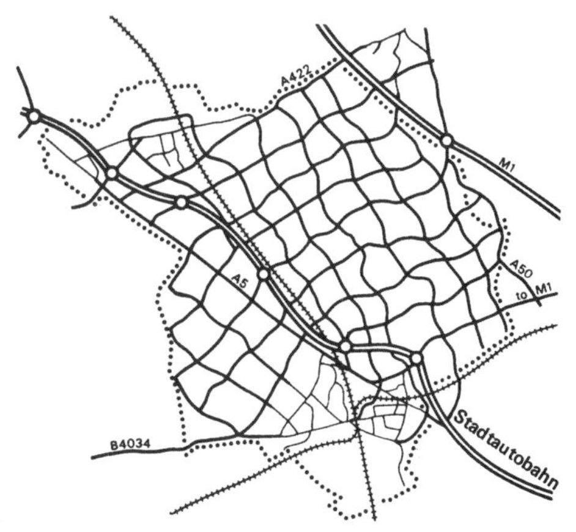

图2.7-18 米而顿·凯恩斯的道路网格

资料来源:Benevolo, Leonardo. Die Geschichte der Stadt. Frankfurt/New York: Campus Verlag GmbH, 1983: 995

从古罗马、中国古代到现代城市,网格与轴线结构如同一个“公约数”贯穿着城市设计不同的历史阶段。浦江镇的城市设计充分运用了这个具有同一性的形态原型(表2.7)。

[1] (美)肯尼斯·弗兰姆普敦.现代建筑——一部批判的历史.张钦楠等译.北京:三联书店,2004:206.

表2.7　浦江镇主要城市结构元素与不同历史时期和地区网格形城市的比较

网格形态城市	道路网格	轴　线	中　心	其他网格
古罗马城市 提姆加德	正方形， 约355×355米	纵横“十”字轴道路轴线，垂直交叉	轴线交叉处，广场、商业、剧场	无
北宋东京城 （开封）	正方形， 500×500米	纵向道路轴线	纵轴、城市中心，宫殿	无
现代主义城市 昌迪加尔	矩形， 800×1 200米	纵横“十”字轴道路轴线，垂直交叉	轴线交叉处，市民中心	绿地、公共空间网格，与道路网格错位
英国新城 米而顿·凯恩斯	不规则曲线，约1 000×1 000米	横向带形中心区轴线	与横轴重合，带形综合中心区	不连续网格，不规则
浦江镇	正方形， 300×300米、 300×150米	横向道路、带形中心区与纵向道路“十”字轴线，垂直交叉	与横轴重合，带形综合中心区	绿地、公共空间网格，与道路网格错位

注：1. 提姆加德、昌迪加尔的网格尺寸源自（美）斯皮罗·科斯托夫.城市的形成——历史进程中的城市模式和城市意义.单皓译.北京：中国建筑工业出版社，2005：107，155

2. 北宋东京城网格尺寸源自张驭寰.中国城池史.天津：百花文艺出版社，2003：156

3. 米而顿·凯恩斯网格尺寸源自Benevolo, Leonardo. Die Geschichte der Stadt. Frankfurt/New York: Campus Verlag GmbH, 1983：995

表2.7比较了浦江镇与上述不同时期网格形城市的主要形态元素，从中可以明显地看出，浦江镇的城市设计在一定程度上反映了不同时期网格城市形态原型的特点，体现在以下几个方面：

（1）采用了类似提姆加德、北宋东京城的正方形网格；

（2）道路网格的尺度与提姆加德城接近；

（3）建立了与提姆加德、昌迪加尔相似的正交轴线系统；

（4）在轴线交叉处设中心区，并采用如同凯恩斯的带形形式；

（5）形成了与道路错位的绿地等开放空间网格，与昌迪加尔类似。

浦江镇的城市设计汲取了形态原型的有利特点，以娴熟的设计手法创建了新镇清晰、整体的结构形态。一方面，通过对古典城市原型形态元素提取与整合进行创作，体现了新理性主义的设计观，另一方面，设计充分地表现了现代主义的构图形式（图2.7-19）。

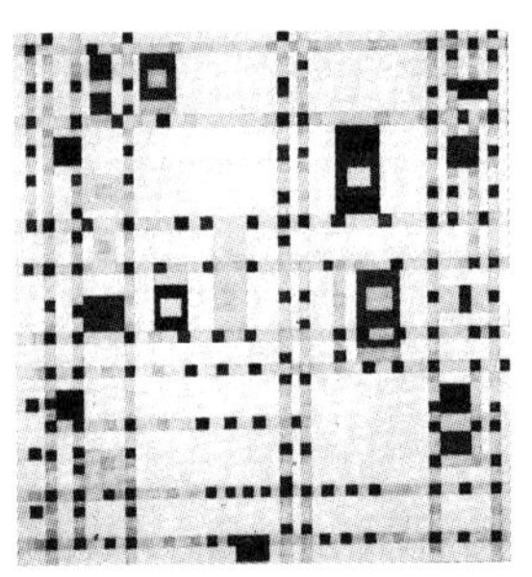

图2.7-19　蒙德利安（Piet Mondrian）的现代主义画作，1942/43年

图片来源：Albrecht Dürer Gesellschaft. Der Traum von Raum, Gemalte Architektur aus 7 Jahrhunderten. Marburg: Dr. Wolfram Hitzeroth Verlag, 1986: 239

2. 绿坡“城墙”与环城“河街”

浦江镇的城市设计建立了类似古典城市城墙、护城河的圈层组织。其中外圈的边界是环城的绿化带，内圈的限定元素是一个与道路结合的环形河道。

在格雷戈蒂公司2001年的竞赛方案中，环城绿带被描述为“城墙风貌”，“设计灵感来自围有城墙的意大利城镇，秀色可餐的风貌藏在城墙内，给外来者以惊喜感”[1]。“城墙”沿城市主干道浦星公路与北侧绿带较宽处展开，以一个高出城市道路，并且连续的绿坡构成。在设计图中，这个绿色的城墙显示出梯形齿状的波形形态，类似于16、17世纪的棱堡城墙（图2.7-20）。

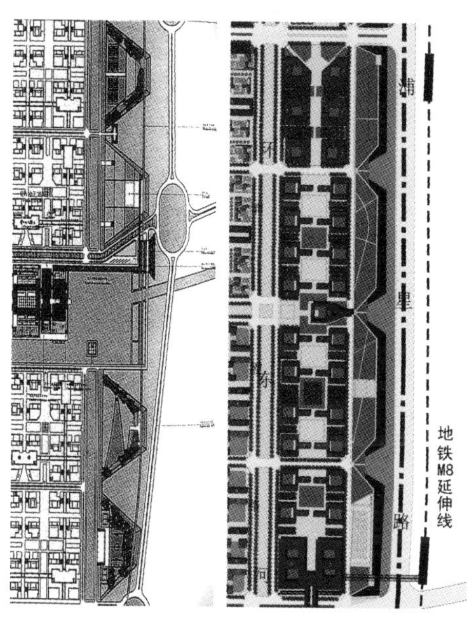

图2.7-20 浦江镇规划平面图中的梯形齿状绿坡城墙平面图，左图为竞赛方案，右图为修建性详细规划

作者根据相应平面图编绘

棱堡城墙出现于16世纪，在17世纪得到了普及与发展。“棱堡是为了对抗以炮术为基础的新一代战争技术而发展形成的”[2]，其尖突的形式虽然较易受到集中的攻击，但也增加了防御面积以及便于观察和指挥，有利于军事防御。在文艺复兴时期，棱堡城墙成为理想城市（Ideal Cities）星形设计的形态元素（图2.7-21，图2.7-22）。

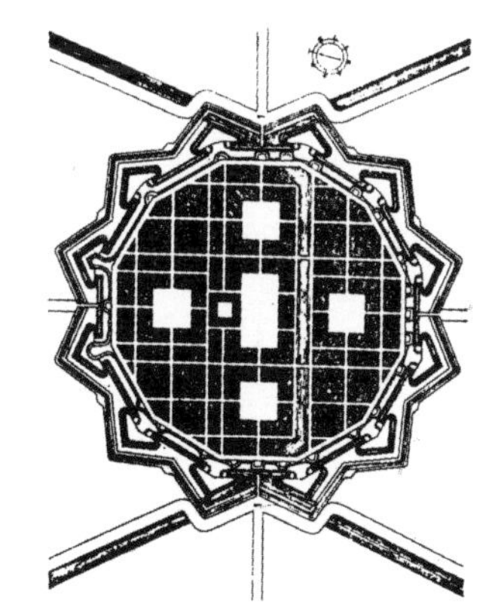

图2.7-21 文艺复兴时期的理想城市图形

图片来源：洪亮平.城市设计历程.北京：中国建筑工业出版社，2004：56

浦江镇的绿坡式的“城墙”将类似棱堡城墙的尖突形态变形成为梯形，形成的高坡高约7米，并有树木等种植[3]，梯形突出的部分有时是停车场，有时布置体育设施。在某种程度上，绿坡城墙可以屏蔽了来自城市道路的污染（图2.7-23），为城

[1] 格雷戈蒂事务所.上海市/浦江镇/城镇风貌/规划设计.设计新潮/建筑，2003，104（2）：24.
[2]（美）斯皮罗·科斯托夫.城市的形成——历史进程中的城市模式和城市意义.单皓译.北京：中国建筑工业出版社，2005：111.
[3] 格雷戈蒂事务所.上海市/浦江镇/城镇风貌/规划设计.设计新潮/建筑，2003，104（2）：20.

图2.7–22　16世纪末的意大利城市弗尔拉拉(Ferrara)的棱堡城墙

资料来源：Benevolo, Leonardo. Die Geschichte der Stadt. Frankfurt/New York: Campus Verlag GmbH, 1983: 603

图2.7–23　浦江镇沿浦星公路的绿坡城墙，2006年

图2.7–24　浦江镇沿路景观设施

图片来源：赵燕等.新上海人的新生活：浦江镇的空间与设计.设计新潮/建筑.期,上海,2004,114(10): 28

镇建立了归属感，在形态上，形成了强大的镇区边界，强化了城镇空间的整体性；棱堡形态还被用于景观元素的造型，赋予标识性(图2.7–24)。

浦江镇镇区的另一个圈层组织，是一条围绕中心区环城河道。河道形态以中心区为核心，围合了混合功能的区域。在竞赛方案中，这个环形河道以正方形形式出现，并在四个不同方向上产生支流向外围延伸(图2.7–25)。在以后的详细规划中，环城河道保留了环形和带形中心区的“日”字形河道，并延伸形成了一个“目”字形河道系统，如此便形成了类似于护城河的河道(图2.7–26)。

其中，围绕核心区的正方形环城河道分别被命名为“环南河、环东河、环西河”以及北侧的“黎明河”，环城特征明确。环形河道宽30米，在“目”字形河道的最北侧的“中心河”局部变为63米。30米的河道两侧均布置了7米宽的城镇支路级的车行道路，道路的两侧分别留有5米的人行道，成为一个河道与道路相结合的“河街”形态(图2.7–27)。因规划的道路为300米网格，沿河街每300米基本上都会建有桥梁，桥面与河道之间约2.7米的高差[1]可以使游船通过，通行仅限于环城河道。这个类似护城河的环城“河街”形成了环绕内城的运河风景，进一步加强了城镇的圈层形态(图2.7–28)。

[1] 根据浦江镇镇区控制性详细规划文本描述，浦江镇的主要河道水面设计标高为2.8米，桥面标高约5.5米。

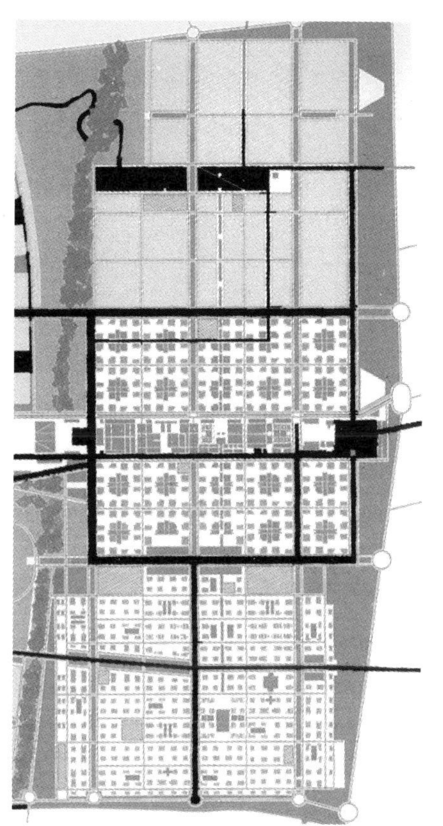

图2.7-25 浦江镇2001年方案中的环形河道

作者根据格雷戈蒂事务所.上海市/浦江镇/城镇风貌/规划设计.设计新潮/建筑，2003，104(2)：21插图编绘

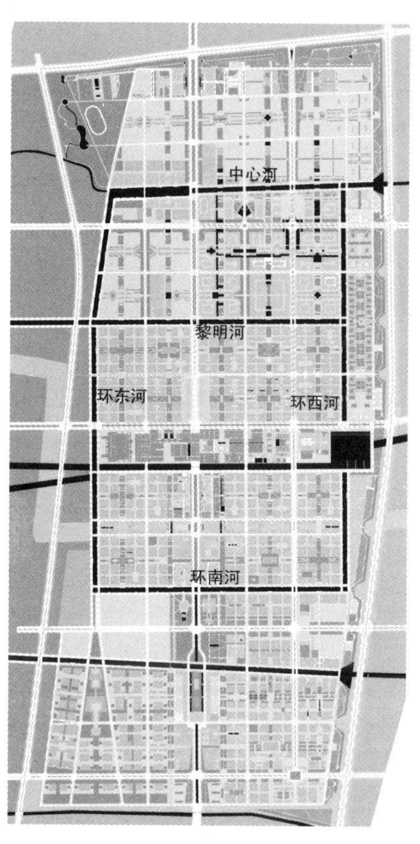

图2.7-26 浦江镇修建性详细规划形成的河道系统

作者根据浦江镇修规总平面图编绘

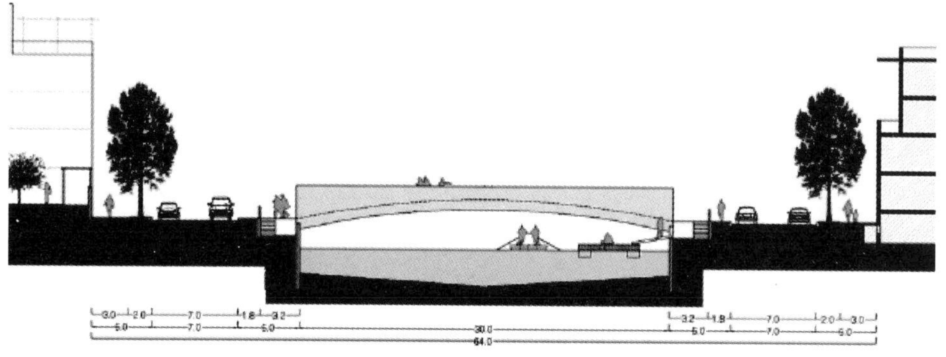

图2.7-27 浦江镇环形的“河街”断面示意图

作者根据浦江镇修规道路断面图编绘

图2.7-28 施工中的浦江镇环城“河街”,2006年

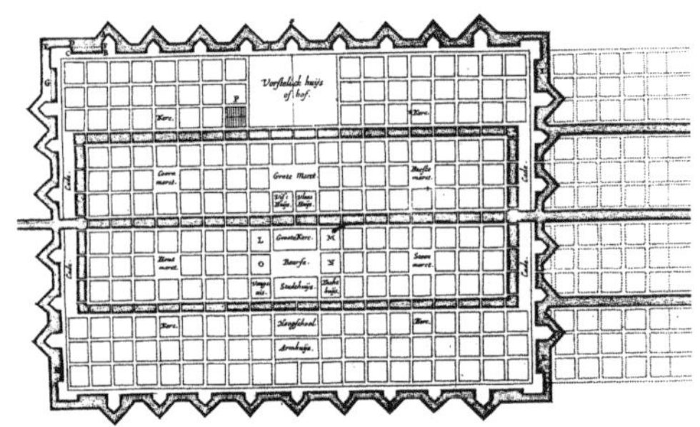

图2.7-29 16世纪荷兰西蒙·史蒂文规划的港口理想城市平面图

图片来源:(美)斯皮罗·科斯托夫.城市的形成——历史进程中的城市模式和城市意义.单皓译.北京:中国建筑工业出版社,2005:112

浦江镇规划以内、外两个环城组织建立了城镇空间的圈层结构,形态类似文艺复兴时期的港口“理想城市”。其圈层形态原型的特点与中世纪的生长形态不同,主要区别在于使用了严格的城市网格以及强调规则的几何形。许多文艺复兴时期的“理想城市”在棱堡城墙内采取了网格结构,对于一些港口城市,这种形态更加具有实用性。16世纪末荷兰城市理论家西蒙·史蒂文(Simon Steven)规划了一个具有港口的“理想城市”,采用的是棱堡城墙、护城河与正方形网格道路相结合的外圈形式,在内圈设置了环城的运河,运河行走在道路的中央,组合成与浦江镇相同的“河街”形式向外延伸,在城市中心的带形用地内布置了宫殿、广场等公共空间与建筑。城市结构的圈层形态与浦江镇极其相似(图2.7-29)。

3. 带形中心区

浦江镇的带形中心区是城镇的核心区域,也是空间结构的主轴之一。在竞赛方案中,规划在中心区西端布置了沿黄浦江水岸的码头酒店、办公楼等设施,形成了一个商务旅游港口节点(图2.7-30);中心区的中段是以镇政府、会议中心为主的区域;东端则是一个在水面中综合性建筑,被命名为“意大利宫”,所临湖面为“江月湖”是镇区内唯一具有较大规模的水面。这个带形的空间序列一直伴随着一条40米宽的周浦塘河道通向黄浦江(图2.7-31)。

网格形城市的带形中心区,不仅出现在如上述文艺复兴时期史蒂文的“理想城市”设计中,其原型还可以追溯到古罗马时期的网格城市。古罗马晚期的公元4世纪,在意大利之外出现了一些新兴城市,如位于现在德国西部的特里尔(Trier)。特里尔也是德国最古老的城市之一,靠近卢森堡的边境,侧临莫泽尔河(Mosel)。在古罗马时代,特里尔是一个典型的网格形城市,它的中心区由公共空间与重要的建筑物组成,其中与纵轴道路正交处为广场,宫殿以及皇帝的温泉浴场分别布置在中心区两端,中心区呈带形布局通向西侧的莫泽尔河。其构成方式在形态上与浦江镇的中心区颇为一致(图2.7-32)。

图2.7-30 2001年浦江镇规划夜景鸟瞰图

图片来源:上海市城市规划管理局.未来都市方圆,上海市城市规划国际方案征集作品选(1999—2002).2003:329

在浦江镇的修建性详细规划中,中心区的布局得到了深化,自临浦星公路开始,规划依次布置了“意大利宫”与江月湖、花园、餐饮、休闲、办公、酒店式公寓、高档商业、度假酒店和会展等功能,行政中心移至核心带南侧临南北纵轴的地块(图2.7-33)。

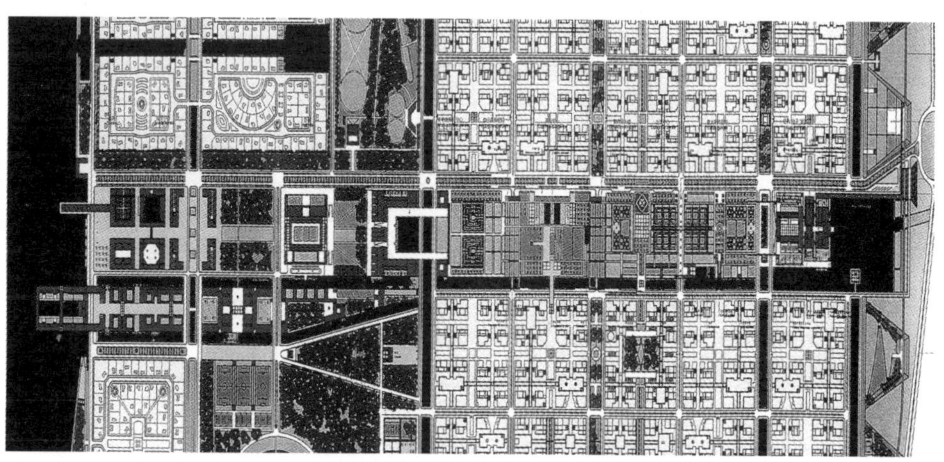

图2.7-31 2001年浦江镇规划的带形中心区平面图

图片来源:上海市城市规划管理局.未来都市方圆,上海市城市规划国际方案征集作品选(1999—2002).2003:334

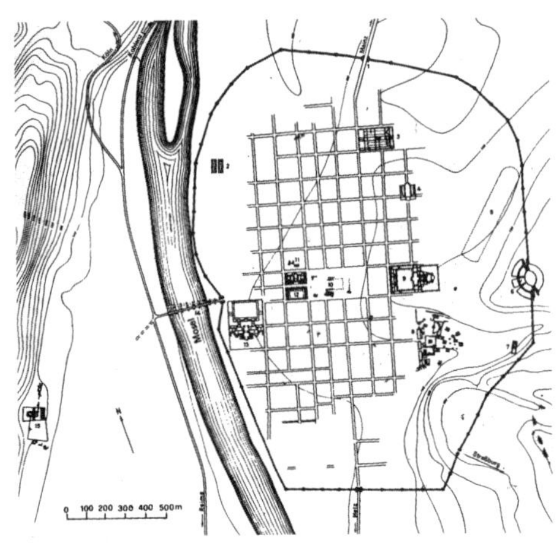

图2.7-32　古罗马城市特里尔网格及其带形中心区

图片来源：Benevolo, Leonardo. Die Geschichte der Stadt. Frankfurt/New York: Campus Verlag GmbH, 1983: 264

中心区用地的净宽度为219米[1]（不包含40米河道）。在长边方向以300米为单位分割，所划分的地块约为219米 × 300米。“意大利宫”建筑是一个商业、文化混合体，地块容积率为2.5，其他地块以不同公建功能进行混合，容积率约为1.4[2]，具有相对较高的开发强度（图2.7-34）。

英国新城米而顿·凯恩斯同样建设了带形中心区（CMK），与浦江镇相比，CMK规模较大，占据了2个大型网格，即1.8 × 0.9公里共162公顷的用地。设计通过比较巴黎、伦敦的城市格网，进行了中心区比例方面的研究，力图实现大规模、具有宜人尺度的景观化城市中心

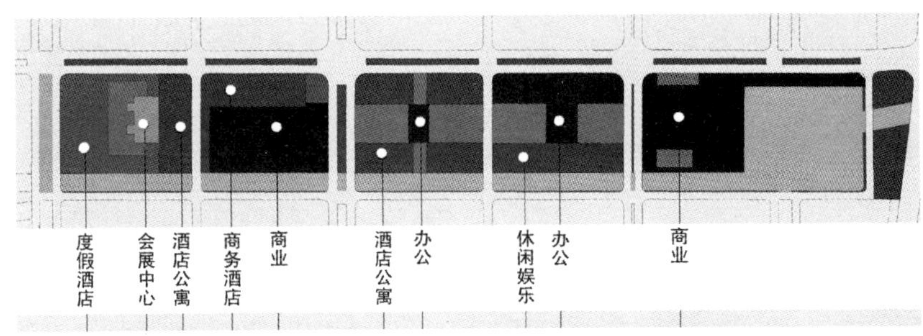

图2.7-33　浦江镇带形中心区用地布局示意图

作者根据浦江镇修建性详细规划总平面图改绘

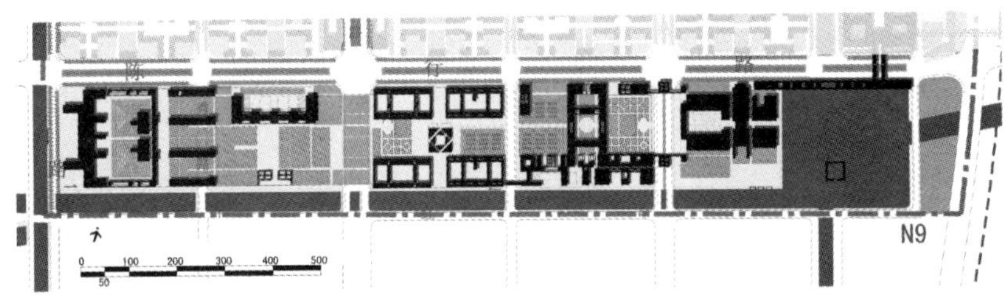

图2.7-34　浦江镇带形中心区平面图

作者根据浦江镇修建性详细规划总平面图改绘

[1] 根据浦江镇镇区2.6平方公里修建性详细规划总平面图及其比例尺度量，本节以下同。
[2] 浦江镇镇区控制性详细规划文本，由上海天祥华侨城投资有限公司提供。

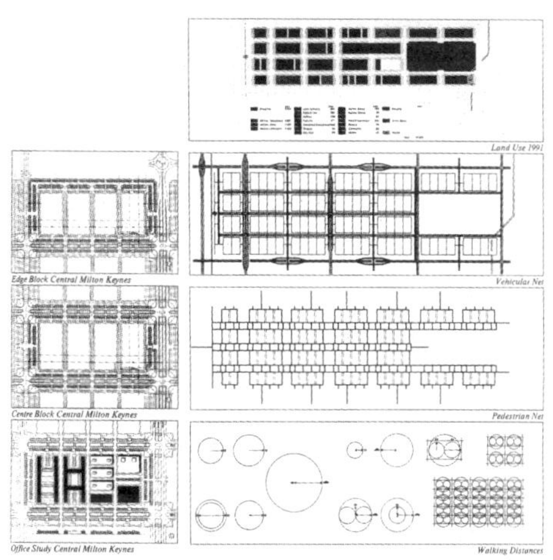

图2.7-35 米而顿·凯恩斯的土地使用分析以及三个地块尺度

图片来源：Walker, Derek. The Architecture and Planning of Milton Keynes. London: The Architectural Press Ltd., New York: Nichols Publishing Company, 1981: 59

目标[1]。CMK使用了三种土地使用的尺度——一个比例为1∶1.5的地块适应于所有的办公、商用开发。这个比例的地块尺度132×72米，可被允许最大建造建筑面积约1.43万平方米，在一个面积为150×72米的地块上最多可建1.62万平方米建筑（容积率1.5）[2]，建筑层数也以多、低层为主（图2.7-35）。20世纪90年代，新的CMK规划加强了节点设计，并在开发量、功能混合等方面适当地予以提高与强化（图2.7-36）。

与CMK相比，浦江镇的中心区虽然规模不大，但在空间形态、地块尺度、

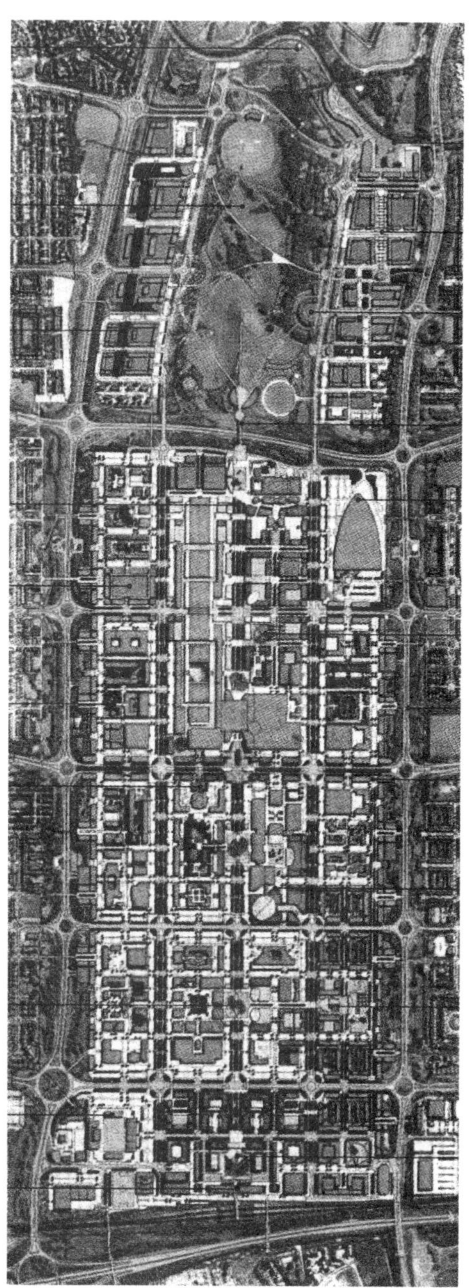

图2.7-36 米而顿·凯恩斯中心区总体规划图

图片来源：张捷，赵民编著.新城规划的理论与实践——田园城市思想的世纪演绎.北京：中国建筑工业出版社，2005：114

[1] Walker, Derek. The Architecture and Planning of Milton Keynes. London: The Architectural Press Ltd., New York: Nichols Publishing Company, 1981: 58-59.

[2] 同上：59.

开发强度方面却比较相似。经不同用地性质的划分，多数地块也形成了约150×100米或更小的尺度，开发强度略低于CMK。不同的是，CMK规划多以线性空间，如道路、步行道等组织空间，地块较均匀；浦江镇中心区则主要以面状开放空间组织空间，如水面、庭院、绿地公园等，尺度相对较大，在建筑密度不高的情况下，建筑高度相应提高，规划几乎在每个地块均设置了10～12层的高层建筑，地块内的建筑空间构图更加注重形成不同方向的变化，以及建筑正结构之间的呼应关系。这种造型方式在一定程度上体现了现代主义的特征（图2.7-37，图2.7-38）。

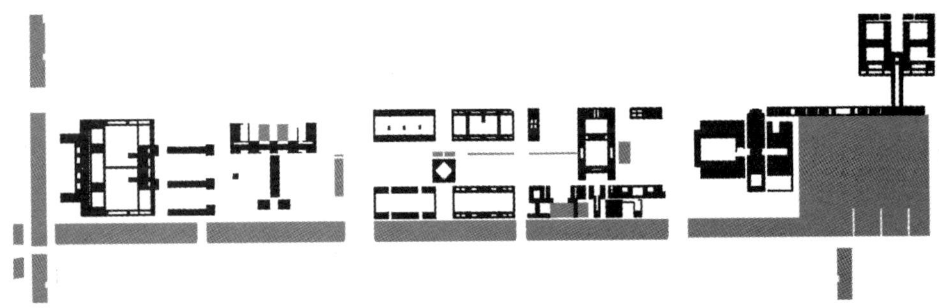

图2.7-37　浦江镇中心区图底关系平面图

作者根据浦江镇6.5平方公里修规平面图改绘

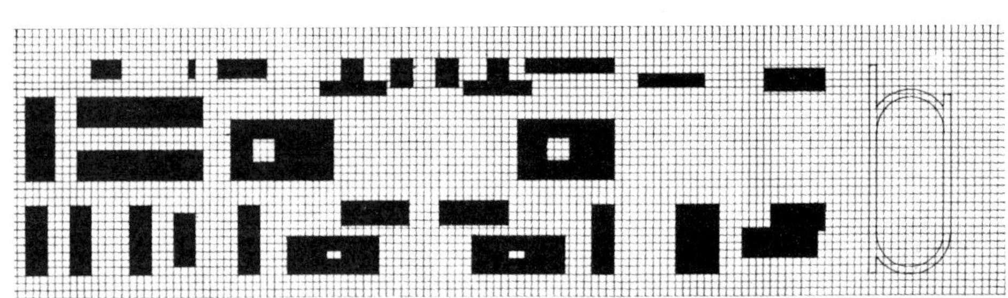

图2.7-38　1955年密斯为伊利诺工学院所作规划平面图

图片来源：Benevolo, Leonardo. Die Geschichte der Stadt. Frankfurt/New York: Campus Verlag GmbH, 1983: 901

2.7.4　小结

从古罗马、中国传统城市，直到现代城市，网格成为一个跨越时空的载体，将传统、地域、现代文化结合起来。浦江镇的城市设计运用了这个载体作为形态原型，形成了特点鲜明的、清晰的城镇空间结构。这种基于形态原型的创新，显示了缜密的思想和现代的手法，也体现了结构主义思潮的基本观念：“承诺提供严密、精确的方法，并希望在寻求科学性的征程中迈出决定性的一步。”[1]

浦江镇城市设计的作者格雷戈蒂（Vittorio Gregotti）是新理性主义的代表人物之一，他在著作中将历史视为设计的工具，并将理论研究与建筑实践有机地结合在一起[2]。在浦江镇城市设计与建筑设计中，格雷戈蒂以简练的设计语言诠释了历史、现在与未来的基本观念。这也许是浦江镇的城市设计“不管是专家、政府官员、开发商都觉得不错”[3]的重要因素。

在形态原型上，浦江镇规划运用了城市设计中应用最为广泛的网格结构，肯定而又纯粹。在中心区采用的是现代主义构图形式，虽然设立式的建筑布局使空间负结构比重增加，但庭园、广场等公共空间仍具有一定的围合品质。设计将护城河、棱堡式边界等形态原型进行提炼运用，使城镇空间的整体性、可识别性得以强化。设计还在组团布局中使用了诸如水巷、上海里弄等意象原型，空间形态丰富、多样（图2.7-39）。另外，规划主要道路尺度较大，混合于居住组团街块的步行街如何连接与跨越道路等也许是不可忽视的问题。

图2.7-39 浦江镇居住组团中的里弄与小庭园景观实景，2006年

通过以上的分析，可将浦江镇城市设计的主要以特点归纳为以下几点：

（1）运用具有历史性、地域性、现代性的形态设计原型；

（2）采用正方形的网格空间结构；

（3）形成了模数化与多层次网格形态；

（4）建立了正交的城镇空间轴线；

（5）绿坡“城墙”与“河街”形成了两个环城圈层组织；

（6）中心区设计采用带形形态与现代主义手法；

（7）强调功能混合、社会混合；

（8）现代的建筑形式。

---

[1]（法）弗朗索瓦·多斯.从结构到结构：法国20世纪思想主潮（上卷）.季广茂译.北京：中央编译出版社，2005：4.

[2] 郑时龄.建筑批评学.北京：中国工业建筑出版社，2001：20.

[3] 赵燕等.新上海人的新生活：浦江镇的空间与设计.设计新潮/建筑，2004，114（10）：35.

2.8 浦东新区高桥镇——“高桥新城”

2.8.1 概况与背景

位于上海浦东新区的高桥镇，处于黄浦江与长江交汇处“小型三角洲”的冲积平原，有“江口一沙洲”之称，踞中国5 000里海岸线近中点的位置。高桥西、北两面临依黄浦江，东临长江口与东海，南侧与东沟镇相连，距市中心约20公里，离浦东国际机场和虹桥机场各约40公里。主要陆路交通有杨高北路、浦东新路、环东一大道(A20)、港城路等干道；还拥有外环线隧道和淞三线、草临线2个过江市轮渡口等交通设施。上海市总体规划确定地铁M1线的终点为高桥镇站，轻轨L4线沿浦兴路到高桥镇中心地区，将设置两个站点(图2.8-1)。

高桥镇建于明末清初。江心沙原是黄浦江中的一块沙洲，随着岁月的推移，江心沙东侧与高桥西侧陆地间的航道逐渐淤积，加之人工筑坝阻流，在19世纪末与高桥地区连成一体。20世纪20年代，英商亚细亚公司和美商德士古公司在江心沙上建造油库，经销石油产品。至今在西部地区的中兴镇仍有上海炼油厂等企业驻扎。高桥海拔2.5 ～ 4.5米，镇区内河网交织，水资源丰富，全镇水域面积210.7公顷。

北宋时期，高桥和周边所属村镇隶属昆山县临江乡。南宋嘉定十年(1217年)归嘉定县，雍正三年改隶宝山县。乾隆二十四年设宝山分县县署于镇上。宣统二年置高桥乡。民国17年(1928年)划归上海特别市，属高桥区。1956年属东郊区，1958年属浦东县，1961年浦东县撤销，划归川沙县。1993年1月，随着浦东开发开放的不断深入，川沙县建制撤销，高桥地区划入新建的浦东新区。其时高桥地区行政区划单位有高桥镇、高桥乡、凌桥乡，面积分别为1.20、14.6和20.77平方公里。1995年高桥乡改名为外高桥镇、凌桥乡改名为凌桥镇。1998年高桥镇和外高桥镇合并，建立了新的高桥镇。2000年高桥镇兼并凌桥镇，面积38.73平方公里，其中城区面积5.6平方公

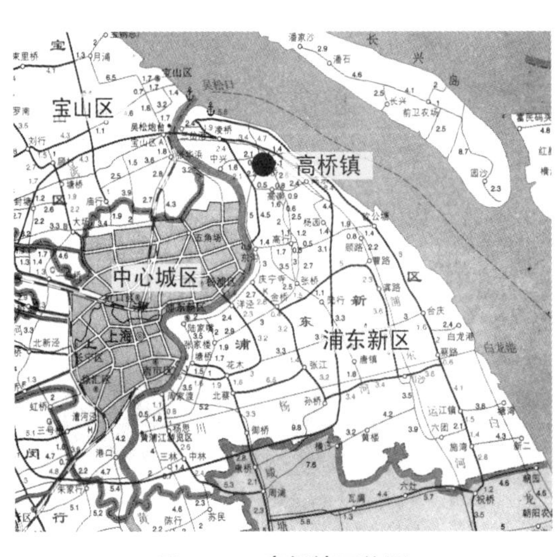

图2.8-1　高桥镇区位图

作者根据中国交通营运里程图集.北京：人民交通出版社，2001：87图片编绘

里，陆域34平方公里余。全镇呈长方形状，南北长约10公里，东西宽约4公里。

从鸦片战争到20世纪上半叶，高桥一直扮演着战略重镇的角色。从太平天国到解放战争均留有痕迹。高桥具有800年历史，现存的历史文物有如老宝山城址、永乐御碑、钟惠山住宅等文物景点。

20世纪50年代，上海炼油厂和高桥化工厂的建设标志着高桥由战略重镇向经济重镇的转变。至60年代，高桥已经成为中国石油化工行业的重要基地。90年代随着浦东的开发建设，上海市政府在高桥镇设立了外高桥保税区、外高桥港区[1]。

2.8.2 高桥镇规划

位于浦东新区的高桥镇是上海市的海上门户之一，具有良好的大型港区建设条件，也是浦东新区城镇体系规划确定的三个重点建设区域之一[2]（图2.8-2）。高桥镇具有河网密布、堤岸高筑、地势低洼等地理基本特征。也许是基于这些条件，高桥镇被“一城九镇”计划拟定为“荷兰风貌”，其“特色风貌区”在规划阶段也被命名为“荷兰新城”[3]。

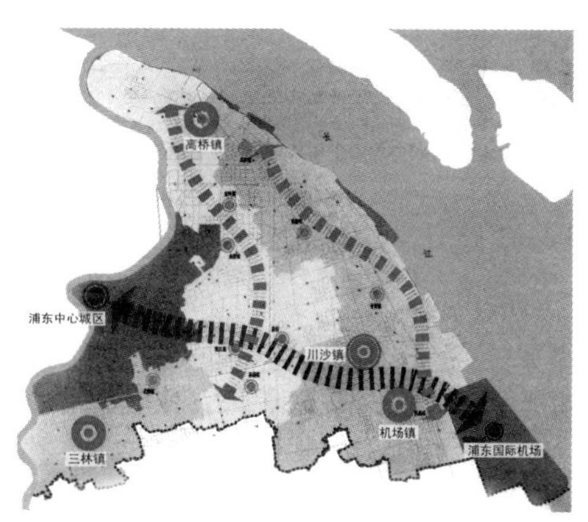

图2.8-2 浦东新区规划示意图

作者根据浦东新区总体规划结构图编绘

根据“一城九镇”计划要求，高桥镇于2001年6月进行了高桥镇总体发展规划以及“荷兰新城”详细规划概念的方案征集。共有荷兰Kuiper Compagnons规划园林建筑事务所（KC）、Teun Koolhaas Associates建筑城市环境事务所（TKA）等设计单位[4]参与，最终选定了荷兰KC与TKA的设计方案。之后，广州市城市规划设计院在概念设计的基础上完成《上海市浦东新区高桥镇镇域结构性总体规划》编制，内容包括两个部分，一是镇域的结构性规划，二是镇区的控制性详细规划方案。

高桥镇镇域总体规划用地面积为38.7平方公里，总体规划以“生态、集约、共生及协调性”为原则，在总体结构布局上，功能呈线性组团式分区。其中，北部为三岔港生态区，中部为产业园区，南部为镇区。除外高桥保税区外，规划具体划分了六个功能区，即北部的外高桥港区，西端的高桥都市农业区，西北侧的“城市生态公园区

[1] 上海市地方志办公室.特色志/上海名镇志/江东名镇：高桥镇.http: //www.shtong.gov.cn. 2006-5-2.
[2] 根据上海浦东新区城镇体系规划，三个重点建设区域包括机场镇、三林镇和高桥镇。
[3] 至修建性详细规划阶段，高桥镇“特色风貌区”名称为“荷兰新城”，之后改为“高桥新城”。
[4] 详见附录。

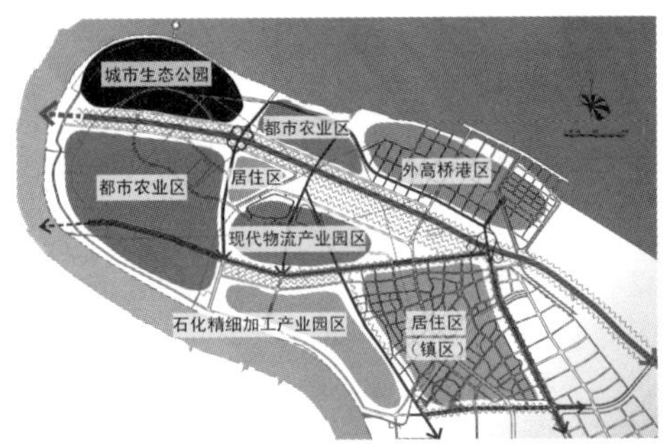

图2.8-3　高桥镇域总体结构功能区域划分示意图

作者根据上海市浦东新区高桥镇镇域结构性总体规划平面图编绘

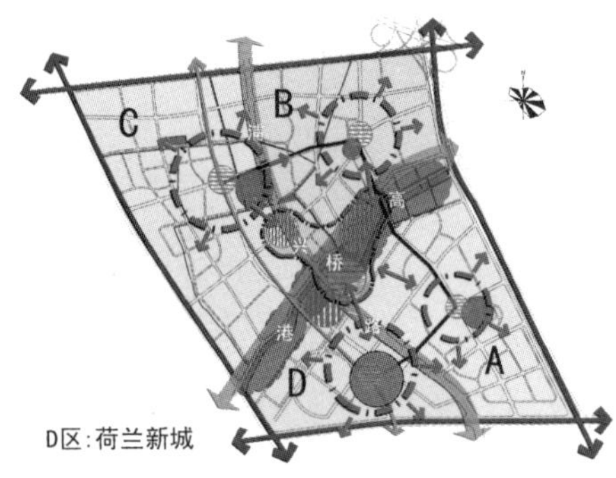

图2.8-4　高桥镇区规划结构示意图

作者根据高桥镇镇区控制性详细规划平面图编绘

图2.8-5　高桥镇镇区控制性详细规划平面图

由上海新高桥开发有限公司提供

（三岔港生态区）”，中部的高桥现代物流产业园区，南部的高桥镇区以及高桥石化精细加工产业区（图2.8-3）。

南部的镇区是高桥镇行政、文化、居住中心区域。镇区控制性详细规划以一个“十”字轴线系统建立了空间构架，一条轴线是自东北向西南贯穿镇区的高桥港河道与绿化走廊，另一条则是总体规划确定的空间发展轴浦兴路。规划在“十”字交叉处设置镇区中心，布置行政办公、商业、商务中心等功能。轴线所划分的A、B、C、D四个区域均为居住片区，其中D区为“荷兰新城”，位于最南端（图2.8-4）。

“十”字形轴线系统在镇区空间结构中起到了至关重要的作用。第一，划分了镇区的四个片区；第二，确定了镇区中心，这种传统的布局方式强调了中心的位置，使空间的方向性得到强化；第三，起到了片区之间的“缝合”作用；城市生活性干道浦兴路轴线为四个片区建立了良好的交通条件与联系，同时也提高了中心区的可达性；高桥港河道与绿化走廊轴线则成为四个片区共享的公共领域，并使四个片区同时拥有滨河的景观界面（图2.8-5）。

2.8.3　“高桥新城”城市设计

作为镇区“十”字轴线的高桥港河道是镇区的重要景观要素，因此，从规划方案征集开始起，规划设计的内容就包括高桥港区域。在方案征集活动之后，KC、TKA公司分别承担了“高桥新城”详细规划和高桥港沿岸的城市设计，并由广州市规划院完成了详细规划的相应报批成果(图2.8-6)。2002年,上海同济城市规划设计研究院在之前规划设计的基础上进行了调整与深化,编制了“高桥新城”修建性详细规划,2004年7月始,同济规划院再一次进行了规划的调整,于2005年1月提出规划成果[1],这个规划成为“高桥新城”的建设实施方案。

图2.8-6 2001年KC、TKA所作的“高桥新城”、高桥港规划平面图

图片来源:包小枫,程大鸣.谈“荷兰新城”的几次规划变奏.理想空间,2005(6):80

位于镇区南侧的“高桥新城”用地形状近三角形,南侧临航津路,西侧与浦东北路有较短的连接,东北侧道路为结构性轴线道路浦兴路,规划用地80.39公顷。

在起初由荷兰KC所作的“荷兰新城”规划中,空间形态是一个用水编织的网络(图2.8-7)。规划在形态设计上具有以下主要特点:

图2.8-7 2001年KC、TKA所作的“高桥新城”、高桥港规划平面图

图片来源:包小枫,程大鸣.谈“荷兰新城”的几次规划变奏.理想空间,2005(6):80

(1)加强镇区的结构轴线。规划使用与高桥港、浦兴路轴线平行的河道或道路元素,几何性的建筑造型,强化了镇区的“十”字轴线。

(2)以整圆形河道形成片区的构图中心。

(3)使用河道、道路形成格网形的片区结构。

(4)建立片区内的轴线系统。轴线与浦兴路平行,穿过圆形河道中心,通向高桥港,并与高桥港正交。

(5)以圆形河道为核心,东南侧的住宅建筑布局呈不规则形式向圆心聚集,形成了向心性构图。

(6)以河道划分街块,使多数街块处于“岛”或“半岛”形态。

(7)建筑布局以周边式为主。

(8)密度布局以镇区中心为基点。设计在镇区“十”字轴线交叉点采用高密度

[1] 包小枫,程大鸣.谈“荷兰新城”的几次规划变奏.理想空间,2005(6):80.

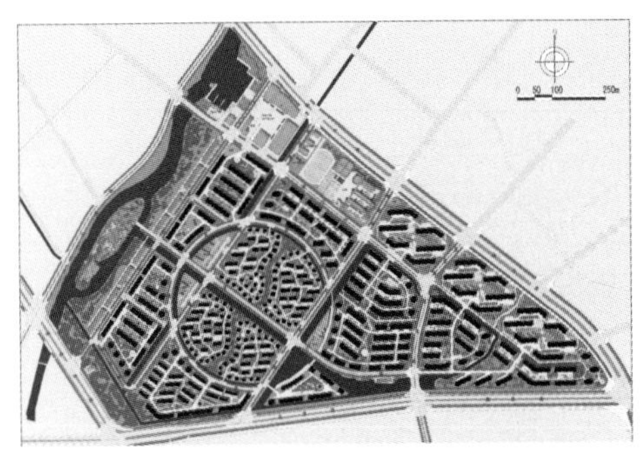

图2.8-8　2001年KC所作的“高桥新城”规划平面图

图片来源：包小枫，程大鸣.谈“荷兰新城”的几次规划变奏.理想空间，2005(6)：81

的建筑布局，并以此为中心向外围将密度逐步降低。

之后进行的修建性详细规划及其调整方案保留了KC设计的圆形河道、主要的轴线、网格形河道与道路，沿镇区轴线的建筑形态也得到了一定的延续。其调整内容主要表现在以下几个方面：

(1) 从线性转变为圈层的密度变化。密度布局更改为由边界向圆形河道内部向心递减，圆形河道内布置低密度住宅。

(2) 减少、削弱了周边式建筑布局，改变为以条式建筑为主的行列布局形式，局部通过建筑转向、钝角折形产生较弱的空间围合，并更多地照顾建筑朝向。

(3) 削减水面、河道面积。将KC设计中圆形河道内水巷及其周边式街坊改为低密度住宅区，取消了圆内与临高桥港地块内的河道。

(4) 将中心广场面向高桥港开放，与水面、码头以及步行街相互连接。

(5) 根据实际情况，在用地、道路等方面进行了调整(图2.8-8)。

这些改变成为在住宅朝向、经济性、市场以及管理等因素的限制下采取的折衷方式[1]，空间肌理趋于更加匀质的面状形式，与原规划设计的结构元素形成拼贴。

1. 水系作为构架

“高桥新城”规划结构中的两个元素较为显著，一是“十”轴线及其交叉处的中心区，二是位于几何中心的圆形河道。前者是整个镇区结构的主体部分，后者则为片区自身形成了独立的向心结构。在规划中，圆形河道被两条平行于高桥港的河道贯穿，同时，一条与高桥港垂直的河道穿过它的圆心，通向高桥港。这个“一圆三线”的河道系统形成了“高桥新城”片区的基本空间构架(图2.8-9)。

图2.8-9　“高桥新城”2002年方案的水系设计

图片来源：作者根据2002年“荷兰新城”修建性详细规划平面图改绘

在16世纪的荷兰首都阿姆斯特丹，中

[1] 包小枫，程大鸣.谈“荷兰新城”的几次规划变奏.理想空间，2005(6)：83.

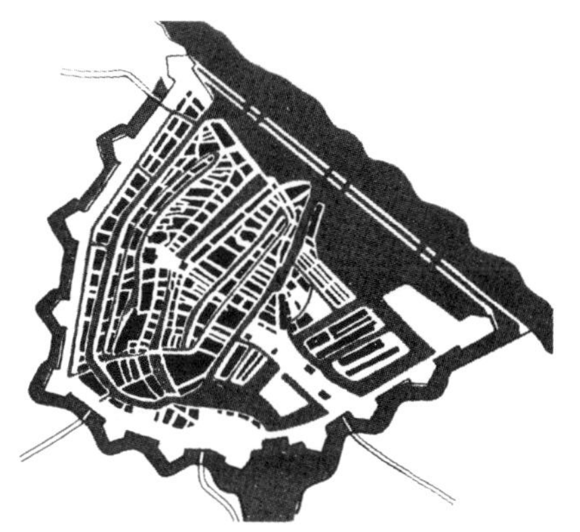

图2.8-10 16世纪末阿姆斯特丹平面图

图片来源：Benevolo, Leonardo. Die Geschichte der Stadt. Frankfurt/New York: Campus Verlag GmbH, 1983: 756

图2.8-11 18世纪阿姆斯特丹平面图

图片来源：Benevolo, Leonardo. Die Geschichte der Stadt. Frankfurt/New York: Campus Verlag GmbH, 1983: 758

世纪的城墙被拆除后改为运河[1]，运河以平行方式排列，构成了带状的水巷肌理（图2.8-10）。1607年，阿姆斯特丹的“三条运河规划（Plan of the Three Canals）”得以实施，将同心圆运河与通往城市中心的放射形河道相互连接，形成了一个如蜘蛛网形的运河系统（图2.8-11）。规划改变了中世纪时期的不规则形式，全面吸收了巴洛克开阔与规整的手法，而又不乏紧凑、多变，被刘易斯·芒福德誉为奇迹[2]。

平行的水巷，圆形的河道形态在“高桥新城”的城市设计中得到运用。在KC公司的设计方案中，水网组成了城镇的街巷，覆盖了几乎整个片区。其中，在圆形河道围合的区域，平行于“一圆三线”中两条横向河道，又增设了三条支线河道，形成了街坊之间的水巷行列。位于中央的圆形河道连接了横贯而过的5条平行河道，围合的区域被中轴分为两个半圆，一边是规则的几何形，另一边则是不规则的自由形，这种形式在一定程度上类似于阿姆斯特丹水系的一个片断（图2.8-12，2.8-13）。在水巷街坊的造型中，设计采用了

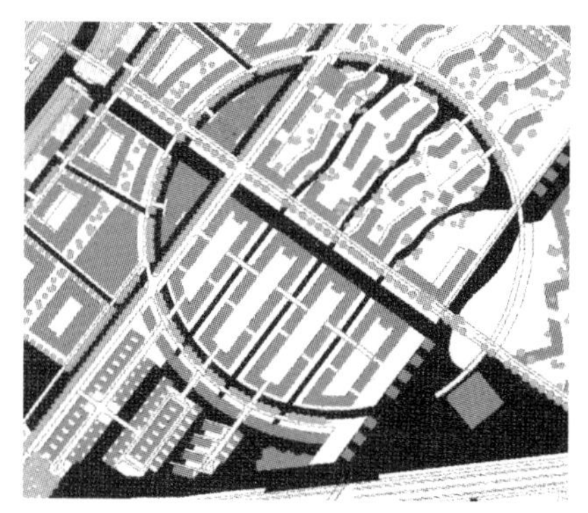

图2.8-12 “高桥新城”KC公司方案中的水巷与圆形河道

作者根据包小枫，程大鸣.谈“荷兰新城”的几次规划变奏.理想空间，2005(6)：81插图改绘

[1] Benevolo, Leonardo. Die Geschichte der Stadt. Frankfurt/New York: Campus Verlag GmbH, 1983: 756.

[2]（美）刘易斯·芒福德.城市发展史——起源、演变和前景.倪文彦，宋俊岭译.北京：中国建筑工业出版社，2005：457.

图2.8-13　阿姆斯特丹水巷景观鸟瞰图

图片来源：Benevolo, Leonardo. Die Geschichte der Stadt. Frankfurt/New York: Campus Verlag GmbH, 1983: 957

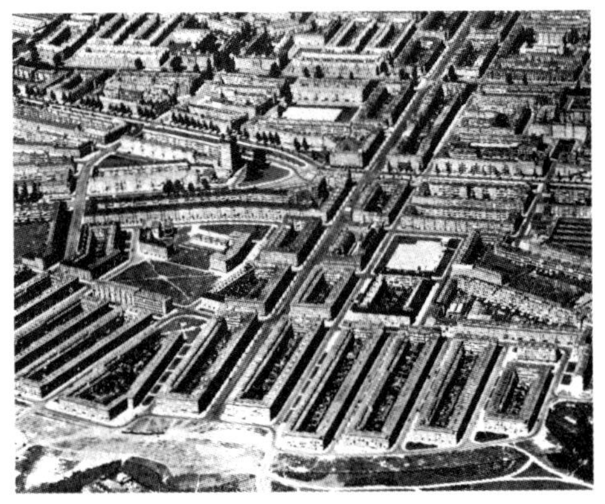

图2.8-14　1446年阿姆斯特丹南部扩建规划周边式街坊鸟瞰图

图片来源：Benevolo, Leonardo. Die Geschichte der Stadt. Frankfurt/New York: Campus Verlag GmbH, 1983: 947

围合严密的长方形周边式建筑，其形式类似于1446年贝尔拉格（H. P. Berlage）在阿姆斯特丹南部地区扩建中所使用的方式，形态的比例关系与平行的水巷布局形成呼应（图2.8-14）。

“高桥新城”的城市设计运用传统运河城市的水系形态原型，建立的水系网络成为城镇结构中的重要元素。不仅如此，设计还通过道路系统的布局，使水系结构得到了进一步的强化。在规划形成的方格网道路中，除平行于浦星路轴线的片区主路外，其他主要道路均为与河道并行的形式，尤其是“一圆三线”的基本构架，因河道、道路的并行形式得到了加强（图2.8-15）。其中，连接高桥港与南侧小型水面的中轴线是步行道与河道的组合形式，这个“水轴”不仅联通了高桥港与区内水系，而且串联了片区内的公建设施，结构作用显著（图2.8-16）。

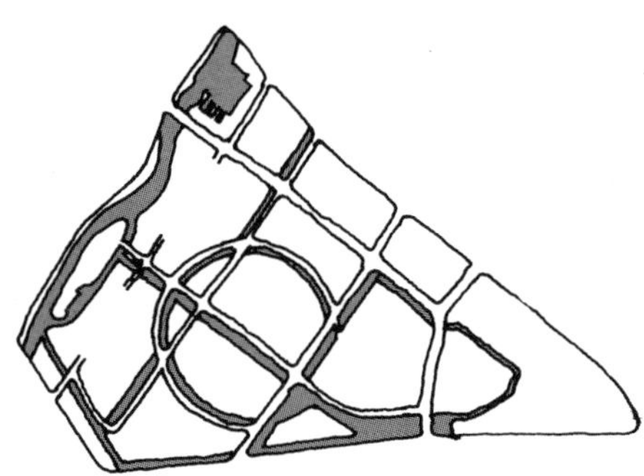

图2.8-15　“高桥新城”规划并行的河道与道路形态

虽然在“高桥新城”的实施规划设计中，圆形河道中间的三条平行的河道被取消，平行水巷、圆形河道的形态原型意象基本消失，但“一圆三线”与“水轴”的主要河道结构仍被保留下来。设计以娴熟的手法，通过建筑的围合布局限定了圆形河道空间，使这个被抽取形态原型的结构元素形成了街道空间的变化（图2.8-17）。

图2.8-16 “高桥新城”的“水轴”模型，2006年

图2.8-17 建设中的“高桥新城”圆形河道实景，2006年

2. 线性组合与传统形式

“高桥新城”规划布局的公共空间分为两个部分，一是镇区控制性详细规划中确定的城镇中心、高桥港公园，以及步行街等较为集中的公共区域；二是片区内的社区会所、幼儿园、敬老院等公共设施，被布置在圆形河道边缘。两个部分的公共空间形成了不同方向的线性形态，并以线性形式进行组合（图2.8-18）。

第一个线性系统是高桥港公园，在西北侧为片区建立了的边界。第二个线性系统是步行街，与高桥港公园平行，起点是中心广场；第三个线性系统是前文提及的“水轴”，与高桥港垂直，并深入片区内部；第四个线性系统是连接中心广场与高桥港东北端水面、码头的短轴（图2.8-19）。

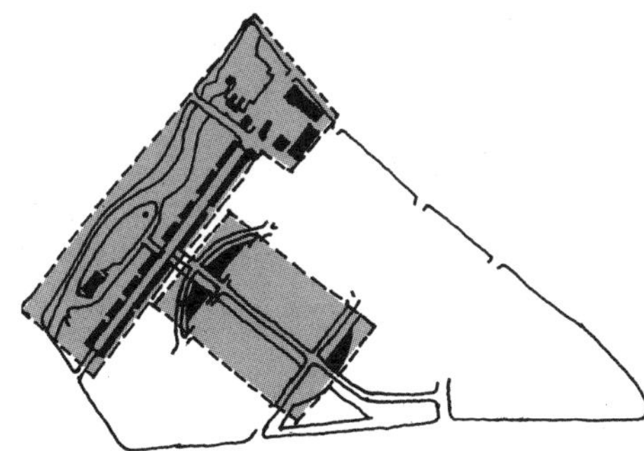

图2.8-18 “高桥新城”公共空间的两个部分

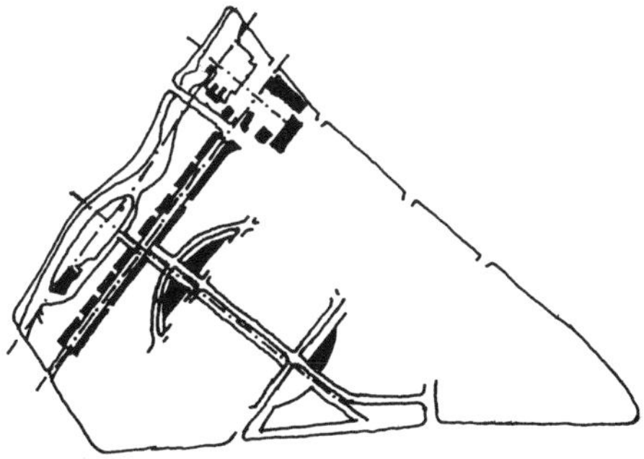

图2.8-19 “高桥新城”公共空间的线性系统

四个线性系统中，高桥港与步行街形成了平行线组合，通过步行街外侧界面的频繁开口建立空间联系（图2.8–20）。步行街向东北方向延伸，建立了与中心广场之间的联系，形成了与广场轴线之间的“T”字形关系（图2.8–21）。高桥港与“水轴”、中心广场之间则通过一实一虚的节点布局建立了空间上的联系，其中，高桥港河道中的“岛屿”为实体形式，形成了“水轴”步行道的对景；在近中心广场一端，河道被放大成水湾，以“虚”的形式连接广场空间（图2.8–22）。如此，四个线性系统形成了相互联系的整体组合（图2.8–23）。

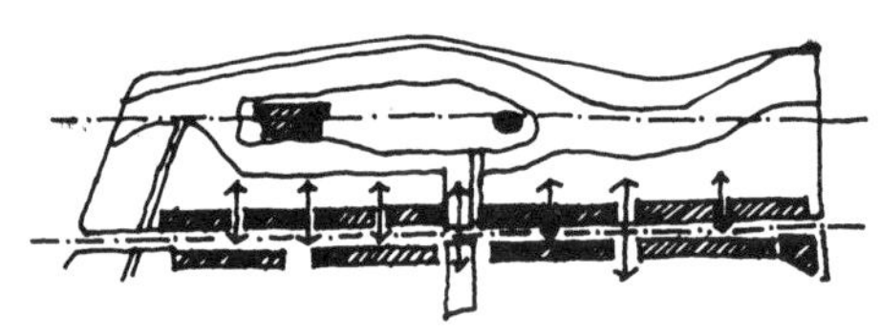

图2.8–20 平行的高桥港与步行街空间联系方式

图2.8–21 步行街与广场轴线的“T”字形关系

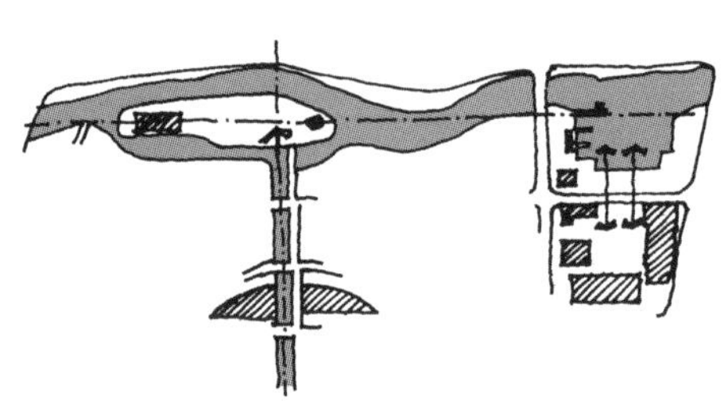

图2.8–22 高桥港的“虚”、“实”节点建立了空间联系

图2.8–23 “高桥新城”相互连接的公共空间形态

在整体形态上，公共空间以强化的平行线组合形成于片区的边缘，同时，又通过与“水轴”的联系向片区内渗透。在形态上接近于C·亚历山大提出的“偏心核”模式。据亚历山大的论述，“偏心核”形成于“亚文化区边界”[1]，可以是不同社区的共享空间，社区中心偏向城市中心区，由此形成高密度的核心区域，并在局部向社区内渗透，形成一个类似“马蹄形”中心区[2]（图2.8–24）。

[1] 按照C.亚历山大的理论，“亚文化区边界（Subculture Boundary）”是指不同文化生活区域之间的边缘地带，通常是天然的边界以及促使社区接触的集会场所等。详见（美）C.亚历山大等.建筑模式语言——城镇·建筑·构造（上册）.王听度，周序鸿译.北京：知识产权出版社，2002：212–217.

[2] 同上：365–371.

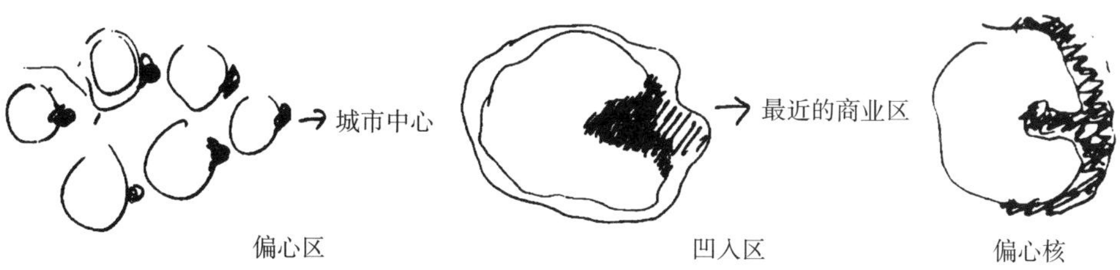

图2.8-24 C·亚历山大提出的“偏心核”模式

图片来源：（美）C.亚历山大等.建筑模式语言——城镇·建筑·构造（上册）.王听度，周序鸿译.北京：知识产权出版社，2002：367-369

“高桥新城”中心区的核心是广场。中心广场基面为矩形，界面呈“U”形布局，设计采取不对称的方式，沿城市道路布置较大体量的建筑，从而形成了围合封闭的广场界面，它的另一侧是两个体量较小的建筑，其中的教堂设有钟塔，为广场建立了制高点。中心广场西北侧界面向高桥港水面开放，水中设有一栋通过栈桥连接的休闲建筑（“荷兰水吧”），形成了广场的对景景观（图2.8-25）。

图2.8-25 “高桥新城”中心广场鸟瞰图，模型，2006年

这种单界面向水面开放，并以远处的建筑作为对景的构图方式类似于著名的圣马可广场，从开放的广场界面看去，圣乔治岛成为广场的对景，与耸立于广场上的钟塔遥相呼应（图2.8-26）。罗勃·克里尔在1989年为瑞典哥特堡所作的萨内加茨·哈姆内恩社区设计中也运用过近似的方式，社区的中心广场呈“U”形向海面开放，水中的岛屿成为广场的对景景观，他在设计中强调岛屿建筑直立于水中的效果，将这个核心岛屿变成了一个供人观赏的风景[1]（图2.8-27）。

图2.8-26 从圣马可广场钟塔遥望圣乔治岛，1987年

[1] Krier, Rob. Town Spaces. Basel/Berlin/Boston：Birkhaeuser, 2003: 80.

图2.8-27　罗勃·克里尔为哥特堡一个社区广场设计所作的透视图

图片来源：Krier, Rob. Town Spaces. Basel/Berlin/Boston: Birkhaeuser, 2003: 80

除中心广场外，在水面的西南侧，“高桥新城”规划还布置了两处街头式码头广场，广场呈相互连接的“L”形，界面建筑分别是两个饼屋、一座餐饮建筑（“荷兰餐厅”），围合性较弱。其中，一个小广场通过中心广场的延伸段与中心广场建立了空间联系，同时与另一个小广场连接，三个广场空间形成了折线形的串联关系，并与公园、步行街进行组合（图2.8-28）。尽管三个广场没有形成封闭围合界面，但这种空间组合手法却体现了西特所赞赏的传统城市广场的组合形态[1]，并产生了一定的视觉效果（图2.8-29）。

值得一提的是，“高桥新城”不仅在中心广场布局、广场组合形态设计中运用了传统城市的形态原型，在广场、步行街等公共建筑形式上，设计对西方古典建筑形式进行了全面的移植。其中，广场建筑形式采用的是带有“陶力克”式柱头的古典形式，步行街建筑界面采用的是阿姆斯特丹17、18世纪的立面形式，用以体现所谓的“原汁原味”，以对地方文化具有颠覆性的设计语言，迎合了趣味低俗的“欧陆风格”审美观（图2.8-30，图2.8-31）。

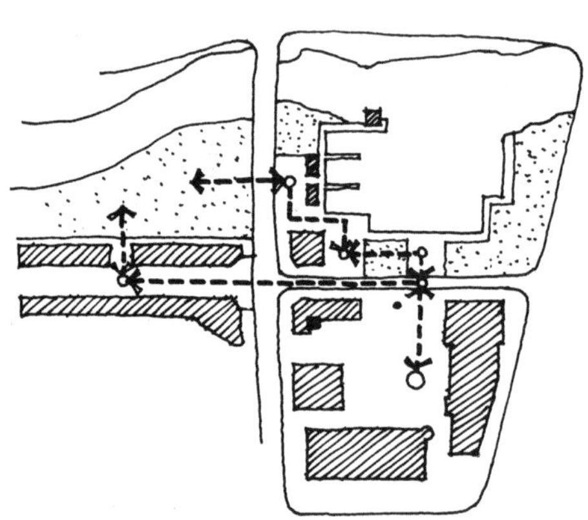

图2.8-28　“高桥新城”广场组合空间序列布局示意图

图2.8-29　“高桥新城”组合广场鸟瞰图，模型，2006年

[1] 详见Sitte, Camillo. Der Städtebau-Nach seinen künsterischen Grundsätzen. 4.Auflage. Braunschweig, Wiesbaden: Vieweg, 1909: 71.

图2.8-30 阿姆斯特丹17、18 世纪的立面形式

图片来源：Benevolo, Leonardo. Die Geschichte der Stadt. Frankfurt/New York: Campus Verlag GmbH, 1983: 759, 762

图2.8-31 “高桥新城”的码头广场与步行街建筑实景，2006年

2.8.4 小结

作为一个港口城镇，高桥镇具有水的地景与文脉。“高桥新城”的规划设计以水系作为城镇空间的结构元素，并通过与道路、绿带的组合，使空间结构具有一定的清晰性。为迎合朝向、经济性、住宅市场等因素，设计方案进行了几次调整，形成的空间肌理趋于匀质化，所保留规划征集方案中的部分结构形式对建筑布局产生了一定程度的影响。

其中，最为典型的是区域中心的圆形元素，在最初的方案中，设计采用了类似于阿姆斯特丹的水岸形态原型，具有一定的公共性；而在实施方案中，这个圆形形态被保留下来，但圆内却安排了低密度住宅组团，使这个几何中心的公共性大大降低。也许是出于经济性以及未来管理等因素的考虑，实施方案大量地减少了水的面积，这也是对注重形态原型的设计在走向实施时的折衷，在一定程度上影响了形态结构的逻辑性。虽然如此，实施规划设计仍保持了公共空间的连续性与结构的整体性。设计使用线性元素组合，运用传统城市空间的形态原型，形成了集约、渗透、链接、多样化的公共空间组合。但对于“荷兰风貌”，设计在主要公共空间布局中采用了对荷兰古典建筑形式全面的移植方式，产生了对城镇地域文脉发展的不利影响。综上所述，“高桥新城”城市设计的主要特点可归纳为以下几个方面：

(1) 以水系作为空间结构构架；

(2) 运用传统运河城市形态设计原型；

(3) 公共空间布局形式以线性为主；

(4) 采用偏心的中心区布局；

(5) 形成了具有传统城市形态特点的公共空间及其组合；

(6) 部分移植了西方古典建筑形式。

2.9 奉贤区奉城镇

2.9.1 奉城镇概况

奉城镇位于上海市郊区南部，奉贤区东部，距上海市中心约45公里，距奉贤区政府所在地南桥镇约17公里，距临港新城约20公里；与浦东国际机场、虹桥机场分别相距约35公里、50公里。

奉城镇对外交通条件较好。A3、A30郊区环线、沿海大通道等高速公路在奉城镇交会，成为地区性重要的交通枢纽，也是洋山深水港通往江、浙两省的重要道路。川南奉公路、奉新公路是与周边地区及奉贤区各镇联系的主要通道。浦南运河穿越奉城镇区，是上海市内河航运体系的重要组成部分。规划中的浦东铁路位于镇区南侧，并在其境内设站。

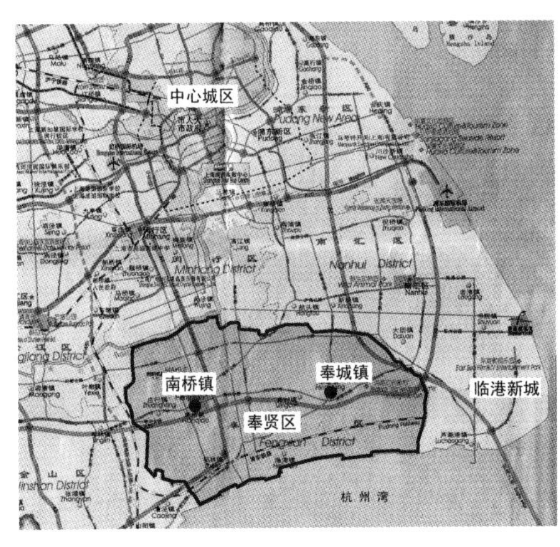

图2.9-1　奉城镇区位图

作者根据上海测绘院编制.上海地图.上海：上海人民出版社，2006编绘

2002年5月，根据“一城九镇”计划，奉城镇进行了区划调整，兼并了洪庙镇、塘外镇，合并成立奉城中心镇，镇域面积为72.63平方公里(图2.9-1)。

奉城镇历史悠久，曾经是上海的

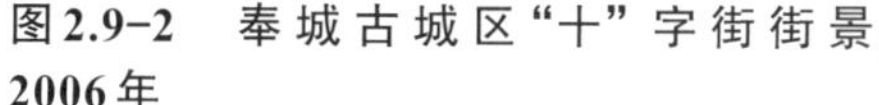

图2.9-2 奉城古城区“十”字街街景，2006年

图2.9-3 奉城古城区的明代建筑万佛阁实景，2006年

军事要塞型古镇。从1731年起的181年间是奉贤县的县治所在地。五代乾祐年间（948—950年），奉城地区为青墩盐场，与浦东、袁部等盐场并隶于秀州（嘉兴府）华亭县盐监。北宋皇祐年间（1049—1053年），盐民、渔民群居成村落，改名青村。明朝期间，为抵御外来侵略，曾建设“青村千户所”要塞。清雍正四年（1726年）奉贤县成立，县署设在南桥，至雍正九年被迁往青村所。宣统二年（1910年），奉贤县划为一城七乡，县城青村为城厢。民国元年（1912年），县治西迁后，南桥乡改为奉贤县县市，城厢改为奉贤县城市，简称奉城。此后，先后设区、乡、镇公所和奉城坊等行政机构[1]。

据有关记载，奉城古城筑有城墙、城池。城内的建筑曾有建于清雍正十年（1732年）的县署建筑，文庙（清乾隆二十五年，1760年），言子祠（清道光十五年，1835年），肇文书院（清嘉庆十年，1805年），以及明朝所建的城隍庙、万佛阁等。此外，还有魁星阁、同善堂、先农坛、武庙等明清古典建筑。奉城老街呈十字形，有东、南、西、北街之分。民国26年（1937年），奉城遭日军炮击，县署、文庙、学署、书院等古建筑及部分民居、城垣损毁[2]（图2.9-2，图2.9-3）。

2.9.2 奉城镇总体规划

“一城九镇”计划将奉城镇的“特色风貌”拟定为“西班牙风格”。2001年4月，奉贤区组织了奉城镇规划的国际方案征集活动。规划内容分为镇域、镇区两个部分，镇域规划用地72.63平方公里，镇区位于镇域用地中心偏北侧地带，规划用地面积16.08平方公里。经评审，西班牙马西亚・柯迪纳克斯（Marcia Codinachs）的设计

[1] 上海市地方志办公室.特色志/上海名镇志/南上海古镇：奉城镇.http://www.shtong.gov.cn. 2006-2-6.
[2] 同上。

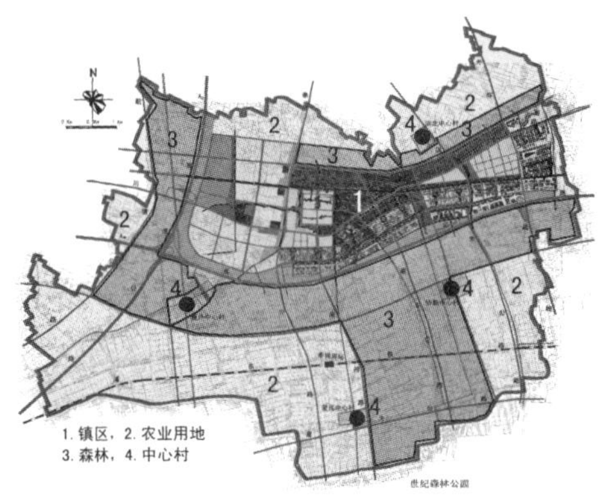

图2.9–4　2001年奉城镇域总体规划区域布局示意图

作者根据奉城中心镇镇域总体规划图编绘

方案被选中。

对于镇域的用地布局，中选设计提出了“一镇，两区，四村”的区域结构。其中，镇区呈东西向带形展开，其南北两侧的区域为农业用地与生态绿地，四个中心村分布在两个区域之内(图2.9–4)。

镇区用地被规划分为5个区域，分别是“古城风貌保护区”、“西班牙特色风貌区”、旅游度假区、综合工业园区和生产研发区。在空间结构布局上，设计顺应原城镇沿川南奉公路的线性发展结构，采用了一个带形空间形态模式，在A30高速公路北侧设置了一条名曰“兰布拉大街”(兰博路)[1]的主干道路，形成了川南奉公路(奉城镇区段)、浦南运河、兰博路三条空间发展轴，将5个区域串联起来(图2.9–5)。设计一方面在镇域的区域布局中，将大片的农用、森林用地布置在镇区的两侧，控制了镇区空间的横向蔓延；另一方面，在镇区规划中频繁使用与轴线平行的形态元素，使带形发展的空间结构得到了清晰的表现(图2.9–6)。

2005年5月，根据《奉贤区区域总体规划实施方案(2003—2020)》，上海同济城市规划设计研究院与奉贤区城市规划所编制了《上海市奉城中心镇总体规划

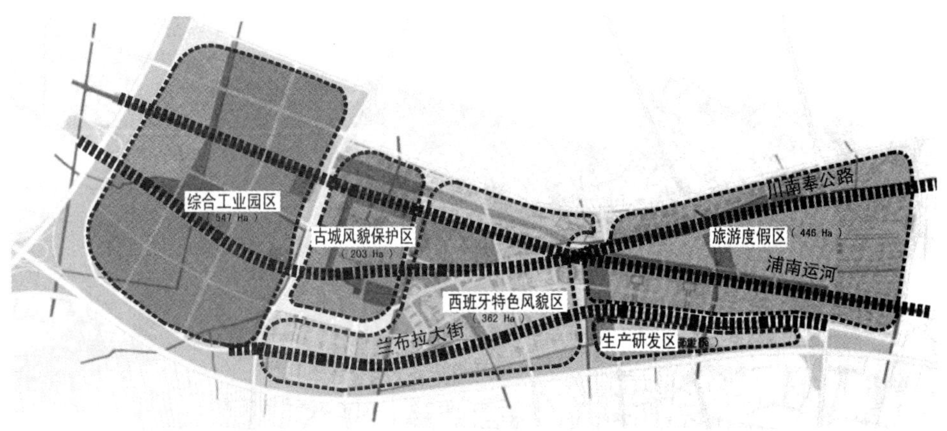

图2.9–5　2001年奉城镇区规划分区结构示意图

作者根据奉城镇区域规划功能结构分析图编绘

[1] 这条轴线道路在规划设计阶段被命名为“兰布拉大街”，名称是西班牙巴塞罗那La Rambla的中文译文，在实施阶段被改为“兰博路”，本书使用兰博路称谓。

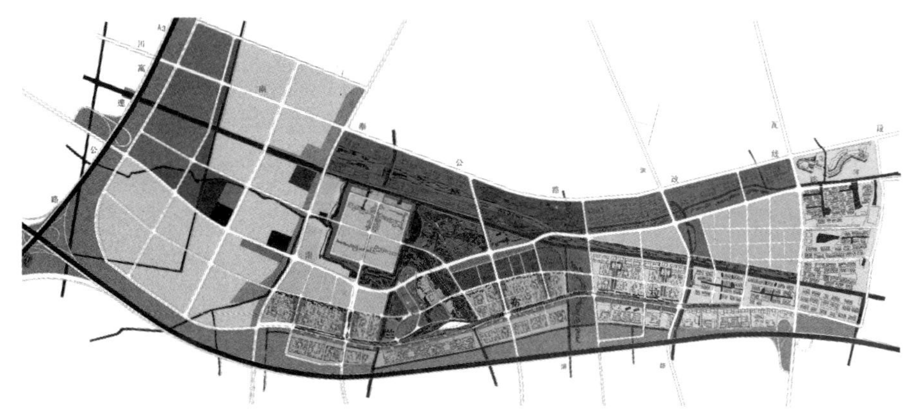

图2.9-6　2001年奉城镇镇区总体规划平面图

由奉贤区规划局提供

（2004—2020）》，规划将镇域用地面积扩展为110.72平方公里，城镇体系分为三级：镇区—社区—中心村。空间布局以镇区为中心，发展头桥和塘外两个社区以及2001年总体规划形成的新北村等四个中心村，同时在镇区西侧向北扩展奉城工业园区[1]（图2.9-7），规划的区域布局使镇区的带形发展趋势从东西向转向北部，但镇区的空间布局没有发生变化，带形结构仍然得以保持。

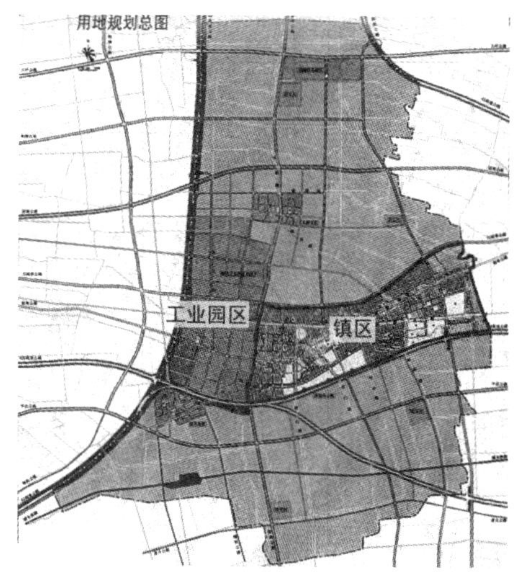

图2.9-7　奉城中心镇总体规划（2004—2020）平面图

由奉贤区规划局提供

2.9.3　奉城镇区详细规划

根据2001年西班牙设计师的中选规划方案，上海同济城市规划设计研究院、澳大利亚ANZ设计公司编制了《上海市奉城中心镇镇区控制性详细规划》，规划在2004年8月得到了有关政府部门的批复[2]。

镇区控制性详细规划用地东至镇域边界、西侧临奉新公路、南至A30高速公路、

[1] 详见奉贤区规划局.上海奉贤规划/规划聚焦/新市镇总体规划《上海市奉城中心镇总体规划(2004—2020）》简介.http//: www.fxgh.gov.cn. 2006-2-20.

[2] 上海市城市规划管理局办公室.关于奉贤区奉城中心镇镇区控制性详细规划的批复（上海市城市规划管理局文件，沪规划【2004】851号，2004年8月16日）详见http: //www.shghj.gov.cn/ghj_web/News_Show.aspx?id=3896. 2004-8-30.

北到川南奉公路，总面积为12.66平方公里。规划将镇区划分为8个区域，其中，西侧的"古镇特色风貌区"和"西班牙特色风貌区"相临，规划以这两个区域为中心，在周边布置了东、西两片"风貌协调区"，向东依次布置"城镇一般生活区"、"洪庙生活区"、"生产研发区"和"旅游度假区"（图2.9–8）。

在空间形态上，规划仍然以2001年总体规划提出的三个发展轴线为基础，全面因袭了带形的城镇结构。除根据实际情况对局部道路线形等作适当调整外，控规对原方案的调整主要显示于镇区的北侧，通过增设古镇北侧的一条道路，将浦南运河与川南奉公路的交叉线形统一起来，从而形成了一条与中心公园连接的道路、河道、绿带的线性组合，进一步强化了带形的空间结构（图2.9–9）。

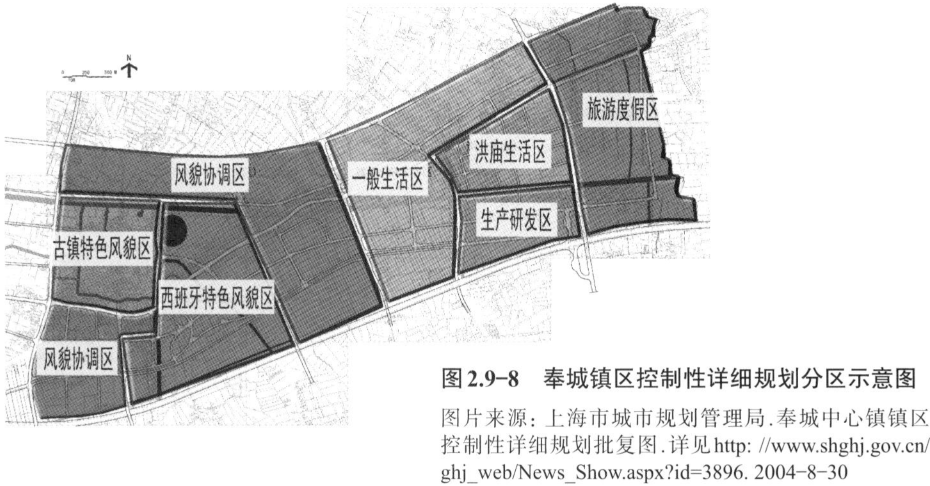

图2.9–8　奉城镇区控制性详细规划分区示意图

图片来源：上海市城市规划管理局.奉城中心镇镇区控制性详细规划批复图.详见http: //www.shghj.gov.cn/ghj_web/News_Show.aspx?id=3896. 2004-8-30

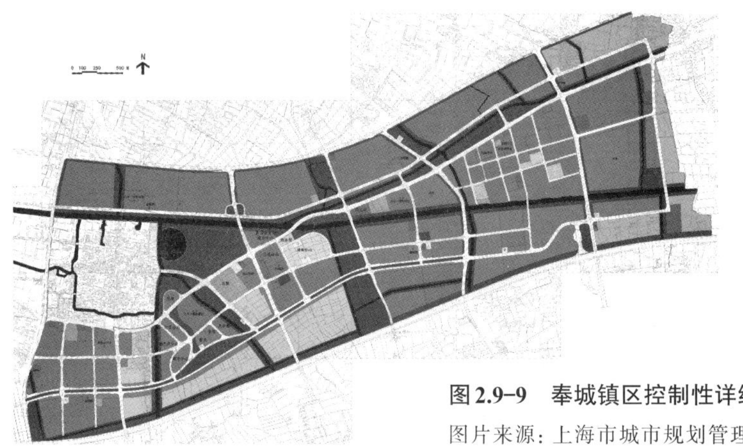

图2.9–9　奉城镇区控制性详细规划平面图

图片来源：上海市城市规划管理局.奉城中心镇镇区控制性详细规划批复图.详见http: //www.shghj.gov.cn/ghj_web/News_Show.aspx?id=3896. 2004-8-30

2004年8月，法国翌德国际设计机构（ÉTÉ Lee et associés architectes urbanistes）协同上海翌德建筑设计有限公司编制了奉城镇老城区保护性更新改造规划。奉城古镇是明代用于军事防御的“所”城之一，其正方形形态、“十”字街是古代一般中小城市的典型形态[1]，面积111.7公顷（图2.9-10）。

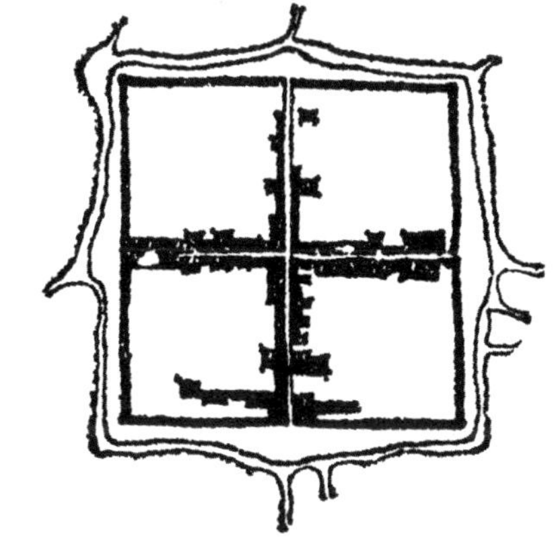

图2.9-10 奉城古城平面图

图片来源：董鉴泓主编.中国城市建设史(第三版).北京：中国建筑工业出版社，2004：167

保护规划以保护与更新相协调、从实际出发以及保护与继续利用为原则，形成了以居住为主，旅游与服务为辅的古城功能定位[2]。保护规划保持了方城“十”字街的形态格局，恢复古城墙与护城河，在两者之间布置绿带公园，使古城的边界更加显著。同时，规划在古城的内部设置环形道路、水系带，并在四个方向设城门入口和广场（图2.9-11）。

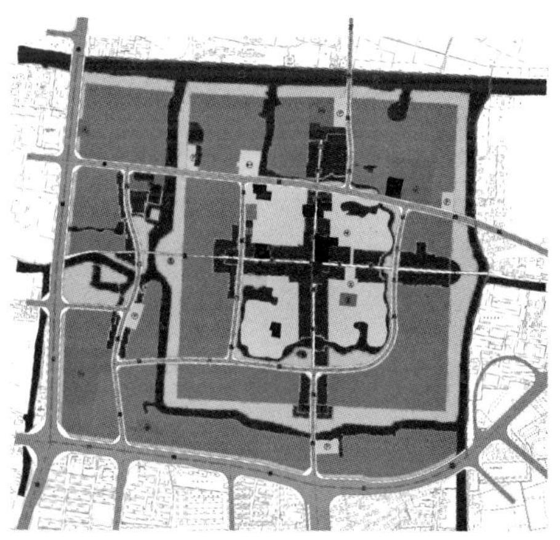

图2.9-11 奉城镇古城保护更新规划平面图

图片来源：上海市奉城镇老城区保护性更新改造规划文本，由开发建设单位提供

纵观奉城镇镇区的详细规划设计，在空间布局上，规划设计形成了如下主要特点：

（1）镇区空间线性发展。利用原镇区运河、道路等线性元素，增设轴线与其他线性组织，并通过边界用地的控制，加强空间的线性结构。

（2）强调兰博路轴线，公建区域在主轴线两侧线性布局。

（3）横向的轴线系统以平缓曲线为主要形式，与纵向的道路、绿带、河道等元素构成不规则网格形态。

（4）在“特色风貌区”内设立中心区，与古镇并列布局，通过公园等开放空间与古镇区分隔或联系。

（5）保护与更新古镇，恢复古镇的空间结构。

[1] 董鉴泓主编.中国城市建设史(第三版).北京：中国建筑工业出版社，2004：229.

[2] 引自上海市奉城镇老城区保护性更新改造规划文本，由开发建设单位提供。

(6) 通过变异等手法强调城镇中心区形态，与古镇的方城、"十"字街结构形成了对比。

1. 以"带形城市"为形态原型

从奉城镇区2001年之前现状图中可以看出，城镇空间以古镇区域为中心，沿川南奉公路、浦南运河呈线性形态发展（图2.9–12）。根据城镇的空间发展现状，也许是结合了"一城九镇"计划拟定的"西班牙风貌"，奉城镇的规划设计运用了西班牙工程师马塔（Arturo Soria y Mata）在19世纪末提出的"带形城市"形态原型。

1882年，马塔在马德里的一本刊物《LE PROGRESS》上发表了"带形城市"理论，他阐述的带形城市以一条集道路或电气化铁路、城市基础设施为一体的通道为"脊椎"。这条"脊椎"是城市经济发展的动脉，组织了两侧排列整齐的工业建筑、住宅区和其他功能区地块（图2.9–13）。马塔认为，"最完美的一种城市也许就是沿一条独立道路而建的城市，宽度为500米，如果必要的话，它将从加的斯（Cadiz）延伸至圣彼得堡（St. Petersburg），从北京到布鲁塞尔。……要多长就有多长，这就是未来的城市"[1]。1894年，马塔将他的"带形城市"理论付诸实践，在马德里的西部设计了一个由私人公司开发的长约5公里，宽度为450米的"带形城市"[2]（图2.9–14）。

马塔的"带形城市"为20世纪的现代城市理论与实践提供了可借鉴的模式。1930年，前苏联当代建筑师联合会（OSA）的M.巴尔希（M. Barshch）与莫伊赛·金斯伯格（Moisei Ginzberg）依照马塔"带形城市"模式为莫斯科扩建进行了规划，用一条架空的"脊椎"带组织居住用地与公共设施[3]。勒·柯布西耶在1935年访问

图2.9–12　2001年奉城镇区现状图

图片来源：上海市奉城中心镇镇区控制性详细规划文本，由开发建设单位提供

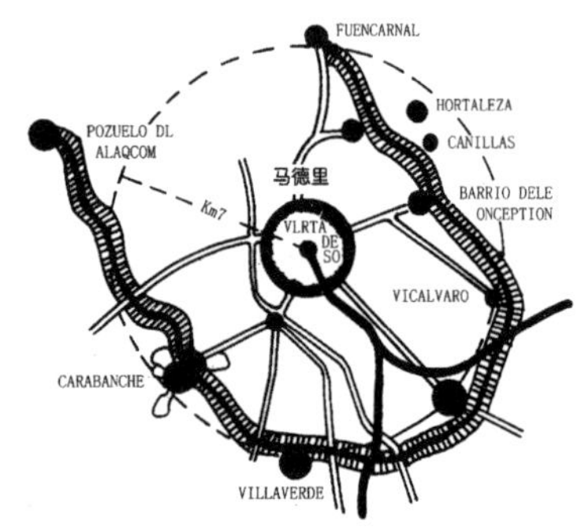

图2.9–13　马塔的"带形城市"方案

图片来源：洪亮平.城市设计历程.北京：中国建筑工业出版社，2004：86

[1] 转引自张捷，赵民编著.新城规划的理论与实践——田园城市思想的世纪演绎.北京：中国建筑工业出版社，2005：23.

[2] Burke, Gerald. Towns in the making, London: Edward Arnold（Publishers）Ltd., 1971: 151.

[3]（美）肯尼斯·弗兰姆普敦.现代建筑——一部批判的历史.张钦楠等译.北京：三联书店，2004：192.

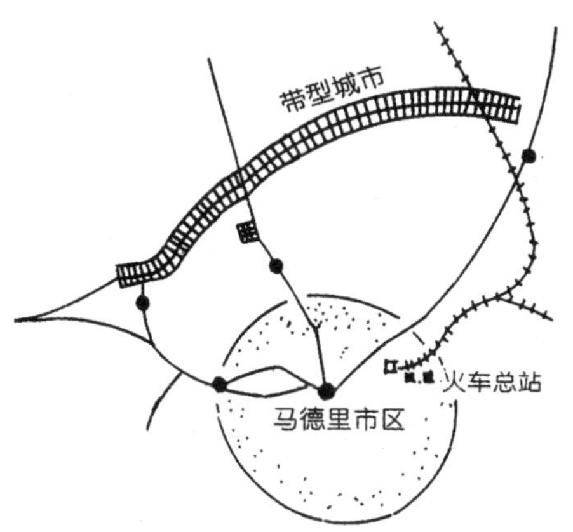

图2.9-14　马塔设计的“带形城市”示意图

图片来源：洪亮平.城市设计历程.北京：中国建筑工业出版社，2004：86

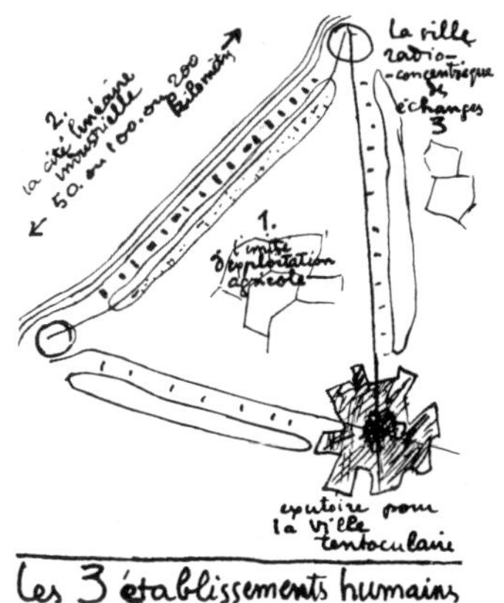

图2.9-15　勒·柯布西耶“三种聚居点”的构思草图，1944年

图片来源：Benevolo, Leonardo. Die Geschichte der Stadt. Frankfurt/New York: Campus Verlag GmbH, 1983: 910

苏联后，以“带形城市”为原型，推出了“线性工业城”设想，将它作为“三种人类聚居点（Les Trois Etablissements Humains）”的类型之一[1]（图2.9-15）。

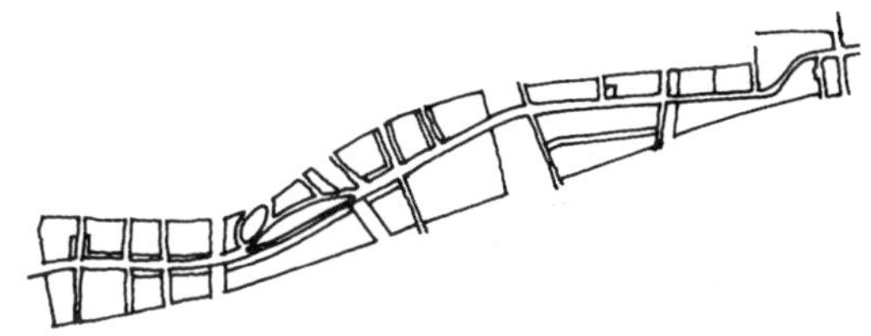

图2.9-16　兰博路轴线形成的带形形态

图2.9-17　兰博路断面图

从奉城城区规划的整个结构来看，较为清晰地体现马塔“带形城市”特点的形态元素，主要集中在沿兰博路“脊椎”轴线及其周边区域布局上。兰博路宽60米[2]，长约4.7公里，主轴当中布置了轨道交通、道路、绿化带以及市政管线等设施，其两侧的地块呈不对称形式，多为住宅用地，但规划在轴线与住宅用地之间布置了线性的沿街商业公建设施（图2.9-16，图2.9-17）。马塔提出的主轴道路宽度不小于40米，除道路、铁路、绿带设施外，与主路平行还设置了20米宽，可容纳供水、下水道、燃气、电气以及其他设施的服务性通道[3]。显然，奉城的主轴线在内容与尺度上与马塔“带形

[1] Benevolo, Leonardo. Die Geschichte der Stadt. Frankfurt/New York: Campus Verlag GmbH, 1983.910.

[2] 作者根据奉城中心镇控制性详细规划平面图及其比例尺推算，本节以下同。

[3] Burke, Gerald. Towns in the making, London：Edward Arnold（Publishers）Ltd., 1971: 151.

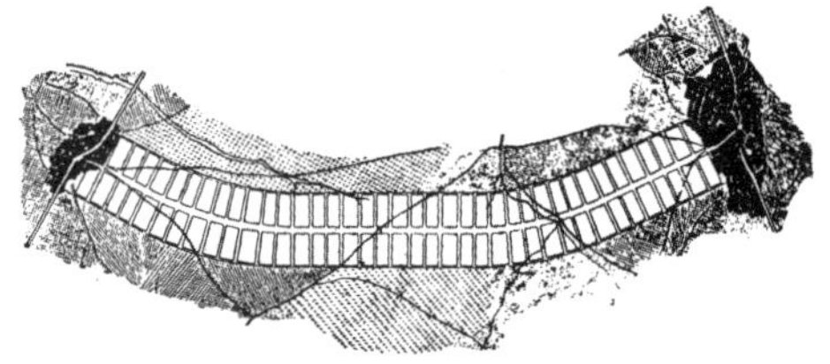

图2.9-18　马塔的"带形城市"平面示意图，1884年

图片来源：Burke, Gerald. Towns in the making, London: Edward Arnold（Publishers）Ltd., 1971: 151

图2.9-19　马塔"带形城市"轴线断面示意图

图片来源：洪亮平.城市设计历程.北京：中国建筑工业出版社，2004：87

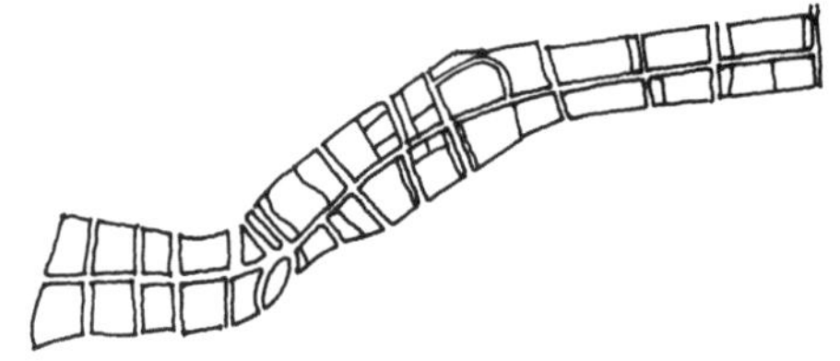

图2.9-20　城中路形成的带形形态

城市"的"脊椎"轴线近似。但在轴线两侧的地块布局上，马塔基本上采用的是对称方式，地块肌理匀质，与奉城不尽相同（图2.9-18，图2.9-19）。

奉城镇规划在川南奉公路南侧设置了另一条与兰博路平行的城市支路：城中路，道路红线宽24米。规划将与城中路垂直相交的纵向道路布置得较为均匀、密集，这使得城中路两侧地块的布局也较为均衡。另一方面，规划沿城中路布置的地块，特别是在中心区段，即"西班牙特色风貌区"及其周围，更多的是具有公共性质的区域，包括行政办公、商业、学校、体育文化设施和以多层为主的住宅区等，城中路成为镇区政府机关、商业和公共服务设施地块的串联轴线（图2.9-20）。

与城中路相比，规划在兰博路南侧布局的地块，更多地以顺应轴线的条状形式为主，与轴线相交的道路较为稀疏，一条狭窄的公共建筑带临街布置，公建带南侧是低、中密度住宅区，其建筑形式也带有较为明显的西方古典建筑特征（图2.9-21，图2.9-22）。

图2.9-21　沿兰博路的商业建筑实景　2006年

图2.9-22　沿兰博路的住宅建筑实景，2006年

从地块布局形态及其功能看来，城中路似乎比兰博路更接近于马塔“带形城市”的“脊椎”形式，成为带形轴线形态的构图元素之一，兰博路则似乎更加具有“带形城市”与“特色风貌”的象征意义。

加上城镇原有的浦南运河与川南奉公路，奉城镇的带形结构由四条走向一致的轴线系统建立了基本构架。其中，兰博路是集交通、景观、象征性于一体的“脊椎”轴线，浦南运河为景观性轴线，川南奉公路为联系老城、洪庙等区域的交通性轴线，城中路则是城镇生活性轴线。

实际上，虽然原有的浦南运河与川南奉公路呈线性走向，但两者在镇区中部形成了小角度交叉。规划首先按照这个交叉产生的南侧边缘形态，在南部形成了兰博路轴线，其次，与兰博路平行设置城中路，最后，规划以同样的方式，在北部设置了一条与浦南运河、川南奉公路平行的城镇支路，其线形则是两个交叉元素北侧边缘的拓扑(图2.9–23)，从而，规划建立了一个平行发展的四条轴线系统。

这种以平行的线性元素构成的“带形城市”形态，曾经在中世纪的瑞士城市伯尔尼(Bern)以及16世纪的阿姆斯特丹出现，前者的平行线系统以道路构成，后者则是水巷形式(图2.9–24)。1930年，前苏联的米留金(N.A. Milyutin)提出了他的“带形城市”理论，即由六条平行的线性元素建立的“带形城市”，这些元素分别是：铁路区、工业区、绿化区、居住区、公园区和农业区，其中，教育和科研包含在工业区中，公路则设于绿化区中，公园区还包含了体育设施(图2.9–25)。米留

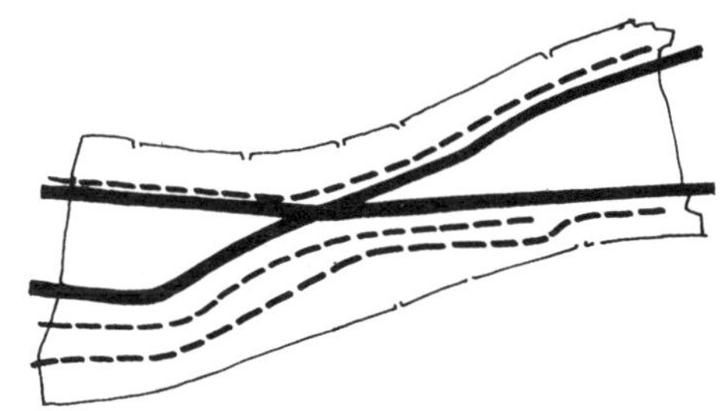

图2.9–23　奉城镇区四条空间发展轴线的形成

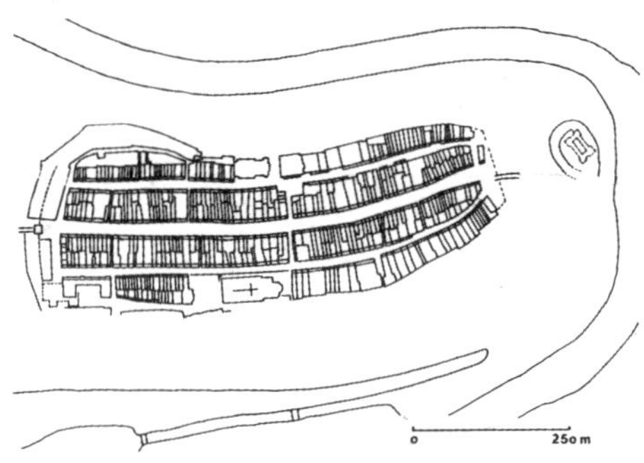

图2.9–24　瑞士中世纪城市伯尔尼平面示意图，1260年

图片来源：Meckseper, Cord: Kleine Kunstgeschichte der deutschen Stadt im Mittelalter. Darmstadt: Wissenschaftliche Buchgesellschaft, 1982: 83

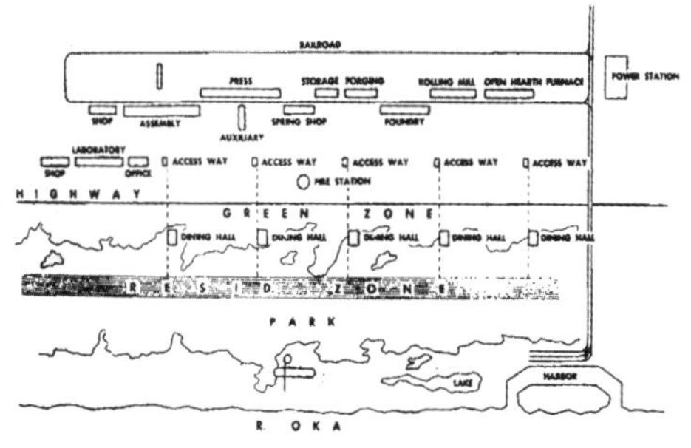

图2.9–25　米留金1930年为下诺夫哥罗德(Nizhni Novgorod)汽车工厂规划的带形城市平面示意图

图片来源：(美)凯文·林奇.城市形态.林庆怡等译.北京：华夏出版社，2001：45

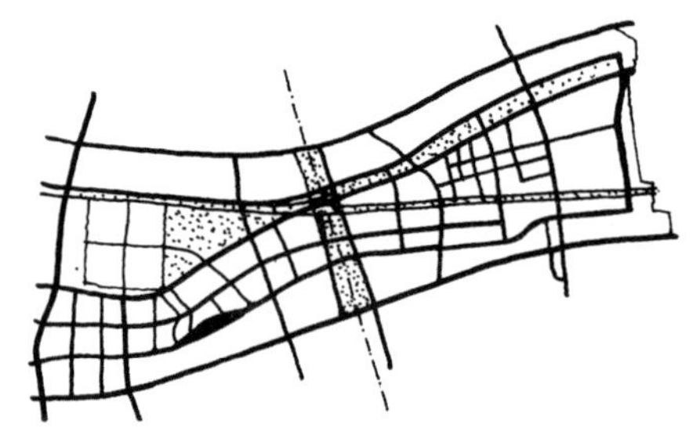

图2.9-26　奉城镇格网形、环接道路与对称结构

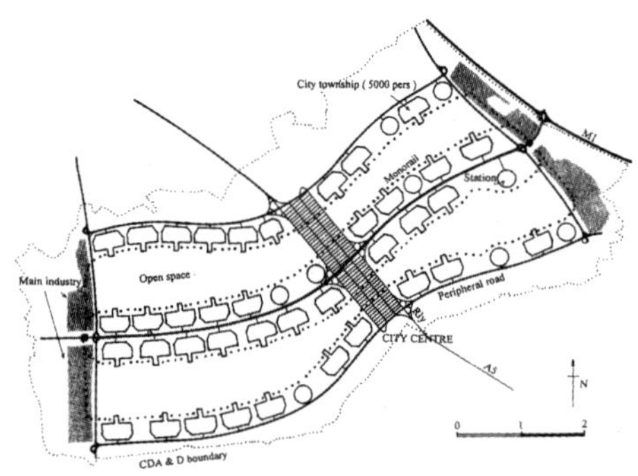

图2.9-27　米而顿·凯恩斯规划曾使用过的“带形城市”示意图

图片来源：(英) 克利夫·芒福汀.绿色尺度.陈贞，高文艳译.北京：中国建筑工业出版社，2004：8

金的“带形城市”将平行的线性元素与区域布局联系起来，更像是一条生产线[1]，与奉城镇的平行线系统有所区别。如前节所述，在奉城镇的规划中，8个区域更多地被与平行线系统串联，而不是以平行线形成分区（图2.9-8）。

奉城镇规划在平行线系统之间建立了更多联系，其道路网络实际上是一个方格网构架，外围轴线道路形成了环形的连接，同时，规划没有形成马塔或米留金“带形城市”的平均化布局形态，在浦南运河与川南奉公路交叉处设置了一条绿地公园带，公园带成为空间结构中明显的纵轴元素，使城镇空间形态形成对称态势（图2.9-26）。

在英国新城米而顿·凯恩斯的第一轮规划中，城市结构曾基于“带形城市”的概念，被设想为一个“单轨铁路（Monorail）”城市[2]，道路以及单轨铁路系统平行并在两端环形连接，城市中心与平行的结构元素垂直布局，城镇区域被串联在道路或单轨铁路系统中（图2.9-27），规划的空间形态、布局方式与奉城镇基本一致，只是其居中的中心区在奉城的规划中被绿带公园取代。

由此可以看出，与凯恩斯未实现的规划方案相类似，奉城镇的带形空间也是基于马塔“带形城市”原型，进一步发展所形成的平行线结构，这种发展克服了马塔“带形城市”模式的诸多不利因素。首先，奉城镇规划建立了明显的城镇中心，并以纵轴公园带为几何中心形成对称的构图，具有向心感。而不是将“带形城市”视为城市之间的连接体，打破了马塔等“带形城市”平均化的布局形态。其次，规划通过平行轴线系统、网格、环形连接道路的设置，克服了城镇交通对主轴线的依赖，形成的道路、绿带与河道网格增强了空间的渗透性。其三，规划以带形镇区两侧农用地等开放空间的布局保持了带形空间的形态特征。

[1]（美）凯文·林奇.城市形态.林庆怡等译.北京：华夏出版社，2001：45.

[2]（英）克利夫·芒福汀.绿色尺度.陈贞，高文艳译.北京：中国建筑工业出版社，2004：98-99.

2. 形态的变异及建筑布局

在奉城镇的平行线轴线系统中，兰博路、川南奉公路与浦南运河的交叉组合无疑是最为显著的。如同上节的分析，北侧的一条城市支路将后者的交叉轴线组合统一起来，完善了平行发展的空间结构，这条宽30米的运河北路在东侧与公路近距离平行布置，两者之间形成了狭长的区域，从浦南运河分流的河道也行走其间，组成了由平行的主、次道路、河道、绿地的复合性轴线，轴线在镇区的北侧起到了重要的结构性作用。这个轴线组合行至西侧发生了变化，随着河道汇入运河，两条道路也逐渐分开，分别成为公园、古镇区南、北两侧的外围道路，并将两者包夹在当中。

从兰博路的断面图中可以看出，道路两侧是车行道路，中间是绿地、河道、轻轨等设施（图2.9–16），这个断面在道路行至中心区时发生了变异，形成了一个梭形岛状形态。

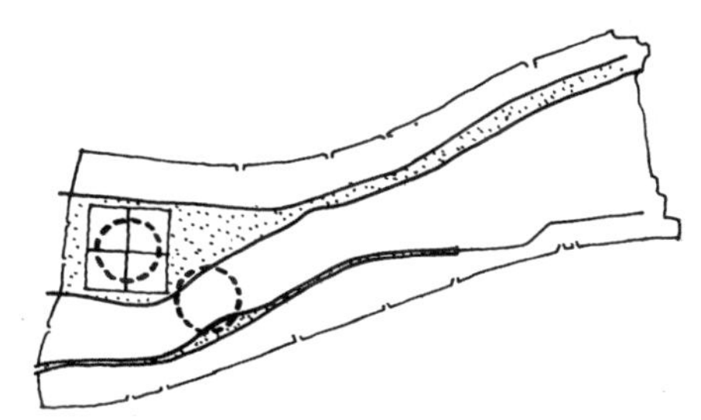

图2.9–28　奉城镇规划中两个轴线系统的变异

两处轴线的形态变异在处理手法上有近似之处，其中，川南奉公路与运河北路由并行到逐步分离，形成了对中心公园、古镇区的限定；兰博路线型的变异形成了路中“岛”的形态，暗示并引导空间转向中心区域。两者均是通过道路线形的变化形成开放空间，同时使中心区域得到了强调（图2.9–28）。

这种形态设计手法被库尔德斯描述为：“以放弃连续的平行边界来建立线性空间的片断，这种街道空间效果的变化尤其强烈。”[1]在英格兰中世纪城市赫尔福德（Hereford），一条道路逐渐放大形成了市场广场，在广场东侧出现了岛状的街块与建筑，道路对这个街块形成包夹之势，呈“Y”形向外展开（图2.9–29）。同样的情况也显示于意大利中世纪城市

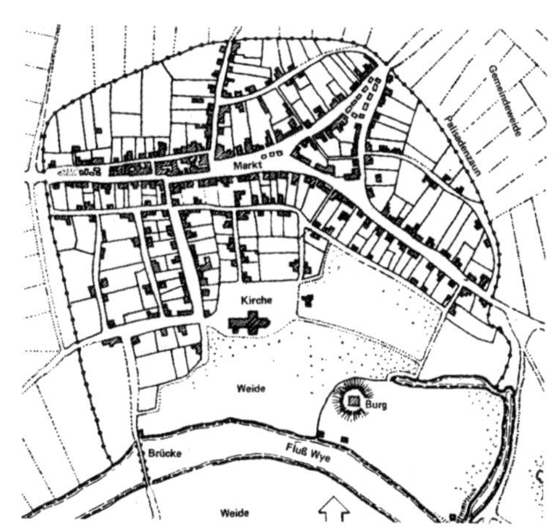

图2.9–29　12世纪英国赫尔福德的道路变异形成市场广场

图片来源：Benevolo, Leonardo. Die Geschichte der Stadt. Frankfurt/New York: Campus Verlag GmbH, 1983: 341

[1] Curdes, Gerhard. Stadtstruktur und Stadtgestaltung: 2. Auflage. Stuttgart, Berlin, Köln: Kohlhammer GmbH, 1997: 125.

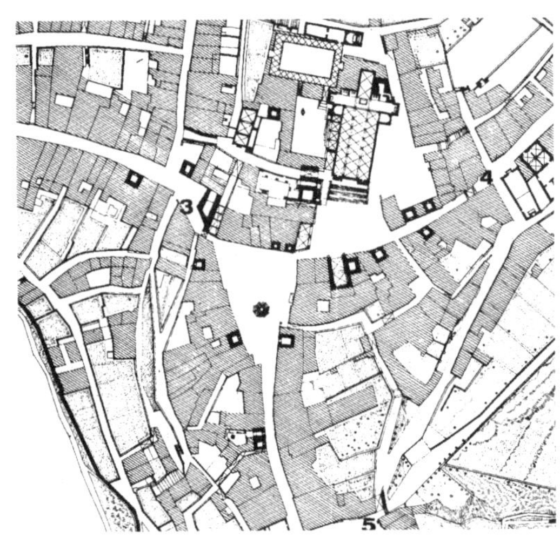

图 2.9–30　中世纪圣吉米格纳诺集市广场平面图

图片来源：Benevolo, Leonardo. Die Geschichte der Stadt. Frankfurt/New York: Campus Verlag GmbH, 1983: 347

图 2.9–31　德国穆尔多夫的街道广场

图片来源：蔡永洁.城市广场.南京：东南大学出版社，2006：35

圣吉米格纳诺（San Gimignano）集市广场的平面图中（图 2.9–30）。很显然，奉城镇在北侧轴线以及中心公园的设计手法，体现了这两个中世纪城市的原型形态，线性街道空间通过自然的变异向面状开放空间逐步演变。

在造型方式上，奉城镇兰博路线形的变化形态则更接近于德国中世纪城市穆尔多夫（Mühldorf）的街道式广场，疏缓的街道线形渐变式地被放大，形成了一个梭形的空间（图 2.9–31）。与穆尔多夫不同的是，奉城的街道变异产生的是一个岛状建筑用地，同时，在一定程度上为中心区起到了空间的引导作用。

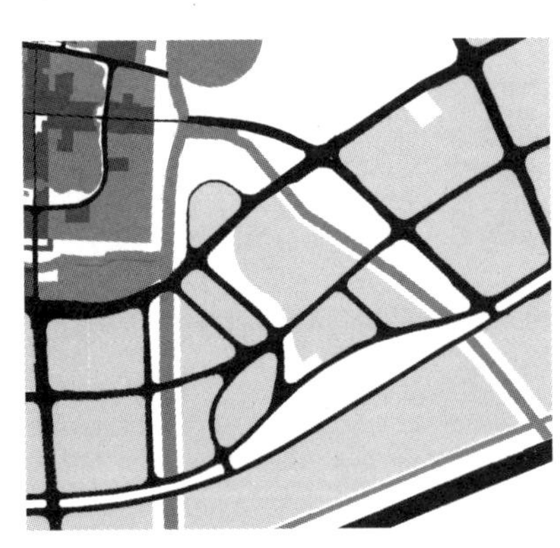

图 2.9–32　奉城镇中心区街道平面图

作者根据奉城镇区控制性详细规划平面图编绘

奉城镇中心区的形态变异源自街道的不规则变化，用地地块形态也随之不规则。如同以上对城市带形结构元素的分析，奉城镇区的空间结构主要是由平行轴线与网格形成的，尽管具有某种程度上的不规则，但整体结构却不失规整。设计在中心区使用了弯曲的、类似树枝形的弧线街道，街道以非垂直方式交叉，所形成的地块呈梭形、三角形、平行四边形等不规则形态（图 2.9–32）。其中，三角形成为中心区形态设计的基本形式，与方城“十”字街的古镇区形成了鲜明的对比（图 2.9–33）。

变异的形态设计使中心区从镇区的网格

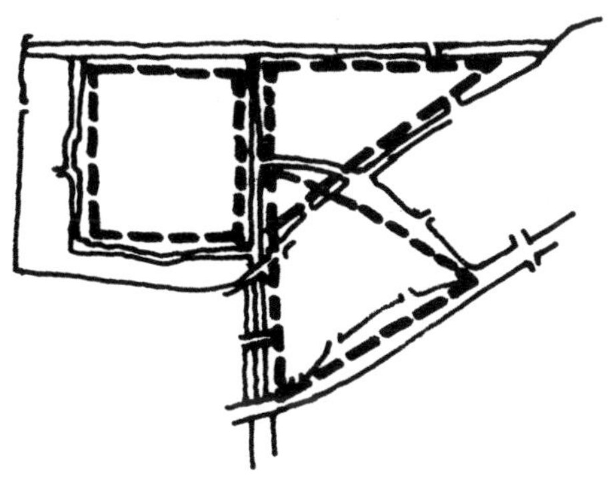

图2.9–33　奉城新镇区形成的三角形形态

图2.9–34　巴塞罗那平面图(局部)

图片来源：蔡永洁.城市广场.南京：东南大学出版社,2006：35

结构中被强调出来,产生的不规则元素类似于欧洲传统城市中的不规则形式,这种构成形式在一定程度上类似于巴塞罗那的城市形态。1859年,伊尔德方索·塞尔达(Ildefonso Cerda)为巴塞罗那进行了扩建规划设计,他将中世纪的老城区完整地予以保留,老城的外围则使用了规整的方格网,并以对角线大街进行连接,使城市空间呈现出网格、斜线大街、老城的“有机”形态并置的复杂结构(图2.9–34)。相比之下,奉城中心区则是在一个近似方格网的结构下,用不规则街道等元素在中心区产生变异,使用的三角形元素与巴塞罗那具有某种程度上的近似。

在奉城镇的规划中,中心区的核心由三个地块组成,建筑功能分别为行政中心、“高迪艺术中心”和商业中心,其中,行政中心由地块内居中布置的镇政府大楼、两侧的法院和公安大楼组成,形成一个连续的、总长度约260米,宽60米[1]的带状建筑组合(图2.9–35)。与建筑平行,设计在建筑的南侧布置了一条宽约33米的林荫大道,并在其另一侧布置了一个直径约100米的圆环形建筑:“高迪艺术中心。”在东侧的梭形地

图2.9–35　奉城镇中心区行政建筑透视图

图片来源：赵燕等.新上海人的新生活：浦江镇的空间与设计.设计新潮/建筑,2004(114)：64

[1] 根据赵燕等.新上海人的新生活：浦江镇的空间与设计.设计新潮/建筑,2004(114)：64插图标注尺寸计算,本节以下同。

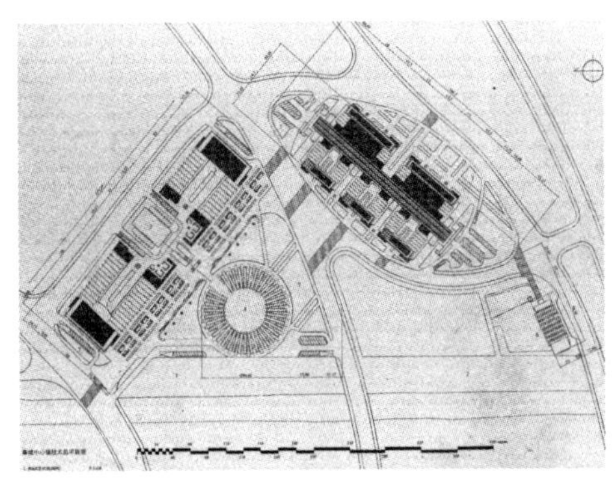

图2.9-36　奉城镇中心区核心地块总平面图

图片来源：赵燕等.新上海人的新生活：浦江镇的空间与设计.设计新潮/建筑,2004(114)：64

图2.9-37　奉城中心区核心地块设计模型，2006年

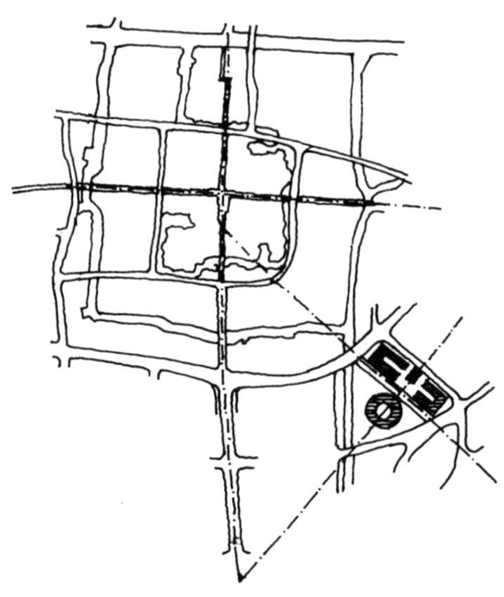

图2.9-38　奉城中心区核心地块与古镇区的“十”字轴线系统

块上，规划还布置了一座大型的商业建筑，平面尺度约160.5×85米(图2.9-36)。核心区中三个不同功能的建筑或组合均形成了较大的体量，采用的是设立式点或线状构图以及现代建筑形式，建筑界面基本上没有参与对街道空间的限定，没有体现出街道或街块的变异形态(图2.9-37)。

除商业建筑外，核心区的行政中心与“高迪艺术中心”建筑通过一个“十”字形轴线系统建立了空间组合关系。建筑布局呈对称结构，以位于行政中心的法院建筑与“高迪艺术中心”圆心连接构成轴线，与林荫大道组成了“十”字形轴线系统。“十”字轴线的空间组织方式体现了古镇区的结构特征，使两个不同的“特色风貌区”建立了一定的空间联系(图2.9-38)。

2.9.4　小结

奉城镇的规划设计与城镇的空间发展特征相结合，运用了“带形城市”的形态原型，并借鉴了“带形城市”理论的发展与实践，以平行轴线系统建立了空间的线性结构。设计采用了网格、环形道路的连接方式，使带形结构的空间渗透性得以加强。

规划建立了显著的中心区，通过轴线等形态变异手法使之得到强调。带形结构中中心区的形成，摆脱了人们对“带形城市”缺乏中心感与凝聚力的疑虑，成为“带形城市”在较小城镇规模范围内进行的有益尝试。

规划在形态原型运用上没有直接采用马塔的“带形城市”形态，而是以纵向的线性元素与平行线相交，形成的网格结构增强了城市结构的可适应性。规划一方面注重古城的保护与更新，另一方面将所谓的“西班牙风貌”与古城拼贴。设计在新的城镇核心区使用了变异的形态，强化了新镇核心区与方形古城的形态对比。虽然新镇设计在核心区试图通过“十”字结构布局与古城的十字街产生某种呼应，但设立式的大体量建筑布局、类似于巴塞罗那老城区的道路结构仍与古城的空间肌理形成拼贴，两种迥异的原型形态在这里形成了较为激烈的碰撞。另外，作为“带形城市”最为重要的结构元素——脊椎轴线，兰博路并不处于城镇公共性最强的位置，原型的象征、形式意义略重。轴线两侧的建筑形式不同程度地被植入了西方古典建筑的构图，这种做法对于一个具有浓重历史文化色彩的城镇可谓不可思议。

综上所述，可将奉城镇规划设计的主要特点归纳为以下几点：

（1）以“带形城市”为形态设计原型；

（2）“脊椎”轴线略偏重于象征意义；

（3）采用平行线式的带形结构，并通过周边农用地等布局予以保持；

（4）网格与环形系统加强了空间的渗透与联系；

（5）运用形态的变异手法强调中心区域；

（6）“十”字轴与古镇结构建立了一定的联系；

（7）中心区采用设立式、大体量、现代的建筑形式，沿主轴建筑部分移植了西方古典形式。

2.10 崇明县东滩——陈家镇

2.10.1 崇明岛与陈家镇概况

崇明岛地处西太平洋沿岸中点、上海北部的长江口，是中国的第三大岛和全世界最大的河口冲积岛，面积1 267平方公里，其中，自然保护区面积占全岛总面积的24.5%。崇明岛地形低平，因成陆较晚，受工业化影响较小，具有优越的生态环境和丰富的滩涂、湿地、森林资源，是上海最具潜在战略意义的发展空间之一。

崇明岛成陆已有1 300多年历史。公元618年（唐朝武德元年），长江口外海面上东沙西沙两岛开始出露。之后，沙洲时东时西、忽南忽北涨坍变化，至明末清初连成一个崇明大岛。崇明岛的人居历史可追溯到公元696年（唐朝万岁通天元年）初，公元705年（唐朝神龙元年），在西沙设镇，取名为崇明。公元1222年（南宋嘉定十五年）设天赐盐场，1277年（元朝至元十四年）升为崇明州，1396年（明朝洪武二年）由州改为县，先后隶属扬州路、苏州府、太仓州。民国至解放初期，崇明属江苏南通、松江，1958年12月起归属上海市，是目前上海十九个区县中唯一的县[1]。

2001年9月，上海市政府组织了《上海崇明、长兴、横沙三岛联动战略研究》方案征集，美国伊利诺大学（The University of Illinois）的方案从6个参加单位中被选中。中选方案提出了“区域、联动、可持续发展”的基本策略[2]，为上海“三岛联动”的战略性区域调整奠定了一定的基础。2005年5月，“三岛联动”计划正式启动，崇明县调整了行政区划，兼并了原隶属宝山区的长兴乡（长兴岛）、横沙乡（横沙岛）。根据发展计划，崇明岛、横沙岛以生态建设为原则，长兴岛以现代船舶业制造基地作为发展方向（图2.10–1）。

位于崇明岛东端的东滩地区由陈家镇、上海实业集团东滩园区、“前哨农场”以及垦区滩地组成。陈家镇位于东滩地区的西南侧，长江入海口处，南侧临长江，与长兴岛隔江相望；西侧与中兴镇隔河邻接。陈家镇距上海市中心城区约45公里，距浦东国际航空港约50公里，是规划上海长江隧桥工程（沪崇苏越江通道）登陆所在地[3]，规划中的沿海铁路和上海市域快速轨道交通R4线从也经过陈家镇—东滩地区。陈家镇镇域面积94平方公里，其中耕地面积约42.7平方公里，覆盖水域面积为1 009.6平方公里。作为崇明县的新型城镇，通过近20年以来的发展，陈家镇建立了一定的工业基础。20世纪80年代陈家镇围垦2万亩滩涂，形成了良好的自然生态环境和独

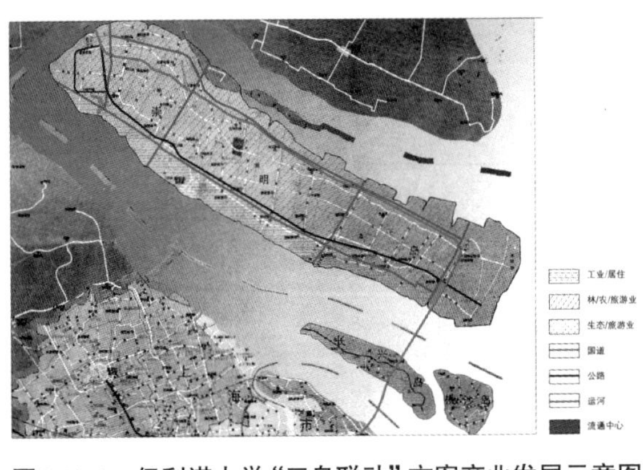

图2.10–1　伊利诺大学“三岛联动”方案产业发展示意图

图片来源：上海市城市规划管理局.未来都市方圆，上海市城市规划国际方案征集作品选（1999 ～ 2002）.2003：225

[1] 上海市地方志办公室.区县志/县志/崇明县志.http: //www.shtong.gov.cn. 2005–6–6.

[2] 上海市城市规划管理局.未来都市方圆，上海市城市规划国际方案征集作品选（1999—2002）.2003：224.

[3] 上海长江隧桥（沪崇苏通道）是交通部确定的国家重点公路建设规划中上海至西安的重要组成部分。隧桥起自浦东五号沟，与郊区环线（A30）相接，经长兴岛，止于崇明陈家镇，全长约25.5公里。其中，以隧道方式穿越长江南港水域，长约8.9公里；以桥梁方式跨越长江北港水域，长约10.3公里；长兴岛和崇明岛接线道路共长约6.3公里。

特的自然景观(图2.10-2)。

2.10.2 崇明岛总体规划

继“三岛联动”发展研究,2003年7月,崇明县政府编制了《崇明岛域总体规划纲要》,于2004年初进行了崇明岛域总体规划国际招标。有美国SOM公司等公司参与设计,最终SOM公司的方案中选[1]。SOM公司就崇明岛总体规划设计阐述了八个原则:一、保护野生环境;二、农业方式向无公害行业转变;三、开发绿色环保系统;四、发展运输系统;五、提倡环保交通方式,发展地面轨道运输系统;六、保护生态环境的发展和生态旅游;七、根据不同特点规划崇明岛边的八个小城;八、采用新技术节约能源[2]。规划保留了70%的农业用地与野生自然保护区,强调邻里社区至公交系统的步行可达性,被评价为“具有在生态与开发构架之间的高度清晰性与综合性”[3](图2.10-3)。

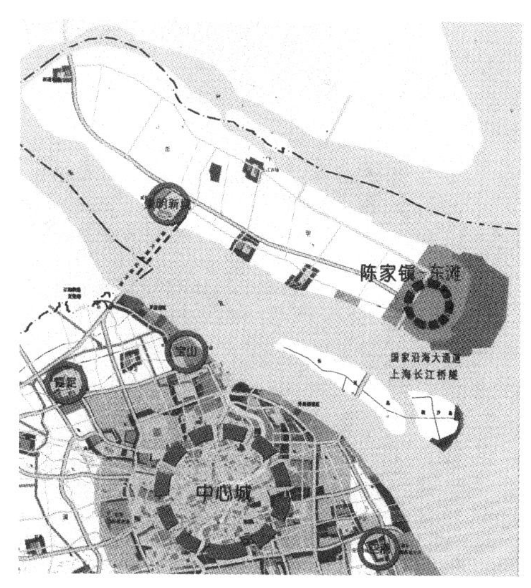

图2.10-2 陈家镇—东滩区位图

作者根据崇明县人民政府.海岛花园镇——上海崇明陈家镇城镇总体规划资料编绘

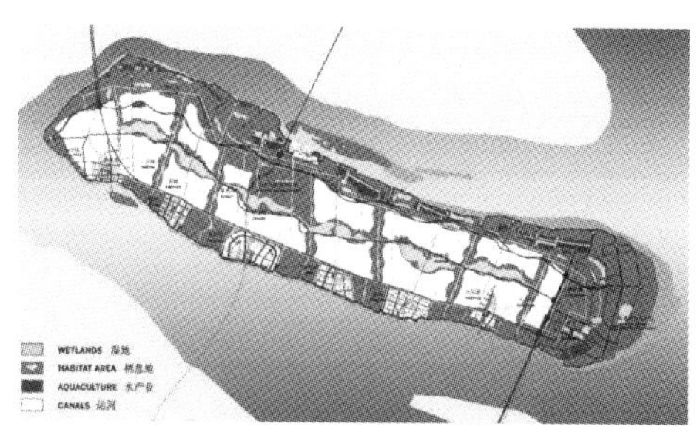

图2.10-3 SOM公司崇明岛总体规划平面图

图片来源:SOM公司. http: //www.som.com/projects/planning/Chongming Island. 2005-12-20

崇明县政府以SOM方案为基础并综合其他设计方案,最终完成了总体规划的编制。总体规划将崇明岛域划分为崇东、崇中、崇北、崇南和崇西五个分区,并形成“一城五镇三片”的结构布局(图2.10-4)。其中,崇东分区由东滩湿地、候鸟自然保护区、规划中的“上实生态园区”和陈家镇组成;东滩为现代服务业与度假旅游业的三个片区之一,陈家镇是规划定义为五个新市镇之一。

---

[1] SOM公司的获奖方案获得2005年美国新都市主义协会“新都市主义宪章奖(New Urbanism Charter Award)”以及美国建筑学会(AIA)2005年“杰出区域与城市设计荣誉奖(Honor Award for Outstanding Regional and Urban Design)”。详见SOM公司.http: //www.som.com/projects/planning/Chongming Island. 2005-12-20.

[2] 作者根据美国SOM建筑设计公司芝加哥办事处总监Phillips Enkuist在2004年10月10日北京首都剧场举办的“规划的有限与无限”论坛上的讲演记录整理。

[3] AIA 2005 Honor Awards: Urban Design, Architectural Record, 2005(5): 149.

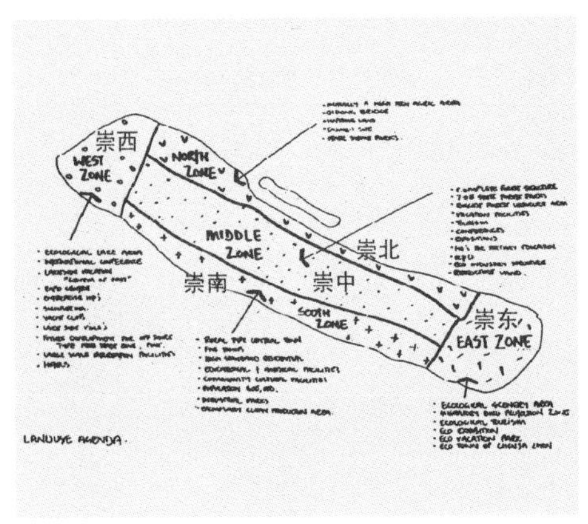

图2.10-4　崇明岛总体布局的五个分区

图片来源：崇明县人民政府.海岛花园镇——上海崇明陈家镇城镇总体规划.介绍宣传资料.2004：5

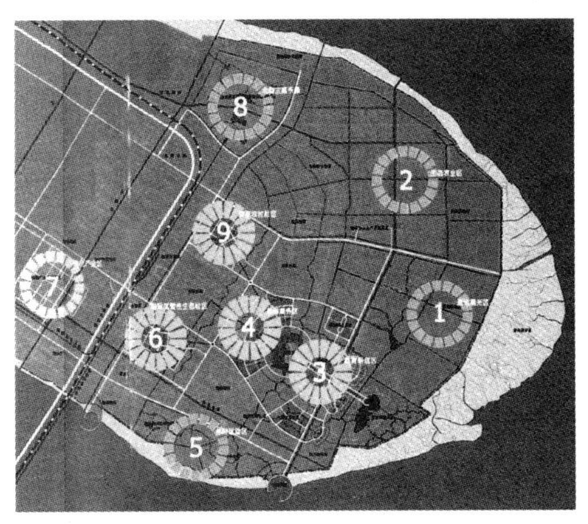

图2.10-5　崇明岛崇东分区的总体布局示意图

资料来源：崇明县人民政府.海岛花园镇——上海崇明陈家镇城镇总体规划.介绍宣传资料.2004：6

陈家镇—东滩是崇明生态岛建设的重要区域，在长江隧桥建成以后，将拥有岛上最有利的交通可达性。总体规划将东滩定义为生态示范、休闲运动、国际教育为主的门户景观区，共布局了九个功能区，即：(1) 湿地观光区；(2) 生态农业示范区；(3) 教育研发区；(4) 森林型商务区；(5) 户外休闲运动区；(6) 实验生态社区；(7) 绿色产业区；(8) 主题乐园区/奥林匹克公园(作为储备选址用地)；(9) 新型农村社区。其中3、4、6、9四个功能区构成城镇中心区域，其他则作为外围区域(图2.10-5)。

2.10.3　陈家镇—东滩总体规划

陈家镇—东滩总体规划经历了三个设计阶段。2001年4月，崇明县政府就东滩概念规划进行方案征集，要求设计围绕生态系统的建设确定区域空间结构、功能定位，并提出上实生态园区与陈家镇的总体发展目标[1]。方案征集活动有三个设计单位参加，美国Philip Johson Alan Ritche Architects Studio BAAD的设计方案中选。中选方案以建立"生态港"为目标，规划原则为："协调现有发展状况、扩展公共区域、多元化的生活、支持可持续发展的科技创新、重整小区环境以及尊重历史文化。"[2]在空间结构规划中，设计采用密集的中心区配合分散的聚居点，使用环保交通模式，新建活动区域按地形和几何关系进行合理分部，渐次增长[3]。并提出了建设生态湖、湿地

[1] 上海市城市规划管理局.未来都市方圆，上海市城市规划国际方案征集作品选(1999—2002).2003：244.

[2] 同上：248.

[3] 同上。

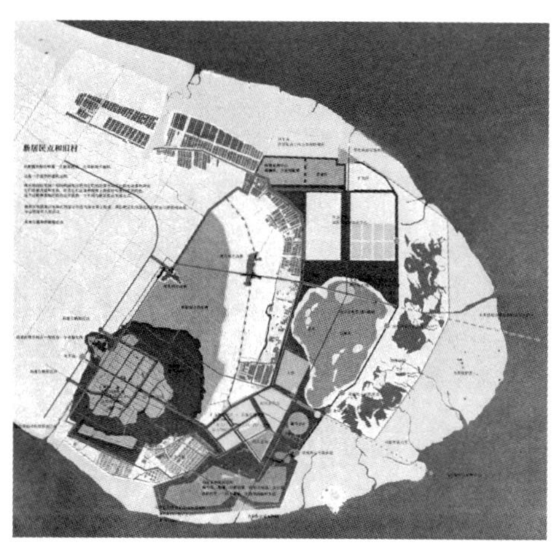

图2.10-6 2001年东滩概念规划平面图

图片来源：上海市城市规划管理局.未来都市方圆，上海市城市规划国际方案征集作品选（1999—2002）. 2003：248

图2.10-7 陈家镇—东滩的规划用地构成

作者根据崇明县人民政府.海岛花园镇——上海崇明陈家镇城镇总体规划资料编绘

公园、科技园区、会展中心等空间布局设想（图2.10-6）。这个框架性规划成为陈家镇—东滩规划的第一个阶段。

第二个设计阶段为总体规划方案的征集。在崇明县《崇明岛域总体规划纲要》形成并着手总体规划方案征集的同时，上海市政府于2003年10月批准陈家镇作为“一城九镇”的试点城镇，陈家镇成为“一城九镇”中最后被确定的试点城镇[1]。根据新的发展形势与要求，崇明县政府进行了陈家镇—东滩总体规划方案征集。规划用地在东、南、北三面临长江沿岸防汛主海塘，西侧以八效港为界，面积约224平方公里。其中，陈家镇镇域面积94平方公里，还包括陈家镇84.69平方公里的现代农业园区，22.67平方公里的“前哨农场”，以及22.64平方公里的垦区滩地[2]（图2.10-7）。参与设计征集的单位有三个，日本都市环境研究所的方案中选。

中选方案围绕构建“水网绿色田园都市”形成了三个基本原则，一是以建设生态城市为基本原则，与环境共生，保护生态环境；二是以建设宜人环境、步行圈作为城市发展原则；三是以减低城市负荷、长期的发展策略作为城市的经营原则[3]。规划在区域空间布局上形成了以下特点：

（1）以水与绿化组合形成环境带；

（2）结合绿化带的环状、大型格网主干道路布局；

---

[1] 2004年陈家镇被建设部等六部委共同确定为全国重点建设城镇。

[2] 崇明县人民政府.海岛花园镇——上海崇明陈家镇城镇总体规划介绍资料.2004：4.

[3] 同上。

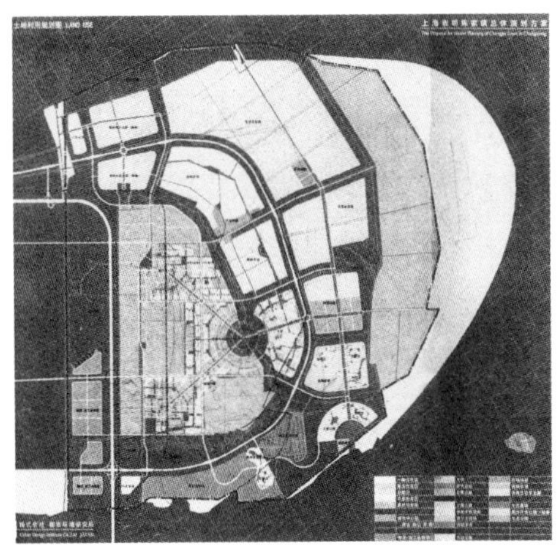

图2.10-8　2004年陈家镇—东滩总体规划征集中选方案规划平面图

图片来源：崇明县人民政府.海岛花园镇——上海崇明陈家镇城镇总体规划.介绍宣传资料.2004：48

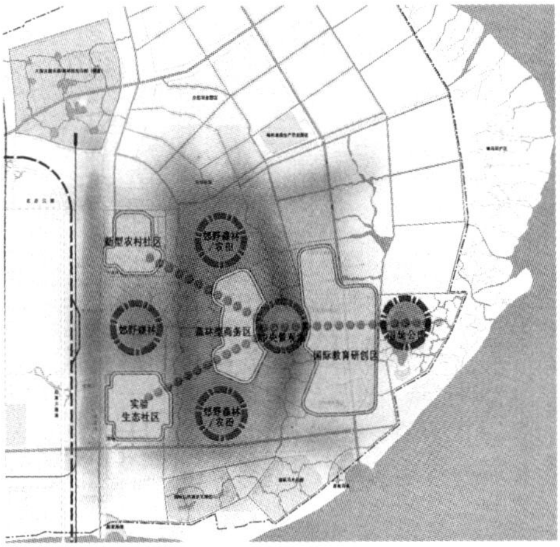

图2.10-9　陈家镇—东滩总体规划空间布局结构示意图

图片来源：崇明县人民政府.海岛花园镇——上海崇明陈家镇城镇总体规划.介绍宣传资料.2004：13

（3）城镇区域呈组团式，以农业用地和绿化环绕；

（4）镇区主要在环形道路以内发展；

（5）以中心区为原点，形成放射结构与镇区或片区连接（图2.10-8）。

规划的第三个阶段为总体规划编制。2004年，在方案征集中选设计的基础上，上海同济城市规划设计研究院进行了《上海崇明陈家镇—东滩地区总体规划》的编制。规划以发展生态城镇为规划理念，提出生态居住、知识研创、休闲运动与清洁生产的城镇主导功能[1]。

根据崇明岛域总体规划确定的崇东片区功能要求，规划形成了四个片区，位于城镇中心的功能片区为“森林型商务区”（以下简称中心片区），东侧是“国际教育研创区”，西南、西北侧分别布置了“实验生态”和“新型农村”两个社区。其中后三个片区围绕中心片区布局，与森林、农田、湖泊、公园等负结构空间形成“棋盘”状虚实相间排列形态（图2.10-9）。

中心片区由“森林型商务区”、会展服务区组成，围绕整圆形的“中央景观湖”形成扇形同心圆圈层形态，中心的景观湖成为城镇空间的中心。在环绕这个中心的其他三个片区中，与其空间关系最为密切的是东侧的“国际教育研创区”，片区由“国际高教区”与“科技研创基地”组成，其中又分成了7个小型组团，呈独立形态散落在景观湖东侧。其他两个社区是城镇的居住生活片区，其中，“实验生态”社区在

[1] 崇明县人民政府.海岛花园镇——上海崇明陈家镇城镇总体规划介绍资料.2004：10.

老镇区的东侧发展，是镇区的生活中心。此外，规划在形态上还具有以下主要特点：

（1）建立了主干道路大型网格；

（2）形成了东西向的中轴线；

（3）片区、组团沿轴线呈对称、分散式布局；

（4）形成了明显的城镇中心区；

（5）中心区以圆形的景观湖泊为核心；

（6）以景观湖泊为圆心，形成了连接片区的放射形结构；

（7）片区、组团以农地、森林为边界；

（8）各个片区、组团具有显著的中心；

（9）道路网格与放射结构系统叠合交织（图2.10-10）。

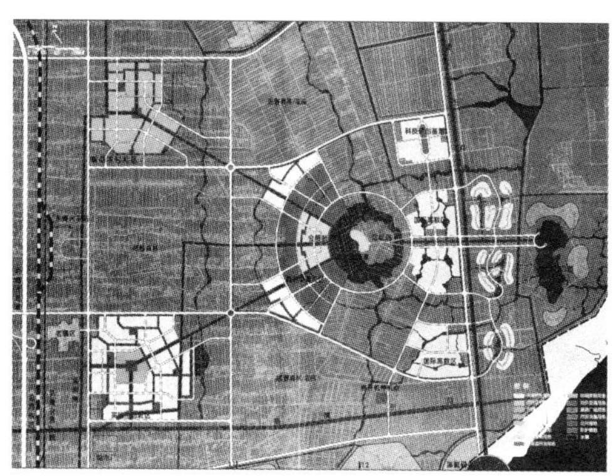

图2.10-10 陈家镇—东滩总体规划平面图

图片来源：崇明县人民政府.海岛花园镇——上海崇明陈家镇城镇总体规划.介绍宣传资料.2004：11-12

1. 分散化集中的“田园城市”模式

陈家镇—东滩区域拥有丰富的自然资源与生态环境，湿地、水系、农地、滩涂、野生动植物等环境元素形成了对整个区域的控制。寻求一个可持续的发展模式成为新城镇建设的重要任务。

规划选择了一个分散的区域空间布局模式。如同上节的描述，规划形成的四个主要片区呈“棋盘”状与农地、森林相间布局，开放空间将片区包围，成为片区的边界（图2.10-11）。在片区内组团的布局中，规划采取了两种不同的方式，一种是分散的形式，如东侧的“国际教育研创区”，片区继续被环境空间分割，形成了分散的、具有明显边界的组团（图2.10-12）；另一种则是集中的方式，体现在位于城镇中心的中心片区与西侧的两个社区及其组团的布局中。

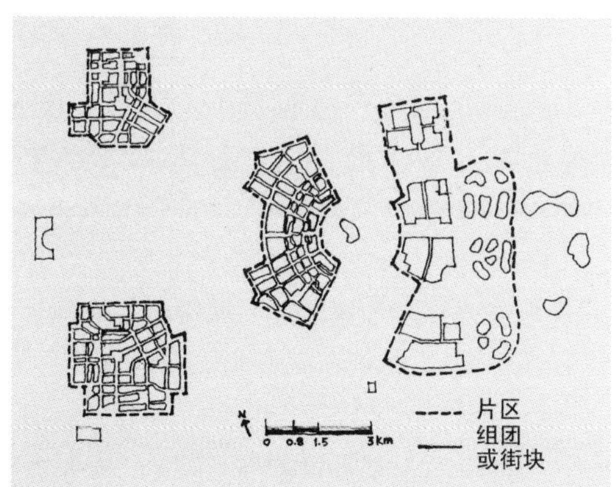

图2.10-11 陈家镇总体规划采用的分散式区域布局

这三个主要片区具有紧凑的空间组合。在中心片区，规划以一个圆环形道路限定了城镇的中心，中心由湖面、岛屿以及绿地组成，其中，岛屿被称为“论坛岛”，片区围绕它呈扇形展开；西侧的两个社区空间显示

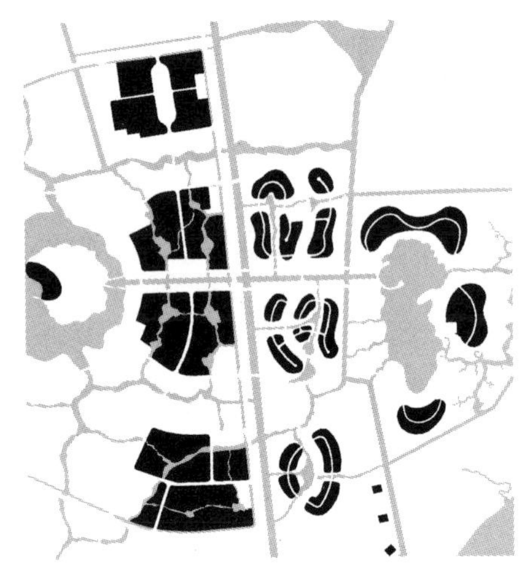

图2.10-12　片区内组团的分散布局形式，作者根据陈家镇总体规划平面图改绘

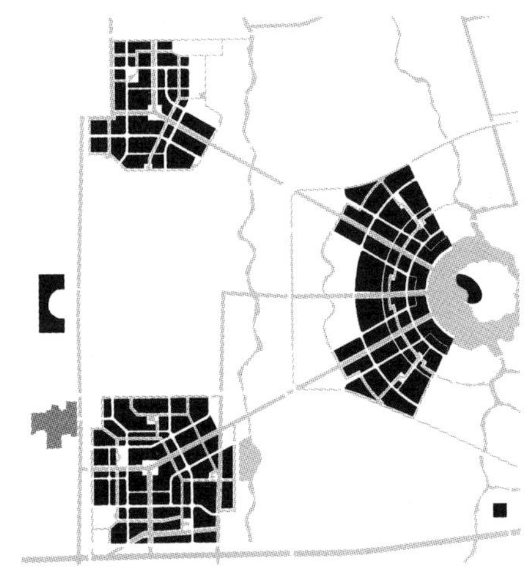

图2.10-13　三个主要片区的集中式布局方式，作者根据陈家镇总体规划平面图改绘

出更为集中的形态，社区中心被布置于几何中心，格网形道路与河道、绿带将片区划分为组团或街块，空间的向心感显著（图2.10-13）。

由此，陈家镇规划形成了一个"分散化集中"的城镇空间形态。这种形态在一定程度上体现了城市集中论与分散论之间的折衷观念。

在关于可持续发展城市形态的讨论中，曾经形成了三个不同的观点。第一种是集中论，主张城市通过加大城市人口密度、减少交通出行等措施，促使人们使用步行、公共交通，以减少城市对土地的使用，如柯布西耶的"光明城市"以及雅可布斯等所倡导的观念；第二种是分散论，赞成郊区化的生活，使人们重返土地，可以享受高质量的乡村环境与自由生活，其主要的代表人物是赖特等。第三种观点是折衷论，将前两者的主张进行折衷[1]。

在三种观点的倡导者中，霍华德的"田园城市"理论一度被集中论者划归为分散论，但他的观念却更多地反映了折衷论的立场[2]。一方面，霍华德强调城市与乡村相结合，另一方面，他也支持城市更新，保护农村土地以及遏制城市的蔓延，其折衷论也被视作"分散化的集中"[3]。

类似霍华德为"田园城市"城镇群发展所作的图解，陈家镇的城镇结构呈现出

---

[1] （英）迈克尔布雷赫尼.集中派、分散派和折衷派：对未来城市形态的不同观点.详见（英）迈克·詹克斯等编著.紧缩城市——一种可持续发展的城市形态.周玉鹏等译.北京：中国建筑工业出版社，2004：13.

[2] 同上。

[3] （英）路易斯·托马斯，韦尔·卡曾斯.新的紧缩城市形态：实践中的概念.详见（英）迈克·詹克斯等编著.紧缩城市——一种可持续发展的城市形态.周玉鹏等译.北京：中国建筑工业出版社，2004：343.

一个卫星城式的形态，规划以中心湖面为圆心，分别在西南、西北两个方向上利用两条放射线性河道联系片区，同时，在东西方向以道路等线性元素组合形成轴线，向东辐射并联系“国际教育研创区”，以此建立了城镇空间形态的对称关系（图2.10–14，图2.10–15）。

通过图2.10–14，图2.10–15的比较可以看出，陈家镇规划设计在镇区空间形态上与“田园城市”群发展模式较为接近。在陈家镇规划的四个片区中，虽然西侧的两个社区具有一定的功能联系，但中心片区与“国际教育研创区”在功能上更多地体现出独立的性质，与两个社区也不具有层次上的级差关系。在霍华德的“社会城市”模式中，这种相对独立的区域被看作是行政上独立的城市，通过便捷的交通联系，形成一个可以共享的城市组群[1]。从这点来看，陈家镇的区域布局与霍华德的“社会城市”模式具有某种程度的相似性。在尺度上，陈家镇中心片区与两个社区之间相距约5公里[2]，这与霍华德“田园城市”至中心城市3.25英里（约5.23公里）的距离也颇为近似[3]。

在陈家镇的片区规划中，规划的中心片区以圆形湖面为中心，形成了放射与同心圆圈层组合的扇形形态，其形态与霍华德“田园城市”的图解形式比较接近，这种以花园为中心、公共区域居中的圈层布局方式，在陈家镇的两个社区的规划中也有一定程度的体现（图

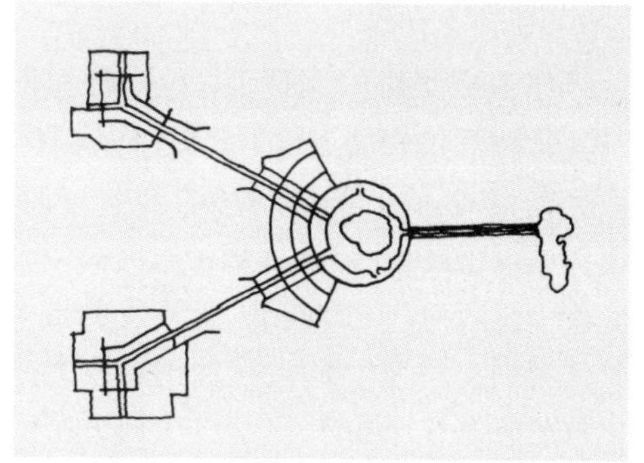

图2.10–14　陈家镇规划片区之间的放射形连接

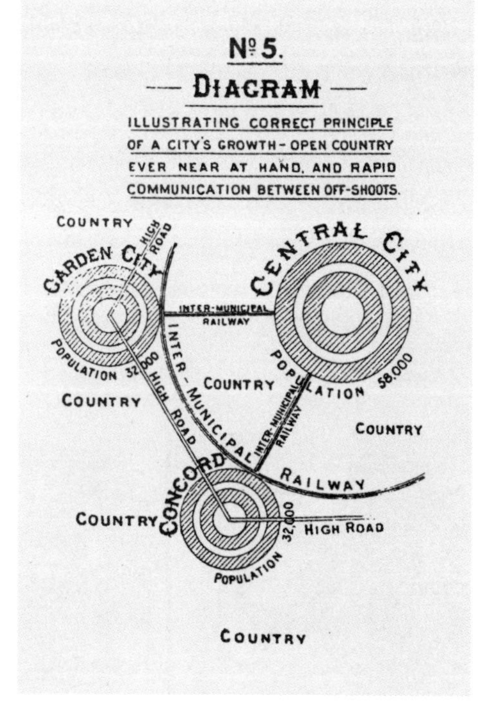

图2.10–15　霍华德的“田园城市”城镇群发展图解

图片来源：（英）埃比尼泽·霍华德.明日的田园都市.金经元译.北京：商务印书馆，2000：114

[1]（英）埃比尼泽·霍华德.明日的田园都市.金经元译.北京：商务印书馆，2000：111–113.

[2] 作者根据陈家镇总体规划平面图及比例尺推算，本节以下同。

[3]（英）埃比尼泽·霍华德.明日的田园都市.金经元译.北京：商务印书馆，2000：115.

2.10-16，图2.10-17）。

作为霍华德的支持者，刘易斯·芒福德曾对“田园城市”的密度进行了分析，他认为霍华德每英亩70～100人（173～247人/公顷）的密度是“真正的城市密度，比郊区一般密度为高”[1]，并以此回应集中论者对“花园城市”低密度的批评。陈家镇总体规划人口为7万人，居住用地为315公顷[2]，如果按此数值进行推算，其居住人口毛密度为222人/公顷，两者具有近似性。

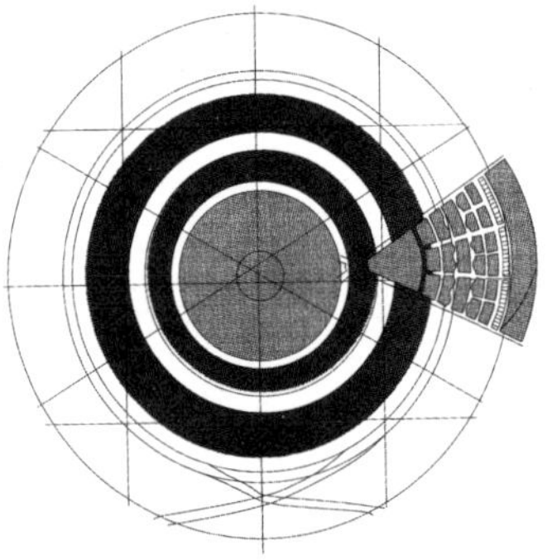

由此可见，陈家镇规划采用了与“田园城市”一致的分散化集中模式，并借鉴了“田园城市”的形态原型，在空间布局上对建设一个可持续发展的城市形态进行了有益的探索与实践。

图2.10-16　霍华德的“田园城市”示意图

图片来源：（美）凯勒·伊斯特林.美国城镇规划——按时间顺序进行比较.何华，周智勇译.北京：知识产权出版社/中国水利水电出版社，2004：36

2. 交通引导发展模式

尽管陈家镇规划的空间形态与“田园城市”具有诸多相近之处，但在片区之间的交通连接上，规划没有采取霍华德放射形铁路、高速路等方式，而是使用了一个大型的方格网道路结构，并以这个网格与片区内主要道路建立连接，形成了如同“新城市主义”者卡尔索普提出的TOD发展模式。

TOD发展模式以线性的交通走廊组织社区空间，成为改变郊区无序扩展的有效方式之一。在形态上，TOD将霍华德“社会城市”以中心城市组织的城镇群从辐射形

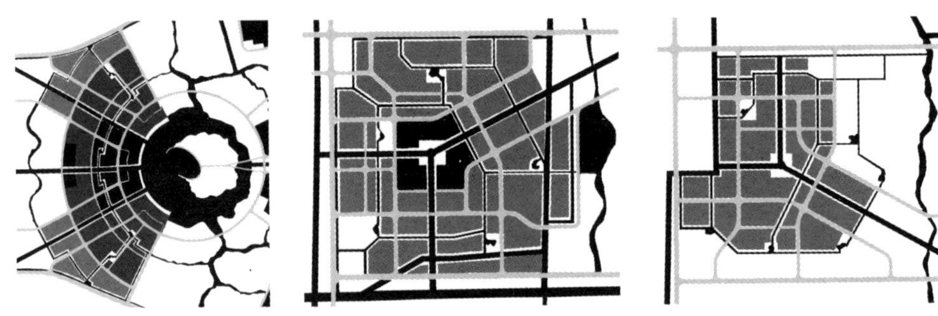

图2.10-17　陈家镇三个主要片区的空间形态，从左至右依次为“中心片区”“实验社区”“农村社区”

作者根据陈家镇总体规划平面图改绘

[1] （美）刘易斯·芒福德.城市发展史——起源、演变和前景.倪文彦，宋俊岭译.北京：中国建筑工业出版社，2005：531.

[2] 崇明县人民政府.海岛花园镇——上海崇明陈家镇城镇总体规划介绍资料.2004：8，14.

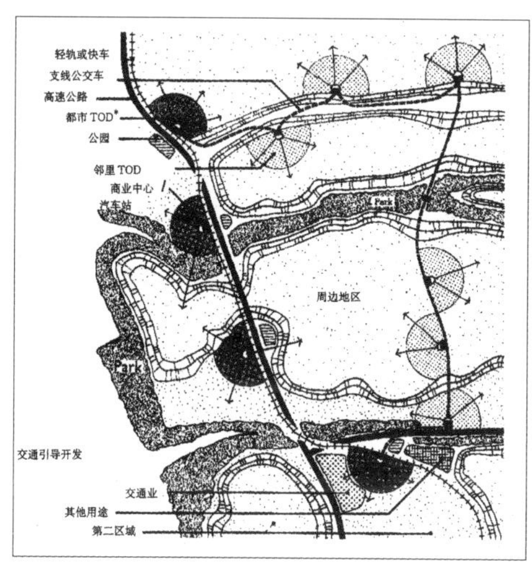

图2.10-18 卡尔索普TOD邻里的两种布局模式

图片来源：(美) 新都市主义协会编.新都市主义宪章.杨北帆，张萍，郭莹译.天津：天津科学技术出版社，2004：7

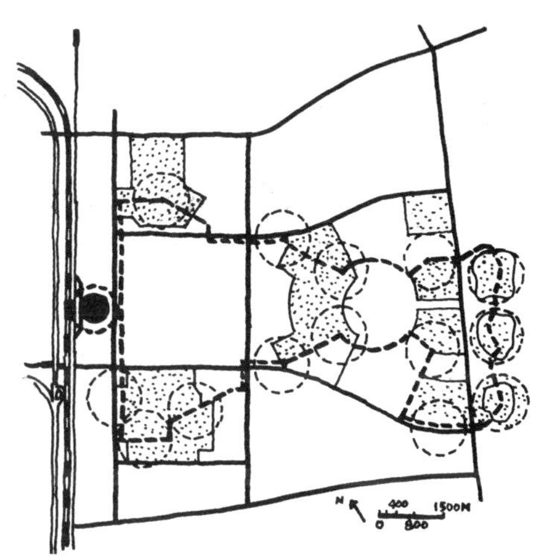

图2.10-19 陈家镇规划采用的“邻里TOD”模式，图中粗虚线为规划的公交线路，细虚线表示600米半径步行圈

态改变为交通走廊的线性串联形态，具有良好的可适应性，也是“一种能解决紧缩性要求和可达性要求潜在矛盾冲突的替代性方案”[1]。TOD模式在强调公共交通的同时，主张建设具有步行可达性的社区，在社区布局上提出了两种形式，第一种是以高速公路与城市轨道交通廊道引导的“都市TOD(Urban TOD)”，社区相隔约1.6公里；另一种是支线公交车线路引导的“邻里TOD(Neighborhood TOD)”[2](图2.10-18)。

陈家镇总体规划基于长江隧桥工程、规划中的沿海铁路和上海市轨道交通R4线，建立了复合型的交通走廊，老镇区北侧集中设置了集火车站、轨道交通站、长途汽车站以及公交车站于一体的交通枢纽。与这个交通枢纽相连接的是方格网道路，然后再通过道路连接片区，社区中心与交通枢纽相距至少有3公里。这种布局方式不似“都市TOD”方式直接围绕交通枢纽布置紧凑的、具公共性的中心区或社区，而是以道路与公交系统联系各个不同的片区，并采用了专用公交车道路以及专用公交站台，改善了交通枢纽与片区之间的交通联系，鼓励人们使用公共交通，其布局方式更接近于“邻里TOD”模式(图2.10-19，图2.10-20)。

[1] (英) 路易斯·托马斯，韦尔·卡曾斯.新的紧缩城市形态：实践中的概念.详见(英) 迈克·詹克斯等编著.紧缩城市——一种可持续发展的城市形态.周玉鹏等译.北京：中国建筑工业出版社，2004：342.

[2] (美) 新都市主义协会编.新都市主义宪章.杨北帆等译.天津：天津科学技术出版社，2004：75.

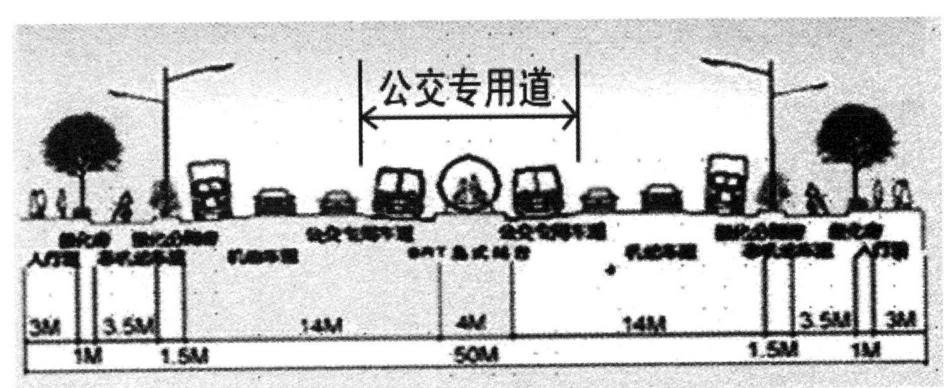

图2.10–20　陈家镇总体规划形成公交线路的道路断面示意图

图片来源：崇明县人民政府.海岛花园镇——上海崇明陈家镇城镇总体规划.介绍宣传资料.2004：18

图2.10–19中反映了陈家镇规划的公共交通线路、片区以及600米步行圈之间的关系，从中可以看出，除东侧的三个组团外，陈家镇规划中交通引导的片区组织由于规模较大，步行圈的可控范围有限，公交形成的交通枢纽也不完全与片区中心重合，与卡尔索普的TOD邻里构成不尽相同。

与上述方式相对应，规划将两个居住社区分别布置于交通枢纽的南北两侧，具有公共功能的中心组团处于居住社区的东侧约5公里处。中心组团的“森林商务区”、会展服务区以及在其东侧不远处的“国际高教区”等均属于公共性区域，距离交通枢纽相对较远，其对外交通对城镇道路，特别是对东西向的道路系统具有较强的依赖性，集中通勤量的增加也可能为城镇道路系统带来压力。

在总体结构上，陈家镇规划建立了一个放射形态的轴线系统，这种轴线形态也常常出现在卡尔索普的TOD规划设计中，从社区中心放射的轴线通常是街道。美国加州拉圭纳韦斯特社区（Laguna West）是TOD概念的第一个实践项目，类似巴洛克的“三支道”形式，规划采用了三条自社区中心放射出的街道，并以此连接社区的公园等公共空间（图2.10–21）。卡尔索普认为，这种形式有利于提高步行效率，是人们前往社区中心的最短路线。

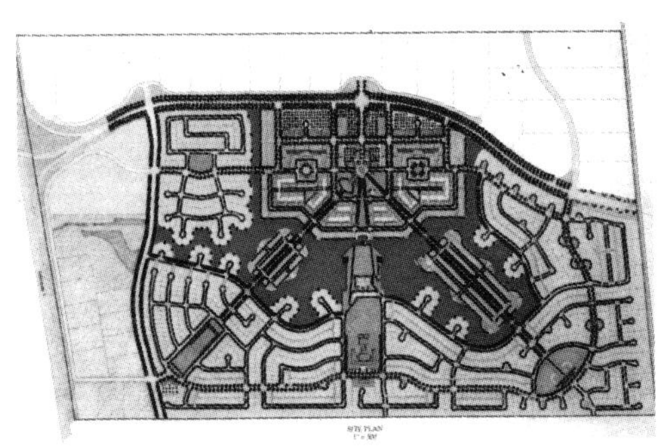

图2.10–21　美国加州拉圭纳韦斯特社区平面图

图片来源：（美）彼得·盖兹.新都市主义社区建筑.张振虹译.天津：天津科学技术出版社，2003：16

在陈家镇的规划中，三条轴线中的主要形式是河道，其中，东西向的河道轴线在东侧与道路形成组合连接了

图2.10-22 陈家镇规划放射性河道与道路的关系

作者根据陈家镇总体规划平面图改绘

片区与组团(图2.10-22)。放射的轴线系统没有采取“田园城市”与TOD模式中的铁路或道路形式,河道轴线所联系的片区间最短距离近3公里,这对于步行者来说也许不是一个短距离。显然,放射轴线形态更多地注重了景观意义的表达。

3. 片区的形态模式

陈家镇总体规划共形成了四个主要片区,在片区布局上采用了三种不同的形态模式。第一种是中心片区的“田园城市”的圈层放射模式,其形态特点在上节的论述中曾做过分析,此节不再赘述;第二种是两个社区形态体现出的邻里开发模式;第三种是类似细胞形态的“有机”形式。

图2.10-23 陈家镇总体规划镇区布局平面示意图

图片来源:崇明县人民政府.海岛花园镇——上海崇明陈家镇城镇总体规划.介绍宣传资料.2004:36

陈家镇的两个社区规模相近,“实验社区”约在3×3公里[1]范围内,农村社区略小,约在2×2.7公里范围内。位于城镇西南侧的“实验社区”实际上是陈家镇的镇区,规划在镇区几何中心将放射性轴线河道引入,建立了一个“Y”形的放射河道系统,在核心点设置了一个正方形的花园,围绕花园布置镇政府、商业、文化等公用设施,其外围则是居住区。在镇区的北侧,规划划分了一个名为“国际性生态社区展示区”的区域,根据规划的描述,这个区域由欧陆、北美等10个不同的“生态实验”街块组成(图2.10-23,图2.10-24)。在形态设计上,规划没有以TOD方式将社区的中心贴临主干道路布置,而是采用了一个网格道路与放射形河道组合的结构形式,使镇区空间布局紧凑,并具有显著中心区与边界。

这种布局形态类似“新城市主义”者DPZ所倡导的邻里模式(图2.10-25)。DPZ的邻里图解是基于1929年佩利邻里单位概念形成的,图解使用了“Y”形与

[1] 作者根据陈家镇总体规划平面图及比例尺推算,本节以下同。

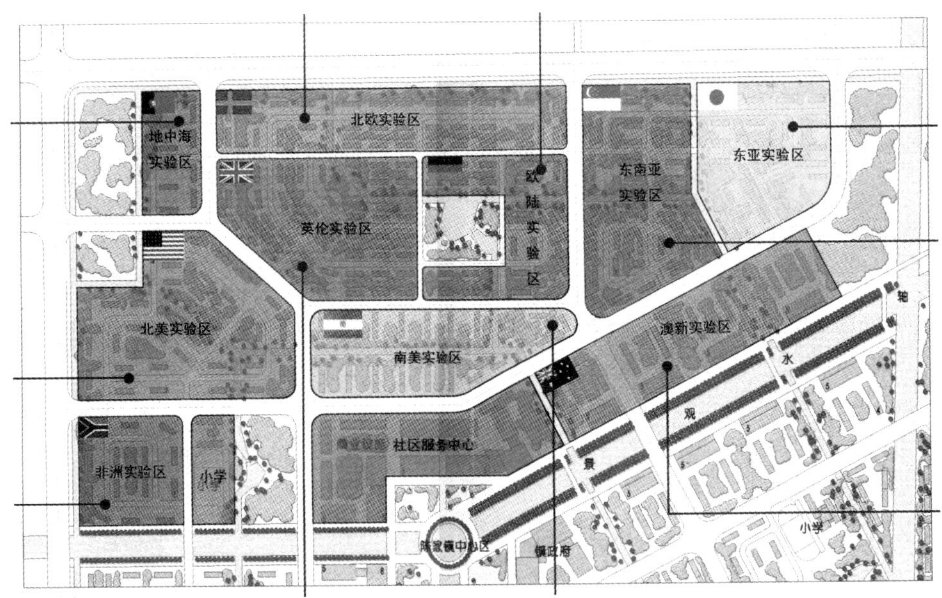

图2.10–24　陈家镇镇区北侧的“国际性生态社区展示区”地块划分平面示意图

图片来源：崇明县人民政府.海岛花园镇——上海崇明陈家镇城镇总体规划.介绍宣传资料. 2004: 37–38

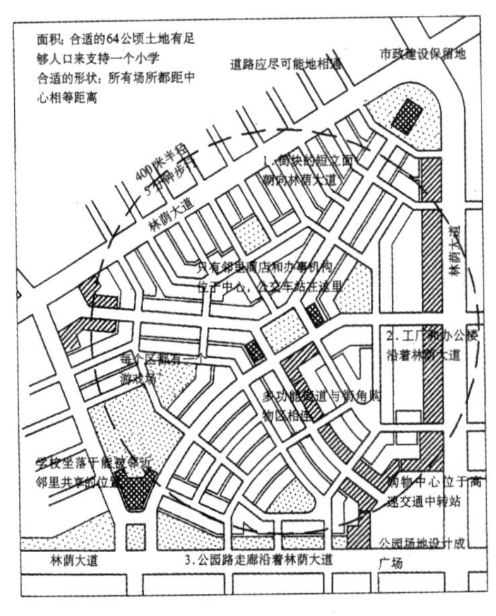

图2.10–25　DPZ的邻里图解

(美) 新都市主义协会编.新都市主义宪章.杨北帆等译.天津：天津科学技术出版社，2004：74

网格道路的组合方式，以林荫大道作为邻里边界，邻里范围控制在400米步行圈内。图2.10–26显示了陈家镇镇区以中心区边缘为圆心建立的600米步行圈的情况，从中可以看出，步行圈基本上形成了对镇区的覆盖，而600米的距离则处于TOD模式的步行可控范围内(图2.10–26)。

陈家镇东侧的片区包括“国际高教区”、“科技研创基地”等功能用地，由7个组团组成。其中东侧的三个组团形态被进一步划分为4～5个独立的小型组团，以片区或组团道路进行串联(图2.10–27)。在英国二战后的新城发展中，这种如同细胞的形态构成法则曾一度得到遵循，建于1947—1948年的哈罗

图2.10-26　陈家镇镇区600米步行圈分析图

图片来源：作者根据陈家镇总体规划镇区平面示意图编绘

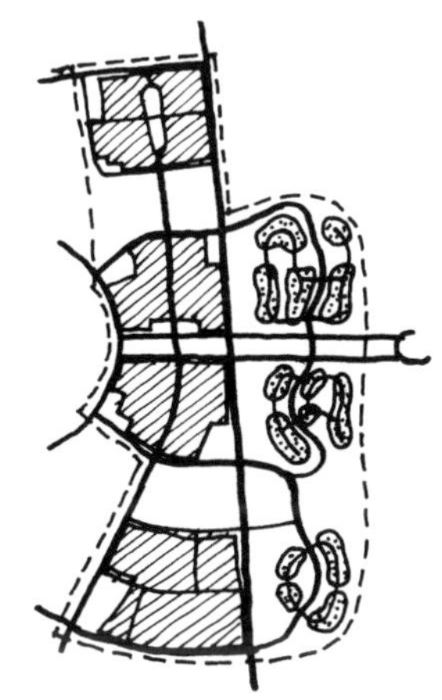

图2.10-27　陈家镇东侧片区的组团划分

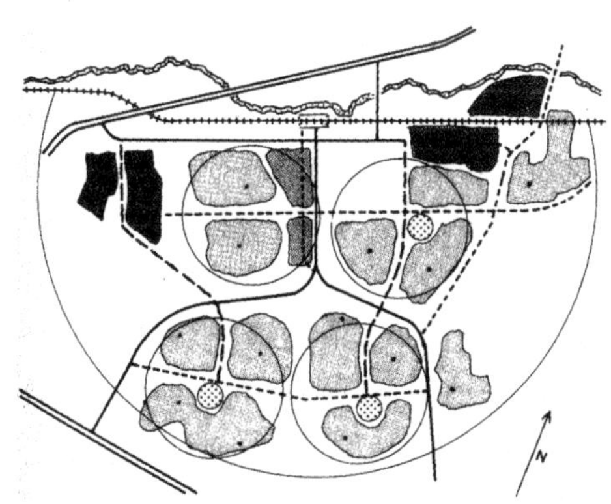

图2.10-28　吉伯德（Frederick Gibberd）设计的哈罗新城城市结构图

图片来源：（英）克利夫·芒福汀.绿色尺度.陈贞，高文艳译.北京：中国建筑工业出版社，2004：87

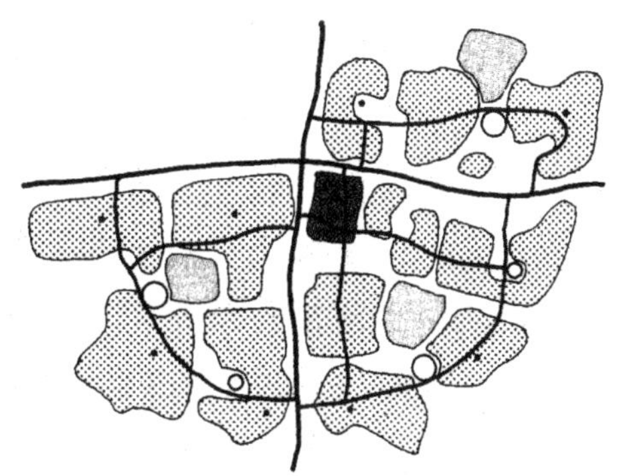

图2.10-29　哈罗新城邻里结构

图片来源：（英）克利夫·芒福汀.绿色尺度.陈贞，高文艳译.北京：中国建筑工业出版社，2004：87

（Halow）新城就是一个典型的实例（图2.10-28，图2.10-29）。

从哈罗新城的结构图中可以看出，新城共由四个片区组成，片区被进一步划分为组团，组团又再次被划分为更小的组团。其形态犹如细胞的分裂方式，组团或小型组团具有独立的结构，依靠各级道路进行联系，体现出“有机”的形态特征。这种形式在黑川纪章1967年为菱野新城（日本濑户）所作的规划中得到了淋漓尽致的表现（图2.10-30）。

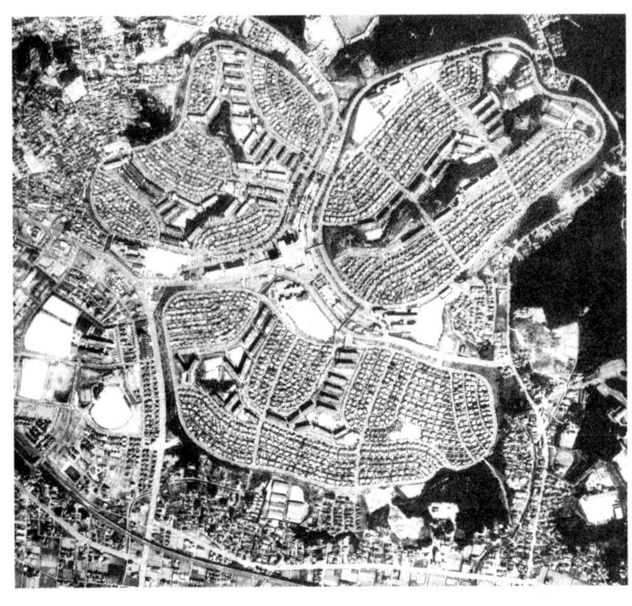

图2.10-30　黑川纪章设计的菱野新城航测图，1987年

图片来源：（日）黑川纪章.城市设计的思想与手法.覃力，黄衍顺，徐慧，吴再兴译.北京：中国建筑工业出版社，2004：29

2.10.4　小结

从以上的分析中可以看出，陈家镇总体规划以“田园城市”的分散化集中为原则，同时借鉴了TOD的发展模式，城市空间在一定程度上体现了“田园城市”、“新城市主义”、“有机”论等形态原型特征。设计充分尊重了陈家镇极其优越的生态环境，在规划设计层面对建设可持续发展的城市形态进行了实践。

理查德·瑞杰斯特（Richard Register）在他的著作《生态城市伯克利：为一个健康的未来建设城市》中描绘了一个乌托邦式的生态城市景象，用以体现了他所倡导的多样性、尊重与保护自然、紧凑的开发等原则[1]（图2.10-31）。正如陈家镇规划形态所体现的，这个景象是将紧凑的城市置于环境的环抱中，而不是

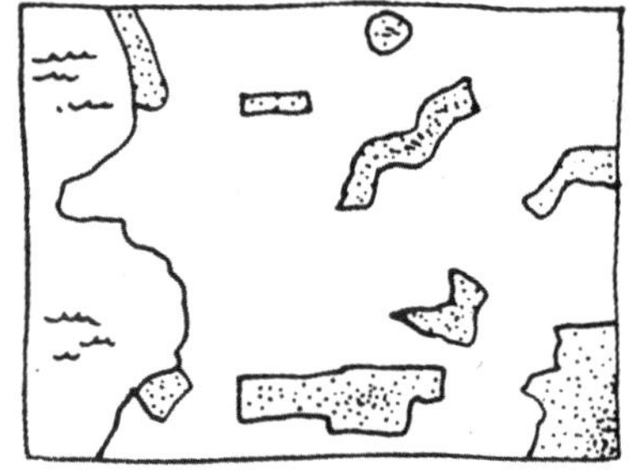

图2.10-31　理查德·瑞杰斯特的生态城市模式

图片来源：（美）理查德·瑞杰斯特.生态城市伯克利：为一个健康的未来建设城市.沈清基，沈贻译.北京：中国建筑工业出版社，2005：18

[1]（美）理查德·瑞杰斯特.生态城市伯克利：为一个健康的未来建设城市.沈清基，沈贻译.北京：中国建筑工业出版社，2005：42.

无序蔓延的相反情景。

从形态上看来，陈家镇规划运用的多种原型，其中，放射结构涉及到不同时期的城市形态原型，其放射的线性结构除东侧的道路轴线外，其他两条显得较为薄弱，两条似乎只是在景观视觉结构上具有一定的联系作用，而真正起到交通联系作用的是与放射结构叠加的大型网格系统。网格系统成为规划所采用TOD模式的重要元素，与复合性的交通枢纽相连接，但由于新城镇的主要片区与交通枢纽分离，网格道路成为城镇片区与枢纽的主要交通载体，类似于卡尔所普TOD的二级模式，因各个片区规模较大，这种较为间接的交通形式也许会产生较大的交通量。另外，镇区中的“实验社区”组团以世界各国的“生态社区”展示为主要内容，试图成为世界住区博览的“集大成者”，带有一定程度的主题公园化倾向。

综合以上的分析，可将陈家镇规划在空间形态设计上的主要特点归纳如下：

（1）运用分散化集中的“田园城市”形态模式；

（2）借鉴TOD模式，形成了交通引导的片区发展形态；

（3）片区与环境空间呈“棋盘”式相间布局，形成大型道路网格；

（4）以放射性轴线建立片区间的景观性视觉联系；

（5）形成复合性交通走廊，交通枢纽与片区通过道路间接联系；

（6）运用“田园城市”、邻里、“有机”形态原型，形成了片区、组团布局的三种类型。

第3章 “一城九镇”空间结构与公共空间形态类比分析

在“一城九镇”计划同样的建设前提下，10个新建城镇的城市设计运用了不同的形态原型，在空间结构、公共空间形态等方面体现了多样性。为改善郊区新建城镇“千城一貌”的局面做出了一定的努力。城市形态的形成过程具有复杂性和历史性，包括物质的和非物质的，折射了不同历史时期的政治、经济、文化、社会等各种因素。个性、结构和意蕴是形成环境意象的三个方面，其中，个性作为区别于其他环境的可识别性条件，结构显示了人与空间、空间与空间关系的属性，意蕴则是感情意义的象征[1]。因此，对于城市设计来说，产生一个城市形态的意义载体，关乎其形式的表达[2]。“城市空间可以是建筑造型偶然的副产品，也可以通过有目的、有意义的造型而获得自身的品质”[3]。对于新建城镇的空间造型，空间结构、公共空间的形态设计起到了重要的，甚至可以说是决定性的作用。在对不同层次城市空间的描述中，通常是借助地理学和建筑学的一些范畴[4]，相对应的是二维和三维的形式。

本章在第2章对“一城九镇”城市设计原型及其特点分析的基础上，就实例城镇的空间结构、广场、街道以及公园、绿地等开放空间，分别进行类型上的对比和分析。对于城镇结构的观察，将以宏观的、二维的方式为主，对于公共空间形态，则试图以中、微观，以及相应的三维方式进行。

[1] (美) 凯文·林奇.城市意象.方益萍，何晓军译.北京：华夏出版社.2001：6.

[2] (美) 斯皮罗·科斯托夫.城市的形成——历史进程中的城市模式和城市意义.单皓译.北京：中国建筑工业出版社，2005：9.

[3] Curdes, Gerhard. Stadtstruktur und Stadtgestaltung: 2. Auflage. Stuttgart, Berlin, Köln: Kohlhammer GmbH, 1997: 116.

[4] (美) 凯文·林奇.城市意象.方益萍，何晓军译.北京：华夏出版社.2001：242.

3.1 城镇空间结构

在尺度上，空间结构处于宏观层面。地块、建筑和开放空间分别形成了正、负结构组织，产生的空间图、底关系反映了城市空间的构成方式和结构特征。葛哈德·库尔德斯根据空间尺度阐述了空间结构的概念，空间的正、负结构形成了城市的形态结构，其组织方式则使建筑实体和公共空间具有不同的类型（图3.1–1，图3.1–2）。

城镇结构的控制性要素，是建立城镇空间可意象性的重要内容。凯文·林奇将这些要素归纳为道路、边界、区域、节点和标志物等5种元素[1]。从形式构成的角度，在宏观、二维的平面状态下，点、线、面是形式的基本生成要素[2]，由此可以将城镇结构形态中的控制性组织分为：线网、区域、边界、轴线、中心以及节点6个主要元素（图3.1–3）。

在点元素中，“中心”可以被理解为一个区域，但它在城镇的宏观结构中，具有“点”的构图作用，并产生了空间形态的向心力；相对于中心，节点通常在区域的中观结构构图中，具有方向性或标识性作用。作为城镇空间中的线性要素，边界限定了不同层次的区域空间，同时也联系这些区域；轴线可以是从线网中独立出来的线性元素，也可能是非实体形式，对空间的组织起重要的作用。线性元素的组合形成了线网结构，对结构形态所起的作用不再是作为单一的线

图3.1–1 库尔德斯根据尺度进行的空间与结构概念分析

图片来源：作者根据Curdes, Gerhard. Stadtstruktur und Stadtgestaltung: 2. Auflage. Stuttgart, Berlin, Köln: Kohlhammer GmbH, 1997: 11插图改绘

---

[1] （美）凯文·林奇. 城市意象. 方益萍，何晓军译. 北京：华夏出版社. 2001：35.

[2] 程大锦（Francis D.K. Ching）. 建筑：形式、空间和秩序（第二版）. 刘丛红译. 天津：建筑情报季刊杂志社，天津大学出版社，2005：3.

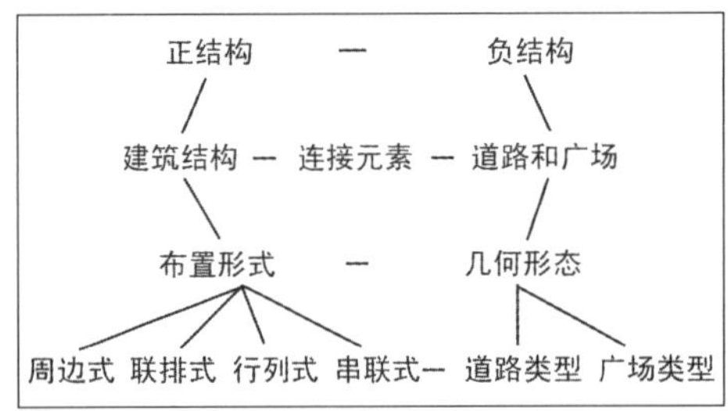

图3.1-2 库尔德斯关于空间结构基本元素的分析

图片来源：Curdes, Gerhard. Stadtstruktur und Stadtgestaltung: 2. Auflage. Stuttgart, Berlin, Köln: Kohlhammer GmbH, 1997: 119

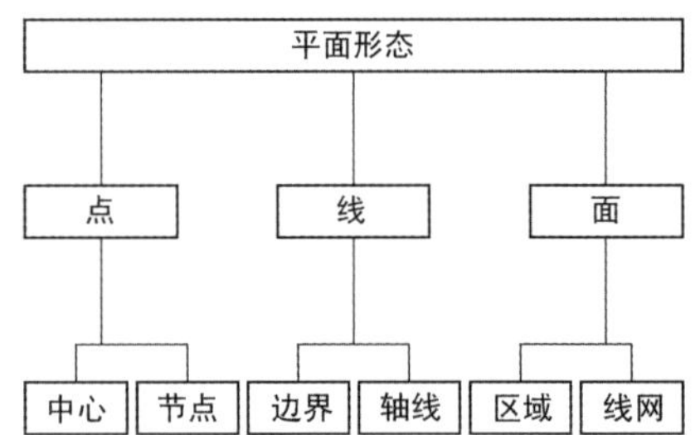

图3.1-3 城镇结构形态控制性要素

性元素，更多地是形成了面状的控制。这些由点、线、面分化出的元素在宏观意义上控制了城镇的结构形态。

在不同的地域环境和历史文化等背景下，结构图形是城市形态的直接反映，也是在二维状态下对城市结构形式的宏观描述，反映了城市的形态原型。本节将通过由空间正、负结构所建立的空间图、底关系，对“一城九镇”城镇结构进行观察，在城镇空间肌理，形态控制要素以及结构图形三个方面进行横向对比与类型分析。

3.1.1 空间图、底关系

正与负、阳与阴、黑与白、实与虚、积极与消极，在这些词组中反映了对立的意义。按照辩证法思想，在一定的条件下，对立元素可以互相转换从而形成对立的统一关系。对于具有形态的城市或建筑空间，正、负等对立元素反映的是实体与虚空的辩证关系，即图、底关系[1]（图3.1-4）。空间的图、底关系体现了空间正、负结构所形成的关系，所建立的图形及其转换，成为我们观察“一城九镇”空间肌理、城镇结构的有力工具。

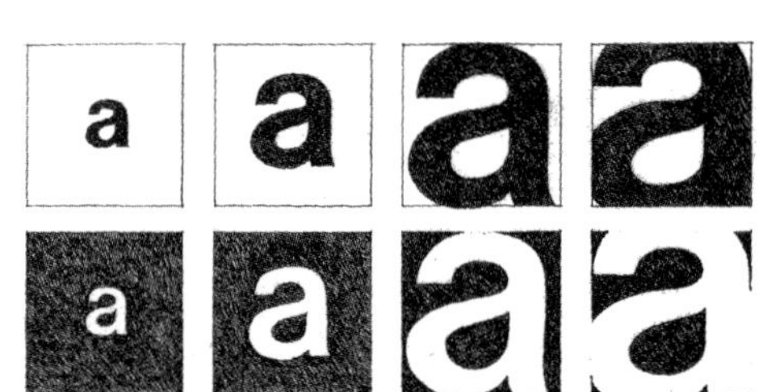

图3.1-4 图形的图、底关系

图片来源：程大锦（Francis D.K. Ching）.建筑：形式、空间和秩序（第二版）.刘丛红译.天津：建筑情报季刊杂志社，天津大学出版社，2005：94

[1] 程大锦（Francis D.K. Ching）.建筑：形式、空间和秩序（第二版）.刘丛红译.天津：建筑情报季刊杂志社，天津大学出版社，2005：94.

1. 空间的正结构与负结构

“好的空间结构总是由建筑和外部空间的相互转换形成”[1]。建筑和构筑物形成了城市空间的正结构，外部空间形成了城市空间的负结构。芦原义信把空间的负结构看作是没有屋顶的建筑空间，由地面和墙壁进行限定，并认为，空间的负结构与延伸的自然环境有所不同，而是比自然更有意义的空间。正结构与负结构所形成的积极和消极空间，如图3.1–5中的A、B空间可以通过相互转换，实现对空间的积极组织[2]（图3.1–5）。

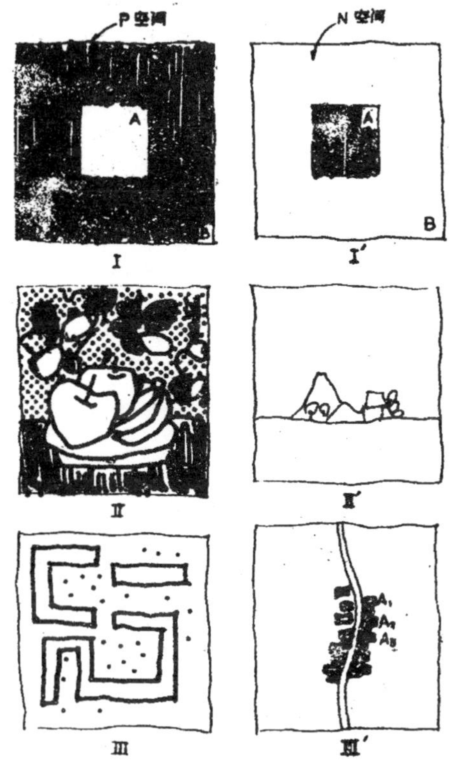

图3.1–5　芦原义信关于积极与消极空间的转换分析图

左侧3图将B作为积极因素，是有计划的；右侧3图中B成为消极因素，是无计划的。
图片来源：（日）芦原义信.外部空间设计.尹培桐译.北京：中国建筑工业出版社，1986：12

正、负结构所反映的城市形态，显示了城市空间的三种主要结构性作用，一是显示了城市功能的流线组织；二是显示了结构形态的方向感；三是显示了城市形态的象征意义，这也是“城市空间必须完成的任务”[3]。对于城市空间正、负结构中各个不同元素的原则、观点与实践，茨林卡·鲁德兹（Zrinka Rudez）通过调查，得出了自1880年至1930年部分理论家的不同认识和做法（图3.1–6），从中可以看出，多数学者对于负结构中的广场、道路等主要公共空间的形式比较重视，如道路的线形、广场的围合性、主体建筑的位置等方面，同时也表明，负结构的造型对于城市形态具有主导的、积极的作用。

作为规划城市，“一城九镇”空间正、负结构的组织更多地强调了几何性、规则性与秩序性，体现在不同层次的设计成果中。本书对城镇结构的讨论建立在正、负结构的认识上，通过这些认识，比较实例的形态特点与设计类型，正、负结构图是讨论的重要基础。图3.1–7 – 图3.1–16是根据10个城镇规划设计的平面图所绘制的

[1] Curdes, Gerhard. Stadtstruktur und Stadtgestaltung: 2. Auflage. Stuttgart, Berlin, Köln: Kohlhammer GmbH, 1997: 120.
[2]（日）芦原义信.外部空间设计.尹培桐译.北京：中国建筑工业出版社，1986：5，12.
[3] Curdes, Gerhard. Stadtstruktur und Stadtgestaltung: 2. Auflage. Stuttgart, Berlin, Köln: Kohlhammer GmbH, 1997：119.

正、负结构图，其中，“泰晤士小镇”、安亭、罗店、浦江、“高桥新城”5个城镇基于修建性详细规划成果，枫泾、朱家角、奉城镇基于控制性详细规划，前两者正、负结构图部分显示了控制性详细规划设计阶段的建筑形态布局情况，临港新城、陈家镇则以总体规划成果为基础。因此，共有6个实例的正结构是建筑实体，其他则是规划地块正结构形式（图3.1-7－图3.1-16）。

原则	■
观点	⧗
实施	☒

负结构 1.1 道路

	—	1.1.1 形式 a 长度	b 宽度	c 比例	d 直线性/非直线性	e 交叉	f 广场的道路入口	g 道路及建筑线	h 道路及地形	i 封闭性	j 道路序列	k 道路竖向	1.1.2 道路空间的功能	1.1.3 历史演变及建筑变化	1.1.4 辅助组织 a 色彩	b 材料	c 凸出物、牛腿、骑楼、廊架	d 装饰	e 绿化	f 指示标牌	g 建筑立面宽度
鲍迈斯特（1833-1917）(Baumeister)			⧗	⧗	⧗	☒		☒				☒	⧗						☒		
西特（1843-1903）（Sitte）					■	⧗						☒	☒								
亨利奇（1842-1919）(Henrici)	⧗				■	☒		⧗	■												
斯图本（1845-1936）(Stübben)			⧗	⧗	■	☒		■	■	■		⧗	☒						☒		
翁文（1863-1940）(Unwin)			⧗		■	■		■	■	■			☒			☒			⧗		
舒马赫（1869-1947）（Schumacher）	⧗		⧗	☒	■		■	■			■	■			⧗	☒		⧗	☒		
陶特（1880-1938）（Taut）	⧗			☒								☒	☒		■			⧗			
韦策尔（1882-1945）（Wetzel）				☒	■			■	■		⧗										

负结构 2.1 广场

	—	2.1.1 形式 a 大小	b 比例	c 对称性	d 规则/不规则	e 广场序列	f 围合性	g 广场及建筑线	h 广场及地形	i 纪念物、喷泉的位置	j 主体建筑的位置	k 广场竖向结构	2.1.2 广场的功能	2.1.3 历史的演变及建筑变化	2.1.4 辅助组织 a 色彩	b 材料	c 凸出物、牛腿、骑楼、廊架	d 装饰	e 绿化	f 水面	g 指示标牌	h 建筑立面宽度
鲍迈斯特（1833-1917）(Baumeister)	⧗	☒									■		☒						⧗			
西特（1843-1903）（Sitte）		⧗	■	☒	⧗	☒	■			■	■		⧗									
亨利奇（1842-1919）(Henrici)									■				⧗									
斯图本（1845-1936）(Stübben)	☒	☒	■				■		■	■	⧗		☒					☒				
翁文（1863-1940）(Unwin)	⧗		☒				■				☒		☒			☒						
舒马赫（1869-1947）（Schumacher）	⧗						■				■											
陶特（1880-1938）（Taut）																						
韦策尔（1882-1945）（Wetzel）			☒				☒		☒		⧗	■										

正结构 3.1 建筑

	—	3.1.1 形式 a 大小	b 规则/不规则	c 建筑物及周边	d 建筑物与气候	e 建筑物及其边角处理	f 外部空间（内院、绿化、建筑物）	g 建筑物及公共性建筑	3.1.2 功能	3.1.3 历史演变及建筑变化	3.1.4 辅助组织 a 屋顶形式	b 围墙	c 肌理
鲍迈斯特（1833-1917）(Baumeister)	⧗						☒						
西特（1843-1903）（Sitte）													
亨利奇（1842-1919）(Henrici)	☒												
斯图本（1845-1936）(Stübben)	⧗												
翁文（1863-1940）(Unwin)	⧗					■	⧗					⧗	
舒马赫（1869-1947）（Schumacher）	⧗												
陶特（1880-1938）（Taut）	⧗									⧗			
韦策尔（1882-1945）（Wetzel）													

图3.1-6　鲁德兹1988年对1880—1930年间城市空间组织原则及观点的调查

图片来源：作者根据Curdes, Gerhard. Stadtstruktur und Stadtgestaltung: 2. Auflage. Stuttgart, Berlin, Köln: Kohlhammer GmbH, 1997: 121插图改绘

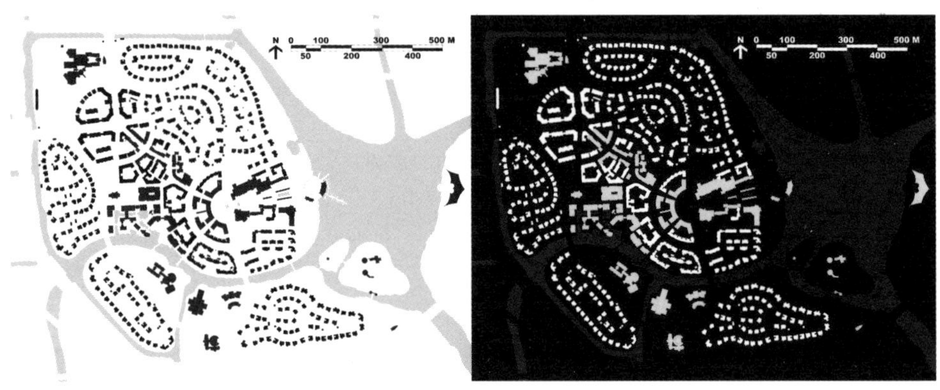

图3.1-7　“泰晤士小镇”正、负结构图

图片来源：作者根据赵燕等.新上海人的新生活.设计新潮/建筑.2004,114(10): 58插图改绘

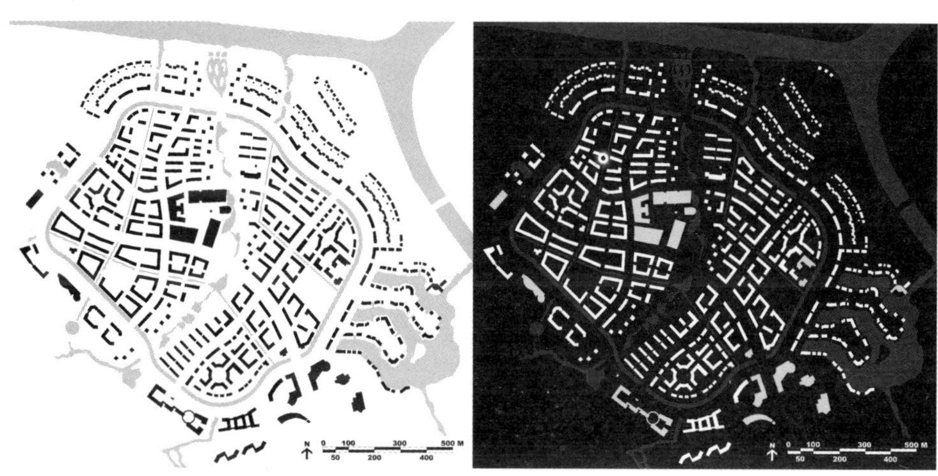

图 3.1-8 安亭新镇（西区）正、负结构图

图片来源：作者根据徐洁编.解读安亭新镇.上海：同济大学出版社，2004：6插图改绘

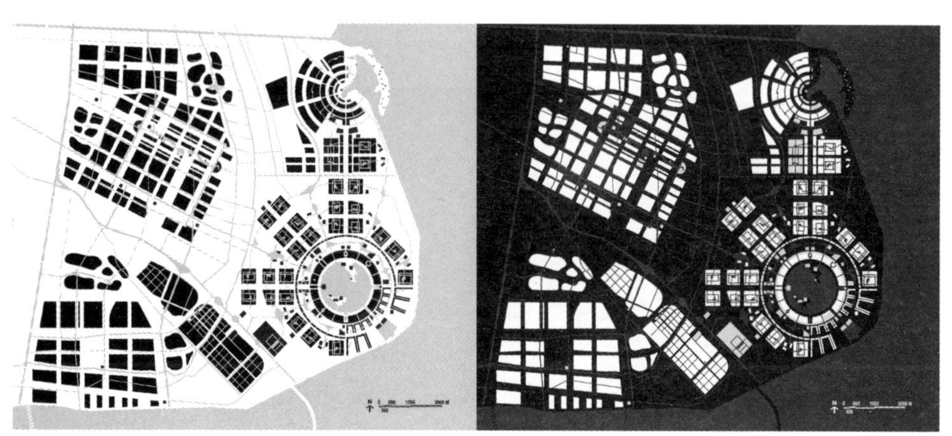

图 3.1-9 临港新城正、负结构图

图片来源：作者根据骆悰.临港新城战略背景与规划实践.理想空间.2005（6）：37插图改绘

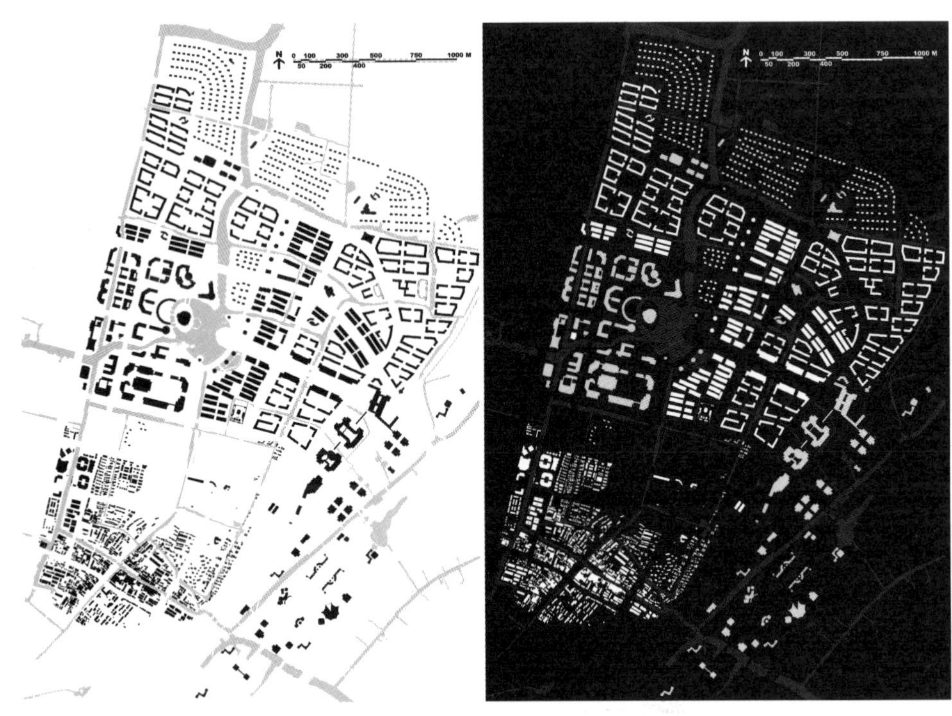

图3.1-10　枫泾新镇正、负结构图

图片来源：作者根据赵燕等.新上海人的新生活.设计新潮/建筑.2004,114(10)：61插图改绘

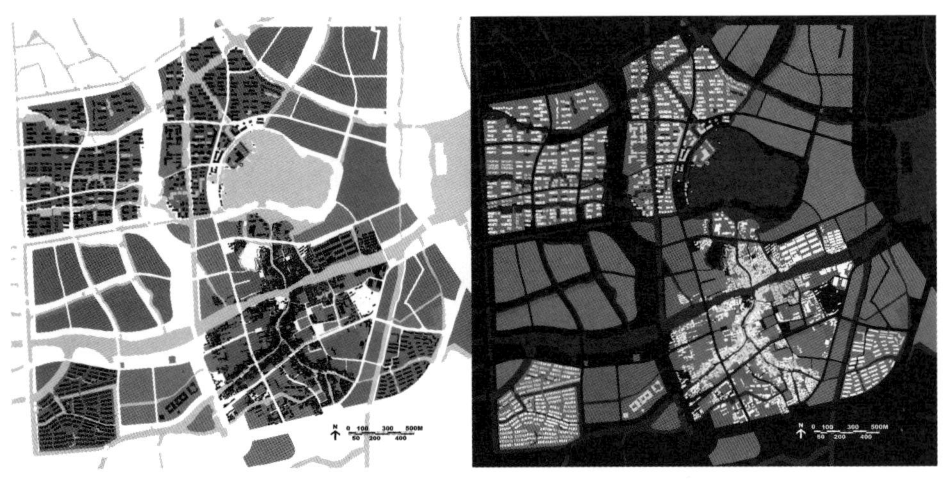

图3.1-11　朱家角镇正、负结构图

图片来源：作者根据朱家角镇镇区控制性详细规划平面图等资料改绘，由朱家角投资发展有限公司提供

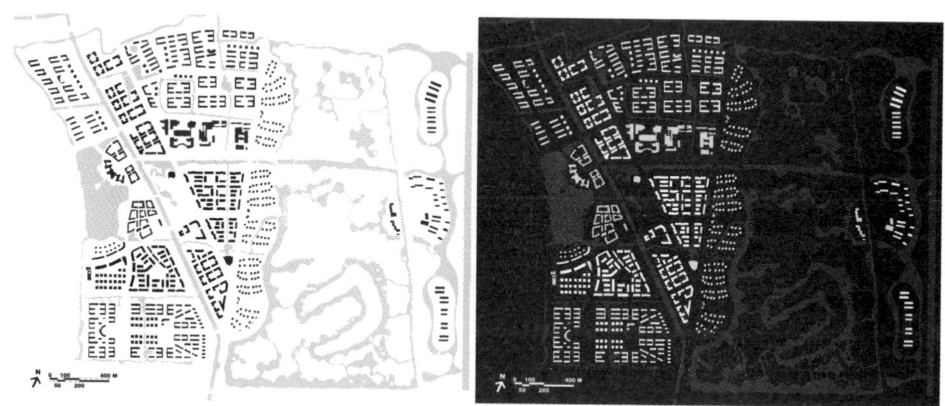

图3.1-12　罗店新镇正、负结构图

图片来源：作者根据鲁赛.罗店新镇区控制性详细规划.理想空间.2004(1)：59插图改绘

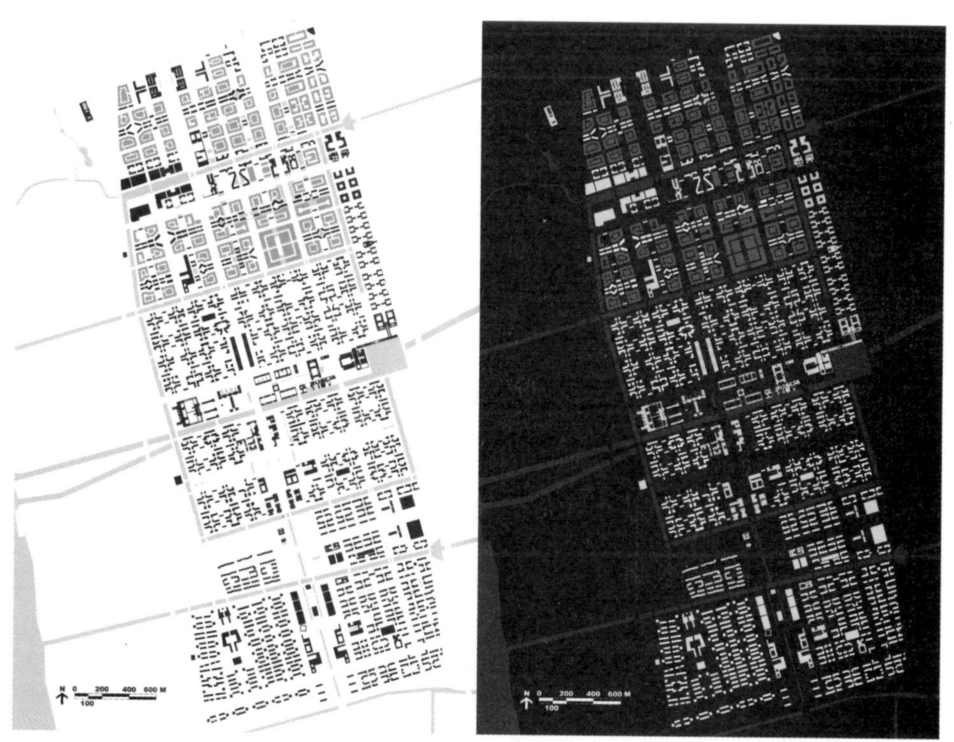

图3.1-13　浦江镇正、负结构图

图片来源：作者根据浦江镇修建性详细规划总平面图改绘，资料由上海天祥华侨城投资有限公司提供

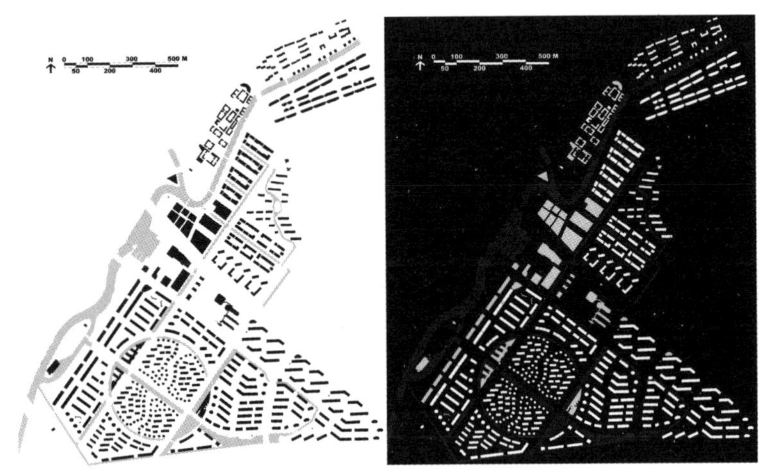

图3.1-14 “高桥新城”正、负结构图

图片来源：作者根据包小枫，程大鸣．谈荷兰新城的几次规划变奏．理想空间．2005(6)：80-82插图改绘

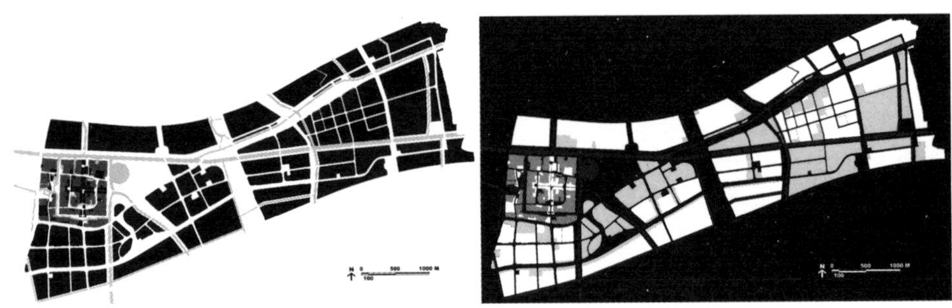

图3.1-15 奉城镇正、负结构图

图片来源：作者根据奉城镇区控制性详细规划总平面图改绘，资料源自上海市城市规划管理局．奉城镇区控制性详细规划．http: //www.shghj.gov.cn/ghj_web/News_Show.aspx?id=3896. 2004-8-30

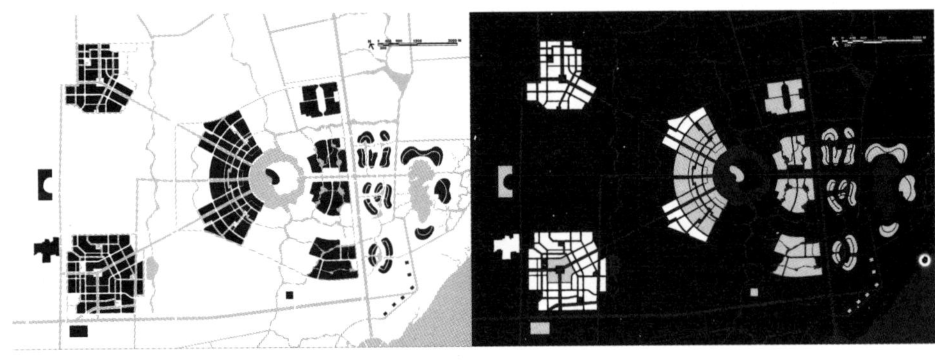

图3.1-16 枫泾新镇正、负结构图

图片来源：作者根据崇明县人民政府．海岛花园镇——上海崇明陈家镇城镇总体规划．2004：11-12总体规划平面图改绘

2. 城镇空间肌理

肌理与结构概念描述了城镇空间的秩序组织。前者更强调二维空间形态，后者则更加全面地表达空间或非空间的内容（如象征意义、形态逻辑等）。肌理的形成与基本元素的形状、尺度与数量（至少3个以上相加）有直接关系。当一个元素不可分割，或虽然形成母题元素，但不相同或不相似地重复，并与其他元素没有关联时，这个元素表达的是一个独立的造型，而没有形成肌理；另一方面，当一个元素不可分割，但通过3个以上相同或相似的基本元素或母题元素重复，或按照一定的规律与其他元素形成联系时，则产生了肌理（图3.1–17）。城市空间肌理的基本元素是城市区块或街坊、建筑实体等正结构，及其产生的负结构间隙空间。“肌理的核心是由基本元素和它的间隙空间的重复形成的”[1]，为了便于对“一城九镇”城镇肌理进行观察，将城镇空间肌理的属性归纳于以下8个方面（图3.1–18）：

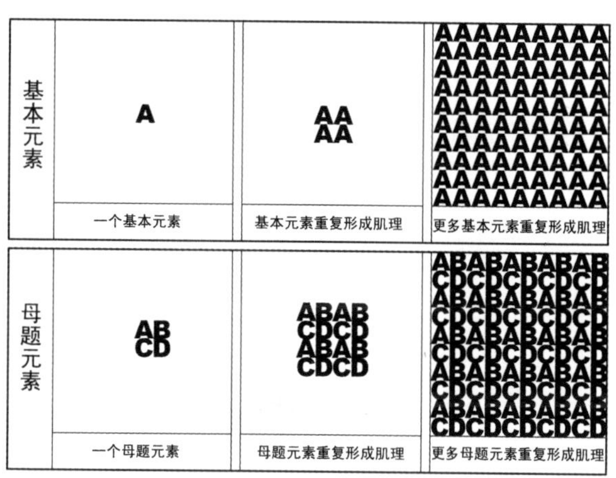

图3.1–17 肌理的形成

A. 比重：基本元素形成肌理的正结构占整个城镇（或区域）的面积比。形成的比重关系反映了负结构对城镇空间的支配度，也就是外部空间被限定的程度。通常情况下，负结构所占的比重越大，外部空间的围合感越弱，流动性越大，以至达到失控蔓延状态，从图3.1–9中可以看出，占不同比例的正、负结构对限定城市空间的影响。对于正结构，这个属性就是建筑密度。

B. 渗透：肌理形态可以直接地反映空间负结构的渗透性。这个属性与城市街块的性质与尺度有关。在街块或建筑正结构连续的情况下，大型街块使城市负结构之间的联系距离加长，渗透性减弱；相反，小型的街块形成的负结构则增强了渗透性，也增加了处于外部空间中人们的选择性。另外，肌理的中断对于负结构来说丧失了渗透性，使处于尽端的空间目的性增强，公共性减弱。

C. 同质：相同或相似元素按一定规律重复，距离和几何关系相同或相似。对

[1] Curdes, Gerhard. Stadtstruktur und Stadtgestaltung: 2. Auflage. Stuttgart, Berlin, Köln: Kohlhammer GmbH, 1997: 17.

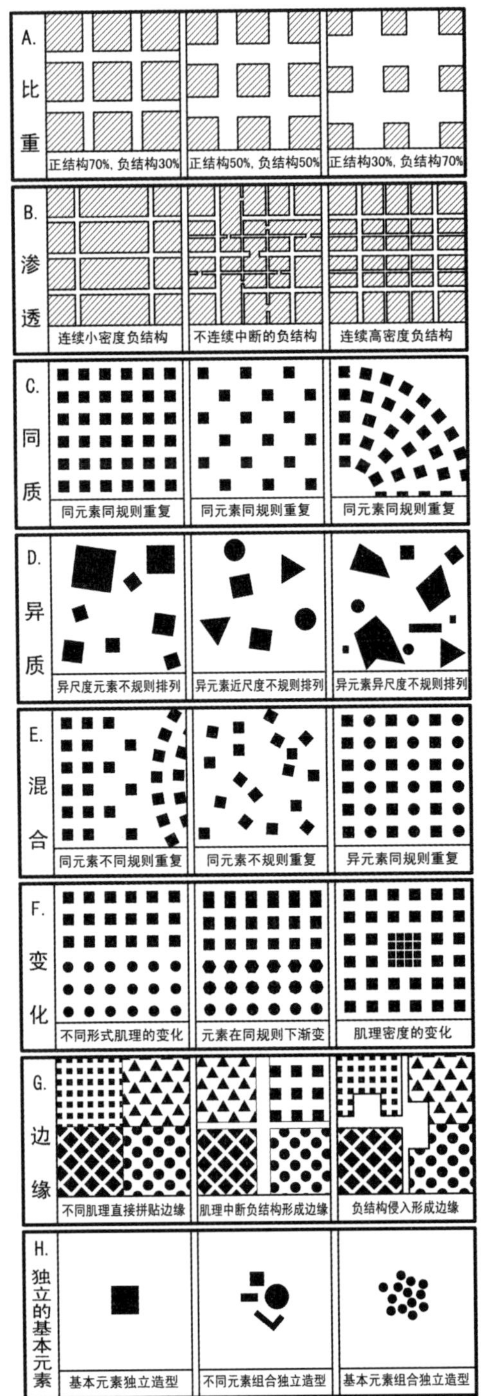

图3.1–18　城镇空间肌理的基本属性

于城市空间，体现了相同或相似的正结构与负结构所形成母题元素的重复。同质属性通常反映城市空间整体性与分区状况，也显示出分区或街块形成的正、负结构所建立的空间秩序。

D. 异质：相异元素按不同规律排列。当正结构与负结构的基本元素或母题元素的差异性明显大于相同或相似性时，便成为异质的元素。异质基本元素或母题元素之间按照不同的距离和几何关系排列，在视觉上没有建立规则的排列秩序。然而，异质的肌理往往在同质结构中起到变异的构图作用，使表现的内容被强调。

E. 混合：同质与异质元素或母题元素按一定规律重复形成的混合性肌理。图3.1–9中显示的3种情况是城市空间中常见的类型，由于正结构的性质、功能、形式的改变，使完全同质的肌理往往难以形成，异质的正结构按照城市支配性结构元素或秩序排列。另一种情形反映的是同质元素按不同规则或不规则的重复，如同等住宅建筑按不同组织方式或自由的排列形成混合性的空间肌理。

F. 变化：不同肌理的变化与拼贴，元素的逐渐改变但按一定规律重复，肌理密度发生变化等。这些变化体现了不同性质的城市空间分区的状况，也显示了随着负结构密度的增加使空间的公共性得以增强。不同肌理的变化还体现了城市形态的时间特性，不同时期的空间肌理成为城市历史片断的拼贴。

G. 边缘：不同肌理相接或肌理中断形成的边缘。直接相拼贴边缘的肌理通常反映了同一分区但具有不同密度或结构方式的空间形态；面向支配性连续负结构的肌理中断边缘，显示了城市空间的方向性；而侵入式的城市负结构形成的边缘通常限定了城市的公共空间，如广场和其他开放空间，这种边缘显示了负结构的积极性。

H. 独立的基本元素：独立的、不可分割元素或母题元素、元素组合的造型。独立性显示了元素的设立作用，在城市空间中，独立的正结构元素通常是重要的标示性建筑或街区，负结构则是广场等公共开放空间。变异、独立性使元素在城市肌理中被强调。

根据不同的设计深度，我们将“一城九镇”的空间肌理分为两种层次，一种是在总体规划或控制性详细规划设计中所显示出的空间肌理，空间的正结构是街块，负结构为街道、广场、公园绿地等公共开放空间；另一种为由修建性详细规划或城市设计所表现出的空间肌理，正结构为建筑，负结构一部分是城市公共开放空间或公共性间隙空间，另一部分是位于住宅区内的私有、半私有的开放空间或间隙空间。在这两个层次中分别选取三个区域肌理的正、负结构比重数值（表3.1.1.2–A），并进行分类对比（表3.1.1.2–B）。另外，根据以上对城市空间肌理形成和属性的概念论述，分析10个城镇在其他方面的空间肌理特征（表3.1.1.2–C）。

在表3.1.1.2–A中，我们分别选取了三类不同的区域，作为负结构比重的度量范围：第一类（1. 区）为城镇边界内区域，第二类（2. 区）为肌理较均匀的区域，第三类（3. 区）为中心区域。其中，选取的2. 区，对于建筑正结构来说，一般是不同布局形式的居住区；对于地块正结构，则是以镇区或居住区为主的区域。表3.1.1.2–B显示了所选区域负结构肌理比重的数据对比。尽管按不同精度用图所统计的是一个粗略的数值，所选取的三种区域也不能涵盖所有类型，但却表达出三种不同区域肌理密度的概况。从这些数据中可以看出，负结构比重在10个城镇中均占据较大比例，结合正、负结构的密度分布，可以看出以下特点：

（1）景观设施用地控制了城镇肌理的负结构比重：对区域边界内（1. 区）以建筑正结构所计的负结构比重均超过80%，城区内的正、负结构肌理具有较大的组群疏密差距，在某些区域内负结构形成控制，这些区域中的景观设施，如：大型公园绿地、湖面与水系等开放空间占有较大比例。其中，“泰晤士小镇”、安亭新镇、枫泾新镇、罗店新镇以及临港新城、朱家角镇、陈家镇均布置了大型水面与绿地，表现在上述的数据比较中，负结构比重一般超出无大型景观设施城镇的约5%以上。陈家镇、临港新城的地块负结构比重超出朱家角镇、奉城镇的近50%，前两者均充分体现了“田园城市”城乡结合的形态原型。

表 3.1.1.2-A “一城九镇”城镇空间肌理分析（A）

A. 比重	“泰晤士小镇”	安亭新镇	临港新城	枫泾新镇	朱家角镇
度量范围示意图	 1 2 3	 1 2 3	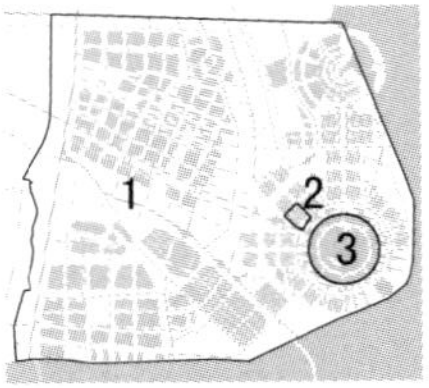 1 2 3	 1 2 3	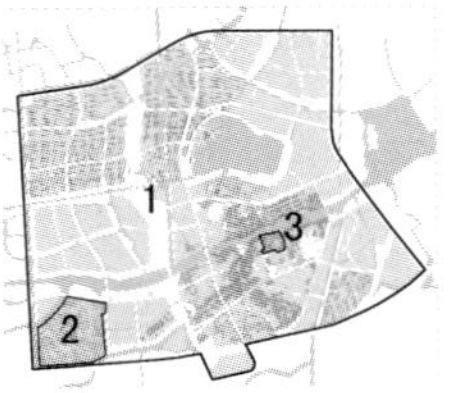 1 2 3
负结构比重（%）	1. 边界内：88.7 2. 中密度居住组团：68.6 3. 核心区：65.9	1. 边界内：88.2 2. 环城河内混合组团：72.7 3. 核心区：46.9	1. 边界内：73.9* 2. 放射组团：40.1* 3. 核心区：66.0*	1. 边界内：85.0 2. 临核心区居住组团：74.8 3. 核心区：82.5	1. 边界内：39.8* 2. 居住组团（康桥水乡）：74.1 3. 临古城组团（尚都里）：43.6

A. 比重	罗店新镇	浦江镇	“高桥新城”	奉城镇	陈家镇
度量范围示意图	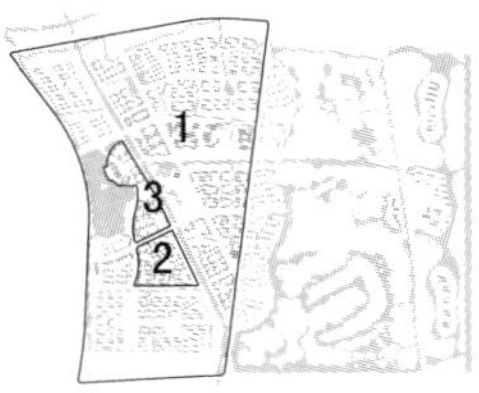 1 2 3	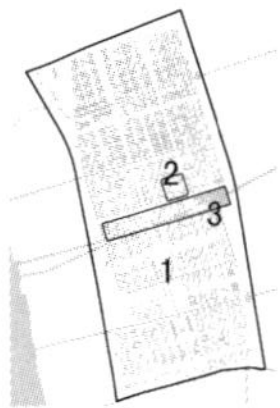 1 2 3	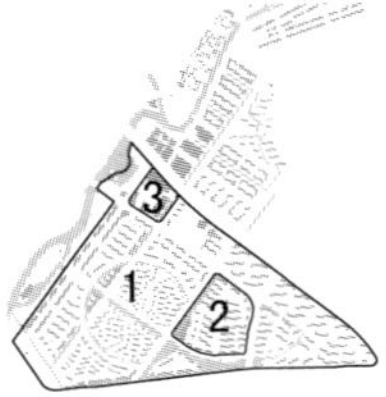 1 2 3	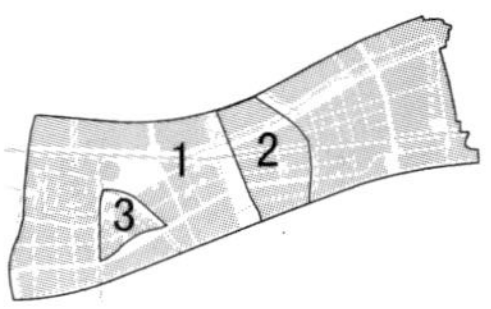 1 2 3	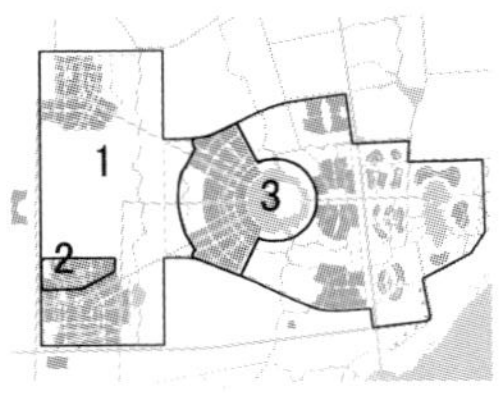 1 2 3
负结构比重（%）	1. 边界内：85.3 2. 临中心区居住组团：68.0 3. 中心区：71.8	1. 边界内：81.0 2. 临中心区混合组团：75.5 3. 中心区：81.1	1. 边界内：80.7 2. 居住组团：72.9 3. 公共中心区：60.4	1. 边界内：38.1* 2. 临中心区区域：33.9* 3. 中心区：54.2*	1. 边界内：78.1* 2. “生态试验区”：35.8* 3. “森林商务区”：70.3*

注：1. 表中数据与计算用图作图精度有关；
2. 标“*”者数字根据规划地块正结构所限定的负结构计算；未标“*”者数字根据规划建筑正结构所限定的负结构计算；
3. 表中图片为作者绘制，资料来源同图 3.1-7 ～图 3.1-16。

表 3.1.1.2-B “一城九镇”城镇空间肌理比重对比

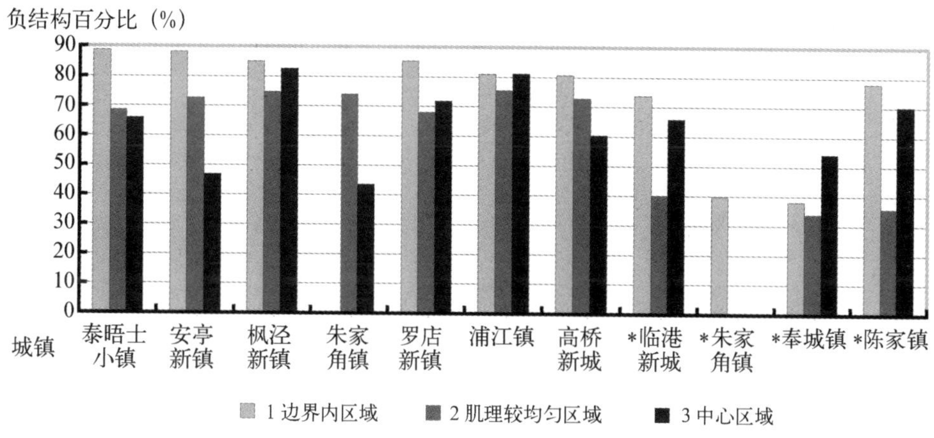

注：标*者为根据地块正结构计算的数值，其他则为根据建筑正结构计算的数值。

（2）不同肌理形式、较均匀区域肌理负结构比重相当：在比较中，肌理较均匀区域的负结构比重较接近，均在70%左右。在选取的第二类（2. 区）区域中，肌理在各个城镇的布局方式有所不同，“泰晤士小镇”、安亭新镇基本上是周边式布局，枫泾新镇、罗店新镇、浦江镇为周边式结合行列式的混合形式，“高桥新城”、朱家角镇则以行列式为主要形式。不管是何种形式，相同的前提是获得合理的日照和环境条件，在上海地区，周边式住宅布局尽管在朝向方面存在一定的问题[1]，但仅从城镇肌理角度看来，其密度与行列式等其他混合形式相当。

（3）中心区比重分布的三种类型：一是以传统空间形态为原型，如：安亭新镇和朱家角镇，前者以中世纪城市广场形式组织空间，后者虽然不是新镇的中心，但处于老镇中心位置，设计以传统空间为原型，它们的肌理比重在50%以下，形成较高的围合品质；二是以传统形态结合“田园城市”形态原型，尽管采用传统形态广场、步行街等形式，但因负结构尺度较大或与绿地、水面等无限定环境空间结合，使负结构比重增多，一般为60%～70%，形成两者并重的状态，如：“泰晤士小镇”、“高桥新城”、罗店新镇；三是以“田园城市”或“光明城市”形态为原型，如：临港新城、奉城镇以及枫泾新镇，虽然浦江镇中心区没有大型绿地和水面，但正结构以独立元素形式出现，使负结构比重加大（建筑负结构超过80%，地块负结构超过50%）。

---

[1] 上海气候特点为：四季分明，空气潮湿，通风、日照对住宅建筑非常重要，周边式住宅因不能避免东、西朝向问题比较少见。详见李振宇.城市·住宅·城市——柏林与上海住宅建筑发展比较（1949—2002）.南京：东南大学出版社，2004：184-185.

表 3.1.1.2-C　“一城九镇”城镇空间肌理分析（B ～ H）

城镇	B. 渗透	C. 同质	D. 异质	E. 混合	F. 变化	G. 边缘	H. 独立元素
「泰晤士小镇」	 1. 内圈正结构小街块、高密度，高渗透； 2. 外圈负结构控制，渗透性弱。	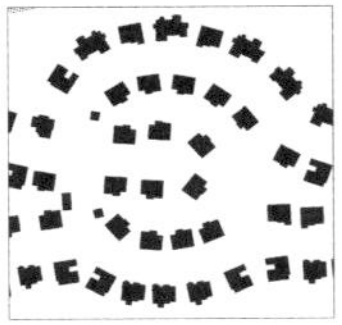 1. 内圈周边式街坊元素同质； 2. 外圈独立住宅元素同质。	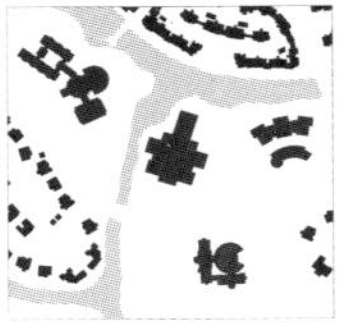 南、北边缘公建不同元素、不规则排列形成异质。	 周边式与点式不同元素、同规则混合。	 1. 周边式元素的同规则变化； 2. 内外圈肌理密度变化。	 周边式与点式正结构肌理在街道负结构相接成边缘。	 主广场、教堂、学校等公共建筑正、负空间组合作为独立元素。
安亭新镇（西区）	 1. 内圈正结构小街块，渗透性较强； 2. 外圈负结构控制，渗透性弱。	 1. 内圈周边式街坊元素同质； 2. 外圈带形住宅片区同质。	 南、西南侧公建不同元素、不规则排形成异质。	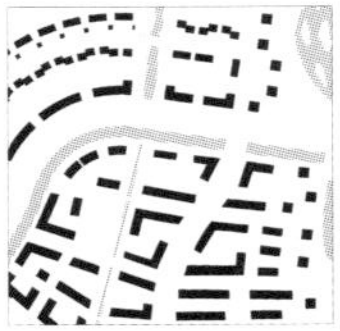 周边式、条式、点式不同元素、同规则混合。	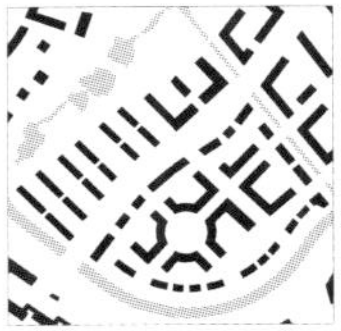 1. 周边式元素的同规则变化； 2. 条式、点式、周边式同规则变化。	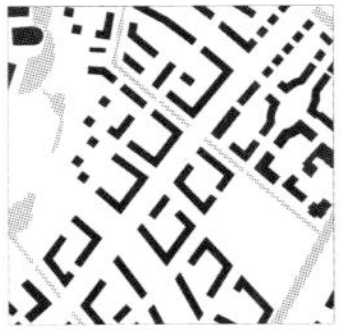 1. 点式、周边式拼贴形成边缘； 2. 负结构侵入形成边缘。	 中心广场形成的核心区组合为独立元素。

续 表

城镇	B. 渗透	C. 同质	D. 异质	E. 混合	F. 变化	G. 边缘	H. 独立元素
临港新城	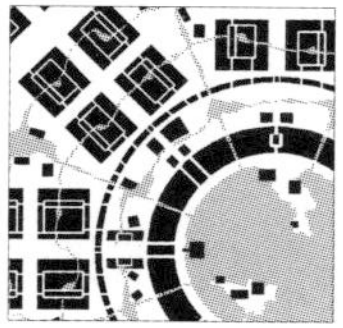	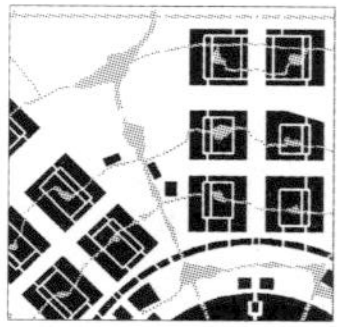		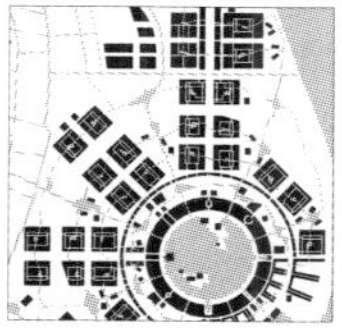	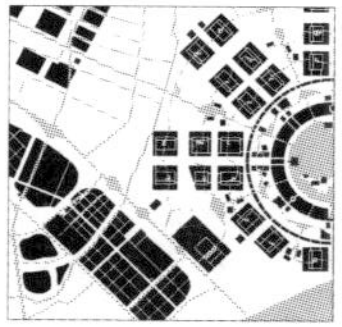	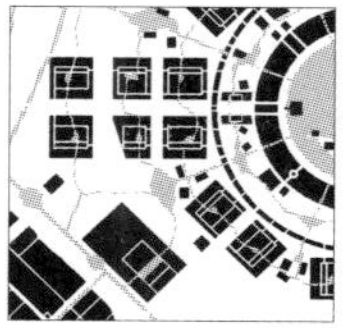	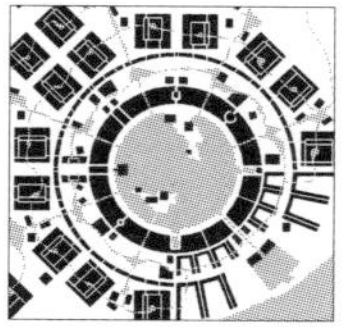
	1. 正结构片区内连续、较小街块，渗透性较高； 2. 片区间隙空间负结构控制。	1. 中心环元素同质； 2. 放射组团元素同质。	“滴水湖”岛上公建不同元素、同心环形公园圈内正结构以不规则排列形成异质。	同心圆区域与放射网格形、间隙点式区域不同元素、不同规则混合。	同心圈层式、放射网格式、自由形等不同地块形式肌理变化。	不同地块正结构肌理中断，由楔形绿地负结构侵入形成边缘。	“滴水湖”及其周边正、负结构组合形成独立元素。
枫泾新镇	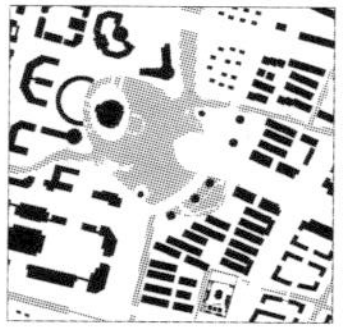		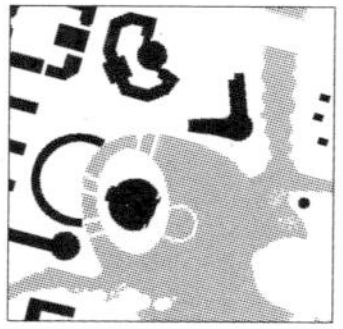		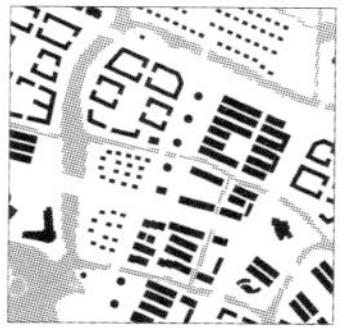	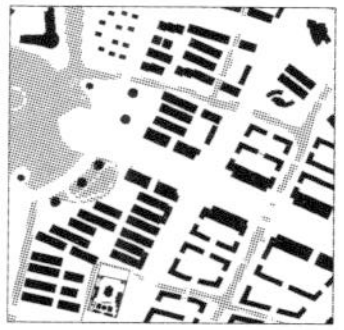	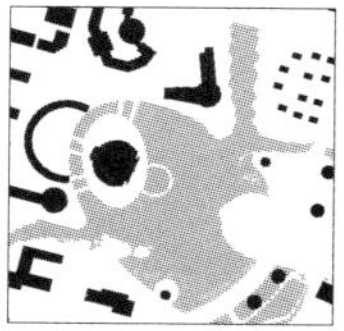
	1. 公建区负结构控制；正结构异质； 2. 住宅区正结构街块较小，渗透性较高。	住宅区周边式、条式、点式分区域同质。	中心区公建、东南侧公园正结构元素不同形式、尺度、不同规则排列形成异质。	1. 周边式同元素、不同规则混合； 2. 条式、周边式不同元素，同规则混合。	1. 条式、周边式、点式不同形式元素变化； 2. 同区内不同元素的密度变化。	不同肌理中断，由街道负结构形成边缘。	中心湖周边不同的公建以非组合方式形成独立元素。

续 表

城镇	B. 渗透	C. 同质	D. 异质	E. 混合	F. 变化	G. 边缘	H. 独立元素
朱家角镇			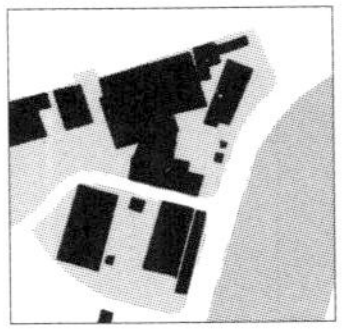				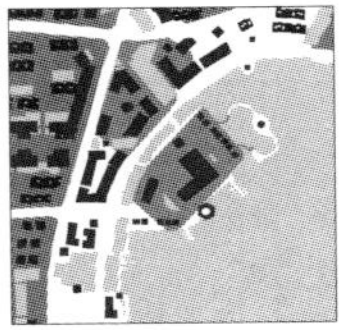
	1. 古城区连续、高密度，正结构控制，高渗透性； 2. 新镇住宅区较大街块，渗透性较弱。	住宅区元素分区域同质。	风貌协调区内局部正结构不同元素和尺度、不规则形成异质。	古城区内新、老正结构不同元素，同规则混合。	1. 古城区不规则形式、新住宅区规则形肌理变化； 2. 新、老城区密度变化。	1. 古城区负结构侵入形成边缘； 2. 不同肌理直接拼贴形成边缘。	新区湖边岛状公建区为独立元素。
罗店新镇					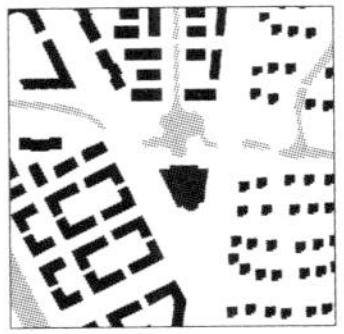	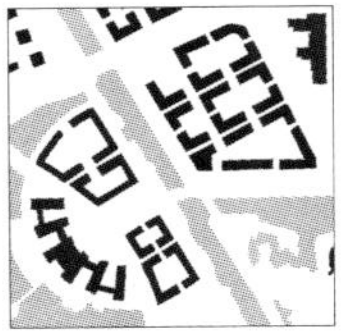	
	1. 中心区局部小街块，渗透性高； 2. 住宅区街块较大，渗透性较弱。	1. 中心区周边式街坊元素同质； 2. 住宅区周边式、条式、点式元素分区域同质。	带状公建区正结构以不同尺度和规则形成异质。	条式元素同元素、不同规则混合。	1. 周边式、点式不同形式肌理变化； 2. 镇区边缘肌理密度变化。	肌理中断，由负结构侵入形成边缘。	中心区临湖会议中心建筑组合形成独立元素。

续 表

城镇	B. 渗透	C. 同质	D. 异质	E. 混合	F. 变化	G. 边缘	H. 独立元素
浦江镇	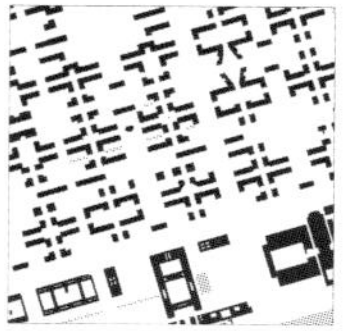	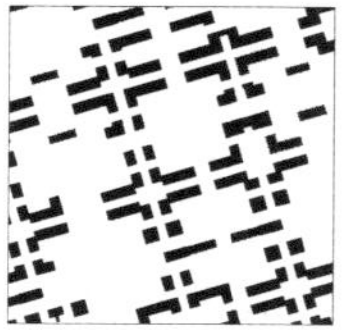	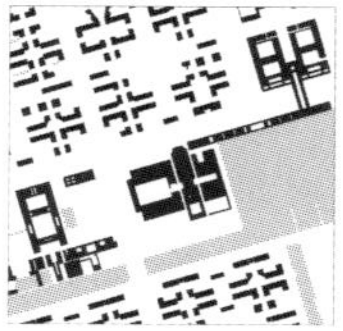	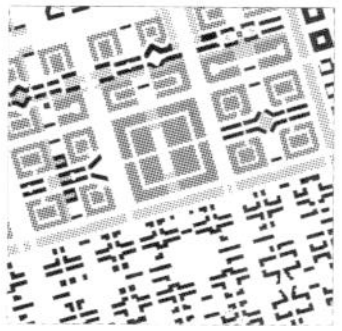	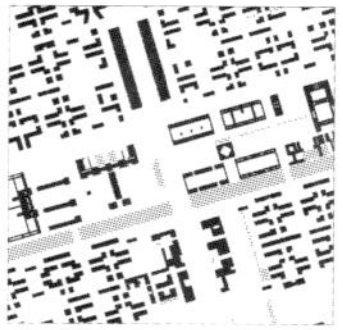	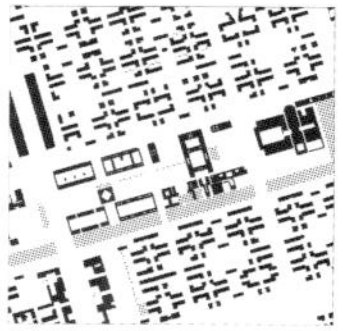	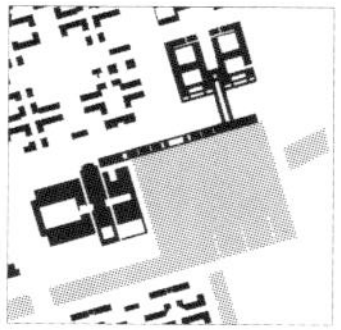
	1. 中心区负结构控制; 2. 住宅区较小街块渗透性较高,均匀。	混合区、住宅区分区域同质。	中心区部分正、负结构以不同尺度和规则形成异质。	住宅区、混合区正结构不同元素、同规则混合。	中心区、公建异质肌理与住宅区同质肌理形式与密度变化。	1. 不同区域肌理中断,由街道、河道负结构形成边缘; 2. 混合区内负结构侵入形成边缘。	中心区公共建筑组合形成独立元素。
「高桥新城」			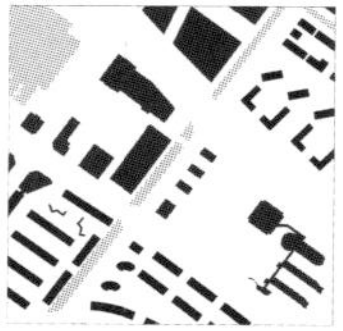	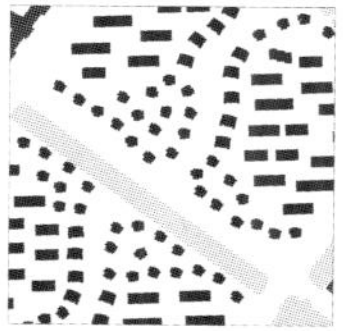	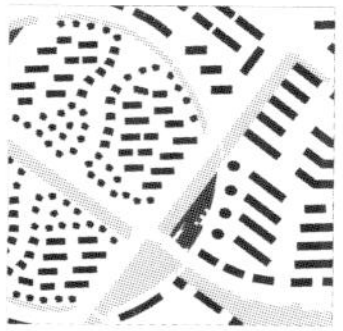	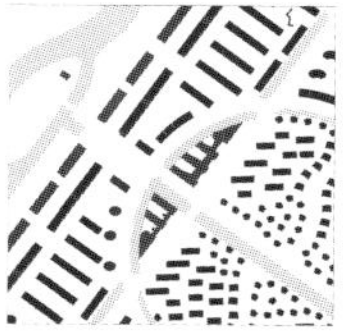	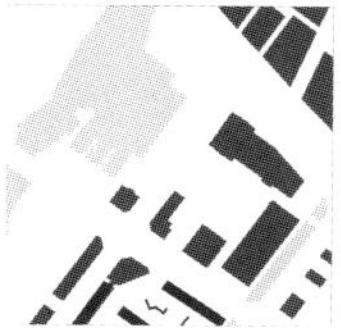
	1. 公建区街块较小,渗透性较高; 2. 环内区域负结构控制。	住宅区条式或变形、点式元素分区域同质。	中心广场处不同尺度元素异质	条式、点式不同元素、同规则混合	不同形式的条式、点式住宅元素,不同密度变化。	1. 不同区域肌理由街道、河道负结构形成边缘; 2. 条式、点式住宅直接拼贴形成边缘。	中心广场及其建筑组合形成独立元素。

续 表

城镇	B. 渗透	C. 同质	D. 异质	E. 混合	F. 变化	G. 边缘	H. 独立元素
奉城镇			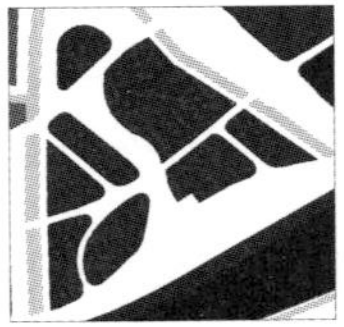			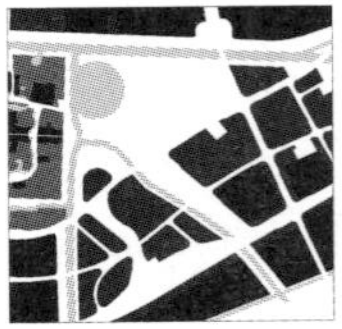	
	1. 古城区连续、正结构控制，高渗透性； 2. 新区中心小街块，局部负结构控制，渗透性较高。	网格街坊局部正结构同质。	中心区地块布置不同尺度、形式元素，不规则形成异质。	1. 中心区与其他区域不同元素、不同规则混合； 2. 非中心区不同形式、比例元素、同规则混合。	古城区、新区中心区与一般区域地块形式、密度肌理变化。	不同区域地块肌理由街道、河道、绿带负结构形成边缘。	中心区区块以变异方式形成独立元素。
陈家镇	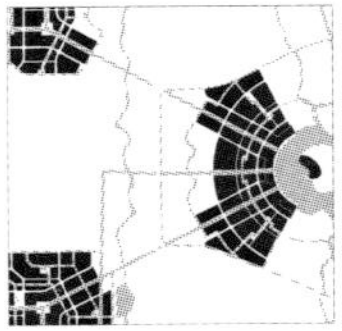	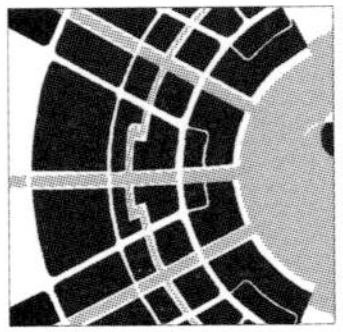	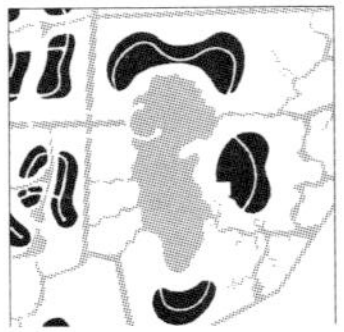		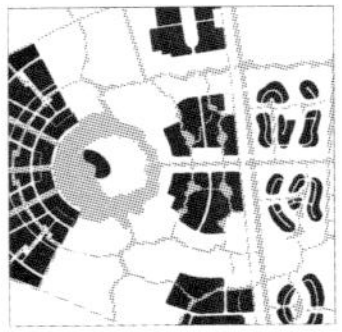	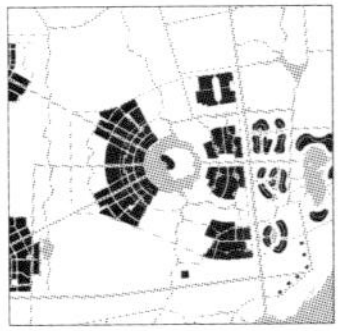	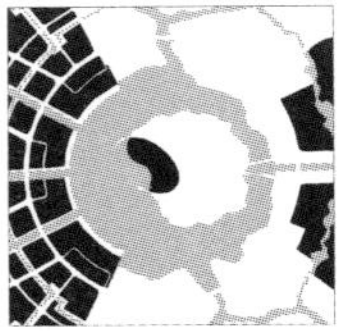
	1. 正结构片区内街块较小，渗透性较高； 2. 间隙空间负结构控制。	中心组团放射元素镜像式同质。	不同尺度地块同元素不规则排列。	不同地块形式元素、同规则混合。	放射式、不规则格网式、自由形式肌理变化。	绿地等环境用地负结构形成不同区块肌理边缘。	中心区域湖心岛形成独立元素。

注：表中图片为作者绘制，资料来源同图3.1-7～图3.1-16。

通过表3.1.1.2-C的分析，可以看出10个城镇其他肌理属性（B ～ H）的主要特点：

（1）肌理渗透性具有两面性：一方面，在中、高密度或小街块正结构中渗透性较高。除浦江镇使用了较为均匀的小型街块，中心由负结构控制外，其他城镇都在中心或公共区域局部通过加强正结构密度，同时提高负结构渗透性进行布局。另一方面，在低密度正结构中渗透性较弱。外围区域街块加大，负结构形成控制，区块多为尽端形式。如：“泰晤士小镇”、安亭新镇、罗店新镇、枫泾新镇、朱家角镇、奉城镇等城镇在外围布置了低密度组团，区块渗透性较弱。

（2）肌理改变多元化：10个城镇的肌理改变在混合、变化方面采用了多元的形式，其中，不同形式，但规则相同的混合与变化保持了肌理形态的完整性，如：“泰晤士小镇”、安亭新镇、朱家角镇、“高桥新城”、浦江镇等城镇。其他形式的改变较多地体现了区域性特征，如罗店新镇住宅区同元素，不同规则的变化形成了街块的整体性。

（3）以负结构肌理作为边缘：使肌理的区域性增强，一种是负空间成为区域的边界，以线性街道、绿地等形成不同肌理的边缘，这种特点在10个城镇中均有不同程度的体现；另一种是负结构的侵入形成的边缘，负结构可以是广场，如“泰晤士小镇”的组合式广场、朱家角老镇区的小型广场、罗店的中心区广场；也可以是绿地等开放空间，安亭新镇的街头公园、浦江镇街块中心绿地以及临港新城楔形绿地等。

（4）独立、异质元素作为中心或被强调：从异质与独立元素的分析中可以看出，以不同形式与规则方式出现的异质元素被得以强调，独立元素通常以设立的点状构图形成城镇中心或公共建筑。

3. 小结

首先，我们在本节建立了“一城九镇”研究对象的图底关系，即正、负结构图。通过正、负结构的肌理分析，对10个城镇的城镇空间形态形成了初步的认识。一方面，10个城镇的图、底关系反映了郊区城镇以低密度为特征的整体性；另一方面，在城镇正、负结构肌理属性上的变化，使城镇空间形成了相异的不同特征。在一定程度上，也形成了如柯林・罗所描述的现代城市和传统城市图、底关系：“一个几乎完全是白的，另一个则几乎都是黑的”[1]两个极端的肌理拼贴。主要体现为以下几点：

（1）负结构肌理形成整体性的支配作用；

（2）中心区肌理形成了负结构比重较大、小以及折衷三种类型；

（3）不同肌理元素的排列规则变化对负结构比重影响有限；

---

[1]（美）柯林・罗，弗瑞德・科特.拼贴城市.童明译.北京：中国建筑工业出版社，2003：61.

(4) 负结构控制区域使渗透性削弱，小尺度正结构控制区域渗透性则得到强化；

(5) 肌理形式呈多元化改变状态；

(6) 城镇中相近比重肌理结构通常以负结构形成边缘；

(7) 独立、异质元素作为城镇中心或被强调。

3.1.2 结构形态控制要素

城市空间的图、底关系，即正、负结构肌理显示了城市空间的二维平面形态粗略的普遍化特征。城市结构的控制要素因其对城市形态所产生的重要作用，显示出空间形态的个别化特征，并且还体现了对城市结构形态的控制程度和质量。以城市设计的形态维度为出发点，城市形态中的土地使用、建筑实体结构(正结构)、地块模式和街道模式成为城市形态的重要元素[1]。除建筑正结构外，土地利用所形成的地块形式在一定程度上决定了城市的区域划分，包括中心区、街区、边界以及节点等要素，另一方面也对城市的负结构产生影响。街道网络既要满足交通的需要，又要作为城市公共活动的场所，对城市空间形态起决定性的作用。轴线作为空间的引导性结构元素，明确了城市的方向性。线网、区域、边界、轴线、中心和节点要素从不同视角显现了某些相互包含的关系。“城市自身是复杂社会强有力的象征”[2]，各个要素不仅自身具有不同的层次与特征，并分别对城市的结构形态产生影响，之间的相互转换与组合成为复合性的要素，“不同元素组之间可能会互相强化，互相呼应，从而提高各自的影响力；也可能互相矛盾，甚至互相破坏”[3]。“一城九镇”的形态设计注重对原型的运用，虽然经历了不同阶段、不同层次的发展，原型形态在一定程度上得到了保持，结构控制要素具有相对的稳定性和清晰性。

1. 线网

“大量的街道，当它们的重复关系充分有规律可循时，就能够被看成是一个完整的网络”[4]，线网是城市线性形态要素所形成的面状网络，不是单一的线性结构。同样，其他相互连接的线性环境元素也可形成线网，如：水系和绿带形成的线网。

道路线网是最重要的城镇形态控制要素，对于空间结构意义远远超过其他形式的线网。这不仅是因为它是城市交通和公共活动空间，而是在于它对于城镇形态的结构性作用。“一城九镇”的道路线网根据区域的层次划分，对外连接于不同级别的

---

[1] (英) Matthew Carmona, Tim Heath, Taner Oc, Steven Tiesdell编著.城市设计的维度：公共场所—城市空间.冯江等译.南京：百通集团/江苏科学技术出版社，2005：57.

[2] (美) 凯文・林奇.城市意象.方益萍，何晓军译.北京：华夏出版社，2001：4.

[3] 同上：64.

[4] 同上：45.

城市道路线网，如：临港新城中有3条高速公路旁经或穿过，各个区域组团的线网可以与它们直接联系；罗店新镇、“高桥新城”等则是连接于城市主干道。不管以何方式对外连接，城镇内所形成的道路线网均具有较强的完整性和整体性，形态特征明显，成为城市结构图形的主导元素。

由于上海郊区地形疏缓，“一城九镇”的道路线网失去了由于地形起伏所带来的竖向变化，发达的水系线网是重要的地景特征。“江南地区河流纵横，是形成河街水巷的主要客观条件”，传统的江南水网在卫生、饮水、运输、防火，甚至防盗等方面具有一定的意义[1]。此外，有的古代城市还有意引入河流，开阔城市园林的水面，丰富城市景观[2]。“一城九镇”的城市设计充分利用了这个自然条件，在形态设计上将产业特征、保护与发展观念、生态与景观特征融入其中，形成了具有明显特征的水系线网地景。

线网在城镇空间中是负结构形式，其空间与尺度通常是由街块或区块正结构限定。对于空间结构的形成，有两个主要的作用，分别是线网的渗透性与方向性。不同疏密的线网布局，体现了线网的渗透性，密集的布局使了城镇空间的公共性得以加强，疏松的布局则强化了地块的私密性。道路线网的对外连接方式，显示了城镇与其他城市区域之间的空间渗透关系。方向性是线网的重要特征之一，不仅可以建立城市交通方位的可识别性，在一定程度上，还决定了城市、建筑的布局方向。维特鲁威曾在《建筑十书》中描述了街道布局的朝向和方位，将道路线网的布局、街区尺度、城市大小与风玫瑰的方向联系起来，以避免“不健康的季候风吹袭”[3]。因此，对“一城九镇”线网的观察，将着重于其渗透性、方向性、对外连接，以及道路、水系线网及其组合特点等方面（表3.1.2.1-A，表3.1.2.1-B，表3.1.2.1-C）。

从表3.1.2.1-A的分析中，可以看出“一城九镇”不同区域在道路、水系及其组合的基本特点。其中，道路线网具有以下特征：

（1）道路线网对外连接的三种类型：第一种是单向单点。指城镇线网对城市高速公路、公路系统的连接。安亭、枫泾新镇、朱家角、奉城、陈家镇属于这种类型，临港新城由于城市规模较大，片区的线网直接连接穿越城市的高速公路，对于片区来说也是单向单点的连接形式。这种方式使城镇线网形态独立，并直接与城市快速路联系，类似于“新城市主义”的“TOD”方式。第二种是单向多点。指城镇线网对城市公路或主干道的连接。枫泾、罗店新镇、浦江镇为这种类型，此类型的特点是城镇线网处于半独立状态，在一定程度上受主干交通道路的制约。第三种为多向多点。指对城镇主、次干道的连接。如：“泰晤士小镇”、“高桥新城”、朱家角、奉城镇，在多

[1] 张驭寰.中国城池史.天津：百花文艺出版社，2003：373.
[2] 董鉴泓主编.中国城市建设史（第三版）.北京：中国建筑工业出版社，2004：256.
[3]（美）斯皮罗·科斯托夫.城市的形成—历史进程中的城市模式和城市意义.单皓译.北京：中国建筑工业出版社，2005：131.

表 3.1.2.1–A　“一城九镇”道路线网分析

城镇	“泰晤士小镇”	安亭新镇（西区）	临港新城	枫泾新镇	朱家角镇
道路线网图					
对外连接	三个方向连接松江新城城市道路	连接嘉定新城主干道路至A11高速公路，单向连接	A2高速公路、两港大道穿过，A30高速公路旁经，多向连接	单向连接A8高速公路，多向与城市主干道路连接	三个方向连接新城主干道至318国道
布局特点	1. 不规则曲线形态； 2. 以环路组织线网结构，局部使用放射形； 3. 环内密集，环外疏松； 4. 方向性弱，略具向心感。	1. 不规则曲线形态； 2. 以环、曲线格网组织线网结构； 3. 环内较密集，环外疏松。 4. 具向心性。	1. 规则几何形； 2. 以圆环、放射、方格网组织线网结构； 3. 中心密集，外围均匀； 4. 向心性强。	1. 较规则几何形； 2. 以方格网组织线网结构； 3. 中心均匀，外围疏松； 4. 主导方向明确。	1. 较规则曲线形为主； 2. 以较规则网格组织线网结构； 3. 线网均匀；古城密集； 4. 主导方向较明确。
城镇	罗店新镇	浦江镇	高桥新城	奉城镇	陈家镇
道路线网图					
对外连接	单向连接城市主干道	单向连接城市公路：浦星公路	四个方向连接镇区主、次干道	单向连接A30高速公路，三向连接城市公路	单向连接A14高速公路，单向分别连接城市、地区公路
布局特点	1. 规则几何形结合曲线； 2. 枝形、曲线网格组织线网结构； 3. 线网较均匀； 4. 具方向性。	1. 规则几何形； 2. 相同尺度方格网组织线网结构； 3. 线网均匀； 4. 方向性强。	1. 规则几何形； 2. 以方格网、圆形组织线网结构； 3. 线网较均匀； 4. 方向明确，具向心性。	1. 较规则几何形； 2. 以方格网，并局部变异组织线网结构； 3. 中心、老城较密集； 4. 方向明确。	1. 规则几何形； 2. 以圆、放射、网格组织线网结构； 3. 独立组团内均匀； 4. 向心感强。

注：表中图片为作者绘制，资料来源同图3.1–7－图3.1–16。

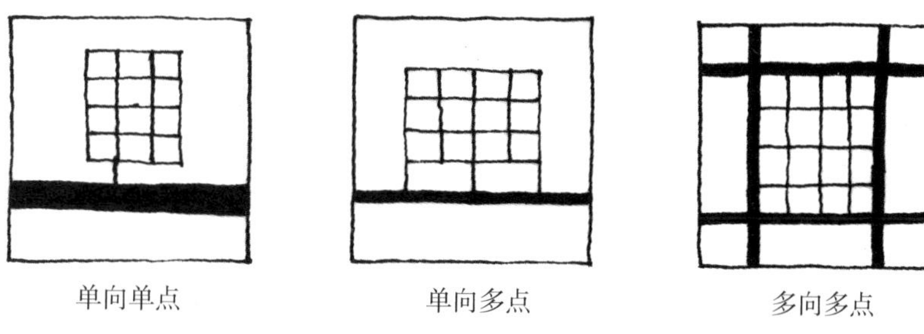

图3.1-19 线网对外连接的三种类型

个方向与城市道路连接,并被融入城市道路线网中(图3.1-19)。

(2)规则几何形为主导:尽管如此,在规则线网中,通过不同几何形的组合与变形,增加了线网的变化,如临港新城的放射形和网格形的组合,朱家角镇基于方格网的线型变化等,几何形的使用加强了线网的整体性。在使用不规则线网的实例中,“泰晤士小镇”和安亭新镇都是采用环状线形,这也使线网的整体性得以强化。在以后的结构图形章节中,我们还将讨论具体的图形运用和特点。

(3)通过增加线网密度加强公共性:在“泰晤士小镇”、临港新城、奉城镇,这种情况比较明显。在其他城镇中,结构性线网组织为中心区等公共区域限定了一定规模的街块,成为步行街道线网。由两种形式,一是以步行街或街区形成步行线网,在安亭新镇,虽然结构性道路线网比较疏松,但周边式街坊布局所形成的步行线网遍布整个内圈区域,线网尺度较小、密集,罗店新镇、朱家角镇古城区也属于这种类型;二是在街块中,建筑正结构以设立体方式构图,使负空间处于无序状态,不能形成线性网络。这种情形在枫泾新镇、浦江镇,以及在异质性肌理分析中所列举的部分城镇中,以大型公建的布局方式产生负结构空间。尽管奉城镇通过加密步行线网强调了中心区,但建筑布局也是大体量的设立形态(图3.1-20)。

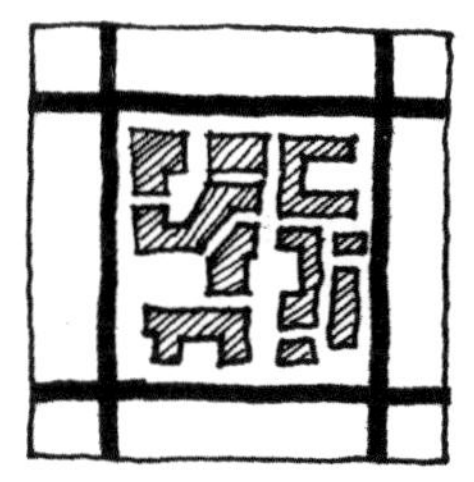

加大步行线网密度

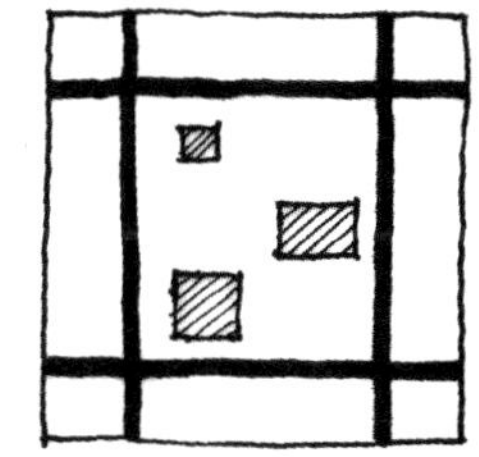

设立式建筑使步行线网疏松

图3.1-20 在结构性线网街块中,由建筑正结构形成步行区的两种布局方式

(4)线网方向性明确:规则的几何形线网,特别是基于网格的组合与变形,建立了城镇的主导方向,这种形式在除“泰晤士小镇”的其他城镇线网中均有体现。另一种为使用向心性线网形态,使向心感增强。如:明显使用放射性线网的临港新城、陈家镇,以及局部采用放射形的“泰晤士小镇”、枫泾新镇,运用圆、环形的实例如:“高桥新城”“泰晤士小镇”、安亭新镇等。

表 3.1.2.1–B “一城九镇”水系线网分析

“泰晤士小镇”	安亭新镇	临港新城	枫泾新镇	朱家角镇
1. 景观水系线网； 2. 环城河道，水面放射形河道，有连续性； 3. 线网疏松，不均匀； 4. 水面建立向心性。	1. 景观水系线网； 2. 环城河道，边缘较大型河道与水面结合，线性不规则环内线网； 3. 线网较疏松，较均匀； 4. 具向心性。	1. 临海产业港口，中心水面具象征性； 2. 放射、网格较规则线网，连续性强； 3. 线网较密集、均匀； 4. 向心性强。	1. 景观水系线网； 2. 古城水系延伸，中心水面具放射性，网格线网，具连续性； 3. 线网均匀； 4. 主导方向明确，具向心性。	1. 江南水乡古镇特点； 2. 轴线形、水面、网格结合，不规则，具连续性； 3. 线网密集，较均匀； 4. 轴线、水面使方向性增强。
罗店新镇	浦江镇	高桥新城	奉城镇	陈家镇
1. 景观水系线网； 2. 枝形轴线河道、网格线网、中心水面，具连续性； 3. 区内较疏松，公园区密集； 4. 水面、轴线具向心性。	1. 临黄浦江景观水系线网； 2. 环状河道，轴线、网格线网； 3. 线网疏松，局部密集； 4. 主导方向明确。	1. 利用原运河成景观水系线网； 2. 圆形、轴线格网形式，具连续性； 3. 线网较疏松，均匀； 4. 具主导方向、向心性。	1. 景观水系线网； 2. 延伸环城古城水系，轴线枝形形式，具连续性； 3. 线网较疏松，古城密集； 4. 轴线主导方向性。	1. 岛屿，生态湿地水系线网； 2. 放射轴线、规则、不规则网格，中心水面形式； 3. 近中心区密集，西侧较疏松； 4. 向心性强。

注：表中图片为作者绘制，资料来源同图 3.1–7–图 3.1–16。

通过以上比较与分析，“一城九镇”的水系线网具有如下特征：

（1）景观性与象征性：一方面，在功能上，城镇内部的水系线网在失去传统赖以生存的交通和生活用水等功能以后，更多地偏向了景观的需要，也成为城镇形态地景的重要特点。另一方面，水系线网也试图诠释其城镇的产业、风貌特点的象征性，如临港新城的中心水面，象征了港口城市的意义，朱家角镇、枫泾新镇、奉城镇将水系从古镇延伸出来，体现了江南水乡的特点，陈家镇则利用良好的自然条件，体现生态水系的特点。

（2）参与城镇结构形态的塑造：“泰晤士小镇”、安亭新镇、“高桥新城”浦江镇的环城水系线网，在结构上加强了城镇圈层发展的形态；临港新城、枫泾新镇、陈家镇的放射性线网，配合道路线网形成城镇的放射性结构；朱家角镇的轴线性水系与绿带公园组成城镇的“十”字构架；奉城镇的主干河道成为带形结构的轴线之一。这些形式均使水系线网成为结构体系中的重要元素。

（3）水面成为水系线网的集结点：水面在水系线网中形成集结点，成为“一城九镇”城镇结构造型的重要内容，形成部分城镇的中心。水面一般引自城镇内、外河道，或在原水面基础上形成，在中心区被放大，或参与中心区的空间构成。

相对于道路线网，水系线网更多地体现景观性，与道路线网的组合，对结构元素产生了一定的作用。通过上述分析，“一城九镇”水系、道路线网的组合形态具有以下三种主要类型（图3.1–21）：

（1）水、道路线网相间错位：两者相间错位的组合方式将水系线网引入与交通无关的区域，可以使建筑或环境处于临水状态，并使步行系统与水系线网结合。在“泰晤士小镇”、安亭、枫泾新镇、朱家角、浦江镇等城镇，部分水、道的错位将建筑或公共空间直接临水；临港新城、陈家镇的水、道错位使水系线网的放射性构图成为环境空间的主体，并引导了城镇的形态结构。

（2）水、道路线网贴临并行：对于步行街道，这种形式增加了活动的亲水性，但水系若与交通性较强的道路线网贴临，它的作用也许更多的是对区域内部的限定，并使内部区域与交通隔离。有两种形式，第一种是河道在路旁，这种形式在安亭新镇、“高桥新城”被用作区域边界，并使单侧区域临水；第二种形式是水在道路中央，浦江镇的环形水系结合混行的镇区支路，位于中央的河道两侧设有宽

相间错位

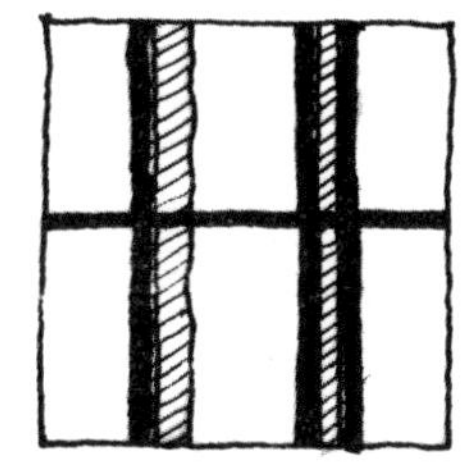

贴临并行

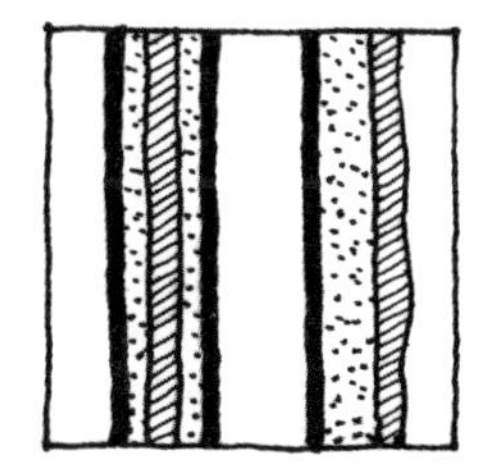

与绿带组合

图3.1–21 水系、道路线网组合的三种类型

表 3.1.2.1-C "一城九镇"道路、水系线网组合形态分析

城镇	"泰晤士小镇"	安亭新镇（西区）	临港新城	枫泾新镇	朱家角镇
道路线网图			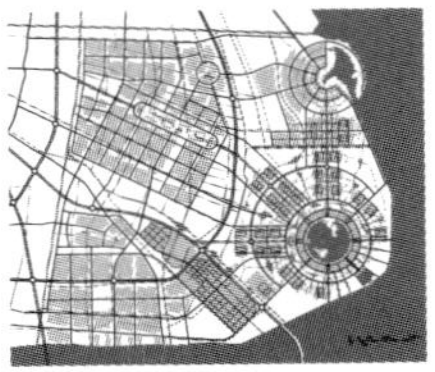		
组合特点	1. 边缘处水、道贴临，其他相间错位； 2. 水面与道路分离。	1. 环形水、道贴临，其他相间错位； 2. 水面临环路。	1. 放射形水、道相间错位，外围部分水、道贴临； 2. 道路围合中心水面。	1. 水、道相间错位； 2. 道路局部穿越中心水面。	1. 水、道贴临、相间错位； 2. 水、道、绿带组合带； 3. 道路、绿地围合水面。
城镇	罗店新镇	浦江镇	高桥新城	奉城镇	陈家镇
道路线网图	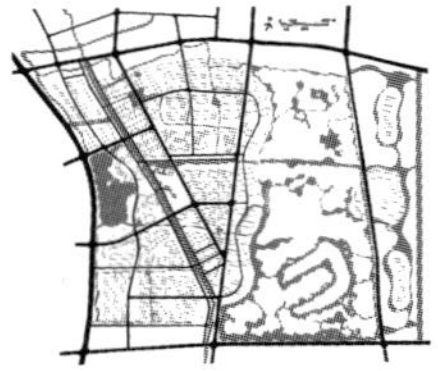	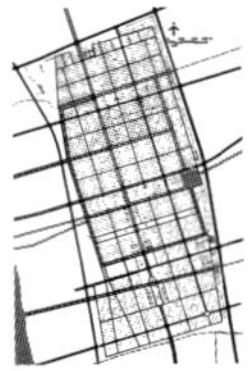	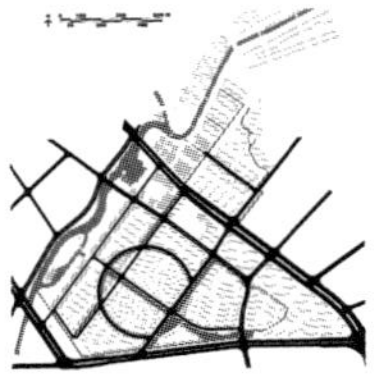	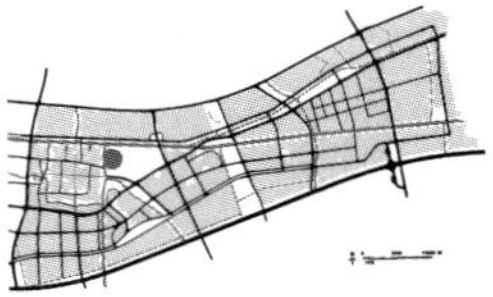	
组合特点	1. 水系贴临道路，相间错位相结合； 2. 水、道、绿带组合带； 3. 水面贴临城市道路。	1. 主要水系在道路中央或贴临，部分支线相间错位； 2. 绿带与道路线网相间错位； 3. 小型水面临道路。	1. 水系贴临道路； 2. 水面、主河道贴临道路。	1. 水系贴临道路，部分相间错位； 2. 水、道、绿带组合带； 3. 水面与道路分离。	1. 水、道相间错位； 2. 水、道、绿带组合带轴线； 3. 水面不直接由道路限定。

注：表中图片为作者绘制，资料来源同图 3.1-7－图 3.1-16。

阔的人行街道，车行道不是主体。这种形式的最大问题是容易造成车行、人行的反复交叉，需要设置降低车速的保障措施。

（3）水、道路线网与绿带组合：当绿带、水系位于道路单侧时，内部区域单侧临水，并强化了内部区域与交通性道路的隔离，“泰晤士小镇”、罗店、枫泾新镇、奉城镇的边界便是这种形式；当水系位于绿化、道路中央时，组合的线性元素通常被强调或成为轴线。朱家角、奉城、陈家镇、罗店新镇都或多或少地采用了这种形式。

2. 区域

在城市总体规划中使用的区域划分（分区）概念，通常是基于城市区划和功能的考虑，综合了城市与城市、城市分区之间的政治、经济与社会因素。“一城九镇”的区域划分，首先是依据上海市总体规划确定的城镇体系规划，在这个体系中，新城、中心镇是第二、三级区域。与边界元素相吻合，除以城镇体系为依据建立城镇区域外，城镇内部也根据不同功能、区位形成片区、街区、组团等区域的划分。实际上，区域的划分还可以继续下去，一直到具体每一栋建筑的地块。库尔德斯以四个城市平面上的自主部分（Teilautonomie）进行城市区域形态的探讨：城市/地域（Stadt/Region）、城市分区（Stadtteil）、街坊（Block）和地块（Parzelle）[1]，这个划分方式体现了从宏观到微观，不同层次的区域概念。对于“一城九镇”城镇的结构形态，区域布局的原则和密度形态模式将是我们观察的主要方面，对于区域层次将通过以下对边界元素的讨论中进行分析。

区域的划分原则直接影响城镇的形态结构。中国古代城市的区域形态分为统治机构、手工业商业区和居民区，“里坊”制以区域的严格划分实行封建统治，是“封建专制主义在城市形态上的突出表现”[2]。在中世纪的欧洲城市，邻里单位和功能区形成了城市的区域，前者以各自的教区为中心，后者则是体现了“职业和兴趣利益”[3]。戛涅（Tony Garnier）是早期提出功能分区者之一，他1917年提出“工业城市”模式，将城市划分为工业区、居住区和铁路总站3个分区。1933年CIAM（国际现代建筑会议）的《雅典宪章》将主题定义为居住、娱乐、工作、交通和建筑组成的“功能城市”，被雷纳·班纳姆（Reyner Banham）评价为“死板的功能分区”[4]，功能分区使城市公共空间受到严重的挑战。对此，混合与多样化概念被提出，并逐步成为城市规划与设计的重要考虑因素。

---

[1] Curdes, Gerhard. Stadtstruktur und Stadtgestaltung: 2. Auflage. Stuttgart, Berlin, Köln: Kohlhammer GmbH, 1997: 66.

[2] 潘谷西主编.中国建筑史（第四版）.北京：中国建筑工业出版社，2001：49.

[3] （美）刘易斯·芒福德.城市发展史——起源、演变和前景.倪文彦、宋俊岭译.北京：中国建筑工业出版社，2005：330.

[4] 转引自（美）肯尼斯·弗兰姆普敦.现代建筑——一部批判的历史.张钦楠等译.北京：三联书店，2004：303.

从对设计的阅读中可以看出，“一城九镇”的区域布局已经基本摆脱功能分区的概念，区域划分依据的是土地使用、邻里和街块。在各自的总体规划、控制性详细规划中，土地使用是以用地性质为基本依据的，根据国家标准[1]确定用地功能的不同类别，并以土地使用兼容性予以调节。对于功能的混合，上述标准并未给出具体规定，但在实践中通常会根据设计内容增加混合的类型来规定用地性质[2]，这也在浦江镇等城镇中得以应用。因此，对“一城九镇”区域的分析将从公共建筑区域、住宅区域以及混合区域的布局展开（表3.1.2.2-A）。

由表3.1.2.2-A的分析可见，在公建、混合与居住区域的布局方面，10个城镇形成了以下主要类型：

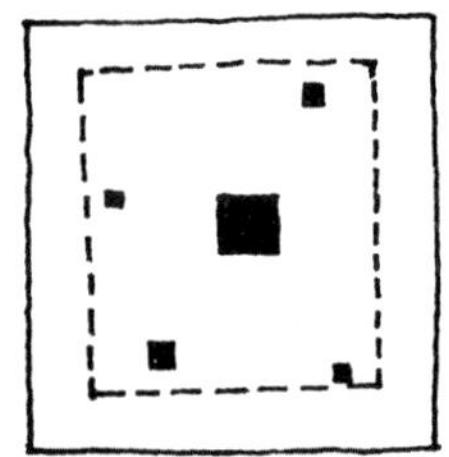

点式布局

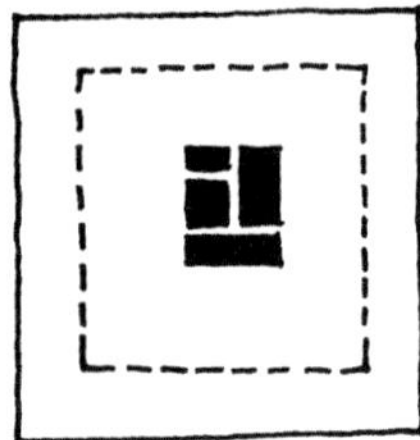

片区式布局

线性布局

图3.1-22 “一城九镇”公建区域布局的三种类型

（1）公建区域布局的三种模式：第一种为点式布局。实例中如“泰晤士小镇”、安亭新镇、“高桥新城”，公建区域集中于中心区，形成集中的主要公建区，其他如学校等特定服务类公建分散、点式布置于边缘位置，由于区域规模较小，这种形式具有向心感和灵活性。第二种为片区式布局。如枫泾、罗店新镇、陈家镇，公建区域集中设于中心区，使中心公建区域规模加大，虽然产生了向心感，但功能的单纯使区域的活力降低。同样为片区式布局的朱家角镇，则是以高度混合的功能性质使片区形态多样化。第三种是线性布局形式。公建区在浦江镇沿“十”字形轴线，奉城镇沿平行轴线，临港新城为闭合圆圈形线性布局，线性公建区使公建区域以更多的界面向住宅区开放，对街道景观的组织比较有利（图3.1-22）。

（2）结合中心区布局的混合区域：在规划有混合区域的城镇中，混合区域的布局与中心区不同程度地进行结合。“泰晤士小镇”、安亭新镇、临港新城、朱家角镇的混合区成为中心区的组成部分或形成片区的中心区，为中心区型的混合区；另一种类型是中心区延伸型混合区，这种形式在安亭、枫泾新镇、浦江镇、“高桥新城”均有所体现。集多种经济与非经济的多样化功能混合模式来自于传统城市，并成为繁荣城镇区域的有效方式，也是建设一个生态城市的重要因素，“生态系统的多样性越高，整个系统就越健康。因此可以认为增加城市中心、街区和邻里规模的多样性，也有助于提高城市系统的健

[1] 指《城市用地分类与规划建设用地标准》（GBJ137-90）。

[2] 夏南凯，田保江编著. 控制性详细规划. 上海：同济大学出版社，2005：35.

表 3.1.2.2–A “一城九镇”区域性质布局分析

城镇	“泰晤士小镇”	安亭新镇（西区）	临港新城	枫泾新镇	朱家角镇
不同性质区域					
布局特点	1. 中心区位于几何中心； 2. 混合区位于中心区，并限定公共空间，中心区建筑功能混合，线性、组团状布置； 3. 住宅区围绕中心布置。	1. 中心区位于几何中心； 2. 混合区从中心区延伸，中心区建筑功能混合，线性布置； 3. 住宅区围绕中心布置，部分与外围公建区相间。	1. 公建区形成城市和区域中心，圆环线性布置； 2. 混合区位于城市或区域中心区，并参与公共空间限定，圆环形线性布置； 3. 住宅区组团式布局。	1. 大型公建区形成中心； 2. 以交通干线组织公建区域； 3. 混合区在轴线两侧布局； 4. 住宅区围绕中心布局。	1. 公建区围绕古城和轴线布局，以古城区为中心； 2. 混合区域线性布置，并限定片区中心公共空间； 3. 古城周围住宅与公建区相间布置，外围为组团。
城镇	罗店新镇	浦江镇	高桥新城	奉城镇	陈家镇
不同性质区域					
布局特点	1. 中心区位于几何中心，形成大型公建片区； 2. 中心区域与公园等开放空间相间布局； 3. 住宅区围绕中心组团式布局。	1. 中心区位于几何中心，线性形态； 2. 公建区域沿轴线布局； 3. 混合区成片区，在中心区两侧布局； 4. 住宅区位于镇区两端。	1. 中心区点式形态，并与镇区中心结合布局； 2. 混合区引自中心区，线性布局； 3. 住宅区围绕几何中心圈层布局；	1. 公建片区形成中心区； 2. 公建区域线性布局； 3. 住宅区在镇区南、北两侧，或在与公建区相间布置。	1. 公建片区形成镇区和片区组团中心区； 2. 片区组团式分散布局； 3. 片区内形成向心组织； 4. 住宅区成组团围绕片区中心布局。
图例	■ 公共区域		▨ 混合区域		□ 居住区域

注：表中图片为作者绘制，资料来源同图 3.1–7－图 3.1–16。

邻里组团式布局

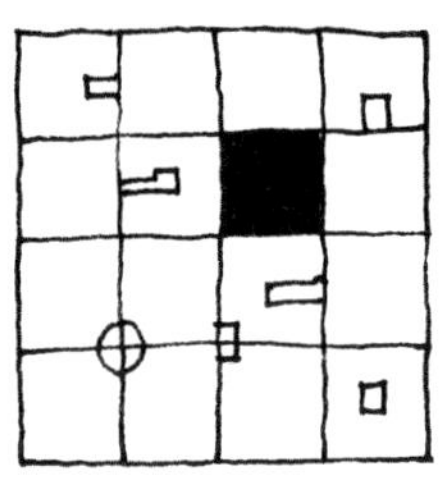
街区式布局

图3.1-23 “一城九镇”住宅区域布局的两种形式

康”[1]。不管是何种类型的混合区形式，都为区域形态的多样化发展奠定了良好的基础。

（3）住宅区域布局的两种形式：在围绕中心区布局的情况下，住宅区的布局形式主要有两种形式，第一类是以邻里组团形式为主的布局方式。临港新城主城区将住宅区域以几乎相同的邻里形式布置于放射轴线两侧，陈家镇的两个社区中也以邻里组织住宅区域，朱家角镇以混合区形成除古城片区外的5个邻里中心，罗店新镇围绕中心区的邻里组团共有11个（见本书2.6.3.3），枫泾新镇建立了三个主要的邻里组团，尽管邻里边界较模糊，也属于这种形式。第二类是街区式布局形式。较小规模的区域，如“泰晤士小镇”、安亭新镇、“高桥新城”以街区组织住宅区域布局，同时以小型开放空间等元素形成片区活动中心，浦江镇的小型网格式街区也属于这种形式，奉城镇则是沿线性轴线组织住宅街区的布局（图3.1-23）。

第二个观察角度是区域所形成的密度布局形态。尽管本书中“一城九镇”研究对象的区域级别有所不同，但它们都设置了一个显著的中心，并通常以区域的形式出现，围绕这个中心区，城镇中不同密度的区域构成，产生了不同的城镇区域密度形态模式。我们将这些区域分为中心区，中、高密度，以及低密度三个层次进行比较分析（表3.1.2.2-B）。

在区域密度形态布局方面，通过表3.1.2.2-B的分析，归纳为以下三种类型（图3.1-24）：

中（高）密度内圈、低密度外圈

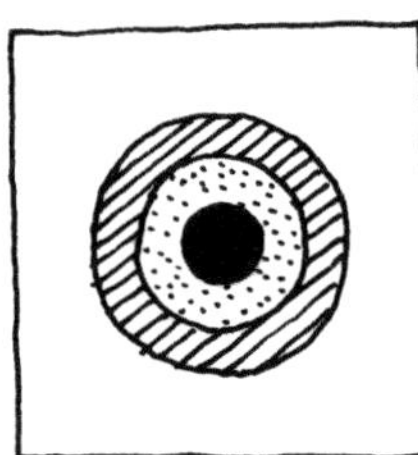
中（高）密度外圈、低密度内圈

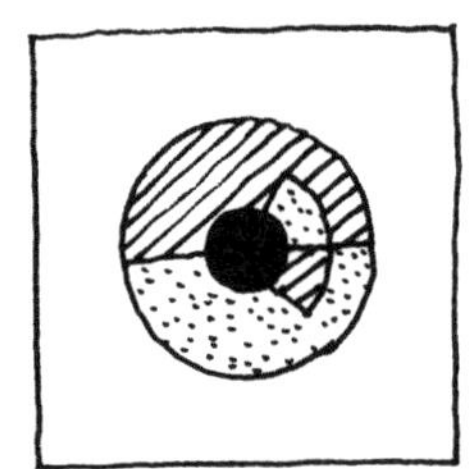
中（高）密度、低密度同圈相间

图3.1-24 “一城九镇”的三种区域密度布局类型

[1]（美）理查德·瑞杰斯特.生态城市——建设与自然平衡的人居环境.王如松，胡聃译.北京：社会科学文献出版社，2002：180.

表3.1.2.2-B “一城九镇”区域密度形态布局分析

城镇	“泰晤士小镇”	安亭新镇（西区）	临港新城（主城区一期）	枫泾新镇	朱家角镇
不同密度区域	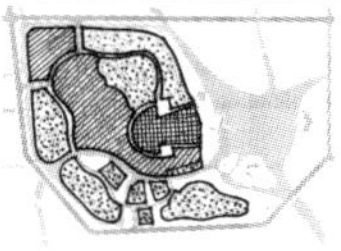	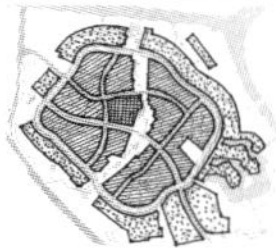	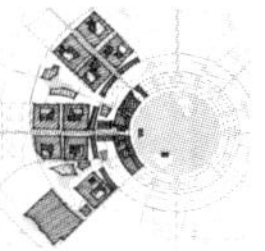		
布局特点	1. 中心区中、高密度，点式形态； 2. 中密度区域围绕中心布局并带形发展； 3. 低密度区域在外圈布局，部分临中心区。	1. 中心区高密度，点式形态； 2. 中密度区域围绕中心、在内圈中布局； 3. 低密度区域在外圈布局。	1. 新城、组团中心区中、高密度，圆圈形态； 2. 中密度区域围绕各级别中心布局； 3. 低密度区域在片区或组团间隙中布局。	1. 中心区中密度，分、主次点式以轴线连接； 2. 中密度区域围绕中心，或与低密度区域相间布局，片、带形； 3. 低密度区域在主干道路两侧，部分外围，或与中密度相间布局。	1. 中心区（古城）高密度，保护区外围中密度； 2. 中密度区域围绕中心、或在各片区中心，与低密度区域相间布局； 3. 低密度区域围绕水面、带形轴线公园，或与中密度区域相间布局。
城镇	罗店新镇	浦江镇	高桥新城	奉城镇	陈家镇
不同密度区域	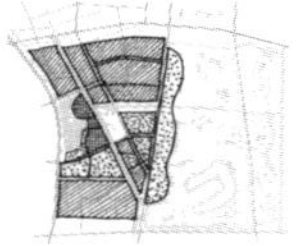	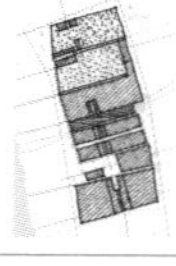	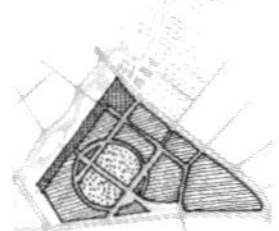	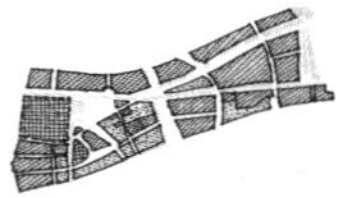	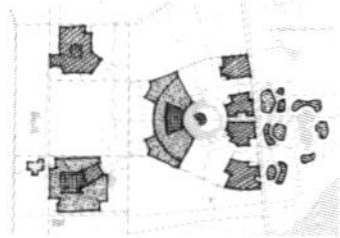
布局特点	1. 中心区中、高密度，片状形态； 2. 中密度住宅区域在镇区南、北两侧布局，公建自中心区延伸； 3. 低密度区域在中心区内、或贴临，部分在外围布局。	1. 中心区中密度，带形形态； 2. 围绕中心区形成大片中密度区域，公建中密度区域在轴线两侧布局； 3. 低密度区域在镇区北侧布局。	1. 中心区中密度，带形步行街高密度； 2. 中密度区域在外圈围绕低密度区域布局； 3. 低密度区域在几何中心的内圈布局。	1. 中心区中密度，近古城区，点式形态； 2. 中密度区域在镇区外围，或与低密度区域相间布局； 3. 低密度区域围绕中心区，或与中密度区域相间布局。	1. 会展区与两个社区各设中心区，中、高密度； 2. 公建中密度区域分为片区布局，点式形态，社区中密度围绕中心布局； 3. 低密度区域围绕各级中心，或分片区布局。
图例	中心区或高密度区域		中密度区域		低密度区域

注：1. 中心区密度指建筑用地地块内正结构密度，广场、水面、公园不计入内。 2. 密度级别根据容积率判断。
3. 临港新城、陈家镇密度根据用地性质判断。 4. 表中图片为作者绘制，资料来源同图3.1-7－图3.1-16。

(1) 中(高)密度内圈、低密度外圈：这种形式也是亚历山大在《建筑模式语言》中提出的“密度圈”形态模式：“最高的密度靠近中心，最低的密度远离中心。”[1]在安亭新镇、临港新城、浦江镇、“泰晤士小镇”，这种形式尽管有时是带形发展的，但中密度区域使更多的居民邻近中心区，同时也使区域的渗透性加强，是一种较合理的区域密度布局模式。

(2) 中(高)密度外圈、低密度内圈：奉城镇在新区的中心周围布置了低密度住宅圈层，中(高)密度区域在其外圈，低密度区域在享受了更多的环境空间和邻近中心区便利的同时，也使更多的居民远离中心区。“高桥新城”虽然也是这种形式，但中心区因处于边缘，并与部分中密度区域邻近，使不利影响因此减少。

(3) 中(高)密度、低密度同圈相间：是上述两种模式的折衷形式。在实例中程度有所不同。比较均等的城镇有朱家角、罗店、陈家镇，奉城新镇则偏向于第二种形式。在折衷的情况下，至少减弱了第二种形式的不利影响。

3. 边界

边界所起到的作用，是对不同层次城市空间范围的限定，包括物质的、社会的和精神的。各个历史时期的城市边界具有不同的特点。古典城市出于战争防御的需要，以城墙、护城河等作为城市边界(图3.1-25)。在文艺复兴时期，作为边界的城墙被发展成为棱堡形式，从单纯的防御功能转变为带有图形意义的“理想城市”形态的构成要件(图3.1-26)。从19世纪开始，西方资本主义迅速发展，攫取土地价值变为资本的收益，“随着军事防御城墙的拆除，城市就失去了控制，向外无限制地发展下去”[2]，边界改变了原来的固有模式，成为城市无序扩张蔓延的牺牲品。19世纪末，霍华德“田园城市”用一圈永久的农用绿地作为边界。1929年佩里邻里单位的边界，则是以步行距离为准

图3.1-25 带有城墙、护城河边界的中世纪城市纽伦堡(Nürnberg)，版画，米歇尔·沃尔格姆特(Michael Wolgemut)，1493年

图片来源：Dr. WolframVerlag: Der Traum von Raum, Gemalte Architektur aus 7 Jahrhunderten, Dr. WolframVerlag, Marburg, 1986: 268

[1] (美) C.亚历山大等.建筑模式语言——城镇·建筑·构造(上、下册).王听度，周序鸿译.北京：知识产权出版社，2002：361.

[2] (美) 刘易斯·芒福德.城市发展史——起源、演变和前景.倪文彦，宋俊岭译.北京：中国建筑工业出版社，2005：435.

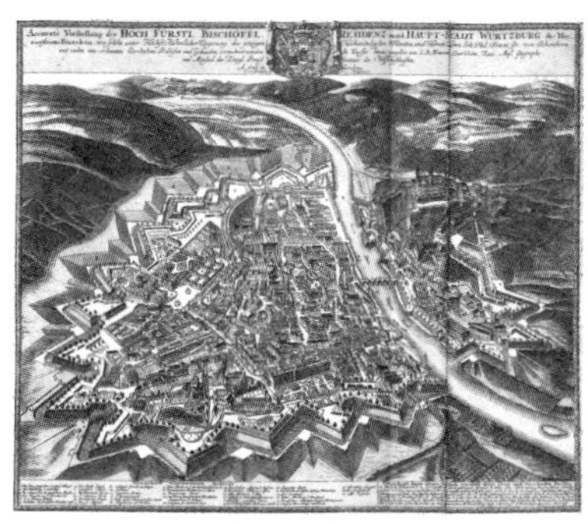

图3.1-26 1723年的德国城市维尔茨堡(Würzburg)的棱堡式城墙边界

图片来源:Whitfield, Peter. Städte der Welt: In Historischen Karten. Stuttgart: Konrad Theiss Verlag GmbH, 2006. 78-79

图3.1-27 芝加哥郊区与城区之间的绿化边界

图片来源:(美)新都市主义协会编.新都市主义宪章.杨北帆,张萍,郭莹译.天津:天津科学技术出版社,2004:36

则。城市边界历经演变,从城墙等防御性工具的正结构实体形式,转变为绿地等负结构开放空间形式(图3.1-27)。

一方面,“一城九镇”的区域边界体现了各自的区域层次,首先是不同区域级别的边界,即镇区的区划边界;其次是在城镇片区的边界,如“特色风貌区”;第三层次为片区内组团的边界,如邻里、街块等。边界层次与区域层次相呼应,不仅限定了区域,而且还建立了不同区域之间视觉与活动的联系,也就是林奇所称的“凝聚的缝合线”[1]作用。作为线性元素,边界的连续性和清晰性是重要的属性,与它的形式、构成元素、开口等有关。因此,我们将通过对三个层次边界构成元素与形式以及开口的分析,了解实例城镇边界元素的特点(表3.1.2.3)。

借由表3.1.2.3对“一城九镇”边界构成的分析,明显地可以看出,边界元素得到了设计者不同程度的重视。负结构形式成为城镇或片区边界的主流,不同形式、线性元素的组合使边界具有清晰性。综合对各城镇边界的分析,主要有三种类型(图3.1-28):

(1)以线性元素组合强化城镇边界形态:道路、水系线网、绿带等的组合成为城镇、片区边界的主要内容。在以上对线网的讨论中,我们曾分析过这些线网组合形式对线性元素的强化作用。对于具有一定规模的城镇来说,“没有清晰的能有效限制增长的边界,对基础设施及就业岗位的投资就会无序蔓延”[2]。这也许是各个城镇

[1] (美)凯文·林奇.城市意象.方益萍,何晓军译.北京:华夏出版社,2001:48.

[2] (美)新都市主义协会编.新都市主义宪章.杨北帆,张萍,郭莹译.天津:天津科学技术出版社,2004:19.

表 3.1.2.3 “一城九镇”区域边界构成分析

城镇		“泰晤士小镇”	安亭新镇（西区）	临港新城	枫泾新镇	朱家角镇
边界示意图		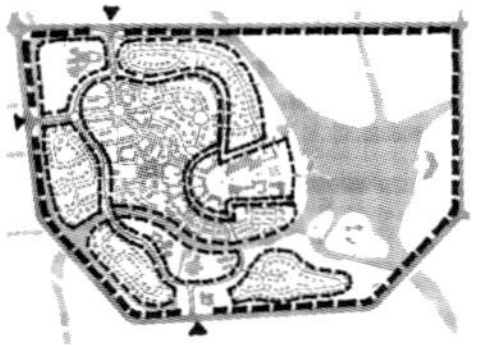	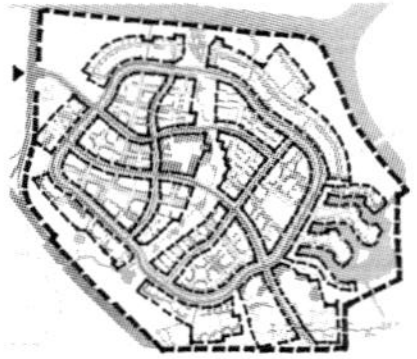	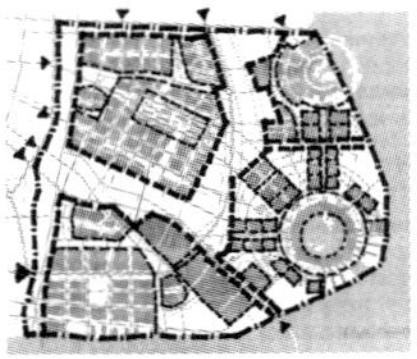		
构成元素与形式	城镇	—	—	1. 海岸线； 2. 河道与绿地组合； 3. 道路、河道、绿地组合。	1. 道路或河道； 2. 道路、铁路、轨道交通线、公园、绿地组合。	1. 道路与绿带组合； 2. 道路、河道、绿带组合。
	片区	1. 环城河道、道路、绿带组合； 2. 道路与绿带组合。	1. 高速公路、公园； 2. 道路与绿地组合； 3. 河道与绿地组合。	1. 农用地或景观绿地； 2. 道路与绿带组合； 3. 河道与绿地组合； 4. 河道、道路、绿带组合。	1. 道路； 2. 道路与河道、绿带组合。	1. 带形公园或水面； 2. 道路、河道、绿地组合； 3. 道路、街巷。
	组团	1. 河道或道路； 2. 河道与绿带组合； 3. 道路与绿带组合。	1. 街道或河道、水面； 2. 环城河道、一般河道、绿带、道路组合； 3. 绿地或公园。	1. 绿地或道路； 2. 道路与绿带组合； 3. 河道与绿地组合。	1. 道路； 2. 步行林荫通道； 3. 河道与绿带组合； 4. 公园。	1. 道路、街巷； 2. 道路、河道、绿带组合。
开口		南、北、西各一处	西侧一处	北、西侧多处，南侧一处	西、南侧多处，东侧一处	东南西北各多处

续 表

城镇		罗店新镇	浦江镇	高桥新城	奉城镇	陈家镇
边界示意图						
构成元素与形式	城镇	1. 水面或河道； 2. 公园、绿地； 3. 道路、河道、绿地组合。	1. 黄浦江； 2. 道路、棱堡造型绿化坡地组合。	—	1. 道路或农用地； 2. 道路、河道、绿地组合； 3. 道路、绿带组合。	1. 道路、农田、森林； 2. 道路、河道、绿地组合； 3. 湿地等生态绿地。
	片区	1. 道路； 2. 道路、绿带、水面或河道组合。	1. 道路或绿地； 2. 道路与河道组合； 3. 道路与绿地组合。	1. 道路； 2. 河道公园； 3. 道路、河道、绿地组合。	1. 河道或公园； 2. 道路、河道与绿地组合； 3. 河道与绿带组合。	1. 道路、绿地、森林； 2. 道路、河道、绿地组合； 3. 湿地等生态绿地。
	组团	1. 道路、河道、绿地组合； 2. 河道、绿地组合； 3. 绿地、公园。	1. 道路； 2. 道路与环城河道组合； 3. 道路与绿地组合。	1. 道路或河道； 2. 道路与河道组合； 3. 道路、河道、绿地组合。	1. 道路、绿带复合性轴线； 2. 道路、河道、绿地组合； 3. 河道与绿带组合。	1. 道路或河道； 2. 道路、河道、绿带组合。
开口		西、南各两处，北侧多处	南侧一处，北、东侧多处	西、北侧各一处，南侧两处，东北侧多处	西、南、北侧多处，东侧一处	南、西、北各多处
图例		城镇区域边界		片区边界		组团边界

注：1.“泰晤士小镇”、安亭新镇、“高桥新城”为城镇的片区，对其所在城镇的边界分析不作展开；
2. 陈家镇与崇明东滩联动开发，边界根据镇区周边道路暂定；
3. 表中图片为作者绘制，资料来源同图3.1-7－图3.1-16。

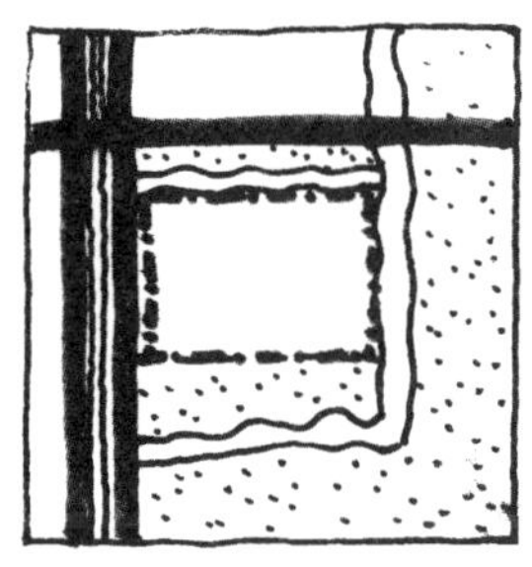

线性元素组合式边界

自然或特殊元素边界

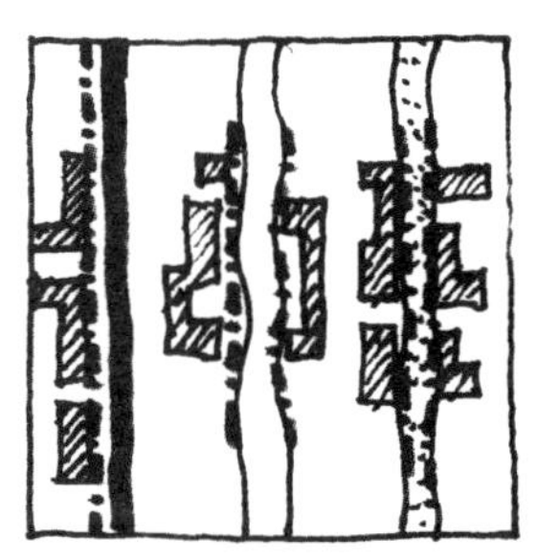

“缝合线”式边界

图3.1-28 “一城九镇”边界元素构成的三种形式

重视镇区边界的主要原因之一。除自然元素和面状元素外，单纯以道路作为城镇边界的实例如枫泾新镇，西侧的城市公路成为镇区的单侧边界，强调了与其他区域共用公路边界的作用，这种情况在其他城镇并不多见。对于片区、组团或邻里边界，边界表现为组合与非组合并重的形式，河道、绿带、道路的组合边界作为公共空间，加强了组团或邻里之间的交流。

（2）自然或特殊元素作为边界：临港新城、浦江镇均利用海、江岸线作为边界，陈家镇则是利用东滩的生态自然环境作为边界。另外，高速公路、铁路、轨道交通、大型绿地公园、农用地等特殊元素也构成了城镇具有特点的边界。安亭、枫泾、罗店、高桥等城镇以大型公园作为城镇或片区的边界，前两者以绿地或公园形成了与高速公路边界的隔离；临港新城的片区边界由农用地和大片楔形绿地组成。“重要的是设计时应以土地的特征来界定城市的边界，而且还应突出其个性”[1]。自然或特殊元素为城镇建立了强大的边界，成为城镇导向性的识别物。

（3）“缝合线”式边界的作用：关于单边的中心区布局，卡尔索普的“TOD”形式是在交通线路边界处建立枢纽，以交通引导的开发模式。与之相类似，在亚历山大的研究中，“偏心核”方式是以“T”形的线性区域作为中心区，形成了“亚文化区边界”[2]（图3.1-29）。如果说前者的“TOD”形式形成了城市的单面发展，后者的偏心形式在相邻社区之间则形成了“缝合线”的效果。如“泰晤士小镇”的中心区，以偏心形式连接了内、外圈的不同区域，在组团的边界处成为共享的公共空间；朱家角镇的带形片区或组团边界加强了它们之间的联系。对于片区、组团，线性的公共空间边界成为它们之间的“缝合线”。

---

[1]（美）新都市主义协会编.新都市主义宪章.杨北帆，张萍，郭莹译.天津：天津科学技术出版社，2004：42.

[2]（美）C.亚历山大等.建筑模式语言——城镇·建筑·构造（上、下册）.王听度，周序鸿译.北京：知识产权出版社，2002：271，365.

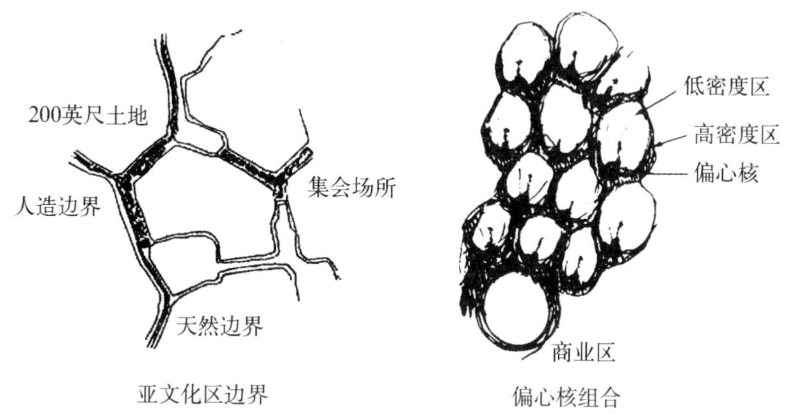

图3.1-29 C.亚历山大的“亚文化区边界”,“偏心核”模式

图片来源:(美)C.亚历山大等.建筑模式语言—城镇·建筑·构造(上、下册).王听度,周序鸿译.北京:知识产权出版社,2002:217,371

4. 轴线

从线网中被强调、独立出来,对城市结构形态起构架作用的线性元素通常构成了城市的轴线。“轴线也许是建筑形式与空间组合中最原始的方法。它是由空间中的两点连成一条线,以此线为轴,可采用规则或不规则的方式布置形式与空间。虽然是想象的,并且除了心灵中的‘眼睛’外,不能真正看到,但轴线却是强有力的支配与控制手段”[1]。轴线在城镇结构中具有同样的支配作用,是城市空间秩序建立的重要元素。

在“一城九镇”的城市设计中,轴线成为空间组织的重要方式。尽管不同的城镇采用了形式各异的城镇线网结构,无论是网格形式,还是放射性星形设计,即使是轴线与线网的主要形态不完全重合,轴线也需要与线网连接。为了强调轴线的结构性作用,在轴线上或两侧通常会布置城镇的节点以及标志性建筑或构筑物;反过来说,这些节点也由轴线进行了串联。同样作为线性元素,与边界不同的是,轴线具有方向性和唯一性,对于城镇形态具有独立的线性结构意义,所起的作用通常需要与其他控制元素的相互配合。从构成上来说,轴线可以是道路、河道、带状绿地等线性元素及其组合形式,还具有主从性、方向性以及连接性等特点。从轴线的几何特征出发,连接两点的直线所形成的轴线为最简单,也是最直接、清晰的形式。从直线形式轴线可以演变为不闭合而方向明确的曲线形式。据此,以下就10个城镇轴线的构成、线型、方向、连接点等方面进行分析(表3.1.2.4)。

[1] 程大锦(Francis D.K. Ching).建筑:形式、空间和秩序(第二版).刘丛红译.天津:建筑情报季刊杂志社,天津大学出版社,2005:322.

表 3.1.2.4 "一城九镇"城镇结构轴线分析

城镇	"泰晤士小镇"	安亭新镇（西区）	临港新城	枫泾新镇	朱家角镇
示意图					
形式	1. 主轴：广场、水面； 2. 辅轴：步行街。	1. 主轴：十字形，横向为干道，纵向为绿带公园； 2. 辅轴：3条，主要道路。	1. "三支道"放射系统； 2. 主轴：轴线大道； 3. 辅轴：两条，主轴镜像，轴线大道。	1. 主轴：放射性，两条，横向为林荫大道，纵向为道路； 2. 辅轴：河道带形公园。	1. 主轴：十字形，横向为河道，纵向为道路与绿带公园； 2. 辅轴：两条，人字形古城街道，线性老城街道。
线型	1. 主轴：直线； 2. 辅轴：折线。	1. 主轴：曲线形； 2. 辅轴：曲线形。	1. 主轴：直线一次转折； 2. 辅轴：直线。	1. 主轴：直线； 2. 辅轴：平缓曲线。	1. 主轴：平缓曲线； 2. 辅轴：平缓曲线。
方向	1. 主轴：东西向，向东连接新城中心区轴线； 2. 辅轴：自东南向西北。	1. 主轴：自西向东南，自北向西南； 2. 辅轴：自西向东南，自北向西南。	1. 主轴：自东南向西北； 2. 辅轴：南北、东西向。	1. 主轴：横向为自西向东，纵向为自北向南； 2. 辅轴：自南向北。	1. 主轴：东西、南北向； 2. 辅轴：古城街道自北分支至西南、东南向，老城街道东西向。
连接点	1. 主轴：中心广场—水面码头—新城中心区； 2. 辅轴：中心广场—步行街—区域道路广场。	1. 主轴：横向为公建—中心区—公园—公建—东区，纵向为河道—中心区—横轴交叉点—边界绿地； 2. 辅轴：横向为入口—中心区—组团街道节点，纵向为环城河—中心区—环城河。	1. 主轴："滴水湖"及同心圆公园节点—道路交叉绿地节点—两港大道立交节点—主产业区中心—公园—A30； 2. 辅轴：横向为"滴水湖"及同心圆公园节点—A2，纵向为"滴水湖"及同心圆公园节点—综合副城区中心。	1. 主轴：横向为中心区水面—林荫大道—交通枢纽节点，纵向为中心区水面—古城区； 2. 辅轴：中心区水面—与横向带形公园交叉点—河道。	1. 主轴：横向为城市道路—公园—古城中心—区外水面，纵向为入口—老城街道起点—公共设施节点—与横轴交叉点—公园节点—城市道路； 2. 辅轴：古街为古城老街起点—中心—水面；老街为纵主轴交点—古城交点—片区节点。

续 表

城镇	罗店新镇	浦江镇	高桥新城	奉城镇	陈家镇
示意图					
形式与构成	1. 主轴：枝形，两条，道路、绿带、河道组合； 2. 辅轴：3条，街道、带形绿地。	1. 十字形正交，两条； 2. 横轴：中心区； 3. 纵轴：主干道。	1. 丁字形正交，两条； 2. 横轴：步行街、河道、绿带组合； 3. 纵轴：步行街。	1. 主轴：平行或交叉；3条主轴，道路、绿带、河道组合； 2. 辅轴：横、纵各一，横轴为道路，纵轴为公园。	1.“三支道”放射系统，中间轴延伸； 2. 中间轴为绿地、河道、道路组合；其他两放射轴为水系。
线型	1. 主轴：直线； 2. 辅轴：折线、曲线形。	1. 横轴：直线； 2. 纵轴：直线。	1. 横轴：直线； 2. 纵轴：直线。	1. 主轴：平缓曲线； 2. 辅轴：平缓曲线、直线。	直线
方向	1. 主轴：横向为东西向，纵向为西北至东南； 2. 辅轴：横向两条为东西向，纵向自西北向东南。	1. 横轴：东西向江偏南； 2. 纵轴：南北向江偏西。	1. 横轴：自西北向东南； 2. 纵轴：自西南向东北。	1. 主轴：东西向略偏； 2. 辅轴：东西向、南北向。	1. 中间轴为东西向略偏； 2. 其他两条放射线以中间轴镜像。
连接点	1. 主轴：横向为中心区—公园—公建区—绿地公园，纵向为绿地公园—中心区—公园—道路； 2. 辅轴：横向北：道路—中心公建区—绿地公园，横向南：道路—中心区—公园—绿地公园；纵向为中心区内串联3个广场。	1. 横轴：黄浦江—环城河—中心区—水面入口—城市道路； 2. 纵轴：城市道路—公建—环城河—中心区—环城河—公建节点—城市道路。	1. 横轴：带形河道公园—公建节点—几何中心—公建节点—河道水系； 2. 横轴：城市道路—步行街—中心区广场与水面—城市道路。	1. 主轴：北侧两条：古城—公园—中心区—纵辅轴—城市道路；南侧：城市道路—中心区—纵辅轴—城市道路； 2. 辅轴：横向为城市道路—中心区—纵辅轴—镇区内道路。	1. 中间轴：交通枢纽—中心区及水面—片区结合处节点—生态水面及湿地； 2. 其他两条放射轴：中心区及水面—镇区社区。

注：表中图片为作者绘制，资料来源同图3.1-7-图3.1-16。

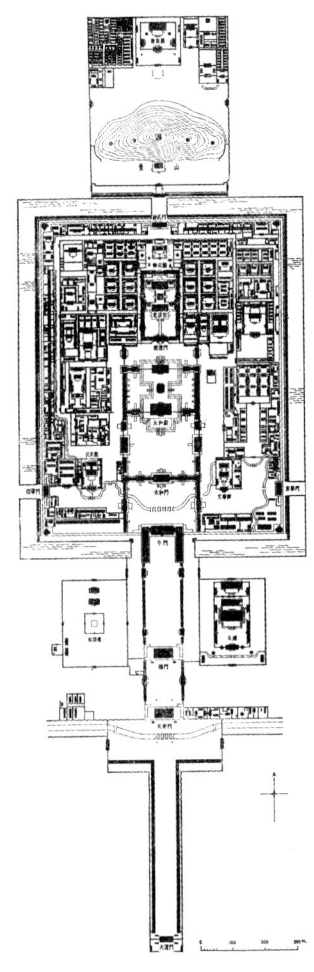

图3.1-30　北京故宫在沿南北轴线发展的空间序列

刘敦桢主编:《中国古代建筑史》,中国建筑工业出版社,北京,1980: 283页前插页

从上述分析中可以看出,轴线系统在“一城九镇”城镇结构形态的形成具有重要作用。体现于以下三个方面:

(1) 轴线系统加强了城镇结构的向心与整体性:轴线从线网中独立出来,建立了线网的方向性和秩序性,从而使结构得到整体性的强化。在轴线连接点的分析中,10个城镇的轴线系统均由中心区出发或经过中心区,这与欧洲中世纪城市“挂毯”式的形态[1]不同,城镇的轴线与中心紧密地相连。古罗马矩形形态城市在正交轴线交叉处建立了城市中心,这个正交轴线的形式通常对城市的线网进行了全面的控制,并如同坐标轴确立了城市的方向。中国古代城市建筑群布局不仅是形式上的轴线对称,而且包含了其内容中均衡矛盾的内涵,“随着封建礼教的强化,南北轴线成为建筑群的主宰”[2](图3.1-30)。实例中“泰晤士小镇”虽然轴线的作用不强,但主轴指向新城中心,辅轴则联系了两个重要的区域节点,枫泾新镇也是类似情况;在安亭新镇、朱家角、浦江、奉城镇、“高桥新城”轴线系统贯穿区域,形成对形态整体性控制,并以此建立起城镇的中心;临港新城、陈家镇的放射轴线系统连接了不同的城镇片区,使分散化的集中片区布局具有向心与整体性。

(2) 轴线建立了区域或城镇间的空间联系:在朗方(Pierre Charles L’Enfant)1791年为华盛顿所作的规划中,用巴洛克式的轴线大道将城市的节点连接起来,这些对角线式的宽阔大道,成为正交网格线网中新的要素,并与线网的规则图形形成明显对比(图3.1-31)。在“一城九镇”实例中,轴线不仅建立了自身区域间的联系,还建立了镇区外不同区域或城市的空间联系。如“泰晤士小镇”从中心区出发的主轴线建立了与松江新城中心区的视觉联系,辅轴则连接中心区和组团的公共空间节点;安亭的纵轴线通向大型的城市公园,也与环城河道建立了节点联系;“高桥新城”的纵轴线指向镇区的

[1] (美)刘易斯·芒福德.城市发展史——起源、演变和前景.倪文彦,宋俊岭译.北京:中国建筑工业出版社,2005: 325.

[2] 潘谷西主编.中国建筑史(第四版).北京:中国建筑工业出版社,2001: 227.

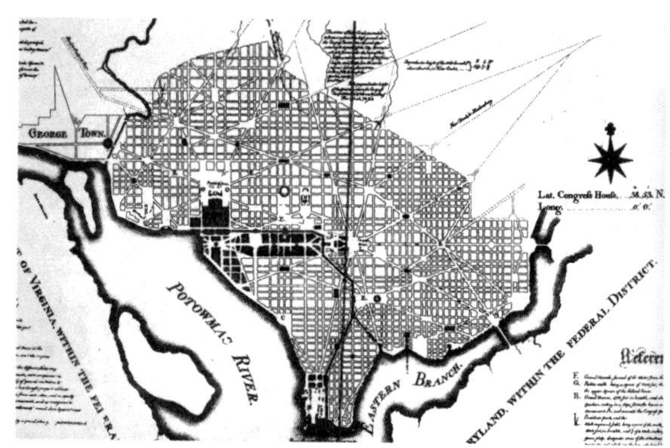

图3.1-31 朗方在1791年的华盛顿规划

资料来源：(美)斯皮罗·科斯托夫.城市的形成——历史进程中的城市模式和城市意义.单皓译.北京：中国建筑工业出版社，2005：210

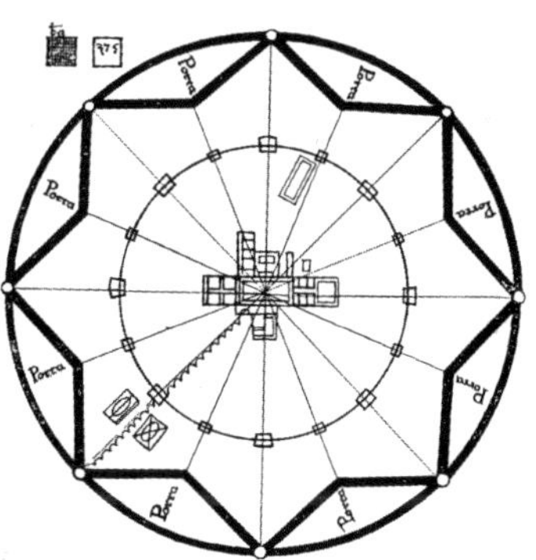

图3.1-32 “理想城市”福尔津达的设计图，1460—1464年

资料来源：Benevolo, Leonardo. Die Geschichte der Stadt. Frankfurt/New York: Campus Verlag GmbH, 1983: 577

中心节点，辅轴为区内步行街；临港新城、朱家角、浦江、奉城镇轴线直接连接城市主干道路网的同时，连接了区内不同的节点。枫泾、罗店则是通过主轴线联系老镇区以及其他镇域内区域，临港新城、陈家镇主轴线除连接不同片区外，还建立了对外的视觉联系。

(3) 轴线的三种形态类型："一城九镇" 的轴线形态以较宏观的分类，共有三种类型。第一种是"一"字形或平行线形。这也是较为简单的轴线形式，典型的实例如奉城镇，在朱家角、安亭、罗店新镇的辅轴中也有这种形式。第二种是"十"字形或变形形式。浦江、安亭、朱家角镇较为典型，高桥、罗店则是经变形的形式，趋向于"T"形。正如以上章节对这种形式的分析，从古罗马城市到勒·柯布西耶1951年的昌迪加尔规划，均由一个"十"字正交轴线建立了空间构架，轴线系统从网格线网中被强调出来，建立起坐标式的中心。第三种形式为放射形。历史中文艺复兴时期的"理想城市"形态是向心的、放射性的星形图形。在1460—1464年"理想城市"福尔津达(Forzinda)的设计图中，可以看出连接圆心的16条放射线(图3.1-32)。均匀的射线形成城市的线网，轴线系统不明显，但主导的一条轴线从中被强调出来。这种在放射线网中被强调出来的轴线实例，有"泰晤士小镇"、枫泾新镇，轴线连接了重要的节点和区域。最明显实例是临港新城和陈家镇。类似巴洛克时期"意味着对空间的军事征服"[1]的星形设计，将放射性大道从城市线网中独立出来，如前一章谈及的"三

[1] (美)刘易斯·芒福德.城市发展史——起源、演变和前景.倪文彦，宋俊岭译.北京：中国建筑工业出版社，2005：407.

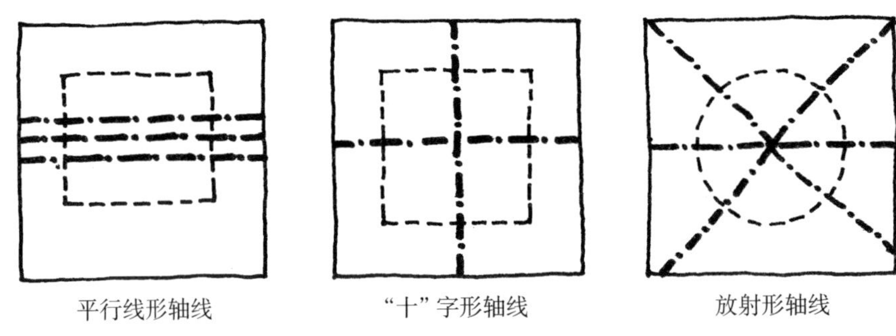

图3.1-33 "一城九镇"轴线的三种形态类型

支道"系统[1]，其中一条通常被强调成为主轴线。这些轴线具有象征权力炫耀的仪式性，也被称作"胜利大道""皇家大道""中央大道"，成为"当权者宫殿的代用品"[2]。当然，两个新城镇放射性轴线并不具有巴洛克的政治意义，从形态上来说，这些轴线连接了卫星式发展的片区，也形成了"壮丽风格"的城镇形态（图3.1-33）。

5. 中心

如以上对"一城九镇"区域、边界的分析，研究对象的城镇区域具有不同层次，这也影响了城镇中心的规模和形态。尽管这些不同的城镇中心有时是一个区域，也通常只是一个节点，但对于整个城镇结构而言，中心所起到的是"点"的作用。相对于边缘、周边等词义，中心具有"居中""中点"的几何形态含义。"中心首先更多的是与地理位置有关，其次才是与其内容有关。反之，城市中心或城市区域中心的概念在传统意义上始终包含着经济、文化、象征和行政管理内容……每一个社会都需要它的'中心象征'和场所，是整个城市居民的归属所在"[3]。尽管10个城镇中有新城、中心镇或只是镇区中的一个片区，中心也并不全部具有行政中心的意义，但中心的物质含意也是为了构建一个社会核心所形成的载体，代表着一个组群或团体的整体利益。"每个整体都必须自成'中心'，还必须在它四周产生出一个中心体系"[4]。由中心所形成的城镇形态构图是一个具有强弱关系层次的整体，"在任何构图中都需要强调一些部分，而弱化另外的部分，这是设计的艺术"[5]。因此，在对10个城镇区

[1] 见本书2.3.3.2。

[2] （美）斯皮罗·科斯托夫.城市的形成——历史进程中的城市模式和城市意义.单皓译.北京：中国建筑工业出版社，2005：272.

[3] Curdes, Gerhard. Stadtstruktur und Stadtgestaltung: 2. Auflage. Stuttgart, Berlin, Köln: Kohlhammer GmbH, 1997: 183.

[4] （美）C.亚历山大，H.奈斯，A.安尼诺，I.金.城市设计新理论.陈治业，童丽萍译.北京：知识产权出版社，2002：78.

[5] （英）克利夫·芒福汀.街道与广场（第二版）.张永刚，陆卫东译.北京：中国建筑工业出版社，2004：100.

域、轴线的分析中，中心始终被当作一个重要的参照物。

“一城九镇”的中心由公共建筑以及公共空间构成，形成点、线、面三种不同的形式，反映了城镇中心的不同形态模式。对于大城市而言，中心体系通常被分为四个层次，即：内城（城市）中心、区域中心、区段中心和街区中心[1]。郊区城镇因规模在一定范围内，中心的层次一般由2～3级组成，其中，最低层次的组团或邻里中心及其附近的零售商店是居民生活的必需与保障，拥有贴近居民的距离和较高的使用频率。高层次城镇、片区中心的功能可以向下兼容，也通常是城镇政治、经济、文化设施的聚集地，更加具有城镇或区域的象征意义。衡量中心功能的重要内容是混合性，雅各布斯将多样性分为首要用途与因之发展的商业服务等用途两种方式，其多样性体现于功能充分、有效的混合，“没有一个强有力的、包容性的中心地带，城市就会变成一盒互不关联的收藏品。无论从社会、文化和经济的角度讲，它都很难产生一种整体的力量”[2]。

除此之外，中心的地理位置以及可达性决定了中心的服务半径和距离。无论采用何种布局方式，中心的布局总是以拥有较好的可达性为目的，同时也对以中心为核心的城镇密度构成产生影响。由此，对于“一城九镇”中心在城镇结构中所具有的形态特征，将从布局层次、形态、位置以及功能四个方面进行分析（表3.1.2.5）。

通过对中心的层次、形态、位置以及功能的分析，可以看出“一城九镇”在中心区设计方面的特点。也反映出各个城镇的形态原型及其不同的观念。城镇中心区反映了城镇的公共社会生活，中世纪城市中心显示了主宰社会生活的三种势力，“它总是显示出一个不统一的结构，教会、贵族、市民阶级（议会）处于许多不同的、变换的关系，以及不同关系等级的相互转变之中”[3]（图3.1–34）。因此，其城市结构通常是围绕中心的圈层形式，曲折蜿蜒的街道通向中心，教堂与广场似乎成为一

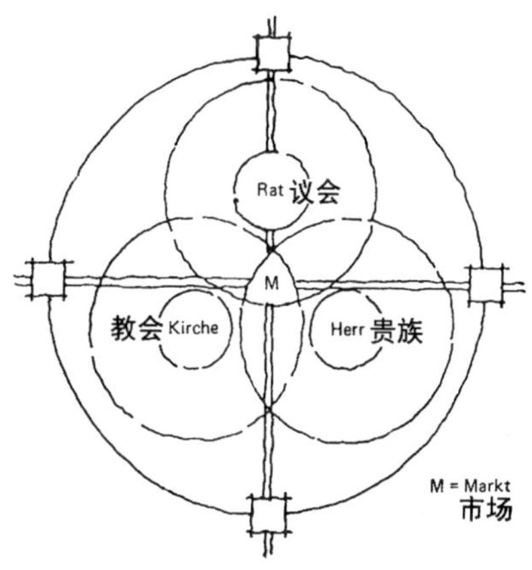

图3.1–34 中世纪三种社会势力支配下的城市中心空间结构

图片来源：Schirmacher, Ernst: Stadtvostellung: die Gestalt der mittelalterlichen Städte; Zürich/München: Erhaltung und planendes Handeln. 1988: 185

[1] Curdes, Gerhard. Stadtstruktur und Stadtgestaltung: 2. Auflage. Stuttgart, Berlin, Köln: Kohlhammer GmbH, 1997: 186.

[2]（加）简・雅各布斯.美国大城市的死与生.金衡山译.南京：译林出版社，2005：182.

[3] Schirmacher, Ernst. Stadtvostellung: die Gestalt der mittelalterlichen Städte. Zürich/München: Erhaltung und planendes Handeln，1988: 185.

表3.1.2.5 “一城九镇”城镇中心形态布局分析

城镇	“泰晤士小镇”	安亭新镇（西区）	临港新城（主城区一期）	枫泾新镇	朱家角镇
示意图					
层次	片区、组团	片区、组团	新城、片区、组团	镇区主、次，组团	古城区、新公共设施区中心，片区中心，组团
形态	1. 片区：半圆中心放射形态，与其他公建、混合区连接成片区，半围合式广场组合，点式； 2. 组团：街道广场，设立体建筑，点式向线性发展。	1. 片区：不规则方形，风车形建筑布置，围合式广场，点式； 2. 组团：街道广场，点式。	1. 新城：绕“滴水湖”圆环形态，与放射大道共同组织空间，建筑沿环、轴线布置； 2. 组团：与花园组合，点式。	1. 镇区：不规则方形，公建、水面以及开放式广场，点式主、次中心以轴线连接； 2. 组团：商业，设立式建筑，点式。	1. 古城区以人字形街巷河道组织空间；新公共设施区为地块式，片区式； 2. 组团：沿河道、街道带状布局。
位置	1. 片区：偏心布局，500米圈全覆盖； 2. 组团：中心布局，400米圈覆盖，在片区中心圈内。	1. 片区：几何中心布局，500米圈基本覆盖； 2. 组团：中心布局，400米圈覆盖；在片区中心圈内。	1. 新城：偏心布局，1 000米圈可至部分组团； 2. 组团：几何中心布局，400米圈全覆盖。	1. 镇区：两处偏心布局，主中心1 000米圈覆盖大部分区域； 2. 组团：中心或偏心，400米圈可覆盖大部分区域。	1. 古城、新公共设施、片区中心偏心，500～1 000米圈可及组团步行圈； 2. 组团：中心，400米圈可覆盖大部分区域。
功能	1. 片区：行政办公、商业、商住混合区、广场及其组合； 2. 组团：商业街起点街道广场，会所服务等。	1. 片区：宾馆、音乐厅、教堂、购物中心、混合型住宅，广场； 2. 组团：网点式商业，混合型住宅，街道广场。	1. 新城：行政办公、商业、娱乐、商、住、办混合等，广场、公园、水面； 2. 组团：公共设施，商住混合，公园。	1. 镇区：行政中心，文化、会议、娱乐中心，博物馆、图书馆、商业，广场，水面公园，次中心为交通枢纽； 2. 组团：小区级商业服务设施，建筑、绿地等。	1. 古城区商、住、服务、旅游设施混合，河、桥、巷、小型广场等；新公共设施区行政办公、教育、服务等，新片区中心商业为主； 2. 组团：商、住混合。

续 表

城镇	罗店新镇	浦江镇	高桥新城	奉城镇	陈家镇
示意图	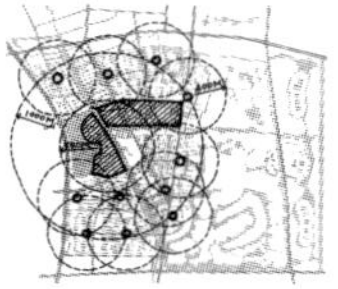	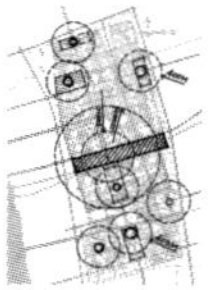	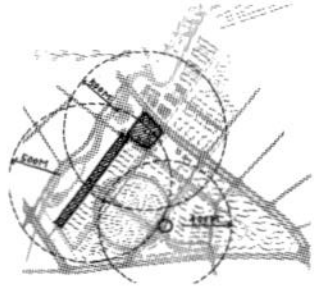	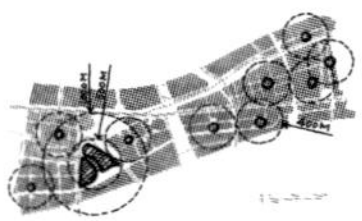	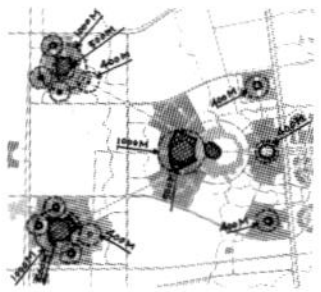
层次	镇区、组团	镇区、片区或组团	片区、组团	镇区,组团	主片区、两个次片区中心,各片区组团
形态	1. 镇区：分商业、行政办公等两片，绕公园布置，商业区分为两个组团以广场或街道串联，设步行街区，办公区带形并列布局； 2. 组团：邻里中心，点式。	1. 镇区：建筑设立式排列，开放空间为水面、广场、绿地、河道等，带形布局； 2. 片区组团：社区服务、商业、绿地广场等，点式； 3. 街块内部分设服务设施。	1. 片区：分为广场区：建筑围绕广场布局，点式，步行街：混合建筑沿街线性布置； 3. 组团：服务性会所，临水布局。	1. 镇区：不规则近三角形，公建部分设立式，点式； 2. 组团：古城十字街结构，其他组团为点式布局。	1. 主片区：围绕中心水面组织，扇形、点式； 2. 次片区：绕水系及广场组织，点式； 3. 组团：围绕公园组织，点式。
位置	1. 镇区：商业区偏心，整个中心围绕居中公园布置，1 000米圈全覆盖； 2. 组团：中心布局，400米圈覆盖，在片区圈内。	1. 镇区：几何中心布局，500米圈覆盖混合区域； 2. 片区组团：中心布局，400米圈基本覆盖，街块内另布置商业服务设施。	1. 片区：对于镇区为几何中心，对于片区偏心，500米圈可覆盖近半区域； 2. 组团：略偏心，400米圈覆盖大部分区域。	1. 镇区：偏心，1 000米圈覆盖约1/3区域； 2. 组团：中心或偏心，400米圈可覆盖大部分区域，带形轴线两侧公建补充。	1. 主片区：几何中心，1 000米圈仅覆盖中心区； 2. 次片区：几何中心，1 000米圈大部分可覆盖片区； 3. 组团：中心，400米圈可覆盖大部分区域。
功能	1. 片区：会议中心，商业、娱乐、行政办公、文化、教育、广场及其组合、公园，水面、河道； 2. 组团：商业服务等。	1. 镇区：商业、会议中心、宾馆、办公、娱乐、酒店式公寓等，开放空间； 2. 片区组团：商办混合、社区文化、商业服务等，广场、绿地。部分街块内设商业、服务设施。	1. 片区：文化、商业、教堂、商住混合建筑、广场、水面、步行街； 2. 组团：社区会所。	1. 镇区：行政中心，办公、文化、会议、商业，水面公园； 2. 组团：商业服务设施建筑。	1. 主片区：会展、服务、办公、商业等，临中心水面、河道等； 2. 次片区：社区商业、办公、服务设施； 3. 组团：教育、科研、小区商业服务等。

注：1. 图中城镇或片区中心分为500、1 000米两个同心圈层，组团或邻里中心为400米圈层。临港新城片区中心因资料空缺暂不分析。
2. 表中图片为作者绘制，资料来源同图3.1-7–图3.1-16。

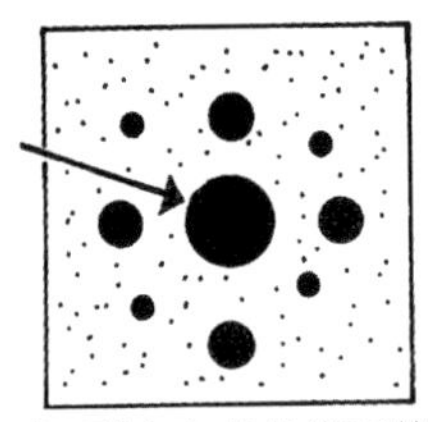
主、副中心的均衡系统

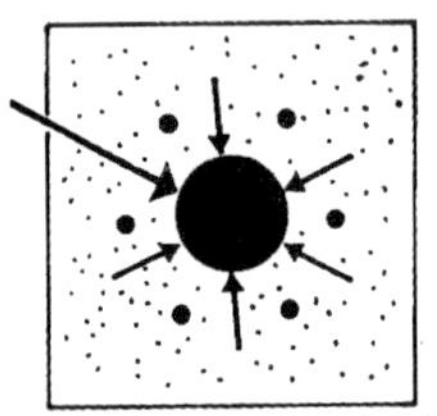
过强的核心，弱小的边缘

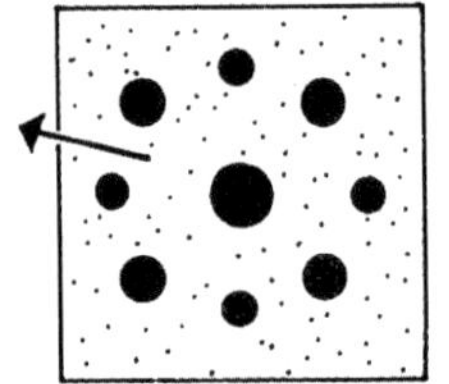
弱小的核心，强大的边缘

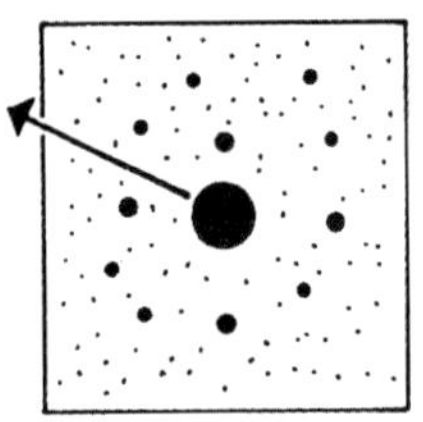
弱小的核心，弱小的边缘

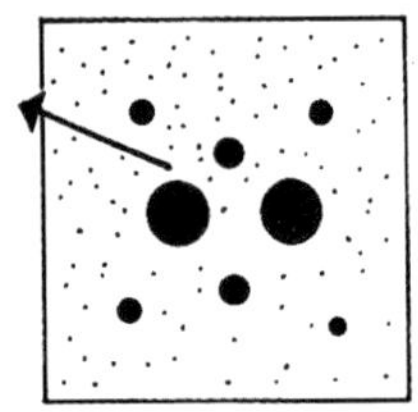
多个相互竞争的核心

图3.1-35　大城市的中心等级及其关系

图片来源：Curdes, Gerhard. Stadtstruktur und Stadtgestaltung: 2. Auflage. Stuttgart, Berlin, Köln: Kohlhammer GmbH, 1997: 186

个“社区中心”，成为居民聚会和举办活动的中心场所。然而，现代城镇的社会生活呈现多元化的发展，经济、文化、娱乐活动成为中心的重要内容，中心的形态也随之发生了变化。归纳以上分析的几个方面，10个城镇的中心布局与形态具有如下特点：

（1）中心布局层次：不同层次中心的布局涉及主、次中心及其边缘的规模与关系，理想的中心布局使这些关系处于均衡状态（图3.1-35）。“一城九镇”中心的层次布局更符合郊区城镇的密度分布特点，除临港新城、陈家镇、朱家角镇外，其他城镇的中心层次布局以两级为主，即：城镇或片区中心以及组团或邻里中心。由于大部分城镇布局的密度圈分布具有从中心逐步减小，或相间布局的状况，距离圈不大的周边使城镇或片区的中心向集中化发展。另外，建立一个强大的中心对于整个镇域来说具有更加广泛的意义。因此，镇区或片区的中心一般显得较为强大，而组团或邻里中心的功能以常规生活性商业、服务以及小型公共空间为主。

（2）中心的集中化：不管是采用何种结构形态模式，“一城九镇”的中心区均体现了集中化的特点。在关于城市形态紧缩性的讨论中，虽然集中、分散两种观点不分伯仲，但即使是分散论者，对于城市中心或区域内的商业、服务、文化娱乐设施等的集中化仍然持积极态度[1]。同为集中化的中心形态，因表达不同的意义有时并不一致。16世纪的“理想城市”将放射线集中于圆心，在圆心设置的重要建筑（如宫殿或教堂）作为城市中心，成为城市的象征。而同样为星形形态的防御型城市，在圆心位置却是开放空地，“在受到攻击的时候，指挥官就将指挥所设在位于中心的一座塔楼或高台上，这样，各个棱堡就在他的视线中”[2]（图3.1-36），在这里，

---

[1]（英）迈克·詹克斯，伊丽莎白·伯顿，凯蒂·威廉姆斯编著.紧缩城市——一种可持续发展的城市形态.周玉鹏，龙洋，楚先锋译.北京：中国建筑工业出版社，2004：7，54.

[2]（美）斯皮罗·科斯托夫.城市的形成——历史进程中的城市模式和城市意义.单皓译.北京：中国建筑工业出版社，2005：190.

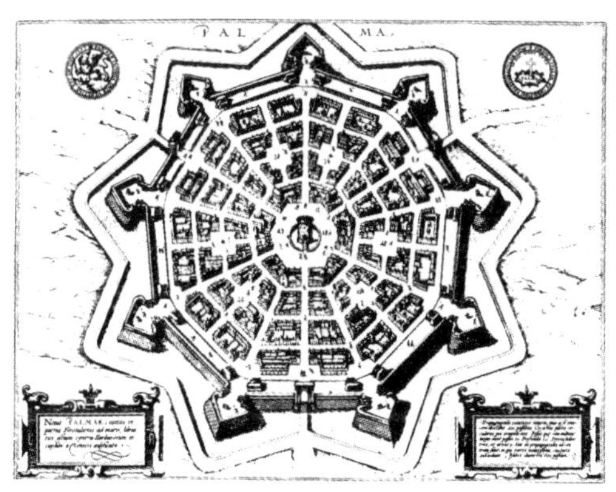

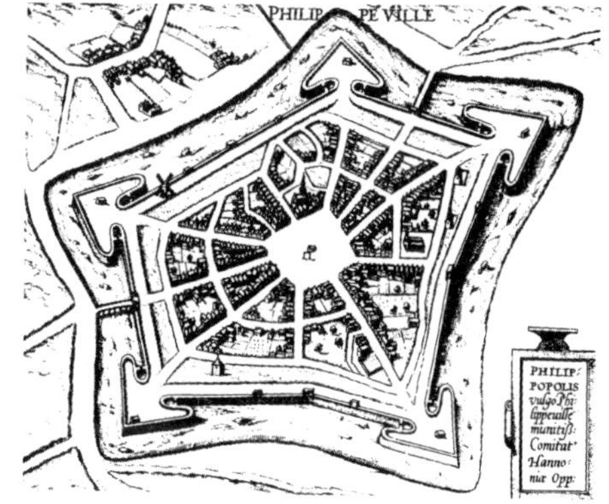

图3.1-36 同为星形形态的“理想城市”帕马诺瓦(Palma Nouva，上左图)与防御型城市菲利普维尔(Philippeville，上右图)的中心形态

图片来源：(美)斯皮罗·科斯托夫.城市的形成——历史进程中的城市模式和城市意义.单皓译.北京：中国建筑工业出版社，2005：161，191

城市中心服从于防御功能的需要，形态与“理想城市”相比也发生了变化。与此不同的是，无论是实或虚，10个城镇中心的集中化体现了中心的功能性和象征性综合意义。

（3）中心形态的三种模式：10个城镇的中心区形态表现为三种基本模式。第一种模式为以传统城市为原型紧凑的中心形态。建筑围绕广场布置，如上面提及的中世纪城市中心区形式，广场之间、与步行街之间还可以形成组合形态，使不同功能的中心区建筑布局更加具有针对性，并使建筑的界面得以延长。在实例中，安亭新镇为典型的传统形式；“泰晤士小镇”通过办公建筑形成的半圆形广场放射性延伸，使商业、混合建筑线性展开，并以街道连接了中心广场以外的商业、教堂广场、步行街等公共空间，形成组合形式的序列；这种形式在“高桥新城”、朱家角镇新镇区片区中心布局中也有所体现。第二种模式是围绕花园布置的中心区。也就是霍华德“田园城市”的原型，中心是花园，大尺度的开放空间主宰了城市中心空间。临港新城、陈家镇、枫泾、罗店新镇的中心区形态便属于这种形式。大型的负结构元素使中心的密度大大降低，同时也使抵达中心的步行距离加大。“中心首先是一种网络并因此成为整个城市组织的一部分，它绝不能只是功能和空间上的孤岛而与富有活力的城市环境相分离”[1]。第三种模式是中心区建筑独立式布局的设立模式。正如我们在肌理分析中所看到的，异质、独立正结构肌理元素形成了点状、设立式的构图形

[1] Curdes, Gerhard. Stadtstruktur und Stadtgestaltung: 2. Auflage. Stuttgart, Berlin, Köln: Kohlhammer GmbH, 1997: 194.

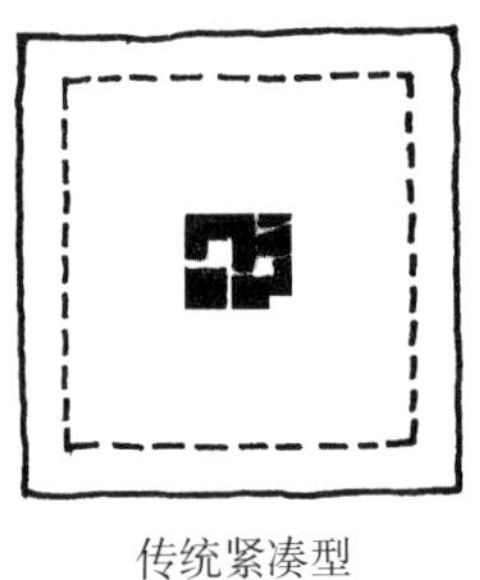
传统紧凑型

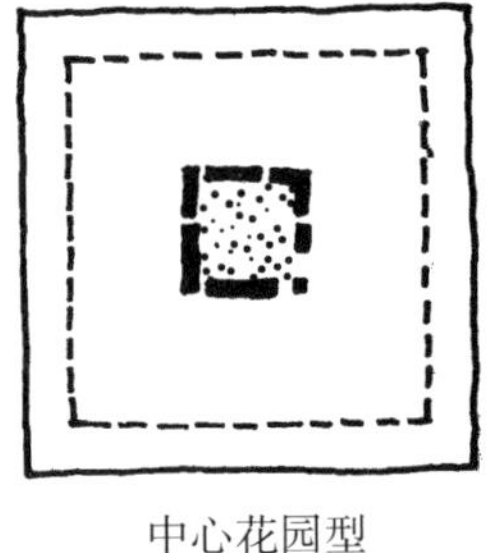
中心花园型

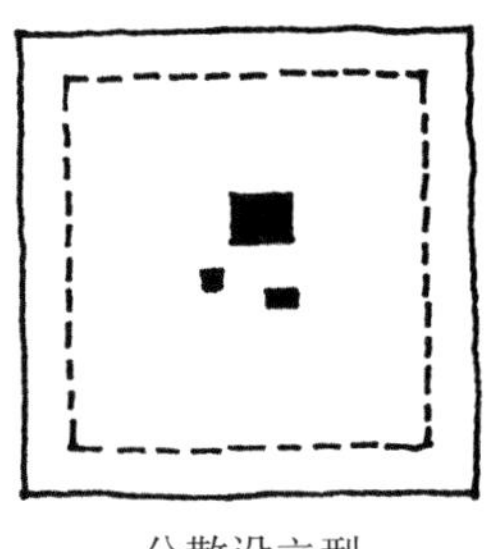
分散设立型

图3.1-37 “一城九镇”中心区形态的三种模式

式。枫泾新镇中心区建筑围绕中心水面布局，设立的方式使不同形式的建筑成为没有联系的个体，公共空间得不到围合的支持，处于无序空间状态；这种情形在枫泾、浦江镇的中心区也有不同程度体现，但前者将主要建筑以“十”字轴线进行组织，后者在带形空间内组织了大体量的建筑，由此建立了空间秩序，但公共空间仍缺乏围合品质（图3.1-37）。

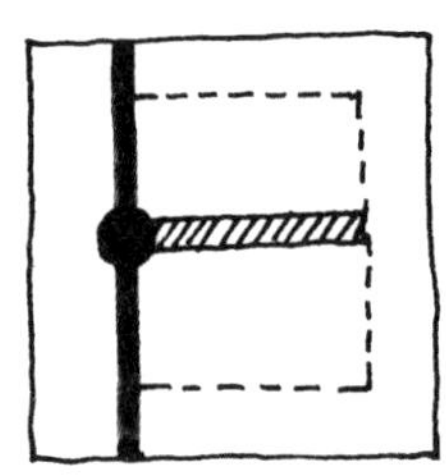
直接联系（浦江镇）

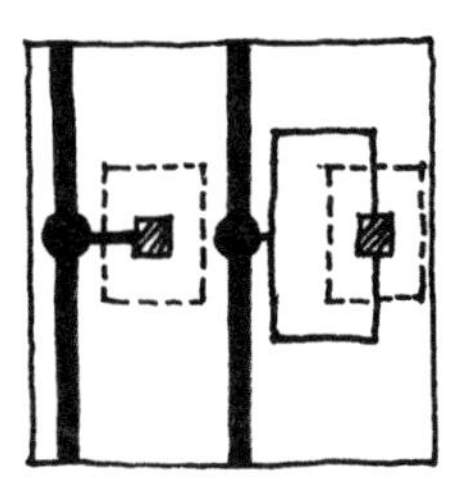
间接联系（左：安亭新镇等，右：陈家镇）

图3.1-38 两种居中的中心布局对外交通联系方式

（4）中心区的位置布局：库尔德斯阐述了中心的位置布局的三种基本模式：一是布置在需求的重心；二是布置于主要交通设施重心；三是在城市的地理几何重心，理想的中心布局是三种相结合的模式[1]。实际上，几何中心的布局形式往往不会形成于直接的对外交通核心上，满足交通的形式通常是几何偏心或与对外交通建立良好联系的几何中心形式。在以上对“一城九镇”中心位置的分析中，城镇或片区的中心位置在几何上具有居中和偏心两种情况，并基本上位于需求的中心位置。其中，几何居中的实例，在对外交通联系上分为两种方式，一种是直接的联系方式，如浦江镇，带形中心区与城市公路、轨道交通直接相联。另一种是间接的联系方式，如安亭、罗店新镇，利用较短的区域主、次干道与城市干道建立联系，陈家镇虽然也是这种方式，但中心与交通枢纽之间联系道路较长，中心与枢纽相对分离。这两种情形反映了居中形式中心区对外交通联系的逐步削弱（图3.1-38）。

在偏心中心布局城镇中，出于对交通考虑的实例如枫泾新镇和“高桥新城”、朱家角新镇区，建立了直接的联系方式，前

[1] Curdes, Gerhard. Stadtstruktur und Stadtgestaltung: 2. Auflage. Stuttgart, Berlin, Köln: Kohlhammer GmbH, 1997: 192.

者将次中心设于交通枢纽，主中心则偏于城市主干道，两个中心之间以道路、步行轴线联系；后两者的中心区位于"十"字形交通主干道路或轴线交叉处。间接方式布置的城镇有奉城镇及临港新城，通过区内主干道路与对外交通联系（图3.1–39）。

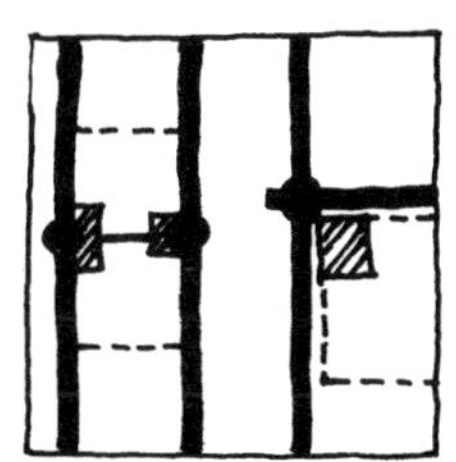

直接联系（左：枫泾新镇，右："高桥新城"等）

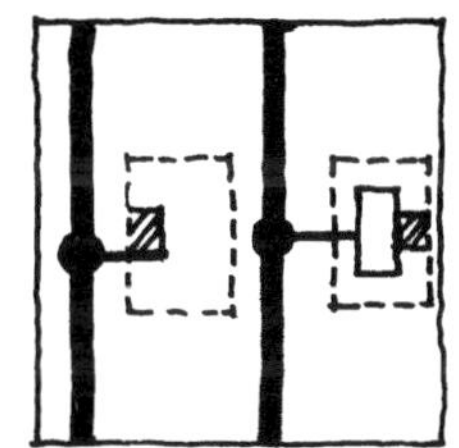

间接联系（左：奉城镇等，右："泰晤士小镇"）

图3.1–39 中心偏心布局的两种对外交通联系方式

（5）中心区功能的混合：通过关于区域性质的分析，初步了解了不同城镇混合区的布局状况。对于中心而言，安亭新镇提出中心区的住宅比例占20%[1]，临港新城在主城中心区内布置了大量的混合建筑，"泰晤士小镇"中心、"高桥新城"的中心区步行街采用的是商住混合形式，朱家角镇不仅以高度混合的古城区作为中心，其组团中心的功能混合带成为主要形式。这些实例中心区的功能混合为实现多样化发展的城镇中心提供了实践。

（6）中心形成的步行圈：在对邻里社区的研究中，佩里的邻里单位具有400米的服务圈，"新城市主义"者的TND模式与此相同，这个距离也意味着步行5分钟，它们的另一种TOD模式则是基于交通与几何中心模式，以600米，即10分钟的距离为服务半径[2]。据规划师迪克·鲍尔特（Dirk Bolt）对泰国城市的研究，800米至1公里成为可以接受的距离[3]。在"一城九镇"中心形成步行圈的分析中，城镇中心大部分具有1 000米的可达距离，按照库尔德斯的观点，对于较大的中心区，距离"则不是以中心点，而是以商业变得密集处开始计算"[4]，千米的距离可能还会缩短。临港新城、陈家镇的中心片区由于庞大的中心区规模使片区组团处于这个范围之外，但在片区或组团中心的布局中，400米步行圈成为重要的参数，仍可以达到如"泰晤士小镇"、安亭新镇步行圈的理想状态。

6. 节点

同样作为"点"的形态，一个城市可以被看作全球范围内的一个节点，同样，一个区域或一个街口，甚至一座建筑也会成为不同区域的节点。从点的形式意义出发，是"作为形式的基本生成原生要素，表示在空间中的一个位置"[5]。在上一节我们

---

[1] AS&P.上海国际汽车城安亭新镇设计规范.2001.19，由上海国际汽车城置业有限公司提供。

[2] 关于TND、TOD开发模式详见本书2.4.3.1–2.4.3.2章节。

[3] 转引自（美）理查德·瑞杰斯特.生态城市——建设与自然平衡的人居环境.王如松，胡聃译.北京：社会科学文献出版社，2002：180.

[4] Curdes, Gerhard. Stadtstruktur und Stadtgestaltung: 2. Auflage. Stuttgart, Berlin, Köln: Kohlhammer GmbH, 1997: 192.

[5] 程大锦（Francis D.K. Ching）.建筑：形式、空间和秩序（第二版）.刘丛红译.天津：建筑情报季刊杂志社，天津大学出版社，2005：3.

讨论的“一城九镇”中心布局形态中，可以清楚地看到，作为基于城镇或区域范围内的点，中心具有对位置的独占性，尽管其规模有大、小不同的区别。如果将中心视作一个区域，不同元素组成的节点建立了中心的标识性。同样，节点的布局也可为其他非中心区域建立可识别性。构成这些节点元素可以是广场、公园、绿地等负结构形式，为中心或区域建立了一个场所。同样，建筑、构筑物等正结构元素所形成的节点，因其具有三维特征在视觉上更容易引起人们的注意，成为城镇或区域的地标。两种形式的组合会强化节点的集中性。集中式组合在空间构成中具有三个作用，即：在空间中建立一个点或者一个“场所”，中止了轴向的构图，以及作为设置于一个限定范围或空间容积中的实体形式[1]。因此，对于城镇结构性节点的布局形态及其产生的识别性，通常以不同区域中，并与其他控制性要素发生的关联以及组合特点为基本观察点。以下将分为中心节点、区域节点和主要标志物三个方面，对“一城九镇”节点及组合形态的特点进行分析（表3.1.2.6）。

表3.1.2.6对于“一城九镇”节点的分析是以宏观角度进行的，实际上，节点还会出现于街区的任何位置，如街头的小型广场与花园，为街区建立了可识别性。城镇的标志物也不仅仅是大型的公共建筑，诸如“标牌、商店立面、树木，甚至是门把手之类的城市细部，只要是观察者意象的组成部分，就可以被称作标志物”[2]。在“一城九镇”已建成的区域中，不乏这种具有特点的小型节点与细部，如在第2章谈及在浦江镇街块中具有上海里弄特点的节点，于形成街块内公共活动场所的同时，也建立了标识性。“成功的节点不但在某些方面独一无二，同时也是周围环境特征的浓缩”[3]。类似浦江镇街块节点的实例随着各个城镇的相继建成，相信还会大量涌现。而以节点对城镇结构形态意义为出发点，在中心、区域的节点以及为城镇建立主导标识性的标志物成为我们主要的视角，其特点归纳如下：

（1）公共空间组合形式作为中心节点：广场、步行街、公园等主要公共空间要素成为“一城九镇”中心节点的组成部分，并且通常是以组合形式出现。“泰晤士小镇”中心节点以半圆与放射形广场进行组合，并通过街道与其他区域广场、步行街节点连接，在内圈形成了节点密集的布局形态；安亭新镇中心节点则是封闭的围合式广场与开放的带形公园连接组合；罗店新镇不仅是广场的组合，水面、公园、步行街区也参与其中；类似的形式还有“高桥新城”等城镇中心节点的布局。组合形式使中心的标识性得以强化，形成了一个连续的整体，对城镇结构形态具有支配性。

[1] 程大锦（Francis D.K. Ching）.建筑：形式、空间和秩序（第二版）.刘丛红译.天津：建筑情报季刊杂志社，天津大学出版社，2005：191.

[2]（美）凯文·林奇.城市意象.方益萍，何晓军译.北京：华夏出版社，2001：36.

[3] 同上：59.

表3.1.2.6　“一城九镇”的节点布局与特点分析

“泰晤士小镇”	安亭新镇	临港新城	枫泾新镇	朱家角镇
1. 中心节点：广场组合，形成放射形态； 2. 区域节点：入口建筑与街道广场、岛屿及水面、临河码头、广场与组合、步行街，集中于内圈布局或组团边缘； 3. 主要标志物：教堂塔楼、中心的行政办公建筑。	1. 中心节点：广场，传统围合式布局； 2. 区域节点：入口建筑与广场、公园、组团公园、街道广场、水面，集中于内圈布局； 3. 主要标志物：中心的教堂与宾馆建筑塔楼。	1. 中心节点：圆形“滴水湖”及其岛屿，以此为圆心形成放射、圈层形态； 2. 区域节点：中心区圈层与放射大道交叉处广场或公园、邻里组团中心建筑与广场或公园；均匀布局； 3. 主要标志物：放射中央大道在“滴水湖”边缘对景点的双塔高层建筑与湖心塔。	1. 中心节点：水面以及周边建筑与环境，开放空间流动，交通枢纽形成次中心节点，建筑与广场； 2. 区域节点：连接主、次中心节点的林荫道，公建或组团中心建筑与公园结合，围绕中心布局； 3. 主要标志物：中心区桥梁、高层建筑。	1. 中心节点：古城与新公共设施中心建筑、街巷、临河小型广场等。临轴线布局； 2. 区域节点：沿轴线的建筑与开放空间、水面、个片区组团带形中心临水街巷、广场，较均匀布局； 3. 主要标志物：古城区“放生桥”、新公共设施中心建筑。

续 表

罗店新镇	浦江镇	高桥新城	奉城镇	陈家镇
1. 中心节点：水面、公园、步行街区、广场组合，两条轴线交叉处片区状布局，以轴线串联； 2. 区域节点：中心区内3个广场、公园、步行街区、水面等，组团邻里中心建筑与公园，中心区节点密集，组团节点绕中心均匀布局； 3. 主要标志物：中心南侧的钟塔、北侧的会议中心建筑 。	1. 中心节点：中心建筑与外部空间。带形形态； 2. 区域节点：入口水面与建筑、十字轴交叉处的外部空间、沿纵轴、浦星公路布局的片区公建、广场、绿地节点、地块内的绿地、广场节点； 3. 主要标志物：中心区入口“意大利宫”建筑。	1. 中心节点：广场、水面、步行街组合，以广场为起点线性布置； 2. 区域节点：中心区水面码头、河道公园岛屿、圆形河道两端的临水公建、岛状住区等，沿轴线布局； 3. 主要标志物：中心区教堂建筑，河道公园内风车构筑物等。	1. 中心节点：行政办公建筑与文化建筑构成的林荫道、广场等，十字形布局； 2. 区域节点：公园、河道公园交叉处、古城中心等，沿主要轴线布局； 3. 主要标志物：带形行政办公建筑与“高的（Gaudi）文化中心”圆形建筑。	1. 中心节点：中心水面及其环境，放射性中心； 2. 区域节点：两个社区中心广场、河道、公园组合、社区内公园组团节点等，围绕各自中心布局，较均匀； 3. 主要标志物：中心水面岛屿建筑。

图例：◍ 中心节点　　○ 区域节点　　● 标志物

注：表中图片为作者绘制，资料来源同图3.1-7-图3.1-16。

（2）节点作为连接结构的形态标识：实例中体现连接性较显著的有三种形式，第一种是在以"十"或"T"字形轴线为结构的城镇中，将节点布置在两个方向轴线的交叉处，如安亭、罗店、朱家角、浦江镇的中心节点；第二种体现在以放射性结构为特征的城镇中，临港新城在放射大道与中心圈的交界处设立节点；"泰晤士小镇"则是将中心节点作为步行街的端点，以步行街连接区域节点，枫泾、陈家镇的节点连接性布局也是类似的形式。第三种是以节点连接平行轴线，奉城镇的片区式中心节点连接了四条平行发展的轴线系统，成为轴线的共有元素。这些连接方式体现的不仅是连接轴线的作用，同时还形成了对不同线网与区域的连接性，也就是所谓"缝合线"的作用。"从一个结构向另一种结构的转换处"[1]，布局在区域、轴线、线网、边界等元素汇集处的节点既成为不同的结构变化的连接体，又为结构的交接建立了标识性（图3.1-40）。

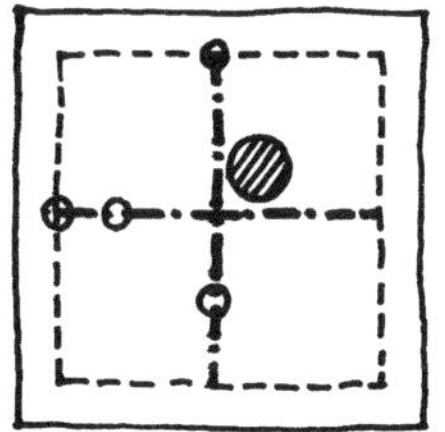
"十"字形结构中节点的连接性布局

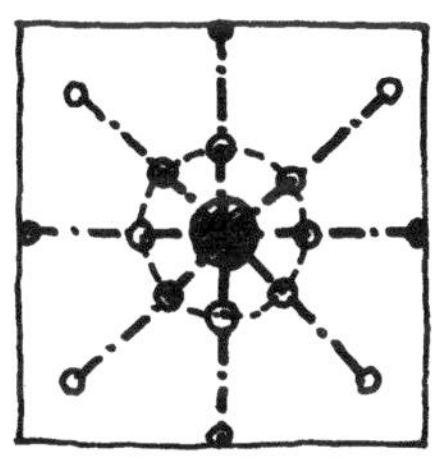
放射性结构节点的连接性布局

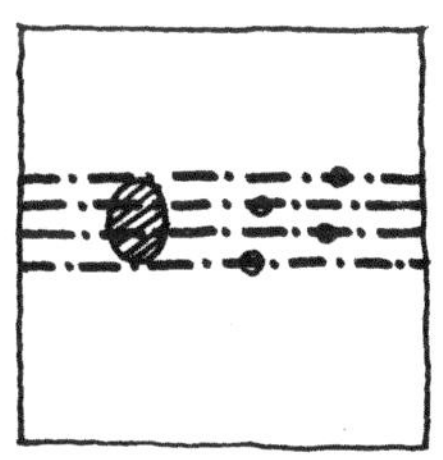
平行线性结构节点的连接性布局

图3.1-40 "一城九镇"三种结构形态节点连接性布局类型

（3）以标志物布局强化方向性：在以传统城市形态为原型的实例中，"泰晤士小镇"、罗店新镇、"高桥新城"不同程度地直接采用了中世纪教堂的塔楼形式。"顶有塔尖的塔楼也是一项哥特发明，虽然实际上它们一直被看作是指向天际的手指"[2]，独一无二的塔尖成为城镇结构中的制高标志物。哥特式的标志物原型在安亭新镇的教堂建筑中也有所表现，形式却是现代的。尽管这些实例中标志物建筑的复古、移植方式引发争议，并以与地方环境、文化特征不相符合的形式出现，但是标志物本身却起到了对城镇结构形态具有方向性的支配作用。另一种强化方向性的节点模式是中央水面中的节点，实例中如临港新城、枫泾、朱家角与陈家镇，中心水面或公园中的标志物，它们的共同特征是将主要标志物置于邻近城市结构元素的边缘或中心位置。其中，临港新城由于"滴水湖"的规模较大，中心节点制高的标志物除双塔的高层建筑外，还在湖心设立了塔形标志物以强化方向性。此外，设立于其他结构性元素，如轴线、线网与各级区域中的节点和标志物也成为强化方向性的标识。雅各布斯认为，一个好的地标节点能够起到的作用之一，是使人们认知区域的重要性，从视

[1]（美）凯文·林奇.城市意象.方益萍，何晓军译.北京：华夏出版社，2001：36.
[2]（英）大卫·沃特金.西方建筑史.傅景川等译.长春：吉林人民出版社，2004：132.

觉上引起关注[1]。节点标志物突出的位置和本身的独特特征实现了对区域方向性的强化。

7. 小结

本节就城镇结构的六个控制性元素从较宏观的角度进行了分析。尽管是这些元素具有各自不同的特点与形态，但它们的作用通常是以相互的组合与关联产生的，在分析中我们也可以看到这一点。对于城镇的结构形态来说，因10个城镇地域环境和形态原型运用的不同，这些元素以不同的形式出现，也具有其共同的特征，从而形成了不同的类型。主要特征如下：

（1）几何形为主的道路线网以明确的方向性成为城镇结构最重要的控制性要素，通过加密布置加强了中心的公共性，并形成对外连接的三种方式；

（2）水系线网成为重要的地景要素；

（3）道路、水系线网组合的三种形式中，错位使两者“各行其职”，贴临则使线性元素得以强化；

（4）公建区域布局形成点、线、面三种形式，并在中心区相对集中；

（5）功能混合区域与中心区结合并以此延伸；

（6）住宅区域以邻里组团、街区为主要形式；

（7）形成三种形式的密度圈布局；

（8）以线性元素组合、自然特殊元素形成边界，有时具有“缝合线”式的作用；

（9）以“十”字、放射、平行形为主要类型的三种轴线加强了城镇形态的向心性，并加强了区域间的相互联系；

（10）不同层次的中心集中化，并形成传统紧凑、中心花园、分散设立式三种基本类型，位置的居中与偏心形成了直接、间接的对外联系；

（11）中心布局基本形成了500～1 000米步行圈，邻里组团则处于400米步行圈中；

（12）公共空间组合成为中心节点的主要形式，节点布局具连接性，主要标志物强化了城镇结构的方向性。

3.1.3　结构图形

凯文·林奇将城市形态定义为三种基本模式，即宇宙模式、机械模式和有机模式，并称之为“三个标准理论”[2]。在斯皮罗·科斯托夫的著作中，“图形式城市”被用来描述具有规则的几何图形特点，并带有政治、功能、军事等色彩的“理想城市”

[1]（加）简·雅各布斯.美国大城市的死与生.金衡山译.南京：译林出版社，2005：430.

[2]（美）凯文·林奇.城市形态.林庆怡，陈朝晖，邓华译.北京：华夏出版社，2001：53.

形态[1]。这些关于城市形态的理论不仅从物质形态本身，而且是以社会、历史的发展为背景阐述了城市形态图形的意义。随着时代的更替，古典城市单纯的结构图形经不断地更新、填充与扩张，呈现出复杂的拼贴景象。“一城九镇”是经过规划的郊区新建城镇，因没有经历长期的发展演变过程，更容易形成对城镇结构图形完整性与整体性的把握。运用原型及其变形、组合产生的结构图形对于城镇形态的认知起着重要的作用，也是建立城镇可识别性的要件，对建立城镇空间秩序具有重要意义。

结构图形反映的是城市形态在二维状态下的整体性特征，对于观察者与观察点，感受这种图形的最直接、最简易的方式也许是空中的俯瞰，或者观看城市的航拍地图。对于设计者而言，这个图形或许是形成设计方案的最初意念，但却不一定是唯一的、最适合的，重要的是将生成空间的实际意义与结构图形、空间构图联系起来。培根（Edmund N. Bacon）对设计者基于鸟瞰模型所提出的设计产生疑问，这是由于“它的设计是从模型的角度，而不是从城镇建成后一个步行者身历其境的观点去构想的”[2]。从而，培根将“实现、表现、理解”转换为存在和想象的相互作用，以产生一个“伟大”的设计，“观念影响结构，结构形成观念，交替作用以至无穷”[3]。城市结构是一个复杂的系统，其结构含意可以理解为表层结构和深层结构相互作用的体系，也可以将两种不同层次的结构相应冠以物质的和非物质的概念，深层决定表层，表层影响深层[4]。于是，从形态意义出发，城市物质性表层结构通过其控制元素，并通过观念和感受建立了设计者与观察者之间的关系。通过这种表层结构，“大多数观察者似乎都把他们意象中的元素归类组成一种中间的组织，可以称之为复合体，观察者将这种各部分相互依存、相互约束的复合体作为一个整体来感知”[5]。结构图形反映了设计者的观念，同时也是观察者产生复合整体意象的对象集合，作为城市的表层结构，在一定程度上表达了城市形态的深层含意。

同样，“一城九镇”的结构图形反映了城镇形态设计的基本观念，体现了原型运用及其发展的形态意义。本节在以上对城镇空间肌理、控制性元素特点分析的基础上，通过结构基本图形及其变形、组合的解读与分析，概括性地归纳10个城镇的结构图形。

---

[1]（美）斯皮罗·科斯托夫.城市的形成——历史进程中的城市模式和城市意义.单皓译.北京：中国建筑工业出版社，2005：159.
[2]（美）埃德蒙·N·培根.城市设计（修订版）.黄富厢，朱琪译.北京：中国建筑工业出版社，2003：29.
[3] 同上：30.
[4] 王富臣.形态完整——城市设计的意义.北京：中国建筑工业出版社，2005：136.
[5]（美）凯文·林奇.城市意象.方益萍，何晓军译.北京：华夏出版社，2001：65.

1. 基本图形及其变形

城镇结构的形态模式在凯文·林奇的著作《城市形态》中被归纳为放射形、卫星城、线形等10种基本模式[1](图3.1-41)。蔡永洁则将常见的城市结构归纳为线形、平行线、十字形等8种类型[2](图3.1-42)。库尔德斯则是着眼于点、线、面的基本形式,将城市结构图形定义为带形、十字形、星形等13种类型(图3.1-43)。这些学者以不同的视角与方式,归纳了城市结构形态的基本图形与衍生的其他类型。对于具体的城市设计来说,由于受现代城市规模的扩大,城市功能、社会生活的复杂性以及地理环境等因素的制约,单纯基本图形的应用非常罕见,往往是将基本图形的变形或者相互组合用于城市结构,也因此产生了复杂的、多样化的城市空间形态。

对“一城九镇”城镇结构基本图形的类型讨论,在林奇等学者分类观点的基础上,综合考虑以上对10个城镇结构控制元素的分析内容,同时结合几何形式逻辑等方面因素,以下列三点为主要原则:

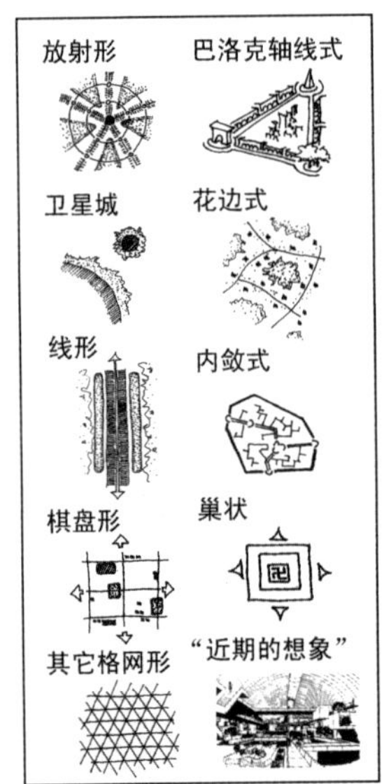

图3.1-41 凯文·林奇的10种城市形态模式

作者根据(美)凯文·林奇.城市形态.林庆怡,陈朝晖,邓华译.北京:华夏出版社,2001:257-265中插图编绘

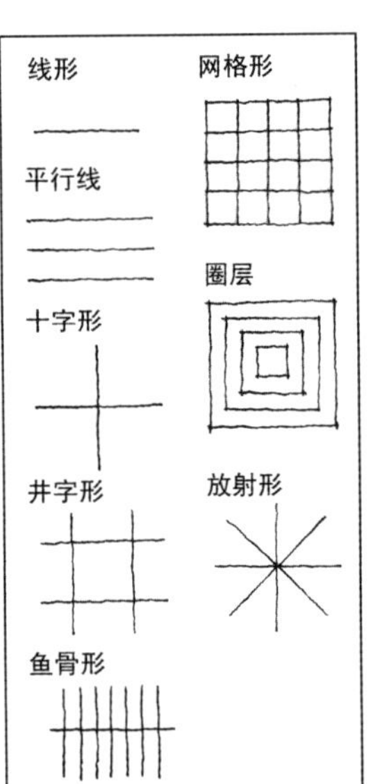

图3.1-42 蔡永洁城镇结构的8种类型

作者根据蔡永洁.城市广场.南京:东南大学出版社,2006:143中插图编绘

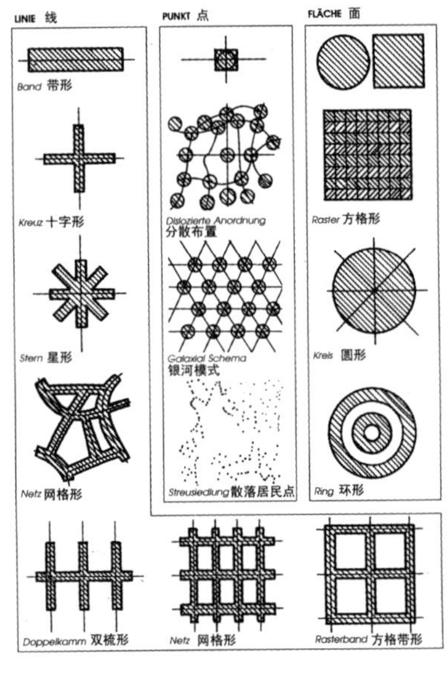

图3.1-43 库尔德斯城镇结构形式的13种类型

图片来源:Curdes, Gerhard. Stadtstruktur und Stadtgestaltung: 2. Auflage. Stuttgart, Berlin, Köln: Kohlhammer GmbH, 1997: 25

[1] (美)凯文·林奇.城市形态.林庆怡,陈朝晖,邓华译.北京:华夏出版社,2001:257-265.

[2] 蔡永洁.城市广场.南京:东南大学出版社,2006:142.

（1）强调基本形式：从城市形态表层意义的构成出发，在形成结构图形的控制性元素中，“道路网和它的几何特征是城市结构中最长久的元素”[1]，也就是说，道路线网是结构图形的主体构架。区域、轴线、边界、中心和节点等其他元素在一定程度上也形成了对结构图形的控制作用。其中，因为点的尺度意义具有的不定性，连接点的线和点所限定的空间形态成为结构图形中的主要内容，点也因此演变为形成结构图形的过程元素。所以，在基本图形中，面与线状元素占据了主要位置，并构成了分类中主要的基本图形形式。

（2）从简单到复杂：由点在单一方向的运动形成线，即线（带）形，是基本图形中最为简单的形式。与之相反，有机形无论是未经规划的生长型，还是模仿自然形态的规划形态，不规则产生了变化复杂的形式。在两者之间的形态图形是线、面所构成的图形，这些图形基于两种结构，一种是正交结构，另一种是以点为中心的集中性结构。正交结构最简单的形式是“十”字形，然后是格网形。集中结构的核心是点，简单的形式是从核心点引出的多条放射线结构。同样基于点的核心，圈层形表现的是同心形式，通常由线和面同时作用产生。

（3）将变形图形按照形式逻辑归类于相应的基本图形：变形以符合不改变基本图形形式及其性质为原则。如：线形经重复一次形成平行线形，端点连接呈闭合线形，两种形式均未改变其线性特征。“十”字形的简单重复变形形成了“井”字形和双梳形。从严格的几何形式出发，格网形也是由“十”字形重复、错位变形所得，但变形的结果使格网处于闭合状态，改变了“十”字形的伸展性与向心性，并形成了面。另外，格网的变形在一定情况下也可能会改变“十”字形结构的正交状态，形成其他几何形式的格网。

基本图形及其变形的分类尽管不能包括“一城九镇”城镇形态中所有的形式，但却涵盖了其结构的主要图形。通过分析形成了6个基本图形以及各自的变形图形，共20个类型（图3.1-44）。对于10个城镇基本图形的应用以及原型的基本意义分述如下：

A. 线（带）形：奉城镇是以线性结构为特点的，但结构中4条轴线的形式成为的基本线形的变形：平行线形（图3.1-45）。线（带）形结构的主要特点是建立一条或多条平行的“脊椎”轴线或轴线组合，轴线以交通为主要功能，并结合城市的基础设施、景观设施等内容，城市的生活、生产等用地设置在轴线两侧，如奉城镇的脊椎轴线兰博路；另一个特点是具有连接性，通常作为两个城市或重要节点之间的连接体。线形的城市空间组织方式常见于乡村，也是C.亚历山大的“乡村沿街建筑”

[1] Curdes, Gerhard. Stadtstruktur und Stadtgestaltung: 2. Auflage. Stuttgart, Berlin, Köln: Kohlhammer GmbH, 1997: 24.

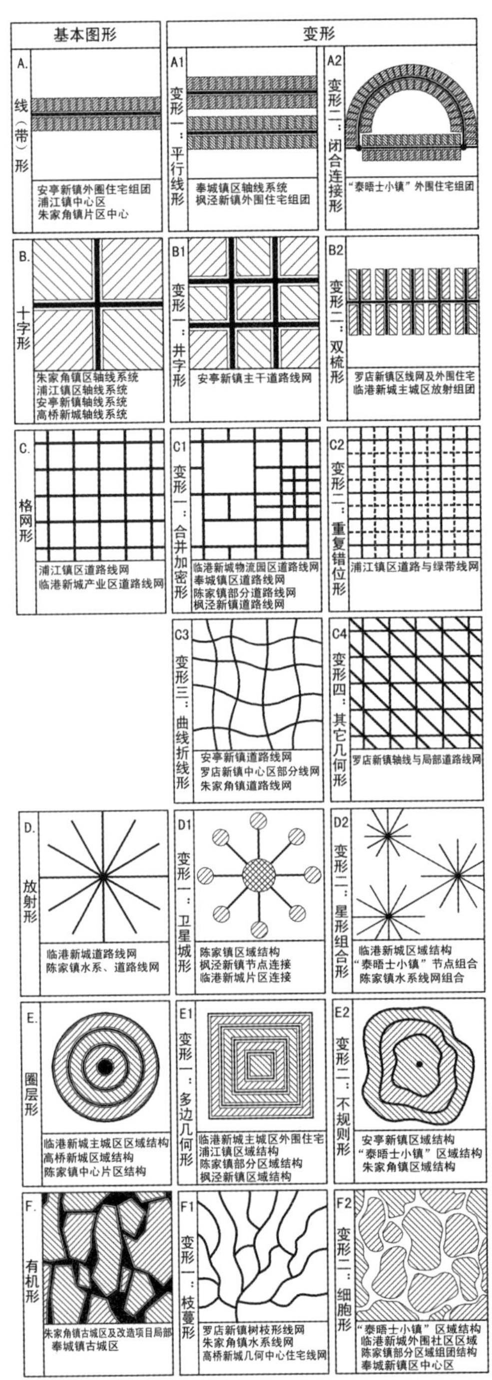

图3.1–44　“一城九镇”城镇结构基本图形以及变形形态分析

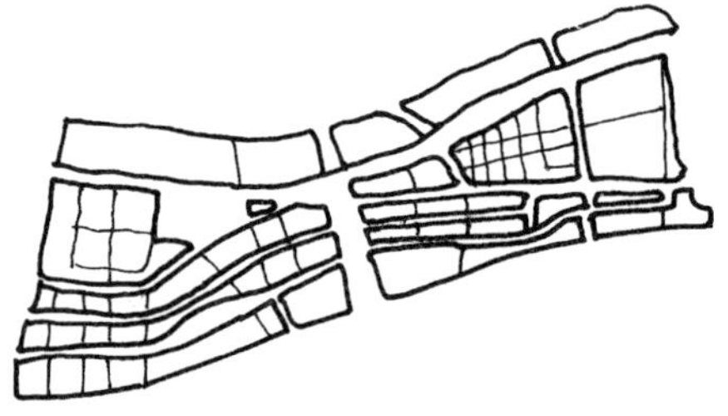

图3.1–45　奉城镇的线形结构

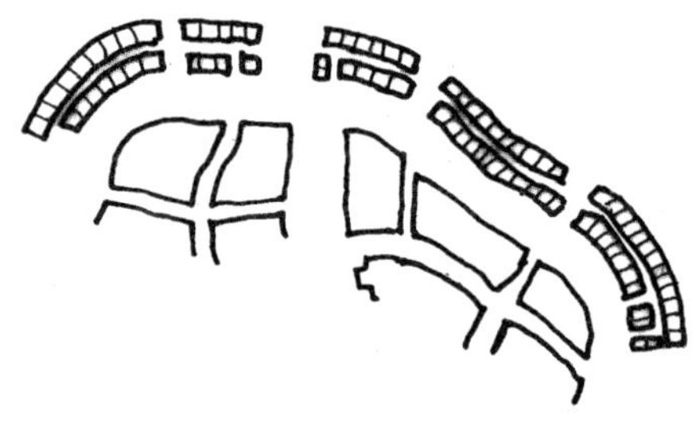

图3.1–46　安亭新镇线形住宅组团

模式[1]，以穿过乡村的道路为轴线，建筑沿路两侧带形发展，是一种简单的布局方式，较为纯粹的线形形式在“一城九镇”中只出现于住宅组团中，如：安亭新镇的外圈住宅组团等（图3.1–46）。

线形城市在理论上被提出并进行实践的是马塔的带形城市，建于马德里城郊，成为线（带）形城市形态的主要原型。前苏联1930年莫斯科的扩建规划也使用了带形结构模式，并被柯布西耶借鉴用于他的“线性工业城”[2]。应用于区域的小规模线形城市结构被认为是克服了带形城市发展

[1]（美）C.亚历山大等.建筑模式语言——城镇·建筑·构造（上、下册）.王听度，周序鸿译.北京：知识产权出版社，2002：117.

[2] 见本书2.9.3.1节。

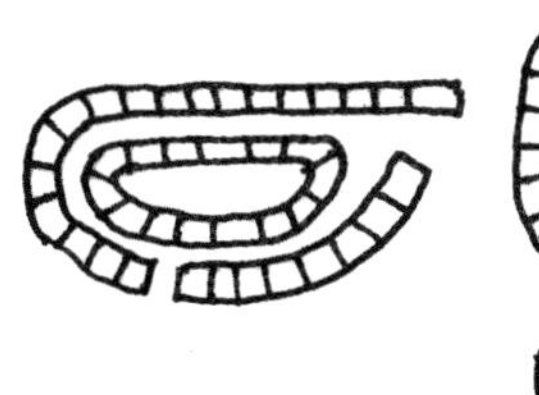
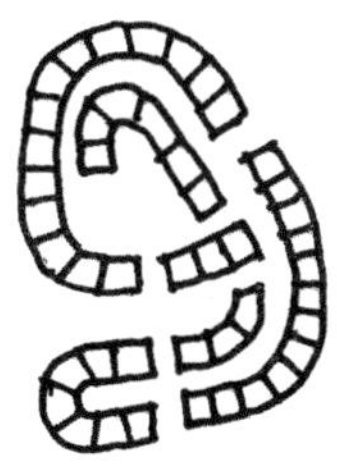

图3.1-47 “泰晤士小镇”的闭合连接形住宅组团

图3.1-48 德国维腾—福尔姆霍尔兹南部规划

图片来源:(德)康拉德·沙尔霍恩,汉斯·施马沙伊特.城市设计基本原理:空间—建筑—城市.陈丽江译.上海:上海人民美术出版社,2004:137

的缺点:交通、中心、公平性等问题[1]。线形结构的变形形式通常有两种,一是平行线结构,如:米留金基于平行轴线系统的带形城市;二是将轴线两端连接呈闭合状态,形成凯文·林奇所论述的“花边式城市”[2],这种变形形式在“泰晤士小镇”外围住宅组团中也有所体现(图3.1-47),类似于德国维腾—福尔姆霍尔兹南部(witten-Vormholz-Süd)规划,以闭合的带形组成“花瓣”形式[3](图3.1-48)。

B.“十”字形:以正交轴线建立城镇形态的构架。这种基本形式及其变形在“一城九镇”中以轴线形式得到了广泛的运用。正交轴线的交叉点形成了城镇的坐标点,增强了城市的方向性。从古罗马的提姆加德城、中世纪德国的菲林根(Villingen)和洛特维尔(Rottweil)、中国的南汇、奉城古镇,到柯布西耶的昌迪加尔规划,使用的都是“十”字形平面结构(图3.1-49)。这种结构的轴线系统是城镇公共空间的主要聚集地,交叉点通常是城镇中心,布置主要广场和地标节点。如浦江镇的道路轴线、朱家角镇带形公园和河道以及片区中心的公共空间结构、安亭新镇道路和带形公园组成的“十”字轴线系统等(图3.1-50)。“十”字形结构中的两根轴线在实际运用中并不总是处于并重状

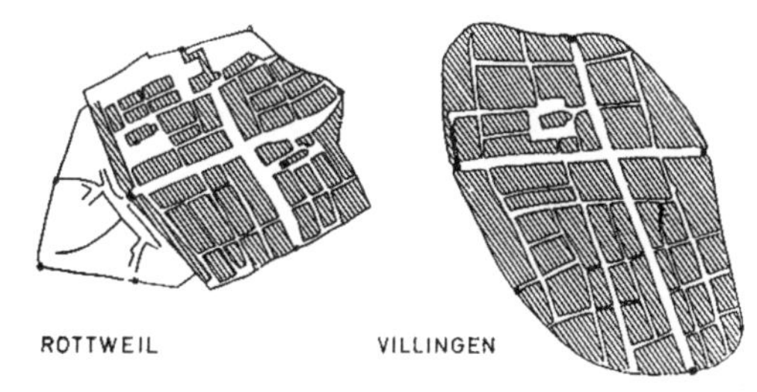

图3.1-49 德国中世纪城市菲林根与洛特维尔

Meckseper, Cord: Kleine Kunstgeschichte der deutschen Stadt im Mittelalter. Darmstadt: Wissenschaftliche Buchgesellschaft, 1982: 81

[1] (美)凯文·林奇.城市形态.林庆怡,陈朝晖,邓华译.北京:华夏出版社,2001:259-260.
[2] 同上:263.
[3] (德)康拉德·沙尔霍恩,汉斯·施马沙伊特.城市设计基本原理:空间—建筑—城市.陈丽江译.上海:上海人民美术出版社,2004:137.

图 3.1–50 （从左至右）浦江镇、朱家角镇、安亭新镇的“十”字形轴线

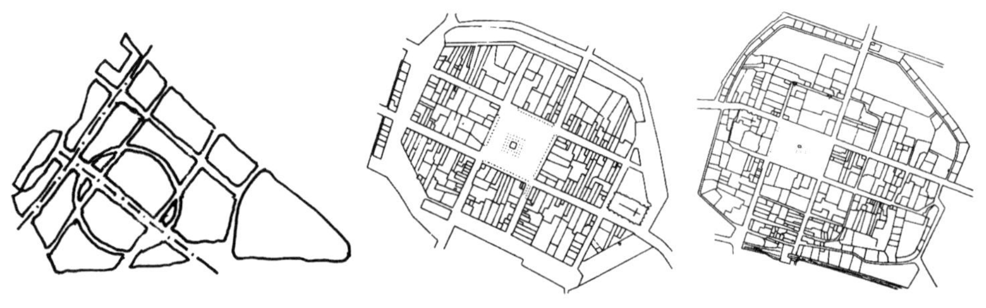

图 3.1–51 “高桥新城”“T”形轴线

图 3.1–52 中世纪“井”字形城市科龙与巴斯隆纳

图片来源：Benevolo, Leonardo. Die Geschichte der Stadt. Frankfurt/New York: Campus Verlag GmbH, 1983: 530

态，有时某根轴线被强调。当其中一根轴线被缩短时，“十”字结构便倾向于“T”字形。“高桥新城”的轴线系统便是这种形式（图 3.1–51）。

“十”字形通过重复、错位、叠加可以形成以下两种形式，首先，在两个方向上同时重复错位，便形成“井”字形结构，这种形态在中世纪被广泛运用，如：法国的科龙（Cologne）、热尔的巴斯隆纳（Barcelonne du Gers）等（图 3.1–52）。安亭新镇的主要道路线网是曲线形的“井”字结构（图 3.1–53）。

另一种变形形式是将多个“十”字形在同一方向上重复错位变形，便形成双梳形结构，即梳子形的镜像形态，也是蔡永洁所称的“鱼骨形”[1]。由于在一定程度上形成了线性形态，具“脊椎”形态的轴线通常类似线形结构中的轴线，成为公共空间与设施的主体，梳枝成为附属结构。如：巴提斯蒂（Battisti）与格雷戈蒂等所作的卡拉布利恩（Calabrien）大学建筑，梳脊成为轴线式桥体，少量住宅区作为梳枝垂直轴线

[1] 蔡永洁．城市广场．南京：东南大学出版社，2006：143.

图3.1-53 安亭新镇道路线网的“井”字结构

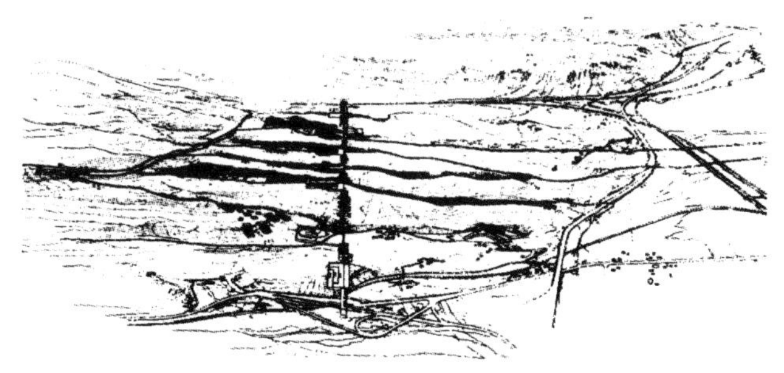

图3.1-54 双梳形的卡拉布利恩大学建筑

图片来源：(德) 康拉德·沙尔霍恩，汉斯·施马沙伊特.城市设计基本原理：空间—建筑—城市.陈丽江译.上海：上海人民美术出版社，2004：140

布置，并与地形有良好的结合[1](图3.1-54)。具有这种形式的实例有罗店新镇线网结构的枝形布局也类似双梳形，但梳枝与轴线不是正交形式，其东侧的住宅组团结构则是较为典型的双梳形图形(图3.1-55)。

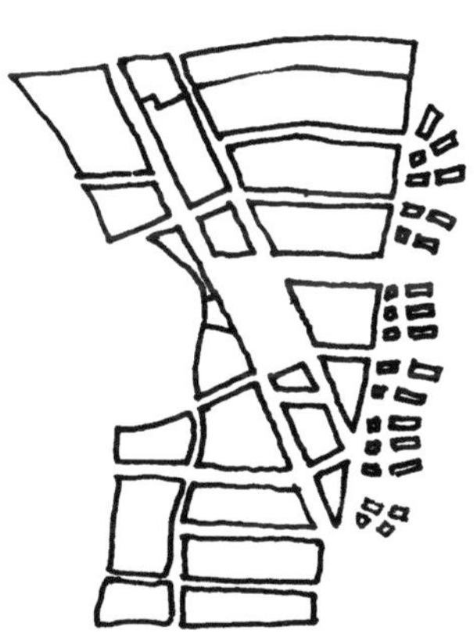

图3.1-55 罗店新镇结构中的双梳形形态

C. 格网形：格网形“是至今为止城市规划最常用的模式”[2]，也被称为“棋盘式”，适用于各种不同的环境。这种形式的特点除了具有较强的适应能力外，每个方格作为一个单元具有平等性，并可以相对地无限扩展。而且，发展成主次系统的格网，比较容易进行对城市交通的组织。但格网结构正是因为具有均等的特性，为了强调中心区，其布局有时不得不借助其他形式元素或通过自身的变异来实现，并且，单一重复的网格也对城市景观和可识别性造成不利的影响。古希腊的普里耶纳城在起伏地形上形成的方格网使格网出现了阶梯形的变化(图3.1-56)，几何学的发展曾使文艺复兴前后的规划师对格网的变化进行研究，通过几何作图与计算得出格网变化的规律性[3]。从古至今，格网的城市结构图形成为最普遍的形式[4]。“一城九镇”结构图形中，多数采用的是格网及其变形形态，其中，以格网基本形为主的城镇有浦江镇以及临港新城产业区的道路线网(图3.1-57)。

---

[1] (德) 康拉德·沙尔霍恩，汉斯·施马沙伊特.城市设计基本原理：空间—建筑—城市.陈丽江译.上海：上海人民美术出版社，2004：140.

[2] (美) 斯皮罗·科斯托夫.城市的形成——历史进程中的城市模式和城市意义.单皓译.北京：中国建筑工业出版社，2005：95.

[3] 同上：127-132.

[4] 详见本书第2章2.7.3.1。

图3.1–56　古希腊城市普里耶纳的平面图以及鸟瞰图

图片来源：Benevolo, Leonardo. Die Geschichte der Stadt. Frankfurt/New York: Campus Verlag GmbH, 1983: 148, 152–153

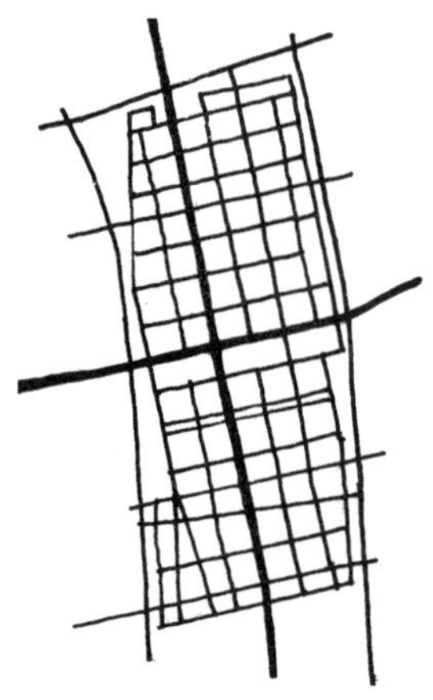

图3.1–57　浦江镇的道路格网形线网

格网的变形一般有以下几种：一是通过合并或加密局部打破格网均匀的规律性，实例中如：奉城、陈家镇部分片区、临港新城物流园区等（图3.1–58）。二是将格网重复错位，形成同形但不同质的线网系统，如道路与河道、绿带，浦江镇便是运用这种不同线网组织的变化形式（图3.1–59）。三是自身形态的变化，如格网由直线变为曲线，有利于适应地形，英国第三代新城米而顿·凯恩斯便是曲线格网形式。研究实例中安亭、枫泾、朱家角镇的道路线网均具有这种特点（图3.1–60）。四是将正交格网改变为不垂直的线网，或将正方形、矩形格网变形为三角形、多边形等几何形式，这种形式不多见，在实例中只是出现在罗店新镇线网的局部。

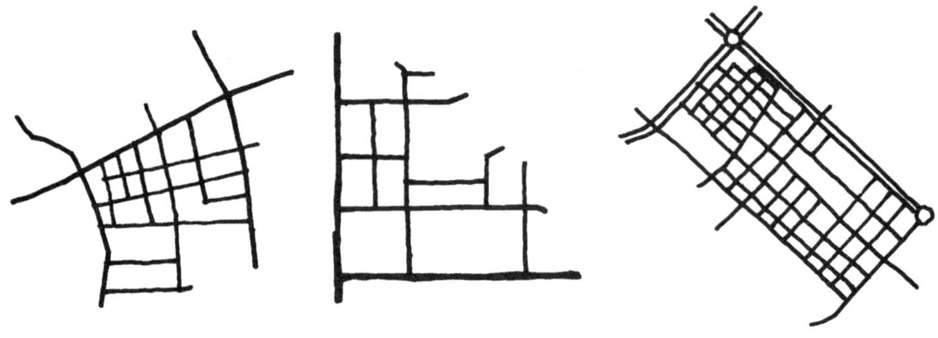

图3.1–58　（从左至右）奉城、陈家镇、临港新城中部分片区道路线网的格网变化

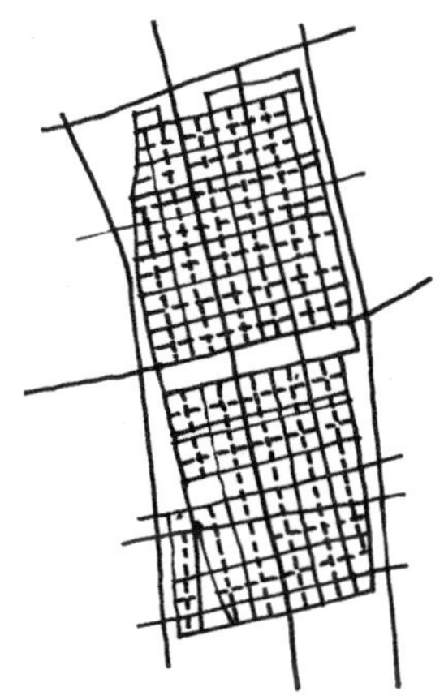

图3.1–59 浦江镇错位格网形态

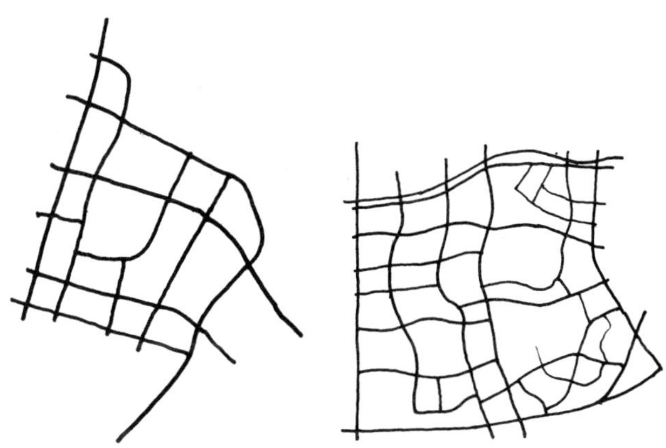

图3.1–60 （从左至右）枫泾、朱家角镇的曲线形格网形态道路线网

D. 放射形：以一个集中的原点，向外辐射出多条射线，形成城镇的放射形主干线网。放射形结构的显著特点是具有一个独一无二的核心，通过放射形线网可以从城市的各个方向与核心直接联系，规模较小时具有在交通方面的便利，但如果城市规模不断扩张，放射形结构的交通形式将对核心区形成压力，反而造成不利的交通局面[1]。“一城九镇”中明显运用放射基本形的城镇为临港新城主城区、综合区，以及陈家镇的道路、水系线网结构（图3.1–61）。

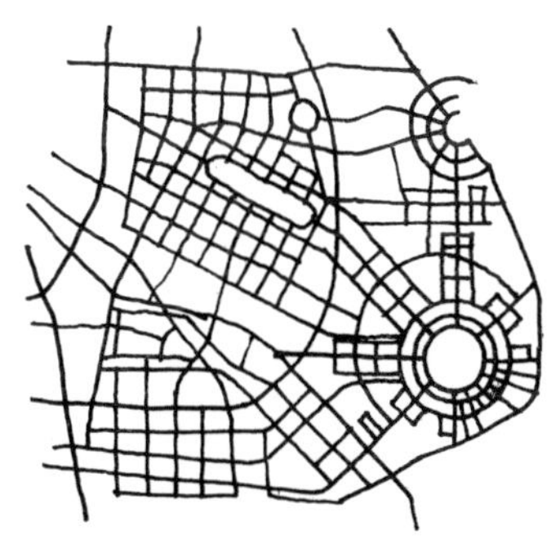

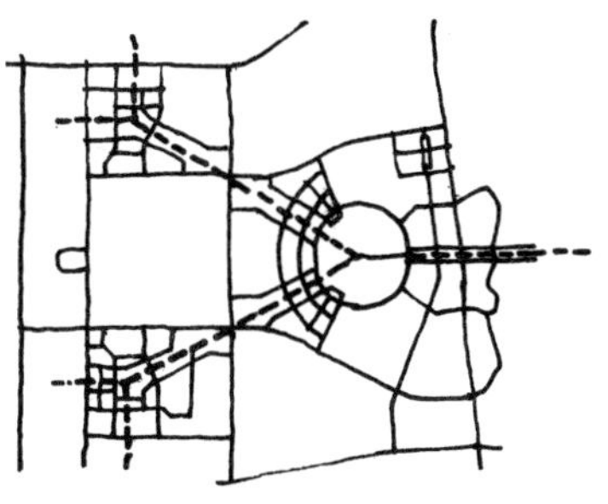

图3.1–61 临港新城、陈家镇放射形道路、水系线网

从文艺复兴时期的“理想城市”开始，放射形态曾一度被巴洛克变为体现专制、壮丽审美观的载体，放射形态的林荫大道穿越城市原有线网结构，并连接了主要的城市节点，也开始拥有具几何性的现代城市特征。它的变形形式是以组合、连接为特点的。以放射线将卫星城与中心城进行连接的方式，成为霍华德“社会城市”的图解形式，及放射形的第一种变形形式。临港新城、陈家

[1]（美）斯皮罗·科斯托夫.城市的形成——历史进程中的城市模式和城市意义.单皓译.北京：中国建筑工业出版社，2005：258.

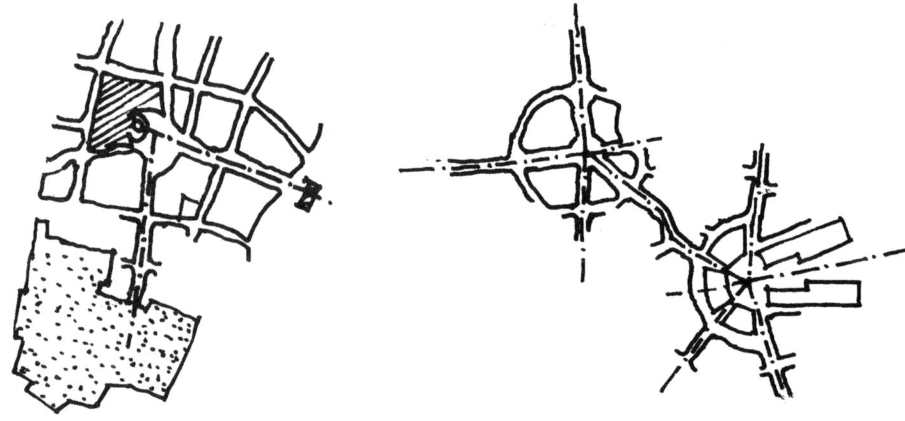

图3.1-62　枫泾镇放射轴线连接重要节点　　**图3.1-64　“泰晤士小镇”的星形组合形态**

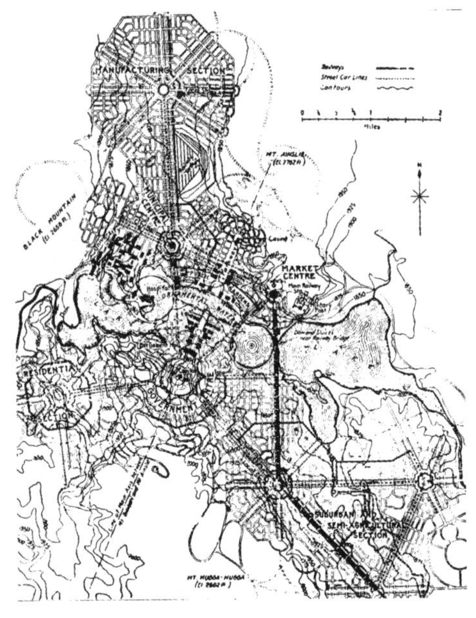

图3.1-63　1912年格里芬所作堪培拉规划的星形组合形态

图片来源：Burke, Gerald. Towns in the making. London: Edward Arnold (Publishers) Ltd., 1971: 91

镇都以主要片区为中心，放射道路或水系轴线连接围绕中心布局的片区，成为卫星城式的放射形方式；在枫泾新镇，从中心区放射的两条轴线分别连接了交通枢纽和古城区，也是这种模式的体现（图3.1-62）。另外一种变形形式为放射形态的组合形，星形的结构之间以轴线连接，使不同放射组织成为组合式图形。这种手法如同1912年由瓦尔特·伯利·格里芬（Walter Burley Griffin）为澳大利亚首都堪培拉（Canberra）所作的规划，利用轴线系统连接山脉与各个放射性组织（图3.1-63）。除临港新城主城区与综合区的星形组合外，陈家镇的水系线网也是星形组合的实例；另外，在“泰晤士小镇”的设计中，星形设计的中心区通过步行街连接了西北侧入口的另一个星形形式的组团节点（图3.1-64）。

E. 圈层形：同样基于一个原点，以同心圆方式进行布局是圈层结构的主要特点。形成圈层的结构元素通常是道路和区域，圈层之间的联系通常依靠其他的元素实现，如规则与不规则放射和网格道路。历史中的圈层城市形态有两种模式，一种是城市的发展从中心开始，空间围绕中心布局，逐渐形成了圈层结构，欧洲中世纪城市便具有这样的特点，随着城市的不断扩大，城墙等防护设施也不断在扩大了的外圈形成，留下了圈层生长的印记。另一种是体现宇宙观象征意义的圈层模式，在凯文·林奇的著作中被称为“宇宙模式”之一，并具体表现为“巢状城市”形态[1]，如印度南部斯里兰格姆(Srirangam)城(图3.1–65)。圈层形结构图形的核心是圈层所围绕的原点，圈层的形式有基本的圆形，以及正方形以及多边形，不规则的曲线等变形形态。

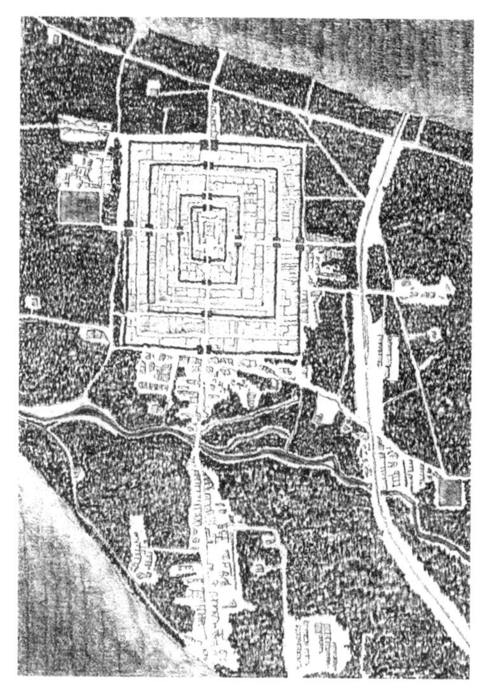

图3.1–65　印度南部斯里兰格姆圣城的圈层形式

图片来源：(美)斯皮罗·科斯托夫.城市的形成——历史进程中的城市模式和城市意义.单皓译.北京：中国建筑工业出版社，2005：172

实例中临港新城主城区区域结构以霍华德“田园城市”为原型，形态呈同心圆圈层(图3.1–66)；浦江镇的圈层形态这是由矩形元素：中心、环城河道、边界构成(图3.1–67)。“高桥新城”以不同密度区域的布局形成了圈层形式(图3.1–68)；枫泾新镇的圈层则是由线网围绕中心区转折变化形成的(图3.1–69)。不规则形态的圈层结构实例，如安亭新镇以

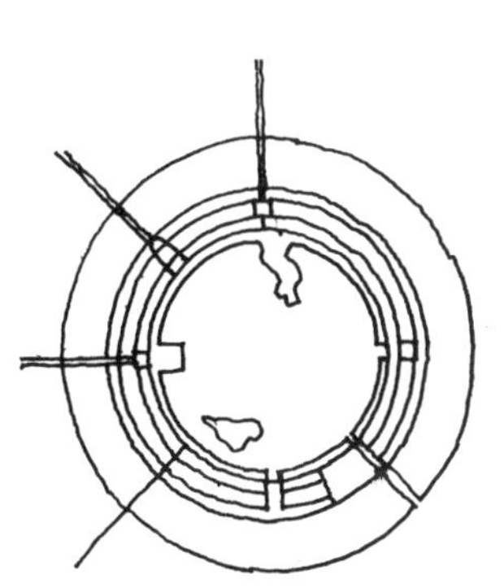

图3.1–66　临港新城的同心圆圈层

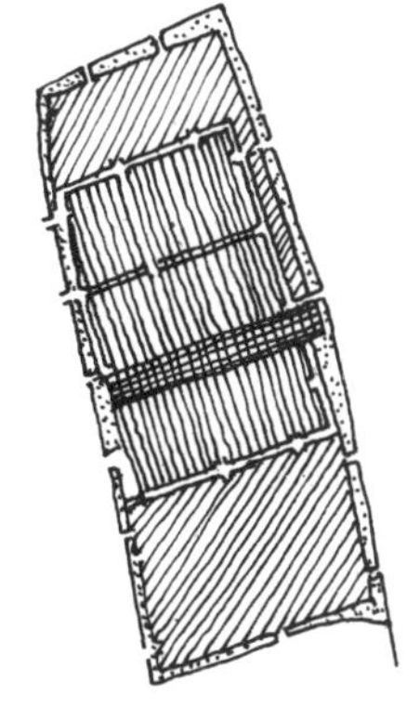

图3.1–67　浦江镇以矩形元素构成圈层

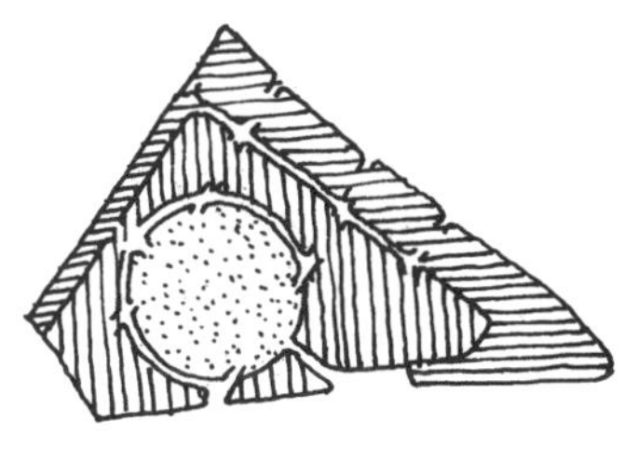

图3.1–68　高桥的密度圈层形式

[1] (美)凯文·林奇.城市形态.林庆怡，陈朝晖，邓华译.北京：华夏出版社，2001：53，265.

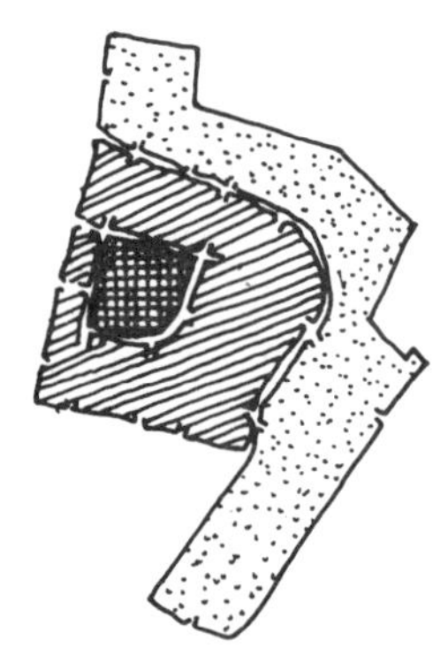

图3.1-69　枫泾新镇的圈层模式

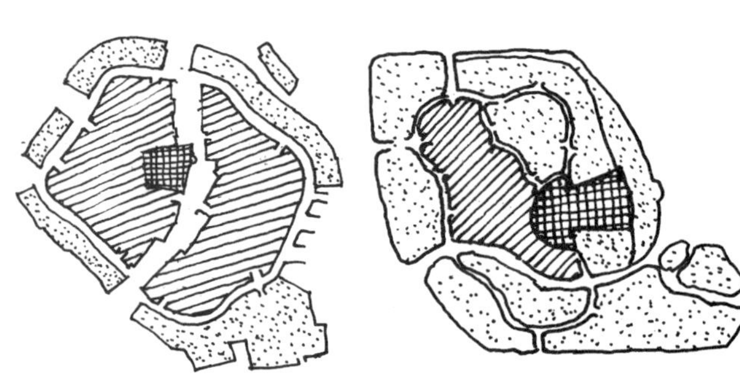

图3.1-70　安亭新镇、“泰晤士小镇”的圈层形式

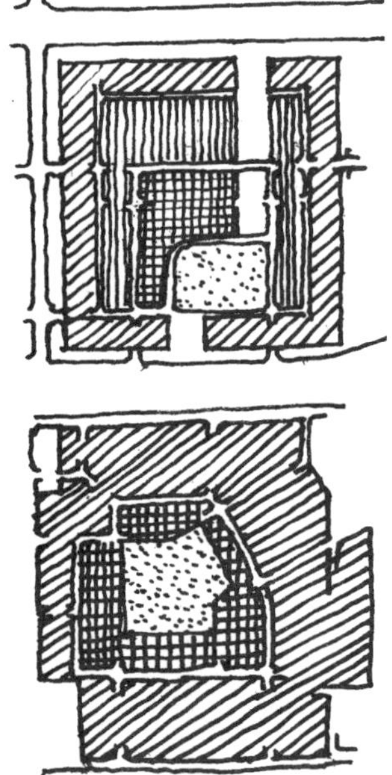

图3.1-71　临港新城、陈家镇片区的圈层模式

及“泰晤士小镇”，以明确的中心、环形道路与河道、边界构成圈层（图3.1-70）。同样，临港新城、陈家镇的片区组团的圈层尽管不太明显，但清晰的边界与中心，使城镇空间具有圈层的态势（图3.1-71）。

F. 有机形：有机形结构涉及两种形成方式，即：未经规划城市与规划城市，前者如中世纪欧洲城市的有机生长所形成的不规则形态，主要体现于城市线网和建筑布局的不规则，如中世纪的布吕格城（Brügge）、威尼斯等（图3.1-72）；后者则是“以主动的、模仿性的方式重新表达‘有机’的宗旨”[1]。模仿有机形除具有不规则特点外，通常使用曲线形式，18、19世纪的“如画风格（Picturesque）”从园林转向对城市形态不规则有机形式的追求，在郊区的规划城市线网、区域的布置模仿自然中的有机物，如树枝与枝蔓形态、细胞以及生物等，以有机的形式对抗机械的、规整的网格形式。此类形态的典型实例，如受“如画风格”影响的芝加哥河滨城规划（图3.1-73）。

在拥有古城的实例城镇中，如朱家角、奉城镇的古城区，表现出具生长感的有机形式，其中，朱家角镇某些在古城中的新建项目设计，以古城肌理为原型，塑造了与古城具有同一性的有机形态（图3.1-74）。在规划模仿形的有机形式中，罗店新镇的树枝

[1]（美）斯皮罗·科斯托夫.城市的形成——历史进程中的城市模式和城市意义.单皓译.北京：中国建筑工业出版社，2005：45.

形线网以非正交形式的形态在一定程度上体现了有机形;“高桥新城”中心环内的住宅线网则具有枝蔓形形态的特点(图3.1–75);另外,在“泰晤士小镇”、临港新城、陈家镇部分片区组团、奉城中心区的区域中,以细胞形态的区域布局,不同程度地体现了有机形式(图3.1–76,图3.1–77,图3.1–78,图3.1–79)。

图3.1–72 威尼斯平面图(局部)

图片来源:Curdes, Gerhard. Stadtstruktur und Stadtgestaltung: 2. Auflage. Stuttgart, Berlin, Köln: Kohlhammer GmbH, 1997: 74

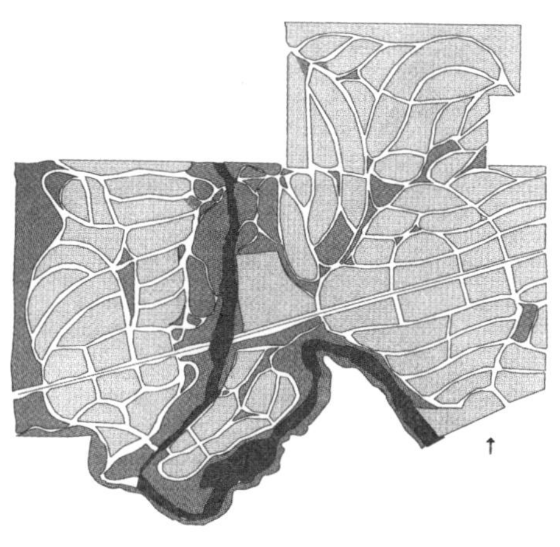

图3.1–73 芝加哥河滨城规划平面示意图

图片来源:(美)凯勒·伊斯特林.美国城镇规划——按时间顺序进行比较.何华,周智勇译.北京:知识产权出版社/中国水利水电出版社,2004:30

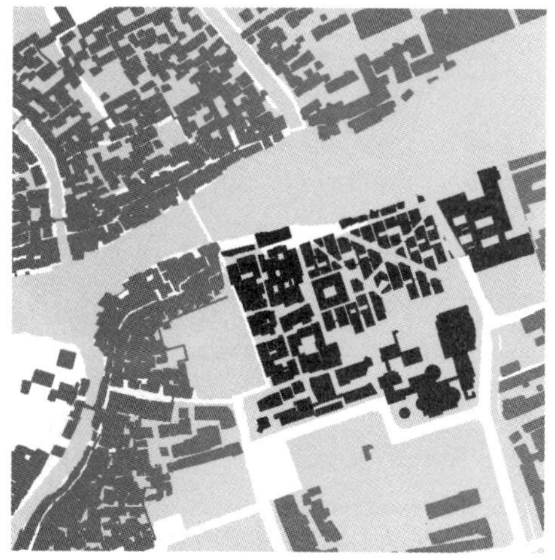

图3.1–74 朱家角镇古城区新建项目的有机肌理

图片来源:《朱家角镇镇区控制性详细规划》文本,由朱家角投资发展有限公司提供

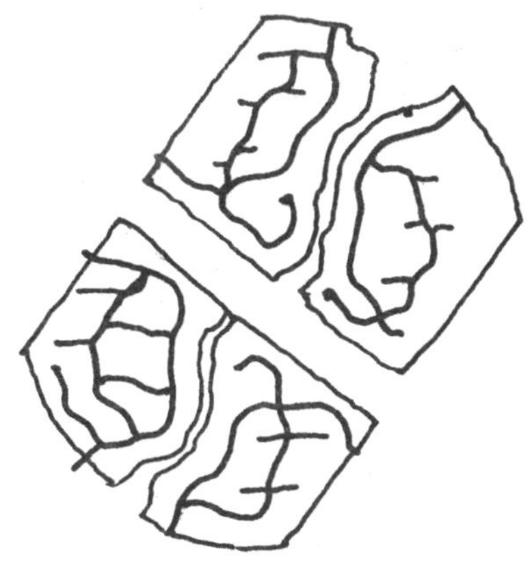

图3.1–75 “高桥新城”中心环内住宅区线网形式

图3.1-76　“泰晤士小镇”的有机形态

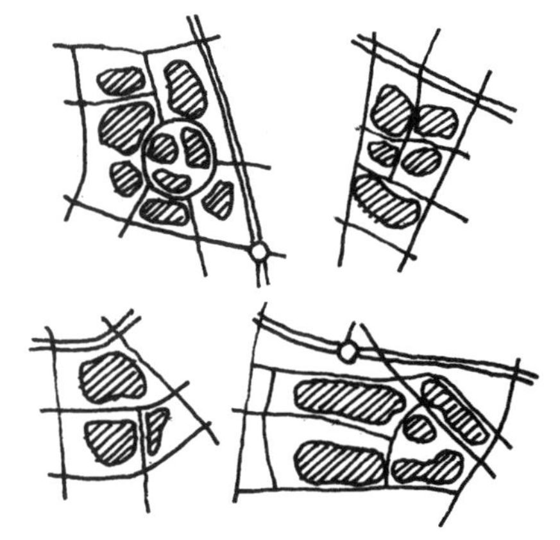

图3.1-77　临港新城部分片区组团的有机形式

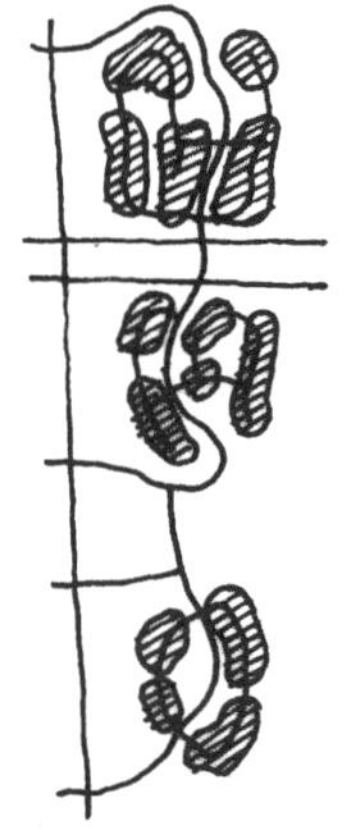

图3.1-78　陈家镇部分片区组团的有机形式

图3.1-79　奉城中心区的有机形式

以上关于“一城九镇”城镇结构基本图形的分类，归纳了城镇主体、片区、组团的结构图形。从中一方面可以看出各个城镇基本图形类型及其原型意义，另一方面，显示出城镇形态的多元化状态。表现为两个特点，一是不同城镇基本图形具有差异性，即使是使用了相同的基本图形，其变形形式也不尽相同。二是同一个城镇中主体、片区或组团基本图形具有差异性，或者组合强化，或者拼贴，呈现出多样的变化。

2.“一城九镇”的结构图形

“一城九镇”的空间结构图形是在基本图形的基础上组合而成的，并且体现出因地制宜的变化，这些组合与变化使城镇形态结构图形形成了各自不同的特点。古罗马城市中的“十”字形轴线从格网结构中独立出来，成为与古希腊方网格城市的典型区别[1]。霍华德“田园城市”图形是放射与圈层相结合的形式，通过具有共同原点的两个结构叠加形成了城市的整体形态。这两个例子表明，单纯的基本图形可以通过组合与叠加使整体结构得到强化。本小节将在以上对基本图形分析的基础上，进一步分析与归纳10个城镇在不同层次上结构图形的组合，总结各个城镇结构图形的特点（表3.1.3.2）。

表3.1.3.2对“一城九镇”结构图形特点进行了分析、归纳与总结。结合本节对城镇控制要素以及对基本图形意义的讨论，10个城镇的形态设计一方面具有各自不同的特点，另一方面也具有共同的特征，体现在对基本图形的运用以及组合方式等方面，具体为：

（1）结构图形体现了城镇结构的整体性和完整性：在控制结构图形的基本图形中，格网、有机形、圈层形、放射形及其变形形态形成主流，这些类型的基本图形均是以整体性、完整性为特点的。其中，格网、有机形更容易形成面状结构或肌理；圈层、放射形则以显著的几何中心点形成凝聚力。多数城镇的主体结构被基本图形与变形形式支配，浦江镇的格网图形控制了整个镇区，体现了格网基本图形的整体与完整性，同时又以“十”字轴线、圈层形态强化了网格的向心性，临港新城主城区、陈家镇的放射与圈层相结合产生了相得益彰的整体形式，并形成了对分散片区布局的整体性控制，成为基本图形通过组合与叠加得以互相强化的典型实例。“泰晤士小镇”运用不规则的模仿有机形形成了区域的主体结构，圈层区域布局服从于有机形式，轴线和星形组合形只出现于局部区域。安亭新镇西区主体结构使用的是不规则圈层形的基本图形，“十”、“井”字结构确定了圈层的方向性，空间围绕被加强的、明显的核心布置，显示了整体的向心结构。朱家角镇的“十”字轴线与曲线格网从纷杂的水系线网和古镇区不规则形态中理出秩序，形成了整体性的布局。奉城镇区的平行线形轴线，虽然有交叉现象，但带形形式明显，基本上控制了线形结构形态的整体性；实例中不管采用何种图形，向心性与明显的边界使结构图形不同程度地具有完整性。

（2）结构基本图形体现形态的原型意义：如在本书第2章中对10个城镇进行的分析，多数城镇的城市设计在一定程度上遵循了各自的形态原型，这些原型在历史中均具有鲜明的特点。从“带形城市”的简单形式，星形规划与“壮丽风格”，追求欧洲中世纪不规则的有机生长型城市形态，到最普遍却又带有不同地方、历史时期特点的方格网形式，从基本图形在结构图形中的组合与变化，不同程度地显示了其理想化的设计思想。尽管这些原型形态在历史中的政治、经济、文化意义已荡然

[1]（美）刘易斯·芒福德.城市发展史——起源、演变和前景.倪文彦，宋俊岭译.北京：中国建筑工业出版社，2005：221.

表 3.1.3.2 “一城九镇”结构图形及其特点分析

城镇	结构图形	基本图形组合	基本图形组合	特点
「泰晤士小镇」	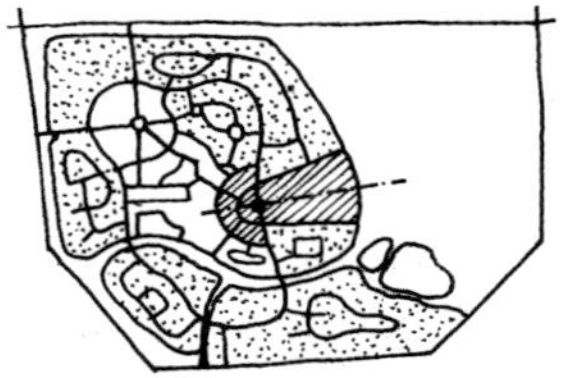	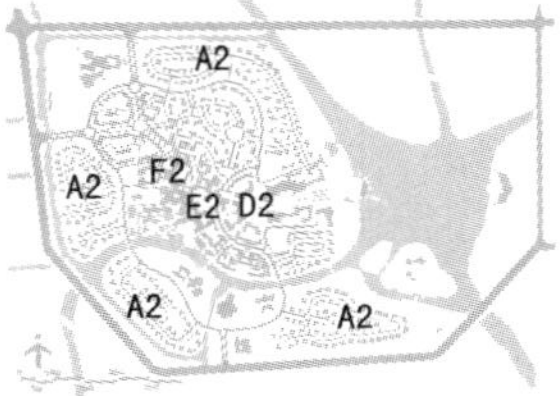	整体结构：F2、E2 片区组团结构：D2、A2	1. 道路线网、区域布局体现细胞有机形特征； 2. 圈层形未以环形道路为边界，而是侵入形式，弱化圈层，但强化了有机形形态； 3. 星形节点组合图形控制内圈结构形态； 4. 闭合连接性线形图形布置于外圈，强化外圈边缘； 5. 以有机形为主体结构，放射形形成对内、外的连接。
安亭新镇	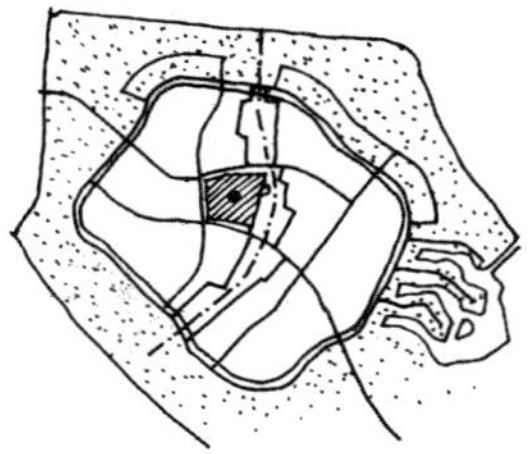	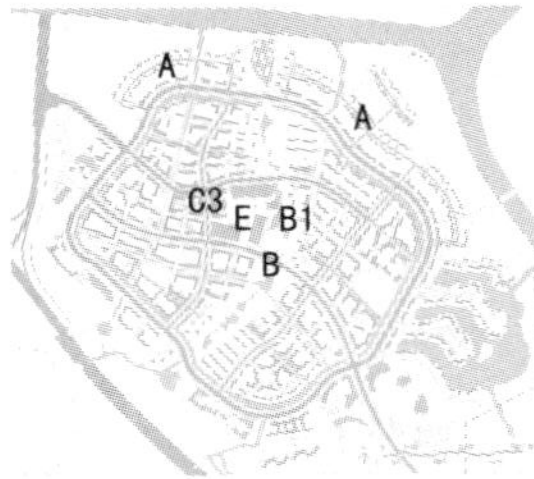	整体结构：B、B1、C3、E2 片区组团结构：A	1. 十字形轴线与井字形道路线网的组合结构； 2. 井字形道路呈曲线网格形，并形成对东区、外部的连接； 3. 十字形纵轴线使图形裂变，弱化井字形结构； 4. 环形组合线网作为圈层边界，圈层明显； 5. 线性外围住宅组团与环形线网平行，强化圈层结构并形成边缘； 6. 以十字、井字形与圈层组合共同形成主体结构图形。
临港新城	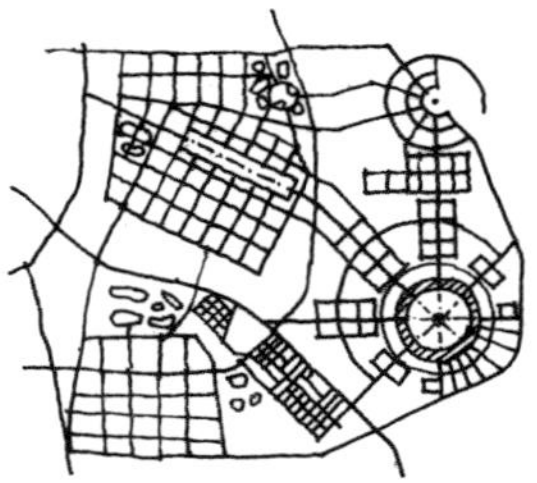	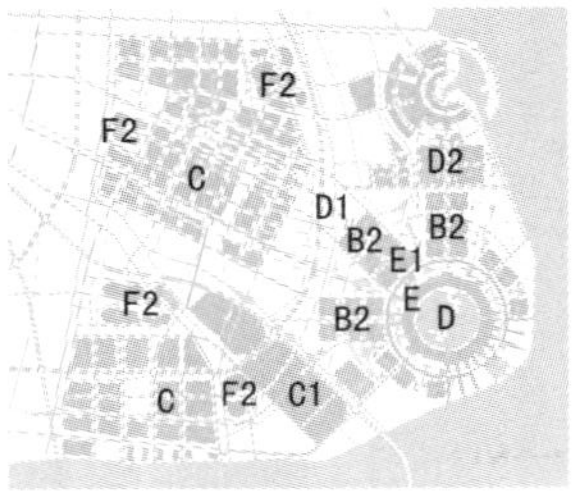	整体结构：D、D1、D2、E 片区组团结构：B2、C、C1、E1、F2	1. 放射形道路、水系线网错位组合； 2. 圈层形与放射形组合，互相强化； 3. 主城区放射形与各片区卫星城形连接，与综合区星形组合连接； 4. 产业片区以格网及其合并加密形为主； 5. 主城区住宅组团沿放射大道双梳形布局，强化放射形，组团为方形圈层形式； 6. 四个外围社区以有机细胞形为主要图形； 7. 放射与圈层形控制主体结构图形，统一了分散布局形态，双梳、格网形为辅助形式。

续 表

城镇	结构图形	基本图形组合		特 点
枫泾新镇	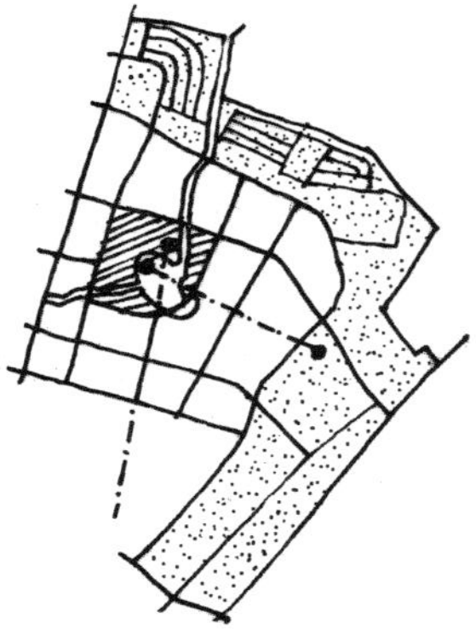	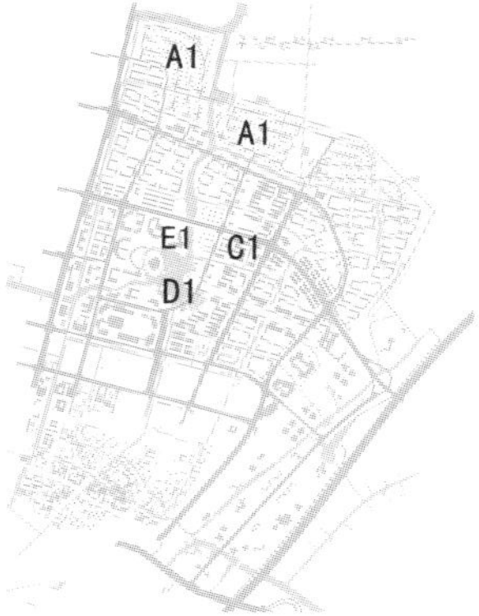	整体结构	1. 通过格网形道路线网的合并与局部弧线变形形成整体结构； 2. 以中心区、转折道路形态、外围的低密度布局，形成区域的圈层结构； 3. 从主中心向次中心、古城区形成放射结构，以卫星城形放射轴线进行连接； 4. 两条放射轴线从格网结构中独立出来，使网格图形得以强化； 5. 外围低密度住宅区部分采用平行线形结构； 6. 变形网格形成为主体图形，放射形作为对内、外的连接。
			C1、E1、D1	
			片区组团结构	
			A1	
朱家角镇	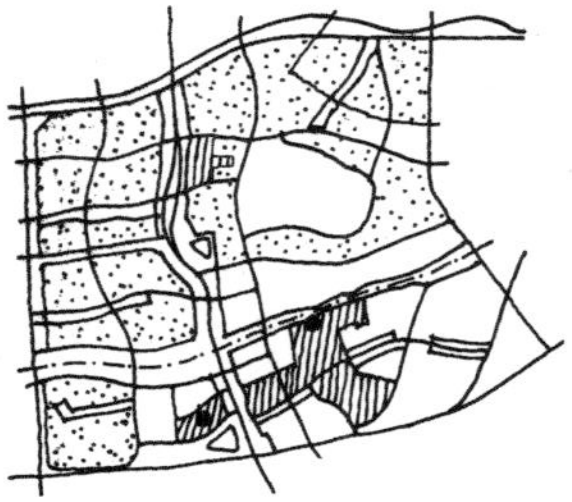	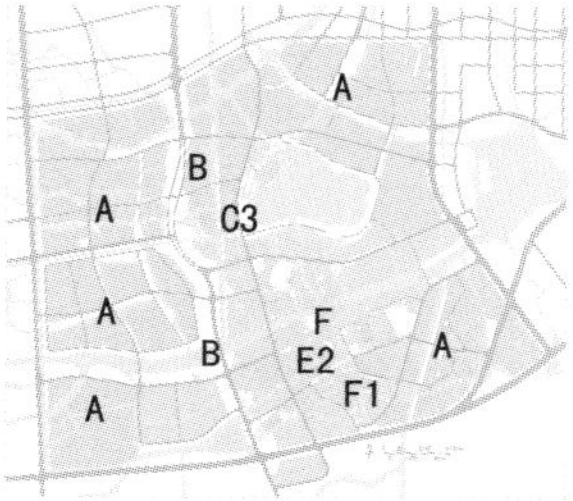	整体结构	1. 由道路、带形公园、河道组合成十字形轴线与曲线格网形的组合； 2. 轴线与格网结构相互强化； 3. 以古城为中心形成密度圈层，外围低密度圈层呈“L”形布局，圈层边界基本上由格网形线网限定； 4. 片区中心以十字形为主要形式； 5. 外圈住宅组团以带形结构为中心； 6. 古城区局部改造项目以有机生长形为原型； 7. 以十字轴线、圈层布局为主体结构图形。
			B、C3、E2、F1	
			片区组团结构	
			A、F	

续 表

<table>
<tr><th>城镇</th><th>结构图形</th><th colspan="2">基本图形组合</th><th>特　点</th></tr>
<tr><td rowspan="4">罗店新镇</td><td rowspan="4"> 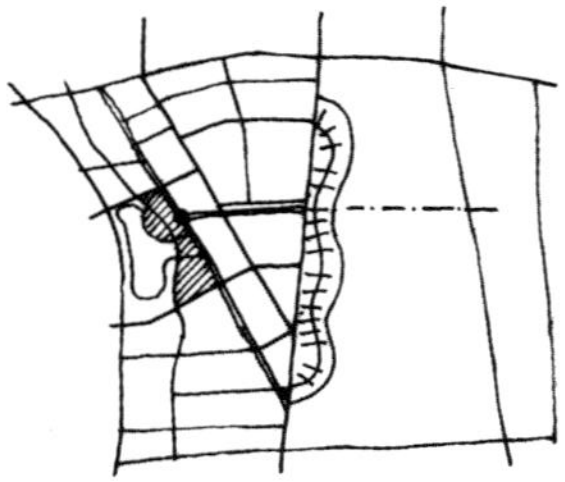</td><td rowspan="4"> 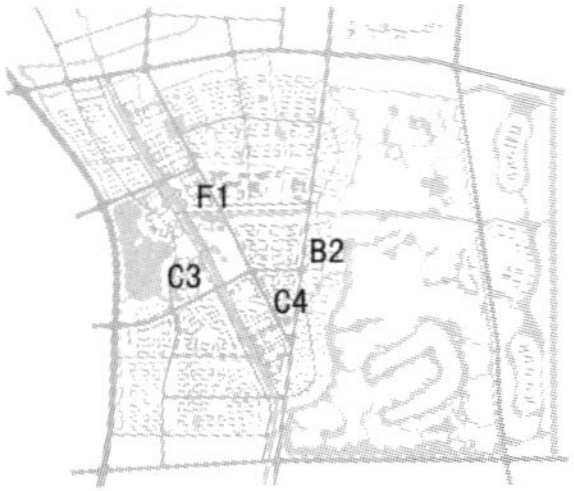</td><td>整体结构</td><td rowspan="4">1. 以非正交“T”形河道轴线为基本形态，道路线网随之部分形成三角形形式；
2. 沿主干道路或纵轴线，道路线网呈不规则双梳形，以及直线的树枝有机形形态；
3. 中心区步行街区部分采用曲线形线网；
4. 东侧低密度住宅组团双梳形形式；
5. 三角形枝形结构形成主体结构图形。</td></tr>
<tr><td>C4、F1</td></tr>
<tr><td>片区组团结构</td></tr>
<tr><td>C3、B2</td></tr>
<tr><td rowspan="4">浦江镇</td><td rowspan="4"> 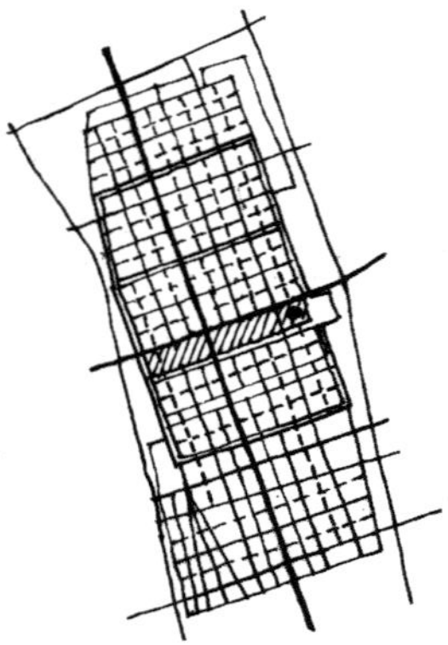</td><td rowspan="4"> 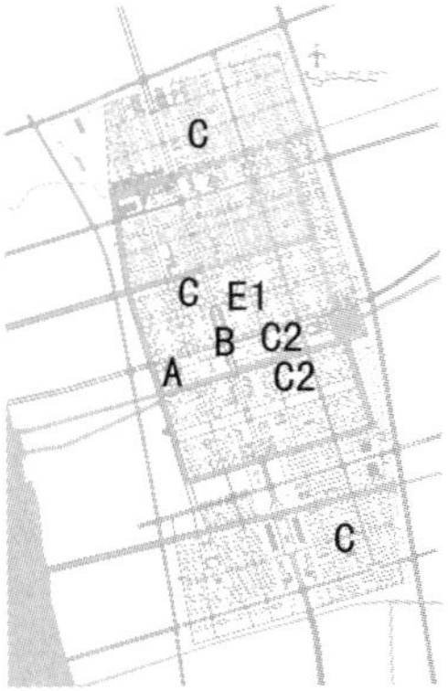</td><td>整体结构</td><td rowspan="4">1. 正交道路轴线与正方形格网组合，相互强化；
2. 道路线网与绿地等开放空间系统形成重复错位形格网图形；
3. 环形河道与道路的组合、边界的围墙绿坡形成圈层的结构形态，因中心区为带形，使圈层单向发展；
4. 组团与街块布置基本以等分格网形发展；
5. 带形中心区形态；
6. 方格网、十字形轴线控制主体结构图形。</td></tr>
<tr><td>B、C、C2、E1</td></tr>
<tr><td>片区组团结构</td></tr>
<tr><td>C、A</td></tr>
</table>

续 表

城镇	结构图形	基本图形组合		特 点
「高桥新城」	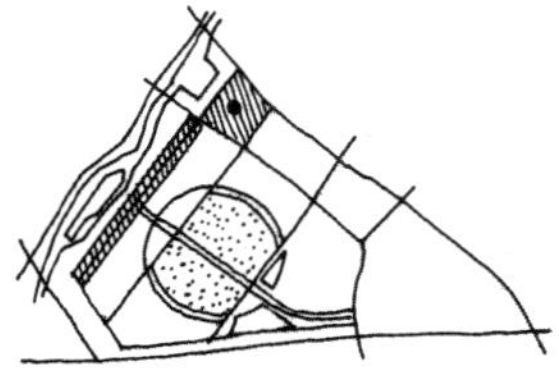	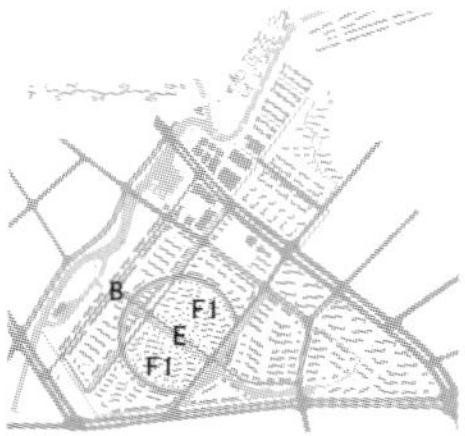	整体结构：B、E 片区组团结构：F1	1. 纵、横步行街轴线形成正交“T”形轴线系统； 2. 以圆形几何中心为内圈，形成圈层形布局，横轴通过圆心； 3. 内松外紧的圈层形式； 4. 组团与街块在格网与圆形线网组合控制下； 5. 圆圈内低密度住宅区采用有机枝蔓形道路线网； 6. 正交轴线与圆形内圈形成主体结构图形。
奉城镇	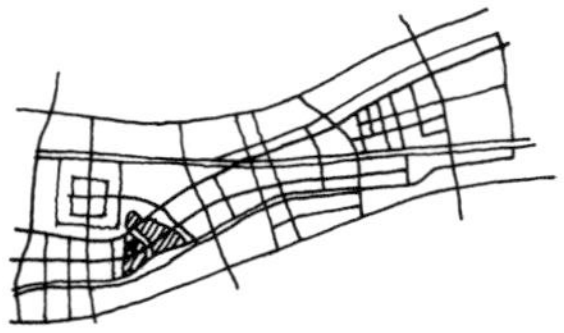	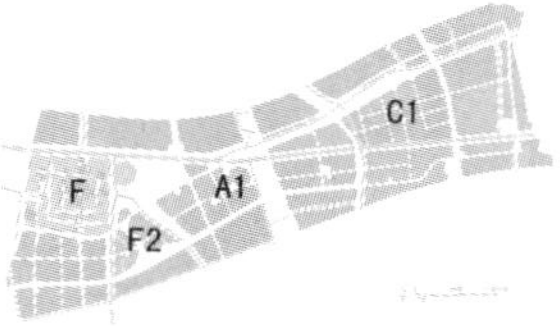	整体结构：A1 片区组团结构：C1、F、F2	1. 由道路、河道、绿带组合形成平行轴线系统，共四条轴线，其中两条交叉，呈不完全平行线形； 2. 镇区内部分片区使用合并加密格网形，使平行线形一定程度弱化； 3. 古城区为生长有机形，形成与新镇的图形拼贴； 4. 中心区部分采用细胞有机形形态的变异形式； 5. 以平行线形形成为主体结构图形。
陈家镇	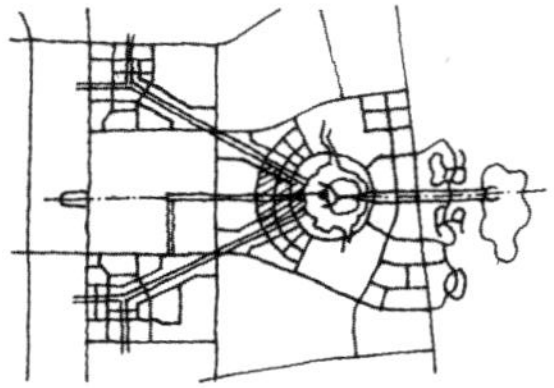	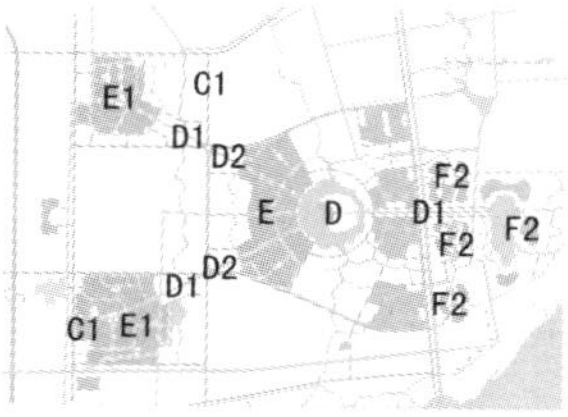	整体结构：D、D1、D2、C1 片区组团结构：E、E1、F2、C1	1. 大型合并加密格网形道路线网形成镇区主要道路系统； 2. 主要水系、部分道路线网呈放射形； 3. 中心片区扇形圈层形结构，并与其他片区卫星城形连接，与其中两个片区星形组合连接； 4. 两个镇区片区以多边几何形形成圈层布局，局部为合并加密形格网形式； 5. 临东滩片区组团以有机细胞形为主要图形； 6. 放射形及其变形控制主体结构图形，统一了区域的分散布局形态。

注：1. 片区组团结构中所标示的是具有明显基本图形特征的内容，其主体结构图形通常受整体结构控制。
2. 基本图形的编号与图3.1-43中的编号相同。表中插图均为作者绘制。

无存，空间形态的意义转变为物化了的场所所拥有的属性，如传统城市图形的格网与有机、圈层形式，其意义并非与"闾里"、测量学以及中世纪的三权分立、城市防御有关，而是与利用这些图形所产生的具有高渗透性的小型街块、近人尺度与公共空间的围合品质等方面发生关联，如浦江镇、安亭新镇等实例。与原型意义高度一致的实例如朱家角镇的片区组团中心形态，带形图形与古城区依水而居的历史城镇形态相吻合，体现了江南水乡文化的传承。值得一提的是，不同结构图形的形成也与"一城九镇"的指向性风格因素有一定的关系，在这种移植现象的另一面，也因此使不同城镇之间形态结构图形产生了多元性。

(3) 结构基本图形运用与组合具有清晰性：从主体结构图形反映出各个城镇形态的清晰性，也就是说，由相互强化的基本图形组合形成了形态的控制性图形。产生这种图形化城镇结构形态有主观与客观原因，上述的形态原型意义是主观因素的一个方面；另一方面，也是以强化城镇空间的可识别性为目的。这两种因素的作用使多数城镇的新镇区选址尽量不与老城区重叠，朱家角镇虽包括古城区域，但利用老镇区的改造在新城区与古城区之间形成肌理的过渡，于是产生了圈层的结构图形。奉城镇将古城区则是通过公园等开放空间相对新镇中心独立布局，其结构形态对新镇区的影响有限。因此，选址也成为主观因素之一。产生清晰性结构图形的客观因素，主要体现于10个郊区城镇的现状相对中心城区而言复杂程度不高，并具有相对的独立性等方面。"一城九镇"是上海市城镇体系中的二、三级城镇，除松江、嘉定、临港三个新城外，其他均为中心镇，与中心城区的距离较远，具有相对的独立性；新镇区用地现状多以村庄、农地为主，人口不多，用地情况不复杂。另外，研究对象中多数城镇的产业区不在范围内，以城镇镇区或者一个片区为主，多以城镇生活为主要功能，住宅占有较大的比例，相对比较单纯。这些因素均为设计者构思一个理想化的、清晰的结构图形创造了条件。

3. 小结

实例的基本图形分析是将城镇形态中的单纯形式进行分解的过程，结构图形则是在基本图形的基础上经组合与变形进行了归纳。基本图形反映了与原型在形态意义上的同一性，组合与变化了的结构图形则是城镇形态多元性的反映，"只有在多元性的声音中，理性的同一性才是可以理解的"[1]。一方面，"一城九镇"的结构图形体现了整体的、完整的形态原型意义，另一方面，多样化的结构图形显示出不同城镇在形态设计上对个性化的追求。以下将本节的内容归纳为：

(1) 城镇基本图形以6种基本形为基础，共产生20种类型的变化图形；

[1] (德) 于尔根·哈贝马斯.后形而上学思想.曹卫东，付德根译.南京：译林出版社，2001：139.

（2）基本图形与结构图形反映了不同城镇形态的原型意义；
（3）不同城镇的基本图形具有多元性；
（4）同一城镇中不同层次基本图形具有多样性变化；
（5）结构图形体现了城镇结构的整体性和完整性；
（6）结构基本图形运用与组合具有清晰性；
（7）结构图形通过基本图形的组合与变化强化了整体的多元性形态。

3.2 城镇广场

关于城市广场，在不同的研究角度有不同的诠释。作为构成城市公共空间的重要元素，广场被德国哲学家与社会理论学家于尔根·哈贝马斯（Jürgen Habermas）称为"广泛地容纳着众多功能的、完整而有机的社会空间体系"[1]。多功能体现了人的多样化需求，社会空间体系则是一个围绕人的社会活动，涵盖政治、经济、文化等各个方面的系统，这也是广场的非物质性含意；城市广场为人的社会活动提供了场所，H. J. 阿敏德（Hans-Johim Aminde）将它描述为"具有明确的，带有内外边界的三维空间性，地面与界面被建筑学所定义"[2]，这个阐述又道明了广场的物质性含意，两种含意的共同筑成了城市广场的内涵。

作为物质性环境的文化现象，广场空间的造型"是城市造型中最重要的任务之一，表达着市民的非物质性层面的意愿。……这项任务就是要在城市造型的整体框架内，在城市环境和城市生活中代表人的精神需求，并使这种需求获得政治的、经济的、法律的、社会的、交通的以及审美的意义"[3]。广场的造型语言形成了设计者与使用者之间的互动关系，空间中的"场景及其规则每每经由提示来传达，提示则是场景的物质要素及其'布置'方式。提示起着增强记忆的作用，它使人回想起场所，也就回想起适当的行为，从而使场景中人与人的交流成为可能"[4]。设计者所提供的提示能否起到作用，取决于使用者对这种提示的理解程度，"提示若与文化图示不合，或与人们心照不宣的文化知识相去甚远，那就毫无意义，也就行不通了"[5]。因此，城市广场的造型也是文化传承的重要载体之一。

[1] 转引自（德）迪特·哈森普鲁格主编.走向开放的中国城市空间.上海：同济大学出版社，2009. 15.

[2] 转引自Cai, Yongjie. Dortmunder Plätze, eine morphologische Untersuchung zu ihrer historischen Entwicklung. Diss, Dortmund, 2000: 11.

[3] 蔡永洁.城市广场.南京：东南大学出版社，2006：5–6.

[4]（美）阿摩斯·拉普卜特.文化特性与建筑设计.常青，张昕，张鹏译.北京：中国建筑工业出版社，2004：25.

[5] 同上。

起源于古希腊的城市广场是“空间领域的‘社会发明’”[1]，表达了民主政体所带来的公共生活的繁荣。中世纪广场是城市生活的中心，代表着教会、贵族与议会的共同权益，市场广场也就成为其公共的集结点。而巴洛克与古典主义时期的城市广场体现了专制政权的统治，形式也由中世纪的不规则演变为规则的几何形态。“在整个人类定居的历史中，街道与广场都是最基本的因素，所有的城市都是围绕它们组织的。历史已经充分证明了这些因素的重要性，因为对大多数人而言，街道与广场构成了城市现象的最基本的部分”[2]。

然而，广场等公共空间在工业化时期之后面临各种威胁，迪特·哈森普鲁克(Dieter Hassenpflug)教授将这些威胁归结为三个主要来源，即：功能分区理论、汽车的普及使用以及伪公共和半公共空间的扩展[3]。19世纪末，卡密罗·西特针对工业化对城市空间在文化与人文方面的破坏，分析了中世纪等传统城市空间具有的艺术性，并以此作为城市建设的原则。其中，城市广场成为他的主要研究对象并得到了具体的分析。在西特著作发表9年之后，霍华德“田园城市”理论问世，在他的著作中，城市中心被一个占地5.5英亩(约2.2公顷)的花园和四周大型公共建筑取代[4]，广场空间由此消失。如果说“田园城市”中的这个花园在规模和围合形态上尚与一个广场具有某种程度类似性的话，1933年《雅典宪章》的功能分区理论则对城市公共空间持排斥态度，也是三种威胁的重要开端。

在这些威胁下，特别是对于郊区城镇的建设，广场空间显得更为重要，因为它不仅仅是一个物质性的场所，其意义还在于对城市社会生活的恢复和健康发展，以及对城市文化的传延、多样化和空间可识别性的提高等所起到的重要作用。

“广场不能被隔离的看待，是城市空间体系的一部分，并且在形式与功能方面与这一空间体系的构成原则紧密联系”[5]。“一城九镇”的广场在城镇和区域结构中扮演了重要角色，与区域、线网、轴线、边界、中心和节点等结构控制性要素建立了密切的关系，为建立公共空间体系以及公共生活起到了重要的作用。不同层次的广场不仅是城镇中心的组织者，也通常是片区、社区的焦点，或者是街旁的活动场所。

由于采取了不同的设计观念，加之城镇规模、区域层次的不同，“一城九镇”的广场空间设计显示了不同的品质。一方面涉及非物质因素，即对人的社会活动的支持意义；另一方面则与构成广场空间的物质因素有关。

---

[1] (德) 迪特·哈森普鲁格主编.走向开放的中国城市空间.上海：同济大学出版社，2009：16.
[2] (丹麦) 杨·盖尔.交往与空间(第四版).何人可译.北京：中国建筑工业出版社，2002：93.
[3] (德) 迪特·哈森普鲁格主编.走向开放的中国城市空间.上海：同济大学出版社，2009：22–23.
[4] (英) 埃比尼泽·霍华德.明日的田园城市.金经元译.北京：商务印书馆，2000：14
[5] Curdes, Gerhard. Stadtstruktur und Stadtgestaltung: 2. Auflage. Stuttgart, Berlin, Köln: Kohlhammer GmbH, 1997: 129.

"一个优秀的城市空间应是空间与活动的默契"[1]，对于10个实例中城镇广场品质的观察，关系到广场空间的设计语言，也关系到广场空间使用的社会评价，即设计者的提示与使用者的接受程度[2]。首先应是设计所采用的模式，除广场在城镇结构中的布局外，广场空间的属性要素：基面、围合界面及其功能、尺度、比例以及支配物等成为主要的衡量因素。仅从广场的几何形式出发，广场的形态类型与城市结构图形类似，也是由基本形及其变形组成的，这些图形有时与城镇结构形态有关，有时则与其所表达的意义或原型有关。因此，对于"一城九镇"广场形态的研究将以广场布局与城镇结构的关系、广场的空间构成要素与品质为基本分析，通过这些分析，对不同城镇广场的类型特点进行归纳[3]。

3.2.1 城镇广场布局与城镇结构

在城镇结构中，广场通常作为节点元素出现，与城镇的线网、区域、轴线、边界、中心以及组成节点的其他元素发生关联。在这些结构控制性元素中，广场起到的作用往往是引起变化、聚合和集中的，其中最重要的原因是广场具有高度的公共性。"广场是城市公共的'起居室'"[4]，对于具有一定规模的城镇，广场的布局具有不同的层次。蔡永洁在他的著作中将广场在城市结构中的位置分为四个级别，即：城市中心广场、城区中心广场、街道广场以及社区广场[5]。这个分层原则体现了现代城市结构发生的变化，城区人口的不断增长使城市的规模、范围不断增大，使城市区域不再像古典城市以几乎是唯一的向心结构为主的形态模式发展，而是分为不同区域，呈现出多核的结构。另外，城市生活的多样化需求，使广场空间从较为单纯的功能向多样的功能转变，广场则出现在城镇线网中或居住社区，甚至规模不大的街区中，更多地体现了休闲性和生活性。对于郊区城镇，专门化、功能单一的广场显得更加难以适应，主要原因是城镇规模受到限制，使经济、社交、文化与娱乐活动等社会活动相对集中，体现出综合性特征。

"一城九镇"中的广场布局，随着区域规模与划分的不同体现出不同的层次布

---

[1] 蔡永洁.城市广场.南京：东南大学出版社，2006：79.

[2] 鉴于"一城九镇"建设进度不同，广场等公共空间尚未完全投入使用，对环境行为学意义上的社会活动评价的调查与分析不作展开，本书着重对城市设计所形成的公共空间进行论述。

[3] 因受建设进度与设计深度的制约，"一城九镇"的广场布局在总体规划、控制性详细规划以及修建性详细规划或城市设计阶段表达深度具有较大的差异。鉴于此况，本书将根据不同的情况对处于类似设计阶段的城镇进行类比分析，其中，"泰晤士小镇"、安亭新镇、"高桥新城"以修建性详细规划，枫泾、罗店新镇、浦江、朱家角、奉城镇以控制性详细规划与局部的修建性详细规划，临港新城以总体规划与局部控制性详细规划为分析资料，陈家镇以总体规划为分析资料，对于广场空间或部分环节的分析暂不作展开。

[4] Curdes, Gerhard. Stadtstruktur und Stadtgestaltung: 2. Auflage. Stuttgart, Berlin, Köln: Kohlhammer GmbH, 1997: 131.

[5] 蔡永洁.城市广场.南京：东南大学出版社，2006：145-148.

局。但无论是处于区域中的何种层次，广场以及其他公共空间均占据了重要的位置，对形成城镇或区域的结构产生了积极的影响。同时，广场与结构控制性元素的关系反映了广场融入城镇结构的不同方式。

1. 广场在城镇结构中的位置

通过在城镇结构一节中对城镇结构控制性元素“中心”的分析可以看出，城镇或区域中心通常需要广场的加入，用以确立其在结构中的地位。从象征意义上来说，“广场实际上象征了在城市地形中的心理停泊地”[1]。在形式上，作为城镇结构中的点要素，广场具有向心和辐射的效用，如果这个点位于中心，其效用可以最大化。

无论广场被赋予何种意义，以广场为中心组织城市空间是一个古老的传统。在古希腊、中世纪、文艺复兴，直到古典主义时期的城市，这个传统一直得以延续。于是，城市中心广场成为城市结构中最重要的、位置显著的公共空间。广场的层次布局在“一城九镇”城镇结构中随研究对象区域的差异而显示出不同的特点。其中，具有城镇中心广场意义的实际上是指城镇体系中二、三级，即新城和中心镇的中心广场，由于中心镇镇区是郊区城镇的政治、经济、文化中心，镇域内的其他分区区域通常是中心村或社区、一般村，以及工业园区等专门区域、农业用地等，这些区域围绕镇区布局。因此，镇区的中心广场可以被理解为整个城镇的中心广场。临港新城、枫泾新镇、朱家角镇、罗店新镇、浦江镇、奉城镇以陈家镇均属于这种类型。其他的三个实例“泰晤士小镇”、安亭新镇以及“高桥新城”是新城或中心镇内的一个片区，位于中心位置的广场则属于片区中心广场（表3.2.1.1）。

借由表3.2.1.1中对实例广场位置布局的分析，可以了解多数城镇在广场布局上的基本情况与特点，可归纳为：

（1）以强化的中心广场作为结构核心：实例中无论是城镇还是片区中心广场，均以其显著的布局在结构中占据核心位置。其中，在三个作为城镇片区的实例中，“泰晤士小镇”中心广场处于主要结构环路线网上的显著位置，并通过放射结构形成对组团以及其他低层次广场的组合与连接；安亭新镇将中心广场布置在几何中心，并与主要道路、公园直接联系；“高桥新城”的中心广场虽然不在几何中心，其位置却兼顾了镇区的其他三个片区，中心广场也就成为镇区范围内的居中形式，并且通过与步行街、滨水广场的组合得到强化。其他城镇的中心广场也占据了城镇的核心位置，如罗店新镇，三个由道路串联的广场在中心区沿主要河道均布排列，同时与水面、公园、步行街区等相邻接，使广场处于具有支配性的位置；枫泾新镇设主、次

[1] Zucker, Paul. Town and Square: From the Agora to the Village Green. New York: Columbia University Press, 1959: 2.

表3.2.1.1 “一城九镇”广场位置布局分析

城镇	“泰晤士小镇”	安亭新镇(西区)	枫泾新镇
位置示意图	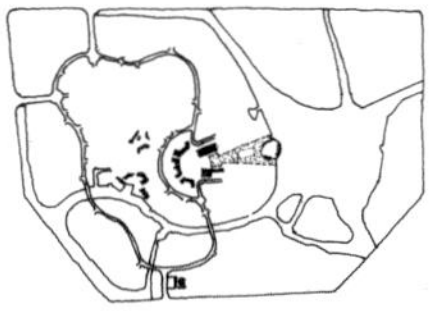	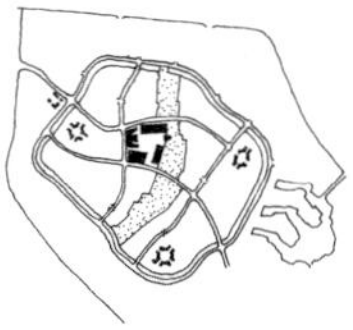	
层次	片区中心广场、组团或街头广场	片区中心广场、组团或街头广场	镇区中心广场、次中心广场
位置布局特点	1. 片区中心广场与中心公园连接,以临水半开放广场收头,广场圆心设于主要环形道路中心线,并使道路线形中断; 2. 组团广场布置于邻近中心广场、主要河道、步行街入口处,并形成广场组合形式; 3. 在入口道路旁设街头广场。	1. 片区中心广场位于几何中心,并与轴线带状公园邻接,西侧以步行街连接组团广场; 2. 中心广场在三面临主要道路; 3. 组团广场形成组团中心,四边分别以步行街作为开口,布局较均匀; 4. 在入口道路旁设街头广场。	1. 镇区中心广场位于中心区北侧行政中心前,临中心水面,中心区内另设两处临水开放式广场,分别位于南、东侧; 2. 中心区内另两处广场临镇区道路; 3. 次中心广场位于交通枢纽处,临主干道路、大型公园设施。
城镇	朱家角镇	罗店新镇	浦江镇
位置示意图		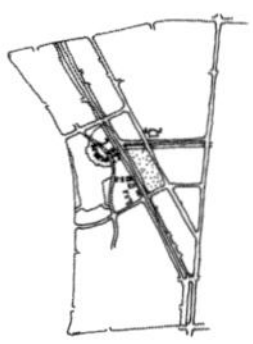	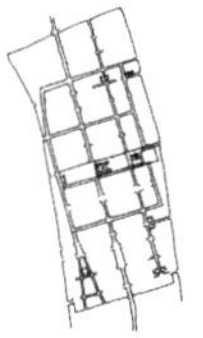
层次	镇区、片区中心广场、广场、街头广场	镇区中心广场组合、组团广场	镇区中心广场、片区广场、街头广场
位置布局特点	1. 镇区行政中心、古镇区中心广场分别设于行政中心与古城入口处,分别临镇区支路与老镇区主要道路,片区中心广场临纵向干道、带形公园主轴; 2. 其他片区、组团广场根据具体项目设置; 3. 主要街头广场设于古城保护区边缘。	1. 镇区中心广场共设三处,由镇区支路串联,临纵向主要河道,中间的“文化广场”一侧临中心水面; 2. 在公共设施组团,行政中心建筑前设广场,其他组团广场根据具体项目设置。	1. 镇区中心广场位于带形中心区东侧主体建筑前,临水面、入口、河道;中心区内另设两处广场,分别位于西端、中部,临镇区纵向支路、主干道; 2. 主要片区广场南、北各一处,分别临城市公路与镇区支路; 3. 街头广场主要临东侧纵向干道布局。

续　表

城镇	“高桥新城”	奉城镇	临港新城
位置示意图			
层次	片区中心广场、街头广场	镇区中心广场、片区广场、组团或街头广场	新城中心广场等
位置布局特点	1. 片区中心广场与水面公园连接，面向公园开口，与步行街连接； 2. 街头广场位于公园范围内，临进入片区主要入口道路，临中心广场以及公园水面，隔路与中心广场、步行街形成组合形式。	1. 镇区中心广场位于行政中心前，与中心区文化建筑庭院式广场组合，临林荫道，并以此与轴线道路连接； 2. 片区广场如古城区的中心广场，其他社区广场根据具体项目设置； 3. 街头广场随项目设于各组团建筑前。	1. 新城中心广场设于东西向主轴大道东端，直至“滴水湖”畔主要建筑平台，临水面与城市主干道路； 2. 其他层次广场资料空缺。

注：1. 陈家镇广场因资料空缺暂不进行分析。
2. 枫泾、朱家角、罗店、浦江、奉城镇、临港新城广场布局随规划设计的深入发展可能会引起改变。
3. 表中插图均为作者绘制。

中心，在两个中心均布置广场，在主中心区，行政中心前的广场作为主广场，此外，还设有另两处小型广场，虽然均不具有围合品质，但使中心区形态得以强化；同样，围合性较弱的浦江镇中心广场位于城市主干公路旁，也是城镇的主要入口处，与标志物建筑、水面的组合使整体形态增强；奉城镇的中心区通过轴线、街块的形态变异方式得到强化，中心区广场被强大的“十”字构图串联；临港新城中心广场则是在放射大道的尽端，广场的一部分是浮在湖面上的平台。朱家角镇的中心广场分别设于新、古镇区，新区中心设于“十”字轴线的交叉处，中心广场则与古镇的“人”字河道相联系，古镇区的广场设于其入口处。中心广场位置的核心化布局与强化形式形成了城镇形态的向心性，这不仅具有物质形态意义，而且还具有城镇社会活动和心理象征的中心意义，也是实例城镇公共空间布局的主要特点之一。

（2）中心广场与环境设施相结合布局：这里的环境设施是指绿地和水系，它们在现代生活中以休闲活动内容逐渐向城镇广场空间渗透。体现在实例的广场位置布局方面，在空间结构上中心广场与环境设施的结合成为明显的特点，主要表现为三种基本形式。

第一种是独立相邻式：广场独立地形成自身的围合性结构，与环境设施相邻布局。如安亭新镇的中心广场，围合性的广场以教堂建筑两侧的间隙通向带形公园，如同圣马可广场向运河开放的形式，“由两根柱子形成的面，接受沿大运河运动的延伸”[1]。这种布局方式既保持了广场自身结构的独立、完整，特别是围合性品质，又以独特的方式与环境设施连接。

第二种是半独立相邻式：广场以一个界面向环境设施开放。“泰晤士小镇”中心广场在三面形成较封闭围合的情况下，向放射形公园开放，然后再以一个小型的开放式广场与水面相邻，形成了一个融合式的公共空间序列；罗店新镇中心区中的北侧广场在三面形成围合的情况下，一面向河道开放；“高桥新城”中心广场与临水的街头广场组合形成对水面公园的开放形态；奉城镇行政中心广场以三面较弱封闭界面形式，单向对林荫大道与水面公园开放。这种方式的广场虽然失去了部分围合性，但渗透的环境开放空间使广场融入城镇的主要景观系统。

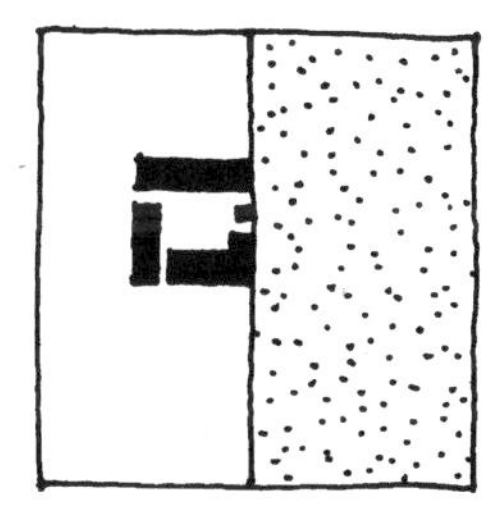

独立相邻式

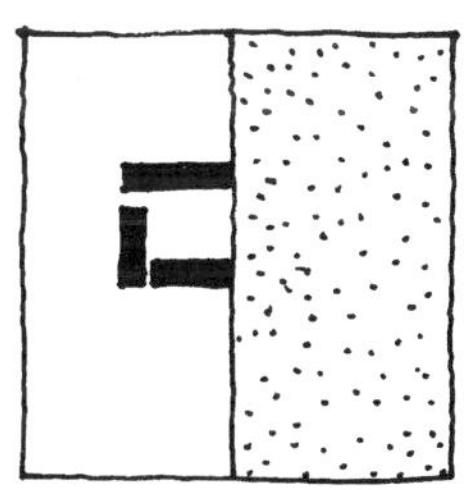

半独立相邻式

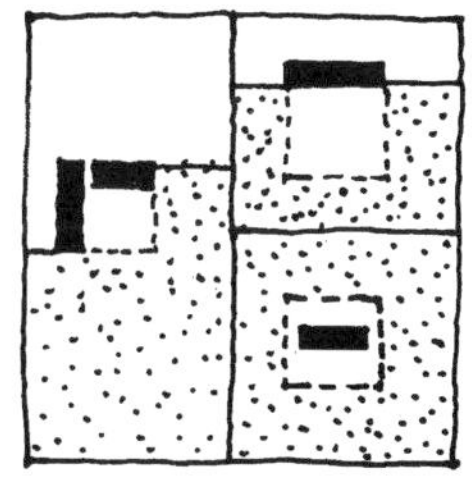

开放邻接式

图3.2-1　“一城九镇”广场与环境设施位置关系布局的三种基本形式

第三种是开放相邻式：广场空间以两个及两个以上界面向环境设施开放。实例中罗店中心区中部的广场、朱家角行政中心广场、临港新城中心广场湖畔部分等基本上是两面围合向河道、水面开放，枫泾、浦江镇中心、临港新城的湖中平台广场则是三面向水面、绿地等开放的实例，这种布局方式使广场基本上不具围合特征，较彻底地融入环境，失去了广场的基本特点与围合品质（图3.2-1）。

（3）广场布局的三个层次与相容性：根据以上在区域、边界有关章节中对层次的划分的讨论，实例的广场位置布局体现了三个层次，第一层次是城镇中心广场，也是广场位置布局中的最高层次。

第二层次的广场则代表着城镇中一个片区，一种如“泰晤士小镇”、安亭新镇、“高桥新城”，位于中心区的广场也就是片区中心广场，另一种情况如朱家角镇、浦江镇等城镇中的片区广场，虽然在片区中形成公共空间中心，但不一定与片区及其边界划分吻合。

[1]（美）埃德蒙·N.培根.城市设计（修订版）.黄富厢，朱琪译.北京：中国建筑工业出版社，2003：105.

第三层次的广场是组团广场或位于街道旁边的街头广场。组团广场可以是城镇的一个邻里社区，也可能是片区中的一个街区。街头广场成为线性街道的变异点，对街道的空间组织起到了一定的作用，其位置与街区是最贴近的。

由此，实例的广场层次形成了中心、片区、组团或街头三个基本层次。除城镇或片区中心广场外，片区、组团、街头广场的布局体现出兼容的特点。如枫泾、罗店等城镇没有直接形成片区广场，根据建设项目由社区组团广场及街头广场形成中心以下层次的广场；浦江镇在规划中明显的片区广场分别设于镇区的南北两侧，另外沿平行于纵轴线的主干道路设三处街头广场，从位置与规模上来看，街头广场也在一定程度上起到片区、组团广场的作用，除此之外，在方格网结构小型街块内，还以绿地、小广场为主形成了街块内的公共空间；朱家角镇在中心古城片区入口处设主广场，同时在古城保护区边缘设置四个小型街头广场，新区中的片区中心广场在居住区规划时，则被安排在邻近北侧水面的片区内，没有被设置于规划的带形混合中心区内。由此可以看出，片区广场在实例中的形式更多地向组团或街头广场兼容，显示出一定的灵活性。这种兼容方式的低层次广场布局方式也体现了郊区城镇区域层次相对大城市较为单纯的特点。

2. 广场与结构元素的关系

处于不同位置与不同层次的广场在城镇结构中与控制性元素发生直接的关系。其中，中心广场是整个城镇的中心，在线网中也是处于最具可达性的位置，有时在轴线的中间或尽端，并与建筑等实体或其他开放空间共同形成城镇的中心节点，成为中心公共空间的主角。中心广场也可能出现在城镇的边界，如作为锡耶纳中心广场的坎坡广场处于原三个小镇的共同边界处，成为合并后的小镇几何中心（图3.2–2）。在卡尔索普的TOD模式中，中心广场随城市中心被置于交通走廊的一侧，处于城镇的边缘。

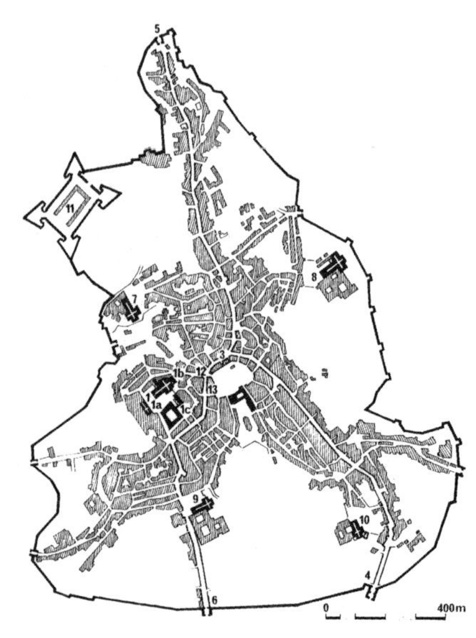

图3.2–2　锡耶纳中心广场在城市结构中的位置

图片来源：蔡永洁.城市广场.南京：东南大学出版社，2006：146

上述对广场位置布局的分析显示出，中心广场尽管在城镇中的位置有所不同，但始终是被强调的对象，片区、组团和街道广场布局则体现了兼容、灵活的特点。从以下的分析中，可以了解广场在结构布局中的基本特征（表3.2.1.2–A）。

表3.2.1.2-A "一城九镇"广场布局与城镇控制性元素的关系分析

城镇	"泰晤士小镇"	安亭新镇(西区)	枫泾新镇
与结构元素关系示意图	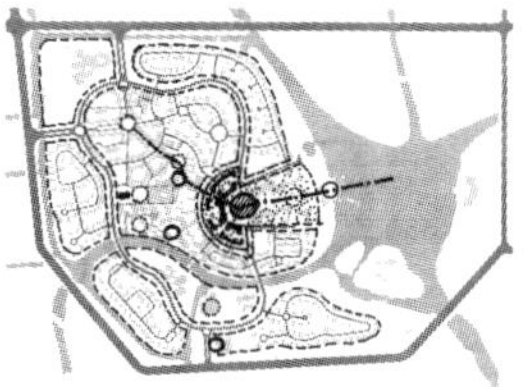		
线网	A于主要道路,B于入口、水系、步行线网	A三面近主要道路,B于线网中入口、步行段	A近主路、水系,B临次路、水系线网
区域	A于内外圈交界处,B于内圈、边界组团	A为片区几何中心,B三处近组团中心	A东、西两侧布局,B在中心区边缘
边界	B一处在片区边界,一处在组团边界	A在各组团交界处,B一处在片区边界	A近镇区边界,B在片区边界
轴线	A在主轴、辅轴交叉处,B一处在辅轴边	A在主轴交叉处,B邻近辅轴	A经主轴线连接,B为主轴线尽端
中心	A为核心,B两处邻近中心	A为核心,B三处为组团中心	A为主、次中心,B在中心区
节点	A、B分别为中心、组团节点,A、B形成组合	A为中心节点,B为组团节点	次A为次中心,主A、B为中心区内节点
城镇	朱家角镇	罗店新镇	浦江镇
与结构元素关系示意图			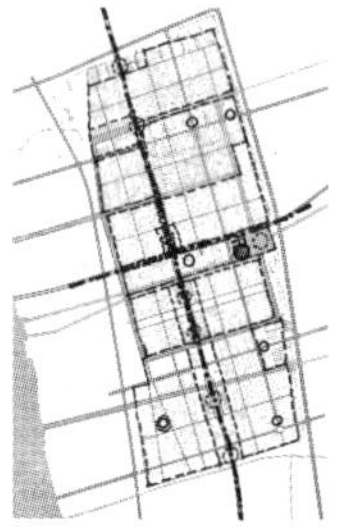
线网	A近主路、水系,B临古城步行街线网	A分三处由支路串联,A、B近道路、水系	A近主路、水系,B于片区内或临道路
区域	A偏心于新、古镇区域,B在片区边缘	A、B在中心区内绕公园布置	A于中心区东端,B在片区内
边界	A在片区边界,B临近片区边界	A、B均在中心区边界内	A、一处B临镇区边界

续 表

城镇	朱家角镇	罗店新镇	浦江镇
轴线	新镇、片区A近主纵轴，B设于组团轴向	A临主纵轴，B临主横轴	A临主横轴，中心区B临主轴线
中心	A、古城区B均在中心区边缘	A为商业文化中心，B为行政中心，均在中心区	A分散于中心区，B在片区内或边缘
节点	新、古城区A为中心节点，古城B为片区节点	A、B均为中心区节点，组合，组团中可能设B	A为中心节点，B为片区或组团街区节点
城镇	“高桥新城”	奉城镇	临港新城
与结构元素关系示意图			
线网	A三面近主要道路，B于入口临公园、水系	A近主路、水系，古城区B临片区主街	A在放射与圈层道路相交处，临水面
区域	A、B均在片区边缘	A于中心区西侧，古城区B在片区中心	A近圆圈形中心区边缘
边界	A、B均在片区边界处	A于中心区边界处，近古城区边界	A形成于“滴水湖”水面边界两侧
轴线	A、B均邻近主纵轴，为纵轴线端点	A近两条平行主轴，古城区B临主轴线	A在东西向放射主轴东端
中心	A、B于步行街组合，均在中心区	A于中心区边缘，古城区B在片区核心	A在圆圈形中心区西侧
节点	A为中心节点，与B、步行街节点组合	A为中心节点，古城区B为片区节点	A为中心节点，与主要标志物组合
图例	A—中心广场	B—片区广场、组团或街头广场	

注：1. 陈家镇广场因资料空缺暂不进行分析。
2. 枫泾、朱家角、罗店、浦江、奉城镇、临港新城广场布局随规划设计的深入发展可能会引起改变。
3. 表中插图均为作者根据各城镇规划平面图改绘。

表3.2.1.2-A将广场分为两个层次进行了分析，可以在类型上归纳为以下基本特点（表3.2.1.2-B）。

表 3.2.1.2-B　不同层次广场与城镇结构控制性元素关系的类型特点

广场层次		线网	区域	轴线	边界	中心	节点
中心广场	特点	城镇、片区线网重要位置，渗透性强，可达性强	形成城镇、片区中心公共空间区域	与轴线直接发生关联	交通枢纽边界，片区、组团共有边界	中心区公共空间的核心	城镇、片区中心节点，有时与其他广场节点组合
	基本类型及其实例	道路穿过式：道路穿过广场	界面多功能：体现多功能区域	端点式：广场中止轴线构图	交通枢纽边界式：结合交通枢纽边界	广场独立式：独立广场为中心	直接组合式：直接与其他节点组合
			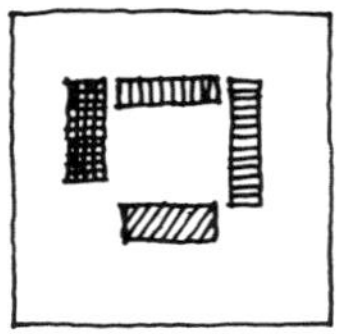			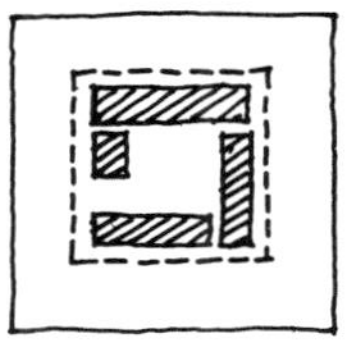	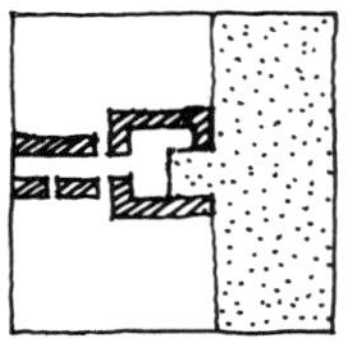
		罗店新镇中心北侧广场、朱家角镇行政中心广场	“泰晤士小镇”、安亭、罗店、高桥、临港新城、朱家角镇古城区、新片区中心广场	“泰晤士小镇”、枫泾、罗店、高桥、临港新城、朱家角新片区中心区轴线、奉城镇中心区轴线	枫泾新镇次中心广场、浦江镇、奉城镇	安亭、朱家角镇行政区	“泰晤士小镇”、安亭、奉城镇、高桥、朱家角新片区中心
		道路旁经式：道路旁经广场	界面单一功能：体现带功能区域	旁经式：轴线经过广场	区域共有边界式：在区域共同边界处	与其他元素组合式：与其他元素组合中心	间接组合式：间接与其他节点组合

续 表

广场层次		线 网	区 域	轴 线	边 界	中 心	节 点
中心广场	基本类型及其实例						
		“泰晤士小镇”、安亭、枫泾、朱家角镇新片区中心广场、罗店中心区中、南侧广场、浦江、奉城镇、临港新城	枫泾、朱家角镇行政区、浦江镇、奉城镇	安亭、朱家角行政、新片区中心广场、枫泾、浦江、奉城镇	“泰晤士小镇”、安亭、朱家角镇古城区、罗店、高桥、奉城镇	“泰晤士小镇”、枫泾、朱家角古城、新片区中心、罗店、浦江、高桥、奉城镇、临港新城	安亭、枫泾、朱家角古城区、罗店、浦江镇、临港新城
片区、组团广场		片区线网内具可达性、具渗透性，与中心广场联系	形成片区、组团主要公共空间区域	非中心区段轴线局部	交通性道路边界，组团共有边界	片区或组团主要公共空间或与片区中心广场联系	片区、组团重要节点，有时表现为街头广场
街头广场		与线网直接关联，街旁式，街道交叉式，渗透性强	街区公共空间区域，有时作为片区、组团层次	轴线旁侧	边界与道路线网交叉处（入口广场）	作为中心区内的补充或组合元素	形式多样化，有时作为入口、片区、组团广场

注：1. 表中仅对实例的中心广场与结构元素的关系进行类型分析，陈家镇广场资料空缺。
2. 表中插图均为作者绘制。

3.2.2 城镇广场的基本元素与空间品质

城镇广场所具有的空间品质体现在两个方面，一个是社会(非物质)品质，另一个是空间的物理(物质)品质[1]。前者取决于人们社会活动的契合与满足，后者是基于人们在空间中的视觉感受，以及建立场所的物质构成。关于广场的社会品质，在不同时代、地域、文化的城市中具有较大的差异性。产生于民主政体的古希腊城市广场和巴洛克、古典主义时期专制体制的城市广场在社会活动上具有本质的区别，空间形态也不相同。自从18世纪在英国出现郊区化以来，郊区城镇从居住的单一功能扩展到郊区商业购物、旅游、工业、办公以及服务业，功能得到了不断的完善。这些变化对于广场的社会品质均产生了一定的影响，一方面，提高了郊区城镇广场的社会活动的强度与多样性；另一方面，也提出了广场空间为这些活动提供支持的要求。

关于广场空间品质的讨论着重于人对空间的感受，涉及它的基本元素及其构成属性。祖克尔认为广场空间是由建筑物、地面与天空(顶面)三种元素构成的[2]，前两者是构成广场的基本实体元素。其中，广场的建筑物有两种形式，一种是作为三维形态限定了广场的建筑界面，另一种是形成对广场空间支配(或控制)性的建筑或构筑物。地面是广场中人的活动基本表面，因具有三维特征也被称作基面。基面的几何形态、尺度与比例、构成方式等均对广场品质产生影响。基面、界面和支配物建立了城市广场品质的两个维度：围合性与方向性[3]。因此，本节对“一城九镇”广场空间的讨论将以中心广场为主[4]，并以基面、界面和支配物三个要素为基本线索展开，通过对不同城镇主要广场或组合基本元素及属性的分析，归纳其形态类型和特点。

1. 广场空间的基面

基面不仅支承广场建筑物与构筑物等实体，也是支持人们活动的基本表面。当基面在广场中呈二维状态时，除了具有必须的坚固性以外，基面通过其形式、尺度、色彩、图案、质感等对空间起限定作用，“材料的质感与密度，都影响着空间的声学特

[1] 蔡永洁.城市广场.南京：东南大学出版社，2006：79.

[2] Zucker, Paul. Town and Square: from the Agora to the Village green. New York: Columbia University Press, 1959: 7.

[3] 蔡永洁.城市广场.南京：东南大学出版社，2006：99.

[4] 本节关于广场元素与品质的分析对象将以各城镇或片区的中心广场为重点，其他层次的广场分析不作展开。在所分析的中心广场中，在朱家角镇，选择其片区中心广场；在罗店新镇，从中心区的三个广场中选择南侧“市民广场”为分析对象。对于临港新城，则是结合规划图纸与模型进行分析与判断；陈家镇因资料空缺暂不作分析。

征以及我们跨越其表面时的感受”[1]。基面是观察广场空间的立足点，并与界面共同界定了广场的形状和尺度。而且，基面本身也具有三维特点，根据地形特点，通过倾斜、阶梯、架起和下沉等方式积极地限定空间。

广场基面的元素与属性是广场空间的活动组织与使用的基本保障。基面元素的属性包括形状、尺度与规模、比例以及家具等表面元素构成等几个方面。从以上对九个实例广场位置以及与结构元素关系的分析中，我们初步了解了中心广场的位置以及与城镇结构元素的关系，其基面元素及其主要特点如下表所示（表3.2.2.1–A）。

表3.2.2.1–A “一城九镇”中心广场基面元素及其特点分析

城镇	“泰晤士小镇”	安亭新镇（西区）	枫泾新镇
广场基面图示与分析	 R56.4；77°；28.6；76；110.5；86.7；83；N	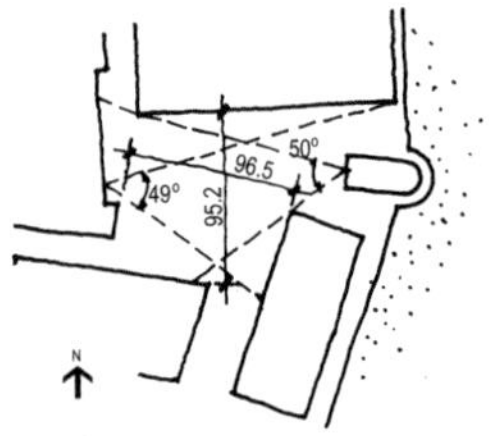 50°；96.5；49°；95.2；N	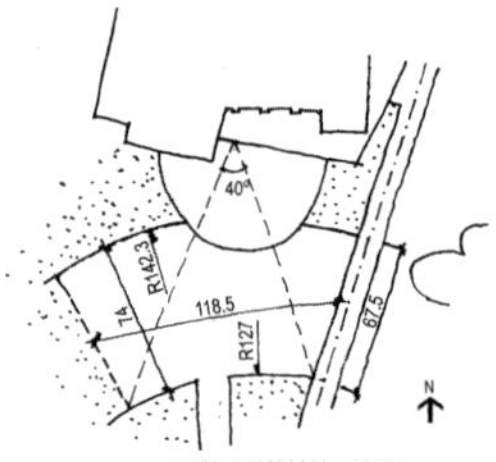 40°；R142.3；74；118.5；R127；67.5；N
形状	半圆形与梯形组合	不规则四边形，“L”形组合	不平行扇形，三面无围合边界
尺度	半圆R56.4米，总长171.7米，1.18公顷	96.5×95.2米，1.15公顷	内外弧R127、142米，宽约70米，0.85公顷
比例	半圆1.27∶1，梯形1∶1.58，平视角77°、51°	近1∶1，平视角49°、51°	平均1.67∶1，平视角40°
家具	圆心水池，同心圆铺地，梯形绿地与点式水池	硬铺地	铺地与绿地相结合
特点	1. 沿轴线对称布局；2. 两种几何形式组合；3. 圆心水池具向心性；4. 梯形绿地软化基面。	1. 风车形布局具动感，均衡；2.“L”形组合增强方向性；3. 以硬地为主使广场特点明显。	1. 基面形态模糊、无序；2. 建筑因圆形露天剧场介入不直接参与围合；3. 基面临水面。

[1] 程大锦（Francis D.K. Ching）.建筑：形式、空间和秩序（第二版）.刘丛红译.天津：建筑情报季刊杂志社，天津大学出版社，2005：21.

续 表

城镇	朱家角镇	罗店新镇	浦江镇
广场基面图示与分析			
形状	矩形	矩形，单边倾斜	矩形
尺度	100×60米，0.6公顷	70×120米，0.84公顷	108.8×52.7米，0.57公顷
比例	1.67 : 1，平视角36°、73°	1 : 1.71，平视角90.5°、33°	2 : 1，平视角92°、28°
家具	圆形绿地、水池、踏步组合，以硬铺地为主	两片树阵，三条树列	座椅等
特点	1. 以十字轴线对称布局，基面形态清晰；2. 基面临水并引导步行街；3. 家具强化向心性。	1. 基面形态明确；2. 两个边界明显，另两边分别以一栋建筑限定或临路；3. 树阵参与基面限定。	1. 基面由两面建筑限定，两面临水；2. 基面形态不明显；3. 家具参与基面限定。
城镇	“高桥新城”	奉城镇	临港新城
广场基面图示与分析			
形状	矩形，局部变化	矩形组合	陆地与湖面内两部分矩形组合
尺度	101.6×82.3，0.76公顷	总宽74米，长28～30米，0.22公顷	74×170，220×300米，1.22、5.88公顷
比例	1.23 : 1，平视角38°、77°	2.47 : 1（总宽），1 : 1.1（中间），平视角51°、68°	1 : 2.36（陆　地）、1 : 1.36（湖内），平视角32°
家具	开口处圆形构筑物，教堂处内院绿地	水池、树列等	树列等
特点	1. 基面形态明确；2. 三面限定、单面向道路、水面开放；3. 构筑物使轴线明确。	1. 基面以联廊划分为三个空间；2. 以轴线对称布局，与横向步行林荫道十字交叉；3. 基面不明显。	1. 广场由标志物建筑设立限定；2. 基面临水，无围合界面。

注：1. 陈家镇广场因资料空缺暂不进行分析；2. 表中尺寸为作者根据各个城镇不同深度规划设计图纸与比例尺计算的数据，随规划、景观和建筑设计的深入发展可能会引起改变或误差；3. 表中图示标注除已注明外单位均为米；4. 表中插图均为作者绘制。

从以上的分析中可以看出，实例广场中的基面元素与属性表现出各自的特点，这些不同的设计方式对广场的空间品质产生了不同的影响。体现在以下几个方面：

（1）基面形状的简化：基本的几何形经变形可以产生很多可能的形式。罗勃·克里尔将正方形、三角形和圆形作为基本形，通过转折、切段、增加、渗入与间离等手段，产生了在角度变化、长度变化以及长度和角度共同变化方面的多种形式（图3.2–3）。但是，在实际应用中，广场基面通常以基本形经简单的变异造型，在这里，界面转折、渗入以及开口等不规则变化同样可以造成基面形态的丰富变化。从克里尔所列举的理论上和已建成的广场形态的实例中可以看出基本形及其演变形式（图3.2–4）。在实例中，“泰晤士小镇”中心广场虽然显得形式较为复杂，实际上其造型是圆形与梯形的简单组合，界面元素向圆形的介入产生了变异的形态；枫泾新镇圆形的“露天剧场”被置于建筑与广场之间，四面缺乏围合的扇形广场形状由于界面的不稳定性使基面形态模糊。除此之外，其他城镇广场形状均是以矩形为基础形成的，清晰和简化成为主要形式。“这种简单的形态更容易结合到意向中去，事实证明观察者会把复杂的事实简化成单纯的形态，……”[1]。因此，从空间形态本身以及人对空间的感知看来，简单、

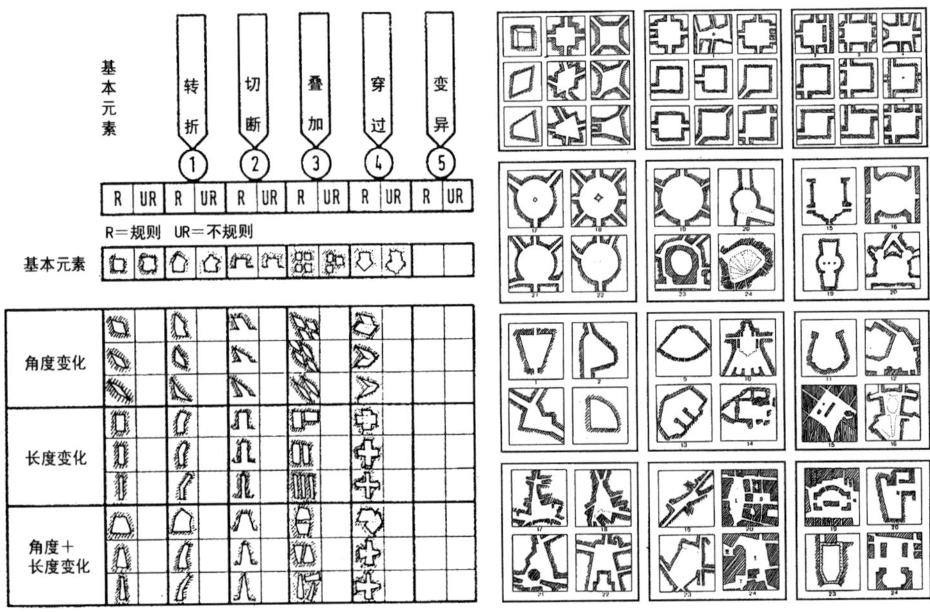

图3.2–3　克里尔归纳的经正方形变形的广场形式类型　**图3.2–4　简单几何形及其变形的广场实例**

图片来源：Curdes, Gerhard. Stadtstruktur und Stadtgestaltung: 2. Auflage. Stuttgart, Berlin, Köln: Kohlhammer GmbH, 1997: 139（左），140（右）

[1]（美）凯文·林奇.城市意象.方益萍，何晓军译.北京：华夏出版社，2001：81.

明确的基面形态通常是得到强化的,体现了在整体中产生变化的基面造型重要原则。

(2)尺度规模的小型化:除奉城镇与临港新城外,实例中广场的基面尺度单边最大值约为170米(“泰晤士小镇”组合广场总长度),基面规模均在0.6～1.2公顷之间,表现出基面尺度与规模趋于小型化的特征。

对于基面的绝对尺度,如果从人的社会行为方面观察,0～100米的距离被杨·盖尔认为是“社会性视域”,在这个距离内可以基本确认人的性别、年龄和行为[1]。西特通过对古代城市广场的研究,认为最大的广场平均尺度为58×142米,“空间越大,按规律它的作用就越小,因为最终建筑和纪念物不再可能与之相对应”[2]。支持这种观点的还有梅尔腾斯(H. Maertens)以及亚历山大(C. Alexander),他们认为广场的尺度距离应为约137米(450英尺)[3]。“广场是以眼睛感知能力的范围为依据的”[4],根据这个原则,“超过1公顷的广场已开始变得不亲切,2公顷以上的广场便显得过分宏大”[5]。因此,10个城镇的中心广场设计多数采用了小型化的基面,以适中的广场规模建立了人与空间的亲近关系,从而在一定程度上提高了广场的空间品质。

(3)基面比例与视角的可感知性:基面的比例具有两种形式的观察,一是其自身的比例关系,二是基面与界面的比例关系,有关后者,我们将在下一小节中结合界面进行分析。对于前者,西特将这种比例关系分为纵深与宽阔两种形式[6];蔡永洁的研究将比例与观察角度结合起来,分为1∶3/20°(宽∶深/角度)、2∶3/40°、6∶5/60°、2∶1/90°四种状况,并认为适宜的基面比例是3∶2/40°～1∶2/90°,形状为正方形[7](图3.2–5)。

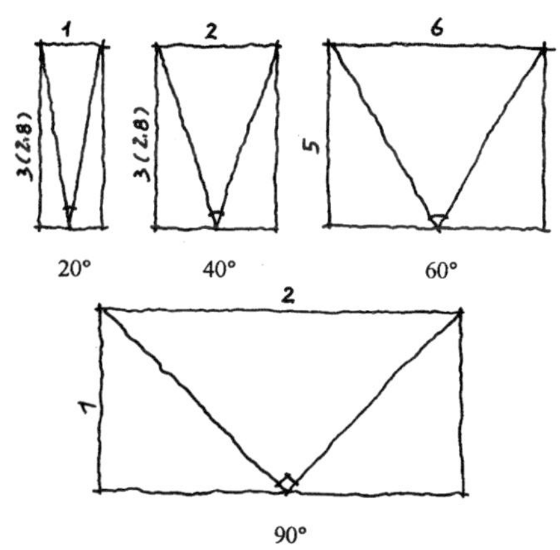

图3.2–5 广场基面的四种比例关系

蔡永洁.城市广场.南京:东南大学出版社,2006.103

---

[1] (丹麦)杨·盖尔.交往与空间(第四版).何人可译.北京:中国建筑工业出版社,2002:68.

[2] Sitte, Camillo. Der Städtebau-Nach seinen künsterischen Grundsätzen. 4.Auflage. Braunschweig, Wiesbaden: Vieweg, 1909: 56.

[3] Maertens, H. Der optischer Maβstab, die Theorie und Praxis des ästhetischen Sehens in den bildenden Künsten. Bonn: 1877;(美)C.亚历山大等.建筑模式语言——城镇·建筑·构造(上、下册).王听度,周序鸿译.北京:知识产权出版社,2002:164.

[4] (丹麦)杨·盖尔.交往与空间(第四版).何人可译.北京:中国建筑工业出版社,2002:93.

[5] 蔡永洁.城市广场.南京:东南大学出版社,2006:102.

[6] Sitte, Camillo. Der Städtebau-Nach seinen künsterischen Grundsätzen. 4.Auflage. Braunschweig, Wiesbaden: Vieweg, 1909: 48–49.

[7] 蔡永洁.城市广场.南京:东南大学出版社,2006:103.

在“一城九镇”规划的广场中，接近正方形比例的为安亭新镇的中心广场，显示了良好的空间可感知性。其他实例则分为三种情形，第一种是独立的、比例关系适中的广场基面。如朱家角、高桥的形式，清晰的基面与界面单边对外开放，方向性明确，基面比例关系接近1∶1.2～1.7。第二种是通过实体介入基面成组合关系，以改善基面的可感知性。“泰晤士小镇”在圆形与梯形基面之间介入实体，使两个组合基面相对独立，比例与视角适中；奉城镇则是通过实体围廊将宽阔的广场基面分割成三个空间，虽然围合并不紧密，但比例、视角关系得到改善；罗店新镇的基面通过树阵的介入在一定程度上改善了基面的比例关系。第三种是基面的全面开放形式。枫泾、浦江镇与临港新城广场的基面以2～4个边界对外开放，建筑成为限定广场的核心，使广场空间的可感知性弱化，其视角的全面开放，使广场的基面几乎变成了一个开放空间中的观景平台。此类广场在祖克尔的分类中被称为“核心广场”或“无定形广场”，西特则认为这种形式不能形成广场[1]（图3.2–6）。

（4）基面元素与属性对广场空间品质的影响：对于形成广场空间的品质来说，基面形状是产生方向性的重要因素，尺度与比例与视角关系是广场基面重要的属性，是建立人与空间关系的基本量纲。参与基面构成的小品与家具：基面上的材料及其色彩、图案构成、绿化、家具同样可以影响广场的品质，也是基面上重要的实体元素（表3.2.2.1–B）。

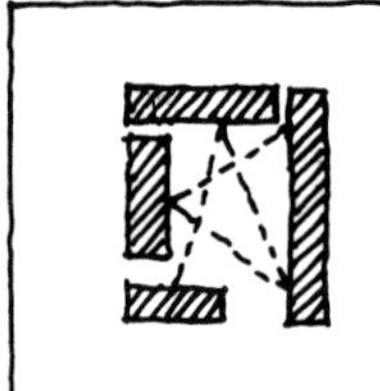

具有可感知比例与视角的广场基面

通过实体介入改善可感知性的广场基面

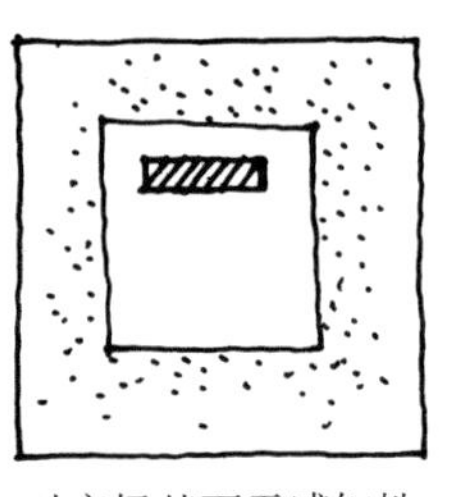

对广场基面无感知性的开放性广场基面

图3.2–6　实例中广场基面不同可感知性的三种形式

表3.2.2.1–B　广场基面元素与属性对广场品质的影响

品　质		形　状	尺度与比例	基面铺装、绿化、家具
空间品质	围合性	明确性，整体性，向心性	规模，长宽比，与界面协调性，视角	向心性，使界面强化
	方向性	对称或均衡，轴向性	规模，长宽比，视角	引导性，轴向性
社会品质		向心感，可感知性	近人性，交往活动距离	肌理，布置方式支持人的活动

[1]（英）克利夫·芒福汀.街道与广场（第二版）.张永刚，陆卫东译.北京：中国建筑工业出版社，2004：132.

从这些方面对实例的广场基面进行观察，安亭新镇、朱家角镇、“高桥新城”、“泰晤士小镇”、罗店新镇的广场基面以比较封闭的围合形式，以及通过轴向、开口、向心的布局方式，形成了良好的空间品质；奉城镇的广场尽管采用了适当的尺度，以及通过组合等手法改善了比例关系等，但围合性较弱，基面中的水面等元素使基面、界面上的活动受到一定的限制，空间具有流动性，但设计通过显著的轴线布局提高了空间的方向性品质；这种情形在临港新城的广场基面上也有所体现，只是其围合性更加薄弱；与之相比，浦江镇的广场基面几乎形成了两面的围合，2 ∶ 1的比例也体现了广场与带形中心区的方向关系，但基面品质显然受到开放性影响；枫泾新镇的广场基面则是品质不佳的实例，广场基面边界较为模糊，界面开放，广场基面与建筑的关系不明确，这些因素在一定程度上造成了广场空间品质的丧失。

2. 广场空间的界面

作为最复杂的广场构成元素，界面及其属性对广场的空间品质具有直接的影响。在限定建筑空间的顶面、墙面和基面这三个基本面中，“墙面因为具有垂直的方向性，因此在我们通常的视野中是很活跃的，并且对于建筑空间的塑造与围合至关重要”[1]，对于广场空间，这个垂直的墙面就是界面。界面对广场空间的围合性和方向性品质均有积极的作用，其中最关键的作用便是围合性。西特将围合的封闭性视作广场空间品质的先决条件，克利夫 · 芒福汀称：“这种空间类型最重要的品质，是一连串的围合。……是场所感觉的最纯粹的表达，其中心，从远处世界没有特征的混乱中创造出秩序。广场是一种室外空间并以这个空间分享围合的品质。”[2]另一方面，界面也是提高广场空间方向性品质的重要元素之一，界面形态可以通过围合强化空间的向心性，通过引导轴线的发展形成方向性。另外，界面还可以形成对广场顶面——天空的限定，因为它的天际轮廓线也是人们感受广场空间的重要部分。

从对广场社会品质的贡献来看，界面为人们在广场上的活动提供了功能上的支持。界面建筑功能布局也成为产生多样化的活动重要因素。雅各布斯在对城市中心区功能多样化的阐述中强调了“首要功能”及其商业服务功能的混和性[3]，城市广场界面通常也由这些不同的“首要功能”形成了广场的主要活动类型。在环境行为学方面，界面在杨 · 盖尔（Jan Gehl）的研究中被看作是具有“边界效应”的逗留区域，“边界区域之所以受到青睐，显然是因为处于空间的边缘为观察空间提供了最佳条件”[4]。

---

[1] 程大锦（Francis D.K. Ching）. 建筑：形式、空间和秩序（第二版）. 刘丛红译. 天津：建筑情报季刊杂志社，天津大学出版社，2005：19.

[2] （英）克利夫 · 芒福汀. 街道与广场（第二版）. 张永刚，陆卫东译. 北京：中国建筑工业出版社，2004：109.

[3] （加）简 · 雅各布斯. 美国大城市的死与生. 金衡山译. 南京：译林出版社，2005：181.

[4] （丹麦）杨 · 盖尔. 交往与空间（第四版）. 何人可译. 北京：中国建筑工业出版社，2002：153.

界面是建立在基面上并与其垂直的平面或实体，建筑物及其立面是界面的主要形式，它们不仅对广场空间进行限定以及为人的活动提供功能和心理上的安全性，也体现了不同时代的政治、经济特征以及文化价值观。这不同于一些自然元素，如：山体、树木等具有垂直特征的景物形成的广场界面，虽然这些元素也可以构成对空间的限定，也可能具有围合性与方向性品质，并可以结合广场家具的布置使其具有一定的“边界效应”，但其界面缺乏功能及其与广场空间的积极交流。因此，广场界面的形状、功能、尺度与比例、开口、立面等特征构成了这个元素的基本属性。对“一城九镇”实例中广场界面的分析也依此展开（表3.2.2.2-A）。

与基面可以形成封闭的边界不同，实例的广场界面体现了对广场空间围合的作用强弱，这一点也是形成广场空间品质的基本内容。上述分析显示了九个实例广场界面的基本属性与特点，可归结为以下主要几点：

（1）以连续性界面形成围合：主要指形状与高度的连续性。垂直界面的连续发展建立了在视觉范围内的可感知边界，高度的变化同样对空间的围合性产生影响，“随着高度变化幅度的增加，围合就愈加减少”[1]。实例中以四个界面形成围合的有安亭新镇和“泰晤士小镇”的中心广场，前者以连续的界面形式产生了较强的空间围合效果，后者的界面形成了介入式的组合变化，通过层高等高度上的调节却使界面产生了连续的关系。以三个界面围合广场空间的实例有朱家角镇、“高桥新城”以及罗店新镇，其中，朱家角镇的界面虽然在两侧的开口处被中断，但通过过街楼的联系使界面得以连续发展；高桥与罗店新镇的界面形式有相似之处，均为以设立式建筑作为广场第三个界面的实例。高桥的设立体建筑有两个，连续的层高关系使界面得以统一的发展；罗店设置了一栋设立式建筑，但建筑的长面形成了广场的界面，也注意了层高上的统一性，界面仍保持了一定的连续性，另外，树阵的参与也使界面加强了围合感。奉城、浦江、枫泾、临港新城的广场界面形式是不连续的实例，围合性也就因此丧失（图3.2-7）。

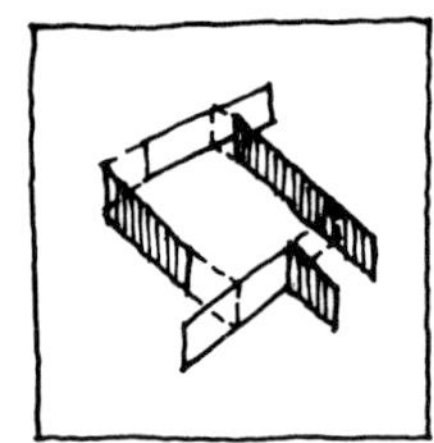

以四个连续界面建立广场空间围合性（安亭新镇、“泰晤士小镇”）

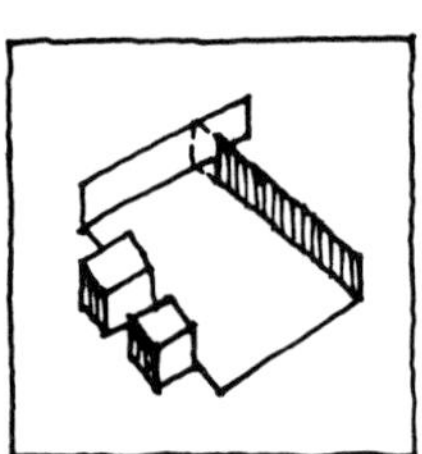

三个连续面建立广场空间围合性（朱家角、高桥、罗店新镇）

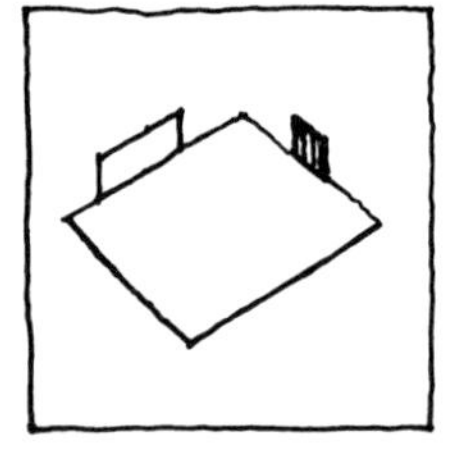

不连续界面或无界面形式（枫泾、浦江、奉城镇、临港新城）

图3.2-7　实例广场界面的三种形式

[1]（英）克利夫·芒福汀.街道与广场（第二版）.张永刚，陆卫东译.北京：中国建筑工业出版社，2004：110.

表3.2.2.2-A “一城九镇”中心广场界面元素与属性特点分析

城镇	分析图	模型照片、透视图或立面图	属性	特点
「泰晤士小镇」中心广场	14° 16° N		形态	连续圆弧形，梯形界面曲折，对称，四、单坡、平顶结合。
			功能	行政办公、商业、艺术中心、影院、俱乐部、混合住宅等。
			尺度	半圆形4层，梯形2-7层。
			比例	圆形在轴向视角14°，1∶4，梯形中间横向视角16°，1∶3.5。
			开口	5处开口，最大26.6米，最小8.6米，其中圆、梯形交接处、沿轴线处3处开口较大。
			立面形式	1. 圆弧形建筑柱廊形式，轴线处强调，设穹隆顶； 2. 梯形界面局部高低变化，住宅形成纵向分割、曲折变化； 3. 弧形立面为欧洲古典形式构图，梯形界面为现代形式。
安亭新镇（西区）中心广场	21.6° 38° N		形态	界面连续、整体，基本上无曲折变化，平顶形式，均衡。
			功能	行政办公、宾馆、剧院、购物中心、餐饮、教堂、混合住宅等。
			尺度	以5-6层为主，教堂局部3层，宾馆塔楼局部约18层。
			比例	横向高塔视角38°，1∶1.28，纵向中部视角21.6°，1∶2.5。
			开口	共5处开口，最大30米，其他约20米。
			立面形式	1. 现代形式，简洁； 2. 教堂采用古典体形，但立面为现代形式，剧院形成柱廊； 3. 以宾馆、教堂形成高塔； 4. 购物中心单元式纵向分割。

续 表

城镇	分析图	模型照片、透视图或立面图	属性	特点
枫泾新镇中心广场			形态	建筑不直接参与围合，平顶，界面连续。
			功能	行政办公中心，“露天剧场”。
			尺度	剧场略高于基面，建筑为2-4层。
			比例	自临水桥体边缘向2层建筑视角约6°，1∶9.5，向4层视角约9°，1∶6.3。
			开口	三面开放。
			立面形式	现代形式，简洁。
朱家角镇片区中心广场			形态	较连续矩形，局部曲折、过街楼式，单坡或平顶，对称。
			功能	商业、餐饮、3-4层局部混合公寓住宅。
			尺度	2-4层，高塔约30米。
			比例	长、短边向视角均约17°，1∶3.3。
			开口	共三处开口，其中一面全部开放，另2处约为30米。
			立面形式	1. 现代形式，局部采用地方瓦屋顶，单坡； 2. 长向界面形成高塔； 3. 建筑在高度上以不同层数形成变化，两侧开口处过街楼参与界面限定。

续 表

城镇	分析图	模型照片、透视图或立面图	属性	特点
罗店新镇中心南广场	32.3° 9° N		形态	两面连续、一面为设立式建筑，平、双坡、孟莎式结合。
			功能	购物等商业设施。
			尺度	2–3层，局部4层，塔高约36米。
			比例	塔与设立建筑之间视角分别为32.3°，1∶1.58，9°，1∶6.3。
			开口	共有7处，其中一面全开放，其他最大约40米，最小5米。
			立面形式	1. 两面为欧洲古典形式； 2. 设立建筑为现代形式，对称； 3. 在界面中部形成高塔； 4. 立面通过局部进退形成界面变化。
浦江镇中心广场	39° N		形态	三段不同体量建筑构成，联廊形式作为部分界面。
			功能	购物、餐饮等商业设施。
			尺度	中部为10层，两侧为6层。
			比例	自河道岸边至中部建筑视角约39°，1∶1.23。
			开口	两面开放，一面为建筑，东侧开口12米，西侧以联廊的可能形式向西约22米开口。
			立面形式	1. 现代形式； 2. 立面较为封闭； 3. 以石材为立面主要材料肌理； 4. 联廊限定绿地与广场基面。

续 表

城镇	分析图	模型照片、透视图或立面图	属性	特点
「高桥新城」中心广场			形态	两面连续,一面以两栋建筑为界面,四坡、双坡结合。
			功能	文化、商业设施等。
			尺度	以四层为主,局部5、7层,教堂建筑塔楼约65米。
			比例	开放口中部对界面视角12°,1∶4.7,另一方向视角14°,1∶4。
			开口	共四处开口,其中一面全开放,另三面最大15米,其他分别为14米、13米。
			立面形式	1. 欧洲古典形式立面; 2. 局部形成柱廊; 3. 以层数变化使立面局部得以强调; 4. 教堂建筑形成钟塔。
奉城镇中心广场			形态	三栋建筑正面、侧面形成界面,不连续,联廊作为界面,对称,平顶为主,局部四坡。
			功能	行政办公。
			尺度	4层为主,局部5层。
			比例	沿中轴线向主体建筑视角约36°,1∶1.38,从联廊向侧面建筑约38°,1∶1.28。
			开口	共三处,沿轴线开放处约26米,两侧各约25米。
			立面形式	1. 现代形式,对称; 2. 以联廊改变基面比例,并形成界面; 3. 立面较为封闭,通过体形变化形成错落。

续 表

城镇	分析图	模型照片、透视图或立面图	属性	特点
临港新城中心广场	37.5° 21.5° N		形态	矩形设立体，无围合界面。
			功能	分别为酒店与办公建筑。
			尺度	高约120米。
			比例	自水中平台边缘中心沿轴线向建筑约37.5°，1∶1.3，自岸边中心向建筑约21.5°，1∶2.54。
			开口	建筑之间约为120米。
			立面形式	1. 现代形式，简洁，对称； 2. 具有裙房建筑，平顶； 3. 两个整体体量组合形成变化。

注：1. 陈家镇广场因资料空缺暂不进行分析。
2. 图表中尺寸为作者根据各个城镇不同深度规划设计图纸与比例尺计算的数据，随规划、景观和建筑设计的深入发展可能会引起改变或误差。
3. 表中比例是指广场界面高度与界面至视点距离的比值。
4. 表中图片左列分析图由作者绘制，模型照片均为作者摄。其他图片来源分别为：“泰晤士小镇”广场立面图由上海松江新城建设发展有限公司提供；安亭新镇广场立面图源自徐洁编.解读安亭新镇.上海：同济大学出版社，2004.39；枫泾新镇广场透视图由上海新枫泾建设发展有限公司提供；朱家角镇广场透视图、立面图由上海朱家角投资发展有限公司提供；罗店新镇广场透视图源自（瑞典）SWECO.罗店新镇中心区景观设计.理想空间，2005（6）：76；浦江镇广场建筑透视图源自李楠.具有意大利风貌的浦江新镇规划.设计新潮/建筑，2002，100（6）：18；“高桥新城”广场建筑透视图上海“荷兰新城”修建性详细规划文本。

（2）以适度的视角与比例关系建立空间品质：在上述分析中，观察点位置、界面的比例关系、视角等直接反映了广场界面与人的视觉间的关系。“一旦人体尺寸和人类视觉范围不被作为基本原则来考虑，所有关于比例、设计、形状和图形组合、对称和不对称的法则等都变得没有意义”[1]。对此，实例中具有三个数据段，比例在1∶2.5～1∶4段的城镇有“泰晤士小镇”、安亭、朱家角镇以及“高桥新城”；在1∶1.2～1∶1.5段的为奉城、浦江以及临港新城（若以设立式建筑为界面）；枫泾新镇则为1∶6.3、1∶9.5。关于这些比例或视角关系，库尔德斯认为关于比例的标准格式是不存在的，重要的是广场的使用功能，但他将具有1∶1～1∶1.5比例关系的广场比作是一个舞台，而对于过大的比例，如1∶5、1∶8，则是天空与广场相比在视觉上显得更大，开敞的广场可作为举办大型的活动场所，“对于中等规模的广场，应该具有亲切性，它产生的比例关系在1∶3～1∶4是有利的”[2]，也就是14°～18°的视角。根据克利夫·芒福汀的研究，合适的比例应是1∶4，由此，“一个处于中心的观察者就能够转动并欣赏空间所有的面”[3]，27°是在广场中心环顾四周界面可视角度的最大值。因此，处于第一数据段的城镇广场界面具有较为适度的空间比例关系。

（3）界面轴向、开口强调了广场空间的方向性：一方面，广场界面的开口与城镇或片区结构轴线形成一致关系；另一方面，界面的主要开口与城镇中的其他主要结构性元素发生直接关系，使广场空间的方向性得以强调。在利用界面轴向建立广场空间方向性的实例中，“泰晤士小镇”、临港新城的广场轴线与城镇结构轴线吻合，这种高度的一致性建立了清晰的方向秩序；朱家角、奉城镇在广场及其引导的区域或组团中建立了“十”字形轴线系统，广场成为轴线系统中的端点，界面的开口还引导了与广场主导方向垂直的步行街或林荫大道等线性空间；高桥的广场面对开放式公园建立轴线，虽然在广场轴线上的建筑界面没有被强调，其侧向的开口则与城镇步行街联系。这些城镇广场的界面均在轴线方向上形成开口，进一步强化了广场的方向性。利用界面开口建立方向性的实例还有安亭与罗店新镇，前者在广场界面开口处设教堂建筑，两侧的开口通向片区主导轴线的带形公园；罗店新镇广场界面的主要开口则作为中心区的开端。

（4）立面形式的移植：关于建筑形式的问题，在“一城九镇”计划的初期便引

---

[1] Zucker, Paul. Town and Square: from the Agora to the Village green. New York: Columbia University Press, 1959: 7.

[2] Curdes, Gerhard. Stadtstruktur und Stadtgestaltung: 2. Auflage. Stuttgart, Berlin, Köln: Kohlhammer GmbH, 1997: 135.

[3]（英）克利夫·芒福汀.街道与广场（第二版）.张永刚，陆卫东译.北京：中国建筑工业出版社，2004：111.

起争议与批评。在实例广场立面中，除陈家镇外，其他九个城镇的广场界面建筑具有两种主要形式，一是完全采用欧洲古典建筑形式，如罗店新镇南广场的两个界面、“泰晤士小镇”的广场主体建筑和“高桥新城”的广场建筑；第二种是采用现代形式构图，安亭新镇部分借鉴了古典建筑的比例与构图，如教堂建筑等，但立面造型简洁，在表达方式上符合现代建筑特点；朱家角镇的广场界面在一定程度上表现了地方传统建筑的形式特点，其他城镇则以不同方式采用了现代建筑形式。从实际情况看来，至少在广场界面形式上，多数城镇没有选择直接移植指向性风格的古典形式。

（5）界面元素与属性对广场空间品质的影响：综合以上的分析与论述，界面元素及其属性对广场空间品质具有重要的影响。“最重要的物质是围合，尽管原则很少，但围合的方法很多”[1]，界面通过其形态、功能、尺度与比例、开口与立面等属性的共同作用，对围合性品质产生关键影响，并在形成方向性品质方面具有影响力（表3.2.2.2–B）。实例中广场界面具有综合性品质的如安亭新镇、“泰晤士小镇”、朱家角镇、“高桥新城”、罗店新镇，虽然在它们当中具有对界面建筑风格的移植现象，但以空间品质视角，这些实例均以广场形成了城镇的主要公共空间之一，并以较高的空间品质对城镇的公共活动产生积极的作用。

表3.2.2.2–B　广场界面元素与属性对广场空间品质的影响

品　质		形　态	功　能	尺度与比例	开　口	立　面
空间品质	围合性	连续，整体，向心性	公共性，多样性	比例关系，视角	方式，大小，数量	高度，整体性
	方向性	对称或均衡，引导性	主要建筑轴向	通过变化强调	位置，方式，与城镇关系	对景，强调，轴向
社会品质		向心感，边界效应	多样化，向广场延伸性	近人、亲切性	引导性，视觉效果	文化，价值观，多样性

3. 广场空间的支配物

与古希腊平等与民主的传统不同，帝国时代的古罗马将广场变为由宗教与政治控制的空间，从此，主要的建筑便形成了对广场空间的控制与支配。这个主要的建筑物成为广场的首要功能，并使广场空间类型得以分化。由建筑物或构筑物形成支配或控制的广场，在祖克尔的广场类型划分中被称为“支配型（受控）广场”：空间

[1]（英）克利夫・芒福汀. 街道与广场（第二版）. 张永刚，陆卫东译. 北京：中国建筑工业出版社，2004：133.

被引导，以及“核心广场”：空间围绕一个核心造型[1]，这两个类型都体现了“点”的空间限定方式。

空间中的一个点是集中的、基本的原生要素。从理论上讲，它本身不具备形状和方向性，但是，当这个支配物作为一个点处于空间中心时，这个点“是稳定的、静止的，以其自身来组织围绕它的诸要素，并且控制着它所处的范围”[2]，由此产生了凝聚力，使空间的向心性得以增强。设立式的支配物对广场空间的围合性作用是有限的，但通过支配物的布局与造型，在一定程度上可以产生强化空间围合性的作用。因此，对实例广场支配物的分析将以形式、位置以及支配物与广场外元素的关系为切入点（表3.2.2.3-A）。

表3.2.2.3-A　“一城九镇”广场支配性元素特点分析

<table>
<tr><th>城镇</th><th>分析图</th><th colspan="2">与广场周围元素关系示意图</th><th>照片或透视图</th></tr>
<tr><td rowspan="5">「泰晤士小镇」中心广场</td><td rowspan="5">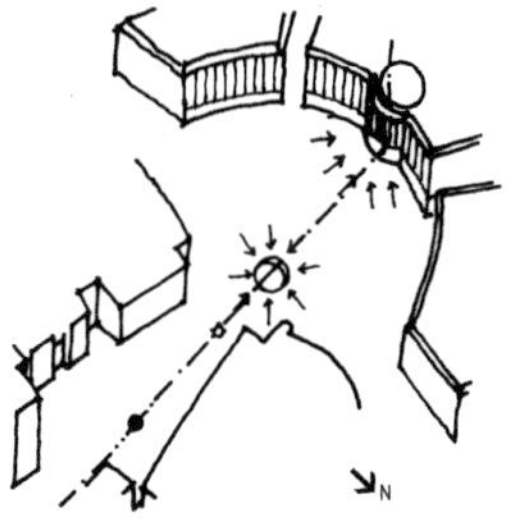</td><td colspan="2">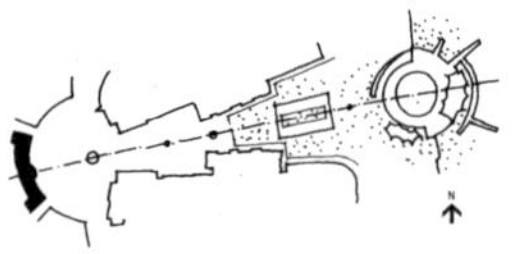</td><td></td></tr>
<tr><td>形式</td><td colspan="2">主体办公建筑中部，略突出界面，顶部穹隆形式；水池。</td></tr>
<tr><td>位置</td><td colspan="2">圆弧形界面上，两侧界面对称，轴线尽端；水池位于圆心。</td></tr>
<tr><td>与广场外元素关系</td><td colspan="2">轴线延伸串联公园喷泉、临水平台等节点至新城中心。</td></tr>
<tr><td>特点</td><td colspan="2">1. 建筑支配物居中布局，并位于界面上；
2. 构筑物为水池，居圆心位置；
3. 通过建筑立面形式、高度局部改变形成主要支配物；
4. 支配物引导镇区主轴线，并串联节点系列至新城。</td></tr>
</table>

[1] Zucker, Paul. Town and Square: from the Agora to the Village green. New York: Columbia University Press, 1959: 8.

[2] 程大锦（Francis D.K. Ching）.建筑：形式、空间和秩序（第二版）.刘丛红译.天津：建筑情报季刊杂志社，天津大学出版社，2005：4.

续 表

<table>
<tr><th>城镇</th><th>分 析 图</th><th colspan="2">与广场周围元素关系示意图</th><th>照片或透视图</th></tr>
<tr><td rowspan="5">安亭新镇(西区)中心广场</td><td rowspan="5">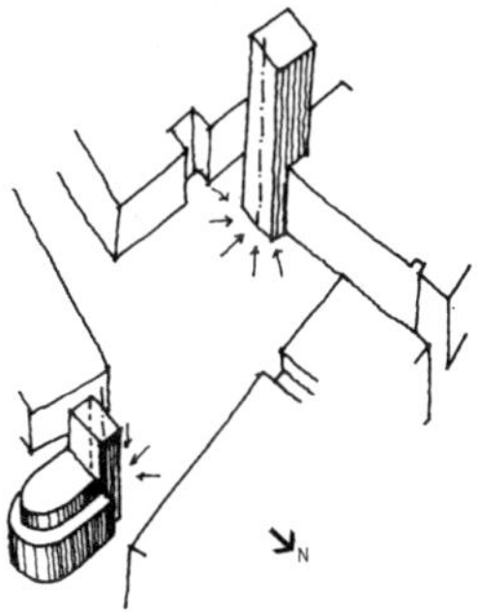</td><td colspan="2">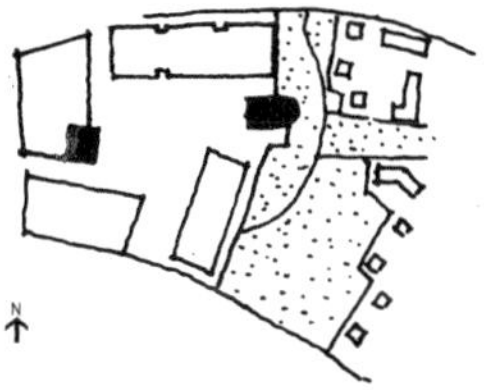</td><td></td></tr>
<tr><td>形式</td><td colspan="2">宾馆建筑塔楼形成主支配物，教堂建筑及其塔楼为次支配物。</td></tr>
<tr><td>位置</td><td colspan="2">主支配物位于界面上，教堂后退界面在开口处为设立体形式。</td></tr>
<tr><td>与广场外元素关系</td><td colspan="2">教堂建筑向主轴带形公园突出，并对公园空间起支配作用。</td></tr>
<tr><td>特点</td><td colspan="2">1. 支配物分别位于界面，以及后退形成界面；
2. 主、次支配物高低不同，宾馆塔楼形成制高点，也是片区主要标志物；
3. 教堂后退产生界面变化并得到强调，同时与片区主要结构元素连接。</td></tr>
<tr><td rowspan="5">枫泾新镇中心广场</td><td rowspan="5">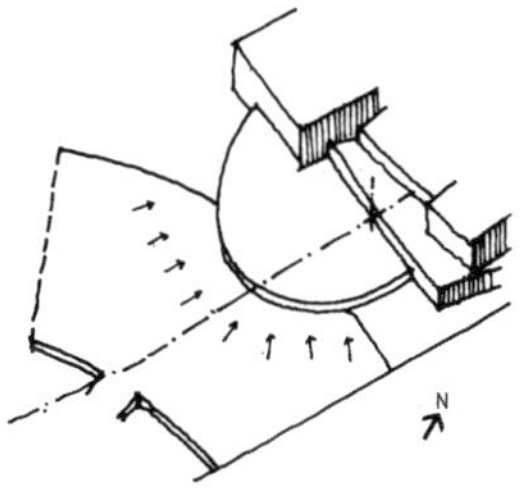</td><td colspan="2">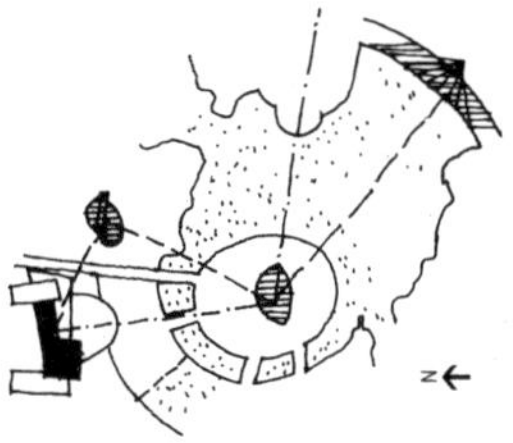</td><td></td></tr>
<tr><td>形式</td><td colspan="2">行政办公建筑主立面。</td></tr>
<tr><td>位置</td><td colspan="2">在广场北部，隔“露天剧场”与广场基面联系。</td></tr>
<tr><td>与广场外元素关系</td><td colspan="2">广场支配物通过湖心岛与东侧高层建筑与东南侧桥体两个城镇标志物建立联系。</td></tr>
<tr><td>特点</td><td colspan="2">1. 建筑对广场的支配性较弱；
2. 广场外的标志物、建筑物对广场空间具有一定的支配作用。</td></tr>
</table>

续　表

<table>
<tr><th>城镇</th><th>分析图</th><th colspan="2">与广场周围元素关系示意图</th><th>照片或透视图</th></tr>
<tr><td rowspan="5">朱家角镇片区中心广场</td><td rowspan="5">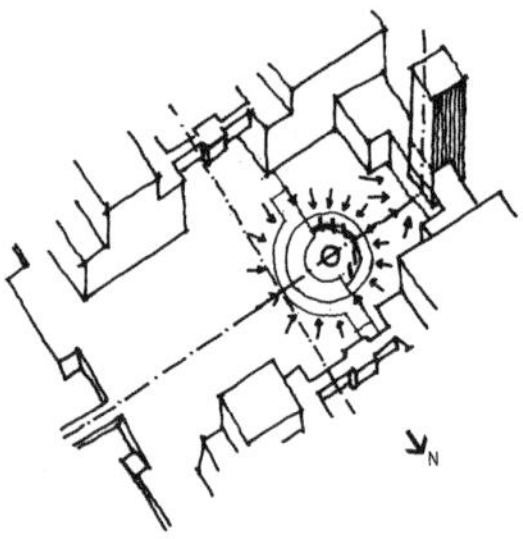</td><td colspan="2">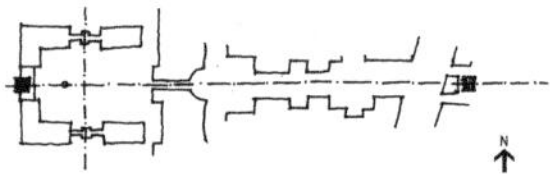</td><td></td></tr>
<tr><td>形式</td><td colspan="2">建筑支配物塔楼，以降低裙房建筑高度方式使塔楼高度得以强调；构筑物为下沉式“露天剧场”。</td></tr>
<tr><td>位置</td><td colspan="2">塔楼位于界面上，与圆形剧场在东西向轴线同轴居中，圆形剧场南北居中略偏西向。</td></tr>
<tr><td>与广场外元素关系</td><td colspan="2">东西向轴线延伸引导步行街与其他标志物连接。</td></tr>
<tr><td>特点</td><td colspan="2">1. 建筑与构筑物支配物居中、同轴布置；
2. 形成对称的广场核心；
3. 支配物引导轴线与其他公共空间设施。</td></tr>
<tr><td rowspan="5">罗店新镇中心南广场</td><td rowspan="5">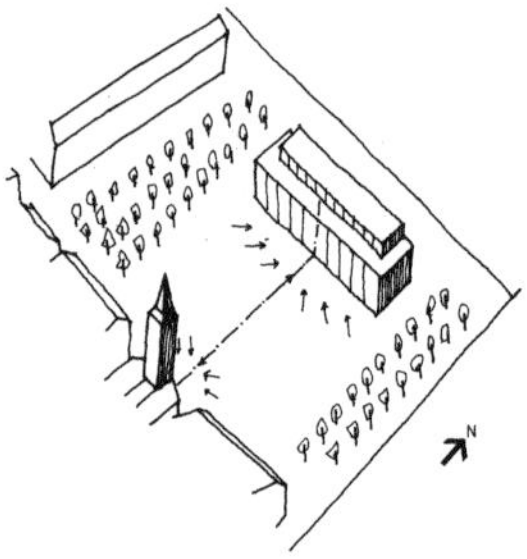</td><td colspan="2">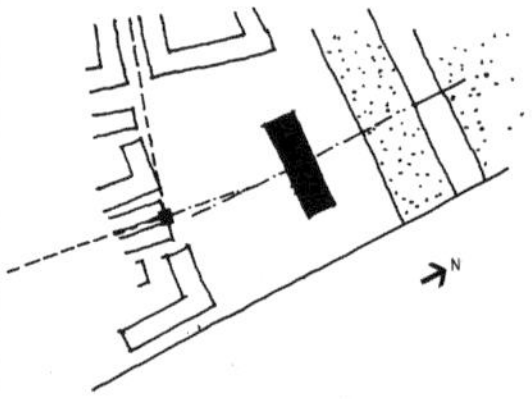</td><td></td></tr>
<tr><td>形式</td><td colspan="2">塔楼形成制高支配物，设立式建筑形成广场支配物。</td></tr>
<tr><td>位置</td><td colspan="2">塔楼位于界面上，设立式建筑长向形成广场界面。</td></tr>
<tr><td>与广场外元素关系</td><td colspan="2">塔楼成为步行街区的标志物，设立式建筑对北侧公园起支配作用。</td></tr>
<tr><td>特点</td><td colspan="2">1. 利用高度与构成变化形成两个支配物；
2. 塔楼制高点形成片区标志物；
3. 设立式建筑分别对广场内、外空间起支配作用。</td></tr>
</table>

续 表

<table>
<tr><th>城镇</th><th>分析图</th><th colspan="2">与广场周围元素关系示意图</th><th>照片或透视图</th></tr>
<tr><td rowspan="5">浦江镇中心广场</td><td rowspan="5"> 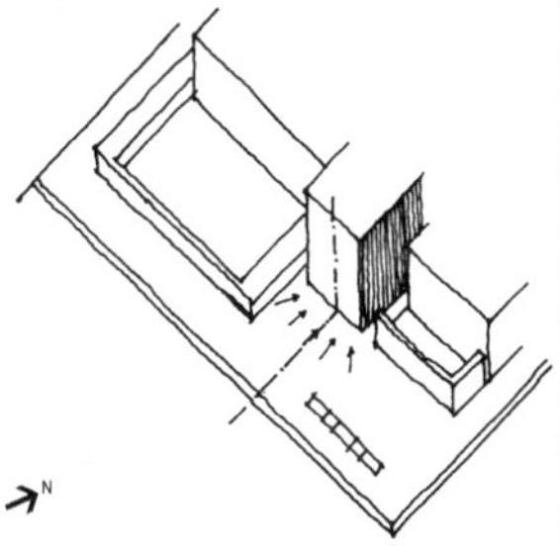</td><td colspan="2"> 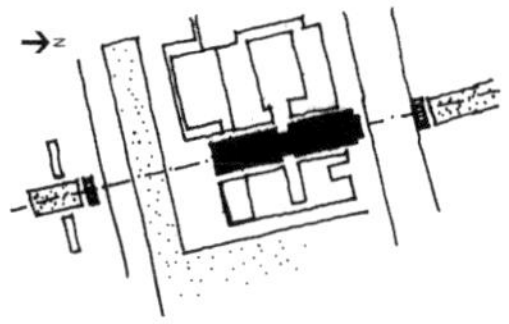</td><td> </td></tr>
<tr><td>形式</td><td colspan="2">10层建筑部分，通过主体高度加大和突出形成支配物。</td></tr>
<tr><td>位置</td><td colspan="2">位于界面上，对广场位置偏西，与城镇环境空间线网一致。</td></tr>
<tr><td>与广场外元素关系</td><td colspan="2">因位于环境开放空间线网上，支配物与线网上布置较均匀的高层建筑与开放空间建立呼应关系。</td></tr>
<tr><td>特点</td><td colspan="2">1. 利用高度变化形成制高支配物；
2. 以突出界面的形式强调支配物；
3. 支配物与城镇空间建立结构性空间关系。</td></tr>
<tr><td rowspan="5">「高桥新城」中心广场</td><td rowspan="5"> 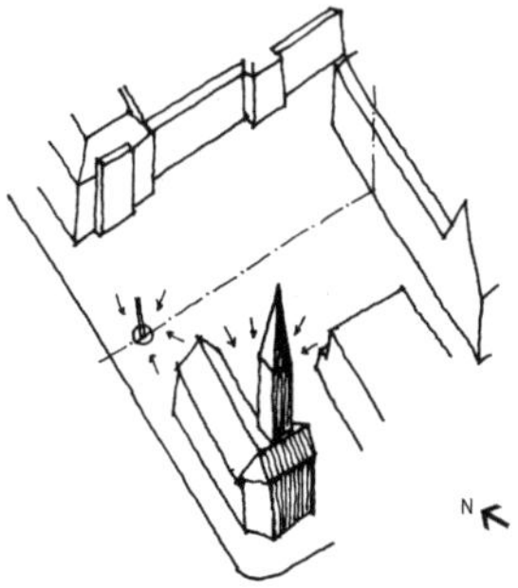</td><td colspan="2"> 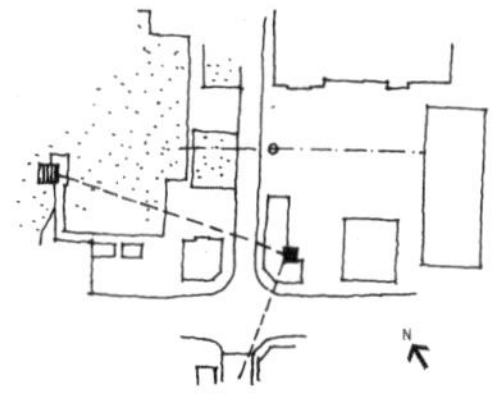</td><td> </td></tr>
<tr><td>形式</td><td colspan="2">教堂建筑钟塔形成主要制高支配物；界面开口处的构筑物起一定的支配性作用。</td></tr>
<tr><td>位置</td><td colspan="2">钟塔在广场角部，位于设立式教堂建筑形成的界面上；构筑物位于广场向水面开口中部。</td></tr>
<tr><td>与广场外元素关系</td><td colspan="2">钟塔也是片区标志物之一，与广场轴线无关联；成为西侧公园、南侧步行街的支配物。</td></tr>
<tr><td>特点</td><td colspan="2">1. 设立式教堂钟塔建筑支配物位于广场一角，也是广场、公园、步行街的交界处，成为其共同的支配物；
2. 广场边缘构筑物提示了广场基面的轴线方向。</td></tr>
</table>

续 表

<table>
<tr><th>城镇</th><th>分 析 图</th><th colspan="2">与广场周围元素
关系示意图</th><th>照片或透视图</th></tr>
<tr><td rowspan="5">奉城镇中心广场</td><td rowspan="5">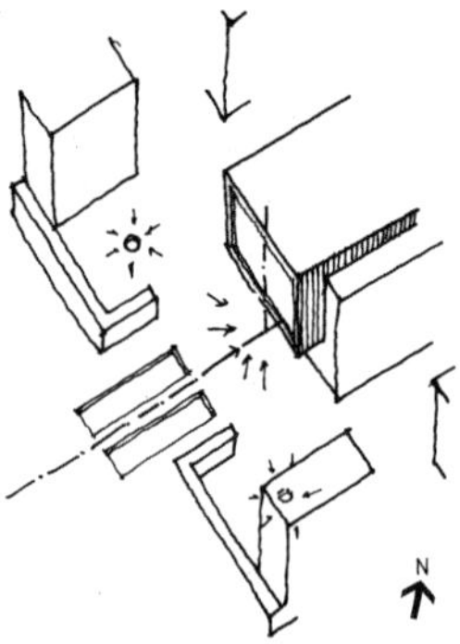</td><td colspan="2">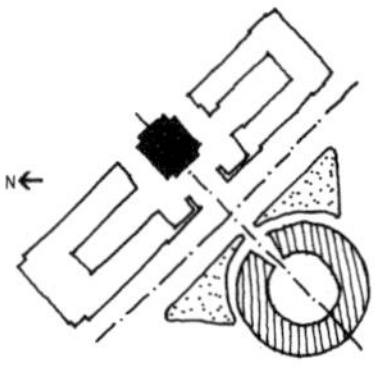</td><td></td></tr>
<tr><td>形式</td><td colspan="2">主体建筑居中，以建筑体形错位方式得以强调；被联廊限定的两侧空间以构筑物形成支配。</td></tr>
<tr><td>位置</td><td colspan="2">建筑支配物位于主要界面上，轴线尽端；构筑物位于被分隔空间的中心。</td></tr>
<tr><td>与广场外元素关系</td><td colspan="2">建筑支配物引导中心区十字主轴线之一，沿轴线与镇区标志物文化建筑联系，另一条轴线为步行林荫大街。</td></tr>
<tr><td>特点</td><td colspan="2">1. 以建筑支配物为中心形成对称布局；
2. 广场轴线与中心区轴线一致，支配物终结轴线构图；
3. 两侧被联廊围合的广场空间由构筑物支配。</td></tr>
<tr><td rowspan="5">临港新城中心广场</td><td rowspan="5">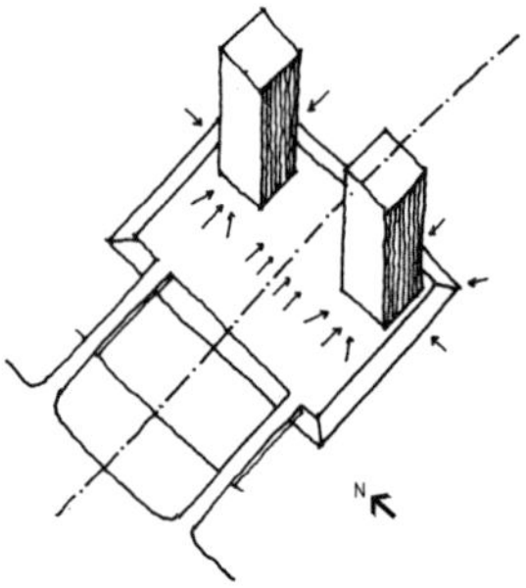</td><td colspan="2">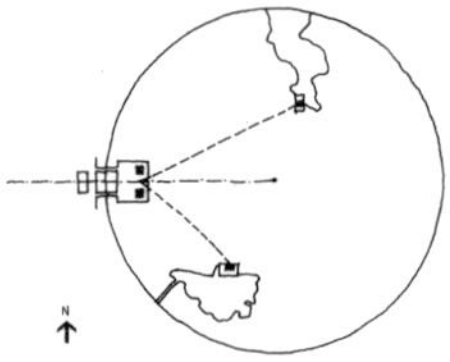</td><td></td></tr>
<tr><td>形式</td><td colspan="2">设立式高层双塔建筑。</td></tr>
<tr><td>位置</td><td colspan="2">圆形湖面西侧广场边角偏东，新城放射性主轴线从中心穿过。</td></tr>
<tr><td>与广场外元素关系</td><td colspan="2">支配物建筑为新城制高标志物，其间隙中心轴线与湖心塔标志物联系，并与其他两处湖中岛屿建立视觉联系。</td></tr>
<tr><td>特点</td><td colspan="2">1. 设立体支配型广场；
2. 支配物形成新城制高点，并引导结构主轴线；
3. 支配物为新城的放射、圈层形态建立方向性。</td></tr>
</table>

注：1. 陈家镇广场因资料空缺暂不进行分析。

2. 表中分析图均为作者绘制，模型照片均为作者摄，透视图由各城镇开发单位提供。

从以上分析中可以看出，尽管其形式和作用有所不同，支配物在10个城镇广场设计中均得到了不同程度的重视与运用。在类型上可以归纳为以下几点：

（1）在界面上形成建筑支配物：这是在实例中为最普遍的类型，当建筑物处于界面上，并与界面上的其他部分有所不同，同时具有制高或较大体量时，建筑物就成为广场空间的支配物，并可能引导、建立广场空间的轴线，从而使空间的方向性得以强化。在实例中，界面上的支配物有两种不同的类型。

第一种是以较大体量的主体建筑，或建筑局部的变异建立支配物。如“泰晤士小镇”的中心广场，以连续的、较大体量的办公建筑，在界面的几何中心变形，同时在顶部使用穹隆，形成了对空间的支配性；罗店、浦江、奉城镇也采用了类似的方式，只是建筑的形式与构图有所不同。在一些城镇的广场设计中，具有支配物作用的建筑与其他界面相比也发生了形式上的改变，“泰晤士小镇”的办公建筑采用的是古典形式构图，其他的广场围合界面则体现出现代建筑特征；罗店的情况与其相反，支配物是现代形式，其他围合界面为古典形式；浦江、奉城镇的广场设计通过建筑体形的明显变化使支配物得到强调。

第二种是在界面上建立制高的支配物。安亭、朱家角、罗店、高桥等城镇均在界面上设制高的塔式建筑或构筑物，产生对广场空间的支配作用。其中，安亭新镇的塔楼属于与其相联的宾馆建筑，形成了整个新镇的制高点；高桥的教堂建筑与其类似，以钟塔建立了制高点；朱家角与罗店的高塔则是构筑物，制高性成为它们的共同特征。不管采用何种形式，以高度实现对空间的支配是最为有效的方式，无论在广场的内与外部，这种形式产生的控制性作用非常显著（图3.2-8）。

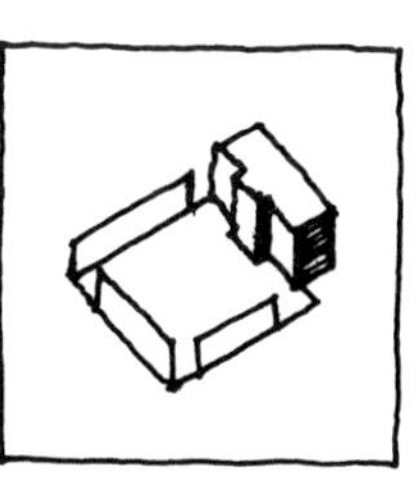

界面上以较大体量建筑形成支配物

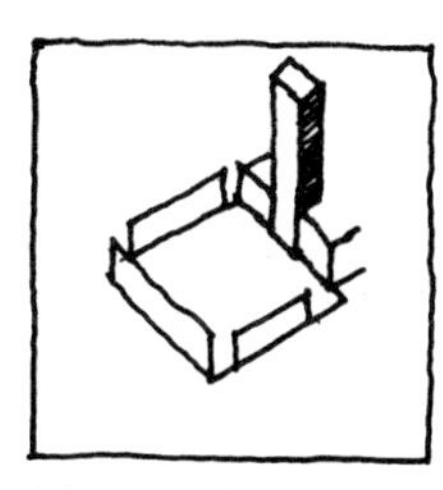

界面上以制高建筑或构筑物形成支配物

图3.2-8　实例广场界面上形成支配物的两种主要形式

（2）设立式支配物的共享形式：作为安亭新镇广场支配物之一的教堂建筑，一方面通过后退方式使广场空间的方向得以转变；另一方面，它的后退也使邻近广场的带形公园与广场空间建立了联系，设立式的教堂建筑也因此成为公园的支配物之一。这种情况也出现在罗店、高桥、临港等城镇中，其中高桥中心广场上的教堂建筑是比较典型的实例，它处于一个广场、步行街、滨水公园的交接位置，成为三个不同形式公共空间制高的共享支配物；罗店新镇南广场界面上的塔楼位于步行街区一侧，将步行街区的视线引向广场；广场东侧的设立体建筑不仅限定与支配了广场空间，同时也对东侧的公园空间产生了一定的支配作用；临港新城的双塔建筑不仅是广场的中心，也是新城空间结构中的共享制高点（图3.2-9）。

（3）支配物作为形成围合性、方向性的辅助方式：这里涉

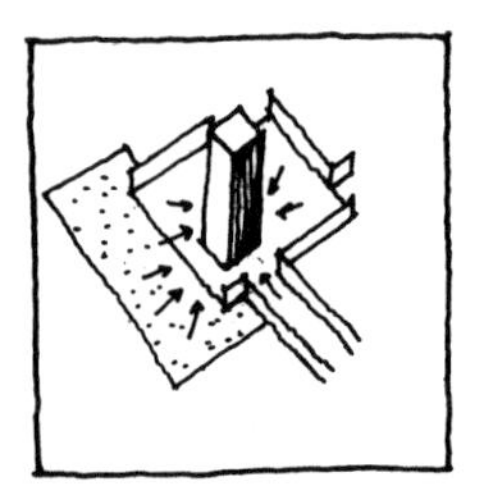

图3.2-9　设立式支配物的共享形式

及了处于不同位置上的构筑物作为支配物的情况，在实例中共有三种不同类型。

第一种类型是位于广场中心的构筑物，如“泰晤士小镇”，构筑物在圆形的广场中显示了几何中心的位置，形成了较强的向心性。

第二种类型是构筑物位于界面的边缘。如朱家角镇广场主轴线上的圆形“露天剧场”便是这种类型；奉城镇的广场尽管被联廊分割为三个空间，但两侧的支配物相对整个广场而言也是偏心的情况。

第三种类型是构筑物位于基面的边界。这在高桥、罗店、浦江镇的广场中有所体现，位于无界面开口边界处的构筑物参与了对广场空间的限定。高桥的点式构筑物提示了广场空间的轴向关系；浦江镇的线性构筑物以及罗店的树阵对形成围合性具有一定的帮助。

这三种形式反映了构筑物位于中心和边缘的不同方式，正如我们在本小节开始时所谈及的，处于几何中心的点构图对空间建立了凝聚性的影响力，对广场空间方向性，特别是向心性的形成具有很大的帮助。

关于支配物靠近界面的方式，西特认为广场的中心应该空出，建筑、纪念物、喷泉等应该位于广场的边缘：“在广场周围的界面旁有足够的空间可以很好地设置数以百计站立的物体，因为在那里它们始终可以找到一个有利的背景。”[1]在这种情况下，支配物逐渐失去了对广场空间整体的控制作用，演变为对局部空间的限定，“它所处的这个范围就会变得比较有动势，并开始争夺在视觉上的控制地位。点和它所处的范围之间，造成了一种视觉上的紧张关系”[2]。由于支配物靠近界面，从而增强了界面的围合作用，并将人的活动引向界面。因此，无论是采用中心或者边缘的构筑支配物布置方式，作为辅助形式，对广场空间品质的提高都具有一定的意义（图3.2-10）。

（4）与外部结构性元素建立轴向或张拉关系：点与点之间的组合形式在更大的范围内可以形成对空间的支配作用。处于不同位置支配物，包括广场界面、内、外及其之间相互呼应，产生不同空间的张拉关系，并显示了具有方向性的空间表现力。“当观察者在构图中往来移动时，这些点也在运行，彼此之间以一种连续变化的、和谐的关系滑动和移动着。这是许多非常伟大的构图中最美好的一种”[3]。

---

[1] Sitte, Camillo. Der Städtebau-Nach seinen künsterischen Grundsätzen. 4.Auflage. Braunschweig, Wiesbaden: Vieweg, 1909: 23.

[2] 程大锦（Francis D.K. Ching）.建筑：形式、空间和秩序（第二版）.刘丛红译.天津：建筑情报季刊杂志社，天津大学出版社，2005：4.

[3]（美）埃德蒙·N. 培根.城市设计（修订版）.黄富厢，朱琪译.北京：中国建筑工业出版社，2003：25.

构筑支配物位于中心产生向心性

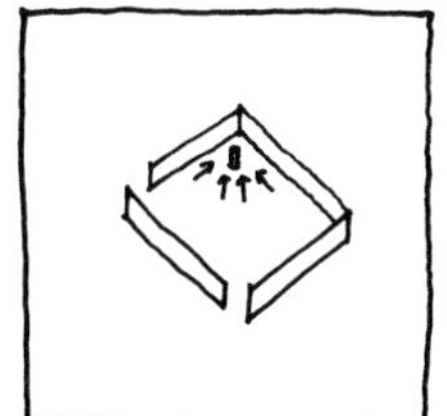
构筑支配物邻近界面时局部空间受控并吸引界面上的活动

构筑支配物在基面边界时对空间形成一定程度的限定作用

图3.2-10 三种不同位置的构筑支配物类型

在广场内利用支配物产生张拉关系的实例，如安亭新镇广场上高、低两个塔楼；罗店新镇两个不同形式的支配物；“泰晤士小镇”、朱家角在轴线上形成了建筑与构筑物形式等；另一种时是支配物处于广场界面之外的状况，虽然它作为城市的地标，可能不直接形成对广场空间的限定，但通过与广场空间建立的对景、轴线等视觉联系，也能够成为支配广场空间的元素。祖克尔将广场开口所面向的山脉和宽阔的河流、湖、海也看作支配物，“从相反的方向越过水面望去，这样的广场显示为一个封闭的区域，类似具有三个墙面的舞台……舞台的第四个面则被河、湖或海边所取代，自然与建筑融为一体形成独特的空间亲密性”[1]，但他特别指出，这种情形要与宽阔的码头和没有深度的水岸步道区别开来。这种形式在临港新城的支配物布局上比较显著，位于湖心、广场上的支配物产生强烈的张拉关系，并与另外两个湖中岛屿相呼应，围绕圆形的“滴水湖”建立了一个支配物组合；枫泾中心广场的支配物虽然不显著，但通过水面中岛屿与湖畔的桥体、高层建筑建立张拉关系，这些城镇结构的标志物也为广场形成了方向性；处于同轴的广场外支配物实例还有朱家角、浦江、奉城、高桥等城镇，形成了广场内、外之间互为对景的空间关系（图3.2-11）。

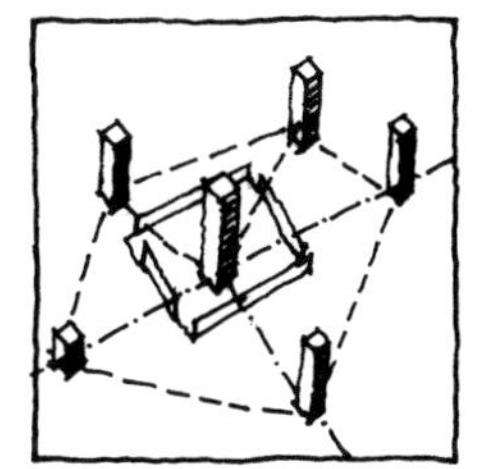
图3.2-11 广场内、外支配物形成的空间张拉关系

（5）广场支配物对空间品质的影响：基于以上分析，支配物在广场空间中所处的位置与形式成为其影响空间品质的基本条件。在“一城九镇”中，将支配物置于界面上是设计采用的主要形式。设计通常使用具有较大高度、尺度的建筑，或赋予其独特的形态特征，形成了对广场空间的支配作用。处于广场中心或内部的构筑支配物，如喷泉、雕塑等，尽管尺度较

[1] Zucker, Paul. Town and Square: from the Agora to the Village green. New York: Columbia University Press, 1959: 13.

小，但仍能够加强空间的向心性。设立式的建筑支配物不仅作为设立体限定空间，还具有一定的围合性作用，这种形式在实例城镇的广场造型中得到了较为广泛的运用。通过对实例城镇广场支配物的分析可以看出，虽然广场空间支配物对于空间围合性品质的作用有限，但对广场空间方向性品质的提高具有较为显著的作用（表3.2.2.3–B）。

表3.2.2.3–B　广场空间支配物对广场品质的影响

<table>
<tr><th colspan="2" rowspan="3">品　质</th><th colspan="8">位　置　与　形　式</th></tr>
<tr><th colspan="2">居　中</th><th colspan="2">偏　心</th><th colspan="2">在界面上</th><th colspan="2">外　部</th></tr>
<tr><th>建筑物</th><th>构筑物</th><th>建筑物</th><th>构筑物</th><th>建筑物</th><th>构筑物</th><th>建筑物</th><th>二维自然物</th></tr>
<tr><td rowspan="2">空间品质</td><td>围合性</td><td>—</td><td>与界面共同作用</td><td>作为界面时</td><td>沿界面布置时</td><td>作为部分界面</td><td>作为界面一部分</td><td>—</td><td>边界</td></tr>
<tr><td>方向性</td><td colspan="2">轴向性，向心性，标识性，引导性</td><td colspan="2">轴向性，标识性，引导性</td><td>轴向性，标识性，引导性</td><td>—</td><td>轴向、对景、引导性，张拉关系</td><td>标识性，引导性</td></tr>
<tr><td colspan="2">社会品质</td><td colspan="2">向心感，标识性，纪念性，艺术性</td><td colspan="2">向心感，标识性，纪念性，艺术性</td><td>象征性，标识性，纪念性，艺术性</td><td>吸引力，艺术性</td><td>象征性，标识性</td><td>象征性</td></tr>
</table>

3.2.3　“一城九镇”广场形态类型与空间品质

在对“一城九镇”中多数城镇广场的界面、基面与支配物元素及其特点进行分析之后，我们将在本节归纳实例广场的形态类型与空间品质。

从宏观的社会活动方面来看，城市广场的品质取决于满足社会活动的目的，包括政治、宗教、经济、军事、社交和休闲等活动[1]。库尔德斯将广场的功能描述为15种类型，即：多功能城市或区域的中心广场、市场广场、装饰和展示广场、教堂广场、道路之间的“铰接”广场（Gelenkplätze）、重要公共建筑的前广场、火车站广场、集会和阅兵广场、纪念广场、艺术广场、营地广场、交通广场、停车广场、绿化和体育广场、举办活动和展览的广场[2]。这些功能类型在大城市中发挥着各自的作用，但往往也是多种功能类型的复合形式。对于这种以功能出发进行的分类方式，祖克尔认为，随着时间与建筑功能的变化，广场的活动类型也会发生演变，这些变化与发展“证明了原型是结构性的，是空

[1] 蔡永洁．城市广场．南京：东南大学出版社，2006：81.

[2] Curdes, Gerhard. Stadtstruktur und Stadtgestaltung: 2. Auflage. Stuttgart, Berlin, Köln: Kohlhammer GmbH, 1997: 131.

间性的，而不是以功能性被定义的。这些原型根本不是理论性的抽象，一旦成为形象化的典型实例，便得到了生动与真实”[1]。于是，他将广场空间划分为以下类型：

（1）封闭广场：空间自我保持；

（2）受控广场：空间被引导；

（3）核心广场：空间造型围绕一个中心；

（4）组群广场：空间单元组合；

（5）无形广场：空间没有被限定。[2]

祖克尔的分类方式实际上是结合了广场品质的考虑，前三种类型是以建立空间围合性、方向性品质为出发点的，也可能同时出现于一个广场中；无形广场指的是没有空间品质的形式，组群广场则是广场空间的组合形式。同样以空间品质作为线索，蔡永洁在综合祖克尔与阿敏德的类型后，所归纳的类型划分在宏观上更具清晰性，共分为以下五种类型：

（1）伸展式广场：直线、折线、曲线——轴向品质、不利于封闭性；

（2）集中式广场：原形、变异形——向心品质为主、有利于封闭性；

（3）环形广场：原形环、变异形环——向心品质、有利于封闭性；

（4）组合式广场：点线、点点、线线——分空间判定品质；

（5）碎形广场：形态复合——空间品质模糊、不利于封闭性[3]。

关于环形广场，在具有围合性界面的情况下，当中心支配物不破坏广场空间整体性时，它应归为集中式广场；而当中心建筑体量足够大，使空间线性发展时，它将与伸展式广场类似，变为类似步行街的形式；如果中心支配物为二维自然物并具有较大尺度时（如祖克尔所称的码头或水岸步道），虽然也形成了基面的边界，但却失去了广场的围合品质，成为无形广场。从对实例广场进行比较分析的过程中可以看出，以上所列举的类型往往是以复合方式出现的，如“泰晤士小镇”的广场既是两个空间的组合形式，也可以视之为沿轴线发展的延伸式类型。另外，具有街道形态的线性空间通常不具有四面封闭围合的形式，如果其长宽比仍控制在一定范围内，也就成为西特所称的宽阔形广场类型。因此，实例广场的类型分析也就带有复合性特点并体现基本元素所形成的空间品质情况，形成封闭式、半封闭式、延伸式、组合式、受控式、核心式以及碎形七种类型与组合。

同时，根据以上对于实例基面、界面以及支配物元素及其属性分析，以围合性、方向性特点对广场空间品质进行综合评价（表3.2.3）。

---

[1] Zucker, Paul. Town and Square: from the Agora to the Village green. New York: Columbia University Press, 1959: 8.

[2] 同上。

[3] 蔡永洁.城市广场.南京：东南大学出版社，2006：135.

表3.2.3　“一城九镇”广场类型与空间品质

城镇	实例广场	基本元素特点与类型		空间品质	
「泰晤士小镇」中心广场	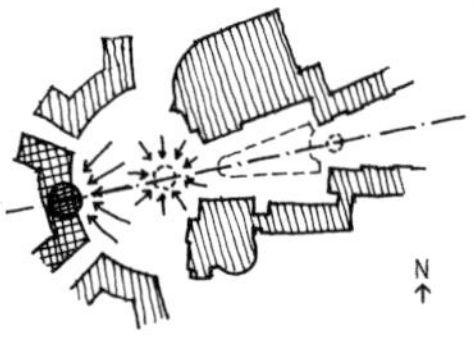	面积	1.18公顷,适中	围合性	方向性
		基面	组合形态,对称布局,绿地软化,曲折变化	封闭	轴向,向心
		界面	四面,14°、16°视角,比例适中,对称、连续,高度较一致,局部开口较大	封闭	轴向,向心
		支配物	建筑于界面居中,构筑物于圆心,均以轴线串联	强化封闭	轴向,向心
		类型	组合式,延伸式,受控式	封闭,轴向,向心	
安亭新镇西区中心广场	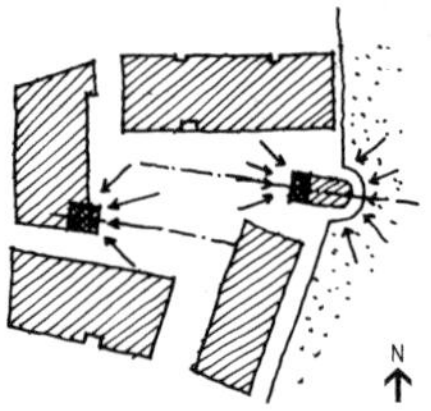	面积	1.15公顷,适中	围合性	方向性
		基面	组合形态,风车形式,整体,连续,硬地为主	较封闭	向心
		界面	四面,21.6°视角,比例适中,整体,连续,局部开口较大	较封闭	轴向,向心
		支配物	主、次两处高塔式于界面上,各自形成轴向,对外联系	强化封闭	轴向,向心
		类型	组合式、封闭式、受控式	封闭,向心	
枫泾新镇中心广场	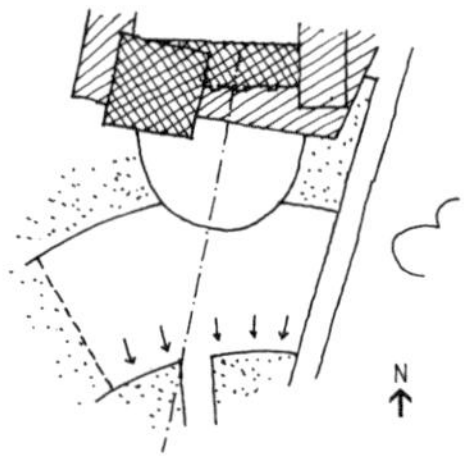	面积	0.85公顷,适中	围合性	方向性
		基面	沿湖布置,无定形	开敞	对外联系
		界面	一面且间接,三面开放,6°、9°视角,比例失调,开敞	开敞	对外联系
		支配物	单侧建筑,弱化	开敞	对外联系
		类型	碎形	开敞,广场空间方向性弱化	
朱家角镇片区中心广场	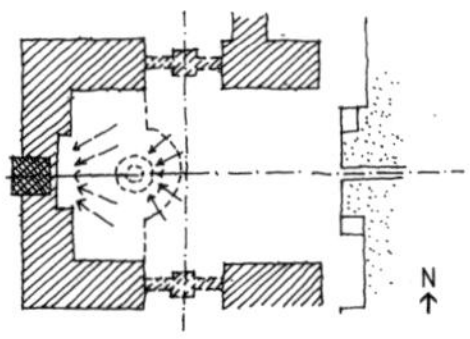	面积	0.6公顷,较适中	围合性	方向性
		基面	集中形态,矩形形式,整体,连续,对称布局,硬地为主	较封闭	轴向
		界面	三面,17°视角,比例适中,整体,连续,单面开放,其他开口不明显	较封闭	轴向
		支配物	高塔式构筑物于界面轴线上,中心构筑物略偏心,均以轴线串联	强化封闭	轴向,向心
		类型	半封闭式、受控式	较封闭,轴向	

续 表

城镇	实例广场	基本元素特点与类型		空间品质	
罗店新镇中心区南广场	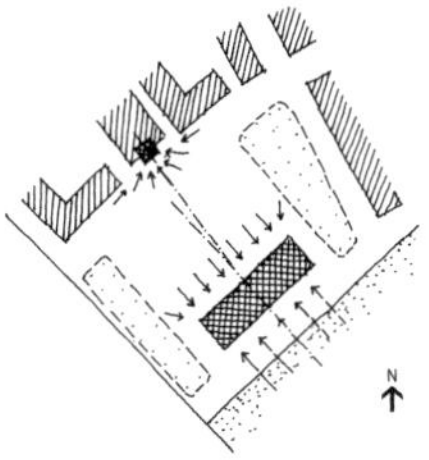	面积	0.84公顷,适中	围合性	方向性
		基面	集中形态,矩形形式,整体,连续,硬地为主,树阵为辅	较封闭	轴向
		界面	三面,9°视角,略显开敞,两面连续,高度变化较小,两面开口较大,树阵参与围合	较封闭	轴向
		支配物	高塔构筑物、较大体量建筑支配物,分别于界面上,各自形成轴向,与外部共享	强化封闭	轴向
		类型	半封闭式、受控式	较封闭,轴向	
浦江镇中心广场	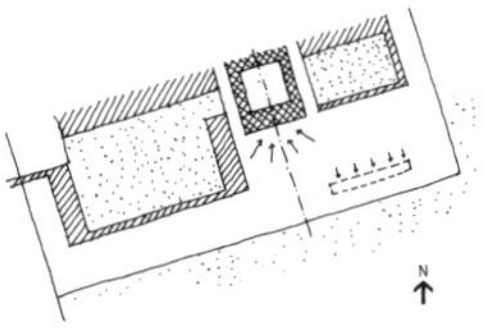	面积	0.57公顷,较适中	围合性	方向性
		基面	矩形形态,非对称布局,硬地为主,联廊限定基面与绿地	较开敞	与中心区方向一致
		界面	两面,39°视角,单面略显压迫感,高度变化较大,两面向水面开放	较开敞	与中心区方向一致
		支配物	建筑于界面偏西,与镇区结构轴线一致,构筑物于基面边界	参与围合	轴向
		类型	受控式	较开敞,轴向	
「高桥新城」中心广场	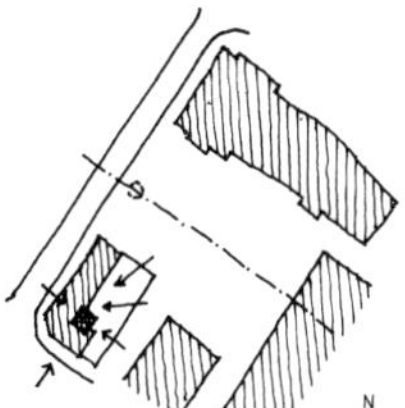	面积	0.76公顷,适中	围合性	方向性
		基面	矩形形态,较整体,较连续,硬地为主	较封闭	轴向
		界面	三面,12°、14°视角,比例适中,较整体,较连续,局部开口较大	较封闭	轴向
		支配物	建筑高塔于基面边角,形成界面,与外部共享,构筑物形成轴向	强化封闭	轴向
		类型	半封闭式、受控式	较封闭,轴向	

续 表

城镇	实例广场	基本元素特点与类型		空间品质	
奉城镇中心广场		面积	0.22公顷,较小	围合性	方向性
		基面	宽阔形被联廊分割,呈矩形组合形式,对称,不连续,边界不明显	较开敞	轴向
		界面	三面,36°视角,略显压迫感,高度变化,对称	较开敞	轴向
		支配物	单侧建筑,引导轴线,轴向两侧偏心构筑物形成局部向心性	参与围合	轴向,局部向心
		类型	组合式,受控式	较开敞,轴向	
临港新城中心广场		面积	1.22、5.88公顷,大型	围合性	方向性
		基面	不相邻组合形态,矩形形式,整体,对称布局,硬地为主	开敞	轴向
		界面	无围合界面,四面开放	开敞	轴向
		支配物	双塔式建筑于基面轴线上,视角21.5°、37.5°中,显纪念性,支配物建筑位于新城主轴线对称布局	参与限定	轴向
		类型	核心式	开敞,轴向	

注:1. 陈家镇广场因资料空缺暂不进行分析。
2. 表中插图均为作者绘制。

3.3 城镇道路

城镇道路是城镇中最重要的线性元素,它结成了城镇的线网;当它被强调出来,并在城镇结构中扮演重要角色时,就成为控制结构的轴线;在不同区域交界处的道路,建立了区域的边界;当道路交叉时,就会产生一个节点;道路控制着整个城镇区域的形态结构。雅各布斯称城市中的街道“是一个城市最重要的器官”[1],在她的阐述中,城市在人的脑海中是否具有趣味,取决于街道。对此,凯文·林奇持相同

[1] (加)简·雅各布斯.美国大城市的死与生.金衡山译.南京:译林出版社,2005:29.

观点:“人们正是在道路上移动的同时观察着城市,其他的环境元素也是沿着道路展开布局,因此与之密切相关。”[1]

道路的主要功能是满足交通活动与社会交往活动的需求。中世纪城市形态重要的特征是不规则的街道,由此形成了独特的有机的城市肌理和城市景观,步行为主的交通方式促进了人的交往活动。这个传统在文艺复兴时期被阿尔伯蒂和帕拉第奥以城市中的街道,以及城市之间的道路进行了区分。道路的出现意味着交通逐渐成为道路的重要内容,帕拉第奥对宽阔、笔直的道路大加赞赏,并赋予其军事意义[2]。巴洛克时期,大道成为城市最重要的象征和主体[3]。朗方1791年在华盛顿规划中使用了巴洛克式的宽广大道,将轮式交通引入城市,“当把交通作为城市主要功能,把它放在超过所有其他功能的位置上,那么,连它自己的功能,如促进社交与聚会等,也就不可能实现”[4]。芒福德的这种论述,实际上道出了发生在道路或街道上的两种使用功能开始形成的冲突,人与车(机动车)的矛盾改变了现代城市的街道形态。随着汽车的发展与迅速普及,汽车逐渐占据了城市街道的主要空间,成为街道的主角。在郊区城镇建设的早期,在城市和郊区之间以铁路等公共交通作为主要的交通形式,但随后的高速公路建设破坏了这种形式,不但在城市与郊区之间,而且在郊区城镇内,私人汽车变成了主要的交通工具。

发生于街道上的变化还不仅仅是因为汽车的发明,过度地使用汽车形成了对人的生存环境的挑战。生态学家理查德·瑞杰斯特将汽车比作当代的“恐龙”:“他们破坏了城市、城镇和乡村合理并且令人愉快的结构。”[5]针对汽车对城镇街道造成的影响,人们也在积极探索解决这些矛盾的方式。针对汽车本身,也有人提出通过技术的革新解决环境问题,甚至设想以一种“通用车”作为公共的私人交通工具[6]。然而,对于城镇空间而言,这种设想恐难以改善社会交往空间的状况。基于对城镇空间的探讨,如霍华德“田园城市”模式,城镇之间的连接依靠铁路等公共交通;佩利以及“新城市主义”者则是以步行距离为邻里模式的设计依据;雷德朋式的规划将人与车分流;米而顿·凯恩斯的实践则将城市道路以1公里的大型网格形式供给各式交通等等。这些理论与实践不仅体现了对城市空间的探索,也以不同方式建立了

[1] (美)凯文·林奇.城市意象.方益萍,何晓军译.北京:华夏出版社,2001:35.
[2] (英)克利夫·芒福汀.街道与广场(第二版).张永刚,陆卫东译.北京:中国建筑工业出版社,2004:109.
[3] (美)刘易斯·芒福德.城市发展史——起源、演变和前景.倪文彦,宋俊岭译.北京:中国建筑工业出版社,2005:385.
[4] 同上:424.
[5] (美)理查德·瑞杰斯特.生态城市——建设与自然平衡的人居环境.王如松,胡聃译.北京:社会科学文献出版社,2002:3.
[6] 即采用同一种公用的汽车,使用者随时、随地、可异处取用的方式,详见(美)莫什·萨夫迪.后汽车时代的城市.吴越译.北京:人民文学出版社,2001:117.

其交通模式。对于建设可持续发展的交通系统，克利夫·芒福汀总结出四个设计的主要原则：

（1）应减少交通出行的需求；

（2）应促进和鼓励步行和自行车出行；

（3）应优先考虑公共交通，而不是私人交通；

（4）鼓励采用铁路和水运，而不是公路的货运方式[1]。

这四种原则涉及政治与经济因素，也与城镇结构形态有关，更与承载汽车的街道本身直接关联。限制私人汽车，鼓励公共交通以及非机动私人交通，特别是步行方式，在改善生态环境的同时，也将极大地促进人在街道上的社会活动与交往。因此，适于步行的街道或街区成为城镇设计中重要的线性公共空间形式。

作为新建郊区城镇，虽然“一城九镇”的道路线网不如历史性大城市复杂，但是，它的形态不仅决定了城镇空间形态的整体性，在城镇空间不似大城市城区具有高密度的情况下，街道空间品质对城镇的公共生活起着重要的作用。本节对实例的道路或街道分为三部分内容进行分析。首先，从城镇结构出发，以不同级别划分的道路观察它们与城镇结构控制元素的关系。其次，对道路形态要素的分析以其在长度与宽度方向上的形态及其变化为主要内容，涉及到道路的线形变化和街道断面的设计。由此，实例的道路线形、断面成为本节主要的观察对象。最后，将以微观的视角分析实例步行街的空间形态。需要说明的是，对于实例道路的讨论并不以道路的交通性为出发点，而是针对实例设计中作为公共空间的道路或街道空间，通过分析归纳其形态设计的类型及其对城镇空间产生的影响。

3.3.1 道路在城镇结构中的布局

作为城市结构中最重要的线性元素，街道在构成线网的过程中建立了自身的构成机制，即不同性质与规模街道的组织。如果从街道的基本功能出发，随着街道形式的不同，对交通与社会交往功能形成了不同的侧重。在以交通为侧重点的现代城市道路[2]设计中，“设计交通量、设计车速和设计车辆被称为道路设计三要素”[3]，其中，交通量设计的基本依据之一是OD调查[4]，尽管在这种调查中也有关于人行的内容，但车行交通显然成为道路设计的主要内容，在很大程度上决定了道路的形式。形式的一个极端是不考虑人行的、封闭的高速公路，另一个极端则是不

[1]（英）克利夫·芒福汀.绿色尺度.陈贞，高文艳译.北京：中国建筑工业出版社，2004：111.

[2] 街道与道路在一般意义上同义。与街道相比，道路更侧重于交通性。

[3] 李清波，符锌砂编著.道路规划与设计.北京：人民交通出版社，2002：140.

[4] OD调查（Origin Destination Survey）即“起讫点调查”，通过某起讫点内人、车、货的出行交通资料。详见李清波，符锌砂编著.道路规划与设计.北京：人民交通出版社，2002：44.

考虑车行的步行街。城镇内的道路形式通常是两者的结合，并通过分级建立交通秩序。

道路的分级建立了线网的层次，不同层次的街道与区域、轴线、边界、中心与节点建立了空间关系。在前文中，我们曾对“一城九镇”的线网进行过宏观的观察，本节对街道的讨论将以中观方式展开。

1. 道路的分级

在古希腊殖民城市中，网格街道由测量员布置，形成了主、次的分级系统，分别用以连接公共建筑和民宅。古罗马城市将轴线从线网中提取出来，以正交轴线相交点作为中心。建于公元710年，仿中国长安城的日本平城京（奈良）的街道分级则与不同等级的社会阶层建立了联系[1]。尽管在文艺复兴时期，达·芬奇（Leonardo da Vinci）在他所作的城市规划中，优先考虑了将不同种类的交通分离开来，但他的规划概念“似乎反映出了居民中存在的等级结构”[2]。这些古典城市的街道分级更多地显示出不同区域的层次变化、阶级及其象征意义。在考虑怎样处理人与汽车的关系时，现代城市将道路的分级直接引入交通中。1933年CIAM的《雅典宪章》将交通视为现代城市的要素，于是，快速干道一时间成为一种被极化了的，高度满足汽车交通的形式。然而，快速干道终究不能取代所有的街道，城镇中的街道通过分级并且相互连接形成具有层次的线网组织。分级也不再仅仅是以区域划分，更不是根据阶级层次为原则，而是以道路在城镇路网中的地位、交通功能以及对沿线建筑物的服务功能为原则[3]。

在我国《城市道路交通规划设计规范》(GB 50220–95)中，城市道路被分为快速路、主干路、次干路与支路四种级别[4]。分级指标具有4个条目，其中，机动车设计车速与道路中机动车道条数与汽车交通组织有关；道路网密度显示了道路线网在城镇不同区域的布局情况以及渗透性，并反映了道路的长度。道路的“宽度变化是线型空间重要的区分标志”[5]，宽度与道路形态的空间品质有直接关系。不同宽度级别的道路中对人行道、车行道的不同安排、与界面的比例关系，成为对街道空间形态进行观察的要素之一。

“一城九镇”的道路分级建立在三个不同的区域规模上。其中，若按人口规模

---

[1] （美）斯皮罗·科斯托夫.城市的形成——历史进程中的城市模式和城市意义.单皓译.北京：中国建筑工业出版社，2005：140.

[2] （德）汉诺—沃尔特·克鲁夫特.建筑理论史——从维特鲁威到现在.王贵祥译.北京：中国建筑工业出版社，2005：35.

[3] 李清波，符锌砂编著.道路规划与设计.北京：人民交通出版社，2002：136.

[4] 详见戴慎志主编.城市基础设施工程规划手册.北京：中国建筑工业出版社，2000：108.

[5] Curdes, Gerhard. Stadtstruktur und Stadtgestaltung: 2. Auflage. Stuttgart, Berlin, Köln: Kohlhammer GmbH, 1997: 124.

所划分的城市类别[1]，临港新城属于拥有83万人口的大城市，应有四个道路分级；"泰晤士小镇"、安亭新镇、"高桥新城"属于城镇内的一个区域，按有关居住区设计规范，前两者为居住区级的规模，后者则属于住宅小区，道路分级也相应变为四个级别[2]；其他6个城镇则属于人口在3万～15万的中心镇镇区，道路分为干路、支路两个级别。为了便于分析，本书对10个城镇均以主路、次路、支路三个级别进行分级比较，其中，临港新城只反映主城区（一期）规划的道路分级情况（表3.3.1.1–A，表3.3.1.1–B）。

表3.3.1.1–A　"一城九镇"城镇道路的分级（道路红线宽度，单位：米）

道路分级	临港新城主城区（一期）	枫泾新镇	朱家角镇	罗店新镇	浦江镇
主路	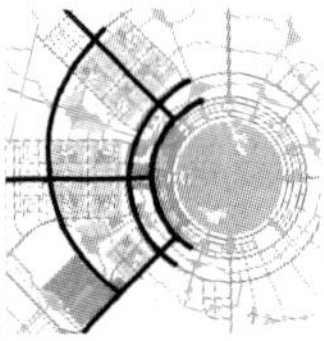 50，60，100	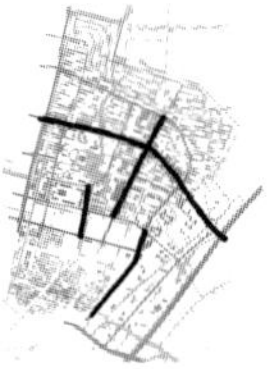 40，50	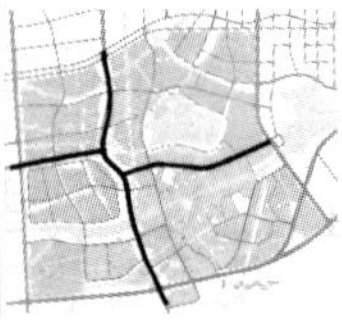 20，32	 32，36	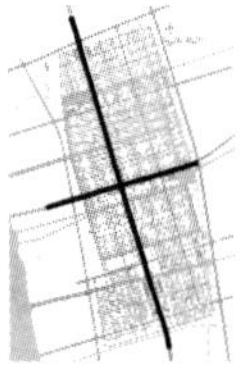 50，58
次路	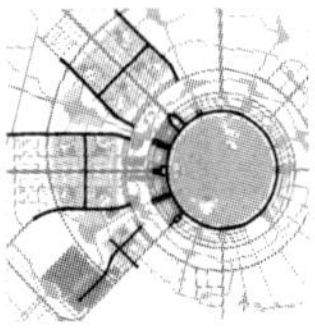 35，40，50	 30	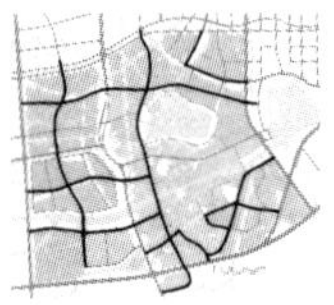 16，20，24	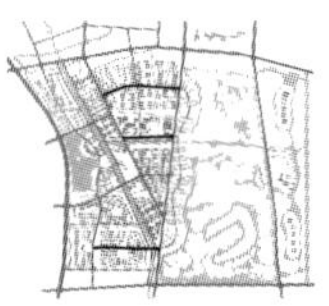 24	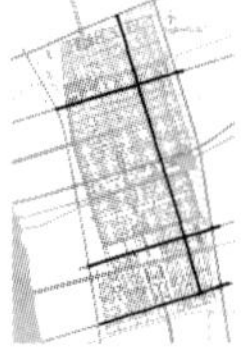 40
支路	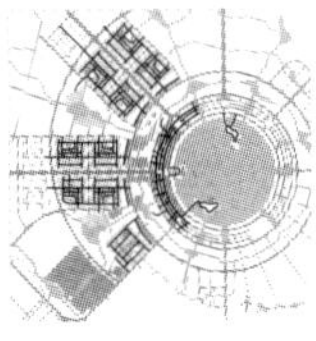 16，18，35	 12，18，24	 8，10，12	 18，9	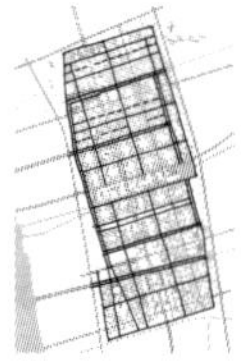 16，17，20

[1] 按人口规模，我国将城市划分为：特大城市（>100万人口，以下单位同）、大城市（50～100）、中等城市（20～50）、小城市（10～20）、镇（<10）。详见汤铭潭，宋劲松，刘仁根，李永洁主编.小城镇发展与规划概论.北京：中国建筑工业出版社，2004：9.

[2] 按《城市居住区规划设计规范》(GB50180–93)（2002年版），居住区分为居住区（3万～5万人，以下单位同）、小区（1～1.5）、组团（0.1～0.3）三级。道路则相应分为居住区道路（≥20米）、小区路（6米～9米）、组团路（3米～5米）、宅间小路（≥2.5米）。详见中华人民共和国建设部.城市居住区规划设计规范.北京：中国建筑工业出版社.2002：1，20–21.

续 表

道路分级	奉城镇	陈家镇	“泰晤士小镇”	安亭新镇（西区）	“高桥新城”
主路	35,60	50	13,30(入口)	40	20,24
次路	30	35	9,9.5	28	14,16
支路	20,24	20	7.5,9	12,15	6,12(步行街)
图例	主路	次路	支路	步行街	步行街区

注：1.“泰晤士小镇”、安亭新镇、“高桥新城”的道路宽度反映的是按居住区内道路进行的分级；
2. 表中道路的宽度数值与分级根据各城镇不同深度规划设计资料综合判断，仅供进行基本分析参考；
3. 图中所示步行街或街区尺度数据暂不列出，“高桥新城”步行街因规划中列出道路红线宽度，则将之归为支路。其他详见3.3.3节。

表3.3.1.1-B “一城九镇”不同级别道路宽度比较（单位：米）

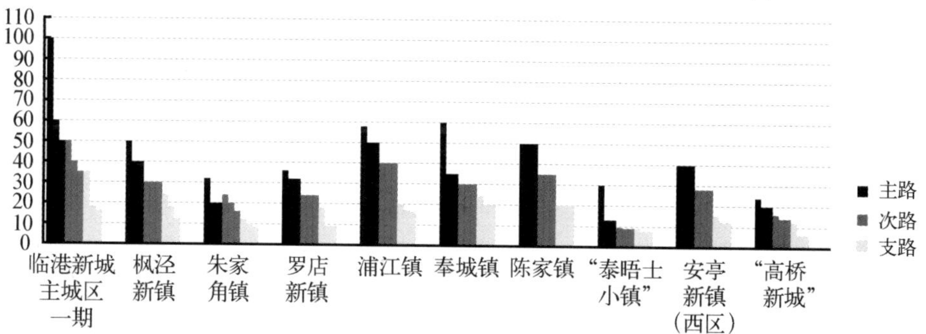

注：表中各个道路级别的宽度均以同色的三个柱形表示，若在某级别具有变化，显示高、低不同的锯齿柱形，没有变化则是平齐柱形。

以上两个图表分别描述了10个城镇不同分级道路的位置、数量、宽度以及相互之间的比较状况，体现了以下特征：

（1）以道路的级别、宽度与位置体现结构性与象征性：在实例城镇中，主路宽度在50米或以上的有临港新城、枫泾、浦江、奉城以及陈家镇，其中有四个城镇的形态结构均以轴线型道路作为城镇空间的构架。其中，临港新城的放射与圈层主体结构分别以100米和50米及以上的主路形成；浦江镇的十字形轴线，奉城的线性脊椎轴线，枫泾通往古镇区的轴线均是类似的方式。虽然陈家镇的50米主路形态与放射性结构并不吻合，但主路限定了四个片区的大型区块，其网格结构形成了棋盘式的区域布局。这些实例的主路不仅以宽度和位置体现了城镇结构，而且也体现了街道的象征性。

关于轴线大道对城市形态的原型意义，我们在城镇结构与相关实例的解析中作过讨论，从中可以看出，强调线性构架与象征性的显著方式之一是使用高级别与宽阔的道路。值得一提的是，虽然道路的宽大并不意味着机动车道占据了其整个宽度，但对于街道空间，尺度与比例却是不近人的。刘易斯·芒福德对巴洛克式那些笔直、宽广的大街及其对现代城市的影响如此评价：“虽然迅速沟通了远处的交通，但其宽广程度却为大街的两对面的通行设置了一重障碍；直到近来有了交通信号灯，人们要穿过这样的宽的马路，即使马路中间设置了行人安全岛，仍然很危险”[1]。

（2）分级对街道生活的影响：很显然，宽阔的主干道路更多地将道路空间给予了交通，发生在街道上的社会活动将主要集中于次路、支路等低级别道路上。分级的形式不仅使街道具有了宽度上的变化，还使人们从街道长度的印象中反映出对速度的认识。除了上述以宽阔大道体现结构和象征的实例外，其他城镇的主路基本上在30米上下。其中，有两个实例的道路分级情况值得关注，一个是朱家角镇，其最宽的主路宽度为32米，次路为24米；另一个实例为安亭新镇，主、次路分别为40米、28米，后者的用地规模为2.4公顷（西区，总用地4.1公顷），是前者的25%（西区，总用地的43%），但主、次道路宽度却比前者分别多出8米和4米。结合两个城镇道路级别的密度分布形态，也反映了道路分级形态的两种类型：逐级渗透型和区块独立型。

朱家角镇以较小的道路宽度级差相互衔接形成了逐级渗透的道路线网系统，这类形式也体现在“泰晤士小镇”内圈区域以及浦江镇密集的支路网格中（虽然其道路也是较为宽阔的形式）。这种类型的道路线网以次、支路形成了渗透性，成为支持

---

[1]（美）刘易斯·芒福德．城市发展史——起源、演变和前景．倪文彦，宋俊岭译．北京：中国建筑工业出版社，2005：418.

城镇街道生活的有利因素。

安亭新镇则是利用宽阔的主、次道路首先划分了区块，然后在相对独立的区块内以支路和步行街道形成了具有高渗透性的街区。这些支路与步行道向主次道路形成了密集的开口，这意味着由于可能的频繁穿越，宽阔道路的交通性反而被削弱，道路宽度与交通具有一定的矛盾性。区块独立型的道路布局方式在临港新城、陈家镇更为典型，主、次道路成为大型区块的边界，这种“超级街区”模式造成了街道空间渗透性的削弱，在一定程度上，“肌理粗糙的干道网络将承载非本地的交通，而只让每个单元内部的街道或者道路自行解决内部交通”[1]，由此，城镇的街道空间犹如交通性的公路，富有生气的街道生活只能被限制在一个自我封闭的区块当中（图3.3-1）。

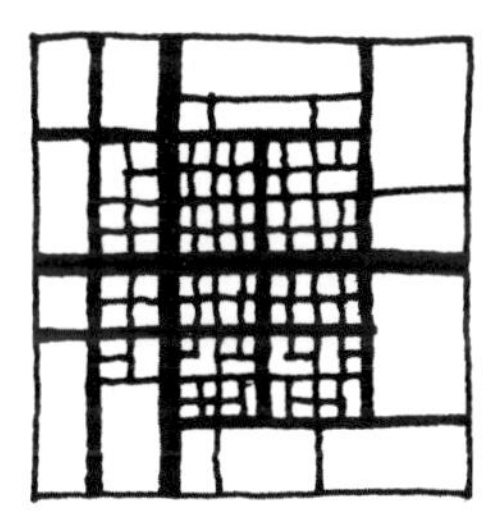

逐级渗透型：街道空间具有高渗透性，支持街道上的公共生活

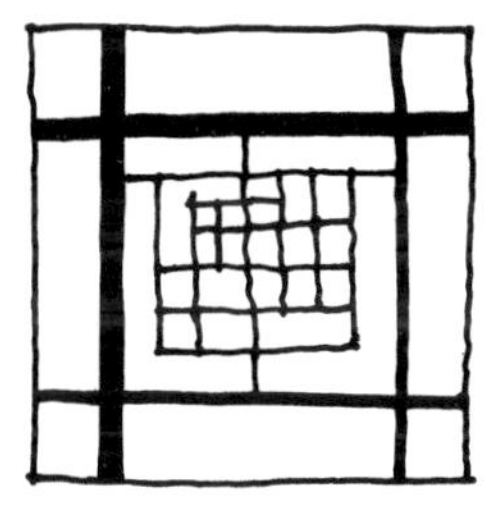

区块独立型：“超级街区”形成封闭的系统，街道生活被局限在区块内

图3.3-1 对街道生活影响的两种道路分级类型

2. 道路与结构元素的关系

不同级别的道路以不同的方式建立了与城镇结构要素的关系。道路分级将道路从线网中独立出来，在三个分级的道路中，主、次道路通常成为城镇结构的轴线，也是中心与节点的联系者，同时也建立了与高速公路、公路、城市主干道等对外交通的直接联系。在进入城镇时，与边界交叉形成城镇的入口。区域的划分常常也是主、次路布局的重要依据，主路更多地连接公共性较强的区域，次路则成为片区等区域性街道；城镇支路构成了街区内部的联系网，并结合街头广场、街头绿地公园成为最贴近人们生活的线性空间。“街道是建立在人类活动的线性模式基础上的”[2]，支持这种活动的因素，除了街道本身，还需要区域、节点等要素的配合，由于它们的共同作用，为街道空间建立了的可识别性（表3.3.1.2-A）。

[1]（英）Matthew Carmona等编著.城市设计的维度：公共场所—城市空间.冯江，袁粤，万谦，傅娟，张红虎译.南京：百通集团/江苏科学技术出版社，2005：70.
[2]（丹麦）杨·盖尔.交往与空间（第四版）.何人可译.北京：中国建筑工业出版社，2002：93.

表 3.3.1.2–A “一城九镇”不同分级道路与城镇结构元素的关系分析

城镇		结构元素	主路	次路	支路
临港新城主城区（一期）	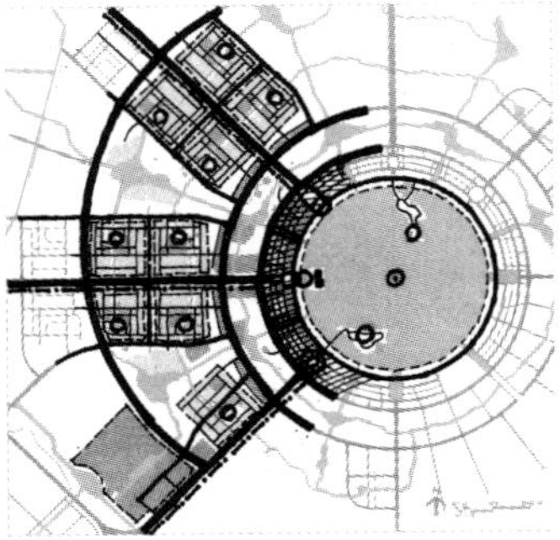	线网	主干放射、圈层结构，连接对外线网	辅助性，联系、强化主路	形成中心、组团主要线网
		区域	限定内、绿、外圈区域，穿过放射组团片区，联系外围区域，形成大型区块	限定中心、片区内放射组团，形成组团区块，联系中心区内、外圈，联系组团	覆盖中心区、组团内区域
		轴线	为放射轴线	强化放射轴线	放射轴线间的连接
		边界	形成内、绿、外圈区域之间，放射组团之间边界	形成中心区与湖面之间、放射组团之间边界	组团内街区边界
		中心	自中心区放射，自圆心同心圆圈层，中心区主交通	圈层之间的放射性联系，强化中心圈层	中心区内的联系
		节点	放射路在中心区形成对景节点，主轴干道以主标志物为端点	轴线对景节点周围主要道路，串联内圈层节点	联系中心区内节点，沿路形成组团内节点
枫泾新镇		线网	横向主干，纵向不连续，连接对外线网	基本为半环形，联系主路，局部中断	片区、组团联系，连接主、次路
		区域	横向联系主、次中心及组团，限定片区，联系外围区域	形成圈层区域结构外圈的限定，联系外部圈层区域	两面限定并通过中心区，组团内部道路
		轴线	自中心区向古镇区轴线	横向轴线的端点	连接两条不同轴线端点
		边界	部分形成片区边界，与边界道路连接形成主要入口	形成与外部圈层片区的边界	形成中心区两个方向的边界，部分组团边界
		中心	旁经中心区，自中心放射	旁经中心区	旁经并穿过中心区
		节点	联系中心节点与外部，纵横交叉处设节点	串联中心区外节点	连接中心区边缘的两条轴线端部节点，节点之间形成主要标志物桥体

续 表

城镇	结构元素	主路	次路	支路
朱家角镇	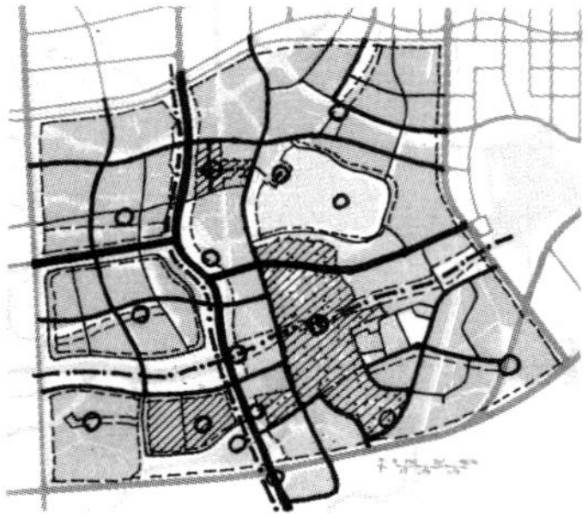 线网	主干纵轴线、横向主路T字交叉,连接主要对外线网	片区主要道路,穿过片区,限定组团,连接对外线网	组团内道路,连接次路
	区域	限定片区	限定组团,联系片区、组团区域	片区、组团内联系性道路,部分限定组团
	轴线	纵主轴	与轴线平行	部分部轴线连接
	边界	形成片区边界,与边界道路连接形成主要入口	部分为古镇区边界,组团边界	部分形成组团边界
	中心	分别串联古城、行政、片区中心,中心沿路布局	旁经古镇、行政、片区中心	行政中心联系性道路,旁经古镇、片区中心
	节点	纵向串联主要节点	旁经片区中心与湖面节点,串联组团主要节点	绕湖面节点、旁经行政中心节点及其标志物
罗店新镇	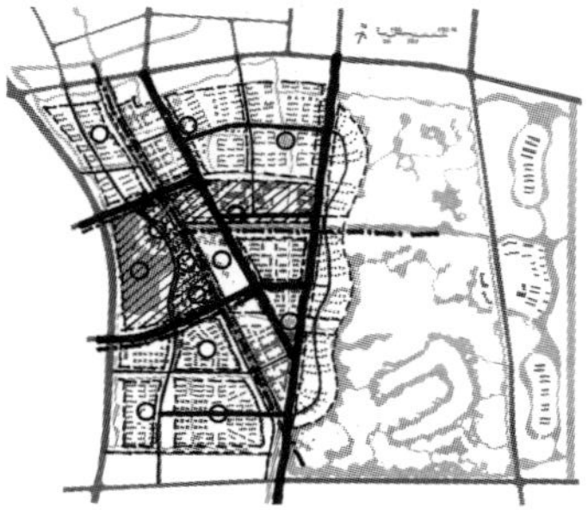 线网	形成枝形主干,对外联系	补充形成枝形线网,均为东西向	自由曲线形,主体贯通镇区南北,在线网结构中变异
	区域	限定、联系中心区与片区	为中心区行政区部分、南北侧两个片区的主要道路	中心区,东侧低密度片区内主要道路,组团内道路
	轴线	与河道主轴成拓扑关系	部分与轴线平行	局部以广场与轴线相切
	边界	镇区、绿地区边界,中心区、片区边界,与边界道路连接形成主要入口	中心区行政区部分,部分组团边界	中心区内部分为水面边界,部分为组团边界
	中心	三面围合中心区	旁经中心区行政区部分	中心区内主要联系道路
	节点	纵向联系中心区内、外节点	串联组团中心节点	串联中心区主要节点

续 表

城镇	结构元素	主路	次路	支路
浦江镇	线网	形成主干十字形结构，连接对外线网	补充主路十字结构形成格网形主干线网	正交形式与主、次路组成正方形方格线网，部分与河道并行
	区域	引导中心区，限定与联系主要片区	与主路共同形成大型区块，联系片区	河两侧并行形成圈层区域结构，限定片区
	轴线	建立十字形轴线	与轴线平行，正交	与轴线平行，遇纵轴穿行，横轴尽端
	边界	形成中心区、部分片区边界，与边界道路连接形成主要入口	街块边界，与边界道路连接形成入口	参与形成镇区边界，片区、街块边界
	中心	沿横向主路形成带形中心区，纵主路与中心区立交	纵向正、平交穿过中心区	中心区南侧道路
	节点	串联主要节点	串联片区节点	旁经、穿过组团节点
奉城镇	线网	主要交通性、脊椎道路，与边界道路连接形成主要入口	纵向主路的补充形式，主要形成纵向分隔	四条平行轴线之一，纵向形成平行轴线的连接线网，部分形成格网
	区域	横向串联片区、组团	以此为主限定片区	限定街块
	轴线	主脊椎轴线，四条平行轴线中的两条	部分与轴线平行，多数纵向分割平行轴线系统	四条平行轴线之一，纵向分割平行轴线系统
	边界	纵路形成镇区边界，部分建立片区边界	部分形成片区边界，纵路与边界道路连接形成入口	街块边界
	中心	两侧旁经中心区	单侧中心区道路，连接古镇区与新区中心	中心区内主要道路，线形变异形式
	节点	串联主要节点	部分与横轴交叉形成节点	组织中心区内主要节点

续 表

城镇	结构元素	主路	次路	支路
陈家镇	线网	建立格网形大型区块，与边界道路连接形成主要入口	片区内道路线网主体，中心片区圈层结构构架	片区内局部线网补充联系，参与中心片区圈层结构的形成
	区域	建立三个主要片区区域	限定片区内组团或街块	限定部分街块
	轴线	以轴线近对称布局，轴线以对角线方式与其交叉	与放射轴线平行、并行	东侧横向主轴，双路并行形式
	边界	为片区区块边界	片区内组团或街块边界	部分街块边界
	中心	片区中心位于区块几何中心	各片区中心区主要道路，限定中心区	参与形成中心片区同心圈层结构
	节点	联系交通枢纽节点与各片区	旁经片区节点	部分旁经片区内组团节点
「泰晤士小镇」	线网	弧线环形，圈层结构的主体，与边界道路连接形成三处主要入口	内圈中的补充线网形式	内圈的补充连接性道路形式，内、外圈低密度组团的主要道路线网
	区域	限定中心、内、外圈区域	部分限定中心区、街块	组织内圈低密度、外圈组团区域
	轴线	变异圆弧形以主轴线对称布局	以轴线对称布局	与步行街次轴线端点相交
	边界	形成内、外圈层，中心区部分边界	中心区、不同密度区域部分边界	部分为外圈组团边界
	中心	遇中心区变异绕行	中心区外围两侧道路	无直接联系
	节点	旁经中心节点，道路交叉处形成节点	旁经教堂等标志物节点	部分道路交叉处形成节点

续 表

城镇	结构元素	主路	次路	支路
安亭新镇(西区)	线网	环形主路建立圈层主结构，横向主路联系东区	与主路共同形成井字道路线网，对外联系建立主入口	与次路连接，尽端式；步行道为区块内主要线网形式
	区域	形成内、外圈层与片区	限定中心、内圈较大区块	组团的机动车道路，步行线网组织街块
	轴线	横向主路为十字横轴	与轴线平行布局	支路无联系，步行线网通往轴线
	边界	内、外圈层与片区边界	内圈区块边界	街块边界
	中心	横向主路旁经中心区	两侧旁经中心区	无直接联系
	节点	旁经中心区节点与入口处节点	旁经中心节点、入口节点，并与一处街头广场节点为对景	部分支路旁经组团节点，步行线网交叉形成节点，步行街连接中心与组团节点
「高桥新城」	线网	偏心设置，建立对外线网联系	连接主路成格网，在几何中心形成圆形道路，形成圈层结构中心	东侧组团内道路
	区域	限定中心区及部分组团	部分限定中心区、组团，形成密度区域圈	组织所处组团
	轴线	与步行街主轴正交	轴线与平行次路正交，并通过圆形次路圆心	无直接联系
	边界	组团边界	组团边界	无直接联系
	中心	分割中心区广场与步行街	部分旁经中心区	无直接联系
	节点	旁经中心区节点与入口广场节点	与轴线交叉处形成节点	无直接联系

注：表中插图均为作者根据各城镇规划平面图绘制。

表 3.3.1.2-B 不同分级道路与城镇结构元素关系的类型特点

道路分级	线网	区域	轴线	边界	中心	节点
主路	线网主构架，主导方向，连续性、交通性强，建立对外联系	限定、联系城镇中心区域及主要片区，公共性强	轴线形式之一，与其他形式轴线建立联系	边界形式之一，与边界交叉形成入口，区域边界	直接联系，联系交通枢纽	连接主要节点与标志物
次路	与主路共同建立线网主构架，具有一定渗透性、交通、生活性，可建立对外联系	限定联系片区、组团等区域，公共性较强	轴线可能形式之一，与轴线建立联系	边界形式之一，与边界交叉形成入口，片区、组团区域边界	与中心联系，中心区内交通联系	连接区域节点与标志物
支路	片区、组团道路线网，渗透性、生活性强，交通性较弱	组织组团、街区区域空间，具有公共、半公共性	可能连接轴线	组团、街块边界	中心区内局部联系	连接街头节点，连接半公共性节点
基本类型及其实例	主路偏心式：需次级道路补充形成线网主体结构	主次路穿过区域式：次级道路与主次路联系密切，具渗透性	主路轴线式：主路形成，或参与形成主轴线，强调主路	主次路边界式：主次路参与形成边界，强化边界	主次路多面围合式：主次路多边限定中心区，削弱对外渗透	主次路串联式：主次路串联主要节点，提高其可度量性
	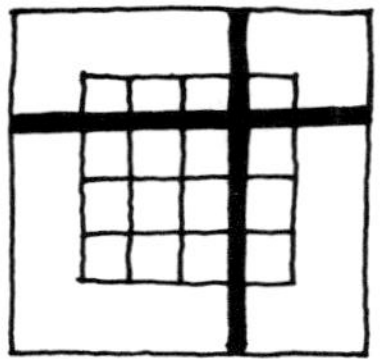	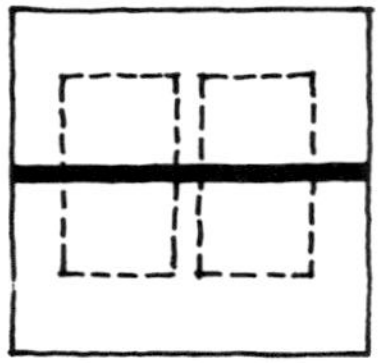	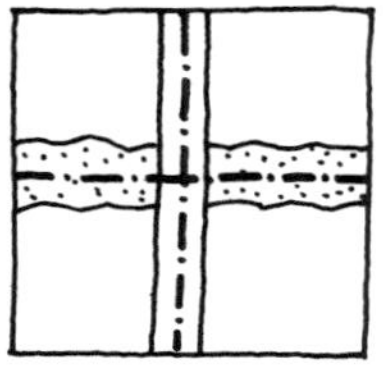	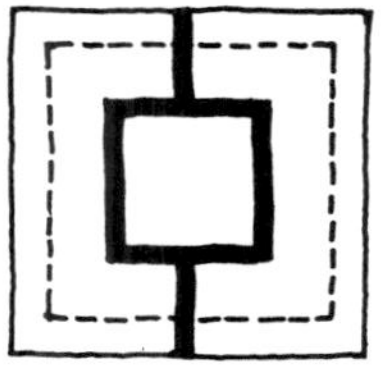	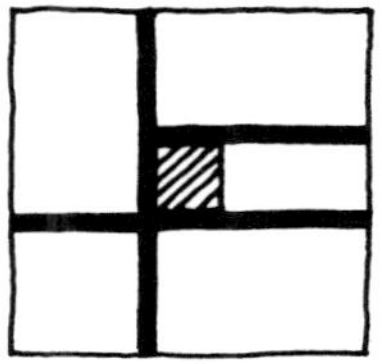	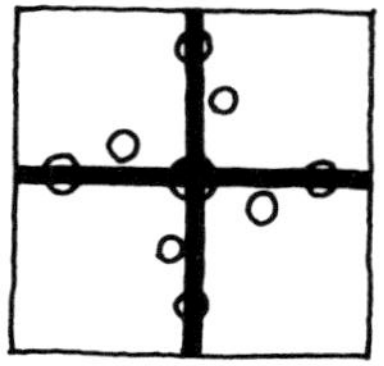

续　表

道路分级	线　网	区　域	轴　线	边　界	中　心	节　点
基本类型及其实例	枫泾、高桥主路，安亭横向主路	枫泾、朱家角、罗店、浦江、奉城、“泰晤士小镇”内圈、安亭部分区块、高桥	临港新城、枫泾、朱家角、浦江、奉城、安亭新镇	临港主城区中心区与组团、陈家镇、枫泾、奉城镇	临港新城、罗店、奉城、陈家镇、安亭新镇、“高桥新城”	临港中心区、枫泾、朱家角、罗店、浦江、奉城镇、“泰晤士小镇”、安亭、高桥
	主路居中式： 次级道路分布均衡，主路控制线网结构	主次路旁经区域式： 次级道路与主次路联系弱，渗透性低	非主路轴线式： 主路不参与形成轴线，但建立一定联系	主次路非边界联系式： 主次路不参与边界构成，但与边界联系	主次路单面旁经式： 主次路1～2边旁经中心区，渗透障碍减少	组团中心式： 在组团中心形成节点，一般由支路联系
	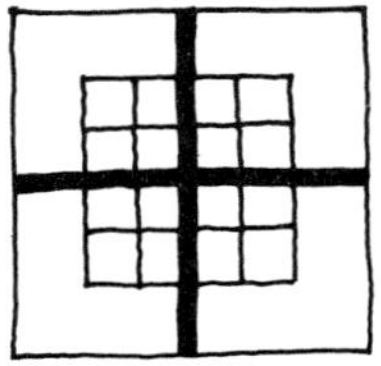	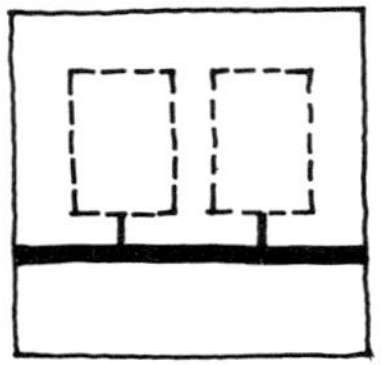	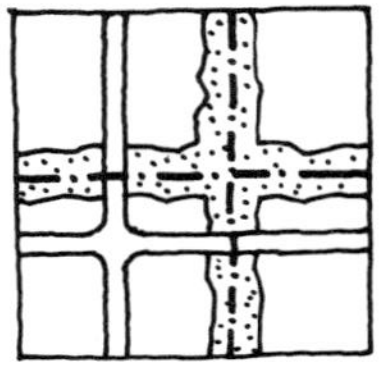	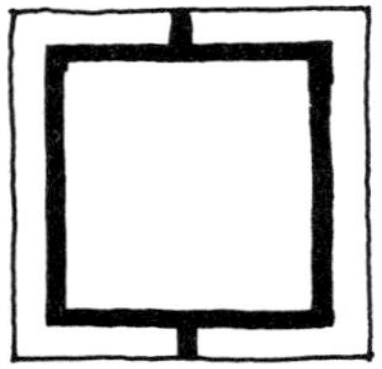	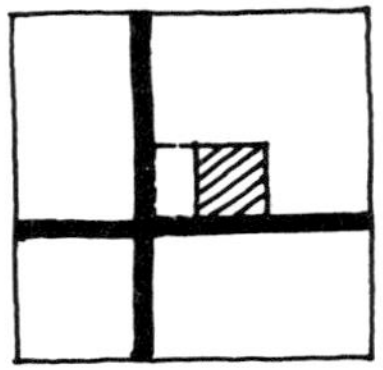	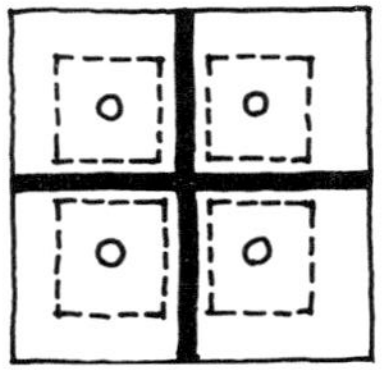
	临港新城、朱家角、罗店、浦江、奉城、陈家镇、“泰晤士小镇”、安亭环形主路	临港主城区放射组团、陈家镇片区、枫泾、“泰晤士小镇”、安亭、罗店外围组团	罗店、陈家镇、“泰晤士小镇”、“高桥新城”	枫泾、朱家角、罗店、浦江、“泰晤士小镇”、安亭、“高桥新城”	枫泾、朱家角、浦江镇、“泰晤士小镇”	临港组团中心，枫泾、罗店、奉城中心区内、浦江镇街块内、陈家镇片区内、安亭、高桥组团内

注：表中插图均为作者绘制。

根据以上的分析，实例中各个分级的道路以不同的方式与城镇结构元素之间建立了关系。在关于城镇结构形态的分析中，道路线网是城镇结构的主要构架，也以此为主建立了结构图形。三种不同的基本分级对于街道来说，本身在平衡交通性与社会生活性的过程中被打上了清晰的可意象的烙印。因此，在与城镇结构元素建立联系的过程中，道路的可意象性以不同的方式可以得到强化或者削弱。在实例对此所形成的类型中可以看出这些特点（表3.3.1.2-B）。

3.3.2 道路的形态要素

同样作为构成城镇公共空间的主体之一，与城镇广场相比，道路空间的构成元素除了具有基面和界面之外，还由于它的线性性质以及交通功能，使元素本身及其属性显得更为复杂。

从线的形式本意出发，一条线是"用来描述一个点的运动轨迹，能够在视觉上表现出方向、运动和生长。……它之所以被当成一条线，是因为其长度远远超过其宽度"[1]。对于街道而言，方向性、运动性和连续性是在长度上实现的，它的形式可以是直线、折线，也可以是曲线。

因此，线形成为道路形态在长度方向上的重要构图因素，不仅是体现了其自身的形式与变化，而且对形成城镇空间结构以及建立可感知的空间形态具有直接的影响。道路形态的另一个重要元素是道路的断面形态，它既能反映道路基面上人与车的空间关系，又可以体现围合道路的界面尺度与比例关系，关乎道路的空间品质。

1. 道路的线形

城镇道路系统中的主路或交通性较强的次路，在线形设计上有直线、圆曲线、缓和曲线三种基本形式[2]及其组合。直线虽然是最普遍的形式，它的变形可以形成不同角度的折线，但对车辆的行驶而言，折线形需要圆曲线或缓和曲线的连接。曲线形式的街道因对地形具有较强的适应能力，以及能够使街景产生变化等因素，被广泛地应用于街道线形设计中。

曲与直，作为不同的形式语言，不仅仅是出于对技术的考虑，而且是被当作体现城镇空间秩序与景观表现力的手段。自文艺复兴时期，城市街道的线形设计开始追求平直与宽阔，一改中世纪的不规则街道线形特征，是"对笔直的街道景观和统一的街道布局的崇拜"[3]。与此相反，那些有机形态的自由曲线形街道从18世纪的自

---

[1] 程大锦（Francis D.K. Ching）. 建筑：形式、空间和秩序（第二版）. 刘丛红译. 天津：建筑情报季刊杂志社，天津大学出版社，2005：8-9.

[2] 李清波，符锌砂编著. 道路规划与设计. 北京：人民交通出版社，2002：146.

[3]（美）斯皮罗·科斯托夫. 城市的形成——历史进程中的城市模式和城市意义. 单皓译. 北京：中国建筑工业出版社，2005：70.

“如画风格”起也成为郊区城镇道路线形设计的新宠。这些不同的观念均体现出道路线形设计对城镇空间造型的重要性。

关于“一城九镇”的道路线网形态，我们通过以前有关章节对道路线网和城镇结构图形的分析已经有所了解。城镇的结构图形基本上反映了道路的线形形式，其中，有完全排斥曲线，采用直线正交形式的实例，也有大部分采用曲线道路线形的设计，多数城镇道路线形设计通常是直与曲的组合形式，只是在具体运用上具有不同程度的偏重（表3.3.2.1–A）。

由表3.3.2.1–A的分析，可以看出实例城镇道路线性设计的基本特征，可以归纳为以下特点及类型：

（1）基本几何线形的运用：在实例的主、次道路线形设计中，圆形、正方形以及三角形成为主要的三种形态类型。其中，圆形成为较为普遍的形式，表现为三种不同的形式。

第一种是整圆形。临港新城、陈家镇规划均在城镇中心区采用了整圆的主、次道路线形，并以圆心作为城镇空间结构的原点。

第二种是不闭合圆形。“高桥新城”规划在片区的几何中心设置的次路便是这种形式，两条平行道路穿过圆形，其中的一条直线道路使圆形道路线形断裂，中断的圆形形态由水面、建筑进行补充，从而形成整圆形。

第三种是半圆形。“泰晤士小镇”的规划设计使用了环行的自由曲线主路形式，主路中心区局部中断，与一个半圆线形相接，将中心区的外围部分包裹起来，半圆形的圆心成为中心广场的几何中心。

三个城镇使用的圆形道路均体现了造型的独立性，圆形道路与其他线形道路之间没有使用缓和曲线等连接方式，强化了圆形形态的清晰与显著性。

在主、次道路线形设计中运用正方形的典型实例为浦江镇，在道路线网中，三个级别的道路线形被正方形网格控制，只是在边界处的某些局部采用了斜直线的线形。临港新城和奉城镇片区或组团的主、次道路线形设计则采用了接近正方形的形式。

在几何形式上，由于至少具有两个锐角，三角形在道路线形设计中较少被采用。罗店新镇的规划主路在交叉处使用了三角形线形，锐角的交叉形式对道路的机动车交通可能会带来一定的影响，其三角形来自于对地形环境形态，对城镇形态起到了重要的结构性作用。

“格式塔[1]心理学指出，为了理解特定的特定的视觉环境，大脑会对其进行简化。至于形式的构图，我们倾向于将视野中的主题进行最大程度地简化，并简化为

[1]“格式塔”（Gestalt）在德语中意义为“造型”，在许多著作中被音译为“格式塔”，作者注。

表 3.3.2.1-A “一城九镇”道路线形分析

城镇	临港新城主城区（一期）	枫泾新镇	朱家角镇	罗店新镇	浦江镇
道路线形示意图					
主路	向心放射直线，同心整圆曲线，垂直交叉	直线，反向直曲相接组合，直角交叉	反向连续曲线，直线，反向直曲相接组合，近直角交叉	直线为主，局部反向直曲相接组合，直角、近直角、不同角度锐角交叉	直线，直角正交
次路	直线局部折曲，同心整圆曲线，局部变形曲线，直角交叉	直线，同向、局部反向直曲相接组合，直角、近直角交叉	同向、反向曲线、直曲相接组合，直角、近直角、局部锐角交叉	直线，直曲相接组合，直角、不同角度锐角交叉	直线，垂直正交
支路	直线，同心整圆曲线，湖畔岛支路连续曲线，直角、中心区内局部近直角交叉	直线，同向直曲相接组合，直角、近直角交叉	直线，同向、反向曲线、直曲相接组合，直角、近直角、局部锐角交叉	反向自由曲线，直曲相接组合，不同角度锐角交叉	直线，局部圆曲线相接，直角、近直角交叉

续　表

城镇	奉城镇	陈家镇	“泰晤士小镇”	安亭新镇（西区）	“高桥新城”
道路线形示意图					
主路	直线、曲线同向相接组合，直角、近直角交叉	直线，反向直曲相接组合，直角、近直角交叉	闭合同向、反向连续自由曲线，圆形曲线，入口处直线，直角交叉	闭合正、反向曲线、直曲相接组合，直角、近直角交叉	直线，直曲相接组合，直角、近直角交叉
次路	同向、反向直曲相接组合，直角、不同角度锐角交叉	放射直线，同心圆曲线，直线，同向、局部反向直曲相接组合，直角、近直角、局部锐角交叉	反向曲线、直曲相接组合，局部直线，直角、近直角交叉	直曲反向相接组合，直角、近直角交叉	直线，局部圆曲线连接，不闭合整圆形，不同角度锐角交叉
支路	直线，反向曲线、直曲相接组合，直角、中心区不同角度交叉	同心圆曲线，直线，同向直曲相接组合，直角、近直角交叉	直线，同向、反向曲线、直曲相接组合，直角、近直角交叉，局部锐角交叉	直线，直角、近直角交叉	直曲相接

注：1. 表中“直曲相接”指道路线形非平行直线以圆曲线形连接。
2. 表中插图均为作者根据各城镇规划平面图绘制。

最基本的形状。一个形式越简单、越规则，它就越容易使人感知和理解”[1]。圆形、正方形、三角形是几何形中最基本的三种形式[2]，上述城镇在规划中运用这三种基本几何形式，一方面建立或强化了城镇的空间结构，另一方面，也加强了人们对城镇空间结构的可感知性（图3.3–2）。

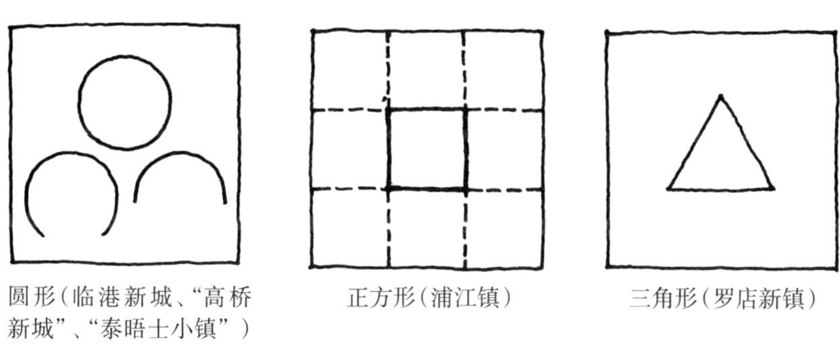

圆形（临港新城、“高桥新城”、“泰晤士小镇”）　正方形（浦江镇）　三角形（罗店新镇）

图3.3–2　不同城镇道路线形设计对三种基本几何形的运用

（2）道路线形设计中的拓扑关系：拓扑学起源于数学的研究，是“研究几何图形在一对一的双方连续变换下不变的性质”[3]。部分实例城镇道路线形设计体现了拓扑的造型方式，表现为道路线形与环境元素、结构元素在形式上产生同构性关系。共形成了三种类型的拓扑关系。

第一种是道路线形与体现象征性的元素形成拓扑关系。如：临港新城的主干道路线形与具有象征意义的整圆形“滴水湖”建立了同心的几何关系，在其主城区一期规划中，西侧圆弧形主路虽然与“滴水湖”不同心，但通过与同心圆系统建立对称关系等方式，形成线形的同构性。朱家角镇的主路线形与象征古镇的“人”字形河街建立了拓扑关系。

第二种类型为道路线形与自然或地形元素形成拓扑关系。实例中如罗店新镇的主路线形，与原有的“Y”形河道建立了拓扑关系，拓扑形与原型在方向上形成变化；奉城镇的平行线道路系统与带形的镇区地形形成了一致性，道路的曲线线形尽管具有不同的变化，但平行、线性的结构关系没有被改变。

第三种类型是在不同道路组合间建立线形的拓扑关系。枫泾新镇和浦江镇的道路线形具有自身的拓扑性质，前者由次路形成了同向的直曲相接线形，线形与中

[1] 程大锦（Francis D.K. Ching）.建筑：形式、空间和秩序（第二版）.刘丛红译.天津：建筑情报季刊杂志社，天津大学出版社，2005：38.

[2] 同上。

[3] 转引自潘谷西主编.中国建筑史（第四版）.北京：中国建筑工业出版社，2001：228.

心区的道路组合类似，由方向转动形成变化；后者的两个“十”字次路拓扑了主路的“十”字线形。这些类型的道路拓扑线形将不同的变化形式以同构方式进行组合，形成了较为整体的道路线网结构（图3.3–3）。

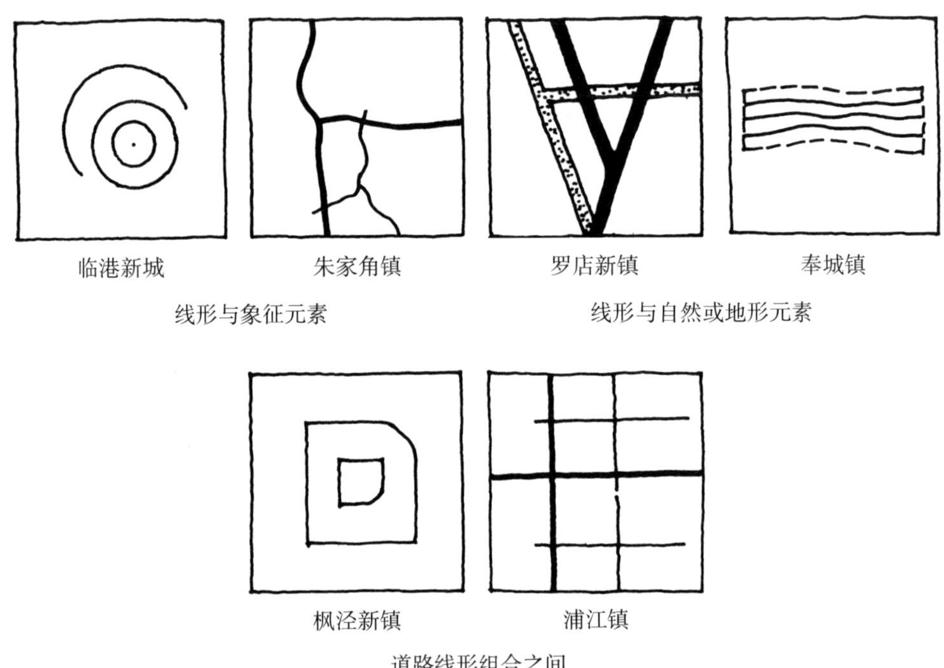

图3.3–3　道路线形产生拓扑关系的三种类型

2. 道路的断面

在道路红线宽度内，对机动车、自行车、人行道以及绿化或其他形式的隔离带进行横向的划分，是道路断面设计的主要内容。断面图是表达设计最直观的方式。对于道路断面设计来说，机动车道与人行道的比例决定了对交通功能的强调程度，同时，类似于广场空间的构成，道路界面的围合性是建立街道活动场所，提高街道空间品质的重要因素。“在建筑和城市设计中，各个要素被安排的方法是通过均衡的使用，或者说是通过给予各个构图要素恰当的分量”[1]。在断面图中，界面高度与路面宽度之间的比例关系反映了空间场所的属性，是观察空间围合性的主要参数之一。

[1]（英）克利夫·芒福汀.街道与广场（第二版）.张永刚，陆卫东译.北京：中国建筑工业出版社，2004：43.

在对实例道路断面进行对比分析之前，首先需要就分析中使用的两组比例数值做一个简要的说明。一组是道路断面中所显示的基面比例关系，我们将重点侧重于道路两侧人行道的宽度和（Wp，包括与人行道相邻的隔离绿地或种植带）与道路总宽度（W）之间的比例数值，简称为步宽比（Wp：W）[1]（图3.2-15）。图3.3-4中显示了这个比例的变化，其中，高速公路（Wp＝0）与步行街（Wp＝W）为两种极端的形式，而城镇内的道路通常是两者间的折衷形式，即车、人行混合性道路。断面的步宽比显示了道路上步、车行道两者关系的平衡。另一组是道路界面高度（H）与基面总宽度（W）之间的比例数值，即高宽比（H：W）。这个数据显示了道路空间的尺度比例关系，通常被用于对街道空间品质的观察（表3.3.2.2-A）。

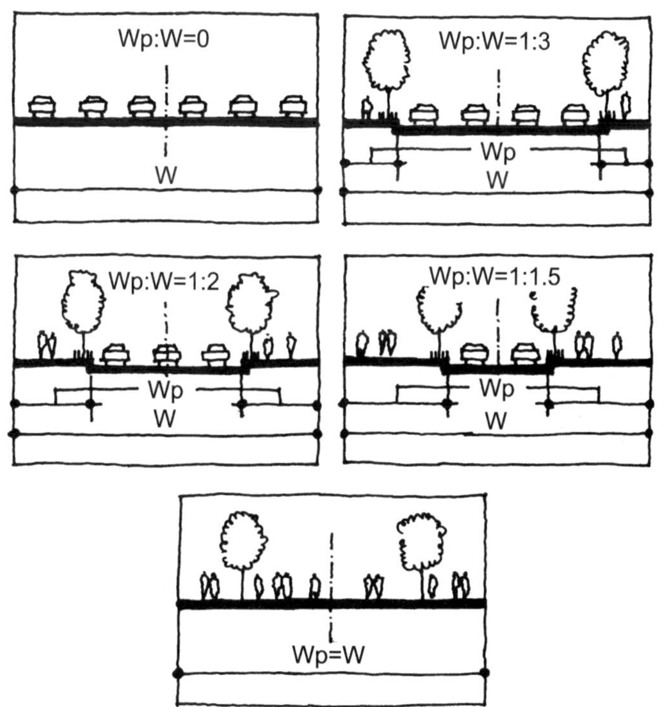

图3.3-4　步宽比由0到与道路宽度相等的变化

---

[1] 有时也被称作“步车道幅宽比”，有两种比例数值，一种是步行道与车行道之间的比值，另一种是单侧人行道与道路总宽度之间的比值（详见（日）土木协会编.道路景观设计.章俊华等译.北京：中国建筑工业出版社，2003：33）。本书采取同一条道路中两侧步行道、相邻隔离带宽度的总和与道路总宽度之间的比例数值，旨在体现处于同一道路两侧的步行道与道路总宽度之间整体的比例关系。

表3.3.2.2-A　实例城镇规划道路断面构成分析

	主　路	次　路	支　路
朱家角镇	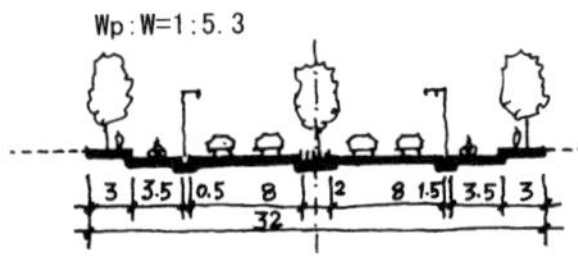Wp:W=1:5.3	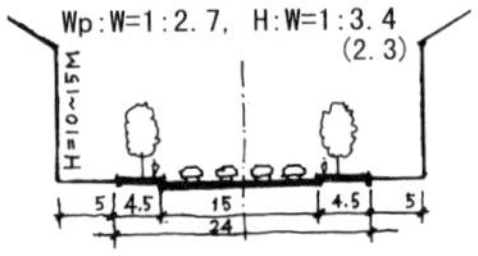Wp:W=1:2.7, H:W=1:3.4 (2.3) H=10~15M	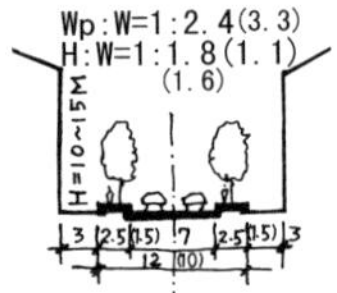Wp:W=1:2.4(3.3) H:W=1:1.8(1.1) (1.6) H=10~15M
		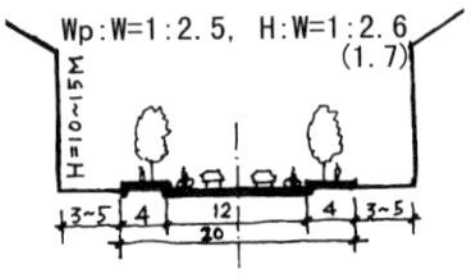Wp:W=1:2.5, H:W=1:2.6 (1.7) H=10~15M	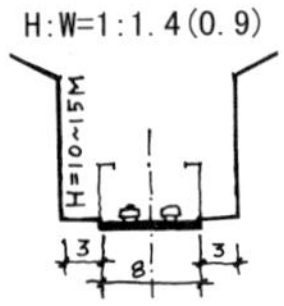H:W=1:1.4(0.9) H=10~15M
特点	1. 分设双向机动车、自行车、人行道，在前两者之间设绿化等隔离带，交通性强； 2. 双向共4条机动车道；断面对称； 3. 人行道与带形公园等公共空间相邻。	1. 分设机动车、自行车混合、人行道，无隔离带，断面简单，生活性较强； 2. 双向共2–4条机动车道；断面对称； 3. 人行道较宽，建筑退界较少易产生围合性。	1. 设机动、自行车混合、人行道或无分割，断面简单，生活性强； 2. 双向共2条机动车道；对称； 3. 空间具有围合性。

	主　路	次　路	支　路
罗店新镇	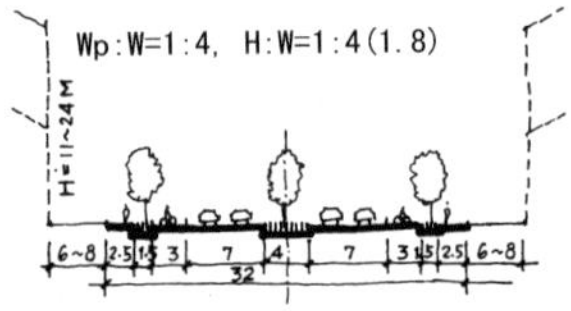Wp:W=1:4, H:W=1:4(1.8) H=11~24M	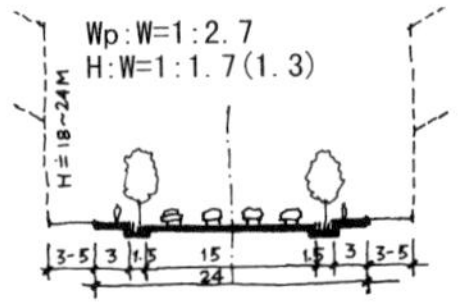Wp:W=1:2.7 H:W=1:1.7(1.3) H=18~24M	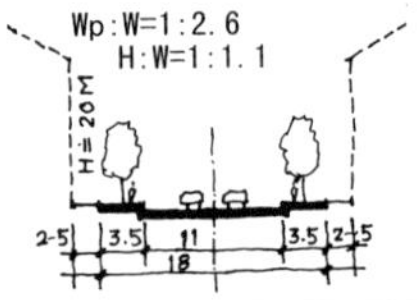Wp:W=1:2.6 H:W=1:1.1 H=20M
	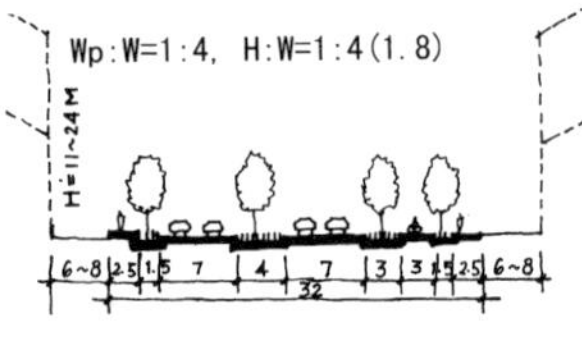Wp:W=1:4, H:W=1:4(1.8) H=11~24M	32米主路远期的断面改变形式 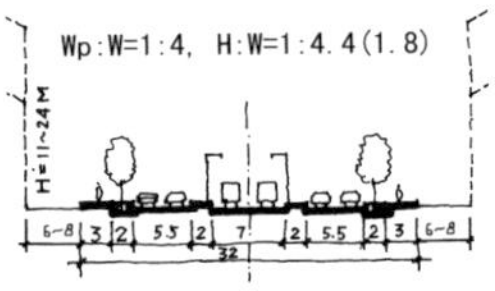Wp:W=1:4, H:W=1:4.4(1.8) H=11~24M	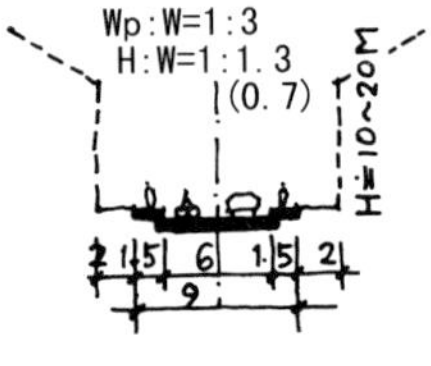Wp:W=1:3 H:W=1:1.3 (0.7) H=10~20M
特点	1. 分设机动、自行车、人行道，前两者之间设绿化等隔离带，交通性强；断面变化强调公共交通； 2. 共4条机动车道，变化形式中间加设2条公交专用道； 3. 人行道局部与河道公园相邻，局部较易围合。	1. 分设机动车、自行车混合、人行道，设隔离带，断面较简单，生活性较强； 2. 双向共4条机动车道；断面对称； 3. 人行道临隔离带，局部较易产生围合性。	1. 设机动、自行车混合、人行道，无隔离，断面简单，生活性强； 2. 双向1–2条机动车道；对称； 3. 空间具有围合性。

续 表

	主 路	次 路	支 路
浦江镇	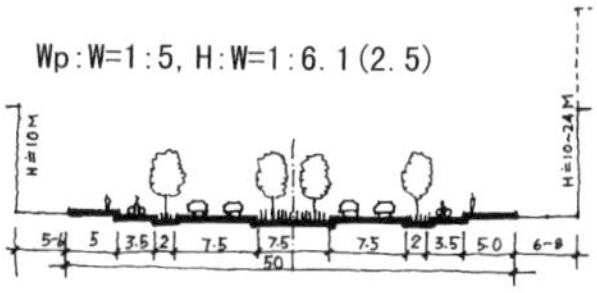 Wp:W=1:5, H:W=1:6.1(2.5)	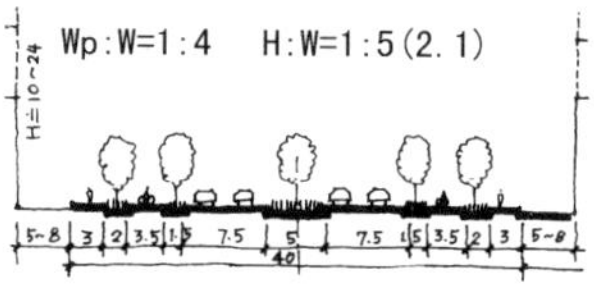 Wp:W=1:4 H:W=1:5(2.1)	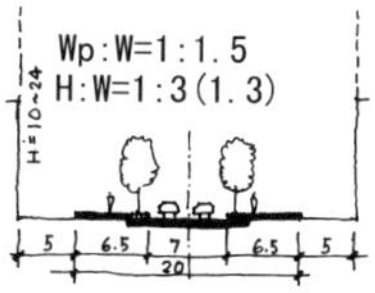 Wp:W=1:1.5 H:W=1:3(1.3)
	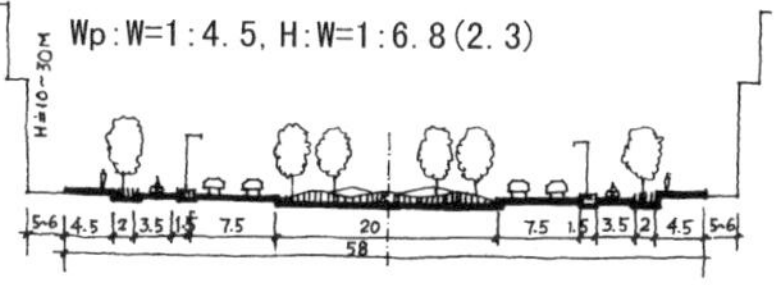 Wp:W=1:4.5, H:W=1:6.8(2.3)	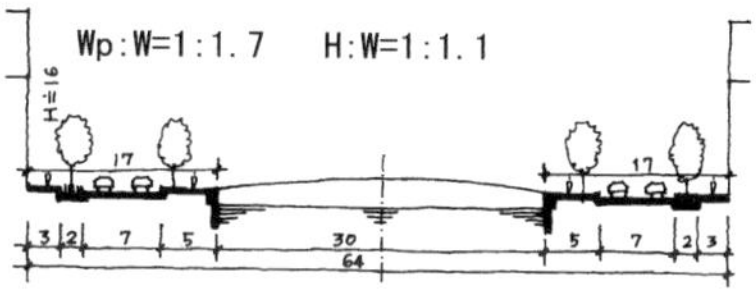 Wp:W=1:1.7 H:W=1:1.1	
特点	1. 使用宽大岛式绿带，可产生一定的公共活动，分设机动、自行车、人行道，前两者之间设绿化等隔离带，交通性较强； 2. 共4条机动车道，断面对称； 3. 人行道较宽，局部较易围合。	1. 分设机动车、自行车、人行道，均设隔离带，交通性较强； 2. 双向共4条机动车道；断面对称； 3. 人行道较宽，局部产生围合性。	1. 支路间设宽大河道，设机动、人行道，无隔离带，断面简单，生活性强； 2. 双向2条机动车道；断面对称； 3. 不临河者具有围合性。

	主 路	次 路	支 路
奉城镇	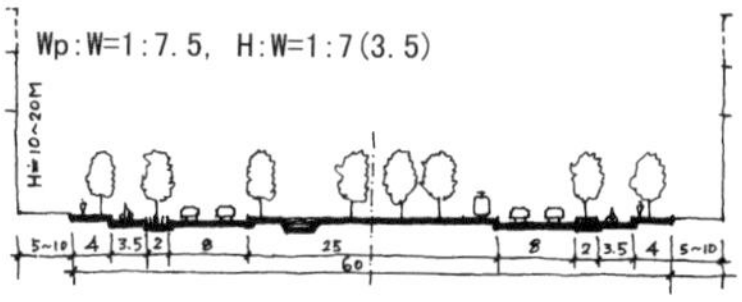 Wp:W=1:7.5, H:W=1:7(3.5)		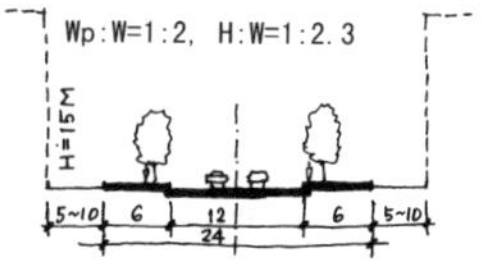 Wp:W=1:2, H:W=1:2.3
	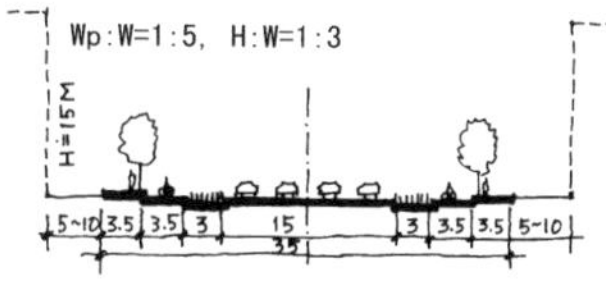 Wp:W=1:5, H:W=1:3	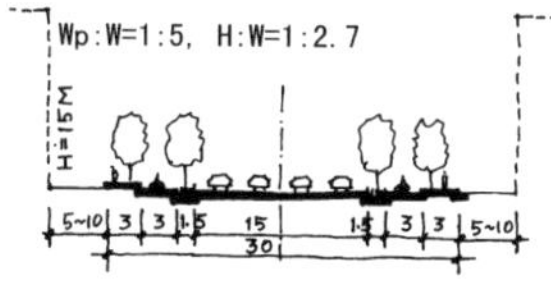 Wp:W=1:5, H:W=1:2.7	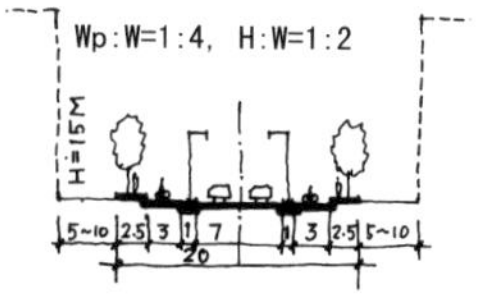 Wp:W=1:4, H:W=1:2
特点	1. 分设机动、自行车、人行道，前两者之间设绿化等隔离带，主轴道路在中间设河道、绿地、轨道交通等综合设施，可产生一定的公共活动，道路交通性强，断面复杂； 2. 共4条机动车道；断面两侧对称，中部不对称； 3. 人行道分为中、两侧三部分，建筑不易围合。	1. 分设机动车、自行车、人行道，前两者间设隔离带，断面较简单，交通性较强； 2. 双向共4条机动车道；断面对称； 3. 不易产生围合性。	1. 24米道路设机动、自行车混合、人行道，无隔离，断面简单，生活性强，20米设隔离带，交通性较强； 2. 双向2条机动车道；断面对称； 3. 人行道宽，空间具有围合性。

续　表

	主　路	次　路	支　路
陈家镇	Wp:W=1:4.2 4 2 4.5 1.5 11 4 11 1.5 4.5 2 4 50	Wp:W=1:4.4 4 4.5 1.5 15 1.5 4.5 4 35	Wp:W=1:2.5 4 12 4 20
	Wp:W=1:6.3 3 3.5 1.5 14 4 14 1.5 3.5 1 3 50	Wp:W=1:5.8 3 3.5 1.5 8 3 8 1.5 3.5 3 35	
特点	1. 分设机动、自行车、人行道，之间均设绿化等隔离带，部分在断面中间设公交专用道路与设施（下图），交通性很强，断面较复杂； 2. 双向共6–8条机动车道；断面对称； 3. 人行道较宽，一般无围合建筑。	1. 分设机动车、自行车、人行道，前两者间设隔离带，部分在断面中间设公交专用道路与设施（下图），断面较简单，交通性强； 2. 双向共4条机动车道；断面对称。	1. 设机动、自行车混合、人行道，无隔离，断面简单，生活性强； 2. 双向2条机动车道；对称； 3. 人行道较宽。

	主　路	次　路	支　路
「泰晤士小镇」	Wp:W=1:5, H:W=1:6 H≐10M ≥15 3 9 6 9 3 ≥15 30	Wp:W=1:3 H:W=1:1.5(0.8) H≐10~20M 1.5(2) 6 1.5(2) 3~6 9(9.5) 3~6	Wp:W=1:3 H:W=1:1.5 H≐10M 3~6 1.5 6 1.5 3~6 9
	Wp:W=1:3.3 H:W=1:1.6(0.8) H≐10~20 3~6 2 9 2 3~6 13		Wp:W=1:2.5 H:W=1:2 H≐10M 6~ 1.5 4.5 1.5 6~ 7.5
特点	1. 30米道路只设于三个入口处，分设双向机动车、自行车混合、人行道，中间设景观绿化等隔离带，交通性较强；13米路断面简单，两侧设绿带； 2. 双向共2–4条机动车道；断面对称； 3. 30米路建筑退界较大，不易围合，13米路退界变化，但路幅较小，易产生围合性。	1. 分设机动车与自行车混合、人行道，无隔离带，断面简单，生活性较强； 2. 双向共2条机动车道；断面局部不对称； 3. 人行道有时变化，界面单侧不连续，围合性较强。	1. 设机动与自行车混合、人行道，断面简单，生活性强； 2. 双向共1–2条机动车道； 3. 虽人行道较窄，但道路总宽较小，界面不连续，局部产生围合性。

续 表

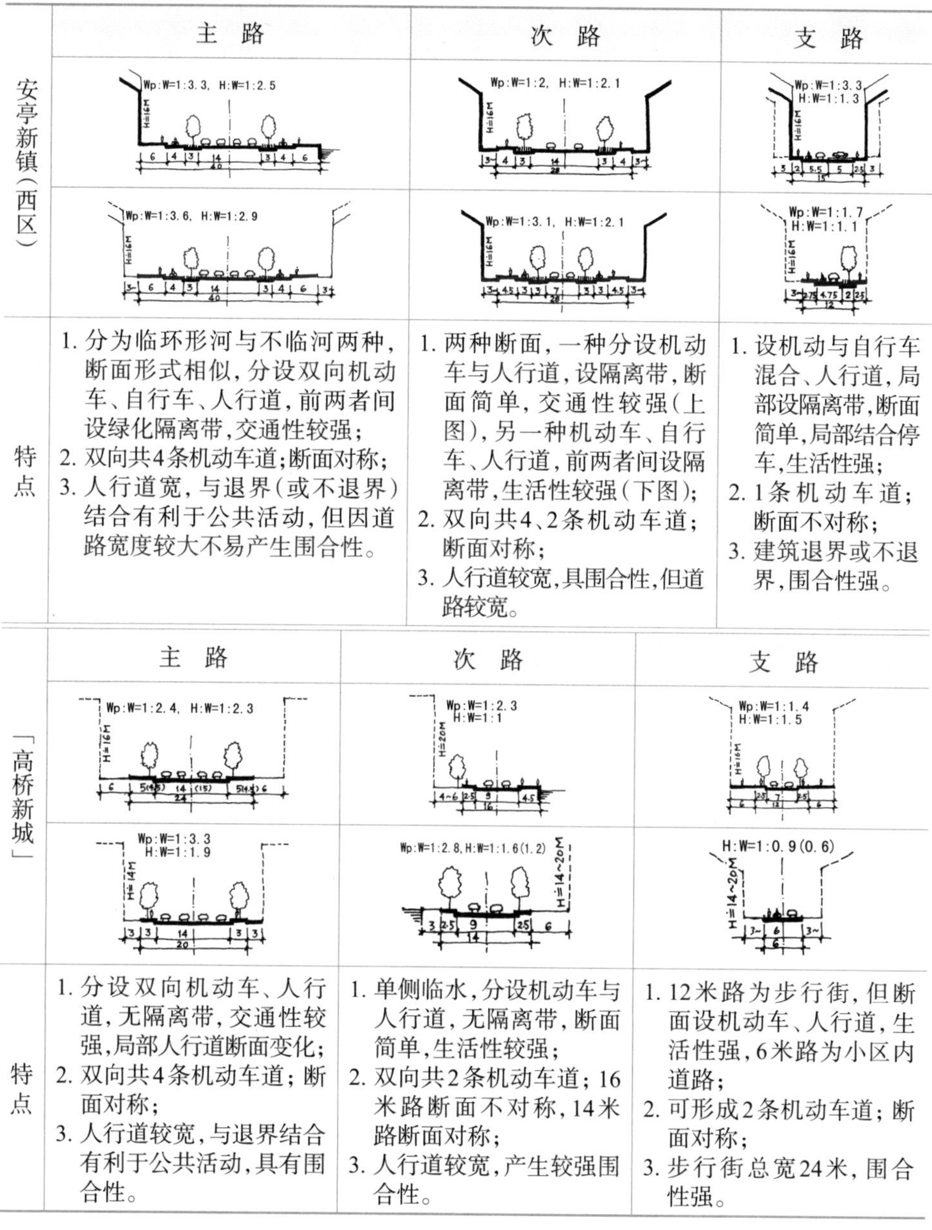

	主 路	次 路	支 路
安亭新镇（西区）			
特点	1. 分为临环形河与不临河两种，断面形式相似，分设双向机动车、自行车、人行道，前两者间设绿化隔离带，交通性较强； 2. 双向共4条机动车道；断面对称； 3. 人行道宽，与退界（或不退界）结合有利于公共活动，但因道路宽度较大不易产生围合性。	1. 两种断面，一种分设机动车与人行道，设隔离带，断面简单，交通性较强（上图），另一种机动车、自行车、人行道，前两者间设隔离带，生活性较强（下图）； 2. 双向共4、2条机动车道；断面对称； 3. 人行道较宽，具围合性，但道路较宽。	1. 设机动与自行车混合、人行道，局部设隔离带，断面简单，局部结合停车，生活性强； 2. 1条机动车道；断面不对称； 3. 建筑退界或不退界，围合性强。

	主 路	次 路	支 路
「高桥新城」			
特点	1. 分设双向机动车、人行道，无隔离带，交通性较强，局部人行道断面变化； 2. 双向共4条机动车道；断面对称； 3. 人行道较宽，与退界结合有利于公共活动，具有围合性。	1. 单侧临水，分设机动车与人行道，无隔离带，断面简单，生活性较强； 2. 双向共2条机动车道；16米路断面不对称，14米路断面对称； 3. 人行道较宽，产生较强围合性。	1. 12米路为步行街，但断面设机动车、人行道，生活性强，6米路为小区内道路； 2. 可形成2条机动车道；断面对称； 3. 步行街总宽24米，围合性强。

注：1. 枫泾新镇、临港新城资料空缺，暂不进行分析。2. 图表中断面、退道路红线等数据均来源自各个城镇不同层次规划的道路断面图或文字描述，以及作者根据上述设计图纸推算，随规划、景观和建筑设计的深入发展可能会引起改变或因资料准确性引起误差。3. 对于道路界面高度的计算以规划限高作为基本依据，或根据层高判断，层高由作者设定为一层4米，以上均为3米。4. 在计算步宽比（Wp：W）与高宽比（H：W）时，建筑退道路红线值取小值，界面建筑高度分别计算最低、最高值，其中，最高值列于括号内。5. 图表中道路断面图比例尺均相同。6. 表中插图均由作者绘制。

以上列出了8个实例道路断面的形式以及步宽比与高宽比的数值，从中可以看出，在实例的道路断面设计中，除了其周边的高速公路、公路以及城市干路之外，城镇内部的道路断面多数是混合形式。体现于断面上的特点有以下几个方面：

（1）强调交通性与景观性相结合的主路：对步宽比的分析显示出，1∶4～1∶5数据段是多数城镇主路设计所采用的数值。从机动车道的布局来看，除陈家镇外，其他城镇的主路均设有双向4个车道。综合道路宽度和隔离带的设置情况可以看出，主路上的隔离带不仅分离了人、车行交通，也成为道路景观的形式之一。这些因素均体现了各城镇在道路断面设计中强调了交通和景观性的结合。

在上述城镇的主路断面设计中，设计采用了可以满足基本交通的4车道布局，同时设置了数量多、形式多样的隔离带。隔离带提高了道路的安全性，其树木种植在一定程度上形成了道路空间的围合感与良好的沿路景观，但也是导致步宽比降低的原因之一。

巴黎香榭丽舍大街宽70米，其步宽比约1∶3；同样，50米宽的日本京都御池大街的步宽比约为1∶4[1]，它们均以具有特点的道路界面和周边景观成为适合步行的道路。在实例城镇中，安亭新镇与"高桥新城"的主路具有较高的步宽比，前者以宽大的路幅同时强调了交通、步行、景观性的结合；后者则是使用较宽的步行道以及简化的断面形式、适中的路幅形成了生活性较强的主路，也是实例中在道路断面设计中未使用隔离带的唯一城镇。

实例道路断面设计中的隔离带形式有两种类型，一种类型是在道路断面中间形成的"岛"状形式，即路中岛式。浦江、奉城镇的主路便是以路中岛建立景观带的典型实例，用以强调轴线大道的景观性；罗店与陈家镇则是利用路中岛建立了公共交通系统。路中岛的道路断面形式在朱家角、"泰晤士小镇"等实例的主路设计中也得到了不同程度的运用。另一种类型是将隔离带分设于机动车或自行车道与人行道之间，一般作为辅助形式。实例有朱家角、罗店、浦江、奉城、安亭、陈家镇等城镇，这种形式虽然不是以隔离带加强道路景观性的主要形式，但与人行道侧的树木通常成双排种植，强化了道路空间的围合性（图3.3-5）。

图3.3-5 实例中以隔离带加强道路景观性的两种形式

（2）适合步行的城镇支路：在参与上述步宽比比较的城镇中，多数城镇的次路设计仍然保持了较强的交通性，断面形式倾向于主路，只是在宽度上有所变化。部分城镇的次路设计仍采用4条车行道，红线宽度也较大，如浦江、奉城、陈家镇等城镇规划的次路路幅均超过了30米，步宽比较低。朱家

[1]（日）土木协会编.道路景观设计.章俊华等译.北京：中国建筑工业出版社，2003：35，46.

角镇和安亭新镇的次路具有两种不同的断面形式，一种是具有4个车行道的交通性道路，另一种是设2条车道、步宽比较高的生活性道路。

“当人们意识到场所是为汽车专门设计的时候，没有人愿意步行”[1]。与强调交通性或景观性的主、次路不同，在城镇支路的设计中，道路的步宽比均有所提高，一般在1∶3以上，体现了较强的生活性，成为适合步行的城镇街道。一般情况下，人行道的宽度在行人间相互不形成干扰时的宽度至少需要0.75米[2]，实际上，两米的人行道也只够两个人对向行走。雅各布斯认为，街道上人们的活动可以发展成一种熟悉的公共交往关系[3]，要在人行街道上建立起社会活动与交往，则需要更宽的人行道以及足以支持这些活动的街道界面。杨·盖尔以四个实例讲解了交通规划的四种模式[4]，他认为，混合性道路断面体现出的人行、车行分隔造成人与活动的分离。他推崇代尔夫特（Delft，荷兰）的慢速“综合性系统”，将街道作为适于人们步行和活动的公共空间，重要的条件是降低车速[5]。对于城市支路，缩小道路宽度、减少车道数量与不必要的隔离也许是使降低车速的有效方式。如罗勃·克里尔设计的柏林K城的道路系统，一方面，包括街道在内的空间尺度对于再造19世纪城市气氛也许是过大，另一方面对于车行交通来说有些街道却又显得太小，“汽车离建筑如此之近，以致不得不在很近的建筑面前驶过。步、车行区域也没有被分隔……”[6]，这些居民抱怨显示出道路断面设计的矛盾性。

在“一城九镇”的支路系统中，多数城镇采用了混合、简化的断面形式，其中，安亭新镇的多数支路只设一条车行道，并通过路边停车等方式，在一定程度上达到了车行缓速的目的。浦江新镇、罗店新镇、“高桥新城”等城镇的城镇支路则是通过提高步宽比力图交通、步行两个方面的平衡。体现在这些城镇支路断面设计中，适当简化的断面形式与较高的步宽比是它们具有的共同特点。

（3）街道空间的围合品质：在关于广场空间品质的讨论中，界面的围合性被视作重要的观察内容，对于街道空间也是如此。关于空间的高宽比与视角关系，祖克尔认为，对于感知建筑来说，27°是最好的视角[7]，这时的高宽比约为1∶2；在英国学

---

[1]（美）新都市主义协会编．新都市主义宪章．杨北帆等译．天津：天津科学技术出版社，2004：140.

[2] 徐循初主编．城市道路与交通规划（上册）．北京：中国工业建筑出版社，2005：99.

[3]（加）简·雅各布斯．美国大城市的死与生．金衡山译．南京：译林出版社，2005：66.

[4] 杨·盖尔所列举的四个实例分别是洛杉矶、雷德朋、代尔夫特以及威尼斯，分别对应四种交通规划模式：综合的快速交通、人车分离式、慢速综合性交通以及步行城市。详见（丹麦）杨·盖尔．交往与空间（第四版）．何人可译．北京：中国建筑工业出版社，2002：114.

[5]（丹麦）杨·盖尔．交往与空间（第四版）．何人可译．北京：中国建筑工业出版社，2002：111.

[6] Tahara, Eliza Miki. Neue Metropolitane Wohntypologien im Vergleich: Brasilien, Deutschland und Japan. Beuren, Stuttgart: Verlag Grauer, 2000: 200.

[7] Zucker, Paul. Town and Square: from the Agora to the village green. New York: Columbia University Press, 1959: 7.

者大卫·路德林等的著作中，1∶3被认为是“最合适、可能实现的，同时还保持城市街道特性的比率”[1]；克利夫·芒福汀援引埃塞克斯（Essex）设计指南中的数据，建议的高宽比为1∶1，同时认为1∶2.5的高宽比“仍然是能被人接受的”[2]。日本学者则认为，当高宽比数据为1∶1～1.5时具有封闭感，至1∶3时，围合感尚存在，而当1∶4以上时，围合感则完全消失[3]。从以上论述中不难看出，当高宽比在1∶1～1∶3时，对于空间的围合限定是较为适当的。

虽然实例道路的宽度与界面高度是变化的，但表3.3.2.2-A中的分析可以形成对街道空间比例的基本认识。在主路的高宽比数值中，1∶7是最低的，出现在奉城镇的脊椎轴线主路中；浦江镇的轴线主路也是相近的比值，正如我们在结构分析中谈到的，一方面，这种类型的道路通常是城镇的主要轴线，其象征性在某种程度上涵盖了实际的空间意义；另一方面，宽大的尺度也是高宽比较低的原因之一。

能够符合1∶3高宽比的主路实例，只有在作为片区的高桥、“泰晤士小镇”以及安亭新镇中，以及部分城镇的局部中能够找到。其中，“泰晤士小镇”的30米入口主路不仅路幅较大，高宽比最高值也只为1∶6，但在进入片区后，道路路幅变小，高宽比被提高到1∶3，设计利用高宽比与路幅的调节，使道路空间形成了一定的“先抑后扬”效果。浦江镇的主路则是在同样路幅下，通过高宽比的调节，形成了对中心区或公共区域的强调（图3.3-6）。这些方式在其他城镇中也有不同程度的表现。

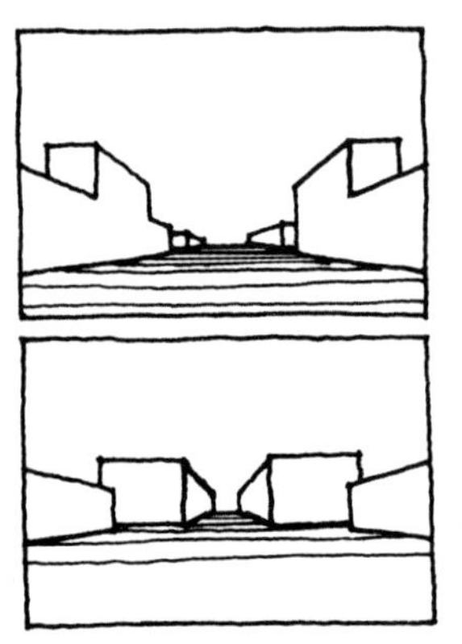

图3.3-6　利用路幅与高宽比调节，使空间得到强调与变化的两种方式

在次路高宽比的数值中，多数参与分析的城镇都在1∶3以上。浦江镇则是例外，主要因素是其次路具有比较大的宽度。实例中的支路高宽比均具有较高的数值，接近1∶1～1.5的实例有朱家角、罗店、浦江、“泰晤士小镇”、安亭以及“高桥新城”。

总之，对于形成街道空间的围合性品质来说，实例城镇中主、次道路的高宽比是不够的，但在生活性较强的支路中，高宽比则基本符合形成围合性的条件，街道空间的品质也因此提高（图3.3-7）。

---

[1]（英）大卫·路德林，尼古拉斯·福克.营造21世纪德家园——可持续的邻里社区.王健，单燕华译.北京：中国建筑工业出版社，2004：207.

[2]（英）克利夫·芒福汀.街道与广场（第二版）.张永刚，陆卫东译.北京：中国建筑工业出版社，2004：151.

[3]（日）土木协会编.道路景观设计.章俊华，陆伟，雷芸译.北京：中国建筑工业出版社，2003：54.

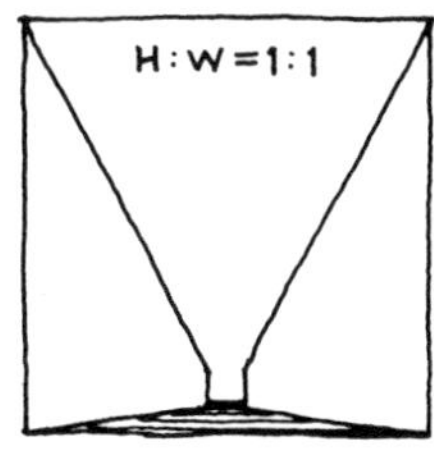

1:1(罗店、安亭、浦江镇支路,高桥主、次路等)

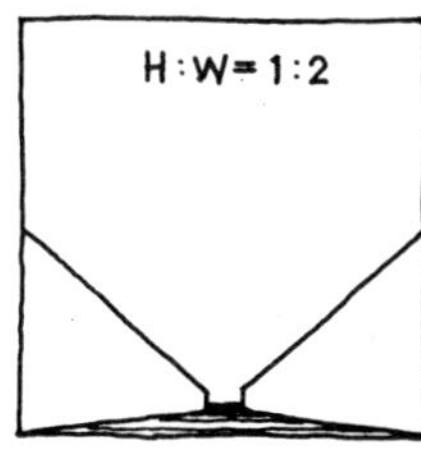

1:2(朱家角、奉城、“泰晤士小镇”支路,安亭、高桥、罗店次路等)

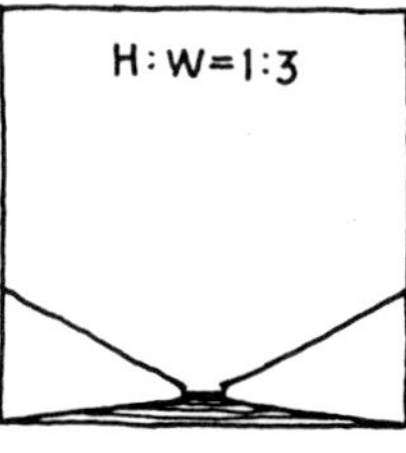

1:3(奉城主、次路,安亭主路、朱家角次路、浦江镇支路等)

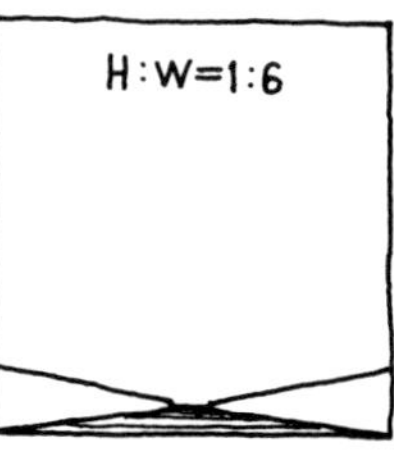

1:6(浦江、奉城镇“泰晤士小镇”等主路)

图3.3-7 实例道路不同高宽比体现出的空间关系

3.3.3 步行街

当道路的步宽比显示为步行道与道路总宽相等时,便形成了完全的步行街。许多学者把步行街等同于广场看待,一条短的步行街被阿敏德视作延伸式广场——街道广场(Gestreckter Platz – Straβenplatz)[1]。西特将广场分为两类,即纵深与宽阔型,“在那些长度已超过宽度多于约三倍的广场中,舒适的感觉已经开始丧失”[2],他所称的舒适感主要是指空间的围合性。实际上,延伸式广场由于具有线性性质使两端的空间围合性被削弱,这也与步行街的特点相符合。因此,对于建立空间品质来说,步行街的方向性因线性特点而显得清晰而显著,重要的是空间的围合性。同时,界面功能对街道上社会活动的支持以及多样性也成为其社会品质的重要考量。

由于汽车的加入,使古老的街道从步行空间改变为交通性工具,完全的步行街也从道路线网中被逐步独立出来,成为高速公路的另一个极端形式,并更多地被赋予了商业、文化、休闲和娱乐等功能。在“一城九镇”实例中,具有步行街的城镇有的是以单纯的步行街形式出现,也有互相连接形成步行街区的形式。对于它们的界定原则体现在两个方面,一是街道基面主要是为步行服务的,二是街道至少有一个界面对空间形成围合。本节对实例步行街的观察首先是通过从步行街在城镇结构中的位置出发,分析步行街(区)与其他公共空间,如广场、街道、结构性公园等的空间关系;在此基础上,对步行街基本要素,即基面与界面进行形态、类型等方面的分析。

[1] Aminde, Hans-Joachim. Funktion und Gestalt städtischer Plätze heute. Frankfurt: Public design, 1989: 24.
[2] Sitte, Camillo. Der Städtebau-Nach seinen künsterischen Grundsätzen. 4.Auflage. Braunschweig, Wiesbaden: Vieweg, 1909: 55.

1. 步行街在城镇结构中的位置

步行街在“一城九镇”公共空间中扮演着重要的角色。对城镇形态的意义体现在两个方面,一是作为节点,参与了城镇或区域的中心建设;二是作线形元素,成为广场、街道等公共空间节点连接体。体现在步行街在城镇结构中的位置布局中(表3.3.3.1)。

表3.3.3.1 “一城九镇”步行街实例在城镇结构中的位置分析

城镇	“泰晤士小镇”	安亭新镇(西区)	枫泾新镇
位置示意图			
位置布局特点	1. 为城镇结构辅轴线,连接中心广场与西北侧入口道路交叉节点; 2. 东南、西北方向; 3. 在中部转折处与街头广场形成组合; 4. 主路在局部穿过。	1. 在片区主次路之间,并与其平行设置,连接中心广场,与环形河道、道路交叉成另一端点; 2. 位置偏西侧,东西向略向北布局; 3. 中部临停车场,西侧十字交叉形成街头广场; 4. 次路在中心广场之间通过,中部有河道穿过。	1. 为镇区主轴线,连接主、次中心区广场,西端广场临中心水面; 2. 位置偏东侧,东西向略向北布局; 3. 中部、两端分别有主路、河道、次路、支路穿过,步行街两侧为单边形式,与带形公园、支路平行布局。
城镇	朱家角镇	罗店新镇	浦江镇
位置示意图			
位置布局特点	1. 位于镇区北部,片区中心内,连接镇区纵轴线带形公园与主要水面公园; 2. 东西、南北向布局; 3. 十字形结构,交叉点形成片区中心广场,成组合形式; 4. 次路于东端通过,中部有河道穿过。	1. 位于中心区内,形成步行街区,连接三个中心区广场,沿纵轴线河道布局; 2. 东南、西北方向; 3. 周边式围合建筑形成,成组合形式; 4. 无穿越道路,中心区支路在步行街区东侧通过。	1. 位于北侧片区住宅区内,连接环城河街组合,在环境空间线网中布局; 2. 东西向略偏东北布局; 3. 在中间形成多处放大节点,与水面组合,局部向平行的河道开放; 4. 有格网中次路、支路河道穿过。

续 表

城镇	"高桥新城"	奉城镇
位置示意图		
位置布局特点	1. 片区轴线之一，临河道公园布局，北端连接中心广场，中部与步行道轴线相交； 2. 东北、西南向布局； 3. 与侧向河道公园、东北端中心广场、步行道轴线形成组合形式； 4. 主路在与中心广场间隙通过，中部有河道穿过。	1. 位于镇区中心区内，林荫道形式，与中心广场轴线形成十字结构，连接两条平行轴线道路； 2. 西北、东南向布局； 3. 与中心广场、艺术中心绿地公园与水面形成组合； 4. 无道路穿过。

注：1. 陈家镇、临港新城步行街因资料空缺暂不进行分析；2. 枫泾、朱家角、浦江、奉城镇实例中步行街布局随规划设计的深入发展可能会引起改变；3. 表中插图均为作者绘制。

从以上的分析中可以看出，多数实例步行街在城镇结构中的位置比较显著，不同程度地与城镇或片区的中心建立了空间联系。可归纳为以下特点：

（1）与中心区、中心广场建立紧密联系：在以上分析的8个实例中，多数步行街与中心区及中心广场建立了直接的空间联系。一种类型是步行街作为中心区的组成部分，如朱家角镇的片区中心、罗店、高桥、奉城等城镇的中心区，步行街与中心广场直接组合，形成了步行区域；另一种类型是步行街以中心区和中心广场作为起始点向外延伸，连接其他的节点，"泰晤士小镇"、安亭、枫泾、朱家角镇均是这种形式。其中，"泰晤士小镇"、枫泾、朱家角镇的步行街成为镇区或片区连接性轴线元素。这两种类型都使步行街和中心广场上的活动形成了链接关系，为强化中心区的多样性、向心性与活动复合度创造了良好的条件（图3.3-8）。

步行街在中心区内

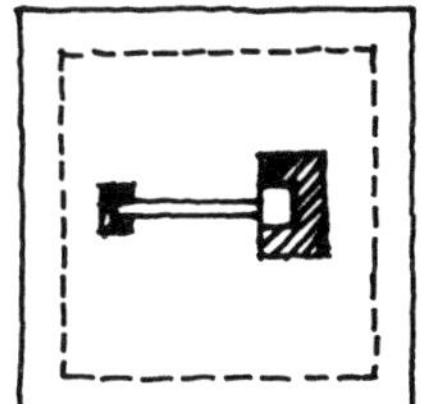

步行街连接中心区广场与其他城镇节点

图3.3-8 实例步行街与中心区及其广场的两种空间关系

（2）与道路的三种位置关系：实例步行街与城镇道路的空间关系有三种类型，第一种类型是步行街与道路平行，这种形式出现在安亭、罗店与枫泾新镇的步行街两侧，其中安亭新镇的"井"字形主、次道路在步行街两侧距离最近，形成了对步行街区的限定；罗店新镇的支路行走于步行街区的单侧，成

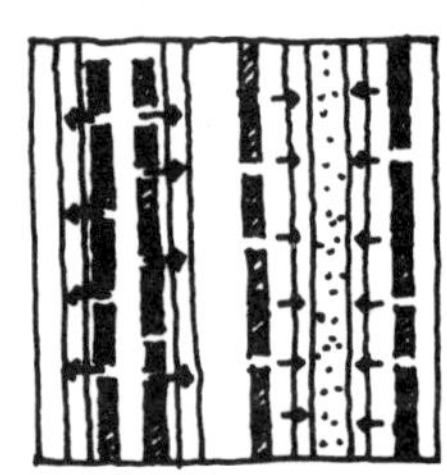

道路在两侧与步行街平行

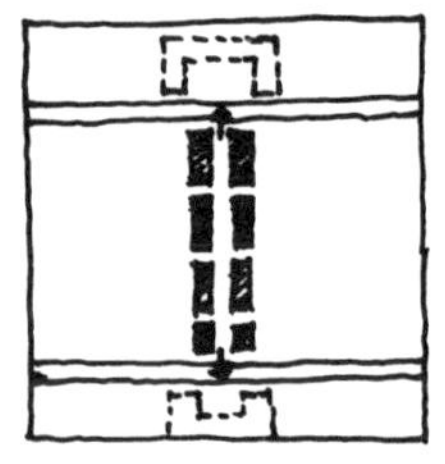

道路在步行街两端穿过

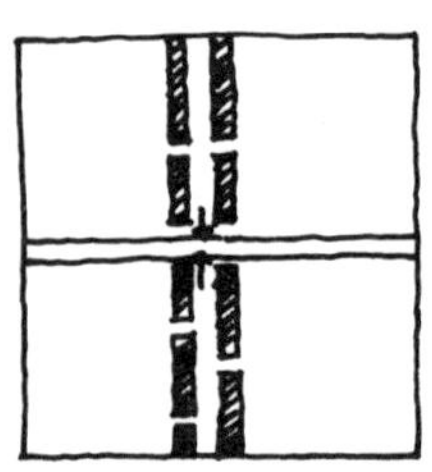

道路在步行街中部穿过

图3.3–9 实例步行街与道路的三种空间关系

为整个中心区的交通轴；枫泾新镇的两条支路分别在两条单界面的步行街之间，所围合的区域是一条带形的轴线带形公园。这种步行街布局类型的特点是交通性道路与步行街联系密切，形成了与城镇道路交通的多点连接，有利于组织步行街人流的疏散。

第二种类型是道路在步行街两端穿过，所有8个实例，包括安亭、枫泾与罗店3个城镇都不同程度地采用了这种方式。其中，朱家角、罗店、奉城镇的步行街两端道路没有形成对步行区域的穿越，其他城镇则是在广场、步行街之间布置了不同级别的道路。从与交通的联系方面，这种形式可以使人们直接到达步行街的起始点，但联系点较少，在广场与步行街之间形成的交叉也可能对步行区域造成不利影响。

第三种类型是道路在步行街中部穿过，枫泾、浦江镇的步行街分别有主、次道路从中部穿过，道路将步行街分为两段甚至多段。这种类型的步行街一般较长，枫泾新镇的步行街总长约765米，浦江镇步行街则是依据道路线网的尺度，每段约300米。这种布局类型通过中部道路的穿越，使步行街建立与道路交通的联系，但步行空间被中断，每个分段的步行街功能组织与空间特点的区别也可能是设计必须考虑的问题（图3.3–9）。

（3）与其他公共空间的组合：除了与中心区及其广场的联系与组合之外，实例中的步行街还与其他不同形式的公共空间进行组合。首先，步行街与公园等环境设施形成组合关系。实例中多数城镇步行街通过广场等间接地形成与公园等开放空间的联系，或被河道、绿地穿过，或与其并行，形成与环境元素节点的联系。朱家角步行街两端目标节点均是城镇公园，高桥、罗店、枫泾、奉城镇的步行街均与公园平行设置，同时也与其建立了空间上的联系；“泰晤士小镇”之外的7个实例均有河道穿过或并行。其次，步行街之间形成组合。实例中朱家角镇的步行街为“十”字结构，交叉处便是片区中心广场；安亭新镇的步行街在中部与一条较短的步行街形成“十”字形态，其交叉点也是放大的圆形街头广场；罗店的步行街以周边式建筑形成了街区，成格网结构。

总之，步行街在实例城镇结构中不是以独立形式出现的，通过与不同公共空间建立联系，其位置在构图上更加肯定，同时，组合所形成的节点也为步行街在长度方向上建立了可度量性。

2. 步行街的基面与界面

与广场空间类似，构成步行街的基本元素也是基面与界面，其空间品质取决于空间的围合性与方向性。然而，由于步行街具有线性性质，在部分失去围合性的同时，其空间的方向性却显得毋庸置疑。

线性形态为步行街带来了在长度方向上的变化，也是凯文·林奇所称的“可度量性”[1]。在长度方向上的变化既可以使步行街与广场之间具有差别，又通过分段形成类似“延伸式广场”般的围合性场所：“最理想的街道必须形成一个完全封闭的单元！一个人的印象越被限定在其内部，那生动的场面就会越奇妙：当一个人的视线总是有可注视之处而不至于消失在无限里的时候，他的体验是舒适的”[2]。

因此，对实例中步行街基面与界面的观察，除了它的形态，即线形、连续性，长、宽、高尺度与比例，以及界面所提供的功能支持和立面形式等特点之外，作为其建立可度量性目标的基本方式，段落的划分也成为我们分析的内容之一（表3.3.3.2）。

表3.3.3.2 实例步行街的基面与界面分析

“泰晤士小镇” 平面示意图，立面示意图	断面示意图	透视图

形态	1. 直线、折线，界面曲折，局部弧形； 2. 不对称布局，连续	比例	1. 视角35°～43°、27°； 2. 高宽比1∶1.2（0.9）、1∶1.6（1.2）
分段	穿行道路、街头广场将步行街分为三段，并开口，中段为折线	功能	底层商业、2-4层以住宅为主，混合
尺度	总长320米，宽以12米、16米为主，局部20米～21米，2-4层高	立面	1. 欧洲古典形式；2. 双坡垂直相交屋顶为主；3. 高低变化

[1]（美）凯文·林奇.城市意象.方益萍，何晓军译.北京：华夏出版社，2001：41.
[2]（英）克利夫·芒福汀.街道与广场（第二版）.张永刚，陆卫东译.北京：中国建筑工业出版社，2004：145.

续　表

安亭新镇(西区)　平面示意图		断面示意图	模型、实景照片
形态	1. 直线、折线，界面连续；2. 基本上对称布局；3. 十字交叉形式	比例	1. 视角43°；2. 高宽比1∶1.15
分段	街头广场、河道与街头绿地将步行街分为三段，共4处开口	功能	底层商业、2-4层以住宅为主，两侧设步行敞廊，混合
尺度	总长357米(东西向)，宽15米，街头广场直径50米，4层	立面	1. 现代形式；2. 四坡屋顶为主；3. 高低基本上无变化

枫泾新镇　平面示意图，透视图		断面示意图	模型照片

形态	1. 直线，两侧单面街与支路、宽阔绿带公园在断面上组合，形成轴线通廊；2. 界面较连续，基本上对称布局	比例	1. 视角：单侧步行街与一层界面为17°，与7层界面为38°，总宽视角为11°；2. 高宽比：单侧街1∶2.2，双侧约1∶4.8
分段	1. 穿行主路、河道将步行街分为三段；2. 开口宽大，共形成4处开口	功能	底层商业、2-7层为住宅，混合
尺度	总长767米，单侧步行街各11米宽，轴线通廊总宽90米，界面建筑高1层，后退15米为7层	立面	1. 现代形式；2. 四坡屋顶为主；3. 高低基本上无变化

续 表

<table>
<tr><td colspan="2">朱家角镇 平面示意图、断面示意图</td><td colspan="2">透视图、立面示意图</td></tr>
<tr><td colspan="2" rowspan="3">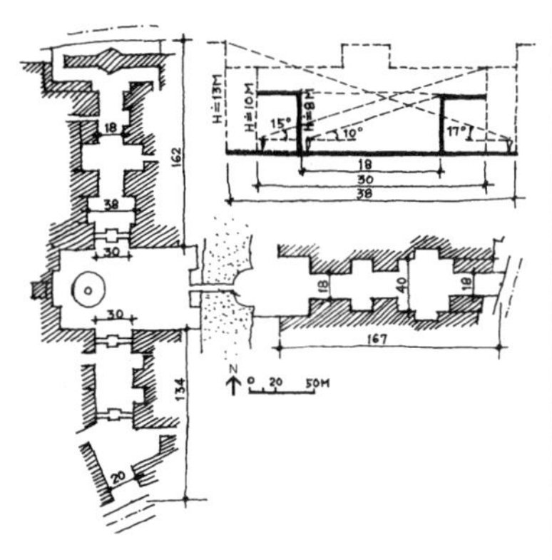
</td><td colspan="2"></td></tr>
<tr><td colspan="2"></td></tr>
<tr><td>形态</td><td>1. 直线，两条呈“T”相交；2. 界面曲折变化、连续；3. 基本上对称布局；4. 以中心广场为几何中心；5. 局部设过街楼</td></tr>
<tr><td>分段</td><td colspan="3">1. 中心广场与河道将步行街分为三段，南北形成两段，东西向一段；2. 局部设尽端式开口</td></tr>
<tr><td>尺度</td><td colspan="3">总长463米（三段），宽以18米为主，变化值20米～40米，2-4层</td></tr>
<tr><td>比例</td><td colspan="3">1.视角10°（18米），宽度变化视角15°～17°；2.高宽比：1∶2.3（18米），1∶3（10米），1∶2.9（38米）</td></tr>
<tr><td>功能</td><td colspan="3">1-2层为商业，3-4层以住宅为主，局部为商业，混合</td></tr>
<tr><td>立面</td><td colspan="3">1. 现代形式；2. 平顶为主，局部结合单坡；3. 高低变化较大</td></tr>
</table>

<table>
<tr><td colspan="2">罗店新镇 平面示意图</td><td>断面示意图</td><td colspan="3">模型、实景照片</td></tr>
<tr><td colspan="2" rowspan="3">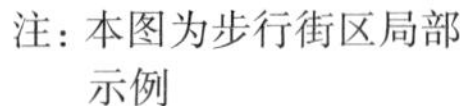
注：本图为步行街区局部示例</td><td>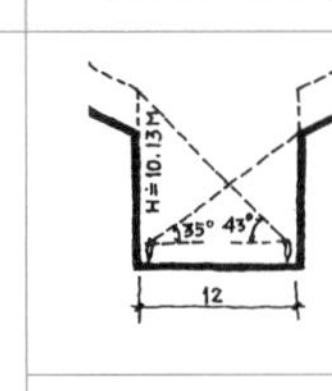
</td><td colspan="2"></td><td></td></tr>
<tr><td rowspan="2"></td><td>形态</td><td colspan="2">1. 直线为主，步行街区；2. 界面基本对称布局，变化少、连续；3. 局部界面单侧</td></tr>
<tr><td>分段</td><td colspan="2">1. 广场将南侧步行街区分为4段；2. 界面变化小、连续；3.开口随周边式街坊</td></tr>
<tr><td>尺度</td><td colspan="5">示例图中总长约467米；宽12米；3-4层</td></tr>
<tr><td>比例</td><td colspan="5">1. 视角35°（3层），43°（4层）；2.高宽比：1∶1.2，1∶0.9</td></tr>
<tr><td>功能</td><td colspan="5">底层为商业，2-4层为商住、办公等，混合</td></tr>
<tr><td>立面</td><td colspan="5">欧洲古典形式；四坡、双坡孟莎式屋顶为主；高度变化较小</td></tr>
</table>

续　表

浦江镇　平面示意图	断面示意图,模型、实景照片

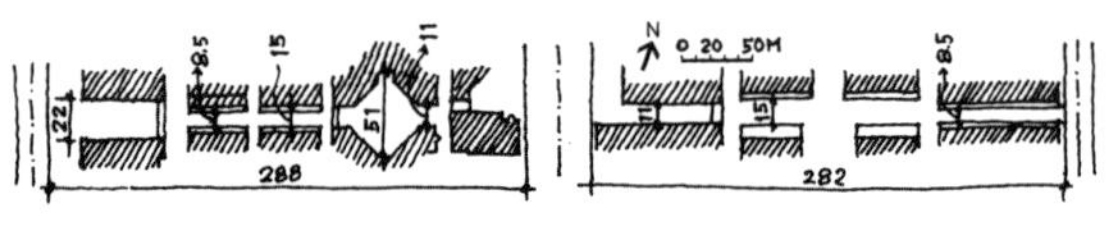

注：本图为镇区北侧片区内东侧两个街块内步行街示例，该片区共5个街块分段。

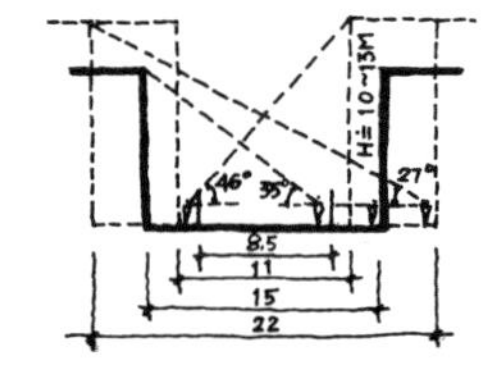

形态	1. 直线，界面宽度变化；2. 基本对称布局；3. 界面在各自街块内连续；4. 局部放大形成街头广场；5. 局部设过街楼
分段	1. 以300米轴线道路网格分段，北部片区内共形成5段，本表中实例为东侧的两个段落；2. 每段3～4个开口，步行街段之间开口较大
尺度	两段总长570米，宽度变化，其中，8.5米为住宅围墙之间宽度（东段为15米），围墙后界面宽15米，其他则约为11米，开口处局部22米，3-4层高
比例	1. 围墙处视角35°，其他据不同宽度为27°～46°；2. 高　宽　比1∶1.5（宽15米）、1∶0.8（11米）、1∶1.7（22米）
功能	商业、服务，底层商业、2-4层以住宅为主，部分为住宅，混合
立面	1. 现代形式，简洁；2. 平顶；3. 高度与宽度同时变化

“高桥新城”　平面示意图，立面示意图，模型、实景照片	断面示意图

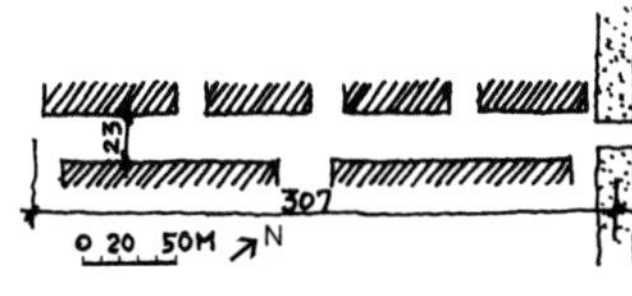

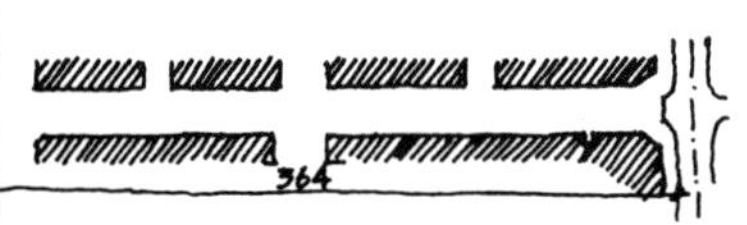

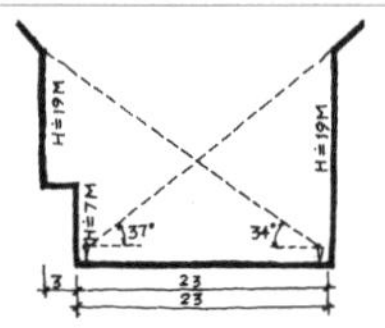

形态	1. 直线，界面连续；2. 基本上对称布局；3. 与步行道轴线十字交叉	比例	1. 视角34°～37°；2. 高宽比1∶1.2
分段	步行道、河道将步行街分为两段，每段3处开口，北侧较多	功能	1-2层商业、3-6层以住宅为主，混合
尺度	总长671米，宽23米，2-6层，高界面单侧后退3米	立面	1. 欧洲古典形式；2. 纵向双坡山墙界面；3. 高低基本无变化

续 表

奉城镇 平面示意图		断面示意图	模型照片
形态	1. 直线；2. 单侧界面，连续，不对称，另一侧界面为设立式圆形建筑	比例	1. 视角25°，设立建筑界面处13°～21°；2. 高宽比1∶1.9
分段	中心广场、设立建筑成轴线将步行街分为两段	功能	办公建筑，圆形建筑为文化建筑
尺度	总长294米，宽30米，5层为主	立面	1. 现代形式；2. 平顶；3. 高低基本无变化

注：1. 临港新城、陈家镇资料空缺暂不进行分析；2. 表中尺寸为作者根据各个城镇不同深度规划设计图纸与比例尺计算、推算的数据，界面建筑高度以规划设计中限高为主要依据，其中，根据层数的计算一层4米，二层及以上均为3米，表中所有尺寸随规划、景观和建筑设计的深入发展可能会引起改变或误差；3. 表中图示标注除已注明外单位均为米；4. 表中插图均为作者绘制，模型、实景照片均为作者摄。

除枫泾、朱家角、奉城等城镇外，以上所列举的步行街均是已经部分建成或正在建设中的实例。尽管这些步行街的形态有所差异，使用的功能和在城镇中的位置也不尽相同，但这充分说明了“一城九镇”的城市设计对步行街空间的重视。它们在形态上的特点可归纳为如下几点：

（1）围合空间品质的建立：在对城镇广场以及道路高宽比的论述中，对于广场空间是以1∶3～1∶4，即视角在14°～18°为基本尺度的；对于道路这个比例关系不宜超过1∶3。在减除车行道宽度之后，步行街理应具有更加紧密的围合性。一般认为，街道中1∶1的高宽比会产生强烈的围合感，通常被认为是舒适街道的下限，因为如果超过这个比例，“可能导致幽闭阴森的感觉，而且减弱空间里的光线”[1]。实例中的步行街与其他道路相比，街道高宽比的数值明显得到了提高。除枫泾、朱家角、奉城镇外，其高宽比均在1∶1.5以内，朱家角镇步行街的高宽比基本上以1∶2.3为主，约1∶3的比例位于经放大形成的街头广场节点处。这也意味着视角在

[1]（英）Matthew Carmona等编著.城市设计的维度——公共场所—城市空间.冯江等译.南京：百通集团，江苏科学技术出版社，2005：143.

27° ～ 45°之间。“任何人为场所最明显的品质就是围合”[1]，多数实例步行街通过基面与界面的比例控制，形成了具有一定围合品质的公共场所。

（2）分段可度量性的建立：步行街在长度方向上的分段实际上也强化了空间的围合性，分段形成了空间片断，使这些片断组成连续的场所。其中，每个片断都可以作为街道的近景，提供了具有集中性的活动空间。空间片断的两个端点，即目标性的节点也被雅各布斯称为“遮断”，它们为街道空间建立了可度量性。相反，若街道毫无可度量性地无限延伸直至在视线中消失时，近景的集中性与远景的重复性便造成了街道视觉上的矛盾[2]。

实例中为步行街建立可度量性的方式及其遮断形式具有三种类型。第一种类型是步行街本身的线形变化。“泰晤士小镇”步行街经三次转折形成分段；安亭则是经一次转折进行分段；朱家角镇在南、北侧入口处各形成了转折。“蜿蜒或不规则的临街面能增加街道的围合感，而且为运动中的观察者提供不断变换的视角”[3]，这种形式更多地在传统城市街道中出现，是街道形成分段的基本形式。

第二种类型是通过界面距离的局部变化形成遮断式目标节点。“泰晤士小镇”在步行街转折处设置组合式的街头广场；安亭新镇在中部与河道等组合形成街头绿地；朱家角镇以局部放大方式在每一大的分段内又形成了小的分段，使界面曲折变化；浦江镇也以界面在步行街内形成了开合变化以及街头广场。

第三种类型为步行街之间交叉形成分段，交叉点成为目标节点。这种类型出现在具有两条及以上的步行街或街区相互交叉的状况中，安亭的步行街由两条“十”字形交叉形成，交叉点形成了圆形的街头广场，成为兼具标志物的目标性节点；朱家角镇的三段步行街均交叉于中心广场；罗店新镇则是由步行街组成街区，局部通过交叉转角的变化，使目标节点得到强化。

第四种类型为设置标志物或过街楼形式。实例中在步行街两端建立标志物是普遍的形式，以不同方式建立了与城镇结构性节点的关系，这在其位置的描述中已做过分析。在步行街中建立标志物的实例，如“泰晤士小镇”街头广场的建筑以及立面中的塔楼，安亭街头广场雕塑，朱家角、浦江镇的过街楼，罗店新镇的钟塔以及奉城镇的文化建筑等。

第五种类型是与其他线性元素交叉形成分段。其中，与河道的交叉形成节点的实例为安亭、枫泾、朱家角与高桥等城镇。另外，枫泾、浦江镇和“泰晤士小镇”等实

[1]（挪）Norberg-Schulz, Christian.场所精神——迈向建筑现象学.施植明译.台北：田园城市文化事业有限公司.1995：58.“围合”在译文中为“包被”——作者注。

[2]（加）简·雅各布斯.美国大城市的死与生.金衡山译.南京：译林出版社，2005：423-424.

[3]（英）Matthew Carmona等编著.城市设计的维度——公共场所—城市空间.冯江等译.南京：百通集团，江苏科学技术出版社，2005：142.

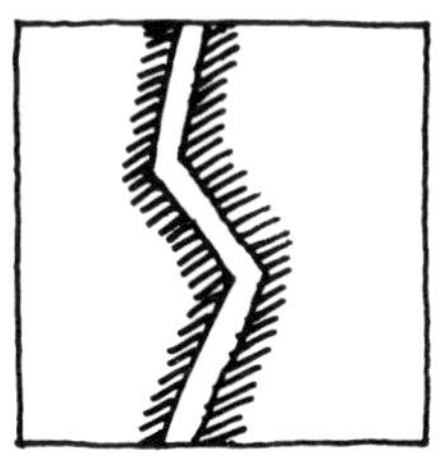

步行街线形转折变化（“泰晤士小镇”、安亭、朱家角镇）

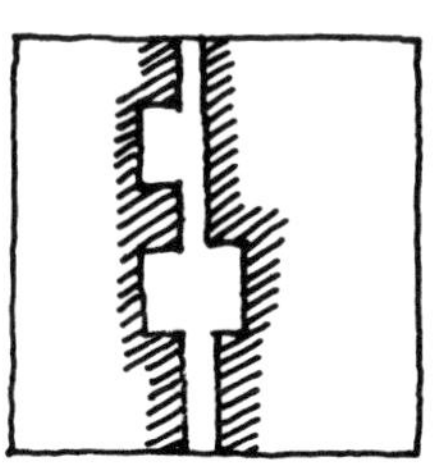

界面距离局部变化（“泰晤士小镇”、朱家角、浦江镇）

步行街之间交叉（安亭、朱家角、罗店新镇）

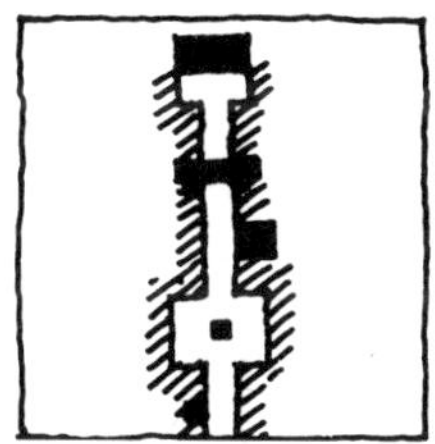

不同位置标志物和过街楼（“泰晤士小镇”、安亭、朱家角、浦江镇）

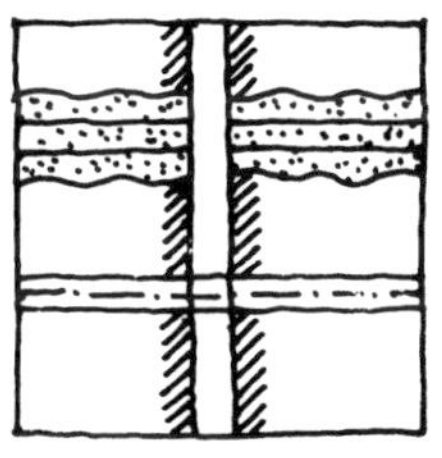

与其他线性元素交叉（安亭、枫泾、朱家角、高桥、浦江镇等）

图3.3-10　实例中步行街分段建立可度量性的5种类型

例均以主路或次路与步行街交叉，这种形式在为步行街形成遮断的同时，也对街道的连续性造成了一定的丧失。

无论是采用何种类型，这些方式的分段如同雅各布斯对街区的描述：“它们是具体的、社会意义上和经济意义上的连续体——当然，会是很小，但是却能组合在一起，就像是一条长长的绳子是由很多很小的纤维段组成的”[1]（图3.3-10）。

（3）界面功能混合的形成：界面建立了步行街的围合性空间品质，同时，对于产生多样化的社会活动来说，界面起到的是关键的作用，单一与多功能的界面对于步行街具有不同的影响。作为城镇的公共空间，公共性是步行街界面应当表达的重要内容。

从对实例的分析中可以看出，多数城镇的步行街界面具有功能混合性的考虑，其中，“泰晤士小镇”、安亭、枫泾、朱家角、浦江与高桥等城镇将商业与住宅进行混合布局，这充分体现了公共空间多样化的建设。

功能混合的形式在实例中共显示出三种类型。第一种类型为水平并联式，在步行街布局中，完全采用水平并联形式的实例为浦江镇步行街的东段，住宅与住宅、商业混合建筑在界面上呈并联状态。

[1]（加）简·雅各布斯.美国大城市的死与生.金衡山译.南京：译林出版社，2005：131.

第二种类型为水平与垂直叠加组合式。这种类型被多数城镇采用，具体为上住底商的方式。由于建筑的1～2层布局了商业功能，在沿街方向被划分为若干开间，具有一定的灵活性，同时，垂直的分隔也使住宅具有相对的私密性。

第三种类型涉及界面的利用，即延长界面的形式。较为典型的实例如朱家角镇，其步行街界面经不断地放大变化，形成了延长的混合界面。这种类型在“泰晤士小镇”、安亭、罗店、浦江镇等城镇中也有不同程度的体现。延长界面的方式不仅产生了街道空间的变化，而且也提高了步行街界面的可利用性，增加了功能混合的数量与复合度。

步行街界面上的功能混合一方面体现了步行街内容、形式的多样化，另一方面，也支持了杨·盖尔所称的“边界效应”[1]：沿建筑界面是最受欢迎的逗留区域（图3.3-11）。

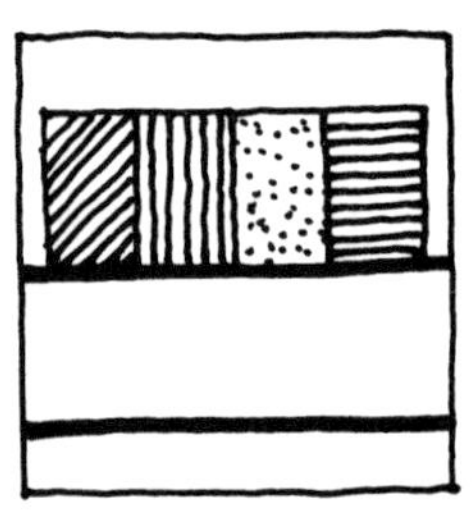

水平并联式

水平与垂直叠加组合式

延长界面式

图3.3-11　实例步行街界面功能混合的三种类型

3.3.4　小结

本节对实例城镇的道路与步行街布局与形态要素分别进行了分析。从论述中可以看出，道路和街道不但在结构上对城镇空间形态产生了重要的作用，作为公共空间，其自身对新建郊区城镇人们的社会生活也将形成较大的影响。这不仅仅是由于道路是城市交通的主要载体，更重要的是因为它是一个能够支持社会活动的场所。“一城九镇”的主要道路布局形态体现了结构性、交通性与景观性，生活性道路的布局则注重了步行空间品质的建立。在一定程度和范围内，形成了宽大的主要道路与传统模式步行街共存的布局形态。其中，部分城镇中的大型道路尺度对城镇空间秩序的建立、渗透性等产生了不利的影响。通过以上分析，可以将实例城镇中道路布局形态的主要特点归纳为：

（1）以主要道路的级别、宽度与位置布局，强化城镇的结构与象征性。

[1]（丹麦）杨·盖尔．交往与空间（第四版）．何人可译．北京：中国建筑工业出版社，2002：153.

(2) 不同分级的道路以多种类型方式建立了与城镇结构元素的关系。

(3) 主要道路线形设计运用基本几何形,并以拓扑方式在城镇形态中保持整体关系,建立了较强的可识别性与整体性。

(4) 部分城镇主要道路的布局体现了交通与景观性的结合,形成了较大的尺度与较为复杂的断面,界面的围合性较弱。

(5) 城镇支路体现生活性,适于步行,并具有一定的围合品质。

(6) 重视步行街的布局,并与城镇中心等公共空间建立紧密联系。

(7) 步行街具有围合品质,以不同方式建立街道空间的可度量性。

(8) 步行街界面强调功能混合。

3.4 城镇公园

从对城镇肌理的分析中可以看出,实例城镇空间的负结构比重占据着较大比例。在这些负结构肌理的构成中,公园与绿地为主要的组成部分。

这种情况在一定程度上也体现了郊区的环境特点,刘易斯·芒福德引用了阿尔伯蒂对郊区的印象来说明郊区场所的美学特征:“……这儿绿树成荫,鲜花盛开,田野开阔,还有郁郁葱葱的丛林,或是清澈的溪流、泉水或湖泊,可供游泳以及一切类似的其他乐事,总之是一片美景”[1]。于是,在巴洛克时期,贵族们将住宅和私人花园建在郊区,其宫殿通常建有大型的公园,如路易十四的凡尔赛宫,它的规模在18世纪中叶与巴黎城区几乎相同[2]。这个起初作为私人用途的皇家园林后来得以对外开放,也意味着公园逐渐具有了公共性[3]。

在论述城市空间与结构概念时,库尔德斯将负结构中的公共空间分为城内绿化空间(Innerstädtische Grünräume)与城市空间(Stadtraum),后者包括街道与广场,前者则被视作与城市空间平行的层面,没有被进一步划分[4]。这也许与城镇公园公共性不强以及空间限定的不定性有关。虽然如此,城镇公园也被看作是“城市某些区域赏心悦目的风景,也可以是周边地区的经济资源”[5],这在一定程度上与它的位置布局,以及与其他公共空间所建立的联系有关。安全性、可达性以及城镇多样化的

[1] (美) 刘易斯·芒福德.城市发展史——起源、演变和前景.倪文彦,宋俊岭译.北京:中国建筑工业出版社,2005:498.

[2] Benevolo, Leonardo. Die Geschichte der Stadt. Frankfurt/New York: Campus Verlag GmbH, 1983: 717.

[3] (美) 刘易斯·芒福德.城市发展史——起源、演变和前景.倪文彦,宋俊岭译.北京:中国建筑工业出版社,2005:398-399.

[4] 详见本书3.1节,图3.1-1。

[5] (加) 简·雅各布斯.美国大城市的死与生.金衡山译.南京:译林出版社,2005:96.

街区可以为公园吸引更多的使用者，同时，公园自身的形态特点、功能的多样化、近人的设计也可以强化其公共性。因此，本节对“一城九镇”公园实例的分析将分为两部分内容，一是公园与绿地在城镇结构中的位置、与主要公共空间、结构元素的关系；二是公园的空间形态特点与类型。

3.4.1 公园、绿地与城镇结构

与道路布局类似，在城镇绿地系统中，各种规模、性质的绿地被有关规范定义为不同的层次[1]。在本节的讨论中，分析对象的选择将以公园或绿地对城镇结构具有形态意义为原则，可能涉及到城镇中心与街区等不同的公园、绿地层次。“公园同广场、集市、步行街和其他类型的公共空间一样，必须被视为是同一连续体的一个组成部分”[2]。虽然它们表现在公共性方面有程度上的差异，但却在城镇结构的构成上起到重要的作用，并可以通过它们将不同形式的公共空间联系在一起（表3.4.1）。

实例的中心公园对城镇结构产生了重要的影响，也成为城镇景观系统中的要素。通过表3.4.1的分析，可将10个城镇实例公园布局的主要特点与类型归纳如下：

（1）以公园等大型景观设施为中心：第一种类型是以公园为核心。在10个城镇中，直接将湖面与公园作为城镇核心的典型实例如临港新城和陈家镇，放射、圈层结构的圆心是以大型水面为主构建的公园。这种类型的城镇结构是具有显著焦点的集中形式，公园使这个焦点变成了一个具有景观意义主体。在形态上如同文艺复兴时期的理想城市图形，并与“田园城市”的图解形式相类似。

第二种类型是将公园作为不同区域的媒体。如朱家角镇，水面公园位于古镇区北端，新镇区绕其布局，公园成为新、古镇区的连接体；同样，奉城镇的中心公园也是介于古镇区和“西班牙特色风貌区”之间，在一定程度上减少了两种不同时期、历史、文化形态的区域形成直接大面积拼贴的影响；这种布局方式也体现于罗店新镇中心区中，公园被布置于商业区、行政区之间，成为两种不同功能区域的媒体；枫泾的轴线式绿带公园建立了主、次中心的联系；高桥的带形河道中心公园不仅为本片区服务，在镇区结构中成为四个片区之间的联系纽带。这种布局类型一方面以公园连接了不同的区域，在区域之间建立了缝合线式的边界；另一方面，不同区域的共享界面也为公园提供了公共活动的支持。

---

[1] 如在居住区设计中，按照有关规范要求，公共绿地设居住区公园、小游园（小区级）以及组团绿地三个层次，并对其布局、规模具有相应的规定。详见中华人民共和国建设部.城市居住区规划设计规范（GB 50180−93）(2002年版).北京：中国建筑工业出版社，2002：17−18.

[2]（美）克莱尔·库珀·马库斯，卡罗琳·弗朗西斯编著.人性场所——城市开放空间设计导则（第二版）.俞孔坚，孙鹏，王志芳等译.北京：中国建筑工业出版社，2001：80.

表 3.4.1 “一城九镇”公园与绿地布局位置及其与主要公共空间、结构元素的关系分析

城镇	元素	中心公园	其他公园或绿地
「泰晤士小镇」	街道	与主、次路、步行街无联系，通过支路进入	1. 内圈沿主路点式布局，公共性较强； 2. 在道路交叉点布局，为街头景观绿地节点，一处作为步行街端点。
	广场	与中心广场直接连接，部分由广场界面限定	教堂建筑周边公园具界面围合性，与广场、步行街间接组合
	公园	与临水带形公园组合成“T”字形，岛状	片区、组团边缘线性绿地连接，与中心公园连接
	其他结构元素	1. 临中心区与外圈低密度区域； 2. 建立外圈临水边界； 3. 部分以主轴线对称布局； 4. 构成部分中心区； 5. 构成中心与临水节点。	1. 线性绿地限定片区区域，部分限定组团区域，公共性较弱；组团内小型绿地； 2. 线性绿带为片区边界的主要形式； 3. 街头景观节点为步行街次轴端点； 4. 与中心区无联系，外圈组团以绿地为中心； 5. 教堂公园为片区节点，组团内设节点。
安亭新镇（西区）	街道	共4次分别与环形主路、横向主路、次路形成交叉	1. 绿带与环形主路、河道组合强化圈层结构； 2. 入口处形成绿地景观； 3. 街区内小型公园与步行街、环形结构组合。
	广场	中部与广场直接联系	入口广场形成组合公园
	公园	两端与边缘绿地公园连接，与城区大型公园连接	边缘绿地与中心公园两端连接
	其他结构元素	1. 限定街区； 2. 建立两个大的街区边界，中心区一侧边界； 3. 作为构成“十”字形主轴线之一； 4. 与中心区结合紧密； 5. 为片区主要节点之一。	1. 边缘绿地限定片区区域，强化圈层结构；街区内设小型公园； 2. 边缘绿地形成片区边界； 3. 边缘绿地与中心公园主轴两端连接； 4. 与中心区无联系；强化街区组团中心； 5. 为组团、入口节点的组成部分。

续　表

城　　镇	元素	中　心　公　园	其他公园或绿地
临港新城主城区（一期）	街道	主次圈层道路作为公园边界，放射道路形成分段	1. 边缘楔形绿地由次路主路限定； 2. 组团中心公园与内部支路连接。
	广场	与中心广场邻接	组团中心公园与组团广场联系
	公园	中心整圆与圈带式，同心圆几何关系，内圈临水面	楔形绿地与中心公园直接连接
	其他结构元素	1. 将中心区限定于中间； 2. 建立中心区边界； 3. 成为放射轴线的核心； 4. 是中心区的重要组成部分； 5. 联系中心节点、标志物以及中心区多数节点。	1. 楔形绿地限定中心区与放射组团区域； 2. 楔形绿地为放射组团之间建立边界； 3. 强化轴线的放射性； 4. 组团公园成为组团中心元素之一，楔形绿地联系中心区； 5. 组团公园为组团节点。
枫泾新镇	街道	中心水面与轴线公园分别被主次路支路穿过，轴线公园被支路限定，并与步行街并行	1. 次路与外部交通干线与大型“门户”公园并行，并被次路纵向分隔； 2. 纵向带形河道绿带被主次路穿过； 3. 沿次路布置河道绿带与片区公园。
	广场	水面公园与中心广场直接相联，边界不明显，轴线公园以中心区。次中心广场为端点	1. 纵向河道绿地与中心区广场联系； 2. “门户”公园与次中心广场间接联系。
	公园	中心水面、轴线公园与大型“门户”公园、纵向带形河道绿地互相连接	1. 纵向河道公园与中心公园联系； 2. “门户”公园与轴线公园通过次中心间接联系。
	其他结构元素	1. 部分限定片区或组团； 2. 部分形成片区边界； 3. 轴线公园为镇区主轴线； 4. 中心区重要组成，轴线公园联系主次中心； 5. 中心区节点围绕水面布局，轴线公园连接中心节点。	1. 纵向河道绿地限定部分片区，“门户”公园在东侧联系新城区与古城区； 2. 部分形成片区边界，“门户”公园形成镇区东侧边界； 3. 河道绿带为主纵轴延伸线，“门户”公园与横轴端点连接； 4. 分别与主次中心联系； 5. 联系主次中心节点。

续 表

城镇		元素	中心公园	其他公园或绿地
朱家角镇		街道	与主路间接联系，临次路	1. 纵轴线带形公园与主路组合； 2. 主路穿过横轴带形公园，并对新、古城区形成分隔。
		广场	通过步行街与片区中心广场联系	纵轴公园邻接片区中心广场
		公园	与纵轴线带形公园连接，围绕水面布局	纵横轴线带形公园“十字”交叉，其他带形公园与中心公园或互相连接
		其他结构元素	1. 介于新、古城区之间，建立联系； 2. 部分形成片区边界； 3. 与纵轴间接联系； 4. 邻接片区中心与古城区； 5. 为连接新、古城区间的重要节点。	1. 带形公园限定片区、组团区域； 2. 边缘绿带建立镇区边界，带形公园形成片区、组团边界； 3. “十”字轴线均为带形公园，分别与主路、河道形成并行组合； 4. 连接古城、片区、行政中心，形成带形片区、组团中心； 5. 串联中心、片区、组团节点。
罗店新镇	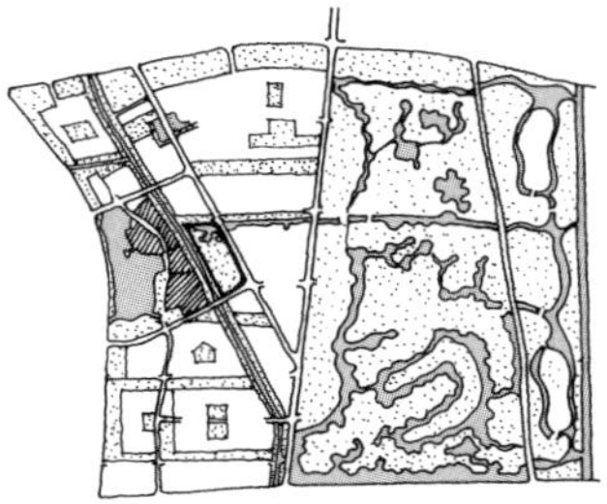	街道	两侧临主路	1. 大型高尔夫公园由镇区主路穿过； 2. 湖面公园两侧临主路； 3. 轴线带形公园与道路具拓扑形态关系。
		广场	与中心区三个广场隔纵轴绿带相望	轴线带形公园联系三个中心区广场
		公园	与轴线带形公园邻接	边界由不同公园绿带闭合连接，轴线等绿带与高尔夫绿地联系
		其他结构元素	1. 介于中心区商业、行政区之间，镇区几何中心； 2. 形成中心区部分边界； 3. 位于主河道轴线交叉处； 4. 位于中心区内行政、商业区中心； 5. 为中心区内重要节点。	1. 高尔夫公园与镇区面积相同，并相邻；轴线绿带穿过中心区，并限定部分组团； 2. 两条轴线绿带公园为镇区主要轴线； 3. 湖面公园形成单侧边界；边缘绿地较封闭围合建立镇区边界，带形绿地为部分组团边界； 4. 两条轴线绿带公园穿过中心区； 5. 带形轴线串联节点，小型公园为组团节点。

续 表

城镇	元素	中心公园	其他公园或绿地
浦江镇	街道	中心区内小型公园与横向主路联系，与纵向主路立体交叉	1. 边缘绿地与支路相邻； 2. 格网街块内绿地公园与道路线网错位布局。
	广场	与中心广场联系	与中心广场无直接联系
	公园	小型公园在中心区内间接联系	小型街块公园经带形跨路连接形成线网结构
	其他结构元素	1. 中心区内形成若干小型公园，部分具有围合与半围合界面； 2. 部分临中心区边界； 3. 经横主轴串联； 4. 位于中心区内，为中心区内主要负结构形式； 5. 为中心区主要节点。	1. 围合式边缘绿带限定镇区区域； 2. 呈“棱堡”状坡形绿带形成闭合的镇区边界； 3. 边界绿地4处与十字轴线相交； 4. 街块内公园为街块中心主要元素； 5. 街块内公园成为均匀布局的节点序列。
「高桥新城」	街道	主路穿过中心公园，与步行街并行，并以开口直接联系	1. 边缘绿带部分沿周边镇区道路布置； 2. 低密度区绿带与横轴步行道十字交叉。
	广场	与中心广场建立直接联系	与广场无直接联系
	公园	带形延伸联系镇区各片区	局部与中心公园联系
	其他结构元素	1. 联系镇区共四个片区； 2. 形成片区单侧边界； 3. 沿纵轴，为横轴的端点； 4. 参与形成片区中心； 5. 公园内布置节点、标志物，并串联中心主要节点。	1. 局部限定片区； 2. 绿带局部作为片区边界； 3. 边界绿带为纵轴端点，低密度区绿带与横轴十字交叉； 4. 边界绿带与中心间接联系，低密度区绿带为组团中心； 5. 低密度区绿带为几何中心节点。

续　表

城镇	元素	中心公园	其他公园或绿地
奉城镇	街道	位于两条轴线主路之间	1. 几何中心绿带公园穿过4条并行主轴道路； 2. 两条横轴道路之间形成带形公园。
	广场	与中心广场隔路联系	中心区两侧绿带与广场间接联系
	公园	与河道轴线绿带、中心区两侧绿带连接	横、纵带形绿地交叉、互相连接
	其他结构元素	1. 在“特色风貌区”与古城区域之间； 2. 为新、古区域建立边界； 3. 与两条轴线并临； 4. 临中心区； 5. 为镇区重要节点。	1. 纵向绿带限定片区； 2. 中心区两侧绿带形成边界，纵向绿带部分形成片区边界，镇区三面以绿带为边界； 3. 绿带与轴线并行或穿过； 4. 绿带两侧限定中心区； 5. 绿带串联主要片区节点。
陈家镇	街道	由圆形次路限定，放射结构的几何中心	大型主路格网将绿地与片区棋盘式布局形式
	广场	—	—
	公园	大部分与外围绿地接壤	公园、绿地相互连接成为负结构主体
	其他结构元素	1. 与水面形成区域中心； 2. 中心片区围绕水面公园布局，并以此为边界； 3. 放射轴线的核心；河道绿带形成主要放射轴线； 4. 中心区的核心； 5. 整个区域的中心节点。	1. 两个放射片区内组团以放射性河道绿带限定； 2. 绿地形成三个片区的边界，河道绿带形成片区内组团边界； 3. 以三条河道绿带为放射轴线； 4. 以河道绿带交叉点建立片区中心，组团内以小型公园形成中心； 5. 河道绿带交叉点、组团内小型公园分别成为片区、组团中心节点。

注：1. 陈家镇公园与广场间的空间关系因资料空缺暂不进行分析；2. “泰晤士小镇”中心公园因东北侧用地不明确，暂以水面公园西侧为主分析；3. 中心公园以围绕水面的公园与绿地共同界定；4. 表中公园或绿地的布局均根据各城镇不同深度的规划设计推断，随着设计、建设的深入发展可能会被更改；5. 表中插图均为作者绘制。

第三种类型是公园形成了对城镇整体形态的解构。公园在自身形成中心的同时，使整体的城镇形态被分解。安亭新镇的带形中心公园便是这种类型，在圈层结构的统治下，城镇结构形成了一个紧凑的整体，公园的介入使这个整体形态产生了裂变。虽然这不同于河流等自然物形成的结构变异，但它起到了类似的强化空间流通的作用。“这意味着破坏，又意味着建设”[1]，公园一方面形成了对整体形态的解构，另一方面则以积极姿态参与了公共空间的构成。这种对整体形成解构的形式在其他具有带形公园的实例中也有不同程度的表现。

第四种类型为公园以介入形式参与中心构成。在“泰晤士小镇”，中心公园与中心广场直接连接，共同形成了中心区的公共空间界面；浦江镇在中心区建立了不同形式、小型规模的公园，大体量的建筑与公园相互交织，多样的建筑功能为公园提供了直接的活动支持。“高桥新城”的带形公园虽然没有直接介入广场，但与广场、步行街等空间建立了互为渗透的关系。安亭中心广场的教堂建筑向带形公园突出，同时也将公园空间引入广场；类似的形式在罗店新镇公园与广场的空间关系中也得到一定程度的体现，其西侧的水面公园既是中心区的边界，又作为中心区的组成部分，介入了中心商业区空间。

虽然公园不能完全替代广场等其他公共空间，但适当的“软化”形式使这些不是以大量集会型活动为主要内容的广场增加了休闲等方面的内容，同时也在一定程度上提高了活动多样性。重要的是，公园建立了公共空间的紧密的链接，形成了它们之间的相互支持局面（图3.4-1）。

（2）以公园、绿地建立区域边界：在城镇结构边界元素的讨论中，我们曾就边界的宏观特点进行过分析。其中，利用自然元素或组合的线形元素成为各个城镇边界构成的主要部分，各种形式的绿地则是较为普遍的边界元素。在表3.4.1的分析中，

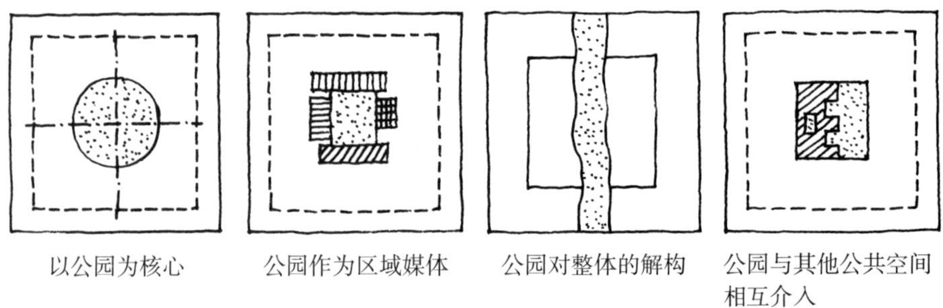

图3.4-1　公园参与城镇中心构成的四种类型

[1]（法）弗朗索瓦·多斯.从结构到结构：法国20世纪思想主潮（下卷）.季广茂译.北京中央编译出版社，2005：29.

以公园、绿地为城镇或片区建立边界的方式几乎在10个实例中均有不同程度的表现。主要有以下4种类型：

第一种类型为带形绿地，呈闭合或与其他元素连接闭合形态，并具有规则与不规则两种形式。其中，规则的形态多为单边边界，如“泰晤士小镇”、朱家角、罗店、浦江、奉城等城镇的部分边界，其形式有单纯的绿带，也有与河道的组合形式。这种边界形式通常在城市道路与区域之间建立了屏障式的间隔，公共活动性不强。不规则的形式如安亭、“泰晤士小镇”、朱家角镇南侧、奉城的东侧农用绿带等，由于形态的不规则，使绿地部分地“侵入”区域，在与外界形成屏障的同时，也为布置一定的公共活动内容创造了条件。带形绿地也是在镇区内为片区和组团建立边界的通常形式，绿带不仅形成了边界，同时也具有内部不同区域之间的缝合线作用。

第二种类型为并列式的片状公园绿地。公园与镇区或片区并列布局，为区域建立了单侧边界。实例中如枫泾和罗店两个城镇，规划以与镇区并列形式设置了大型公园。枫泾的“门户”公园与复合性交通干线并行，在公园与镇区交界处设交通枢纽以及大型公建设施，公园还成为新、古镇区之间的共享空间，使其公共性得以加强；罗店的大型公园以高尔夫球场及其会员俱乐部、宾馆设施等作为主要内容，还在边缘布置了部分低密度住宅，这实际上使与镇区用地相当的公园成为半私密性空间。以上两个实例同为并列式的大型公园，但公共性却有所不同。这种在城镇边界上建立大型公园的类型并不是普遍的形式，雅可布斯在谈到城市与公园之间的关系时指出：“一定量的绿地并不会比同样大小面积的街道更能为城市增加更多的空气……要抛弃那种虚假的自我安慰的想法，即公园是房产的安慰剂，或社区的福地。”[1]只有贴近人们生活的公园才能以多样化的形式发挥功能，这不是以大规模能够实现的。当然，供远足使用的大型郊区公园和主题公园形式则是另一个话题。

第三种类型是楔形绿地边界。临港新城主城区的边界公园绿地为典型的实例，楔形绿地成为放射组织的负结构，同时也为组团形成了边界；奉城镇区的带形结构形态以楔形的绿带形成分段，并以此形成片区的边界。楔形绿地形式的特点是绿地能够与中心区建立直接联系，临港新城的“V”形楔形绿带与圆圈带形中心公园建立了直接的联系，尽管周边是主次道路，但边界分别将中心区、四个片区联系起来，并且在每块楔形绿地中，布局了部分设立式的公共用途地块，虽然在一定程度上削弱了圈层结构的清晰性，但为公园提供了活动的内容，在一定程度上加强了公园的公共性。

第四种类型是镇区或片区成为绿地的设立体。这种形式出现在陈家镇的绿地结构布局中，三个主要片区与公园绿地等开放空间形成了较大的面积对比，成为绿

[1]（加）简·雅各布斯.美国大城市的死与生.金衡山译.南京：译林出版社，2005：98-99.

地负结构中的设立体，反之，绿地也为片区建立了强大的边界。根据陈家镇规划描述，这些绿地为森林、农田与湿地，东侧边缘为湿地公园。与地形环境与特点结合，片区以集中形式在公园绿地中分散布局，绿地与公园也成为展现生态自然环境的区域（图3.4-2）。

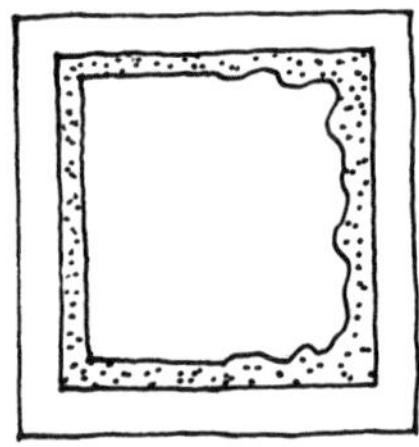

规则与不规则带形绿地边界

并列式片状公园边界

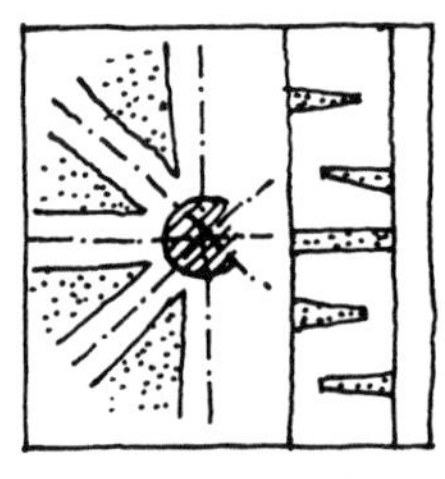

楔形绿地边界

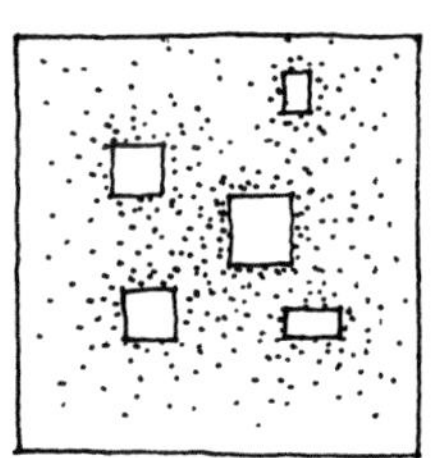

区域作为绿地负结构设立体

图3.4-2　实例中公园与绿地建立区域边界的四种类型

（3）与水系的密切结合：在城镇结构的讨论中，道路与水系的线网组织在实例中以组合方式出现，强化了结构中的线性结构。同样，公园中绿地与水系在景观系统布局中也形成了密切的组合方式。

主要体现在两个方面，首先，实例城镇规划均将水面或河道作为中心公园景观设施的主要元素，绿地以及其他不同性质的用地区域围绕水面布局，形成了以水面为核心，较大规模的公园景观设施区。其中，临港新城、枫泾、朱家角、高桥、陈家镇等城镇的中心公园以水系作为公园的主体景观，罗店新镇也在西侧设置了类似形式的水面公园，"泰晤士小镇"中心公园实际上也是临水面的布局形式。

以水面为中心，一方面表现了上海郊区的江南地景特征，另一方面，也使公园的滨水景观特点得到展现，公园的边缘也为亲水活动提供了有力的支持。其次，河道与绿地的组合成为带形绿地的主要形式，体现于所有实例城镇中，用于形成城镇、区域的边界、轴线等线性结构，这些元素的形态特征也得到了强化（图3.4-3）。

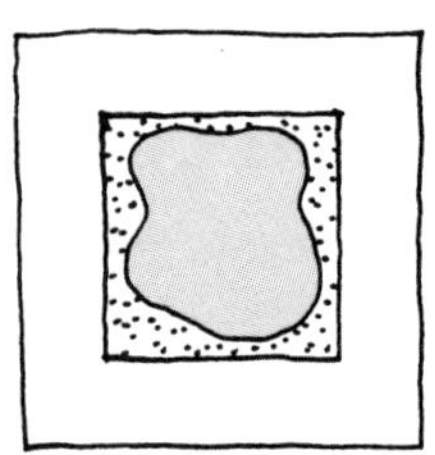

以水面为公园主体

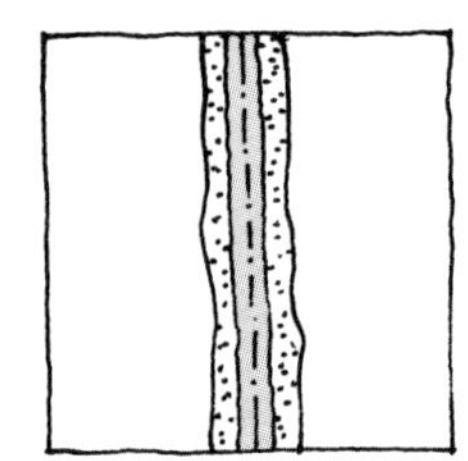

绿带与河道组合强化城镇线性结构

图3.4-3　实例公园、绿带与水系结合的两个特点

3.4.2 城镇公园的形态与类型

一般情况下，公园多以开放空间的形式出现。与基面相比，其界面似乎显得微不足道，两者的比例关系也难以形成如广场、街道空间的围合品质。值得一提的是，“一城九镇”中有些城镇的公园或绿地具有与广场类似的围合界面，只是绿地或水面等景观元素成为空间基面上的主体，占据了空间的大部分面积。关于这种形式，库尔德斯的广场分类将其归于“绿化与体育广场”[1]，如巴塞罗那的克洛特广场，其广场基面上的大部分面积为绿地景观设施，也可以称其为克洛特公园（Parc del Clot）[2]。本节对实例公园形态的分析将主要建立在二维基础上，并以形态特征明显的中心公园等较为典型的公园或片断等为对象，结合公园的界面、公园的功能等因素综合考虑实例公园空间形态特性。

“一城九镇”的公园与绿地系统在城镇形态结构中举足轻重，在有些实例中公园连同它们的水面、绿地等开放空间成为结构的核心。对于公园形态的观察主要是从其规模、形式以及界面对公园形成的活动支持为主要视角，由此归纳实例城镇公园空间的基本类型（表3.4.2）。

表3.4.2 “一城九镇”实例主要公园形态分析

“泰晤士小镇”		安亭新镇（西区）	
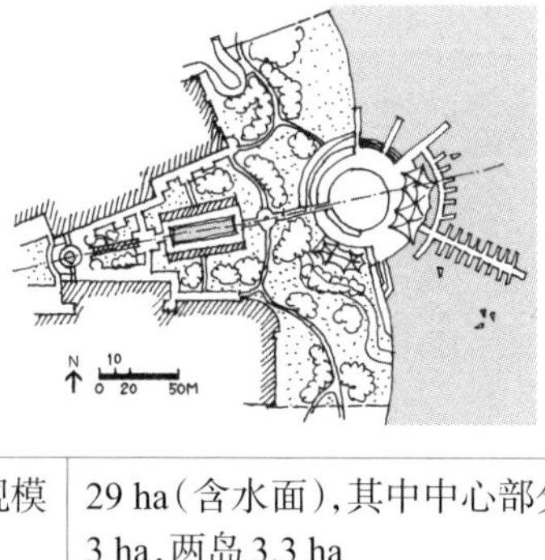 N 0 10 20 50M		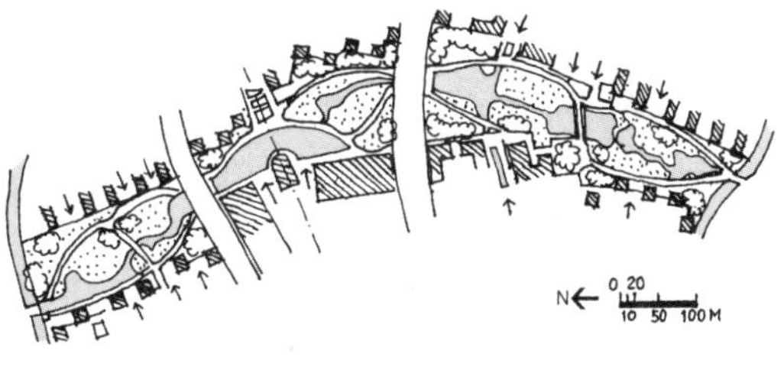 N 0 20 10 50 100M	
规模	29 ha（含水面），其中中心部分3 ha，两岛3.3 ha	规模	10 ha（不含穿过道路）
形态特点	1. 中心公园承接广场对称布局；2. 梯形与线、点式组合；3. 公建、混合界面围合；4. 喷水池、临水平台等休闲设施	形态特点	1.带形，连接环形河道；2.大弧度曲线形式；3.与中心广场在中部连接，以教堂建筑作为共享标志物；4.公建、住宅较长界面围合；5.设水溪、步行道等设施。

[1] 详见本书第3章3.2.3节。
[2] 蔡永洁.城市广场.南京：东南大学出版社，2006：69.

续 表

<table>
<tr><td colspan="2">临港新城主城区(一期)</td><td colspan="2">枫泾新镇</td></tr>
<tr><td colspan="2">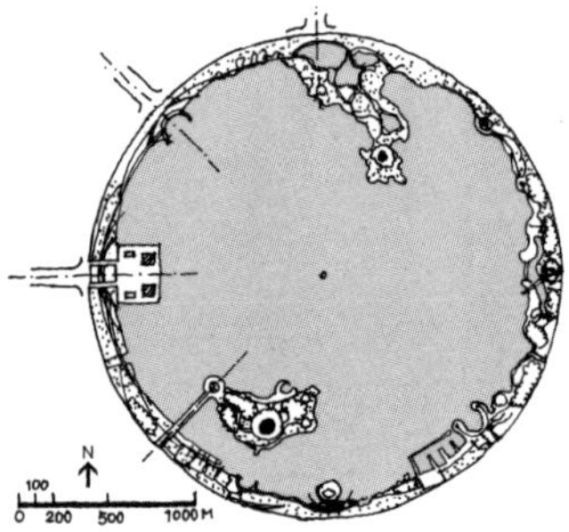
</td><td colspan="2">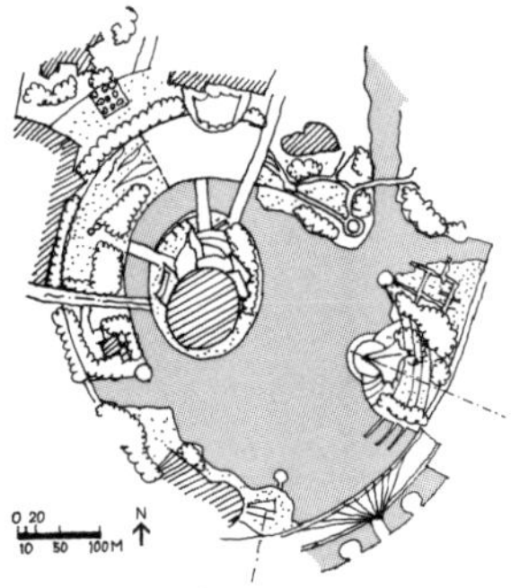
</td></tr>
<tr><td>规模</td><td>5.5 km^2(含水面),其中公园圈64.8 ha,三岛共43.5 ha</td><td>规模</td><td>24 ha(整个椭圆区),其中水面11 ha,绿地公园4.3 ha,岛0.8 ha</td></tr>
<tr><td>形态特点</td><td>1.圆形,水面直径2.5公里;以80米宽绿圈建立公园绿地系统;2.三个岛为放射轴线对景,分别设商务、娱乐功能;3.隔路界面为公建混合功能;4.圆心设标志塔。</td><td>形态特点</td><td>1.椭圆形片断组合,与水面平行;2.边界不明确,与广场并列,与建筑相间布局;3.岛屿为文化中心,周边界面为会议中心、博物馆、商场等公建设施;4.设临水平台联系轴线公园。</td></tr>
<tr><td colspan="2">朱家角镇</td><td colspan="2">罗店新镇</td></tr>
<tr><td colspan="2">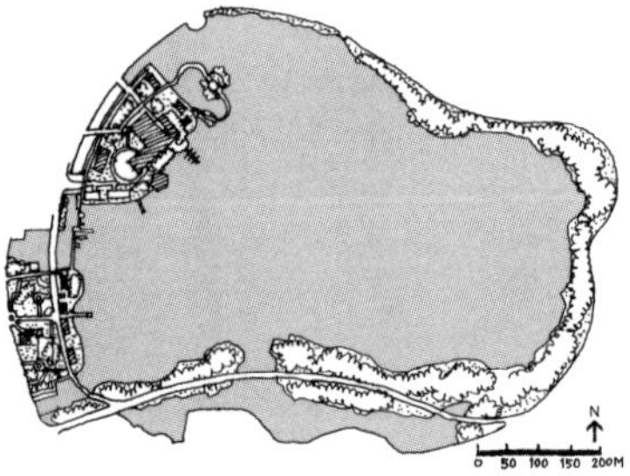
</td><td colspan="2">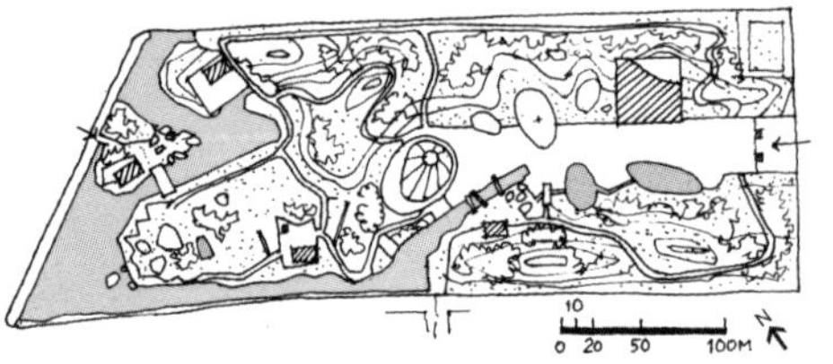
</td></tr>
<tr><td>规模</td><td>52 ha(环湖道路内),其中西南侧公园2.3 ha</td><td>规模</td><td>7 ha</td></tr>
<tr><td>形态特点</td><td>1.不规则圆弧形;2.沿水面建立公园绿地系统;3.水中设带形绿地、路堤等组合;4.西侧岛为旅游度假、商业、娱乐设施;5.西南侧岛为公园,设文化遗产、茶室等内容;6.其他隔路界面为度假设施与住宅区。</td><td>形态特点</td><td>1.单斜边矩形;2.形态以北欧地形图为原型;3.分别设北欧各国展馆,并以此为主题表达不同国家景观特点;4.中心设观演舞台设施;5.临两条河道轴线并以此为界面,连接步行系统;6.地形起伏变化。</td></tr>
</table>

续 表

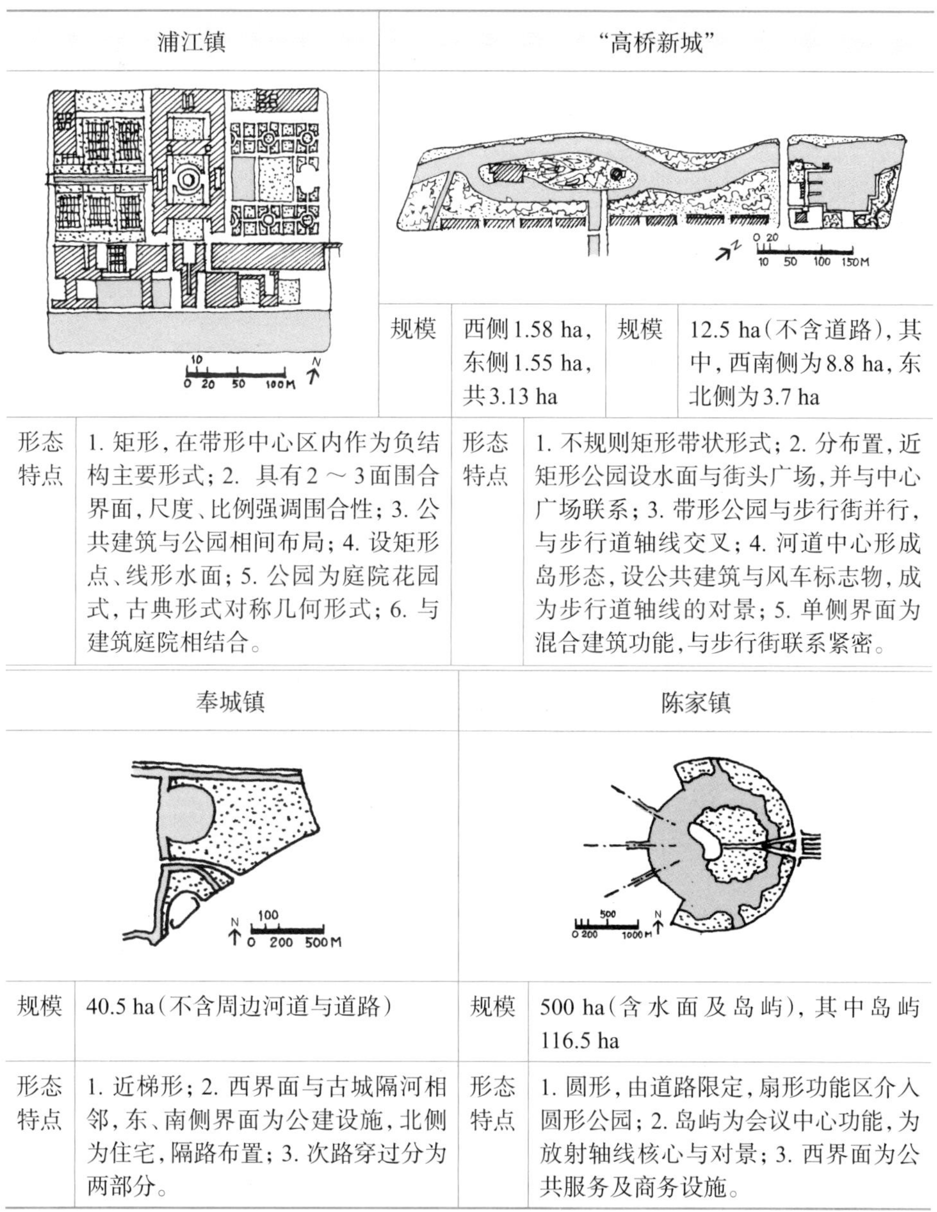

浦江镇		“高桥新城”	
（图）		（图）	
规模	西侧1.58 ha，东侧1.55 ha，共3.13 ha	规模	12.5 ha（不含道路），其中，西南侧为8.8 ha，东北侧为3.7 ha
形态特点	1. 矩形，在带形中心区内作为负结构主要形式；2. 具有2～3面围合界面，尺度、比例强调围合性；3. 公共建筑与公园相间布局；4. 设矩形点、线形水面；5. 公园为庭院花园式，古典形式对称几何形式；6. 与建筑庭院相结合。	形态特点	1. 不规则矩形带状形式；2. 分布置，近矩形公园设水面与街头广场，并与中心广场联系；3. 带形公园与步行街并行，与步行道轴线交叉；4. 河道中心形成岛形态，设公共建筑与风车标志物，成为步行道轴线的对景；5. 单侧界面为混合建筑功能，与步行街联系紧密。
奉城镇		陈家镇	
（图）		（图）	
规模	40.5 ha（不含周边河道与道路）	规模	500 ha（含水面及岛屿），其中岛屿116.5 ha
形态特点	1. 近梯形；2. 西界面与古城隔河相邻，东、南侧界面为公建设施，北侧为住宅，隔路布置；3. 次路穿过分为两部分。	形态特点	1. 圆形，由道路限定，扇形功能区介入圆形公园；2. 岛屿为会议中心功能，为放射轴线核心与对景；3. 西界面为公共服务及商务设施。

注：1. 奉城镇、陈家镇因资料空缺只形成部分分析内容；2. 表中尺寸为作者根据各个城镇不同深度规划设计图纸与比例尺计算、推算的数据，所有面积数值为近似值，并可能随实例规划、景观和建筑设计的深入发展会引起改变或误差；3. 表中“泰晤士小镇”、浦江镇等公园图示只是实例中中心、主要公园的一部分或片断；4. 表中有关公园功能的内容均为根据各实例城镇不同深度规划设计中的描述，可能与实际不完全相符，其中，罗店新镇公园资料源自（瑞典）SWECO.罗店新镇中心区景观设计.理想空间，2005，（6）：68；5. 表中插图均为作者绘制。

表3.4.2列举了10个实例中主要公园开放空间形态的基本情况，从中可以看出以下主要特点与类型：

（1）公园形状的多样化：实例城镇公园的形状可以分为规则与不规则几何形两个大类。其中，临港新城、浦江镇、陈家镇的公园形式直接运用圆、矩形，是采用规则几何形的典型实例。“泰晤士小镇”公园的主要部分采用了规则的梯形；罗店的公园形状基本上是矩形的平面，其中一个短边倾斜略显不规则；枫泾则是使用了椭圆形形式，绿地开放空间形状与椭圆形水面边缘基本吻合，建筑、广场等元素的介入将椭圆形岸线进行分段，椭圆形局部呈不规则变化；“高桥新城”的带形公园在整体上可以归为平行四边形，其变形主要体现于北部的大弧度曲线边界。不规则几何形的公园实例如朱家角镇，由周边道路对公园形成基本围合，道路的大弧度曲线形式则是与湖面形状具有一定的拓扑关系，从而也使整个公园区域形状不规则；安亭的中心公园形状与区内主要道路大弧度曲线形式相吻合；奉城则是由河道与倾斜的弧线道路等围合形成公园，随显示出四边的不规则变化，但也可视之为近梯形的形式。因此，实例城镇主要公园形态共具有圆形、矩形、椭圆形、梯形、平行四边形、以及不规则曲线形等形式，形态类型体现了多样性（图3.4–4）。

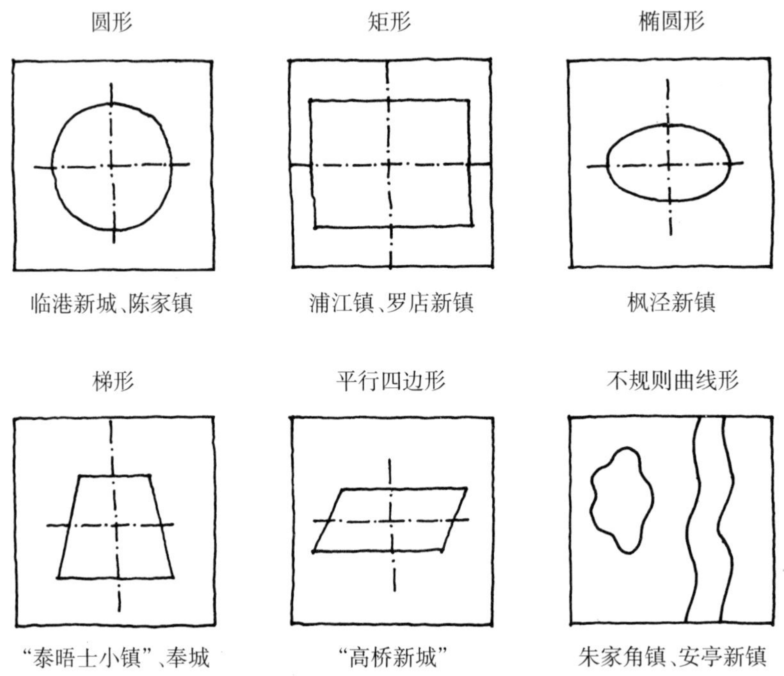

图3.4–4 “一城九镇”实例中公园形状的六种基本类型

(2) 岛屿、临水绿带成为公园点、线的主要构图形式：这种特点明显地体现在具有较大水面的公园景观区域的实例中。临港新城的“滴水湖”中心景观区以大型的水面为核心，绿地等公园设施在约80米宽的圆环中线性布置，三个岛屿分别以不同功能、轴线的对景关系成为湖中的点构图；同样，陈家镇在形成绕大型水面绿带公园的同时，位于中心的岛屿成为唯一的点式构图，建立了放射轴线的核心；“泰晤士小镇”、枫泾、朱家角、高桥等城镇公园景观区中虽然水面形式与规模各不相同，但也体现了这种构图特点。

从点、线两种元素的构图看来，实例城镇的公园的形态构成可以归纳为两种基本类型，一种是线、点结合式，表现为绿带与岛屿在水岸边的直接结合；另一种为线、点分离式，即岛屿不与绿带直接连接，而是通过道路联系水岸。前者的线性组织围绕水面与点元素形成结合；后者点、线分离，点也因此更加显著，成为限定公园区域的设立构图体。不管采用哪种构图方式，岛屿建立了公园景观区域中的聚焦点，这些点使公园具有了明确的方向性。同样，公园绿带围绕水面的构图形式支持了滨水的活动，也使在水中活动的人们（如果可以组织水中活动的话）能够感知一个自然的景观界面（图3.4-5）。

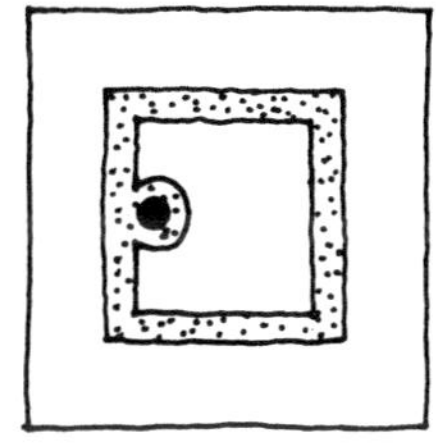
点、线结合式

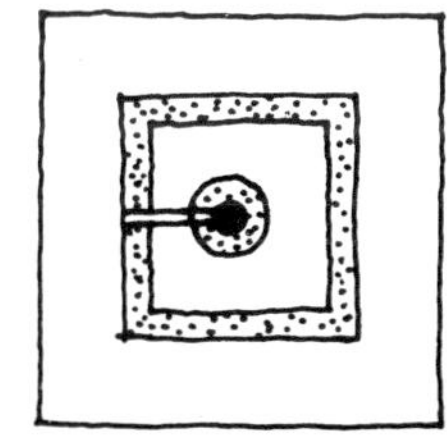
点、线分离式

图3.4-5 实例中公园区域点、线构图组织的两种主要方式

(3) 功能与界面对公园活动的支持：在功能上，实例公园的第一种类型为休闲性、景观性。公园依靠有利的位置布局，能够吸引社区的居民活动。安亭新镇的带形公园，临港、朱家角等城镇公园的长界面使公园具有良好的可达性，休闲、景观性为主的内容以及有利的位置提供对活动的支持。

第二种类型是在公园中组织部分城镇的公共功能。“泰晤士小镇”中心区公园，临港、朱家角、浦江、枫泾、陈家镇等将城镇都不同程度地将公共建筑功能融入公园，建筑呈独立式布局或形成组合，形成正、负结构的相间的空间态势，在一定程度上提高了公园活动的强度与复合度。

第三种方式是在公园中融入主题化功能。临港新城的娱乐性岛屿，高桥的风车景观以及码头等景物，尤其是罗店新镇的“北欧”主题，均强调了公园的主题，形成了公园的主要功能，或以一种主题为主要景观特征，为一种专门化的用途服务。雅可布斯将周边的多样化功能视作一个成功的公园的重要条件，在多样化前提下，她也赞成在公园中融入“某种特殊功用”，作为改变那些“不能吸引人们自发地使用公园，或者获得周边地区多样化支持”公园的变通方式之一[1]。

[1] (加) 简·雅各布斯.美国大城市的死与生.金衡山译.南京：译林出版社，2005：110-118.

实例中的三种方式均不同程度地为公园的活动提供了支持，第一、二种方式似乎更能贴近城镇的生活，主题化形式如果缺乏有效的活动组织与变化、多样化的功能设置，则可能表现为虽具有一定的活动强度，而复合度得到限制的状况（图3.4-6）。

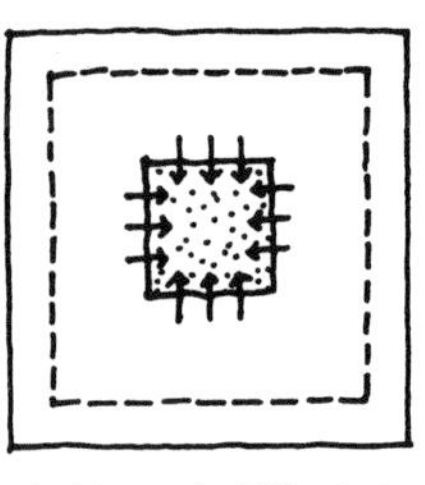

长界面、有利位置吸引自发性活动

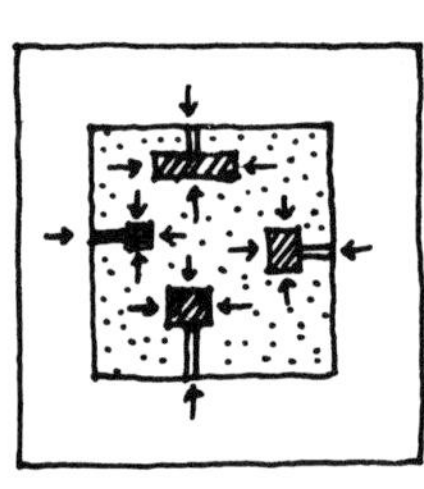

公共建筑融入公园，提高活动复合度

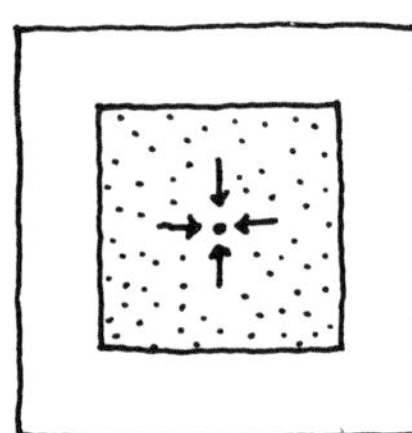

主题化形式，活动专门化

图3.4-6　实例公园支持活动界面与功能的三种方式

（4）公园的基本形态类型：以上我们分别从形状、构成特点以及功能支持等方面对实例城镇的主要公园进行了分析。在整体形态上，实例城镇的主要公园可以归为三种基本类型。

第一种为聚合型：不同规模的公园以点的构图方式形成了城镇结构中的聚焦点。临港新城、枫泾、朱家角、枫泾、高桥、奉城、“泰晤士小镇”以及陈家镇等城镇公园实例均属于这种类型。其中多数实例的设计将水面作为聚合型公园的主体。

第二种为线（带）型：公园空间在一个方向上线性发展，形成了较长的公园界面。安亭、高桥等城镇公园具有这种类型的特点。线性公园因具有较明确的方向性与连续性，不仅适合步行等活动的开展，同时也为人们提供了更多进入公园的机会，重要的是，“这种鼓励人们穿越多个邻里的公园能够以一种轻松、不带威胁性质的方式促进了社会的融合”[1]。

第三种为散点型：将公园空间化整为零，以建筑的负空间形式分布之间建立一定的联系。如浦江镇的公园系统，不仅在中心区，而且在其他的街区呈小型化、散点式布局，这种类型的公园多数以建筑为界面直接限定，在一定程度上具有如同广场空间的围合性，并且小型化的公园形式更贴近人们的生活，有利于多样化的形成。如果将基面大部分为绿地、水景的广场称为“绿化式广场”，对于公园来说，如浦江

[1]（美）克莱尔·库珀·马库斯，卡罗琳·弗朗西斯编著. 人性场所——城市开放空间设计导则（第二版）. 俞孔坚等译. 北京：中国建筑工业出版社，2001：123.

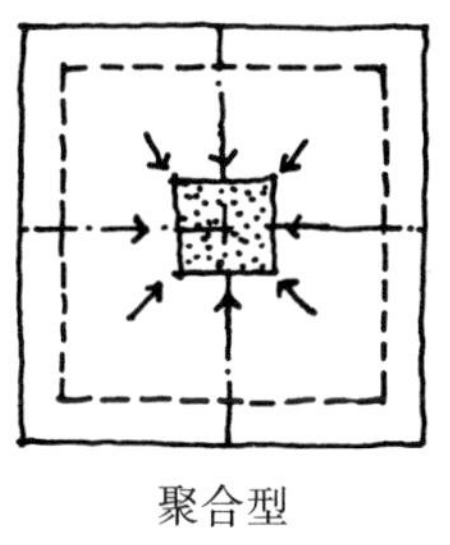
聚合型

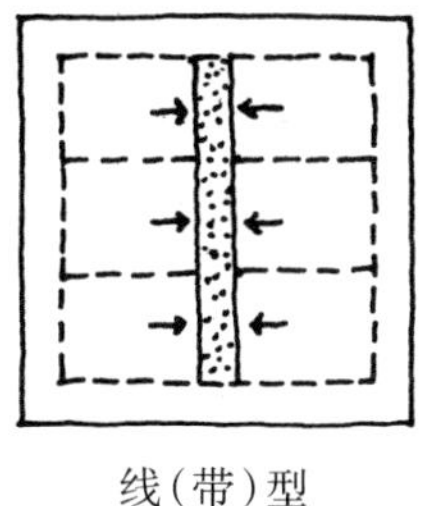
线（带）型

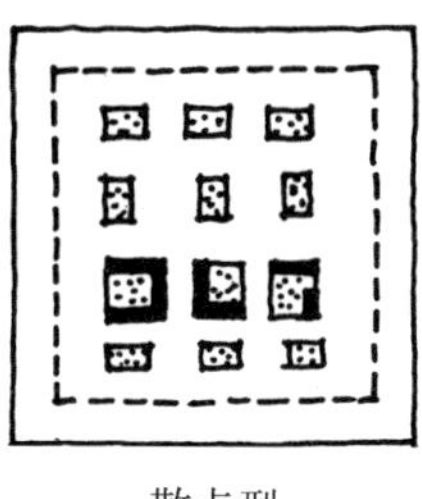
散点型

图3.4-7　“一城九镇”公园形态的三种类型

镇中心区内散点式的公园，则可以称之为“广场式公园”（图3.4-7）。

3.4.3　小结

本节就“一城九镇”实例中公园的布局、形态类型进行了分析。作为城镇的公共空间，公园除了对城镇具有的景观意义之外，对空间结构、社会活动的组织等方面起到了重要的作用。“城市公园不是抽象物，也不是天然的良好行为或榜样的表现场所……一旦它们脱离了具体的、实际的使用，它们就不具有任何意义”[1]。“一城九镇”规划的城镇公园形成了多样化的布局方式，其共同的特点是将公园视为重要的公共领域，与公共建筑与空间建立了良好的关系，从而支持了公园中的社会活动。在空间形态上，实例城镇的公园与绿地系统较为全面地参与了城镇结构控制性元素的构成，对城镇结构起到了至关重要的作用，其自身的造型也充分体现了多样化的特征。根据以上的分析，可将实例城镇主要公园形态设计的特点归纳为以下几个方面：

（1）多数城镇规划了大型规模的公园设施；

（2）以不同类型的公园景观设施建立城镇中心；

（3）利用不同形式的公园、绿地形成城镇的边界；

（4）公园与水系密切结合；

（5）采用多样化公园布局形式，形成了点、线组合的多种构图类型；

（6）通过与公共空间组合，采用线性长界面、介入公共性功能等方式，支持了公园的公共活动；

（7）部分城镇公园采取了主题化的方式；

（8）公园造型具有多样化特征；

（9）形成了聚合型等三种基本形态类型。

---

[1]（加）简·雅各布斯.美国大城市的死与生.金衡山译.南京：译林出版社，2005：121.

第4章 结　论

在本书的第2章中，就"一城九镇"实例城市设计主要特点及其形态原型进行了分析，第3章对于实例的城镇结构与主要公共空间的形态进行了类型与对比研究，通过分析与论述得出结论。结论分为两个部分，第一部分是对实例城镇结构与公共空间的主要特点的归纳；第二部分是实例对今后郊区新建城镇形态设计的启示。

4.1 "一城九镇"城镇结构、公共空间形态的主要特点

综合第2章的实例解析，可将"一城九镇"城市设计的主要特点归纳于表4.0中，并得出以下城镇结构、公共空间形态设计的5个主要特点：

(1) 空间结构与形态设计在一定程度上移植了多种原型

"一城九镇"在城镇结构与形态设计中的原型运用具有三个主要特点。首先，在设计中体现了各自的形态原型。原型的内容具有历时性，历时跨度从古罗马时期直至现代，并以比较清晰、完整的结构图形得到了表现。其次，原型的形成在一定程度上受指向性风格的影响，客观上强化了不同城镇形态的差异性。其三，设计体现出对原型不同程度的移植。根据不同的地理环境和位置特点，形态原型的移植表现为：吸取原型形态观念与意义、不同原型形态的拼贴、原型风格形式的移植三种基本方式。

(2) 城市设计方法受到不同新城规划理论的影响

以"田园城市""新城市主义"、新理性主义为主，不同新城规划理论对"一城九镇"的城市设计产生了重要的影响。部分城镇以绿地、农田等建立边界、控制发展规模等设计方式体现了城乡一体的思想，其中还有直接采用"田园城市"或"社会城市"图解形成城镇空间结构的实例。在区域、邻里社区、街区形态上，大多城镇的

设计以建立步行圈、邻里中心、明显边界、交通引导开发、传统空间形式等方式，表现出“新城市主义”、新理性主义等后现代城市形态理论与思潮的倾向。此外，如带形城市、“光明城市”、雷德朋式、米而顿·凯恩斯形态模式等西方新城规划理论与实践，也对部分城镇的城市设计产生了不同程度的影响。

（3）水系成为空间结构形态重要的地景元素

在上海平缓的地形条件下，水系及其网络具有江南水乡的环境形态特点。在“一城九镇”城市设计中，水系作为线网结构元素参与了形态的构成，并通过与其他结构元素的组合，形成了城镇形态重要的地景表现。首先，设计中水系以点、线、面

表4.1　“一城九镇”城市设计的主要特点

城镇	“泰晤士小镇”	安亭新镇（西区）	临港新城	枫泾新镇	朱家角镇
城市设计主要特点	1. 以绿地、水系组合建立与保持了的清晰边界与空间的整体性； 2. 传统形态的广场组合产生了多样化的城镇中心； 3. “有机”形态的空间元素组合； 4. 具有“运河”景观的滨水空间形式； 5. 运用空间形态原型的观念与形式； 6. 某些区域的“主题化”倾向使公共空间具有娱乐性； 7. 从西方国家移植传统建筑原型形式	1. 运用中世纪“有机生长”城市形态原型； 2. 吸取回归传统的城市设计观念与手法； 3. 城镇形态具有中心感、整体性； 4. 功能混合，空间形态多样化； 5. 周边式布局使建筑外部空间具围合感，尺度亲和，但使部分住宅布局有悖于地方气候条件、居住习惯； 6. 传统与现代形式的结合； 7. 现代的建筑形式	1. 运用“田园城市”、“社会城市”的图解形态原型； 2. 具有“三支道系统”等形态原型特征的放射系统； 3. 运用“壮丽风格”的设计手法建立城市空间的方向性； 4. 以“滴水湖”作为环境、产业、形态的象征； 5. 大型的公共空间尺度； 6. 建立了一个“理想城市”的结构图形	1. 建立了复合性交通枢纽与廊道； 2. 格网道路、河道构成城镇结构主体； 3. 放射性轴线廊道； 4. 借鉴“新城市主义”的TND与TOD发展模式； 5. 以廊道连接城镇中心、老镇区； 6. 新镇与古镇区的拼贴	1. 以传统文化为基点进行地域性发展； 2. 以江南水乡古镇为形态原型； 3. 形成了圈层发展的空间结构； 4. 建立了区域空间的发展脉络； 5. 功能混合、分散式中心的布局、渐进发展等方式强化了空间形态的整体性； 6. 积极探索传统与创新的发展观并进行了有效的实践

续　表

城镇	罗店新镇	浦江镇	“高桥新城”	奉城镇	陈家镇
城市设计主要特点	1. 建立了明显的城镇中心与边界； 2. 采用与地形条件契合的树枝形网格结构； 3. 岛屿般的组团形态； 4. 周边式、步行街区、广场组合等传统形态的城镇中心； 5. 形成了城镇社区、邻里组团布局； 6. 对不同邻里住区进行形态类型设计； 7. 移植西方传统的建筑形式	1. 运用具有历史性、地域性、现代性的形态设计原型； 2. 采用正方形的网格空间结构； 3. 形成了模数化与多层次网格形态； 4. 建立了正交的城镇空间轴线； 5. 绿坡“城墙”与“河街”形成了两个环城圈层组织； 6. 中心区设计采用带形形态与现代主义手法； 7. 强调功能混合、社会混合； 8. 现代的建筑形式	1. 以水系作为空间结构构架； 2. 运用传统运河城市形态设计原型； 3. 公共空间布局形式以线性为主； 4. 采用偏心的中心区布局； 5. 形成了具有传统城市形态特点的公共空间及其组合； 6. 部分移植了西方古典建筑形式	1. 以“带形城市”为形态设计原型； 2. “脊椎”轴线略偏重于象征意义； 3. 采用平行线式的带形结构，并通过周边农用地等布局予以保持； 4. 网格与环形系统加强了空间的渗透与联系； 5. 运用形态的变异手法强调中心区域； 6. “十”字轴与古镇结构建立了一定的联系； 7. 中心区采用设立式、大体量、现代建筑形式，沿主轴建筑部分移植了西方古典建筑形式	1. 运用分散化集中的“田园城市”形态模式； 2. 借鉴TOD模式，形成了交通引导的片区发展形态； 3. 片区与环境空间呈“棋盘”式相间布局，形成大型道路网格； 4. 以放射性轴线建立片区间的景观性视觉联系； 5. 形成复合性交通走廊，交通枢纽与片区通过道路间接联系； 6. 运用“田园城市”、邻里、“有机”形态原型，形成了片区、组团布局的三种类型

形式，全面地参与了空间结构、公共空间的形态塑造。其次，水系的自然形态不同程度地引导了设计者对形态设计的构思，在部分实例中，水系的形态还被用来表达城镇产业特点与原型形态的意义。

（4）空间序列组织普遍吸取传统设计手法

“一城九镇”的空间序列的组织普遍采用了传统城市空间形式，主要表现在以下五个方面：一是用于城镇中心与边界的造型设计，加强城镇形态的向心性与整体性；二是组织广场、街道等公共空间序列，形成了相互连接的步行空间组合；三是吸取近人的空间尺度与比例，提高了空间品质；四是在中心区或其他公共区域形成较为密织的肌理形态，使城镇空间具有紧凑性；五是在空间序列组织中汲取“理想城市”的形态特点，强调向心性组织、轴线等元素在空间序列组织中的作用，提高了城镇形态的可识别性。

（5）公共空间设计体现了类型的多样化

各个城镇的城市设计均建立了公共空间与结构控制要素之间的紧密关系，公共空间成为空间结构的主导。在广场、街道和公园绿地等主要公共空间的设计中，各个城镇以不同的方式形成了多样化的形态类型，这些类型不仅体现了原型形态的特点，更多地是根据自身的环境条件，在原型基础上进一步发展，产生了新的、多样化的设计类型。

4.2 “一城九镇”对郊区新建城镇结构与形态设计的启示

（1）具有可识别性、多元化的结构形态加强了郊区城镇的吸引力

如果将社会、经济等视为城镇发展的内在因素，城镇空间形态则是这些内因的外在表现。“一城九镇”的空间结构具有比较清晰的可识别性和多元化特点，在一定程度上体现了结合地方产业而形成的复合性功能，加强了郊区新建城镇的吸引力。尽管目前正处于建设过程中，但新建城镇已初步形成了一定的积极影响，并为上海市“十一五”计划城镇体系的实现奠定了基础。

（2）紧凑性的空间结构为可持续发展城镇形态的探索提供了实践

“一城九镇”的城市设计较为普遍地强调了控制城镇发展规模、建立显著的中心与边界、建立步行圈等观念，重视公共空间的设计，并通过功能混合、公共交通组织等措施使城镇形态体现多样性与紧缩性。同时，部分城镇在设计中利用生态绿地、农用地等作为城镇边界，形成了“分散化集中”的紧缩性城镇形态模式，为可持续发展城镇形态的探索提供了实践。

（3）类型多样化是郊区城镇城市设计质量提高的重要方式

首先，以国际竞赛为主的规划与城市设计组织，虽然尚存在不足之处，但这种方式促进了不同设计阶段的多方案比较，也相应推动了对郊区城镇规划与城市设计理论、方法的探讨与研究。其次，类型多样化的设计塑造了丰富的城镇空间形态，为人的社会活动提供了有力支持，从而提高了郊区城镇的空间品质。其三，多样化的设计类型也为郊区城镇城市设计方法的研究增添了资源。

（4）基于原型观念的创新是一种值得借鉴的空间形态设计方法

“一城九镇”的城市设计在原型的运用上采取了不同的方式。原型具有不同的历史性、地域性和文化性维度，新类型的产生基于对这些维度的观念认知，而不仅仅是物质形态。传统形态原型近人的尺度与比例，多样化的空间组合，体现出良好的空间品质与社会品质。地域性原型根植于文化传统中，是一个具有个性城市形态的创新发源地。这些原型是一种观念，也是创新的重要基础。部分实例的设计实践注重对原型观念的吸取，并结合了地域环境，是一种值得关注与借鉴的空间形态设计方法。

（5）对形态原型运用于实践所具有的局限性应引起足够的重视

通过本书第2、3章的分析可以清楚地看到，“一城九镇”中的多数城镇的城市形态被深深地打上了“指向性风格”的烙印，设计所运用的形态原型具有由这种建设模式指令带来的局限性。第二种局限性体现在原型运用的过程中，部分城市设计注重原型形式，而忽略了原型的内涵，使原型的象征意义得到了充分的强调，原型自身原有的矛盾与问题并没有在被运用时得到解决，同时又要面临与地域自然条件、文化传统等产生的新的矛盾。于是，设计往往表现出手法与类型多样化、技巧性较强等特征，相对缺乏对地方城市管理体制、经济、文化等方面的深刻认识。第三种是原型空间的植入对今后使用所带来的局限性。部分城镇采用传统空间形态原型，形成了较大规模的公建片区或组团，而较为缺乏对其功能以及混合等内容更加缜密、全面的策划与研究，其他诸如住宅朝向、大型的道路尺度以及景观设施、分散而又大比重的负结构空间等问题，均可能为这些空间的未来使用形成局限。另外，对于公共空间的原型形态运用在环境行为学方面产生的效果有待于进一步予以研究与评估。总之，对这些形态原型在实际运用中的局限性应引起足够的重视。

（6）对指向性风格的移植方式应成为郊区城镇建设的教训

从“一城九镇”计划开始时“万国城镇”式的指向性风格，到由不同国家设计师进行城市设计，应该说是一个修正式的转变。但是，指向性风格仍不可避免地导致了部分城镇的空间与建筑形式从西方国家按图索骥般地被移植。这些城镇以对欧洲古典建筑形式的直白翻版来诠释指向性风格，以体现所谓的“原汁原味”。这种背离地域环境、历史文化价值观的做法，不仅造成了地方传统空间形态的丧失，还严重破坏了文化赖以传承的多样化生态环境，实际上也形成了对所谓“欧陆风格”的推波助澜。这应成为今后城镇建设的深刻教训。

作为一个具有庞大规模、“国际化”设计背景的郊区城镇建设试点活动，“一城九镇”的城市设计因指向性风格，以及对原型形式不同方式的移植引起了批评和争议，然而，在同一前提下，我们也看到了在部分实例设计中表现出的修正思考。在原型与风格移植为我们带来深刻教训的同时，这些具有多样化类型的空间结构与形态设计也为今后的城镇建设提供了宝贵的经验。

参考文献

A. 外文文献

（按文献作者姓氏字母顺序排列）

1. Alberti, Leo Battista. Zehn Bücher über die Baukunst. Nachdruck der 1. Auflage Wien 1912, Darmstadt 1975.
2. Albrecht Dürer Gesellschaft. Der Traum von Raum, Gemalte Architektur aus 7 Jahrhunderten. Marburg: Dr. Wolfram Hitzeroth Verlag, 1986.
3. Aminde, Hans-Joachim. Funktion und Gestalt städtischer Plätze heute. Frankfurt: Public design, 1989.
4. Arnheim, Rudolf. Die Dynamik der architektonischen Form. Köln 1980.
5. Ashihara, Yoshinobu. Exterior Design in Architcture. New York/London 1970.
6. Ashihara, Yoshinobu. The aesthetic Townscape. Cambridge/Massachusetts 1983.
7. Bahrdt, Hans Paul. Die moderne Grossstadt: soziologische Überlegungen zum Städtebau. Hamburg 1969. 1. Auflage, Hamburg 1961.
8. Basten, Ludger. Postmoderner Urbanismus: Gestaltung in der städtischen Peripherie. Münster: LIT Verlag, 2005.
9. Bauausstellung Berlin GmbH. Internationale Bauausstellung, Berlin 1987: Projektübersicht. Berlin: Bauausstellung Berlin GmbH, 1987.
10. Benevolo, Leonardo. Die sozialen Ursprünge des modernen Städtebaus, Lehren von gestern-Förderungen für morgen. Giachi. Gütersloh: Braunschweig, 1971.
11. Benevolo, Leonardo. Die Geschichte der Stadt. Frankfurt/New York: Campus Verlag GmbH, 1983.
12. Benevolo, Leonardo. Geschichte der Architektur des 19. und 20. Jahrhunderts. 6. Auflage, München 1994. 1. Auflage, München 1978.

13. Bollnow, Otto Friedrich. Mensch und Raum. 1. Auflage, Stuttgart/Berlin/Köln 1963.
14. Braunfels, Wolfgang. Mittelalterliche Stadtbaukunst in der Toskana. Berlin 1953.
15. Braunfels, Wolfgang. Abendländische Stadtbaukunst: Herrschaftsform und Baugestalt. Köln 1976.
16. Burke, Gerald. Towns in the making. London: Edward Arnold (Publishers) Ltd., 1971.
17. Busch, Akiko. Aeries, folloes, copolas, and other rooftop delights. Architectural Record, 2000(4): 84.
18. Cai, Yongjie: Dortmunder Plätze, eine morphologische Untersuchung zu ihrer historischen Entwicklung. Diss, Dortmund 2000.
19. Curdes, Gerhard. Stadtstruktur und Stadtgestaltung: 2.Auflage. Stuttgart, Berlin, Köln: Kohlhammer GmbH, 1997.
20. Dean, Andrea Oppenheimer. An urbanist says a sense of place is more important than the desigh itself, Architectural Record, 2000(4): 63.
21. Durth, Werner/Nerdinger, Winfried. Architektur und Städtebau der 30er/40er Jahre, Deutsches Nationalkomitee für Denkmalschutz, Bonn 1992.
22. Durth, Werner/Gutschow, Niels. Architektur und Städtebau der fünfziger Jahre, Deutsches Nationalkomitee für Denkmalschutz, Bonn 1987.
23. Dutschke Werner. Zwischen Strausberger Platz und Alexanderplatz; In: Deutsche Architektur, 1959(10).
24. Egli, Ernst. Geschichte des Städtebaus. 1. Band: Die alte Welt. Zürich 1959; 2. Band: Das Mittelalter. Zürich 1962; 3. Band: Die neue Zeit. Zürich 1967.
25. French, Jere Stuart. Urban space: a brief history of the city square. 2. edition Dubuque 1983.
26. Frolich & Kaufmann. Stadt und Utopie: Modelle idealer Germeinschaften, Berlin: Lucie Schauer-Verlag, 1982.
27. Giedion, Siegfried: Raum, Zeit, Architektur. 5. unveränderter Nachdruck von 1976, Basel 1996.
28. Güenter Mader. landschaftsarchitektur in Deutschland, Stuttgart: Deutsche Verlags-Anstalt, 1999.
29. Jen Lin-Liu. Reinventing Qingpu. Architectural Record, 2005(6): 62.
30. Joedicke, Jürgen. Raum und Form in der Architektur: über den behutsamen Umgang mit der Vergangenheit. Stuttgart 1985.
31. John A. Dutton. New American Urbanism: Re-forming the Suburban Metropolis, Italy: Skira

editore S.p.A.,2000.

32. Kenneth Powell. City Transformed, Urban-Architecture at the Beginning of the 21st Century, London: Laurence King Publishing, 2000.
33. Kleefisch-Jobst, Ursula; Flagge (Hrsg), Ingeborg. Rob Krier. Ein romantischer Rationalist. Wien/New York: Springer-Verlag, 2005.
34. Koch, Michael. Städtebau in der Schweiz 1800–1990. Zürich/Stuttgart 1992.
35. Kostof, Spiro. The City Assembled: The Elements of Urban Form Through History, London: Thames & Hudson Ltd., 1992.
36. Krier, Rob. Architectural Composition. London: Academy Editions, 2nd Impression 1991.
37. Krier, Rob; Kohl, Christoph. Potsdam Kirchsteigfeld — The Making of a Town. Bensheim: awf-verlag GmbH, 1997.
38. Krier, Rob. Town Spaces. Basel/Berlin/Boston: Birkhaeuser, 2003.
39. Lavin, Sylvia. Quatremère de Quincy and the invention of a modern language of architecture. New York: Dissertation Columbia University, 1990.
40. Le Corbusier. Städtebau. Stuttgart 1929.
41. Le Corbusier. Ausblick auf eine Architektur. Berlin/Frankfurt/Wien 1963.
42. Maertens, H. Der optischer Massstab, die Theorie und Praxis des ästhetischen Sehens in den bildenden Künsten. Bonn 1877.
43. Meckseper, Cord. Kleine Kunstgeschichte der deutschen Stadt im Mittelalter. Darmstadt: Wissenschaftliche Buchgesellschft, 1982.
44. Mumford, Lewis. The Culture of Cities. New York/London:1938.
45. Naredi-Rainer, Paul von. Architektur und Harmonie, Zahl, Maβ und Proportion in der abendländischen Baukunst. Köln 1982.
46. Norberg-Schulz, Christian. Logik der Baukunst. Gütersloh/Berlin/München 1968.
47. Olsen, Donald J. Die Stadt als Kunstwerk: London, Paris, Wien. Frankfurt/New York 1988. New Haven/London 1986.
48. Palladio, Andrea. Die vier Bücher zur Architektur. Zürich 1964.
49. Panerai, Philippe; Castex, Jean; Depaule, Jean — Charles. Vom Block zur Zeile: Wandlung der Stadtstruktur. Braunschweig 1985.
50. Pearson, Clifford A. Theme Sprawl. Architectural Record, 2000(11): 139.
51. Rauda, Wolfgang: Lebendige städtebauliche Raumbildung: Asymmetrie und Rhythmus in der deutschen Stadt. 1. Auflage, Stuttgart 1957.

52. Rossi, Aldo. Die Architektur der Stadt: Skizze zu einer grundlegenden Theorie des Urbanen. Düsseldorf: Bertelsmann Fachverlag, 1973.

53. Scheer, Thorsten u. a. (H.G.). Stadt der Architektur Architektur der Stadt, Berlin 1900–2000, Berlin 2000.

54. Scheer, Thorsten; Kleihues, Josef Paul; Kahlfeld, Paul. Stadt der Architektur der Stadt. Nicolai, 2000.

55. Schirmacher, Ernst. Stadtvostellung: die Gestalt der mittelalterlichen Städte. Zürich/München: Erhaltung und Planendes Handeln, 1988.

56. Sitte, Camillo. Der Städtebau-Nach seinen künsterischen Grundsätzen. 4.Auflage. Braunschweig, Wiesbaden: Vieweg, 1909.

57. Sorkin, Michael. Sorkin finds a model in a Tennessee small town with a genuine sense of purpose. Architectural Record, 2001(7): 63.

58. Sorkin, Michael. Finding an open space for the exercise of democracy in New York's dense urban fabric. Architectural Record, 2004(10): 85.

59. Tahara, Eliza Miki. Neue Metropolitane Wohntypologien im Vergleich:Brasilien,Deutschland und Japan. Beuren, Stuttgart: Verlag Grauer, 2000.

60. Vöckler, Kai; Luchow, Dirk (Hg.). Peking Shanghai Shenzhen, Frankfurt/New York:Campus Edition Bauhaus, 2000.

61. Wandersleb, Hermann. Neuer Wohnbau, Band I/Bauplanung, Ravensburg: Otto Maier Verlag, 1952.

62. Walker, Derek. The architecture and Planning of Milton Keynes. London: The architectural press Ltd., New York: Nichols Publishing company, 1981.

63. Webb, Michael. Die Mitte der Stadt: städtische Plätze von der Antik bis heute. Frankfurt/New York 1990.

64. Whitfield, Peter. Städte der Welt: In historischen Karten. Stuttgart: Konrad Theiss Verlag GmbH, 2006.

65. Wienands, Rudolf. Grundlagen der Gestaltung zu Bau und Städtebau. Basel/Boston/Stuttgart 1985.

66. Zucker, Paul. Entwicklung des Stadtbildes: die Stadt als Form. 1. Auflage, München/Berlin 1929.

67. Zucker, Paul. Town and Square: from the Agora to the Village green. New York: Columbia University Press, 1959.

B. 中文与译著文献

（按文献作者姓氏字母顺序排列）

1. （意）翁贝尔托·埃科.符号学与语言哲学[M].王天清,译.天津：百花文艺出版社,2006.
2. （美）安东尼·奥罗姆,陈向明.城市的世界：对地点的比较分析和历史分析[M].曾茂娟,任远,译.上海：世纪出版集团,上海人民出版社,2005.
3. 包小枫,程大鸣.谈荷兰新城的几次规划变奏[J].理想空间,2005(6)：80.
4. 蔡永洁.城市广场[M].南京：东南大学出版社,2006.
5. 蔡永洁.欧陆风格的社会根源[J].建筑师,2000(97)：105.
6. 蔡永洁.遵循艺术原则的城市设计：卡米诺·西特对城市设计的影响[J].世界建筑,2002(3).
7. 蔡永洁.从两种不同的空间形态：看欧洲传统城市广场的社会学含义[J].时代建筑,2002(4).
8. （英）Matthew Carmona, Tim Heath, Taner Oc, Steven Tiesdell.城市设计的维度：公共场所—城市空间[M].冯江等,译.南京：百通集团,江苏科学技术出版社,2005.
9. 陈秉钊.上海郊区小城镇人居可持续发展研究[M].北京：中国建筑工业出版社,2001.
10. 陈从周,章明.上海近现代建筑史稿[M].上海：三联书店上海分店,1988.
11. 程大锦.建筑：形式、空间和秩序[M].2版.刘丛红,译.天津：建筑情报季刊杂志社,天津大学出版社,2005.
12. 成砚.读城：艺术经验与城市空间[M].北京：中国建筑工业出版社,2004.
13. 仇保兴.和谐与创新：快速城镇化进程中的问题、危机与对策[M].北京：中国建筑工业出版社,2006.
14. 戴慎志.城市基础设施工程规划手册[M].北京：中国建筑工业出版社,2000.
15. （英）大卫路·德林,尼古拉斯·福克.营造21世纪德家园：可持续的邻里社区[M].王健,单燕华,译.北京：中国建筑工业出版社,2004.
16. 董鉴泓.中国城市建设史[M].3版.北京：中国建筑工业出版社,2004.
17. 董爽,袁晓勐.城市蔓延与节约型城市建设[J].规划师,2006,125(5)：11.
18. （法）弗朗索瓦·多斯.从结构到结构：法国20世纪思想主潮(上、下卷)[M].季广茂译.北京中央编译出版社,2005.
19. （德）彼得·法勒.住宅平面,1920—1990年住宅的发展线索[M].王瑾,庄伟,译.北京：中国建筑工业出版社,2002.
20. 冯健.1980年代以来我国小城镇研究的新进展[J].城市规划汇刊,2001(3)：28～34.

21. (美) 肯尼斯·弗兰姆普敦.现代建筑：一部批判的历史[M].张钦楠等，译.北京：三联书店，2004.
22. (丹麦) 杨·盖尔，拉尔斯·吉姆松.公共空间·公共生活[M].汤羽扬，王兵，戚军，译.北京：中国建筑工业出版社，2003.
23. (丹麦) 杨·盖尔.交往与空间(第四版)[M].何人可，译.北京：中国建筑工业出版社，2002.
24. (丹麦) 杨·盖尔，拉尔斯·吉姆松.新城市空间(第二版)[M].何人可，张卫，邱灿红，译.北京：中国建筑工业出版社，2003.
25. (美) 彼得·盖兹.新都市主义社区建筑[M].张振虹，译.天津：天津科学技术出版社，2003.
26. (美) 克利福德·格尔茨.文化的解释[M].韩莉，译.南京：译林出版社，1999.
27. 格雷戈蒂事务所.上海市/浦江镇/城镇风貌/规划设计[J].设计新潮/建筑，2003，104(2)：18.
28. (法) A.J.格雷马斯.论意义：符号学论文集(上册)[M].吴泓缈，冯学俊，译.天津：百花文艺出版社，2005.
29. (荷) 根特城市研究小组.城市状态：当代大都市的空间、社区和本质[M].敬东，谢倩，译.北京：中国水利水电出版社，知识产权出版社，2005.
30. (德) 于尔根·哈贝马斯.后形而上学思想[M].曹卫东，付德根，译.南京：译林出版社，2001.
31. (德) 迪特·哈森普鲁格.走向开放的中国城市空间[M].上海：同济大学出版社，2009.
32. (日) 黑川纪章.城市设计的思想与手法[M].覃力，黄衍顺，徐慧等，译.北京：中国建筑工业出版社，2004.
33. 洪亮平.城市设计历程[M].北京：中国建筑工业出版社，2004.
34. 黄劲松，刘宇，徐峰.上海国际汽车城安亭新镇规划研究[J].理想空间，2005(6)：84.
35. 黄婧.透视松江新城规划特色与建设创新[J].理想空间，2005(6)：42.
36. (英) 埃比尼泽·霍华德.明日的田园城市[M].金经元，译.北京：商务印书馆，2000.
37. (德) 阿德里安·考夫卡，温迪·科恩.柏林建筑：MRY Building in Berlin[M].张建华，扬丽杰译.沈阳/北京：辽宁科学技术出版社/中国建筑工业出版社，2001.
38. (法) 勒·柯布西耶.走向新建筑[M].陈志华，译.西安：陕西师范大学出版社，2004.
39. (德) 汉诺—沃尔特·克鲁夫特.建筑理论史：从维特鲁威到现在[M].王贵祥，译.北京：中国建筑工业出版社，2005.
40. (美) 斯皮罗·科斯托夫.城市的形成-历史进程中的城市模式和城市意义[M].单皓，

译.北京：中国建筑工业出版社，2005.

41.（美）阿摩斯·拉普卜特.文化特性与建筑设计［M］.常青，张昕，张鹏，译.北京：中国建筑工业出版社，2004.

42.（德）迪特马尔·赖因博恩，米夏埃尔·科赫.城市设计构思教程［M］.汤朔宁，郭屹炜，宗轩，译.上海：上海人民美术出版社，2005.

43.（英）布莱恩·劳森.空间的语言［M］.杨青娟，韩效，卢芳等，译.北京：中国建筑工业出版社，2003.

44. 李清波，符锌砂.道路规划与设计［M］.北京：人民交通出版社，2002.

45. 李楠.具有意大利风貌的浦江新镇规划［J］.设计新潮/建筑，2002，100（6）：18.

46. 李振宇.城市·住宅·城市：柏林与上海住宅建筑发展比较（1949—2002）［M］.南京：东南大学出版社，2004.

47.（美）凯文·林奇.城市形态［M］.林庆怡，陈朝晖，邓华，译.北京：华夏出版社，2001.

48.（美）凯文·林奇.城市意象［M］.方益萍，何晓军，译.北京：华夏出版社，2001.

49.（美）凯文·林奇，加里·海克.总体设计［M］.黄富厢，朱琪，吴小亚，译.北京：中国建筑工业出版社，1999.

50. 林昇.上海嘉定新城规划国际方案征集［J］.理想空间，2005（6）：56.

51. 刘敦桢.中国古代建筑史［M］.北京：中国建筑工业出版社，1980.

52. 鲁千林.我心中的江南水乡［M］.上海：上海朱家角投资开发有限公司，2004.

53. 鲁赛.罗店新镇区控制性详细规划［J］.理想空间，2004（1）：58.

54.（日）芦原义信.外部空间设计［M］.尹培桐，译.北京：中国建筑工业出版社，1986.

55.（日）芦原义信.隐藏的秩序［M］.尹培桐，译.建筑师，北京：中国建筑工业出版社，1986.

56. 陆志钢.江南水乡历史城镇保护与发展［M］.南京：东南大学出版社，2001.

57. 栾峰.战后西方城市规划理论的发展演变与核心内涵［J］.城市规划汇刊，2004（6）.

58.（美）柯林·罗，弗瑞德·科特.拼贴城市［M］.童明，译.李德华，校.北京：中国建筑工业出版社，2003.

59.（意）阿尔多·罗西.城市建筑［M］.施植明，译.台北：博远出版有限公司，1992.

60. 骆悰.临港新城战略背景与规划实践［J］.理想空间，2005（6）：36.

61. 骆悰.嘉定在上海郊区战略中的规划应对［J］.理想空间，2005（6）：26.

62.（美）克莱尔·库珀·马库斯，卡罗琳·弗朗西斯.人性场所：城市开放空间设计导则（第二版）［M］.俞孔坚，孙鹏，王志芳等，译.北京：中国建筑工业出版社，2001.

63.（美）刘易斯·芒福德.城市发展史：起源、演变和前景［M］.倪文彦，宋俊岭，译.北京：中国建筑工业出版社，2005.

64. (英) 克利夫·芒福汀.街道与广场[M].2版.张永刚,陆卫东,译.北京:中国建筑工业出版社,2004.
65. (英) 克利夫·芒福汀.绿色尺度[M].陈贞,高文艳,译.北京:中国建筑工业出版社,2004.
66. (英) 克利夫·芒福汀,泰纳·欧克,史蒂文·蒂斯迪尔.美化与装饰[M].2版.韩冬青,李东,屠苏南,译.北京:中国建筑工业出版社,2004.
67. 每个人心中的另一座城市:新江南水乡[J].设计新潮/建筑,2005(121):46 ~ 60.
68. (美) 威廉·J.米切尔.伊托邦:数字时代的城市生活[M].吴启迪,乔非,俞晓,译.上海:上海科技出版社,2001.
69. 莫天伟,岑伟.新天地地段:淮海中路东段旧式里弄再开发与生活形态重建[J].城市规划汇刊,2001(4).
70. (美) 理查德·诺尔.荣格崇拜:一种超凡魅力的运动的起源[M].曾林等,译.上海:上海译文出版社,2002.
71. 潘谷西.中国建筑史(第四版)[M].北京:中国建筑工业出版社,2001.
72. (美) 埃德蒙·N.培根.城市设计(修订版)[M].黄富厢,朱琪,译.北京:中国建筑工业出版社,2003.
73. 彭震伟,陈秉钊,李京生.中国小城镇发展与规划回顾[J].时代建筑,2002(4):21.
74. 阮仪三.中国历史文化名城保护与规划[M].上海:同济大学出版社,1995.
75. (美) 理查德·瑞杰斯特.生态城市:建设与自然平衡的人居环境[M].王如松,胡聃,译.北京:社会科学文献出版社,2002.12第一版.原著:Richard Register: Ecocities: Building Cities in Balance with Nature.
76. (美) 理查德·瑞杰斯特.生态城市伯克利:为一个健康的未来建设城市[M].沈清基,沈贻,译.北京:中国建筑工业出版社,2005.
77. (美) 莫什·萨夫迪.后汽车时代的城市[M].吴越,译.北京:人民文学出版社,2001.
78. (意) 布鲁诺·赛维.建筑空间论:如何品评建筑[M].张以赞,译.北京:中国建筑工业出版社,1985.
79. (意) 布鲁诺·赛维.现代建筑语言[M].席云平,王虹,译.北京:中国建筑工业出版社,1986.
80. (挪) Norberg-Schulz, Christian.场所精神:迈向建筑现象学[M].施植明,译.台北:田园城市文化事业有限公司,1995.
81. (德) 康拉德·沙尔霍恩,汉斯·施马沙伊特.城市设计基本原理:空间—建筑—城市[M].陈丽江,译.上海:上海人民美术出版社,2004.

82. 单德启.小城镇公共空间与住区设计[M].北京：中国建筑工业出版社,2004.
83. 上海市城市规划管理局.未来都市方圆，上海市城市规划国际方案征集作品选(1999—2002).2003.
84. “上海‘九五’社会发展问题思考”课题组.上海跨世纪社会发展问题思考[M].上海：上海社会科学出版社,1997.
85. 上海市青浦区规划管理局.城市规划的先导作用——青浦的探索[J].时代建筑,2005(5)：58.
86.(挪)克里斯蒂安·诺伯格·舒尔茨.西方建筑的意义[M].李路珂，欧阳恬之，译.北京：中国建筑工业出版社,2005.
87.(美)肯尼·斯科尔森.大规划：城市设计的魅惑和荒诞[M].游宏滔，饶传坤，王士兰，译.北京：中国建筑工业出版社,2006.
88.(法)列维·斯特劳斯.野性的思维[M].李幼蒸,译.北京：商务印书馆,1987.
89. 孙继伟.边缘处追索：上海青浦地域化城镇建设的探索[J].时代建筑,2005(5)：52.
90.(瑞典)SWECO.罗店新镇中心区景观设计[J].理想空间,2005(6)：68.
91.(英)尼格尔·泰勒.1945年后西方城市规划理论的流变[M].李白玉，陈贞，译.北京：中国建筑工业出版社,2006.
92. 汤铭潭.小城镇发展与规划概论[M].北京：中国建筑工业出版社,2004.
93.(美)梯利.西方哲学史(增补修订版)[M].葛力,译.北京：商务印书馆,1995.
94. 童明.阅读城镇形态[J].时代建筑,2002(4)：28.
95.(日)土木协会.道路景观设计[M].章俊华，陆伟，雷芸，译.北京：中国建筑工业出版社,2003.
96.(法)茨维坦·托多罗夫.象征理论[M].王国卿，译.北京：商务印书馆,2005.
97. 王富臣.形态完整：城市设计的意义[M].北京：中国建筑工业出版社,2005.
98. 汪丽君，舒平.类型学建筑[M].天津：天津大学出版社,2004.
99. 王士兰，陈行上，陈钢炎.中国小城镇规划新视角[M].北京：中国建筑工业出版社,2004.
100. 王士兰，游宏滔.小城镇城市设计[M].北京：中国建筑工业出版社,2004.
101. 王振亮.中国新城规划典范，上海松江新城规划设计国际竞赛方案精品集[M].上海：同济大学出版社,2003.
102. 王志军，李振宇.百年轮回：评柏林新建小城镇的三种模式[J].时代建筑,2002(4)：62.
103. 王志军，李振宇.“一城九镇”对郊区新城镇的启示[J].建筑学报,2006(7)：8.
104. 王佐.城市公共空间环境整治[M].北京：机械工业出版社,2002.
105.(德)韦伯.非正当性的支配：城市的类型学[M].康乐，简惠美，译.桂林：广西师范大学出版社，2005.

106. 维特鲁威．建筑十书［M］．高履泰，译．北京：知识产权出版社，2001.

107.（英）大卫·沃特金．西方建筑史［M］．傅景川等，译．长春：吉林人民出版社，2004.

108. 吴志强，崔泓冰．近年来我国城市规划方案国际征集活动透析［J］．城市规划汇刊，2003（6）：16.

109. 夏南凯，田保江编著．控制性详细规划［M］．上海：同济大学出版社，2005.

110.（日）筱原资明．埃柯：符号的时空［M］．明岳，俞宜国，译．石家庄：河北教育出版社，2001.

111.（美）新都市主义协会．新都市主义宪章［M］．杨北帆，张萍，郭莹，译．天津：天津科学技术出版社，2004.

112. 邢同和．现代建筑设计集团世博会建筑设计研究中心简介［J］．时代建筑，2005（5）：50.

113. 徐洁．解读安亭新镇［M］．上海：同济大学出版社，2004.

114. 徐循初．城市道路与交通规划（上册）［M］．北京：中国工业建筑出版社，2005.

115.（美）克里斯·亚伯．建筑与个性：对文化和技术变化的回应［M］.2版．张磊等，译．北京：中国建筑工业出版社，2003.

116.（加）简·雅各布斯．美国大城市的死与生［M］．金衡山，译．南京：译林出版社，2005.

117.（美）C.亚历山大．建筑的永恒之道［M］．赵冰，译．北京：知识产权出版社，2002.

118.（美）C.亚历山大，H.奈斯，A.安尼诺，I.金．城市设计新理论［M］．陈治业，童丽萍，译．北京：知识产权出版社，2002.

119.（美）C.亚历山大，M.西尔佛斯坦，S.安吉等．俄勒冈实验［M］．赵冰，刘小虎，译．北京：知识产权出版社，2002.

120.（美）C.亚历山大，S.伊希卡娃，M.西尔佛斯坦，等．建筑模式语言：城镇·建筑·构造（上、下册）［M］．王听度，周序鸿，译．北京：知识产权出版社，2002.

121. 叶贵勋，熊鲁霞．上海市城市总体规划编制［J］．城市规划汇刊，2002（4）.

122.（美）凯勒·伊斯特林．美国城镇规划——按时间顺序进行比较［M］．何华，周智勇，译．北京：知识产权出版社/中国水利水电出版社，2004.

123. 袁烽，陈宾．青浦营造的过程意义［J］．时代建筑，2005（5）：72.

124.（美）查尔斯·詹克斯．后现代建筑语言［M］．李大夏，译．北京：中国建筑工业出版社，1986.

125.（美）查尔斯·詹克斯，卡尔·克罗普夫．当代建筑的理论与宣言［M］．周玉鹏，雄一，张鹏，译．北京：中国建筑工业出版社，2005.

126.（英）迈克·詹克斯，伊丽莎白·伯顿，凯蒂·威廉姆斯．紧缩城市：一种可持续发展的城市形态［M］．周玉鹏，龙洋，楚先锋，译．北京：中国建筑工业出版社，2004.

127. 张剑涛.城市形态学理论在历史风貌保护区规划中的应用[J].城市规划汇刊,2004(6).
128. 张捷,赵民.新城规划的理论与实践:田园城市思想的世纪演绎[M].北京:中国建筑工业出版社,2005.
129. 张钦楠.阅读城市[M].北京:生活·读书·新知三联书店,2004.
130. 张松.历史城市保护学导论:文化遗产和历史环境保护的一种整体性方法[M].上海:上海科学技术出版社,2001.
131. 张松.话说上海"万国城镇"的建设[J].时代建筑,2001(1):78～80.
132. 张驭寰.中国城池史[M].天津:百花文艺出版社,2003.
133. 张仲礼.近代上海城市研究[M].上海:上海人民出版社,1990.
134. 赵美.目光投向"新江南水乡"[N].新民晚报,2004-8-2(38).
135. 赵燕.如歌的行板:浦江镇/意大利城/规划设计[J].设计新潮/建筑,2003,104(2).
136. 赵燕,慎小巍.安亭新镇、来自德国的城市[J].设计新潮/建筑,2003,107(8).
137. 赵燕,夏金婷,李维娜.新上海人的新生活:浦江镇的空间与设计[J].设计新潮/建筑,2004,114(10).
138. 郑时龄.建筑批评学[M].北京:中国工业建筑出版社,2001.
139. 郑时龄.上海人居中心研究[M].上海:同济大学出版社,1993.
140. 郑时龄.上海城市的更新与改造[M].上海:同济大学出版社,1996.
141. 中华人民共和国建设部.城市居住区规划设计规范(GB 50180-93)(2002年版)[M].北京:中国建筑工业出版社,2002.
142. 周英峰.上海城市化水平居全国第一[N].新民晚报,2007-10-5(1).
143. 邹兵.小城镇的制度变迁与政策分析[M].北京:中国建筑工业出版社,2003.
144. 左辅强,马武定.国内城市规划设计国际竞赛的困境[J].城市规划汇刊,2004(6).

附　录

参加"一城九镇"城市规划、城市设计的主要单位及设计内容一览表

<table>
<tr><th>城　镇</th><th>规划设计内容</th><th>时　间</th><th>设 计 单 位</th></tr>
<tr><td rowspan="6">松江区
松江新城
—"泰晤士小镇"</td><td>上海市松江新城城市风貌规划设计(方案征集)</td><td>2001.4—2001.7</td><td>英国阿特金斯(Atkins)国际有限公司*
意大利Architettiriuniti事务所
英国Sheppard Robson International事务所</td></tr>
<tr><td>上海松江英式风貌居住区详细规划设计</td><td>2002.2</td><td>阿特金斯</td></tr>
<tr><td>上海松江英式风貌居住区规划、景观及建筑方案设计</td><td>2002.5</td><td>阿特金斯</td></tr>
<tr><td>上海松江英式风貌居住区R13、R19、R20地块建筑方案设计</td><td>2003.6</td><td>阿特金斯</td></tr>
<tr><td>上海松江英式风貌居住区R7、R12、R22地块建筑方案设计</td><td>2003.9</td><td>阿特金斯</td></tr>
<tr><td>松江新城主城区总体规划</td><td>2004</td><td>上海市城市规划设计研究院</td></tr>
<tr><td rowspan="3">嘉定区
嘉定新城
上海国际汽车城
—安亭新镇</td><td>上海安亭中心镇结构规划及国际汽车城规划设计(方案征集)</td><td>2000.12—2001.3</td><td>德国阿尔伯特·施拜尔及合作人公司(AS&P)(Albert Speer & Partner GmbH)*
香港雅邦国际有限公司(Urbis International Limited)</td></tr>
<tr><td>安亭——上海国际汽车城结构规划</td><td>2001.5</td><td>上海嘉定区规划设计院,AS&P</td></tr>
<tr><td>安亭新镇详细规划(西区一期)</td><td></td><td>AS&P</td></tr>
</table>

续　表

城　镇	规划设计内容	时　间	设计单位
嘉定区 嘉定新城 上海国际汽车城 —安亭新镇	安亭新镇控制性详细规划(西区一期)	2001.7	上海嘉定区规划设计院,AS&P
	安亭新镇景观设计		德国PGW园林景观设计公司(Witting-Gast Leyser)
	安亭新镇(西区一期)地块2、地块5商务宾馆和示范单元建筑设计方案	2002.8—2003.5	AS&P
	安亭新镇(西区一期)地块6、地块5办公楼建筑设计方案		德国ABB建筑师事务所(ABB Architekten)
	安亭新镇(西区一期)地块3建筑设计方案		德国奥尔与韦伯建筑师事务所(AWA)(Auer+Weber+Architekten)
	安亭新镇(西区一期)地块1、4建筑设计方案		德国布劳恩与施洛克曼建筑师事务所(B&S)(Braun & Schlokermann)
	安亭新镇(西区一期)地块5购物中心、教堂和剧院建筑设计方案		德国格尔康,玛格及合作人(GMP)(Von Gerkan, Marg and Partner, Architects, GMP)
	安亭新镇东区建筑方案设计	2003—	Behnish & Partner建筑师事务所 Christian G. Albert Muschalek建筑师事务所 IFB Dr. Braschel AG 建筑师事务所 Prof. Ulrich Coersmeier GmbH建筑师事务所 Schettler Et Wittenberg Architekten建筑师事务所 Prof. Bemhard Winking Architekten建筑师事务所 Fink + Jocher建筑师事务所 Gildehaus. Reich Architekten建筑师事务所 Henrich Petschnig & Partner建筑师事务所 Schmidt-Thomsen & Ziegert建筑师事务所 Zahn & Otto Steidle建筑师事务所 Architektengemeinschaft Nitsch + donath建筑师事务所

续 表

城 镇	规划设计内容	时 间	设 计 单 位
南汇区—临港新城	上海国际航运中心海港新城规划(方案征集)	2001.7—2002.1	德国GMP与Hamburg Port Consulting GmbH(HPC)* 澳大利亚Urbis Keys Young (UKY) 意大利A&P事务所 德国Albert Speer & Partner GmbH (AS&P) 荷兰Grontmij集团 美国RNL Design 日本都市环境研究所 英国阿特金斯国际有限公司 英国高峰宏道有限公司
	上海芦潮港新城规划	2002.3—8	上海城市规划设计研究院
	临港新城概念规划	2003.9	上海城市规划设计研究院
	临港新城总体规划讨论稿(方案)	2003.11	上海城市规划设计研究院、德国GMP
	临港新城总体规划(2003—2020)	2004.1	上海城市规划设计研究院
	临港新城中心区一期控制性详细规划	2004.12	上海城市规划设计研究院
金山区—枫泾新镇	上海市枫泾镇总体规划	2002.9	美国Niles Bolton Associates(NBA)
	上海市金山区枫泾镇新镇区控制性详细规划	2004.1	上海金山规划建筑设计院有限公司 斯旦建筑设计咨询(上海)有限公司
	金山区枫泾新镇区城市景观规划	2004.10	加拿大SDAD六度建筑设计有限公司
青浦区青浦新城—朱家角镇	上海市朱家角历史文化名镇镇区总体规划(1999—2015年)	2000.1	上海市城市规划设计研究院
	青浦朱家角镇风貌景观规划设计(方案征集)	2001.4—2001.7	李祖原建筑师事务所* 上海同济城市规划设计研究院 日本早稻田大学谷谷诚章研究室
	朱家角镇域结构规划和镇区总体规划	2002.9	青浦区城乡规划所,加拿大C3城市规划及景观建筑设计事务所
	"新江南水乡"国际竞赛	2004.9—11	评出一、二、三等奖与鼓励奖若干

续 表

城 镇	规划设计内容	时 间	设 计 单 位
青浦区青浦新城—朱家角镇	朱家角镇区控制性详细规划（草案）		李祖原建筑师事务所
	朱家角镇区控制性详细规划	2005	上海同济城市规划设计研究院
宝山区罗店镇—罗店新镇	上海罗店新镇镇区总体规划及核心地块概念性城市设计（方案征集）	2002.7	瑞典SWECO FFNS公司* 上海同济城市规划设计研究院
	罗店新镇中心区概念性建筑设计、城市设计	2003	瑞典SWECO FFNS公司 上海现代建筑设计集团
	罗店中心镇控制性详细规划	2003.2	上海同济城市规划设计研究院
	罗店中心镇修建性详细规划	2003.2	上海同济城市规划设计研究院
	罗店新镇中心区概念性景观设计	2003	瑞典SWECO FFNS公司 上海现代建筑设计集团
	罗店中心镇生态园区详细规划	2003	上海同济城市规划设计研究院，瑞典SWECO FFNS公司，BOSS GOLF CLUB，美国HRC公司
闵行区—浦江镇	上海市浦江镇规划设计（方案征集）	2001.3—2001.5	意大利格雷戈蒂国际建筑设计公司（Gregotti Associati International）* 意大利Luca Scacchetti 美国SWA Group
	浦江镇控制性详细规划	2003.3	上海城市规划设计研究院
	浦江镇中心区2.6平方公里修建性详细规划	2003.10	意大利格雷戈蒂国际建筑设计公司 上海城市规划设计研究院
	闵行区浦江镇总体规划实施方案	2004.7	上海城市规划设计研究院
	浦江镇中心镇区6.5平方公里修建性详细规划	2005.5	意大利格雷戈蒂国际建筑设计公司 上海城市规划设计研究院
	浦江镇公共城市景观设计	2005	意大利格雷戈蒂国际建筑设计公司
	浦江镇北部广场设计	2005	意大利格雷戈蒂国际建筑设计公司
	新浦江城联排、商住、高层住宅，社区中心、购物中心建筑设计	2005	意大利格雷戈蒂国际建筑设计公司 天华建筑设计有限公司

续 表

城 镇	规划设计内容	时 间	设 计 单 位
浦东新区高桥镇—“高桥新城”（“荷兰新城”）	高桥镇总体发展概念性规划（方案征集） “荷兰新城”详细规划（方案征集） 高桥港沿岸城市设计（方案征集）	2001.6	荷兰Kuiper Compagnons规划园林建筑事务所（KC）*，荷兰Teun Koolhaas Associates建筑城市环境事务所（TKA）* 澳大利亚的五合建筑设计集团（Woodhead Internatinal PTY） 广州城市规划设计院 Arte Clarpentier Et Associes Grontimj D.C
	高桥镇镇域结构性总体规划 高桥镇中心区控制性详细规划 “荷兰新城”修建性详细规划 高桥港沿岸城市设计	2002.4	广州市城市规划设计院
	“荷兰新城”修建性详细规划及调整	2002.11—2004.8	上海同济城市规划设计研究院
奉贤区—奉城镇	奉城中心镇规划（方案征集）	2001.4	西班牙马西亚·柯迪纳克斯（MARCIA CODINACHS）设计公司
	上海市奉城中心镇镇区控制性详细规划		上海同济城市规划设计研究院 澳大利亚ANZ设计公司
	上海市奉城镇老城区保护性更新改造规划	2004.8	法国翌德国际设计机构（ÉTÉ Lee et associés architectes urbanistes）、上海翌德建筑设计有限公司
崇明县—陈家镇	上海崇明东滩概念规划（方案征集）	2001.4—2001.6	美国Philip Johnson Alan Richie Architects Studio BAAD.* 法国Architecture Studio 英国Atkins公司
	上海崇明、长兴、横沙三岛联动战略研究（方案征集）	2001.9—2001.12	美国伊利诺大学（The University of Illinois）* 加拿大大不列颠哥伦比亚大学（The University of British Columbia） 澳大利亚悉尼大学（Sydney University，Australia） 国家计委宏观经济研究院 华东师范大学 上海市城市规划设计研究院

续 表

城 镇	规划设计内容	时 间	设 计 单 位
崇明县—陈家镇	上海崇明陈家镇城镇总体规划(方案征集)	2003.10	日本都市环境研究所株式会社* 德国Stadtbauaterlier(SBA)设计事务所 瑞士雷萌(LEMAN)公司
	上海崇明陈家镇城镇总体规划	2004.10	上海同济城市规划设计研究院
	上海崇明岛域总体规划	2004	美国SOM公司* SASAKI公司 英国Terry Farrell & Partners公司 日本日建设计公司

注：1. 表中标注*者是在方案征集活动中的中选设计单位；

2. 表中设计单位与内容系作者根据上海市城市规划管理局. 未来都市方圆：上海市城市规划国际方案征集作品选(1999—2002)以及政府有关文件，各城镇政府文件，规划文件、设计文本等资料整理；

3. 统计信息为2005年10月31日以前。